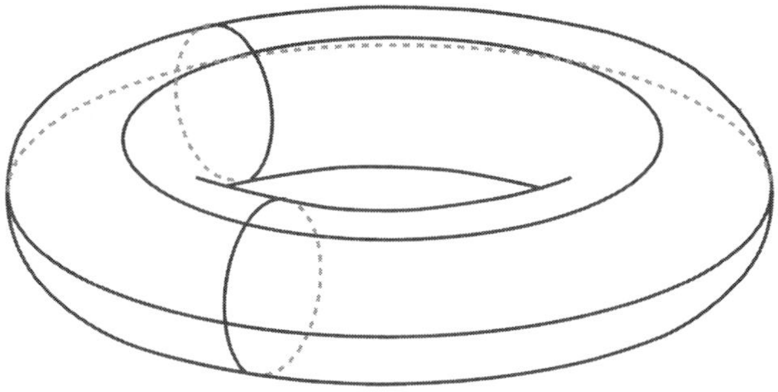

위상수학

Introduction to TOPOLOGY

Pure and Applied

Colin Adams · Robert Franzosa 지음
홍성복 · 강성모 옮김

KYOWOO

P·R·E·F·A·C·E **저자서문**

위상수학은 현대 추상수학에서 핵심이 되는 세 분야(해석학과 대수학과 더불어) 중 하나로 일반적으로 간주되어 왔다. 위상수학 역사의 초기에 나온 결과들은 주로 실제 세계의 문제들을 조사함으로써 나왔다. 그 다음 20세기 초반에 위상수학에 대한 형식적인 토대가 세워진 이후 추상적인 발전에 강조가 이루어졌다. 그러나 지난 몇십 년 동안 경제학, 공학, 화학, 의학, 그리고 우주학 등 다양한 분야로의 위상수학의 응용이 급진적으로 증가되어 왔다.

이 책의 목표는 두 부분으로 되어 있다:

- 위상수학을 중요하고 대단히 흥미 있는 수학의 분야로써 소개하는 것
- 수학의 다른 분야, 과학, 그리고 공학에서의 위상적인 아이디어의 사용과 의미를 설명하는 것

이 책의 독자들은 위상수학 입문에 대해 배울 것이고 이어서 매듭, 다양체, 동역학계, 고정점, 그리고 위상적 그래프와 같은 주제들을 접할 것이다. 더군다나 독자들은 위상수학의 결과들이 화학분야의 원자규모부터 우주학에서의 천체 규모까지의 전 범위에 대해 어떻게 사용되는지 배울 것이다.

이 책을 시작하기 위해서

이 책을 시작하기 위해서 형식적인 수학에서의 최소한의 배경지식이 필요하다. 추상수학에서 입문 과정을 성공적으로 마친 학생이라면 충분한 배경지식을 가지고 있을 것이다. 0장에서는 이 책에서 필요한 집합, 관계, 함수, 실수직선, 그리고 유클리드공간과 관련된 배경지식에 대해 개괄적으로 다룬다. 미적분학 과정을 마쳤고 0장을 독자적으로 배울 수 있는 수학적으로 좀 더 성숙한 학생이라면 이 책을 시작할 충분한 준비가 되어 있다. 우리는 이 책을 대학 학부수준에서 한 학기 또는 두 학기 위상수학 입문서로써 적절하다고 생각한다. 또한 대학원 과정에서의 도입부분으로도 사용할 수 있다.

이 책을 사용하는 방법

위상수학 입문에 대한 핵심적인 부분은 이 책의 다음 절에서 소개 된다: 1.1-1.3, 2.1-2.3, 3.1-3.4, 4.1, 4.2, 5.1, 5.3, 6.1-6.4, 7.1-7.3.

이 책을 사용하는 어떠한 강의에서도 핵심적인 부분으로써 이 절들을 다루기를 추천한다. 이 책의 나머지 부분에서의 대부분의 주제들은 이 절들로부터 나오는 많은 결과들을 사용한다.

위의 핵심적인 절들 이외의 주제들에 대해서는 우리는 가능한 한 서로 독립적이 되게 하기 위해 시도했다. 아래 표에서는 이 주제들 사이의 연관성을 보여준다.

핵심적인 부분 이외의 각각의 위상수학 주제에 대해서 그리고 각각의 응용에 대해서 우리의 의도는 짧고, 의미 있고, 그리고 흥미로운 소개를 제공하는 것이다. 우리의 바람은 그 주제 또는 응용에 대해 독자들의 흥미가 촉발되고 좀 더 깊이 탐구하는 계기가 되도록 하나의 씨앗을 심어주는 것이다.

한 학기 위상수학 입문 과정에서는 1장부터 7장까지 핵심적인 부분과 나머지 장에서의 몇 개의 추가적인 주제들을 다룰 수 있을 것이다. 그 이후의 과정에서는 다양한 형태를 취할 수 있다. 이 책의 추가적인 주제들이나 응용들을 통하여 진행할 수 있고 또한 학생들로 하여금 추가적인 주제들이나 응용들을 탐구하고 발표하는 세미나 형식을 취할 수 있다. 아니면 위상수학의 응용에 집중하여 이 책에서 나오는 응용들을 심도 있게 다룰 수 있다. 우리는 또한 학생들이 독립적으로 공부하는데 추가적인 주제들이나 응용들이 적합하고 대학의 우등과정 또는 석사과정의 논문으로써 좀 더 탐구할 수 있는 알맞은 주제들을 제공한다고 생각한다.

장과 절들의 연관성

이 책을 사용할 수 있는 많은 방법들이 있다. 위상수학의 입문으로써 1장부터 7장까지의 핵심적인 부분들을 다룰 것을 다시 한 번 추천한다. 다음 쪽에서 이 책의 장들에 대한 표가 있다. 이 표는 독자 또는 강사가 핵심적인 부분 이외의 주제들을 선택할 때 그리고 그 주제들에 대한 적절한 순서를 선택할 때 도움이 될 것이다. 여기에 표에 대한 몇 가지 중요한 사항들이 있다:

- 핵심적인 부분과 관련된 절들은 원 안에 표시되어 있다.

- 1장부터 7장까지의 서로의 연관성에 대해서는 다루지 않고 단지 이 장 각각 안의 절들 사이의 연관성만 다룬다.
- 1장부터 7장까지의 핵심적인 부분들은 8장부터 14장까지의 주제들을 다루기 위해 필요하다. 그러나 1장부터 7장까지의 핵심적인 부분이 아닌 내용들은 몇 개의 연습문제들을 제외하고는 8장부터 14장까지 필요하지 않다.
- 8장부터 14장까지 서로 어떻게 연관되어 있는지를 다루었고 각각의 장 안의 절들이 또한 어떻게 연관되어 있는지를 표시했다.

1장: 위상공간	(1.1) → (1.2) → (1.3) → 1.4
2장: 내부, 폐포, 그리고 경계	(2.1) → (2.2) → (2.3)
3장: 새로운 위상공간 생성하기	(3.1) → (3.2) → (3.3) → (3.4)
4장: 연속함수와 위상동형사상	(4.1) → (4.2)
5장: 거리공간	(5.1) → 5.2 (5.1) → (5.3) (5.1) → 5.4
6장: 연결공간	(6.1) → (6.2) → (6.3) → (6.4)
7장: 컴팩트공간	(7.1) → (7.2) → (7.3) → 7.4 (7.3) → 7.5
8장: 동역학계와 카오스 • 이 장은 다른 장들과 독립적이다.	8.1 → 8.2 → 8.3 → 8.4 8.3 → 8.5
9장: 호모토피와 차수이론 • 정리 9.14의 증명에서 4.1절과 7.3절의 보충문제에서 증명된 티에제 확장 정리가 사용된다.	9.1 → 9.2 → 9.3 9.2 → 9.4 9.2 → 9.5 9.2 → 9.6
10장 고정점 정리와 응용 • 10.1절의 브라우어 고정점 정리의 증명에 9.2절의 수축 불가능 정리가 사용된다.	9.2 → 10.1 10.1 → 10.2 10.1 → 10.3 → 10.4

11장: 넣기 • 11.1절의 알렉산더 뿔 가진 구면에 대한 내용은 9.5절의 단순연결성과 연관 있다. • 11.2절의 조르단 곡선 정리의 증명은 9.2절의 수축 불가능 정리와 정리 9.14, 그리고 10.1절의 브라우어 고정점 정리가 필요하다	9.2 → 10.1 → 11.2 11.1 → 11.2 11.1 → 11.3
12장: 매듭 • 이 장은 다른 장들과 독립적이다.	12.1 → 12.2 → 12.3 → 12.4
13장: 그래프와 위상수학 • 이 장은 다른 장들과 독립적이다.	13.1 → 13.2 13.1 → 13.3 → 13.4
14장: 다양체와 우주론 • 이 장은 14.3절의 끝에 나오는 푸앵카레 추측에서 9.5절에서 다루었던 단순연결성을 간단히 언급한 것 이외에는 다른 장들과 독립적이다.	14.1 → 14.2 14.1 → 14.3 → 14.4 → 14.5

감사의 글

많은 학생들이 이 책을 완성하는 과정에서 참여했고 여러 초안에 대해 의견을 제시했다. 그들의 조언과 피드백에 대해 감사의 말을 전한다. 특히 이 책의 많은 연습문제들에 대해 작업을 하고 비평을 해 준 Kevin Roberge에게 감사를 전하고 싶다.

이 책의 다양한 부분들에 대해 검토들이 이루어졌다. 도움이 되는 수많은 지적을 해준 모든 검토위원들에게 감사를 드리고 싶다. 이 검토위원에는 Mark Brittenham, Robert Ghrist, Will Kazez, David Kraines, Krystyna Kuperberg, John McCleary, Dix H. Pettey, Daniel S. Silver, John Henry Steelman, 그리고 Gerard A. Venema이 포함되어 있다.

생물학과 화학에서의 응용에 소중한 도움을 준 Eric Franzosa에 깊은 감사를 드린다. 또한 이 책의 그 밖의 다른 부분에 대한 도움이 되는 조언을 해준 Peter Stadler, Dennis Garity, 그리고 Paul Franzosa에게 감사를 드린다. 특히 우주론에 대한 위상수학의 응용에 대해 조언을 해준 Joey Shapiro에게 특별히 감사를 드린다.

이 책의 원본은 Microsoft Word를 사용하여 씌여졌다. 그 원본을 LaTex로 바꾸는데 도움을 준 Eric Franzosa에게 감사를 드리고 싶다.

P·R·E·F·A·C·E 역자서문

위상수학은 수학의 한 분야로써 기하학이나 해석학 분야와 다르게 수학전공이 아닌 사람들에게 잘 알려지지 않은 학문이다. 그 이유는 일상생활과 밀접하게 관련되고 익숙한 도형이나 수 계산 등과 다르게 추상적이고 인위적인 부분으로 시작되었고 그래서 역사도 상대적으로 짧다. 위상수학은 18세기에 오일러의 쾨니스그버그(Königsberg)의 다리 문제로 출발하였다고 일반적으로 간주되고 20세기에 들어서 드디어 학문으로써 자리를 잡았다. 오일러의 다리 문제의 핵심은 기하학의 중요한 요소인 길이, 넓이, 부피, 그리고 각도 등 정량적인 부분이 모두 필요 없다는 것이다.

도형을 다루는 의미에서 넓은 의미로 기하학에 속하지만 위의 특성으로 인해서 기하학과 구별된다. 위상수학은 흔히 물체를 구부리고 펴고 늘리고 줄이는 변형과 같은 연속적인 변형에 의해 변하지 않는 공간의 성질을 탐구하는 분야이다. 구부리고 펴고 늘리고 줄이는 변형은 일상생활에서 정확히 고무(rubber)가 가지고 있는 성질들이다. 그래서 위상수학을 고무판 기하학이라 한다.

위상수학의 목표는 기하학처럼 두 기하학적 물체가 주어졌을 때 두 물체가 위상적으로 합동인지를 결정하는 것이다. 두 기하학적 물체가 위상적으로 합동이란 한 물체를 연속적인 변형을 통하여 다른 물체를 만들 수 있을 때이다. 예를 들어 길이가 1인 선분과 길이가 2인 선분은 위상적으로 합동이다. 왜냐하면 각각의 선분들이 고무로 만들어졌기 때문에 길이가 1인 선분을 늘려서 길이가 2인 선분을 만들 수 있기 때문이다. 마찬가지로 삼각형, 사각형, 오각형을 포함한 모든 다각형은 위상적으로 합동이고 이는 또한 원과도 합동이다. 일상생활에서 예를 들면, 손잡이 달린 컵과 도넛(doughnut)이 위상적으로 합동이고 축구공, 럭비공, 테니스공 등이 위상적으로 합동이다.

그러나 도넛과 축구공은 위상적으로 합동이 아니다. 이것을 증명하기 위해서는 수학에서 중요한 개념이 위상적인 불변성질을 찾아야 한다. 다시 말해서 연속적인 변형에 의해 변하지 않은 성질을 찾아야 한다. 길이, 각, 넓이, 부피, 곡률 등 기하학적 불변량들은 연속적인 변형에 의해 변하므로 더 이상 위상적 불변량이 될 수 없다. 따라서 위에서 언급했듯이 길이, 각, 넓이, 부피, 곡률 등은 위상수학에서 무용지물이 된다.

위상수학의 입문에서는 일반적으로 이러한 직관적인 정의와 개념들이 형식화되고 엄밀히 다루어진다. 위상수학을 형식화하는 과정에서 상당히 추상적인 개념으로 시작된다. 이 추상적인 개념을 바탕으로 이론들이 만들어지고 그러면 점점 더 형식화되고 현실세계로의 응용도 더 멀어지는 듯하다.

그러나 이 책의 장점은 다른 위상수학 입문서와 달리 이러한 추상적이고 형식적인 위상수학의 다른 분야로의 응용을 집중적으로 다양하게 다루고 있다는 것이다. 그럼으로써 위상수학은 추상적이고 형식적인 순수수학분야를 뛰어 넘어서서 경제학, 공학, 자연과학, 의학, 그리고 우주학 등 다양한 분야로 응용이 되고 필수불가결하고 핵심적인 분야가 됐다는 것을 강조하고 있다. 이를 뒷받침하는 하나의 전문적인 예를 들면 물리학에서 위상수학은 수십 년 전부터 이론적인 근간을 제공해 왔고 그것의 하나의 결실로 위상수학을 응용한 물리학 이론이 2016년 노벨물리학상을 받게 되었다. 또한 최근 들어 4차 산업혁명시대에 위상수학의 응용은 더더욱 빛이 난다. 정량적으로 분석할 수 없는 빅데이터와 IT 기술 등에 정성적인 특성을 분석하기 위해 위상수학 이론이 사용된다. 특히 통계에서의 위상적 데이터 분석(Topological Data Analysis, TDA) 분야는 최근에 활발히 연구되어지고 바로 응용되어지는 분야이다.

이 책은 미국 William College에 재직 중인 Colin Adams와 University of Maine에 재직 중인 Robert Franzosa 교수가 쓴 책 “Introduction to Topology - Pure and Applied”을 번역한 책이다. 저자 교수와 책 제목에서 알 수 있듯이 이 책에서 위상수학의 입문을 쉽고 간결하게 다루었고 또한 위상수학의 응용을 흥미롭고 의미 있게 소개했다. 이러한 부분들이 번역으로 인하여 조금이라도 손상을 입지 않도록 최선을 노력을 다 했으나 이러한 노력에도 불구하고 여전히 부족함이 있음을 느끼고 특히 적절한 용어 선택에 많은 어려움이 있었다. 이러한 부족함과 어색한 번역에 대해서 독자들에게 양해를 구한다. 아무쪼록 저자들의 바람대로 이 책이 독자들로 하여금 위상수학이라는 학문에 흥미가 촉발되어 깊이 탐구하고 더 나아가 일상생활의 문제를 직간접으로 해결하여 위상수학의 힘을 발휘할 수 있게 하는 하나의 씨앗이 되기를 바란다.

마지막으로 번역과 출판에 많은 도움을 주시고 인내와 끈기를 가지고 끝까지 지원해 주신 교우사 오판근 사장님을 비롯해서 남궁 양 부장님 그리고 관계자들께 깊은 감사를 드리는 바이다.

홍성복, 강성모

C·O·N·T·E·N·T·S

차 례

C·O·N·T·E·N·T·S

차 례

C·O·N·T·E·N·T·S **차례**

C·O·N·T·E·N·T·S **차 례**

도입

chapter 0

0.1 위상수학이란 무엇이고 어떻게 응용되는가?

위상수학은 수학에서 가장 활발한 분야 중의 하나이다. 전통적으로 (대수학과 해석학과 함께) 순수수학의 세 주요 분야 중의 하나로 간주된다. 최근에 위상수학은 또한 응용수학의 중요한 요소가 되었는데 많은 수학자와 과학자들이 실제 세계의 구조와 현상들을 모델링하고 이해하는데 위상의 개념을 이용한다. 이 책에서는 위상수학의 두 가지 측면을 소개 한다: 추상적인 학문으로써 전통적인 접근, 그리고 응용을 위한 수단의 중요한 근원으로써 최근에 생겨난 관점. 응용관점에서는 위상수학이 어떻게 실제 문제들과 다른 수학분야의 다양한 결과들에 영향을 미치는지를 본다.

위상수학은 기하학의 아이디어를 확장하고 구조를 완화하면서 기하학으로부터 발전했다. 단어 위상수학(topology)은 글자그대로 위치 또는 배치에 대한 연구를 의미한다. 위상수학은 모양들에 대한 연구인데 그것들의 성질, 변형, 함수, 그리고 배치 등을 포함한다.

위상수학은 종종 고무판 위상수학으로 묘사된다. 전통적인 기하학에서는 원, 삼각형, 평면, 그리고 다면체와 같은 물체들은 점들 사이의 잘 정의된 거리, 변들 또는 면들 사이의 잘 정의된 각으로 고정되어 있다. 그러나 위상수학에서는 거리와 각과는 아무런 관계가 없다. 물체들이 마치 고무로 만들어져 있어서 고무처럼 변형시킬 수 있는 것으로 간주한다. 즉 물체를 구부리고, 뒤틀고, 늘리고, 줄이는 것이 가능하여 다른 것으로 변형시키는 것이다. 그러나 물체를 찢는 것은 허용되지 않는다. 그림 0.1에서는 기하학적인 관점에서는 매우 다른 네 개의 모양이 있는데 위상수학에서는 모두 같은 것으로 간주된다. 만약 고무로 만들어졌다면 네 개중 하나를 다른 세 개로 변형시킬 수 있다.

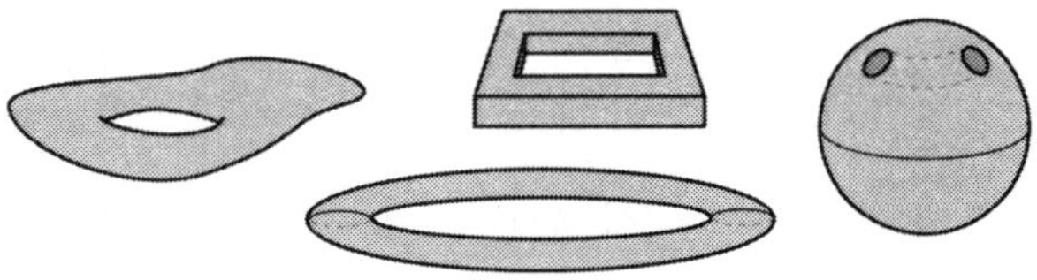

(그림 0.1) 위상수학자에게는 이 네 물체는 같다.

그림 0.2에서는 위상적으로 다른 두 물체 - 원환면과 구면 - 이 있다. 우리는 허용된 위상적인 방법으로 구면을 원환면으로 변형시킬 수 없고 그러므로 위상적인 관점에서 그들은 같지 않다.

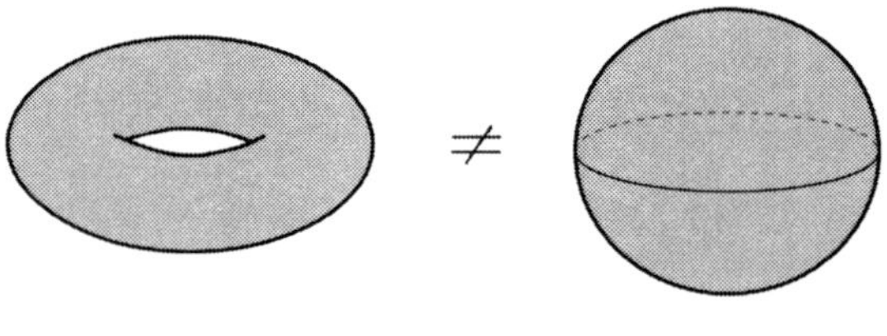

(그림 0.2) 원환면과 구면은 위상적으로 다르다.

위상수학자는 도넛과 머그컵을 구별할 수 없다는 말을 종종 한다. 요점은 위상수학에서는 머그컵을 도넛모양으로 변형시킬 수 있다. (그림 0.3 참조.) 위상수학에 관한한 이 두 물체는 같다.

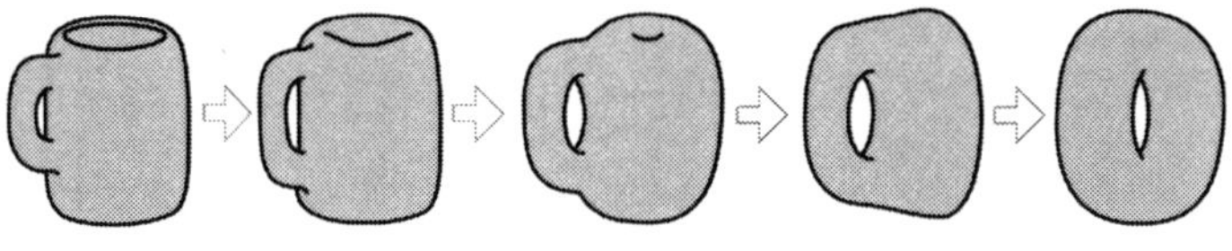

(그림 0.3) 머그컵과 도넛은 위상적으로 같다.

어떻게 고무판 기하학이 실제 세상의 응용에 사용될 수 있는지 궁금해 할 것이다. 아이디어는 매우 간단하다. 종종 특정한 상황에서 의미 있는 성질들은 고정되어 있는 물체로써 보존되는 성질과 반대로 변형되는 물체로써 보존되는 성질들이다. 위상수학자는 도넛과 머그컵을 구별할 수 없지만 위상수학자가 할 수 있는 것은 - 그리고 이 책 전반에서 얼마나 중요한지를 알게 될 것이다 – 이 모양들이 공통으로 가지고 있는 성질들을 알아내고 사용하는 것이다.

위상수학의 몇 가지 주제와 이 책에서 제시한 몇 가지 응용에서의 역할을 간단히 알아본다. 여기에 소개된 모든 아이디어는 나중에 이 책에서 자세히 다룬다.

위상공간과 디지털 화상: 위상수학에서 다루는 대상을 위상공간이라 한다. 위상공간은 점들의 집합인데 점들 사이의 근접성 개념이 열린집합이라 하는 부분집합들의 모임을 구체화함으로써 만들어진다. 직선, 원, 평면, 구면, 원환면, 그리고 뫼비우스 띠는 모두 위상공간들의 예이다. (그림 0.4 참조.) 1장과 3장에서 이러한 위상공간과 열린집합이 구체적으로 정의되고 다양한 설정과 상황에서 위상공간을 만들 것이다.

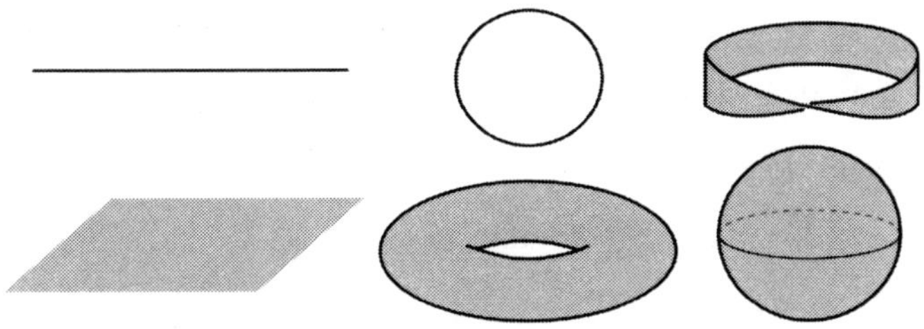

(그림 0.4) 다양한 위상공간.

디지털 화상은 디스플레이를 통해서 시각적인 정보를 제공한다. TV나 컴퓨터 화면, 디지털 카메라, 계산기 화면, 경기장의 전광판 등이 디지털 화상의 예들이다. 디지털 화상 디스플레이는 정사각형 배열의 픽셀들을 가지고 있다. 이러한 배열에 적절한 구조를 주어서 화상을 만드는 것이다. 예를 들어 시각문자인식 프로그램은 한 문자의 디지털 화상을 판독하여 그 화상으로부터 표현되는 그 문자를 결정하려는 것이다. 이러한 구조를 위상적으로 모델링하는 것이 바로 디지털 위상수학이다. 디지털 화상 디스플레이에 위상적 구조를 주어서 픽셀을 열린집합으로, 픽셀들 사이의 경계를 닫힌집합으로 대응시킨다. 1.4절에서 디지털 위상수학의 기본공간인 디지털직선과 디지털평면을 정의하고 11.3절에서 디지털 화상처리에의 디지털 위상수학의 응용을 다룬다.

다양체와 우주론: n-다양체는 국소적으로 n차원 유클리드공간과 같은 위상공간이다. 예를 들어 1-다양체는 국소적으로 직선과 같고 2-다양체는 국소적으로 평면과 같고, 3-다양체는 국소적으로 3-공간과 같다.

2-다양체는 또한 곡면이라 부른다. 구면과 원환면은 곡면의 예들이다. 곡면의 각 점은 위상적으로 평면에서의 열린집합과 같은 열린집합 안에 놓여 있다. (그림 0.5 참조.)

(그림 0.5) 곡면과 평면은 국소적으로 똑같이 보인다.

곡면에 사는 사람들은 실제로 평면에 사는 것처럼 느껴질 것이다. 왜냐하면 그들에게 국소적으로 보이는 것은 마치 평면에 있는 것처럼 나타나기 때문이다. (이 개념은 에드윈 애보트(Edwin Abbot)이 19세기에 쓴 흥미로운 책 "평면나라: 많은 차원에서의 로맨스(Flatland: A romance of Many Dimensions)"에서 최대한 잘 활용했다.) 그러나 만약 곡면 사람들이 그들의 곡면세계를 연구한다면, 전체 모양을 추론할 수 있고 그것이 평면과 다를 수 있다는 것을 알 것이다.

비슷한 방법으로 우리가 살고 있는 우주가 당연히 유클리드 3-공간으로 느껴지는 것은 당연하다. 왜냐하면 우리가 우주를 국소적으로 지각하는 방식이기 때문이다. 우주론자들은 우주의 전체 구조적인 측면을 밝히는 성질들을 탐구함으로써 우주의 정확한 모양을 결정하려고 노력하고 있다. 14장에서는 3-다양체를 다루고, 우주론자들이 어떠한 3-다양체가 우리 우주의 모양을 모델링하는지를 결정하기 위해 취하는 접근방식을 논한다.

넣기, 매듭, 그리고 DNA: 넣기는 하나의 위상공간을 다른 위상공간으로 집어넣는 함수이다. 그림 0.6에서는 3-공간에 하나의 원의 두 넣기를 보여준다.

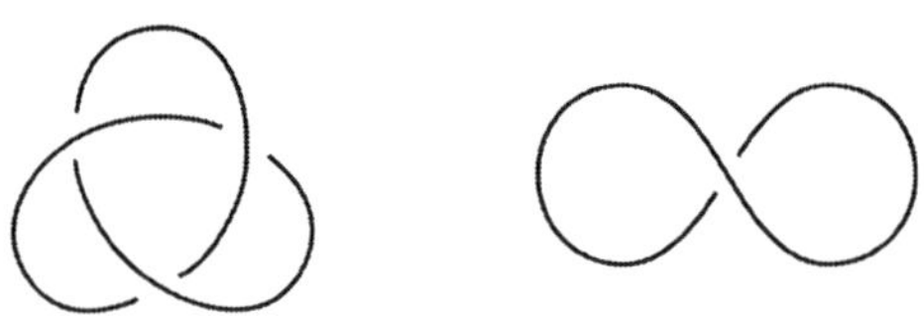

(그림 0.6) 3-공간 안으로 원 넣기.

이 넣기들은 명백히 다르게 보인다. 왼쪽에 넣어진 원은 매듭지어져 있고 오른쪽은 아니다. 3-공간 안으로 원의 넣기들에 대한 연구를 매듭이론이라 부른다. 다른 형태의 매듭들을 결정하고 서로 어떤 연관이 있는지를 이해하는 것은 위상수학의 이 분야에 중요한 측면이다.

매듭이론에서 수행되는 근본적인 연산들 중 하나는 교차변경이다. 그림 0.7에서처럼 아랫가닥이 윗가닥이 되도록 또는 반대로 교차를 바꾼다. 자연스러운 질문이 이 연산이 매듭에 어떠한 영향을 미치는가이다.

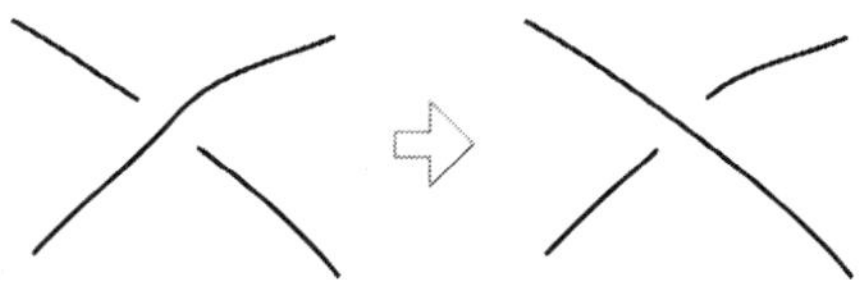

(그림 0.7) 교차변경 연산.

이 똑같은 연산이 세포핵에 있는 분자 단계에서 일어난다. DNA(Deoxyribonucleic acid)는 수백만 개의 원자들로 이루어진 길고 얇은 분자이다. 이 긴 가닥은 세포핵 안에 채워져 있는데 야구공 안에 200km 길이의 엉클어진 낚시줄이 있는 것을 생각하면 된다.

근본적인 생명 과정이 이루어지기 위해서 세포의 생물학적인 조직이 DNA 분자에 자유롭게 접근하고 조작할 수 있어야 한다. 그러므로 DNA를 효율적으로 풀 수 있는 세포의 능력은 생존에 있어서 상당히 중대하다. 세포핵 안에는 효소라 불리는 분자들이 있는데 생물학적인 도구처럼 행동한다. 어떤 효소들은 DNA 안의 교차를 바꾸고 이 DNA를 풀게 한다. 효소는 교차에 있는 DNA 가닥을 자르고 교차의 위아래를 바꾸어서 다시 붙인다. 최근에 새로운 항암화학요법제가 개발되었는데 이것은 효소 활동을 억제시키고 그럼으로써 암 DNA가 재생되지 않도록 막는다. 12장에서 매듭이론과 이러한 응용을 다룬다.

고정점과 경제학: 한 위상공간에서 자기 자신으로 보내는 함수가 고정점을 가진다는 것은 함수에 의해 자기 자신에게 보내어지는 특정한 점이 존재한다는 것이다. 예를 들어 그림 0.8에 있는 점 p는 함수 f의 고정점이다.

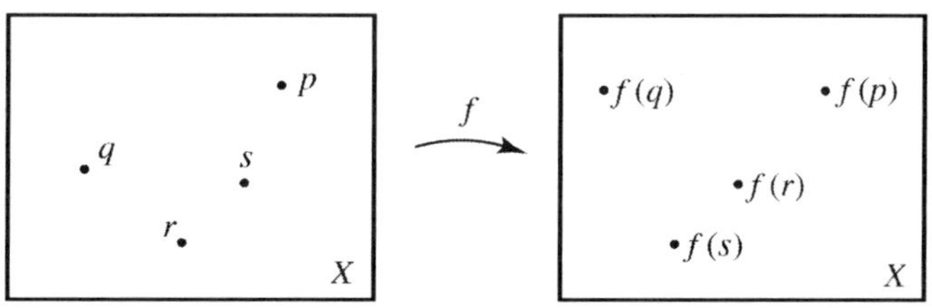

(그림 0.8) 함수 f는 p에서 고정점을 갖는다.

고정점 이론은 위상수학에서 중요한 분야이다; 그것은 "한 위상공간을 자기 자신으로 보내는 어떤 함수가 고정점을 가지는가?" 그리고 "어떤 위상공간에서 자기 자신으로 보내는 모든 연속함수가 고정점을 가지는가?"과 같은 질문에 대한 탐구를 포함한다. 이 분야에서 가장 유명한 결과는 브라우어 고정점 정리(Brouwer Fixed Point Theorem)이다. 그 정리에 의하면 닫힌 n차원 공에서의 모든 연속함수는 고정점을 가진다는 것이다. 예를 들어, 1차원에서 닫힌구간으로부터 자기 자신으로 보내는 모든 연속함수는 고정점을 가지고, 2차원에서는 원판에서 자기 자신으로 보내는 모든 연속함수는 고정점을 가진다. (그림 0.9 참조.) 6장과 10장에 각각 이 1차원과 2차원의 결과들을 증명한다.

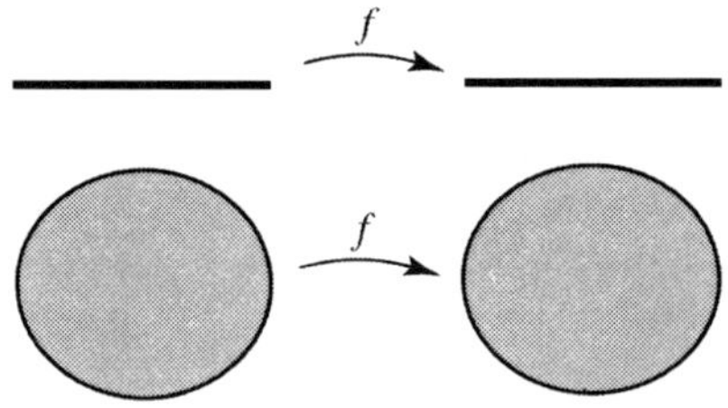

(그림 0.9) 1, 2차원에서의 고정점 정리.

경제시스템 모델에서는 소비자와 상품 그리고 상품에 대한 공급, 상품의 가격, 그리고 상품에 대한 수요를 포함하는 관련된 변수들이 있다. 일반적으로 가까운 미래에 변수들의 값은 현재의 값들에 의존하여 변한다. 예를 들어, 응용위상수학 교재의 현재 공급이 부족하다면 가까운 미래에 교재의 가격이 오를 것이다. 경제학자들은 경제시스템이 평형상태에 놓일 수 있는지 아는 것에 관심이 있다. 평형상태는 소비자들은 만족하고 각각의 상품에 대해 변하지 않는 공급, 가격, 수요가 존재하는 것이다. 10.2절에서 그러한 경제 모델에 브라우어 고정점 정리를 적용하고 평형상태는 가능하다는 것을 증명한다.

브라우어 고정점 정리의 결론은 존재성 결과이다. 고정점에 대한 존재성을 말하는 것이지 그 고정점이 어디 위치에 있는지는 알려주지 못한다. 이것은 위상수학에서 맞닥뜨리고 응용에서 사용되어지는 많은 결과들의 본성이다. 이것은 위상적 도구를 사용하여 도출되는 결론들의 정성적 본성을 보여주는 실례이다.

거리와 각도 측정 같은 양들은 위상수학과는 무관하므로, 위상수학은 하나의 시스템의 정성적인 분석에 도움이 된다. 그것은 근본적인 구조의 결과로써 일어나는 가능성 또는 불가능성을 확인하는데 도움을 준다.

위상수학의 응용에 세 가지 중요한 요소가 있다:

(i) 적절한 위상적 구조와 관계 확인.
(ii) 위상적 개념의 적절한 정의와 위상적 결과의 엄밀한 증명.
(iii) 결론을 이끌어 내기 위한 위상적 개념과 결과의 응용.

결과적으로 이 책을 통하여 위상수학의 세 가지 관점을 가질 것이다: 개괄적인 관점, 이론적 관점, 그리고 응용 관점.

개괄적인 관점에서는 위상수학을 모양들과 그것들의 성질들에 대한 일반적인 연구로써 직관적으로 간주한다. 이것들은 실제 세계 시스템을 연구하고 결론을 이끌어 낼 때 우리가 확인하고 검토하는 응용문제들에 대한 위상적 관점이다.

위상수학의 이론적 관점은 위상수학을 추상수학 학문으로써 보는 고전적 관점이다. 기초부터 시작하여 이론을 만들어서 개괄적인 관점에서 조사하는 개념들과 구조들을 적절히 정의할 수 있고 응용 관점에서 사용되는 도구들과 관계들을 뒷받침해 주는 적절한 이론적인 근거를 마련한다.

마지막으로, 응용 관점에서는 우리가 발전시킨 관계나 결과들을 포함하는 위상수학의 응용을 연구한다. 앞에서 다루었던 예들을 통하여 우리가 고려할 실제 세계로의 응용들의 형태를 간단히 보았다. 더욱이 위상적인 개념들이 어떻게 수학의 다른 분야에서 중요한 구조나 관계를 정의하고 밝히는데 도움을 주는지 조사한다. 예를 들어 7장에서 미적분학의 기본정리를 뒷받침하는 위상적 성질들을 확인하고 8장에서 동역학계에서 카오스를 정의하는데 위상적인 개념을 사용하고, 9장에서는 대수학의 기본정리를 증명하기 위해 위상적인 결과들을 사용한다.

0.2 역사에 대한 일견

위상수학은 유명한 쾨니그스버그(Königsberg) 다리 문제에 대한 오일러(Leonhard Euler, 1707-1783)의 풀이에서 흔히 시작했다고 간주된다. 이 문제에 대해 간단히 살펴보자.

8세기에 프레젤(Pregel)강은 프러시아(Prussia, 현재 러시아의 Kaliningrad)에 있는 쾨니그스버그 시를 통과하여 흐르고 있었고 그 시를 네 개의 분리된 지역으로 나누었다. 그림 0.10에 묘사된 것처럼 그 지역들을 연결하고 강위를 지나는 7개의 다리가 있었다.

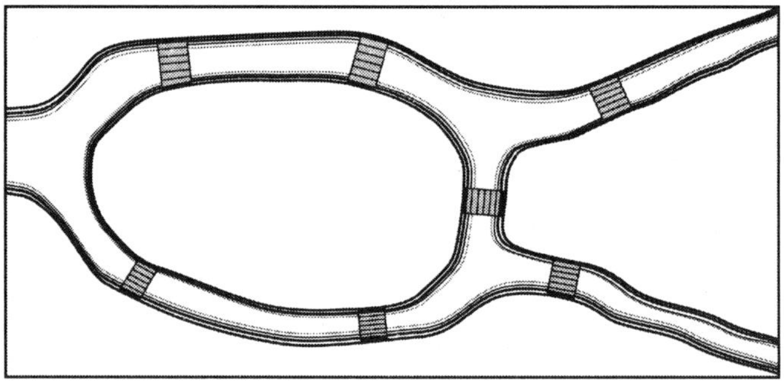

(그림 0.10) 쾨니그스버그의 다리. ([New]에 있는 그림 각색)

사람들이 선호하는 여가는 쾨니그스버그의 다리를 지나면서 하는 산책이다. 사람들이 묻기를 "각각의 다리를 정확히 한 번씩만 지나고 그 도시 전체를 산책할 수 있는가?" 신기하게도 아무도 그렇게 하는 방법을 찾을 수 없었다.

그 문제는 오일러의 관심을 끌었고 오일러는 이 문제가 "위치 기하학"이라 불리는 새로운 수학적 접근을 포함하고 있다는 것을 깨달았다. 그가 기록하기를:

> 최근에 소개된 문제가 있었는데 그 문제는 확실히 기하학에 속하는 것으로 보이지만 너무 대충 그려져서 크기를 결정하는 것을 요구하지 않고 양적인 계산으로 풀릴 수도 없다; 결과적으로 특히 그 풀이가 계산이 전혀 쓸모없는 단지 위치를 고려하는 것만 요구되어지기 때문에 나는 그 문제를 위치 기하학으로 두는 것을 주저하지 않았다. [New]

오일러는 그 문제를 분석하고 지역들과 다리들의 배치가 주어졌을 때 다리를 한 번씩만 지나는 산책은 불가능하다는 것을 증명했다. 13.1절에 이 문제에 대해 좀 더 다룬다.

오일러의 초기 연구를 뒤따라서 많은 저명한 수학자들이 다음 세기와 그 이후 반세기에 거쳐 위치 기하학에 중요한 공헌을 했다. 이 수학자들 중에 가우스(Carl Friedrich Gauss, 1777-1855), 뫼비우스(August Ferdinand Möbius, 1790-1868), 리스팅(Johann Listing, 1808-1882), 리만(Bernhard Riemann, 1826-1866), 클라인(Felix Klein, 1849-1925), 그리고 푸앵카레(Henri Poincaré, 1854-1912)가 있다.

"topology"라는 단어는 리스팅의 1847년 논문 "Vorstudien zur Topologie"의 제목에 처

음 나타났다. 그러나 그 단어는 흔하게 사용되지 않았고 70년이 지나서야 정식으로 정의가 되었다. “Analysis situs”는 기하학의 이 분야에 대해 주로 사용된 표현이었고 1895년 논문 “Analysis situs”의 도입부분에서 푸앵카레는 위치 기하학의 철학에 대해 서술했다:

> 도형의 크기는 상당히 변하지만 그러나 그것을 구성하는 요소들은 바뀌어서는 안 되고 상대적인 위치는 보존되어야 한다. 다른 말로, 양적인 성질에 대해 걱정할 필요는 없지만 그러나 질적인 성질, 즉 Analysis situs의 관심사인 것들을 중요시해야 한다. [Sar]

19세기에 위치 기하학에서 많은 노력들이 응용문제들에 의해 이루어졌다. 맥스웰(James Clerk Maxwell, 1831-1879)과 태이트(Peter Guthrie Tait, 1831-1901)의 매듭이론(화학분야의 연구로부터 생겨난)에 대한 연구, 키르히호프(Gustav Kirchoff, 1824-1887)의 전기회로망에 대한 연구, 그리고 푸앵카레의 천체역학에 대한 분석이 이 노력에 포함된다.

19세기 후반과 20세기 초반에는 위상수학 분야가 될 이 발전하는 학문에 수많은 공헌들이 있었다. 브라우어(L. E. J. Brouwer, 1881-1966), 칸토르(Georg Cantor, 1845-1918), 프레셰(Maurice Fréchet, 1878-1973), 하우스도르프(Felix Hausdorff, 1868-1962), 푸앵카레, 리스(Frigyes Riesz, 1880-1956), 그리고 바일(Hermann Weyl, 1885-1955)은 몇몇 그 시기에 포함된 수학자들이다. 하우스도르프는 1914년 책 “집합론의 기초(Grundzüge der Mengenlehre)”에서 위상공간의 공리적인 기초를 소개했고 따라서 추상수학 학문으로써 위상수학의 일반적인 연구가 시작되었다.

20세기 전반에 걸쳐서 위상수학은 추상분야로써 주로 발전하였다. 그러나 최근에 위상수학의 응용이 극적으로 많이 생겼다. 앞으로 이 책에서 위상수학을 이 두 가지 관점으로부터 탐구한다.

이 장의 나머지 부분에서는 집합론, 실수체계, 유클리드공간, 관계, 그리고 함수라는 기본 주제에 대해 다룬다. 이 주제들은 이 책 전반에 걸쳐서 중요한 역할을 한다. 좀 더 자세한 내용에 대해서는 [Blo]와 [Hum]과 같은 추상수학 입문서에서 찾을 수 있다.

0.3 집합과 연산

이 절에서는 집합, 집합들 사이의 관계, 그리고 집합에서의 연산을 고려한다.

집합을 정의하기 위해 일반적인 기호를 사용한다. **원소**라는 단어는 집합의 구성원을 일컫고 $x \in A$라 함은 x가 집합 A의 원소라는 것을 의미한다. 위상수학에서 다루는 대부분의 집합은 점들의 집합이고 이러한 상황에서 원소와 점이라는 단어를 서로 혼용해서 사용한다. 원소가 없는 집합을 **공집합**이라 하고 $\varnothing$으로 표시한다.

실수직선 또는 실수집합을 $\mathbb{R}$로 표시한다. $\mathbb{R}$의 중요한 부분집합에는 양의 실수집합 $\mathbb{R}_+$, 정수집합 $\mathbb{Z}$, 양의 정수집합 $\mathbb{Z}_+$, 그리고 유리수집합 $\mathbb{Q}$이 있다.

우리는 실수체계의 모든 기본적인 대수적 그리고 순서 성질들을 가정한다.

그러한 성질 중의 하나는 임의의 두 실수 사이에는 유리수와 무리수가 존재한다는 것이다. 이 성질은 직선에서의 위상을 탐구하는데 유용하다. 이 성질에 의해 임의의 실수 아주 가까이에 유리수가 존재한다. 결과적으로 유리수집합은 $\mathbb{R}$에서 조밀하다고 말한다. (2.1절 참조.) 비슷하게 무리수집합은 $\mathbb{R}$에서 조밀하다.

또 다른 중요한 성질은 임의의 실수는 어떤 정수 n이 존재하여 $[n, n+1]$ 구간 안에 포함된다는 것이다.

실수체계를 근본적으로 정의하는 성질은 **최소상계 성질(the least upper bound property)**이다: 위로 유계인 $\mathbb{R}$의 공집합이 아닌 모든 부분집합은 최소상계를 가진다. 이 성질과 동치인 최대하계 성질이 있다: 아래로 유계인 $\mathbb{R}$의 공집합이 아닌 모든 부분집합은 최대하계를 가진다. 집합 A에 대한 최소상계와 최대하계를 각각 $\text{lub}(A)$와 $\text{glb}(A)$로 표시한다.

$\mathbb{R}$의 구간들에 대해 다음 일반적인 표시법을 사용한다.

$$(a,b) = \{x \in \mathbb{R} \mid a < x < b\} \qquad [a,b] = \{x \in \mathbb{R} \mid a \le x \le b\}$$

$$[a,b) = \{x \in \mathbb{R} \mid a \le x < b\} \qquad (a,b] = \{x \in \mathbb{R} \mid a < x \le b\}$$

$$(a,\infty) = \{x \in \mathbb{R} \mid a < x\} \qquad [a,\infty) = \{x \in \mathbb{R} \mid a \le x\}$$

$$(-\infty,b) = \{x \in \mathbb{R} \mid x < b\} \qquad (-\infty,b] = \{x \in \mathbb{R} \mid x \le b\}$$

구간 $(a,b), (-\infty,b)$, 그리고 (a,∞)은 **열린구간**; 구간 $[a,b], (-\infty,b]$, 그리고

$[a, \infty)$은 **닫힌구간**; 그리고 구간 $[a, b), (a, b]$은 **반열린구간**이라 부른다. $[a, b]$ 형태의 구간을 또한 **닫힌유계구간**이라 말한다.

집합 A, B에 대하여 만약 A의 모든 원소가 또한 B의 원소라면 A는 B의 **부분집합**이라 하고 $A \subset B$로 표시한다. 만약 $A \subset B$이고 $B \subset A$이면 A와 B는 같다고 하고 $A = B$로 표시한다. 만약 $A \subset B$이지만 A와 B가 같지 않다면 A는 B의 **진부분집합**이라 한다.

다음과 같이 정의된 집합들의 모임, 특히 집합들의 첨수모임에 대해 종종 다룬다.

정의 0.1. 집합 D의 각 원소 d에 대하여 집합 S_d가 있다. 집합 S_d로 이루어진 집합 $\mathcal{C}$를 **집합들의 첨수모임** 또는 **D에 의해 첨수된 집합들의 모임**이라 한다. D를 그 모임에 대한 **첨수집합**이라 한다. 모임 $\mathcal{C}$를 $\{S_d\}_{d \in D}$ 또는 첨수집합이 명백하거나 구체화될 필요가 없을 때 $\{S_d\}$라 표시한다.

예 0.1. T를 알칸사스(Arkansas)에 있는 도시들의 모임이라 하고 각 $t \in T$에 대해 B_t를 도시 t에 있는 이발소를 운영하고 있는 이발사들의 집합이라 표시하자. 만약 도시 t와 도시 t' 두 곳에서 이발소를 운영하고 있는 이발사가 있다면 B_t와 $B_{t'}$는 한 이발사를 공통으로 가지고 있다. $\{B_t\}_{t \in T}$는 알칸사스 이발사들 집합들의 모임이고 그 모임의 각 집합은 알칸사스의 한 도시에서 이발소를 운영하고 있는 이발사들을 나타낸다.

집합 $\{S_d\}_{d \in D}$의 첨수집합의 특별한 경우는 첨수집합이 양의 정수들의 한 집합 $D = \{m, m+1, \ldots, n\}$인 경우이다. 이 경우에 그 모임을 $\{S_d\}_{d=m}^{n}$으로 표현한다. 여기에서 $m = -\infty$ 또는 $n = \infty$인 경우도 포함한다.

정의 0.2. 집합 $\{S_d\}_{d=m}^{n}$의 모임에 대하여 만약 $S_{d+1} \subset S_d$이면 $\{S_d\}_{d=m}^{n}$은 **축소된다(nested)**고 말한다.

예 0.2. $n\in\mathbb{Z}_+$에 대하여 구간 $\left[-\frac{1}{n}, \frac{1}{n}\right]$들의 모임은 축소된 모임이다.

정의 0.3.

(i) 집합 U, V에 대하여 **U와 V의 합집합**은

$$U\cup V=\{x\mid x\in U \text{ 또는 } x\in V\}$$

이고 U와 V의 교집합은

$$U\cap V=\{x\mid x\in U \text{ 그리고 } x\in V\}$$

이다.

(ii) 집합들의 첨수모임 $\{U_d\}_{d\in D}$에 대하여 **집합들 U_d의 합집합**은

$$\bigcup_{d\in D}=\{x\mid \text{어떤 } d\in D\text{에 대하여 } x\in U_d\}$$

이고 **집합들 U_d의 교집합**은

$$\bigcap_{d\in D}=\{x\mid \text{모든 } d\in D\text{에 대하여 } x\in U_d\}$$

이다. 또한 이 합집합과 교집합을 각각 $\bigcup U_d$과 $\bigcap U_d$으로 표시한다. 이런 형태의 합집합과 교집합을 **임의의 합집합**과 **임의의 교집합**이라 말한다.

예 0.3. $\{B_t\}_{t\in T}$를 예 0.1에 있는 이발사들의 집합들의 모임이라 하자. 그러면 $\bigcup_{t\in T} B_t$는 알칸사스의 도시에서 운영하고 있는 모든 이발사들의 모임이다. 그리고 만약 $\bigcap_{t\in T} B_t$이 공집합이 아니라면 이 교집합에 있는 각각의 이발사들은 알칸사스의 모든 도시에서 이발소를 운영한다.

예 0.4. $U_r=[-r, r]\ (r\in\mathbb{R}_+)$에 대하여 $\bigcup_{r\in\mathbb{R}_+} U_r=\mathbb{R}$ 이고 $\bigcap_{r\in\mathbb{R}_+} U_r=\{0\}$이다.

만약 첨수집합이 $D=\{m, m+1, \ldots, n\}$이면 집합들 U_d의 합집합과 교집합은 각각 $\bigcup_{d=m}^{n} U_d$과 $\bigcap_{d=m}^{n} U_d$으로 표현한다. $m=-\infty$ 또는 $n=\infty$이 아닌 경우에는 **유한합집합**과 **유한교집합**이라 말한다.

정의 0.4.

(i) 집합 A, B에 대하여 만약 $A \cap B = \varnothing$이면 A와 B는 **서로소**라고 말한다.

(ii) $\{U_d\}_{d \in D}$에 대하여 만약 그 모임 안의 임의의 두 집합이 서로소이면 그 모임의 집합들을 **서로소**라고 말한다.

다음 보조정리는 하나의 집합이 부분집합들이 특정한 모임의 합집합임을 증명하는데 도움이 된다.

보조정리 0.5. 합집합 보조정리. 집합 X에 대하여 $\mathcal{C}$를 X의 부분집합들의 모임이라 하자. 만약 각 $x \in X$에 대하여 $x \in A_x$인 집합 A_x가 $\mathcal{C}$에 존재한다면 $\bigcup_{x \in X} A_x = X$이다. (그림 0.11 참조.)

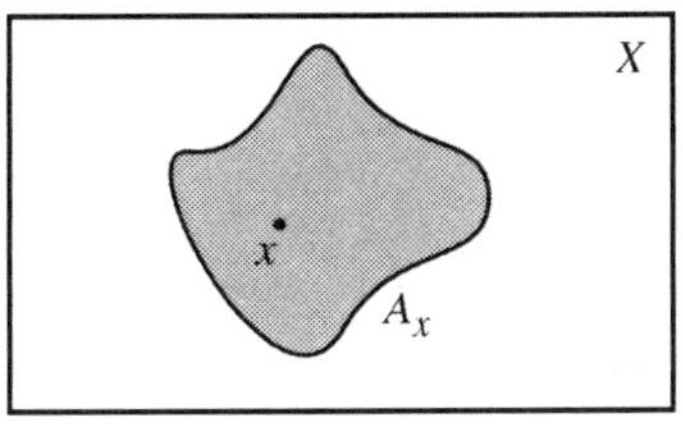

(그림 0.11) 집합 X는 부분집합 A_x들의 합집합이다.

증명. $\bigcup A_x \subset X$이고 $X \subset \bigcup A_x$임을 증명한다. 먼저 각각의 A_x는 X의 부분집합이므로 $\bigcup A_x \subset X$이다.

다음으로 $y \in X$에 대하여 $y \in A_y$인 집합 A_y가 $\mathcal{C}$에 존재한다. 그러므로 $y \in A_y \subset \bigcup A_x$이다. 따라서 부분집합의 정의에 의해 $X \subset \bigcup A_x$이다. ■

예 0.5. $\mathbb{R}$의 구간들의 모임 $\mathcal{C}=\{[s,s+1]\}_{s\in\mathbb{Z}}$를 고려하자. 각각의 $x\in\mathbb{R}$에 대하여 $x\in[s,s+1]$인 $s\in\mathbb{Z}$가 존재하기 때문에 $\mathbb{R}=\bigcup_{s\in\mathbb{Z}}[s,s+1]$이다. (그림 0.12 참조.)

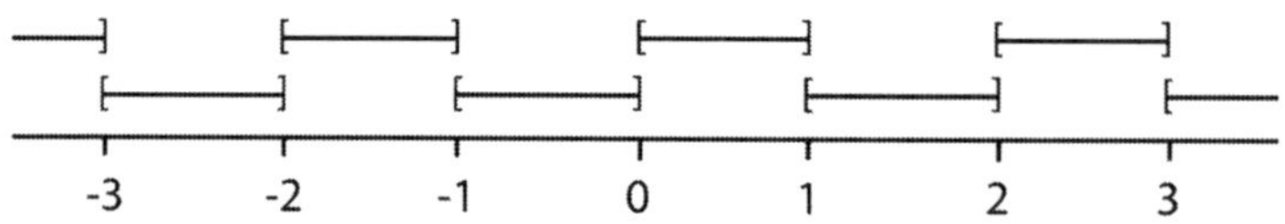

(그림 0.12) $\mathbb{R}=\bigcup_{s\in\mathbb{Z}}[s,s+1]$.

정의 0.6. 집합 A, B에 대하여 ***A*에서 *B*의 여집합**은 집합 $A-B=\{x \mid x\in A$이고 $x\notin B\}$로 정의한다.

A에서 B의 여집합은 A의 여집합이다. 예를 들어 만약 $A\subset B$이면 $A-B=\varnothing$이고 A와 B가 서로소이면 $A-B=A$이다. (그림 0.13 참조.)

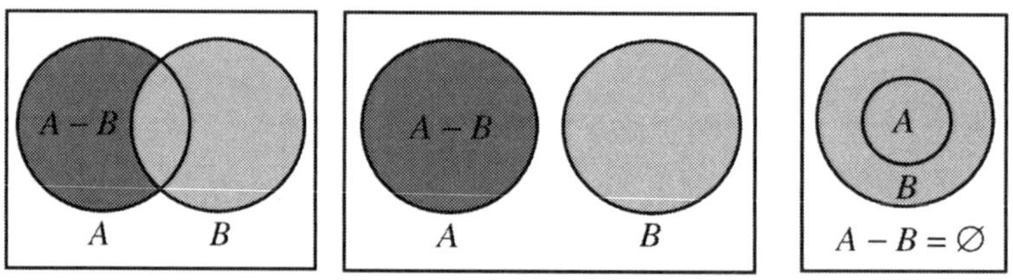

(그림 0.13) A에서 B의 여집합에 대한 여러 가능성.

이 책에서 1장 이후부터는 보통 고정된 집합 X를 고려한다. 이 경우에 "X에서 B의 여집합" 표현 대신 "B의 여집합"이라는 표현을 사용한다.

A에서 B의 여집합은 또한 ***A*와 *B* 사이의 차**라고 부르고 때때로 $A\setminus B$로 표시한다.

정의 0.7. 집합 A, B에 대하여 A와 B의 **곱**은 집합

$$A \times B = \{(a, b) \mid a \in A,\ b \in B\}$$

이다. $A \times B$의 원소는 A와 B의 원소들의 순서쌍이다.

중요한 노트: (a, b)라는 표현은 $\mathbb{R}$ 에서의 구간과 곱 $A \times B$의 원소 둘 다 표현하는데 사용된다. 둘 중 어느 것인지는 문맥으로부터 명확해야 한다.

만약 A가 m개의 원소들을 가지고 있고 B가 n개의 원소들을 가지고 있다면 $A \times B$는 mn개의 원소들을 가지고 있다.

정의 0.8. 집합 $A_1, \ldots, A_n$의 **곱**은 집합

$$A_1 \times \cdots \times A_n = \{(a_1, \ldots, a_n) \mid a_i \in A_i,\ i = 1, \ldots, n\}$$

이다. 그 곱의 원소는 집합 A_i들의 원소들의 n-순서쌍이다.

다음은 집합과 이미 언급한 관계 및 연산들에 관련된 중요한 성질이다.

정리 0.9. 집합 A, B, C에 대하여 다음 법칙들이 성립한다:

분배법칙:

$$A \cap (B \cup C) = (A \cap B) \cup (A \cap C)$$
$$A \cup (B \cap C) = (A \cup B) \cap (A \cup C)$$
$$A \times (B \cup C) = (A \times B) \cup (A \times C)$$
$$A \times (B \cap C) = (A \times B) \cap (A \times C)$$
$$A \times (B - C) = (A \times B) - (A \times C)$$

드모르간(DeMorgan) 법칙:

$$A - (B \cup C) = (A - B) \cap (A - C)$$
$$A - (B \cap C) = (A - B) \cup (A - C)$$

0.4 유클리드공간

위상수학에 사용되는 가장 흔한 집합 중의 하나는 $\mathbb{R}^n$ 또는 유클리드 n-공간이다. $\mathbb{R}^2$로 표시되는 평면은 두 실수의 순서쌍들의 집합

$$\mathbb{R}^2 = \{(x_1, x_2) \mid x_1, x_2 \in \mathbb{R}\}$$

이다. 따라서 $\mathbb{R}^2$는 곱 $\mathbb{R} \times \mathbb{R}$ 이다. (그림 0.14 참조.)

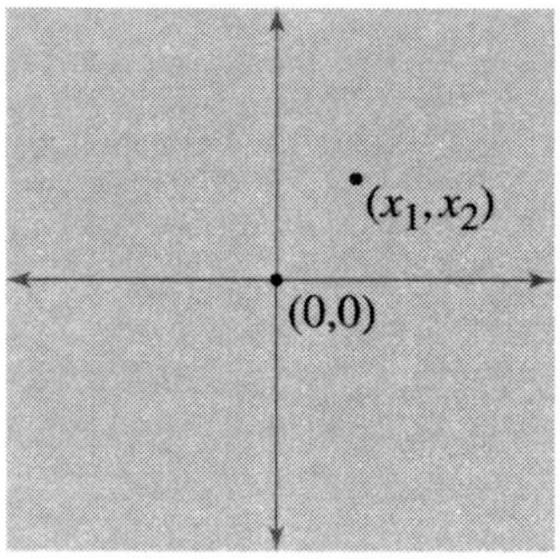

(그림 0.14) 평면 $\mathbb{R}^2 = \{(x_1, x_2) \mid x_1, x_2 \in \mathbb{R}\}$.

일반적으로 $\mathbb{R}^n$은 실수직선 n개의 곱이다. 그것은 실수들의 n-쌍들의 집합

$$\mathbb{R}^n = \{(x_1, x_2, \ldots, x_n) \mid x_1, x_2, \ldots, x_n \in \mathbb{R}\}$$

이다. $\mathbb{R}^n$을 **유클리드 n-공간(Euclidean n-space)** 또는 간단히 **n-공간**이라 부른다. 점 $(0, 0, \ldots, 0) \in \mathbb{R}^n$을 **원점**이라 하고 O로 표시한다.

$\mathbb{R}^n$에서 거리를 재는 일반적인 방법은 다음과 같이 정의된 **유클리드거리 공식**을 사용하는 것이다: $p = (p_1, \ldots, p_n)$, $q = (q_1, \ldots, q_n)$에 대하여 p와 q 사이의 거리는 그림 0.15에서 $\mathbb{R}^2$에 대해 묘사된 것처럼 다음과 같다:

$$d(p, q) = \sqrt{(p_1 - q_1)^2 + \cdots + (p_n - q_n)^2}$$

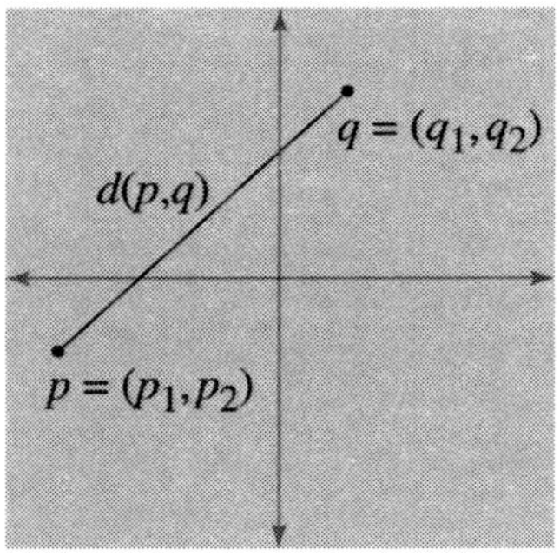

(그림 0.15) $\mathbb{R}^2$에서의 거리 측정.

유클리드거리 공식은 거리라고 알려진 다음 세 가지 성질을 만족 한다:

(i) 모든 $p, q \in \mathbb{R}^n$에 대하여, $d(p, q) \geq 0$이고 $d(p, q) = 0$일 필요충분조건은 $p = q$이다.

(ii) 모든 $p, q \in \mathbb{R}^n$에 대하여, $d(p, q) = d(q, p)$이다.

(iii) 모든 $p, q, r \in \mathbb{R}^n$에 대하여, $d(p, r) \leq d(p, q) + d(q, r)$이다.

5장에서 위상수학에서의 거리와 그것들의 관계를 다룬다. $\mathbb{R}^n$ 안의 각각의 x는 n-공간 안의 점으로 간주하고 또한 n-공간 안의 원점을 시점으로 하는 하나의 벡터로도 간주한다. 어느 쪽이든, **x의 크기(norm)**는 $|x| = \sqrt{x_1^2 + \cdots + x_n^2}$ 으로 정의한다. x의 크기를 원점으로부터 x까지의 거리 또는 벡터 x의 크기로 간주할 수 있다.

정의 0.10. 집합 $A \in \mathbb{R}^n$에 대하여 만약 모든 $x \in A$에 대하여 $|x| \leq b$인 $b \in \mathbb{R}$가 존재한다면 A는 **유계(bounded)**라고 말한다.

만약 $A \in \mathbb{R}^n$가 유계이면, 모든 $p, q \in A$에 대하여 $d(p, q) \leq d^*$인 $d^* \in \mathbb{R}$가 존재한다. 따라서 $\mathbb{R}^n$ 안의 유계집합 A에서 A 안의 모든 점들의 쌍 사이의 거리는 유계이다.

정의 0.11. 집합 $A \in \mathbb{R}^n$에 대하여 임의의 두 점 $p, q \in A$를 잇는 선분이 A 안에 놓여있다면 A를 **볼록(convex)**이라고 말한다.

예를 들어, 그림 0.16에서 집합 A와 B는 평면의 볼록 부분집합이고 집합 C는 두 점을 잇는 선분이 C 안에 놓여있지 않는 그런 두 점이 존재하기 때문에 볼록하지 않다.

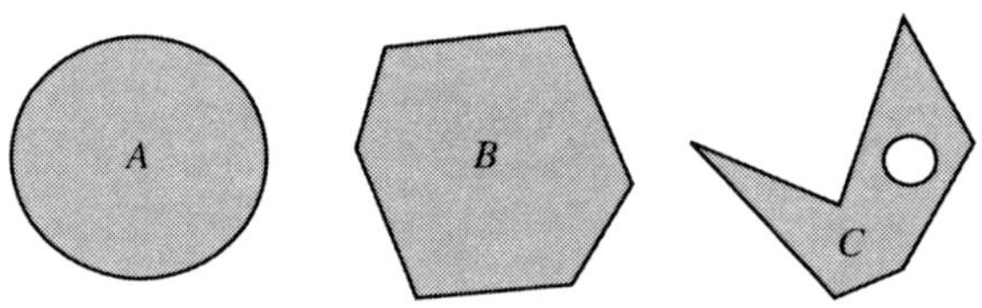

(그림 0.16) 집합 A와 B는 평면의 볼록 부분집합이고 C는 아니다.

정의 0.12.

(i) $\mathbb{R}^n$의 **반공간(half space)**은 실수 b와 a_i 중 최소한 하나가 0이 아닌 실수들 $a_i(i=1, \dots, n)$에 대하여 선형부등식 $a_1x_1 + \cdots + a_nx_n \le b$을 만족하는 점 $(x_1, \dots, x_n)$들의 집합이다.

(ii) $\mathbb{R}^n$의 **다면체**는 반공간들의 교집합으로 표현될 수 있는 $\mathbb{R}^n$의 유계인 부분집합이다.

그림 0.17에서 1차원, 2차원, 그리고 3차원 다면체를 보여준다. 1차원 다면체는 선분이고 2차원 다면체는 경계가 꼭짓점과 변으로 이루어진 다각형이다. 3차원 다면체는 변과 꼭짓점에서 만나는 다각형 면으로 이루어진 곡면을 가진다.

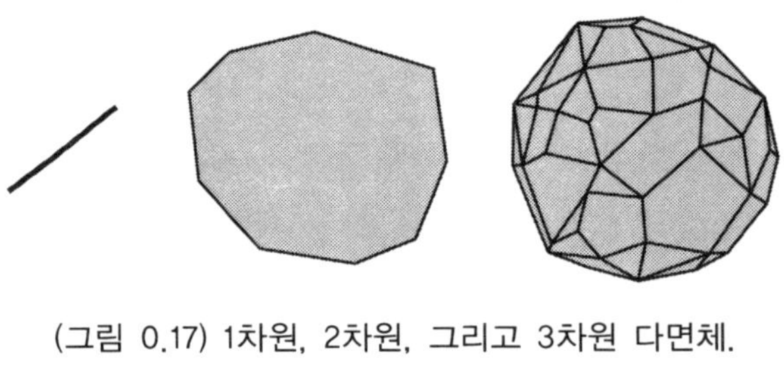

(그림 0.17) 1차원, 2차원, 그리고 3차원 다면체.

정의 0.13. S^n으로 표시되는 n**-구면(sphere)**은 $\mathbb{R}^{n+1}$에서 원점으로부터 거리가 1인 점들의 집합이다. 그러므로,

$$S^n = \{(x_1, \dots, x_{n+1}) \in \mathbb{R}^{n+1} \mid x_1^2 + \cdots + x_{n+1}^2 = 1\}$$

이다. 1-구면 S^1은 또한 **원**으로 부르고, 2-구면 S^2는 간단히 **구면**이라 말한다. (그림 0.18 참조.)

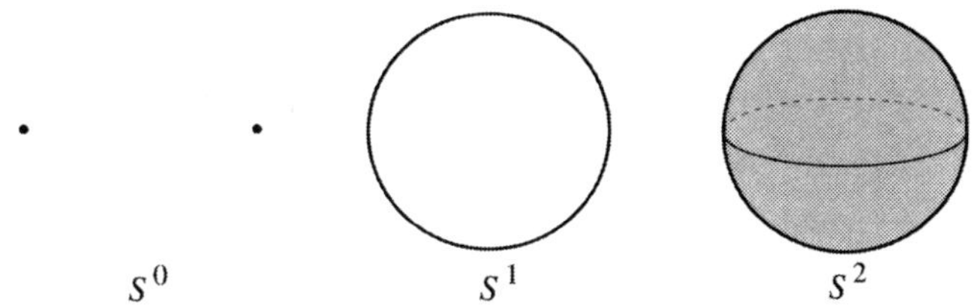

(그림 0.18) 0-구면, 1-구면, 그리고 2-구면.

만약 $x = (x_1, \dots, x_n)$이 n-구면의 점이라면, 점 $-x = (-x_1, \dots, -x_n)$은 x의 **대척점(antipode)**이라 부른다. 따라서 x의 대척점은 n-구면에서 원점을 중심으로 x의 반대쪽에 있는 점이다.

정의 0.14. n**-공(ball)** B^n은 집합

$$B^n = \{(x_1, \dots, x_n) \in \mathbb{R}^n \mid x_1^2 + \cdots + x_n^2 \le 1\}$$

이다. 2-공은 **원판(disk)**이라 부른다. **열린** n**-공** $\mathrm{Int}B^n$은 집합

$$\mathrm{Int}\ B^n = \{(x_1, \dots, x_n) \in \mathbb{R}^n \mid x_1^2 + \cdots + x_n^2 < 1\}$$

이다. 열린 2-공은 **열린원판**이라 부른다.

0.5 관계

정의 0.15. 집합 X, Y에 대하여,

(i) **X와 Y 사이의 관계(relation)**는 곱 $X\times Y$의 부분집합 R이다. 만약 $(x, y)\in R$이면 x는 y와 **관계있다**라고 하고 xRy로 표시한다.

(ii) **X에서의 관계**는 X와 X 사이의 관계이다.

수학에서 보편적으로 사용하는 중요한 형태의 관계는 다음과 같이 정의되는 동치관계이다.

정의 0.16. X에서 관계가 만약 모든 $a, b, c\in X$에 대해서 다음 세 가지 성질을 만족하면 **동치관계**(equivalence relation)라고 부른다.

(i) $a\sim a$. (반사성)

(ii) $a\sim b$이면 $b\sim a$이다. (대칭성)

(iii) $a\sim b$이고 $b\sim c$이면 $a\sim c$이다. (추이성)

예 0.6. D를 아이오아(Iowa)의 두부크(Dubuque)에 있는 모든 개들의 집합이라 하자. 개 a와 개 b의 어미가 같다면 $a\sim b$로 정의한다. 그러면 D에서 $\sim$는 동치관계임을 쉽게 보일 수 있다.

예 0.7. D를 다시 아이오아(Iowa)의 두부크(Dubuque)에 있는 모든 개들의 집합이라 하자. 여기에서 개 a가 개 b를 혀로 핥아본 적이 있으면 관계 L, aLb로 정의하자. 그러면 수학적인 확실성은 없지만 반사성은 만족한다. 왜냐하면 모든 개들은 때때로 자기 자신을 핥기 때문이다. 그러나 대칭성과 추이성은 만족하지 않는다. 예를 들어 개 a가 개 b를 혀로 핥아본 적이 있다고 해서 개 b가 개 a를 혀로 핥아본 적이 있다고는 보장을 못한다. 추이성도 마찬가지이다.

예 0.8. $\mathbb{R}^2$에서 $p_1+p_2=q_1+q_2$이면 $(p_1,p_2)\sim(q_1,q_2)$로 정의하자. $\sim$은 동치관계임을 보이고자 한다.

(i) 임의의 $(p_1,p_2)\in\mathbb{R}^2$에 대하여 $p_1+p_2=p_1+p_2$이기 때문에 $(p_1,p_2)\sim(p_1,p_2)$이다.

(ii) 임의의 $(p_1,p_2),(q_1,q_2)\in\mathbb{R}^2$에 대하여 만약 $(p_1,p_2)\sim(q_1,q_2)$이면 $p_1+p_2=q_1+q_2$이고 또한 이것은 $q_1+q_2=p_1+p_2$이므로 $(q_1,q_2)\sim(p_1,p_2)$이다.

(iii) 임의의 $(p_1,p_2),(q_1,q_2),(r_1,r_2)\in\mathbb{R}^2$에 대하여 $(p_1,p_2)\sim(q_1,q_2)$이고 $(q_1,q_2)\sim(r_1,r_2)$이라 가정하자. 그러면 $p_1+p_2=q_1+q_2=r_1+r_2$이고 그래서 $(p_1,p_2)\sim(r_1,r_2)$이다.

그래서 $\sim$은 동치관계이다.

이제 점 $(a_1,a_2)\in\mathbb{R}^2$이 주어졌을 때, 이 점과 동치관계인 점들을 모두 찾을 수 있는가? (a_1,a_2)과 동치관계인 (x,y)는 $x+y=a_1+a_2$을 만족해야 한다. 따라서 평면에서 (a_1,a_2)과 동치관계인 모든 점 (x,y)들은 직선 $x+y=a_1+a_2$에 놓여 있다. 더욱이 직선 $x+y=c$ 위의 모든 점들은 서로 동치관계이다.

예 0.8에서 언급했던 모든 직선들의 모임은 평면을 서로소인 부분집합들로 나눈다. 다음 정의에서 이 아이디어를 형식화한다.

정의 0.7. 집합 X의 **분할(partition)**은 합집합이 X이고 X의 서로소인 부분집합들의 모임이다.

예 0.8에서 집합 X의 동치관계 $\sim$은 그 집합의 하나의 분할을 결정한다. 각각의 $x\in X$에 대하여 $[x]=\{p\in X\mid p\sim x\}$을 정의하자. $[x]$를 $\sim$**하에서** x**의 동치류(equivalence class)**로 부른다. 모든 동치류들의 모임은 X의 분할이다. 예 0.8에서 동치류는 그림 0.19에서 묘사된 것처럼 $\mathbb{R}^2$에서 직선들 $x+y=c$이다.

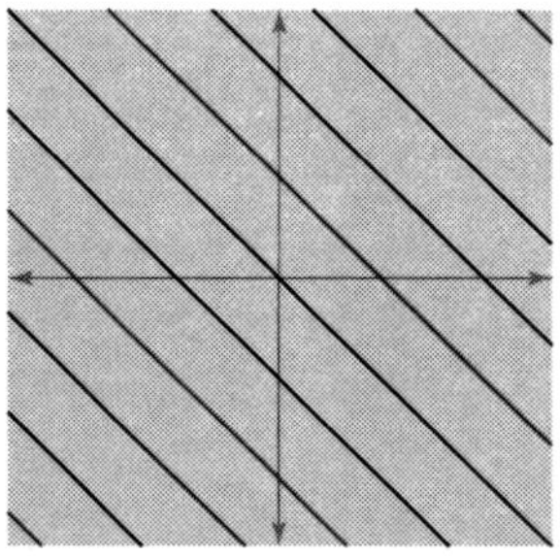

(그림 0.19) 직선들 $x+y=c$에 의한 평면의 분할.

이 과정을 반대로 한다. 집합 X의 분할은 X에서의 동치관계를 정의한다. 만약 X의 두 원소가 그 분할의 하나의 부분집합에 포함된다면 그 두 원소는 관계있다라고 정의한다. 이 관계는 동치관계이고 그것의 동치류들은 분할 안의 집합들이다.

예 0.9. 예 0.6으로 다시 돌아가서 거기에 정의된 동치류는 두부크에 있는 개들의 집합을 부분집합들로 나누는데 각각의 부분집합은 한 특정한 어미로부터 태어난 개들의 집합이다.

0.6 함수

수학의 다른 분야에서처럼 함수는 위상수학에서 중요한 역할을 한다. 이 절에서는 함수와 관련된 기본 정의와 성질들을 검토한다.

정의 0.18. 집합 X, Y에 대하여 X로부터 Y로의 **함수** f는 X의 각각의 x를 Y의 오직 하나의 y로 대응시키는 X와 Y 사이의 관계이다. $f(x)=y$로 나타내고 y를 **f하에서 x의 상**이라 부른다. 집합 X를 f의 **정의역**이라 하고 집합 Y를 f의 **공역**이라 부른다.

표기 $f: X \to Y$는 f는 X로부터 Y로의 함수를 의미한다. 함수 $f: X \to Y$는 또한 **사상**

(mapping)이라 부르고 f는 X**를** Y**로 보낸다**라고 말한다. 만약 $f(x)=y$이면 f는 x**를** y**로 보낸다**라고 말한다.

정의 0.19. 함수 $f:X\to Y$와 X의 부분집합 A에 대하여 f하에서 A의 상은 그림 0.20에 묘사된 것처럼 집합

$$f(A)=\{y\in Y \mid 어떤\ x\in X에\ 대하여\ y=f(x)\}$$

으로 정의한다. 집합 $f(X)$는 정의역의 상이고 또한 f**의 상**이라고도 말한다.

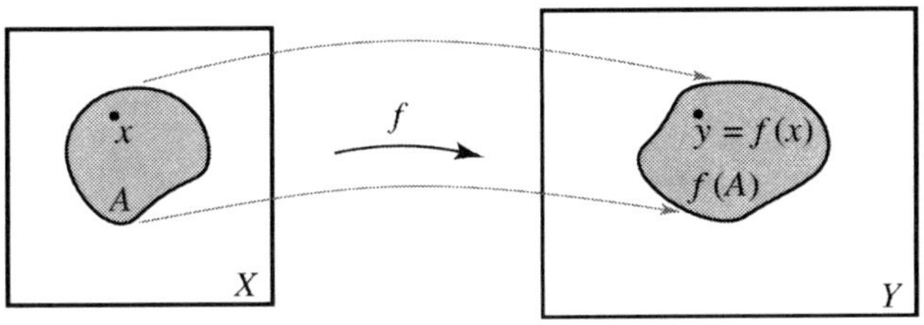

(그림 0.20) f하에서 A의 상.

함수 $f:X\to Y$에 대하여 만약 f의 상이 한 점 $c\in Y$로 이루어졌다면 함수 f를 **상수함수**라 부른다. 그 경우에 모든 $x\in X$에 대하여 $f(x)=c$이다. 집합 X에 대하여 X**에서의 항등함수(identity)**는 $id_X(x)=x$로 정의된 함수 $id_X:X\to X$이다. X에서의 항등함수는 X의 각 점 x를 자기 자신으로 보낸다.

정의 0.20. 함수 $f:X\to Y$와 한 점 $a\in Y$에 대하여 y**의 역상** $f^{-1}(y)$는 집합 $\{x\in X \mid f(x)=y\}$로 정의한다. Y의 부분집합 W에 대하여 W**의 역상** $f^{-1}(W)$은 집합 $\{x\in X \mid f(x)\in W\}$로 정의한다.

예 0.10. $f(x)=x^2$으로 정의된 함수 $f:\mathbb{R}\to\mathbb{R}$에 대하여 $f^{-1}([0,2])=[-\sqrt{2},\sqrt{2}\,]$이고 $f^{-1}([1,3])=[-\sqrt{3},-1]\cup[1,\sqrt{3}\,]$이다.

다음 정리들은 집합에서 상과 역상, 그리고 연산들의 기본적인 관계를 보여준다.

정리 0.21. 함수 $f: X \to Y$와 X의 부분집합 A, B에 대하여 다음은 성립한다.

(i) $f(A \cup B) = f(A) \cup f(B)$.
(ii) $f(A \cap B) \subset f(A) \cap f(B)$.
(iii) $f(A) - f(B) \subset f(A - B)$.

정리 0.22. 함수 $f: X \to Y$와 Y의 부분집합 V, W에 대하여 다음은 성립한다.

(i) $f^{-1}(V \cup W) = f^{-1}(V) \cup f^{-1}(W)$.
(ii) $f^{-1}(V \cap W) = f^{-1}(V) \cap f^{-1}(W)$.
(iii) $f^{-1}(V - W) = f^{-1}(V) - f^{-1}(W)$.

정의 0.23. $f: X \to Y$를 함수라 하자.
(i) 만약 모든 $w, x \in X$에 대하여 $f(w) = f(x)$이 $w = x$를 암시하면 f를 **단사(injective)**라 말한다.
(ii) 만약 $f(X) = Y$이면, f는 **전사(surjective)**라 말한다.
(iii) 단사이고 전사인 함수를 **일대일대응(bijective)**이라 말한다.

일대일대응에 의한 관계는 집합들 사이에 기본적인 동치관계이다. 일대일대응 함수 $f: X \to Y$는 X의 원소들과 Y의 원소들 사이의 일대일로 대응하게 한다.

예 0.11. $f(x) = x^2$으로 정의된 함수 $f: \mathbb{R} \to \mathbb{R}$는 음수들이 f의 상이 아니기 때문에 전사가 아니다. $1 \neq -1$이지만 $f(1) = f(-1)$이므로 f는 또한 단사가 아니다. f의 상은 집합 $\mathbb{R}_+ \cup \{0\}$이다.

예 0.12. $f(x) = 3x + 1$으로 정의된 함수 $f: \mathbb{R} \to \mathbb{R}$는 단사이고 전사이다. 그러므로 f는 일대일대응이다.

먼저 $w, x \in \mathbb{R}$ 에 대하여 $f(w) = f(x)$이라 가정하자. 그러면 $3w+1 = 3x+1$이므로 $3w = 3x$이고 $w = x$이다. $f(w) = f(x)$이 $w = x$를 암시하므로 f는 단사이다.

이제 $y \in \mathbb{R}$ 이라 하자. $x = \frac{y-1}{3}$ 으로 놓으면

$$f(x) = 3\left(\frac{y-1}{3}\right) + 1 = y - 1 + 1 = y$$

이다. 그러므로 임의의 $y \in \mathbb{R}$ 에 대하여 $f(x) = y$인 $x \in \mathbb{R}$ 가 존재하므로 f는 전사이다.

예 0.13. $g : \mathbb{R} \rightarrow \mathbb{R}^2$를 $g(x) = (x, x)$로 정의하자. 그러면 $g(w) = g(x)$는 $(w, w) = (x, x)$ 또는 $w = x$를 암시하므로 g는 단사이다. 그러나 g는 전사가 아니다. 왜냐하면 예를 들어 $(0, 1)$은 g의 상에 있지 않기 때문이다.

예 0.14. $h : \mathbb{R}^2 \rightarrow \mathbb{R}$ 를 $h(x_1, x_2) = x_1$으로 정의하자. 그러면 $x \in \mathbb{R}$ 에 대하여 $x = h(x, 0)$이므로 h는 전사이다. 그러나 $h(0, 0) = h(0, 1)$이지만 $(0, 0) \neq (0, 1)$이므로 h는 단사가 아니다.

임의의 일대일대응 함수에 다음과 같이 역함수를 정의한다.

정의 0.24. 함수 $f : X \rightarrow Y$ 가 일대일대응이면, $y \in Y$에 대하여 $f(x) = y$를 만족하는 x는 유일하게 존재하므로 $f^{-1} : Y \rightarrow X$를 $f^{-1}(y) = x$로 정의한다. 함수 f^{-1}을 **f의 역함수**라 부른다.

예 0.15. 예 0.12에서 $f(x) = 3x + 1$으로 정의된 함수 $f : \mathbb{R} \rightarrow \mathbb{R}$ 는

$$f^{-1}(x) = \frac{x-1}{3}$$

으로 정의된 역함수 $f^{-1} : \mathbb{R} \rightarrow \mathbb{R}$ 를 가진다.

때때로 함수 $f: X \to Y$를 정의역 X의 부분집합 A로 다음과 같이 제한할 수 있다.

정의 0.25. 함수 $f: X \to Y$와 X의 부분집합 A에 대하여 **f의 A에 축소 (restriction)**는 $x \in A$에 대하여 $f|_A(x) = f(x)$으로 정의된 함수 $f|_A : A \to Y$이다.

예 0.16. $f(x) = \sin x$로 정의된 함수 $f: \mathbb{R} \to [-1, 1]$와 $A = \left[-\frac{\pi}{2}, \frac{\pi}{2}\right] \subset \mathbb{R}$에 대하여 f는 단사가 아니지만 축소함수 $f|_A$는 단사이다. 사실 $f|_A$는 일대일대응이고 그것의 역함수는 $f|_A^{-1}(x) = \sin^{-1}(x)$이다.

X를 Y로 보내는 함수 f와 Y를 Z로 보내는 함수 g가 있으면 X에서 Z로 보내는 함수를 다음과 같이 얻을 수 있다.

정의 0.26. 함수 $f: X \to Y$와 $g: Y \to Z$에 대하여 f와 g의 **합성**은 $g \circ f(x) = g(f(x))$로 정의된 함수 $g \circ f: X \to Z$이다.

예 0.17. $f(x) = 3x^2$으로 정의된 함수 $f: \mathbb{R} \to \mathbb{R}$와 $g(x) = 5 - 2x$로 정의된 함수 $g: \mathbb{R} \to \mathbb{R}_+$에 대하여 $g \circ f: \mathbb{R} \to \mathbb{R}_+$은 다음과 같이 정의된 함수이다:

$$g \circ f(x) = 5 - 2(3x^2) = 5 - 6x^2$$

만약 $f: X \to Y$가 일대일대응 함수이고 $f^{-1}: Y \to X$가 역함수라면, f^{-1}의 정의에 의해서 모든 $x \in X$에 대하여 $f^{-1} \circ f(x) = x$이고 모든 $y \in Y$에 대하여 $f \circ f^{-1}(y) = y$이다.

집합 X가 유한하다라는 것은 직관적으로 X의 원소들을 1부터 해서 세었을 때 어떤 자연수 값으로 끝날 때이다. 일대일대응 함수를 이용하여 다음과 같이 정확히 정의한다:

정의 0.27. 만약 집합 X가 공집합이거나 어떤 $n \in \mathbb{Z}_+$에 대하여 일대일대응 함수 $f:\{1, 2, \dots, n\} \to X$가 존재한다면 X는 **유한**하다. 유한하지 않는 집합을 **무한하다**라고 말한다.

무한집합의 특별한 형태는 양의 정수집합 $\mathbb{Z}_+$이 원형인 가산 무한집합이다.

정의 0.28. 집합 X에 대하여 만약 일대일대응 함수 $f:\mathbb{Z}_+ \to X$가 존재한다면 X는 **가산 무한**하다고 한다. 유한이거나 가산 무한한 집합을 **가산(countable)**이라고 말한다. 가산인 아닌 집합을 **비가산(uncountable)**이라고 한다.

정수집합 $\mathbb{Z}$와 유리수집합 $\mathbb{Q}$는 둘 다 가산집합이다. 실수집합 $\mathbb{R}$과 무리수집합은 모두 비가산집합이다.

다음 정리는 부분집합, 합집합, 그리고 유한이고 가산인 집합들의 곱을 포함한 몇 가지 중요한 사실을 제공한다.

정리 0.29.

(i) 유한집합의 부분집합은 유한집합이다.
(ii) 유한집합들의 유한합은 유한집합이다.
(iii) 유한집합들의 유한곱은 유한집합이다.
(iv) 가산집합의 부분집합은 가산집합이다.
(v) 가산집합들의 가산합은 가산집합이다.
(vi) 가산집합들의 유한곱은 가산집합이다.

정의 0.30. 집합 X에 대하여 **X 안의 수열**은 함수

$$f:\mathbb{Z}_+ \to X$$

이다. 함수 f의 치역을 그 **수열의 치역**이라 부른다.

수열 $f:\mathbb{Z}_+ \to X$에 대하여 $f(n)$ 대신에 보통 x_n으로 쓰고 그 수열을 $(x_1, x_2, \dots)$ 또는 (x_n) 형태로 표현한다.

수열의 치역은 수열 $\left(1, \frac{1}{2}, \frac{1}{3}, \dots\right)$처럼 무한할 수 있거나 수열 $(1, 0, 1, 0, \dots)$처럼 유한할 수 있다.

정의 0.31. 수열 (x_n)과 (y_n)에 대하여 만약 모든 $n \in \mathbb{Z}_+$에 대하여 $j_1 < j_2 < \cdots < j_n < \cdots$ 순서로 놓았을 때 $y_n = x_{j_n}$인 양의 정수 부분집합 $\{j_1, j_2, \dots\}$이 존재하면 (y_n)을 (x_n)의 **부분수열**이라 말한다. 양의 정수 수열 (j_n)을 부분수열 $(y_n) = (x_{j_n})$에 대한 **첨수수열**이라 부른다.

예 0.18. 수열 $(2, 4, 6, 8, \dots)$은 수열 $(1, 2, 3, 4, \dots)$의 부분수열이다. 반면, 수열 $(1, 1, 3, 3, 5, 5, \dots)$은 $(1, 2, 3, 4, \dots)$의 부분수열이 아니다.

chapter 1

위상공간

위상공간과 위상공간 사이의 연속함수를 다루는 것이 위상수학의 중요한 학습대상이다. 이 장에서는 위상공간의 개념을 소개하고 그와 관련된 기초 개념인 열린집합 (1.1절), 기저 (1.2절)와 닫힌집합(1.3절)을 소개한다. 또한 1.4절에서는 위상공간의 개념의 활용으로 디지털화상 과정에 대해 다룬다.

1.1 열린집합과 위상공간의 정의

위상수학 분야의 개념이 형성되기 전에 수학자들은 실수집합에서의 열린구간과 같은 열린집합의 개념을 사용하였다. 하지만 실수집합에서 열린집합이 갖는 여러 가지 성질들이 일반적인 집합의 부분집합에서도 만족된다는 것을 알게 되었다. 마침내 근본적인 성질들이 잘 정제되었고, 열린집합의 모임으로서의 위상이란 개념이 다음의 정의로 진화하였다.

정의 1.1. 집합 X에 대하여 X에 대한 **위상(topology)** $\mathfrak{I}$는 X의 부분집합들의 모임으로 각각의 원소는 **열린집합**이라 하고 다음의 조건을 만족한다.

(i) $\varnothing$ 과 X는 열린집합이다.

(ii) 유한개의 열린집합의 교집합은 열린집합이다.

(iii) 열린집합의 임의의 합집합은 열린집합이다.

집합 X와 X에 주어진 위상 $\mathfrak{I}$의 쌍을 **위상공간(topological space)**이라 부른다.

따라서 집합 X의 부분집합의 모임 $\mathfrak{I}$가 $\varnothing, X$를 포함하고 $\mathfrak{I}$에 속하는 유한개의 교집합과 임의의 합집합이 다시 $\mathfrak{I}$에 속하면 $\mathfrak{I}$를 X에 대한 위상이라 한다.

중요한 노트: 위상공간을 결정하는 중요한 두 가지 요소가 있는데 집합 X와 위상을 결정하는 X의 부분집합들의 모임인 $\mathfrak{I}$이다. 따라서 위상공간을 정확하게 나타내려면 순서쌍 $(X, \mathfrak{I})$로 표현해야 하지만 편의상 X로 나타내기로 한다.

실수집합에서의 열린구간이나 평면에서 열린원판을 연상하면 열린집합이 어떤 모습일지에 대한 직관을 갖게 될 것이다. 이것은 실수집합과 평면의 표준위상을 결정하지만 그들 집합에 부여할 수 있는 수많은 위상 중의 하나에 불과하다.

몇 가지 위상공간의 예를 살펴보기로 한다.

예 1.1. $X=\{a, b, c\}$에 대하여 그림 1.1과 같이 X의 부분집합들의 모임 $\mathfrak{J}_1$, $\mathfrak{J}_2$, $\mathfrak{J}_3$, $\mathfrak{J}_4$를 생각한다.

$\mathfrak{J}_1=\{\varnothing, X, \{a\}, \{a, b\}\}$

$\mathfrak{J}_2=\{\varnothing, X, \{a\}, \{b\}, \{a, b\}, \{b, c\}\}$

$\mathfrak{J}_3=\{\varnothing, X, \{a\}, \{c\}, \{a, c\}\}$

$\mathfrak{J}_4=\{\varnothing, X, \{a\}, \{b\}, \{c\}, \{a, b\}\}$

$\mathfrak{J}_1$, $\mathfrak{J}_2$, $\mathfrak{J}_3$는 위상이 되지만 $\mathfrak{J}_4$는 합집합에 대하여 닫혀있지 않으므로 위상이 아니다.

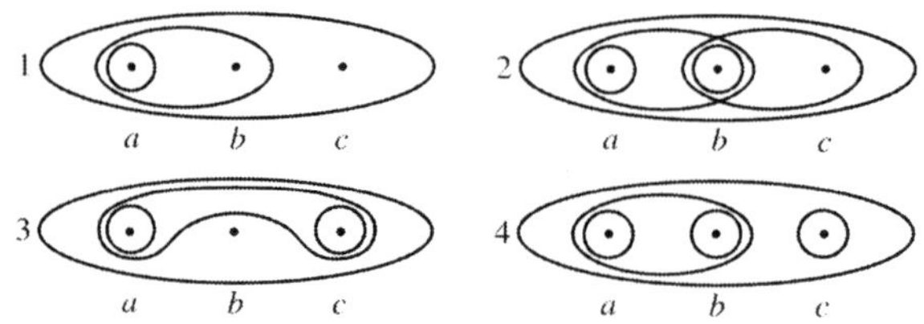

(그림 1.1) 어떤 모임이 $X=\{a, b, c\}$에서 위상인가?

예 1.2. $X \neq \varnothing$에 대하여 $\mathfrak{J}=\{\varnothing, X\}$라 하자. $\mathfrak{J}$는 위상이 되기 위한 세 가지 조건을 모두 만족한다. $\mathfrak{J}$를 X에 대한 **자명한(trivial) 위상** 또는 **비이산위상(indiscrete topology)**이라 부른다.

예 1.3. $X \neq \varnothing$에 대하여 $\mathfrak{J}=\wp(X)$는 X의 모든 부분집합들의 모임이라 하자. 유한 교집합과 임의의 합집합은 여전히 X의 부분집합이 되므로 $\mathfrak{J}$는 X에서 위상이 된다. $\mathfrak{J}$를 X에 대한 **이산위상(discrete topology)**이라 부른다.

예 1.4. $X = \mathbb{R}$에 대하여 $\mathfrak{I} = \{\varnothing\} \cup \{U \mid \mathbb{R} - U$는 유한집합$\}$이라 하자. (그림 1.2 참조.) 예를 들어, $U = \mathbb{R} - \{0, 3, 7\}$는 열린집합이다. $\mathfrak{I}$는 $X = \mathbb{R}$에서 위상이 되고 이것을 $\mathbb{R}$에서의 **여유한위상(finite complement topology)**이라 부르고 $\mathbb{R}_{fc}$로 나타낸다.

(그림 1.2) $\mathbb{R}$에서의 여유한위상의 열린집합.

$\mathbb{R}_{fc}$가 위상이 되는지를 확인해보자:

(i) $\varnothing \in \mathfrak{I}$이므로 $\varnothing$은 열린집합이다. $\mathbb{R} - \mathbb{R} = \varnothing$이고 $\varnothing$은 유한집합이므로 $\mathbb{R}$은 열린집합이다.

(ii) $\{U_1, U_2, \ldots, U_n\}$이 $\mathfrak{I}$에서 유한개의 열린집합들의 모임이라 할 때 이들 중 어느 하나가 공집합이면 그것들의 교집합도 공집합이므로 열린집합이 된다. 따라서 어느 것도 공집합이 아니라고 가정하면 유한집합 $F_1, F_2, \ldots, F_n$이 존재하여

$$U_1 = \mathbb{R} - F_1,\ U_2 = \mathbb{R} - F_2, \ldots, U_n = \mathbb{R} - F_n$$

으로 나타낼 수 있고, $\bigcap_{i=1}^{n} U_i = \mathbb{R} - \left(\bigcup_{i=1}^{n} F_i\right)$가 된다. $\bigcup_{i=1}^{n} F_i$는 유한집합이므로 $\bigcap_{i=1}^{n} U_i$는 열린집합이다.

(iii) $\{U_\alpha\}$를 열린집합들의 모임이라 하자. 각각의 U_α는 공집합이거나 여집합이 유한인 집합이다. 만약 모든 U_α가 공집합이면 그들의 합집합도 공집합이므로 열린집합이 된다. 따라서 $U_{\alpha_0} \neq \varnothing$인 U_{α_0}가 존재한다고 가정하자. 그러면 $\mathbb{R} - U_{\alpha_0}$는 유한집합이 되고 $U_{\alpha_0} \subset \bigcup U_\alpha$이므로

$$\mathbb{R} - U_{\alpha_0} \supset \mathbb{R} - \left(\bigcup U_\alpha\right)$$

가 되어 $\mathbb{R} - \bigcup U_\alpha$는 유한집합이 된다. 따라서 $\bigcup U_\alpha$는 열린집합이다.

공집합이 아닌 집합 X에 대하여 위와 같은 방법으로 X에 여유한위상을 정의할 수 있다. 그것을 기호로 X_{fc}로 나타내기로 한다.

이제까지 우리는 실수집합 $\mathbb{R}$에 서로 다른 세 개의 위상을 정의하였다. 자명한위상과 이산위상 그리고 여유한위상, 이들 중 가장 적은 수의 열린집합을 갖고 있는 자명한위상은 여유한위상에 포함되어 있고 여유한위상은 가장 많은 수의 열린집합을 갖고 있는 이산위상에 포함되어 있다. 따라서 여유한위상에 속하는 모든 열린집합은 이산위상에서도 여전히 열린집합이 되지만 역은 성립하지 않는다. 이 경우 이산위상이 여유한위상보다 더 세밀(finer)하다라고 정의한다. 이것은 마치 잘게 부스러진 자갈들은 쉽게 합쳐져서 또 다른 자갈을 이루는 것과 유사한 개념이다. (그림 1.3 참조.)

정의 1.2. 집합 X에 대하여 $\mathfrak{I}_1$과 $\mathfrak{I}_2$가 X에서의 두 위상이라 하자. 만약 $\mathfrak{I}_1 \subset \mathfrak{I}_2$이면 $\mathfrak{I}_2$는 $\mathfrak{I}_1$보다 **세밀하다**(finer)고 정의한다. 또한 $\mathfrak{I}_1 \subsetneq \mathfrak{I}_2$인 경우 $\mathfrak{I}_2$는 $\mathfrak{I}_1$보다 **엄밀하게 세밀하다**(strictly finer)라고 정의한다. 반대로 $\mathfrak{I}_1$은 $\mathfrak{I}_2$보다 **엉성하다**(coarser)고 정의한다.

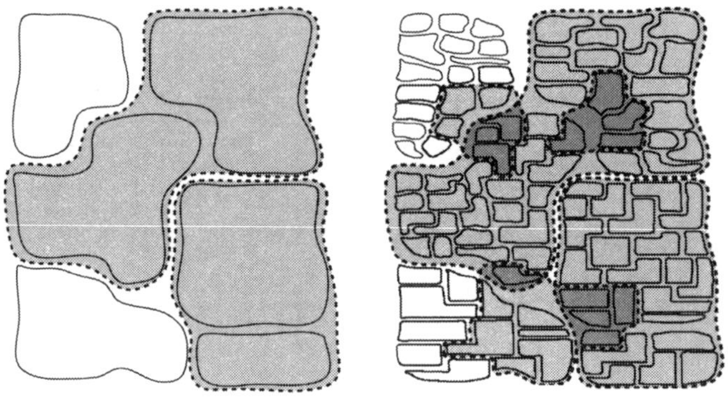

(그림 1.3) 자갈이 더 작을수록 그것으로 만들 수 있는 열린집합의 개수는 더 많아진다.

일반적으로 집합 X에 대한 두 개의 위상 $\mathfrak{I}_1$과 $\mathfrak{I}_2$가 비교 가능할 필요는 없다. $\mathfrak{I}_1$에서 어떤 열린집합이 $\mathfrak{I}_2$에서 열린집합이 되지 않을 수 있고 마찬가지로 $\mathfrak{I}_2$에 있는 어떤 열린집합이 $\mathfrak{I}_1$에서 열린집합이 되지 않은 경우도 존재한다.

정의 1.3. X는 위상공간이고 $x \in X$라 하자. x를 포함하는 열린집합 U를 x의 **근방 (neighborhood)**이라 정의한다.

다음의 정리는 주어진 집합이 열린집합이 되는지 아닌지를 판별하는 유용한 방법을 제시해준다.

정리 1.4. X는 위상공간이고 A는 X의 부분집합이라 하자. A가 X에서 열린집합이 되기 위한 필요충분조건은 임의의 $x \in A$에 대하여 근방 U가 존재하여 $x \in U \subset A$를 만족하는 것이다. (그림 1.4 참조.)

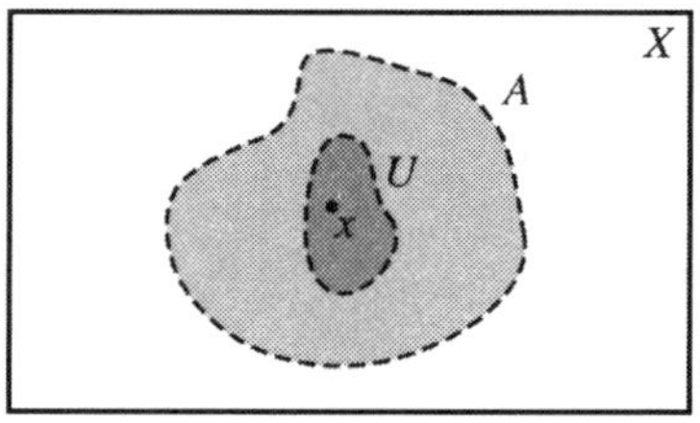

(그림 1.4) A가 X에서 열린집합일 필요충분조건은 A의 모든 점이 A 안에 있는 근방 U를 가지는 것이다.

증명. A가 X에서 열린집합이고 $x \in A$라 가정하자. $U = A$라 놓으면 U는 x의 근방이 되고 $U \subset A$가 된다.
역으로 A의 임의의 원소 x에 대하여 x의 근방 U_x가 존재하여 $x \in U_x \subset A$라고 가정하자. 그러면 합집합의 보조정리(보조정리 0.5)에 의해 $A = \bigcup_{x \in A} U_x$가 되고 A는 열린집합의 합집합이므로 A는 열린집합이 된다. ■

연습문제 1.1.

1.1. $X=\{a,b\}$에서 가능한 모든 위상을 결정하시오.

1.2. 세 점 집합 $X=\{a,b,c\}$에서, 자명한위상은 2개의 열린집합을 가지며 이산위상은 8개의 열린집합이 있다. $n=3,\ldots,7$까지의 자연수일 때, 각각의 n에 대하여 열린집합의 개수가 n개인 위상이 있는지를 판별하시오.

1.3. 위상공간 X가 이산위상일 필요충분조건은 각각의 원소 $x\in X$에 대하여 $\{x\}$가 열린집합임을 증명하시오.

1.4. (a) 이산위상이 여유한위상과 같은 예를 보이시오.
(b) 이산위상과 여유한위상이 같아지는 위상공간 X를 결정하고 그 이유를 설명하시오.

1.5. $X=\{a,b,c,d,e\}$에 대하여 위상공간 $\mathfrak{I}_1$은 위상공간 $\mathfrak{I}_2$보다 세밀하고, 위상공간 $\mathfrak{I}_2$는 위상공간 $\mathfrak{I}_3$보다 세밀하도록 세 위상공간을 결정하시오. 단, 어느 것도 자명한위상공간이거나 이산위상은 아니다. 앞에서 결정한 세 위상공간과 비교 불가능한 위상공간을 찾으시오.

1.6. 실수집합 $\mathbb{R}$에서 두 부분집합 $(0,2)$와 $(1,3)$을 열린집합으로 갖는 가장 작은 위상공간을 찾으시오.

1.7. 집합 X와 X의 원소 p에 대하여 $\varnothing, X$ 그리고 점 p를 포함하는 X의 모든 부분집합들의 모임은 X의 위상임을 보이시오. 이 위상공간을 X에서의 **특별점위상** (particular point topology)이라고 부르고 이것을 PPX_p로 나타낸다.

1.8. 집합 X와 X의 원소 p에 대하여 $\varnothing, X$ 그리고 점 p를 포함하지 않는 X의 모든 부분집합들의 모임은 X의 위상임을 보이시오. 이 위상공간을 X에서의 **점제외위상** (excluded point topology)이라고 부르고 이것을 EPX_p로 나타낸다.

1.9. $\mathfrak{I}$는 $\varnothing, \mathbb{R}$, 그리고 $(-\infty,p)$ $(p\in\mathbb{R})$의 모임이다. $\mathfrak{I}$는 $\mathbb{R}$에서 위상이 됨을 보이시오.

1.2 위상의 기저

앞 절의 예에서 우리는 위상을 구성하는 모든 열린집합을 구체적으로 표시할 수 있었다. 그러나 일반적으로 위상을 구성하는 모든 열린집합을 구체적으로 표시하는 것은 어렵기 때문에 기저라고 하는 최소한의 열린집합의 모임을 택하여 그것으로부터 다른 열린집합들을 생성한다.

정의 1.5. 집합 X와 X의 부분집합들의 모임 $\mathscr{B}$가 다음의 조건을 만족하면 $\mathscr{B}$를 X 상의 (위상에 대한) **기저(basis)**라고 한다.

(i) $x \in X$인 임의의 x에 대하여 $\mathscr{B}$의 원소 B가 존재하여 $x \in B$이다.

(ii) $\mathscr{B}$의 원소 B_1, B_2에 대하여 만약 $x \in B_1 \cap B_2$이면 $\mathscr{B}$의 원소 B가 존재하여 $x \in B \subset B_1 \cap B_2$이다. (그림 1.5 참조.)

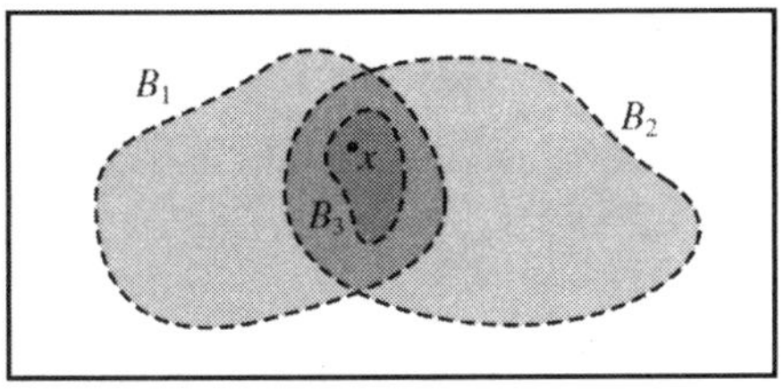

(그림 1.5) 기저에 속하는 두 집합의 교집합의 임의의 x에 대하여 기저에 속하는 집합이 존재하여 x를 포함하고 두 집합의 교집합에 포함된다.

기저 $\mathscr{B}$에 속하는 집합들을 **기저원소**라고 부른다. 기저가 되기 위한 조건을 다음과 같이 다시 표현할 수 있다.

(i) 집합 X에 속하는 임의의 원소 x에 대하여 x를 포함하는 기저원소가 존재한다.

(ii) 두 기저원소의 교집합에 속하는 모든 원소에 대하여 그 원소를 포함하고 교집합에 포함되는 기저원소가 존재한다.

이제 기저로부터 어떻게 위상을 생성하는지 설명하고자 한다. 우선 기저를 이루는 예를 살펴보자.

예 1.5. 실수집합 $\mathbb{R}$ 에 대하여 $\mathcal{B} = \{(a,b) \subset \mathbb{R} \mid a < b\}$라 하자. 임의의 $x \in \mathbb{R}$ 에 대하여 $x \in (x-1, x+1)$이고 $(x-1, x+1) \in \mathcal{B}$ 이므로 기저가 되기 위한 첫 번째 조건을 만족한다. 만약 두 열린구간의 교집합이 공집합이 아니면 그 교집합은 열린구간이 되며 교집합에 포함되므로 기저가 되기 위한 두 번째 조건을 만족한다.

예 1.6. X는 집합이고 $\mathcal{B} = \{\{x\} \mid x \in X\}$라 하자. X에 속하는 임의의 $x \in X$에 대하여 $x \in \{x\}$이고 $\{x\} \in \mathcal{B}$ 이므로 기저가 되기 위한 첫 번째 조건을 만족한다. 서로 다른 두 한원소집합의 교집합은 공집합이므로 기저가 되기 위한 두 번째 조건은 자동으로 만족한다.

집합 X가 기저를 갖고 있는 장점은 무엇인가? 기저는 쉽게 위상을 결정해준다.

정의 1.6. $\mathcal{B}$ 는 집합 X상의 기저라 하자. **기저 $\mathcal{B}$ 에 의해 생성되는 위상**은 공집합과 기저원소들의 합집합으로 표현되는 집합들이 열린집합을 구성한다.

그렇게 구성된 열린집합들의 모임이 위상이 되는지 확인할 필요가 있다. 예를 살펴본 후에 그것을 증명하기로 한다.

예 1.7. 공집합이 아닌 집합 X에 대하여 $\mathcal{B} = \{\{x\} \mid x \in X\}$라 하자. 예 1.6에서 $\mathcal{B}$ 는 기저가 되는 것을 확인하였다. 기저 $\mathcal{B}$ 가 생성하는 위상 $\mathfrak{I}$는 무엇일까? X의 임의의 부분집합 U는 U에 포함된 원소로 만들어진 한 점 집합의 합집합으로 표현될 수 있으므로 U는 열린집합이 된다. 즉 X의 모든 부분집합이 열린집합이다. 그러므로 $\mathfrak{I}$는 이산위상이 된다.

예 1.8. 실수집합 $\mathbb{R}$ 에 대하여 $\mathcal{B} = \{(a,b) \subset \mathbb{R} \mid a < b\}$라 하자. 예 1.5에서 $\mathcal{B}$ 는 기저가 되는 것을 확인하였다. 기저 $\mathcal{B}$ 에 의해 생성되는 위상을 $\mathbb{R}$ 상의 **표준위상 (standard topology)**이라 부른다. $\mathbb{R}$ 상에서 표준위상에 대한 열린집합은 열린구간

의 합집합으로 표현된다. ℝ 상의 위상으로 특별한 언급이 없는 한 우리는 표준위상이 주어진 것으로 간주한다.

이제 기저에 의해 생성된 위상이 실제 위상이 되는지를 증명해보자. 이를 위해 다음의 보조정리를 소개한다.

보조정리 1.7. $\mathscr{B}$ 는 기저이고 $B_1, B_2, \ldots, B_n$은 기저원소라고 하자. 만약 $x \in \bigcap_{i=1}^{n} B_i$라고 가정하면 기저원소 $B \in \mathscr{B}$ 가 존재하여 $x \in B \subset \bigcap_{i=1}^{n} B_i$가 된다.

증명. n에 관한 수학적 귀납법으로 증명한다. $n=2$일 때는 기저가 되기 위한 두 번째 조건으로부터 결론이 성립함을 알 수 있다.

$n-1$일 때 성립한다고 가정하고 $B_1, B_2, \ldots, B_n$은 기저원소이고 $x \in \bigcap_{i=1}^{n} B_i$라고 하자. 그러면 귀납법의 가정으로부터 기저원소 B^*가 존재하여 $x \in B^* \subset \bigcap_{i=1}^{n-1} B_i$가 되고 따라서 $x \in B^* \cap B_n$이 된다. 기저가 되기 위한 두 번째 조건으로부터 기저원소 B가 존재하여 $x \in B \subset B^* \cap B_n \subset \bigcap_{i=1}^{n} B_i$를 만족한다. ■

정리 1.8. 기저 $\mathscr{B}$ 에 의해 생성되는 위상 $\mathfrak{T}$는 위상이다.

증명. 공집합 $\varnothing$ 는 정의로부터 $\mathfrak{T}$의 원소이다. 임의의 $x \in X$에 대하여 기저원소 $B_x \in \mathscr{B}$ 가 존재하여 $x \in B_x$이므로 $X = \bigcup_{\mathscr{B}} B$가 되어 X는 $\mathfrak{T}$의 원소가 된다.

$\mathfrak{T}$에 속하는 임의의 유한개 원소의 교집합이 $\mathfrak{T}$에 속함을 보이자. $\mathfrak{T}$에 속하는 유한개의 원소 $U_1, U_2, \ldots, U_n$에 대하여 $V = U_1 \cap U_2 \cap \cdots \cap U_n$이라 하자. 만약 $U_1, U_2, \ldots, U_n$ 중 어느 하나가 공집합이면 $V = \varnothing$이다. 따라서 모든 U_i가 기저원소들의 합집합으로 표현된다고 가정하자. 이제 V 또한 기저원소들의 합집합으로 표시됨을 보이면 된다. $x \in V$의 임의의 원소라고 하면 모든 i에 대하여 $x \in U_i$이다. 그런데 각각의 U_i는 기저원소의 합집합으로 표현될 수 있으므로 x를 포함하는 기저원소 B_i가 존재하여 $x \in B_i \subset U_i$가 된다. 보조정리

1.7로부터 기저원소 B_x가 존재하여 $x \in B_x \subset \bigcap_{i=1}^{n} B_i \subset V$가 된다. 따라서 합집합의 보조정리(보조정리 1.5)로부터 $V = \cup B_x$.이고 따라서 V는 $\mathfrak{I}$의 원소이다.

마지막으로 $\mathfrak{I}$에 속하는 원소들의 임의의 합집합이 $\mathfrak{I}$의 원소가 됨을 증명해보자. U_α는 $\mathfrak{I}$의 원소이고 $V = \bigcup U_\alpha$라고 하자. 만약 U_α 중에서 공집합이 아닌 U_α가 적어도 하나 존재하면 U_α는 기저원소들의 합집합으로 표현되고 따라서 V도 기저원소들의 합집합으로 표현되므로 V는 $\mathfrak{I}$의 원소가 된다. ■

중요한 노트: 기저는 위상을 생성할 뿐 아니라 기저원소들은 생성된 위상에서 열린집합이 된다.

예 1.9. 실수집합 $\mathbb{R}$에서 $\mathscr{B} = \{[a,b) \subset \mathbb{R} \mid a < b\}$는 기저를 이룬다. (연습문제 1.10 참조.) 기저 $\mathscr{B}$에 의해 생성된 위상을 $\mathbb{R}$ 상의 **하극한위상(lower limit topology)**이라고 부른다. 그 이유는 각각의 기저원소가 하극한을 포함하고 있기 때문이다. 실수집합 $\mathbb{R}$ 상의 하극한위상을 $\mathbb{R}_l$로 나타내기로 한다.

구간 $[0,2)$와 $(0,2)$는 위상 $\mathbb{R}_l$에서 모두 열린집합이다. $[0,2)$는 기저원소이기 때문에 열린집합이고 $(0,2)$는 기저원소들의 합집합, 즉 $(0,2) = \bigcup_{i \in \mathbb{N}} [\frac{1}{i}, 2)$이므로 열린집합이다.

같은 방법으로 기저 $\mathscr{B} = \{(a,b] \subset \mathbb{R} \mid a < b\}$로부터 $\mathbb{R}$ 상의 **상극한위상(upper limit topology)**을 생성할 수 있다.

지금까지 우리는 실수집합 $\mathbb{R}$ 상의 6개의 위상을 소개하였다: 자명한위상, 이산위상, 여유한위상, 표준위상, 하극한위상, 그리고 상극한위상. 이들 중 이산위상이 가장 세밀하고 자명한위상이 가장 엉성한 위상이다. 그러면 다른 위상 사이의 관계는 어떠한가? (연습문제 1.13 참조.)

정수집합 $\mathbb{Z}$ 상의 표준위상은 이산위상이 됨을 3.1절에서 확인할 것이다. 정수집합 $\mathbb{Z}$ 상의 이산위상이 아닌 위상 하나를 소개한다.

예 1.10. 각각의 정수 $n \in \mathbb{Z}$에 대하여

$$B(n) = \begin{cases} \{n\} & n\text{이 홀수일 때,} \\ \{n-1, n, n+1\} & n\text{이 짝수일 때} \end{cases}$$

라고 하자. 그러면 $\mathscr{B} = \{B(n) \mid n \in \mathbb{Z}\}$는 기저를 이룬다. (연습문제 1.14 참조.) 기저 $\mathscr{B}$에 의해 생성된 위상을 **디지털직선위상(digital line topology)**이라 부르고, 이 위상을 가진 $\mathbb{Z}$를 **디지털직선공간**이라 말한다. (그림 1.6 참조.)

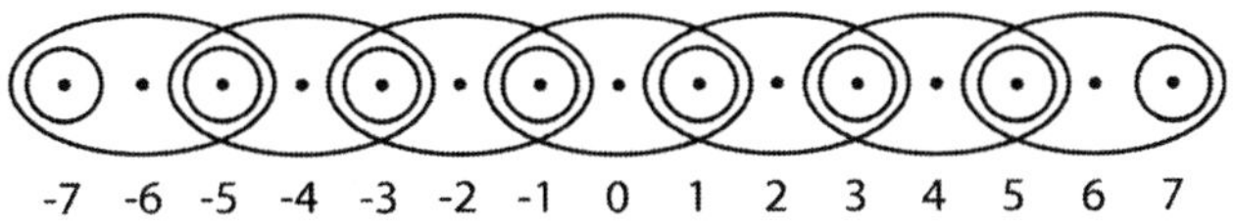

(그림 1.6) 디지털직선위상에 대한 기저원소들.

기저에 의해 생성된 위상에서 열린집합은 기저원소들의 합집합으로 표현된다. 다음 정리는 기저에 의해 생성된 위상에서 열린집합이기 위한 또 다른 방법을 소개한다.

정리 1.9. X는 집합이고 $\mathscr{B}$는 X상의 위상을 생성하는 기저라고 하자. 이때 집합 U가 $\mathscr{B}$에 의해 생성된 위상에서 열린집합이기 위한 필요충분조건은 U에 속하는 임의의 $x \in U$에 대하여 기저원소 $B_x \in \mathscr{B}$가 존재하여 $x \in B_x \subset U$를 만족하는 것이다.

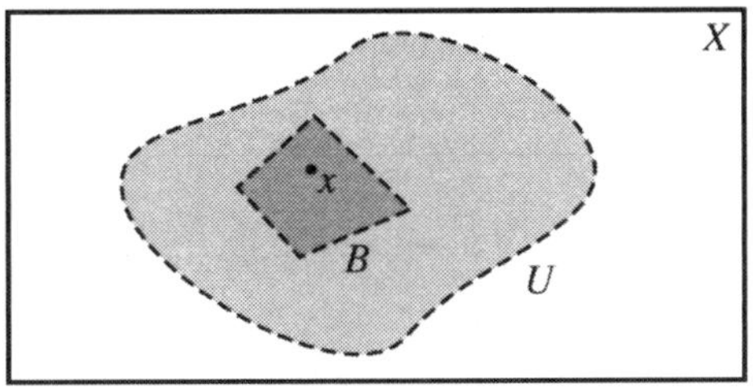

(그림 1.7) 집합 U가 열린집합일 필요충분조건은 U 안의 임의의 x가 U 안에 놓여있는 기저원소에 포함되는 것이다.

증명. U가 기저 $\mathscr{B}$에 의해 생성된 위상에서 열린집합이고 $x \in U$라고 하자. U는 기저원소의 합집합으로 표현되므로 적어도 한 개의 기저원소 B'이 존재하여 $x \in B' \subset U$를 만족한다.

역으로 임의의 $x \in U$에 대하여 기저원소 $B_x \in \mathcal{B}$가 존재하여 $x \in B_x \subset U$라고 가정하자. 그러면 합집합의 보조정리 (보조정리 0.5)로부터 $U = \bigcup_{x \in U} B_x$가 되어 U는 기저 $\mathcal{B}$에 의해 생성되는 위상에서 열린집합이 된다. ■

예 1.11. 평면 $\mathbb{R}^2$의 두 점 $p = (p_1, p_2)$, $q = (q_1, q_2)$에 대하여 유클리드거리 (Euclidean distance)를 다음과 같이 정의한다.

$$d(p, q) = \sqrt{(p_1 - q_1)^2 + (p_2 - q_2)^2}$$

평면 $\mathbb{R}^2$의 임의의 x와 양의 실수 $\epsilon > 0$에 대하여 다음을 정의한다.

$$B(x, \epsilon) = \{p \in \mathbb{R}^2 \mid d(x, p) < \epsilon\},$$

$$\mathcal{B} = \{B(x, \epsilon) \mid x \in \mathbb{R}^2,\ \epsilon > 0\}.$$

$B(x, \epsilon)$는 중심이 x이고 반지름이 ϵ인 열린원판이고 정리 1.10에서 $\mathcal{B}$는 기저를 이룬다는 것을 증명한다. 기저 $\mathcal{B}$에 의해 생성되는 위상을 평면 $\mathbb{R}^2$**상의 표준위상**이라고 한다.

정리 1.10. 평면 $\mathbb{R}^2$상의 열린원판들의 모임 $\mathcal{B} = \{B(x, \epsilon) \mid x \in \mathbb{R}^2,\ \epsilon > 0\}$는 표준위상의 기저가 된다.

증명하기 위해 우리는 다음의 보조정리가 필요하다.

보조정리 1.11. $y \in \mathbb{R}^2$이고 $r > 0$인 실수에 대하여 $x \in B(y, r)$이면 양의 실수 $\epsilon > 0$이 존재하여 $B(x, \epsilon) \subset B(y, r)$를 만족한다.

보조정리에 의하면 평면의 점 x가 어떤 열린원판 B에 속하면 중심이 x인 열린원판을 B에 포함되도록 찾을 수 있다.

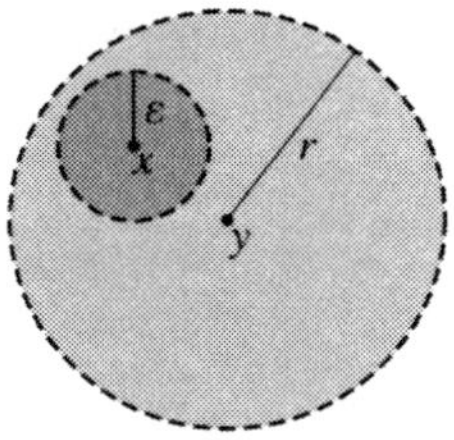

(그림 1.8) $B(y,r)$ 안의 임의의 점 x는 $B(y,r)$ 안에 포함된 어떤 열린원판의 중심이다.

보조정리 1.11의 증명. $x \in B(y,r)$이라고 하면 $d(x,y) < r$이다. 이제 $0 < \epsilon < r - d(x,y)$가 되도록 ϵ을 택한다. 그러면 $B(x,\epsilon) \subset B(y,r)$임을 증명할 수 있다. $z \in B(x,\epsilon)$라고 하면 $d(x,z) < \epsilon$이 되고 다음을 만족한다.

$$\begin{aligned} d(y,z) &< d(y,x) + d(x,z) \\ &< d(y,x) + \epsilon \\ &< d(y,x) + r - d(y,x) \\ &= r \end{aligned}$$

따라서 $z \in B(y,r)$이다. ■

정리 1.10의 증명. 임의의 $x \in \mathbb{R}^2$에 대하여 $x \in B(x,1)$이고 $B(x,1) \in \mathcal{B}$ 이므로 기저가 되기 위한 첫 번째 조건을 만족한다.

$x \in B(p,r_1) \cap B(q,r_2)$라고 하자. 보조정리 1.11로부터 양의 실수 ϵ_1, $\epsilon_2 > 0$가 존재하여 $B(x,\epsilon_1) \subset B(p,r_1)$과 $B(x,\epsilon_2) \subset B(q,r_2)$을 만족한다. 이제 $\epsilon = \min\{\epsilon_1, \epsilon_2\}$라고 하면 $B(x,\epsilon) \subset B(x,\epsilon_1) \cap B(x,\epsilon_2) \subset B(p,r_1) \cap B(q,r_2)$가 성립되어 기저가 되기 위한 두 번째 조건을 만족한다. ■

기저 $\mathcal{B}$에 의해 생성된 $\mathbb{R}^2$상의 위상에 대하여 열린원판, 열린사각형, 반평면은 그림 1.9에서 알 수 있듯이 모두 열린집합이다. (연습문제 1.17 참조.)

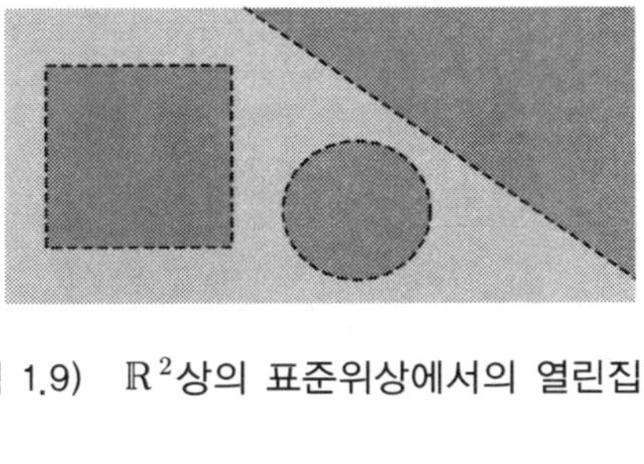

(그림 1.9) $\mathbb{R}^2$상의 표준위상에서의 열린집합들.

같은 방법으로 $\mathbb{R}^n$상의 다음 유클리드거리를 사용하여 $\mathbb{R}^n$**상의 표준위상**을 정의할 수 있다: $p, q \in \mathbb{R}^n$에 대하여

$$d(p,q) = \sqrt{(p_1 - q_1)^2 + (p_2 - q_2)^2 + \cdots + (p_n - q_n)^2}\,.$$

$\mathbb{R}^n$상의 **열린공** $B(x,\epsilon) = \{p \in \mathbb{R}^n \mid d(x,p) < \epsilon\}$의 모임

$$\mathscr{B} = \{B(x,\epsilon) \mid x \in \mathbb{R}^n, \epsilon > 0\}$$

은 $\mathbb{R}^n$상의 표준위상에 대한 기저가 된다.

열린원판들의 모임 $\mathscr{B} = \{B(x,\epsilon) \mid x \in \mathbb{R}^2, \epsilon > 0\}$은 평면 $\mathbb{R}^2$상의 표준위상의 기저가 되지만 열린 직사각형들의 모임 또한 표준위상의 기저가 됨을 다음 정리로부터 알 수 있다.

정리 1.12. 평면 $\mathbb{R}^2$상에서 열린 직사각형들의 모임

$$\mathscr{B} = \{(a,b) \times (c,d) \subset \mathbb{R}^2 \mid a < b, c < d\}$$

는 $\mathbb{R}^2$상의 표준위상에 대한 기저가 된다.

증명. 연습문제 1.16 참조. ■

정리 1.12로부터 서로 다른 두 기저가 같은 위상을 생성할 수 있다는 사실을 확인하였다. 그림 1.10.에서 보여주듯이 원판과 사각형뿐 아니라 다이아몬드와 하트모양의 모임도 같은 표준위상을 생성함을 알 수 있다.

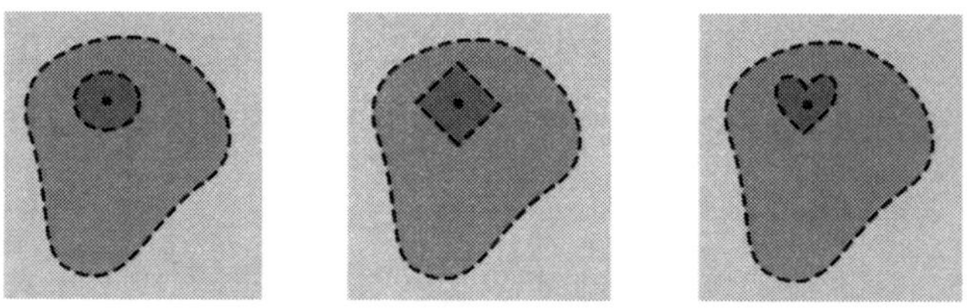

(그림 1.10) 많은 다른 기저들은 똑같은 위상을 만들 수 있다.

평면에서와 같이 $\mathbb{R}^n$에서도 $\mathscr{B} = \{(a_1,b_1) \times (a_2,b_2) \times \cdots \times (a_n,b_n)\}$는 표준위상의 기저가 되는 것을 확인할 수 있다.

다음의 정리는 집합 X상에 주어진 위상 $\mathfrak{T}$에 대하여 언제 열린집합들의 모임이 주어진 위상에 대한 기저가 되는 지를 알려준다.

정리 1.13. 집합 X상에 주어진 위상 $\mathfrak{T}$에 대하여 $\mathcal{C}$는 열린집합의 모임이라 하자. 만약 임의의 열린집합 U와 임의의 $x \in U$에 대하여 $x \in V \subset U$를 만족하는 V가 존재하면 $\mathcal{C}$는 기저가 되고 $\mathfrak{T}$는 $\mathcal{C}$에 의해 생성되는 위상이 된다.

증명. 우선 $\mathcal{C}$가 기저가 됨을 증명한다. X의 임의의 원소 $x \in X$에 대하여 X는 열린집합이므로 $\mathcal{C}$의 원소 V가 존재하여 $x \in V \subset X$. 이다. 따라서 $\mathcal{C}$는 기저가 되기 위한 첫 번째 조건을 만족한다.

$\mathcal{C}$의 원소 V_1과 V_2에 대하여 $x \in V_1 \cap V_2$라고 하자. V_1과 V_2는 열린집합이므로 $V_1 \cap V_2$도 열린집합이 되고 가정으로부터 열린집합 $V \in \mathcal{C}$가 존재하여 $x \in V \subset V_1 \cap V_2$가 된다. 따라서 $\mathcal{C}$는 기저가 되기 위한 두 번째 조건을 만족한다.

이제 $\mathfrak{T}'$을 기저 $\mathcal{C}$에 의행 생성되는 위상이라 할 때 $\mathfrak{T} = \mathfrak{T}'$임을 보이면 된다. $U \in \mathfrak{T}$이고 $x \in U$라고 가정하자. 주어진 가정에 의해 $\mathcal{C}$의 원소인 열린집합 V가 존재하여 $x \in V \subset U$가 된다. 정리 1.9에 의해 $U \in \mathfrak{T}'$이다. 이제 $W \in \mathfrak{T}'$라고 가정하자. 그러면 W는 $\mathcal{C}$에 속하는 열린집합들의 합집합으로 나타낼 수 있고 각각의 열린집합은 $\mathfrak{T}$의 원소가 된다. $\mathfrak{T}$는 위상이므로 $W \in \mathfrak{T}$가 된다. ■

예 1.12. 정리 1.13으로부터 하트모양의 모임은 $\mathbb{R}^2$상의 표준위상에 대한 기저가 됨을 알 수 있다. 우선 각각의 하트모양은 표준위상에서 열린집합이 된다. 열린집합 U와 U의 원소 $x \in U$에 대하여 원판 B가 존재하여 $x \in B \subset U$이다. x를 포함하는 충분히 작은 하트모양 H를 택하면 $x \in H \subset B$가 되도록 할 수 있다. 그러면 정리 1.13에 의해 하트모양의 모임은 기저를 이룬다.

연습문제 1.2

1.10. $\mathcal{B} = \{[a, b) \subset R \mid a < b\}$는 $\mathbb{R}$에서의 한 위상의 기저임을 보이시오.

1.11. 다음의 $\mathbb{R}$의 부분집합들의 모임이 $\mathbb{R}$에서 기저가 되는지를 판별하시오.

(a) $\mathcal{C}_1 = \{(n, n+2) \subset \mathbb{R} \mid n \in \mathbb{Z}\}$.

(b) $\mathcal{C}_2 = \{[a, b] \subset \mathbb{R} \mid a < b\}$

(c) $\mathcal{C}_3 = \{[a, b] \subset \mathbb{R} \mid a < b\}$

(d) $\mathcal{C}_4 = \{(-x, x) \subset \mathbb{R} \mid x \in \mathbb{R}\}$

(e) $\mathcal{C}_5 = \{(a, b) \cup \{b+1\} \subset \mathbb{R} \mid a < b\}$

1.12. 다음 $\mathbb{R}$ 의 부분집합은 $\mathbb{R}$ 의 하극한위상에 대한 열린집합인지를 판별하시오.

$$A = [4, 5) \quad B = 3 \quad C = [1, 2] \quad D = (7, 8)$$

1.13. 실수집합 $\mathbb{R}$ 에서의 여섯 가지 위상공간, 자명한위상, 이산위상, 여유한위상, 표준위상, 하극한위상, 상극한위상은 서로 어떻게 비교 가능한지 결정하고 그 이유를 설명하시오.

1.14. $\mathcal{B}$ 를 예 1.10에서 디지털직선위상을 정의하는데 사용된 $\mathbb{Z}$ 의 부분집합들의 모임이라 하자. $\mathcal{B}$ 는 $\mathbb{Z}$ 에서의 위상의 기저가 됨을 보이시오.

1.15. $\mathbb{Z}$ 에서의 **등차수열**은 집합 $A_{a,b} = \{\dots, a-2b, a-b, a, a+b, a+2b, \dots\}$ (단, $a, b \in \mathbb{Z}$, $b \neq 0$) 이다. 이때, 등차수열의 모임 $\mathcal{A} = \{A_{a,b} \mid a, b \in \mathbb{Z}, b \neq 0\}$이 $\mathbb{Z}$ 의 기저가 됨을 증명하시오. 이 기저로 생성된 위상을 **등차수열위상(arithmetic progression topology)**이라 한다.

1.16. 좌표평면에서 $\mathcal{B} = \{(a, b) \times (c, d) \subset \mathbb{R} \mid a < b, c < d\}$는 $\mathbb{R}^2$의 표준위상의 기저가 됨을 보이시오.

1.17. 좌표평면에서 열린 반평면 $\{(x, y) \in \mathbb{R}^2 \mid Ax + By < C\}$ (단, $A, B, C \in \mathbb{R}$ 그리고 A 또는 B는 0이 아님)은 $\mathbb{R}^2$에서의 표준위상에 대하여 열린집합임을 증명하시오.

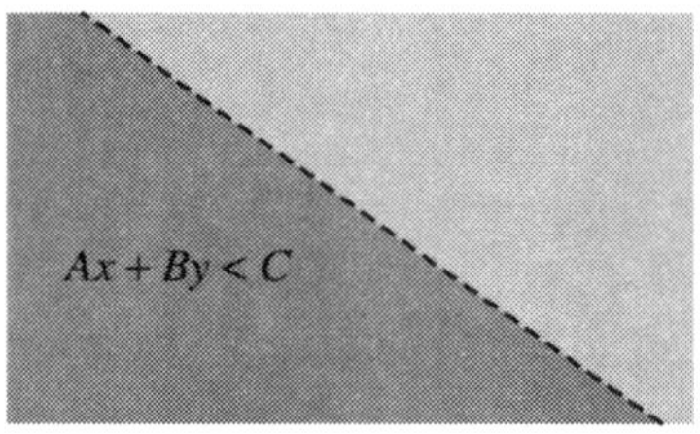

(그림 1.11) $\mathbb{R}^2$의 열린 반평면.

1.18. $\mathbb{R}$의 부분집합들의 모임 $\{(-\infty, q) \subset \mathbb{R} \mid q$는 유리수$\}$이 연습문제 1.9에서 다룬 위상공간의 기저가 됨을 증명하시오.

1.19. (a) 좌표평면에서 수직 구간들의 모임 $\{\{a\} \times (b, c) \subset \mathbb{R}^2 \mid a, b, c \in \mathbb{R}\}$은 $\mathbb{R}^2$에서의 하나의 위상에 대한 기저가 되는 것을 보이시오. 이 위상을 평면에서의 **수직구간위상**이라 부른다.

(b) 평면에서 수직구간위상과 표준위상을 비교하시오.

보충문제: 부분집합들의 모임으로부터 위상 만들기

집합 X에 대하여 X의 적당한 부분집합들의 모임 $\mathcal{E}$에 대하여 $\mathcal{E}$의 원소들의 합집합이 X와 같다고 하자. 물론, 모임 $\mathcal{E}$는 일반적으로 위상을 이루지 못한다. 하지만 어떤 위상공간 $\mathfrak{T}$가 존재하여 $\mathcal{E}$의 모든 원소들이 열린집합이 되게 할 수 있다. 여기서 위상 $\mathfrak{T}$는 $\mathcal{E}$를 포함하는 가장 작은 위상이 되도록 할 것이다.

$\mathcal{B}_{\mathcal{E}}$는 X의 부분집합들의 모임으로서 모든 원소는 $\mathcal{E}$에 속하는 유한개의 원소의 교집합으로 표현된다.

1.20. $\mathcal{B}_{\mathcal{E}}$는 X에 대한 기저가 됨을 증명하시오.

이제 $\mathfrak{T}_{\mathcal{E}}$는 $\mathcal{B}_{\mathcal{E}}$로부터 생성되는 위상이다. $\mathfrak{T}_{\mathcal{E}}$의 원소는 $\mathcal{E}$에 속하는 유한개의 원소들의 교집합의 임의의 합집합으로 표현된다. 이때, $\mathcal{E}$를 위상공간 $\mathfrak{T}_{\mathcal{E}}$의 **부분기저(subbasis)**라고 부른다.

1.21. $\mathcal{E}$의 임의의 원소는 위상공간 $\mathfrak{T}_{\mathcal{E}}$에서 열린집합임을 증명하시오.

이제 위상공간 $\mathfrak{T}_{\mathcal{E}}$는 $\mathcal{E}$를 포함하는 가장 작은 위상공간임을 보이자.

1.22. 위상공간 $\mathfrak{T}$는 $\mathcal{E}$를 포함한다고 가정하자. 이때, $\mathfrak{T}_{\mathcal{E}} \subset \mathfrak{T}$임을 증명하시오.

다음 문제들을 해결하기 위해, X의 임의의 원소 x는 오직 유한개의 $\mathcal{E}$의 원소에 포함된다고 가정하자. (X가 유한집합이면 이 가정은 언제나 성립한다.) X의 각각의 원소 x에 대하여 B_x는 x를 포함하는 모든 $\mathcal{E}$의 원소들의 교집합이라고 하자.

1.23. $\mathcal{B}'_{\mathcal{E}} = \{B_x\}_{x \in X}$는 위상공간 $\mathfrak{I}_{\mathcal{E}}$의 기저가 됨을 증명하시오.

1.24. 만약 $\mathcal{B}$가 위상공간 $\mathfrak{I}_{\mathcal{E}}$의 기저라면 $\mathcal{B}'_{\mathcal{E}} \subset \mathcal{B}$임을 증명하시오.

1.3 닫힌집합

이제까지 우리는 전적으로 열린집합에 관해서만 언급하였다. 그것의 여집합의 개념으로서 닫힌집합을 소개하고자 한다.

정의 1.14. 위상공간 X의 부분집합 A에 대하여 $X-A$가 열린집합이면 A를 **닫힌집합**이라고 정의한다.

예 1.13. 실수집합 $\mathbb{R}$ 상에 주어진 표준위상에 대하여 그림 1.12에서와 같이 $(-\infty, 0] \cup [1, \infty)$의 여집합은 $(0, 1)$이고 $(0,1)$은 열린집합이므로 $(-\infty, 0] \cup [1, \infty)$은 닫힌집합이다. $[a, b]$의 여집합 $(-\infty, a) \cup (b, \infty)$은 열린집합이므로 $[a, b]$은 닫힌집합이 되고 또한 $(-\infty, c) \cup (c, \infty)$는 열린집합이고 $\{c\}$의 여집합이므로 $\{c\}$는 닫힌집합이다.

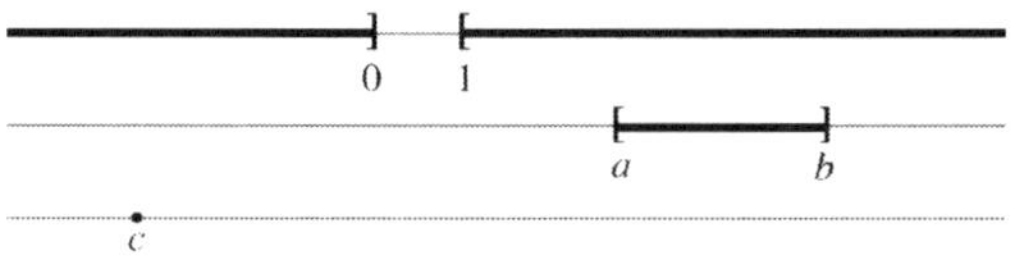

(그림 1.12) $\mathbb{R}$의 표준위상에서 닫힌집합들.

정의 1.15.

(i) $\mathbb{R}^2$의 임의의 점 $x \in \mathbb{R}^2$와 양의 실수 $\epsilon > 0$에 대하여 $\overline{B}(x, \epsilon) = \{y \in \mathbb{R}^2 \mid d(x, y) \le \epsilon\}$은 중심이 x이고 반지름이 ϵ인 닫힌원판이라고 정의한다.

(ii) $[a, b]$와 $[c, d]$가 실수집합 $\mathbb{R}$에서 유계이고 닫힌구간일 때 곱 $[a, b] \times [c, d]$을 닫힌사각형이라 정의한다.

정리 1.16. 닫힌원판과 닫힌사각형은 $\mathbb{R}^2$상의 표준위상에 대하여 닫힌집합이다.

증명. 닫힌원판이 닫힌집합이 되는 것은 연습문제 1.26에 확인한다.

$A=[a,b]\times[c,d]$를 $\mathbb{R}^2$에서 닫힌사각형이라 하자. A가 $\mathbb{R}^2$상의 표준위상에 대하여 닫힌집합임을 보이기 위해 $\mathbb{R}^2-A$가 열린집합임을 보이면 된다.

$$\mathbb{R}^2-A=\{(x,y)\mid x<a\}\cup\{(x,y)\mid x>b\}\cup\{(x,y)\mid y<c\}\cup\{(x,y)\mid y>d\}$$

이고 각각의 반평면은 열린집합이므로 네 개의 열린집합의 합집합인 $\mathbb{R}^2-A$도 열린집합이다. ■

예 1.14. $\mathbb{R}^2$상의 표준위상에 대하여 그림 1.13의 위의 세 집합은 닫힌집합이지만 아래의 세 집합은 닫힌집합이 아니다.

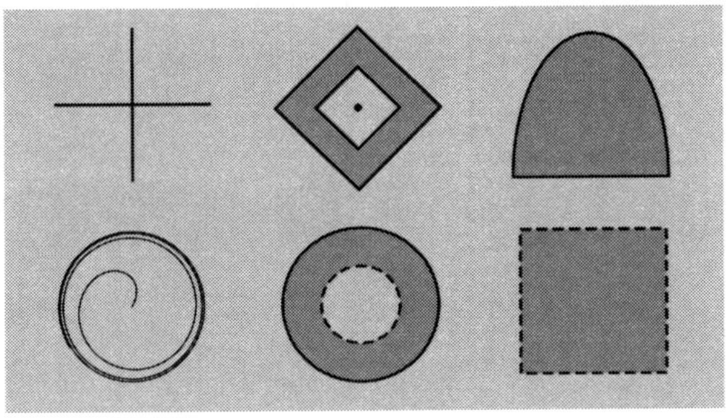

(그림 1.13) $\mathbb{R}^2$의 표준위상에서 위의 세 집합은 닫혀있지만 아래 셋은 닫혀있지 않다.

아래쪽 왼쪽의 소용돌이 그림은 극방정식 $r=\dfrac{\theta}{\theta+1}$의 그래프이다(단, $\theta\ge 0$). 소용돌이 그래프는 한없이 단위원 S^1에 접근하지만 S^1상의 어떤 점도 포함하지 않는다. 소용돌이 그림의 여집합에 점 $(1,0)$를 포함하는 어떤 열린원판도 소용돌이 그림의 여집합에 포함되지 않으므로 소용돌이 그림은 닫힌집합이 될 수 없다. 실제로 $(1,0)$를 포함하는 모든 열린원판은 반드시 소용돌이 그림과 교집합을 갖는다.

정의에 의해 C가 닫힌집합이면 여집합 $X-C$는 열린집합이다. 그러면 열린집합의 여집합에 대하여 무엇을 말할 수 있을까? U를 열린집합이라 하고 $K=X-U$를 U의 여집합이라 하자. $X - K = X - (X - U) = U$이므로 따라서 K의 여집합이 열린집합이므로 K는 닫힌집합이 된다. 즉 열린집합의 여집합은 닫힌집합이다.

예 1.15. 집합 X상에 이산위상이 주어져 있다고 하자. 그러면 모든 부분집합은 열린집합이다. 주어진 부분집합 A에 대하여 $X - A$는 X의 부분집합이므로 열린집합이고 따라서 A는 닫힌집합이다. 그러므로 이산위상에 관하여 임의의 부분집합은 열린집합이면서 동시에 닫힌집합이다.

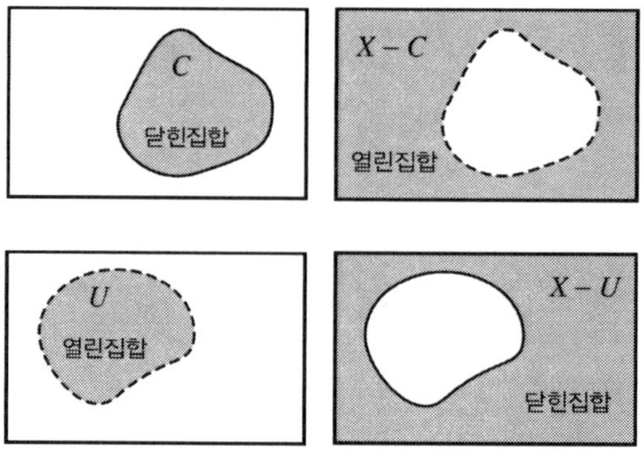

(그림 1.14) C가 닫힌집합이면 C의 여집합은 열린집합이고 U가 열린집합이면 U의 여집합은 닫힌집합이다.

예 1.16. 집합 $X = \{a, b, c, d\}$에 그림 1.15와 같은 위상이 주어져 있다. 집합 $\{b\}$는 열린집합이지만 닫힌집합은 아니다. $\{a\}$는 닫힌집합이지만 열린집합은 아니다. $\{a, b\}$는 열린집합이며 동시에 닫힌집합이지만 $\{b, c\}$는 열린집합도 닫힌집합도 아니다.

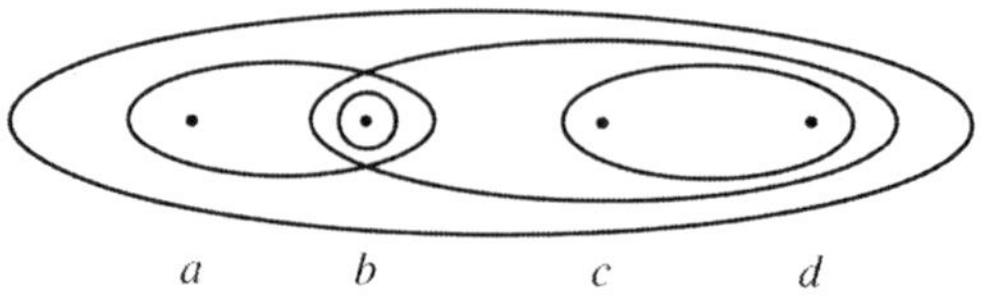

(그림 1.15) 집합 $X = \{a, b, c, d\}$상의 위상.

중요한 노트: 열린집합이 아니면 닫힌집합으로 간주하는 오류를 범할 수 있다. 예 1.16에서 볼 수 있듯이 집합은 열린집합과 닫힌집합의 결합으로도 나타낼 수 있다.
질문: 부분집합은 여닫는 문과 어떻게 다른가?
답: 문은 열려있거나 닫혀있지만 부분집합은 동시에 열려있고 닫혀있을 수 있다.

닫힌집합의 여집합은 열린집합이므로 열린집합과 유사한 성질을 갖지만 근본적으로 다른 면도 있다.

정리 1.17. 위상공간 X에 대하여 닫힌집합의 모임은 다음의 명제를 만족한다.

(i) $\varnothing$과 X는 닫힌집합이다.

(ii) 닫힌집합의 임의의 모임의 교집합은 닫힌집합이다.

(iii) 유한개의 닫힌집합의 합집합은 닫힌집합이다.

증명. 연습문제 1.33 참조. ■

위상공간 X에 대한 닫힌집합의 모임에는 $\varnothing$, X와 더불어 닫힌집합들의 임의의 교집합과 유한 합집합을 포함한다.

$\mathbb{R}^n$상의 표준위상에 대하여 모든 한 점 집합은 닫힌집합이다. 그러나 어떤 위상에 대해서는 한 점 집합이 닫힌집합이 되지 않는 경우도 있다. 예를 들어 실수집합 $\mathbb{R}$ 상에서 기저 $\mathscr{B} = \{[n, n+1) \mid n \in \mathbb{Z}\}$에 의해 생성되는 위상 $\mathfrak{I}^*$를 고려하자. 위상 $\mathfrak{I}^*$에 대하여 어떤 한 점 집합도 닫힌집합이 될 수 없음을 쉽게 알 수 있다.

실제로 실수 x에 대하여 x보다 작거나 같고 x와 가장 가까이 있는 정수를 n이라고 하면 $[n, n+1)$에 속하는 x와 다른 y에 대하여 y를 포함하는 임의의 열린집합은 한 점 집합 $\{x\}$와 만난다.

정의 1.18. 위상공간 X의 임의의 서로 다른 두 점 x, y에 대하여 서로소인 x의 근방 U와 y의 근방 V가 존재할 때 X를 **하우스도르프(Hausdorff)** 공간이라고 정의한다. (그림 1.16 참조.)

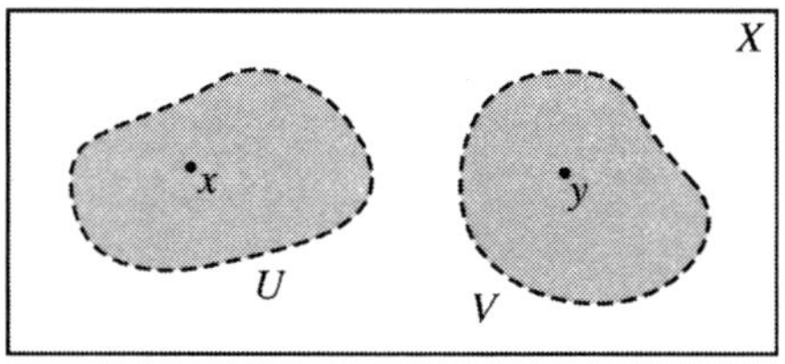

(그림 1.16) 하우스도르프 공간의 임의의 두 점은 서로 만나지 않는 근방이 존재한다.

1914년 하우스도르프(Felix Hausdorff)는 그의 책, '집합이론의 기초(Grundzüge der Mengenlehre)'에서 위상공간으로 간주된 것에 대하여 처음으로 일반적인 공리체계를 마련하였고 기저에 관한 공리체계도 서술하였다. 또한 하우스도르프 공간에 관한 공리체계도 포함하고 있다.

하우스도르프 성질은 기억하기가 쉽다: 하우스도르프 공간에서는 임의의 두 점 집합 중의 한 점은 반드시 다른 점의 근방 "하우스 밖에" 놓여 있어야 한다.

예 1.17. 실수집합 $\mathbb{R}$ 상의 표준위상은 하우스도르프 공간이다. 서로 다른 두 실수 a, b에 대하여 $a < b$라 하자.
그러면

$$U = \left(a-1, \frac{a+b}{2}\right), \quad V = \left(\frac{a+b}{2}, b+1\right)$$

은 서로 만나지 않는 a와 b의 근방이 된다.

예 1.18. 집합 X상의 이산위상은 하우스도르프 공간이다. X의 서로 다른 두 점 x, y에 대하여 $U = \{x\}$, $V = \{y\}$를 택하면 서로 만나지 않는 근방이 된다.

하우스도르프 공간은 여러 가지 유용한 성질을 갖는다.

정리 1.19. X가 하우스도르프 공간이면 모든 한 점 집합은 닫힌집합이다.

증명. X의 임의의 한 점 집합 $\{x\}$가 닫힌집합임을 보이기 위해 $X - \{x\}$가 열린집합임을 보이면 된다. 임의의 $y \in X - \{x\}$에 대하여 $x \neq y$이고 X는 하우스도르프 공간이므로 서로 만나지 않는 x의 근방 U와 y의 근방 V가 존재한다. $x \notin V$이고 $y \in V$이므로 $y \in V \subset X - \{x\}$이다. 따라서 $X - \{x\}$는 열린집합이다. ■

연습문제 1.3

1.25. 위상공간 X에 대하여 U는 X에서 열린집합이고 C는 X에서 닫힌집합일 때, $U - C$는 열린집합이고 $C - U$는 닫힌집합임을 증명하시오.

1.26. 닫힌원판은 $\mathbb{R}^2$의 표준위상에 대하여 닫힌집합임을 증명하시오.

1.27. 무한빗공간 C는 다음과 같이 정의되고 그림 1.17과 같다.

$$C = \{(x, 0) \mid 0 \leq x \leq 1\} \cup \left\{\left(\frac{1}{2^n}, y\right) \mid n = 0, 1, 2, \dots \text{ 그리고 } 0 \leq y \leq 1\right\}.$$

(a) C는 $\mathbb{R}^2$의 표준위상에 대하여 닫힌집합이 되지 않음을 증명하시오.

(b) C는 $\mathbb{R}^2$에서의 수직구간위상에서 닫힌집합임을 증명하시오.

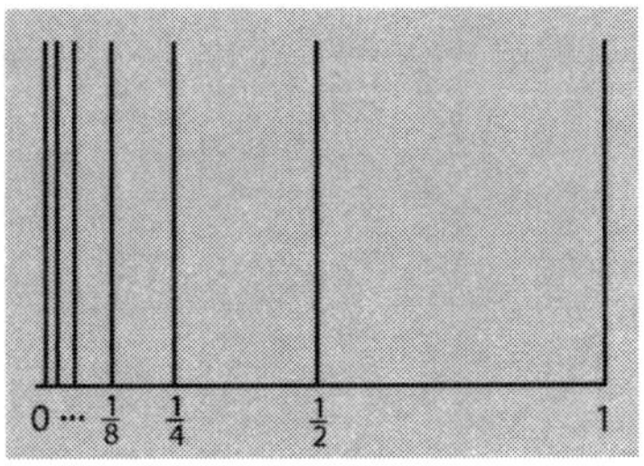

(그림 1.17) 무한 빗.

1.28. X의 여유한위상에 대하여 어떤 집합이 닫힌집합인지를 결정하시오.

1.29. 집합 X에서 점제외위상에 관하여 어떤 집합이 닫힌집합인지를 결정하시오.

1.30. 집합 X에서 특별점위상에 관하여 어떤 집합이 닫힌집합인지를 결정하시오.

1.31. 디지털직선위상에서 한 점 집합 $\{n\}$이 닫힌집합일 필요충분조건은 n이 짝수임을 보이시오.

1.32. $[a, b)$은 $\mathbb{R}$ 의 하극한위상에 대하여 닫힌집합임을 증명하시오.

1.33. 정리 1.17을 증명하시오.

1.34. 다섯 개의 원소로 되어 있는 집합 $\{a, b, c, d, e\}$에 대한 위상공간으로 하우스도르프 공간이 되는 예(이산위상 제외)와 하우스도르프 공간이 아닌 예(자명한위상 제외)를 하나씩 만드시오.

1.35. 집합 $\mathbb{R}$ 의 하극한위상은 하우스도르프 공간임을 증명하시오.

1.36. 집합 $\mathbb{R}$ 의 여유한위상에 대하여 하우스도르프 공간이 아님을 증명하시오.

1.37. 문제 1.15에서 소개한 등차수열위상은 $\mathbb{Z}$ 에서 하우스도르프 공간임을 증명하시오.

1.4 응용에서의 위상공간 예

이 절에서는 위상공간의 응용에 대해 다룬다. 하나의 예로써 디지털 위상수학에서 위상공간이 어떻게 디지털 화상 디스플레이를 모델링하는지를 본다.

디지털 위상수학은 디지털 화상 디스플레이(예를 들어, 컴퓨터 화면)에서 위상적 관계에 대한 연구이다. 이것은 디지털 화상처리 분야에서 중요한 역할을 한다. 디지털 화상은 그림 1.18에서 묘사된 것처럼 정사각형 픽셀 배열을 가지고 있다. 디지털 위상수학에서는 이 배열이 디지털평면으로 알려진 것으로 모델링 된다.

(그림 1.18) 디지털 화상 디스플레이는 픽셀들의 정사각형 배열이다.

디지털 화상처리에서 중요한 일은 디지털 화상으로부터 물체의 특징들을 결정하는 것이다. 예를 들어 시각문자인식 프로그램은 (그림 1.19에서처럼) 한 문자의 디지털 화상을 판독하여 그 화상으로부터 표현되는 그 문자를 결정하려는 것이다. 그 화상의 위상적 성질은 그 문자를 결정하는데 도움을 준다. 그림 1.19에 있는 이미지가 두 영역을 둘러싸고 있다는 사실은 그 문자를 그렇지 않은 다른 문자들과 구별하는데 도움이 된다.

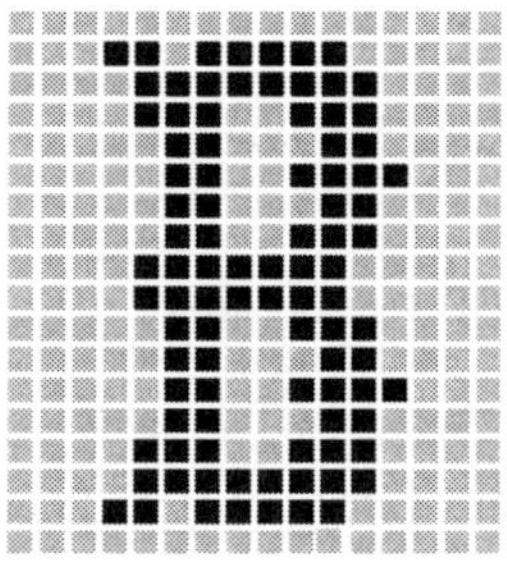

(그림 1.19) 알파벳 B의 디지털 화상.

디지털 위상수학 분야의 초기 단계에서는 위상적 개념(예를 들어, 연결성과 연속성)들의 유사한 디지털 개념들만을 정의하고 연구하는데 집중했다. 아즈리엘 로젠펠드(Azriel Rosenfeld, 1931-2004)의 1979년 논문 "Digital Topology"는 디지털 화상 디스플레이의 위상적 모델을 처음 소개하는 논문들 중 하나였다. 후에 화상 디스플레이를 모델링하는 위상공간들이 발견되었는데 이 공간에서는 위상적 개념들이 디지털 정의역에서 곧바로 사용 가능하다. (예를 들어, [Kon] 참조.)

이 절에서는 디지털직선과 디지털평면 모델을 소개하고 그것들과 관련된 기본적인 위상적 성질들을 고려한다. 11.3절에서 디지털 화상처리에 디지털 위상수학의 응용을 조사한다.

예 1.10에 소개됐던 디지털직선은 1차원 디지털 화상 디스플레이를 모델링한다. 홀수에 대응되는 픽셀들의 무한 직선이 있다고 가정한다. 각각의 홀수에 기저원소 $B(n)=\{n\}$을 가진다. 결과적으로 각각의 픽셀은 디지털직선위상에서는 열린집합이다. 디지털직선에서는 연속적인 픽셀들에 의해 공유된 인접성을 반영하는 구조 또한 가진다. 각각의 짝수 n을 픽셀 $n-1$과 $n+1$ 사이의 경계를 나타내는 것으로 간주한다. 각 짝수 n에 기저원소 $B(n)=\{n-1, n, n+1\}$이 대응된다.

디지털직선에서 임의의 홀수는 열린집합이고 임의의 짝수는 닫힌집합이다. (연습문제 1.31 참조.) 디지털직선을 홀수들에 대응되는 열린 픽셀들의 집합과 이 픽셀들 사이에 짝수들에 대응되는 닫힌 경계들의 집합으로 본다. (그림 1.20 참조.)

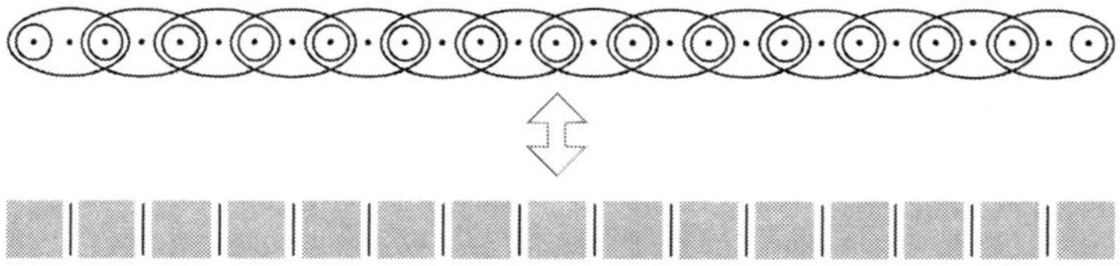

(그림 1.20) 디지털직선은 픽셀들의 배열과 그것들 사이의 경계들을 모델링한다.

디지털직선은 하우스도르프가 아니다. 왜냐하면 $n \in U$이고 $n+1 \in V$인 서로소인 열린 집합 U, V가 존재하지 않기 때문이다.

다음으로 디지털평면을 소개한다. 디지털직선에서처럼 아이디어는 한 점 열린집합들의 배열이 디지털 화상 디스플레이에서 픽셀들을 나타내고 그 픽셀들 사이의 경계들을 나타내는 추가적인 점들을 가지는 것이다. $\mathbb{Z} \times \mathbb{Z}$로 시작한다. 각각의 점 (m, n)에 대하여 기저원소 $B(m, n)$을 다음과 같이 정의한다.

$$B(m,n)=\begin{cases} \{(m, n)\} & m\text{과 } n\text{이 홀수,} \\ \{(m+a, n) \mid a=-1,0,1\} & m\text{은 짝수이고 } n\text{은 홀수,} \\ \{(m, n+b) \mid b=-1,0,1\} & m\text{은 홀수이고 } n\text{은 짝수,} \\ \{(m+a, n+b) \mid a, b=-1,0,1\} & m\text{과 } n\text{이 짝수.} \end{cases}$$

m, n이 홀수인 기저원소 $B(m, n)=\{(m, n)\}$들은 디지털 화상 디스플레이에서 픽셀들을 나타내는 한 점 열린집합들이다. 그림 1.21에서 디지털평면위상의 기저원소 몇 개를 보여준다.

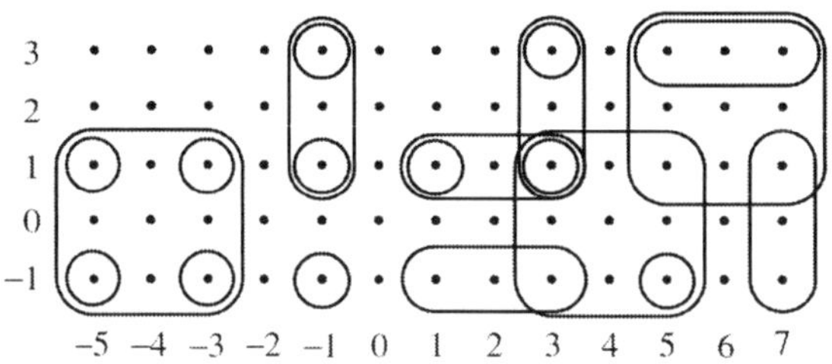

(그림 1.21) 디지털평면의 기저원소들

집합 $\mathscr{B}_P=\{B(m, n) \mid (m, n) \in \mathbb{Z} \times \mathbb{Z}\}$은 $\mathbb{Z} \times \mathbb{Z}$에서 한 위상의 기저이다. (연습문제 1.38 참조.) 그 결과로 나오는 위상을 **디지털평면(digital plane)**이라 부른다. 이 위상에서는 만약 m, n이 모두 짝수이면 한 점 집합들 $\{(m, n)\}$은 닫힌집합이다. (연습문제 1.39

참조.) 더욱이 디지털직선처럼 디지털평면은 하우스도르프 공간이 아니다.

그림 1.22에 그려진 것처럼 디지털평면을 다음을 원소들로 하는 하나의 집합으로 간주한다.

(i) m, n이 모두 홀수인 점 (m, n)에 대응되는 열린 픽셀들,

(ii) m, n 중 하나는 홀수이고 다른 하나는 짝수인 점 (m, n)에 대응되는 픽셀들 사이의 수직적 그리고 수평적 경계들,

(iii) m, n이 모두 짝수인 점 (m, n)에 대응되는 닫힌 모퉁이 경계점들.

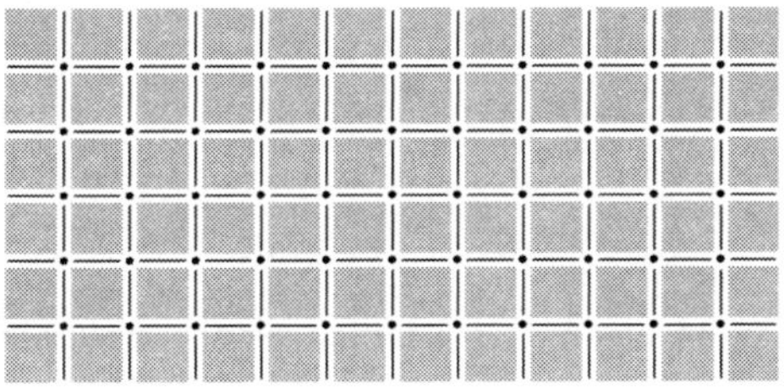

(그림 1.22) 디지털평면은 픽셀들의 정사각형 배열과 그 사이의 경계들을 모델링한다.

11.3절에서 디지털평면에 대해 좀 더 탐구한다.

연습문제 11.3

1.38. 디지털평면을 정의하는데 사용된 $\mathbb{Z} \times \mathbb{Z}$의 부분집합들 모임인 $\mathscr{B}_P$는 $\mathbb{Z} \times \mathbb{Z}$에서 기저가 됨을 보이시오.

1.39. 디지털평면의 각각의 점 (m, n)에 대해서 (m, n)을 포함하는 가장 작은 닫힌집합을 결정하시오. (m, n에 따라 네 가지 경우가 있다.)

chapter 2

내부, 폐포, 그리고 경계

이 장에서는 위상공간의 부분집합과 관련된 중요한 부분집합들을 다룬다. 2.1절에서는 부분집합의 내부와 폐포를 다루고, 2.2절에서는 집합의 극한점을, 2.3절에서는 집합의 경계를 다룬다.

2.1 집합의 내부와 폐포

어떤 위상공간의 임의의 부분집합 A는 열린집합도 닫힌집합도 아닐 수 있다. 그러나 집합 A에 관련된 열린집합이나 닫힌집합을 지정해주는 것은 유용할 때가 있다. 특히, A에 포함되는 가장 큰 열린집합과 A를 포함하는 가장 작은 닫힌집합 사이에 주어진 집합 A를 끼워 넣을 수 있다.

정의 2.1. A를 위상공간 X의 부분집합이라고 하자. A의 **내부(interior)**는 $\mathring{A}$ 또는 $\mathrm{Int}(A)$로 표현하고 A에 포함된 모든 열린집합의 합집합으로 정의한다. A의 **폐포(closure)**는 $\overline{A}$ 또는 $\mathrm{Cl}(A)$로 나타내고 A를 포함하는 모든 닫힌집합의 교집합으로 정의한다.

A의 내부는 A에 포함되는 열린집합이고 A의 폐포는 A를 포함하는 닫힌집합이다. 따라서 집합 A를 열린집합과 닫힌집합 사이에 끼워 넣을 수 있다: $\mathring{A} \subset A \subset \overline{A}$.

다음 정리는 내부와 폐포의 정의로부터 쉽게 유도할 수 있다.

정리 2.2. 위상공간 X에 대하여 A와 B를 X의 부분집합이라고 하자. 그러면 다음이 성립한다.

(i) U가 X에서 열린집합이고 $U \subset A$이면 $U \subset \mathrm{Int}(A)$이다.

(ii) C가 X에서 닫힌집합이고 $A \subset C$이면 $\overline{A} \subset C$이다.

(iii) $A \subset B$이면 $\mathrm{Int}(A) \subset \mathrm{Int}(B)$이다.

(iv) $A \subset B$이면 $\overline{A} \subset \overline{B}$이다.

(v) A가 열린집합이기 위한 필요충분조건은 $A = \mathrm{Int}(A)$이다.

(vi) A가 닫힌집합이기 위한 필요충분조건은 $A = \overline{A}$이다.

(i), (iii), (v)를 증명하고 나머지는 연습문제 2.2로 남긴다.

(i)의 증명. U는 X에서 열린집합이고 $U \subset A$라고 하자. $\mathrm{Int}(A)$는 A에 포함되는 모든 열린집합들의 합집합이고 U는 합집합을 이루는 한 개의 구성원이므로 $U \subset \mathrm{Int}(A)$이다. ■

(iii)의 증명. $A \subset B$라고 하자. $\mathrm{Int}(A) \subset A \subset B$이므로 $\mathrm{Int}(A)$는 B에 포함되는 열린집합이고 $\mathrm{Int}(B)$는 B에 포함되는 모든 열린집합들의 합집합이므로 $\mathrm{Int}(A) \subset \mathrm{Int}(B)$이다. ■

(v)의 증명. $A = \mathrm{Int}(A)$이면 $\mathrm{Int}(A)$가 열린집합이므로 A는 열린집합이다.

A가 열린집합이면 $A = \mathrm{Int}(A)$를 보이자. 정의로부터 $\mathrm{Int}(A) \subset A$이고 $A \subset A$와 A가 열린집합이라는 것으로부터 (i)의 결과를 사용하여 $A \subset \mathrm{Int}(A)$임을 알 수 있다. 따라서 $A = \mathrm{Int}(A)$이다. ■

정의 2.2(i)로부터 집합 A에 포함되는 임의의 열린집합은 $\mathrm{Int}(A)$에 포함된다는 것을 알 수 있다. 따라서 $\mathrm{Int}(A)$는 A에 포함되는 가장 큰 열린집합이다. 같은 방법으로 정리 2.2(ii)로부터 A를 포함하는 임의의 닫힌집합은 A의 폐포 $\overline{A}$를 포함한다. 따라서 $\overline{A}$는 A를 포함하는 가장 작은 닫힌집합이다.

예 2.1. 실수집합 $\mathbb{R}$에 표준위상이 주어져 있다고 하자. $A = [0, 1)$에 대하여 $\mathrm{Int}(A) = (0, 1)$이고 $\overline{A} = [0, 1]$이다.

예 2.2. 실수집합 $\mathbb{R}$에 이산위상이 주어져 있다고 하자. $A = [0, 1)$에 대하여 $\mathrm{Int}(A) = \overline{A} = A$이다.

예 2.3. 실수집합 $\mathbb{R}$에 여유한위상이 주어져 있다고 하자. $A = [0, 1)$에 대하여 A에 포함되는 공집합이 아닌 열린집합은 존재하지 않으므로 $\mathrm{Int}(A) = \varnothing$이다. A는 무한집합이고 여유한위상에서 유일한 무한 닫힌집합은 $\mathbb{R}$이므로 $\overline{A} = \mathbb{R}$이다.

예 2.4. 실수집합 $\mathbb{R}$에 하극한위상이 주어져 있다고 하자. $A = [0, 1)$에 대하여 A는 기저원소이므로 A는 열린집합이다. 따라서 $\mathrm{Int}(A)=A$이다. $\mathbb{R}-A=(-\infty,0)\cup[1,\infty)$는 하극한위상에 대하여 열린집합이므로 $[0,1)$은 닫힌집합이 된다. 따라서 $\overline{A}=A$이다.

중요한 노트: 예 2.1 ~ 2.4에서 알 수 있듯이 집합 A의 내부와 폐포는 X에 주어진 위상에 따라 달라질 수 있다.

예 2.5. 실수집합 $\mathbb{R}$에 표준위상이 주어졌다고 하자. $\mathbb{Q}$를 유리수의 집합이라고 할 때 $\mathrm{Int}(\mathbb{Q})=\varnothing$가 됨을 보이자. $\mathrm{Int}(\mathbb{Q})\neq\varnothing$이라고 가정하고 U는 $\mathbb{Q}$에 포함된 공집합이 아닌 열린집합이라 하자. $x\in U$에 대하여 열린구간 (a,b)가 존재하여 $x\in(a,b)\subset U\subset\mathbb{Q}$를 만족한다. 그러나 서로 다른 두 실수 사이에는 반드시 무리수가 존재하므로 구간 (a,b)를 포함한 집합 U는 반드시 무리수를 포함한다. 즉 U와 $\mathbb{R}-\mathbb{Q}$의 교집합은 공집합이 아니다. 이것은 모순이므로 $\mathrm{Int}(\mathbb{Q})=\varnothing$이다.

비록 $\mathrm{Int}(\mathbb{Q})=\varnothing$이지만 $\overline{\mathbb{Q}}=\mathbb{R}$이다.

정의 2.3. 위상공간 X의 부분집합 A에 대하여 $\overline{A}=X$가 되면 A를 X의 **조밀한 (dense)** 부분집합이라고 정의한다.

예 2.6. 실수집합 $\mathbb{R}$에 여유한위상이 주어져 있다고 하자. 이 경우 모든 무한집합은 조밀함을 알 수 있다. 왜냐하면 여유한위상에서는 $\varnothing$, $\mathbb{R}$ 그리고 유한집합은 닫힌집합이므로 무한집합을 포함하는 유일한 닫힌집합은 $\mathbb{R}$이다. 따라서 A가 실수집합 $\mathbb{R}$의 무한 부분집합인 경우 $\overline{A}=\mathbb{R}$이 되고 A는 조밀한 부분집합이 된다.

다음 두 정리는 점 y가 언제 주어진 집합의 A의 내부나 폐포에 포함되는지를 결정해주는 간단한 방법을 제공해준다.

정리 2.4. 위상공간 X에 대하여 A는 X의 부분집합이고 y는 X의 원소라고 하자. $y \in \mathrm{Int}(A)$이기 위한 필요충분조건은 열린집합 U가 존재하여 $y \in U \subset A$를 만족하는 것이다.

증명. 열린집합 U가 존재하여 $y \in U \subset A$라고 가정하자. U는 열린집합이고 A에 포함되므로 $U \subset \mathrm{Int}(A)$이다. 따라서 $y \in U$로부터 $y \in \mathrm{Int}(A)$임을 알 수 있다.

역으로 $y \in \mathrm{Int}(A)$라고 가정하고 $U = \mathrm{Int}(A)$라고 하자. 그러면 U는 열린집합이고 $y \in U = \mathrm{Int}(A) \subset A$가 된다. ■

정리 2.5. 위상공간 X에 대하여 A는 X의 부분집합이고 y는 X의 원소라고 하자. $y \in \overline{A}$이기 위한 필요충분조건은 y를 포함하는 임의의 열린집합 U에 대하여 $U \cap A \neq \varnothing$이다.

증명. 연습문제 2.10 참조. ■

예 2.7. 평면 $\mathbb{R}^2$에 표준위상이 주어져 있다고 하자. 그림 2.1의 왼쪽 그림과 같이 집합 A가 막대사탕 모양인 경우 A의 내부는 중간의 그림과 같고 A의 폐포는 오른쪽 그림과 같다.

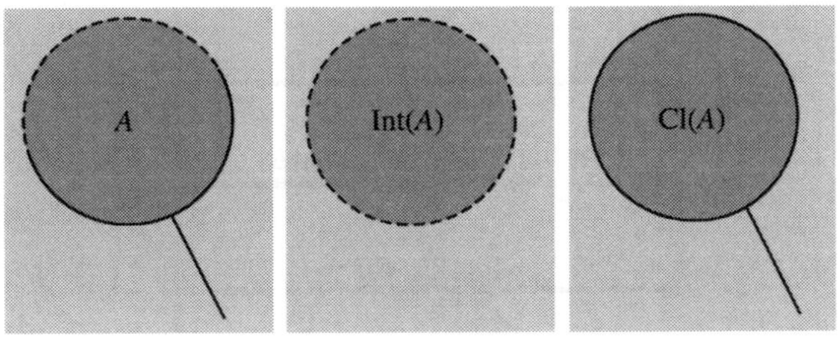

(그림 2.1) $\mathbb{R}^2$에서 집합 A의 내부와 폐포.

다음의 정리는 내부, 폐포, 합집합, 교집합, 그리고 여집합과 관련된 유용한 결과를 제공한다. 여기에서 (i)과 (iii)을 증명하고 (ii)와 (iv)에 대해서는 연습문제 2.11에 남긴다.

정리 2.6. 위상공간 X의 부분집합 A, B에 대하여 다음의 명제가 성립한다.

(i) $\mathrm{Int}(X-A)=X-\overline{A}$.

(ii) $\overline{X-A}=X-\mathrm{Int}(A)$.

(iii) $\mathrm{Int}(A)\cup\mathrm{Int}(B)\subset\mathrm{Int}(A\cup B)$이고 일반적으로 등호는 성립하지 않는다.

(iv) $\mathrm{Int}(A)\cap\mathrm{Int}(B)=\mathrm{Int}(A\cap B)$.

(i)의 증명. $X-\overline{A}\subset\mathrm{Int}(X-A)$이고 $\mathrm{Int}(X-A)\subset X-\overline{A}$임을 증명한다. 우선 $\overline{A}$는 닫힌집합이고 $A\subset\overline{A}$이므로 $X-\overline{A}\subset X-A$이면서 $X-\overline{A}$는 열린집합이다. 따라서 $X-\overline{A}\subset\mathrm{Int}(X-A)$이다.

$\mathrm{Int}(X-A)\subset X-\overline{A}$를 증명하기 위해 $x\in\mathrm{Int}(X-A)$라고 하자. $\mathrm{Int}(X-A)\subset X-A$이므로 $\mathrm{Int}(X-A)\cap A=\varnothing$이다. 정리 2.5의 결과로부터 $x\not\in\overline{A}$가 되고 따라서 $x\in X-\overline{A}$이다. ■

(iii)의 증명. $\mathrm{Int}(A)\subset A$이므로 $\mathrm{Int}(A)\subset A\cup B$이다. 같은 방법으로 $\mathrm{Int}(B)\subset A\cup B$이다. $\mathrm{Int}(A)\cup\mathrm{Int}(B)$는 열린집합이고 $\mathrm{Int}(A)\cup\mathrm{Int}(B)\subset A\cup B$이므로 $\mathrm{Int}(A)\cup\mathrm{Int}(B)\subset\mathrm{Int}(A\cup B)$가 된다.

$\mathrm{Int}(A)\cup\mathrm{Int}(B)\neq\mathrm{Int}(A\cup B)$가 되는 예가 존재함을 보여야 한다. 실수집합 $\mathbb{R}$ 상의 표준위상에 대하여 $A=[-1,0]$, $B=[0,1]$로 택하면 $\mathrm{Int}(A)\cup\mathrm{Int}(B)=(-1,0)\cup(0,1)$이지만 $\mathrm{Int}(A\cup B)=(-1,1)$이다. (그림 2.2 참조.) ■

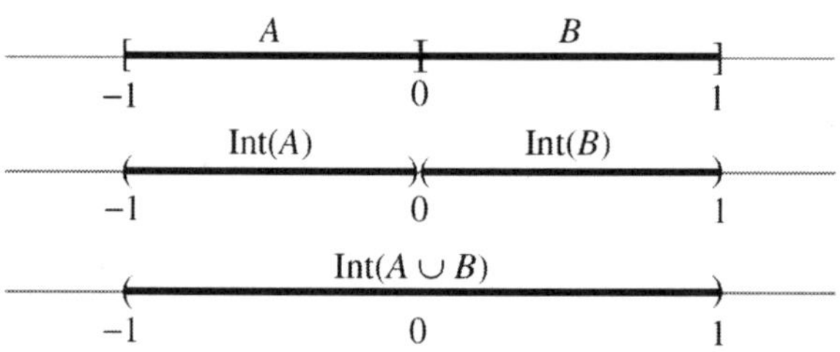

(그림 2.2) $\mathrm{Int}(A)\cup\mathrm{Int}(B)\neq\mathrm{Int}(A\cup B)$.

연습문제 2.1

2.1. 다음 집합 A의 내부와 폐포를 결정하시오.

(a) 실수집합 $\mathbb{R}$ 의 하극한위상에 대하여 부분집합 $A=(0,1]$.

(b) 세 점 집합 $X=\{a,b,c\}$에 주어진 위상 $\{X, \varnothing, \{a\}, \{a,b\}\}$에 대하여 부분집합 $A=\{a\}$.

(c) 세 점 집합 $X=\{a,b,c\}$에 주어진 위상 $\{X, \varnothing, \{a\}, \{a,b\}\}$에 대하여 부분집합 $A=\{a,c\}$.

(d) 세 점 집합 $X=\{a,b,c\}$에 주어진 위상 $\{X, \varnothing, \{a\}, \{a,b\}\}$에 대하여 부분집합 $A=\{b\}$.

(e) 실수집합 $\mathbb{R}$ 의 표준위상에 대하여 부분집합 $A=(-1,1)\cup\{2\}$.

(f) 실수집합 $\mathbb{R}$ 의 하극한위상에 대하여 부분집합 $A=(-1,1)\cup\{2\}$.

(g) 평면 $\mathbb{R}^2$의 표준위상에 대하여 부분집합 $A=\{(x,0)\in\mathbb{R}^2 \mid x\in\mathbb{R}\}$.

(h) 평면 $\mathbb{R}^2$의 연습문제 1.19에서 주어진 수직구간위상에 대하여 부분집합 $A=\{(0,x)\in\mathbb{R}^2 \mid x\in\mathbb{R}\}$.

(i) 평면 $\mathbb{R}^2$의 연습문제 1.19에서 주어진 수직구간위상에 대하여 부분집합 $A=\{(x,0)\in\mathbb{R}^2 \mid x\in\mathbb{R}\}$.

2.2. 정리 2.2의 (ii), (iv), (vi)을 증명하시오.

2.3. $m<n\in\mathbb{Z}$에 대하여 $I_{m,n}=\{m, m+1, \dots, n\}$이라 하자. 디지털직선위상에서 $\mathrm{Int}(I_{m,n})$과 $\mathrm{Cl}(I_{m,n})$을 결정하시오.

2.4. 집합 X의 특별점위상 PPX_p에 대하여 점 p를 포함하는 부분집합 A와 점 p를 포함하지 않는 부분집합 B의 내부와 폐포를 각각 구하시오.

2.5. 집합 X의 점제외위상 EPX_p에 대하여 점 p를 포함하는 부분집합 A와 점 p를 포함하지 않는 부분집합 B의 내부와 폐포를 각각 구하시오.

2.6. 집합 $\mathbb{R}$ 의 표준위상에 대하여 유리수의 집합 $\mathbb{Q}$ 의 폐포는 $\mathbb{R}$ 임을 증명하시오.

2.7. 집합 $B=\left\{\frac{a}{2^n}\in\mathbb{R} \mid a\in\mathbb{Z},\ n\in\mathbb{Z}_+\right\}$는 $\mathbb{R}$ 의 조밀한 부분집합임을 증명하시오.

2.8. (a) 홀수정수 집합은 $\mathbb{Z}$ 의 디지털직선위상에서 조밀함을 보이시오. 짝수정수 집합에 대해서는 조밀한가?

(b) $\mathbb{Z}$ 의 어떤 부분집합이 $\mathbb{Z}$ 의 이산위상에 대하여 조밀한 부분집합인지 결정하시오.

2.9. 평면 $\mathbb{R}^2$의 표준위상에 대하여 $(a,b)\times(c,d)$의 폐포는 $[a,b]\times[c,d]$이며 $[a,b]\times[c,d]$의 내부는 $(a,b)\times(c,d)$임을 증명하시오.

2.10. 정리 2.5를 증명하시오.

2.11. 정리 2.6의 (ii), (iv)를 증명하시오.

2.12. 다음 빈 칸에 적당한 부호 $\subset$, $\supset$, $=$ 중 하나를 채워 넣으시오. 만약 등호가 성립하지 않으면 반례를 찾으시오.

(a) $\mathrm{Cl}(A)\cap\ \mathrm{Cl}(B)$ _____ $\mathrm{Cl}(A\cap B)$

(b) $\mathrm{Cl}(A)\cup\ \mathrm{Cl}(B)$ _____ $\mathrm{Cl}(A\cup B)$

2.2 극한점

$\mathbb{R}^n$상의 표준위상에 대하여 부분집합의 극한점은 우리가 기대하는 대로 나타난다. 즉 주어진 부분집합에서 점들의 수열이 존재하여 극한점으로 수렴하는 것이다. $\mathbb{R}^n$상의 표준위상처럼 잘 정돈이 된 위상과는 다른 위상공간에서는 위와 같은 극한점에 대한 접근 방법이 직관적이지 않을 수도 있다.

정의 2.7. A는 위상공간 X의 부분집합이라고 하자. X의 점 x의 임의의 근방이 A에서 x와 다른 점과 만날 때 x를 A의 **극한점(limit point)**이라고 정의한다. 즉 임의의 x 근방 U에 대하여 $U\cap A-\{x\}\neq\varnothing$ 이면 x를 A의 극한점이라고 정의한다.

주어진 집합 A의 극한점은 A에 속할 필요가 없다. 또한 임의의 위상공간 X의 점 x는 집합 $\{x\}$의 극한점이 될 수 없다.

예 2.9. 실수집합 $\mathbb{R}$ 의 표준위상에 대하여 그림 2.3과 같이 $A=\left\{\frac{1}{n}\in\mathbb{R}\mid n\in\mathbb{Z}_+\right\}$ 라고 하자.

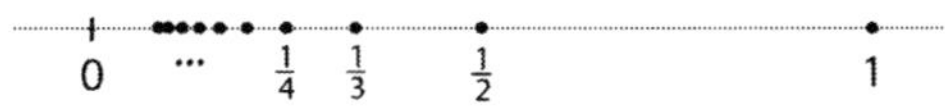

(그림 2.3) 집합 $A=\left\{\frac{1}{n}\in\mathbb{R}\mid n\in\mathbb{Z}_+\right\}$.

0의 임의의 근방 U에 대하여 열린구간 (a,b)가 존재하여 $0\in(a,b)\subset U$를 만족한다. $(a,b)\cap A\neq\varnothing$ 이므로 $U\cap A\neq\varnothing$ 이 된다. $0\not\in A$이기 때문에 $U\cap A-\{0\}\neq\varnothing$ 이다. 따라서 0은 A의 극한점이 된다.

실제로 0은 A의 유일한 극한점이다. $x\in\mathbb{R}-\{0\}$에 대하여 $x\not\in A$인 경우 A와 전혀 만나지 않는 x를 포함하는 열린구간을 택할 수 있고 $x\in A$인 경우에는 A와의 교집합이 오로지 $\{x\}$인 열린구간을 택할 수 있으므로 0을 제외한 모든 실수는 A의 극한점이 될 수 없다.

예 2.10. 실수집합 $\mathbb{R}$ 의 표준위상에 대하여 $A=(0,1]$이라 하자. $[0,1]$에 속하는 임의의 점 x는 A의 극한점이다. x를 포함하는 임의의 근방 U에 대하여 x를 포함하는 열린구간 $(a,b)\subset U$이 존재하여 (a,b)는 A와 x 아닌 다른 원소와 만난다. 따라서 $U\cap A-\{x\}\neq\varnothing$ 이다. 따라서 x는 A의 극한점이 된다.

$x\not\in[0,1]$인 모든 x에 대하여 A와 서로소이고 x를 포함하는 열린구간이 존재한다. 따라서 x는 A의 극한점이 될 수 없다. 따라서 $[0,1]$이 A의 극한점들의 집합이 된다.

예 2.11. 실수집합 $\mathbb{R}$ 의 표준위상에 대하여 $\mathbb{Q}$ 를 유리수들의 집합이라 하자. 이 경우 실수집합 $\mathbb{R}$ 이 $\mathbb{Q}$ 의 모든 극한점들의 집합이 된다. 임의의 실수 x에 대하여 U를 x의 근방이라 하자. 그러면 x를 포함하는 열린구간 (a,b)가 존재하여 $x\in(a,b)\subset U$가 된다. 구간 (a,b)는 $\mathbb{Q}$ 와 무한 부분집합에서 만나므로 x의 근방 U는 $\mathbb{Q}$ 와 x 이외의 점을 포함한다. 즉 $U\cap\mathbb{Q}-\{x\}\neq\varnothing$. 따라서 x는 $\mathbb{Q}$ 의 극한점이 된다.

극한점은 주어진 집합의 폐포를 찾는 쉬운 방법을 제시해준다.

정리 2.8. A는 위상공간 X의 부분집합이고 A'은 A의 극한점들의 집합이라 하자. 이때 $\overline{A} = A \cup A'$이다.

증명. $A \cup A' \subset \overline{A}$이고 $\overline{A} \subset A \cup A'$임을 보이자.

정의로부터 $A \subset \overline{A}$이므로 $A' \subset \overline{A}$를 증명하고자 한다. $x \in A'$라고 하면 x를 포함하는 임의의 근방 U에 대하여 $U \cap A - \{x\} \neq \varnothing$이다. 따라서 $U \cap A \neq \varnothing$이 되고 정리 2.5로부터 $x \in \overline{A}$이다. 그러므로 $A \cup A' \subset \overline{A}$이 된다.

이제 $\overline{A} \subset A \cup A'$가 됨을 증명한다. $x \in \overline{A}$라고 하면 $x \in A$이거나 $x \in \overline{A} - A$가 된다. 첫 번째 경우 $x \in A \cup A'$이 된다. 두 번째 경우 $x \in \overline{A} - A$이므로 $x \in \overline{A}$이다. 정리 2.5로부터 x를 포함하는 임의의 근방 U에 대하여 $U \cap A \neq \varnothing$이다. 그런데 $x \notin A$이므로 $U \cap A - \{x\} \neq \varnothing$이므로 $x \in A'$이다. 그러므로 $\overline{A} \subset A \cup A'$가 된다. ■

따름정리 2.9. 위상공간 X의 부분집합 A에 대하여 A가 닫힌집합이기 위한 필요충분조건은 $A' \subset A$이다.

증명. 정리 2.2(vi)로부터 A가 닫힌집합이기 위한 필요충분조건은 $A = \overline{A}$이다. 정리 2.8에 의해 $A = \overline{A}$이기 위한 필요충분조건은 $A = A \cup A'$이다. 마지막으로 $A = A \cup A'$이기 위한 필요충분조건은 $A' \subset A$이다. 따라서 A가 닫힌집합이기 위한 필요충분조건은 $A' \subset A$이다. ■

예 2.12. 연습문제 1.27에서 소개된 것처럼 무한 빗 C는 그림 2.4와 같이 나타낼 수 있다. 무한 빗 C는 점 $(0,0)$과 점 $(1,0)$을 잇는 수평선분과 모든 자연수 $n \in \mathbb{N}$에 대하여 $\left(\frac{1}{2^n}, 0\right)$과 $\left(\frac{1}{2^n}, 1\right)$를 잇는 수직선분들의 합집합으로 표현된다.

C를 $\mathbb{R}^2$상의 표준위상에 대한 부분집합이라 생각하면 C의 극한점들의 집합은 $C \cup Y = C \cup \{(0,y) \mid 0 \leq y \leq 1\}$이 된다. Y에 속하는 임의의 점 $(0,y)$와 $(0,y)$의 임의의 근방 U에 대하여 $U \cap C \neq \varnothing$이 됨을 그림 2.4에서 쉽게 확인할 수 있다. 또한 $C \cup Y$이외에는 극한점이 존재하지 않으므로 $\overline{C} = C \cup Y$가 된다.

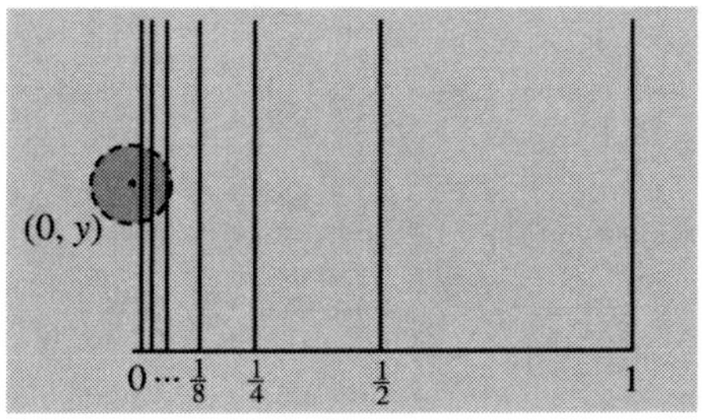

(그림 2.4) $Y=\{(0,y)\,|\,0\leq y\leq 1\}$는 무한 빗 C의 극한점 집합에 포함된다.

수렴하는 수열은 극한점과 밀접한 관계가 있다.

정의 2.10. 위상공간 X에서의 수열 $\{x_n|n\in\mathbb{N}\}$에 대하여 X의 원소 x의 임의의 근방 U에 대하여 양의 정수 $N\in\mathbb{N}$이 존재하여 만약 $n\geq N$이면 $x_n\in U$가 되면 수열 $\{x_n|n\in\mathbb{N}\}$는 x로 **수렴한다**고 정의하고 다음과 같이 표시한다.

$$\lim_{n\to\infty}x_n=x$$

수열 $\{x_n|n\in\mathbb{N}\}$이 x로 수렴한다는 것은 x를 포함하는 임의의 근방 U에 대하여 궁극적으로 x_n이 U에 포함되어 그 곳에 남게 된다는 것이다.

예 2.13. 그림 2.5.에서와 같이 수열 $x_n=\dfrac{(-1)^n}{n}$이 주어져 있다. 실수집합 $\mathbb{R}$의 표준위상에 대하여 수열 $\{x_n\}$은 0에 수렴한다. 왜냐하면 0을 포함하는 임의의 근방 U에 대하여 구간 $(-\alpha,\alpha)$가 존재하여 $(-\alpha,\alpha)\subset U$가 되고 주어진 수열이 궁극적으로 구간 $(-\alpha,\alpha)$에 남게 되므로 그 결과 U에 남게 된다. (연습문제 2.22 참조.)

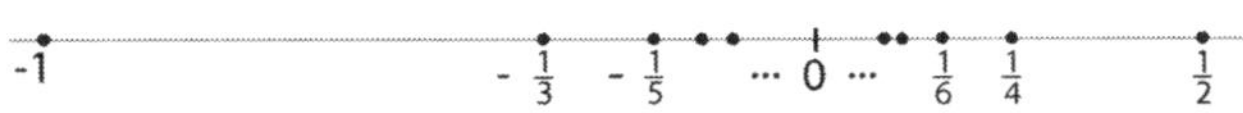

(그림 2.5) 수열 $x_n=\dfrac{(-1)^n}{n}$.

> 하지만 실수집합 $\mathbb{R}$ 상에 하극한위상이 주어지면 주어진 수열은 0에 수렴하지 않는다. 예를 들어 0의 근방 $[0, 1)$을 택하면 궁극적으로 $x_n = \dfrac{(-1)^n}{n}$의 항들은 머무르지 않고 홀수항들은 근방 $[0, 1)$을 뛰쳐나가게 된다. 실제로 하극한위상에 대하여 수열 $x_n = \dfrac{(-1)^n}{n}$은 수렴하지 않는다.

$\mathbb{R}^n$상의 표준위상에 대하여 다음의 정리는 수열의 극한점은 수렴점과 같다는 것을 알게 해준다.

정리 2.11. A는 $\mathbb{R}^n$상의 표준위상에 대한 부분집합이라고 하자. x가 A의 극한점이면 A의 점으로 이루어진 수열 $\{x_n\}$이 존재하여 x로 수렴한다.

증명. 연습문제 2.20 참조. ■

일반적인 위상공간 X에서는 부분집합 B의 극한점 x가 B 안의 수열의 수렴점이 될 필요가 없다.

직관적으로 어떤 수열이 수렴하면 그 수렴점은 유일한 것으로 생각한다. $\mathbb{R}^n$의 표준위상에서는 사실이지만 다른 위상에서는 성립하지 않을 수 있다. 예를 들어 $\mathbb{R}$의 여유한위상에 대하여 수열 $\left\{\dfrac{1}{n} \mid n \in \mathbb{N}\right\}$은 임의의 실수 x로 수렴한다. (연습문제 2.19 참조.)

다음의 정리는 하우스도르프 공간에서 수열의 수렴에 관한 유일성을 제공한다.

정리 2.12. 하우스도르프 공간 X에서는 모든 수렴하는 수열은 오직 한 개의 수렴점을 갖는다.

증명. 하우스도르프 공간 X에서 수열 $\{x_n \mid n \in \mathbb{N}\}$이 서로 다른 두 점 x와 y로 수렴한다고 가정하자. X는 하우스도르프 공간이므로 서로 만나지 않는 x의 근방 U와 y의 근방 V가 존재한다. $\{x_n\}$이 x로 수렴하므로 자연수 N_1이 존재하여 만약 $n \geq N_1$이면 $x_n \in U$가 된다. 마찬가지로 $\{x_n\}$은 y로도 수렴하므로 자연수 N_2가 존재하여 만약 $n \geq N_2$이면

$x_n \in V$가 된다. 이제 $n \geq \max\{N_1, N_2\}$라고 하면 $x_n \in U \cap V$가 되고 $U \cap V = \varnothing$에 모순이 된다. 따라서 하우스도르프 공간 X에서 수렴하는 수열은 유일한 수렴점을 갖는다. ■

연습문제 2.2

2.13. 다음 각 경우 집합 A의 극한점을 구하시오.

(a) 실수집합 $\mathbb{R}$의 하극한위상에 대하여 부분집합 $A = (0.1]$.

(b) 세 점 집합 $X = \{a, b, c\}$에 주어진 위상 $\{X, \varnothing, \{a\}, \{a, b\}\}$에 대하여 부분집합 $A = \{a\}$.

(c) 세 점 집합 $X = \{a, b, c\}$에 주어진 위상 $\{X, \varnothing, \{a\}, \{a, b\}\}$에 대하여 부분집합 $A = \{a, c\}$.

(d) 세 점 집합 $X = \{a, b, c\}$에 주어진 위상 $\{X, \varnothing, \{a\}, \{a, b\}\}$에 대하여 부분집합 $A = \{b\}$.

(e) 실수집합 $\mathbb{R}$의 표준위상에 대하여 부분집합 $A = (-1, 1) \cup \{2\}$.

(f) 실수집합 $\mathbb{R}$의 하극한위상에 대하여 부분집합 $A = (-1, 1) \cup \{2\}$.

(g) 평면 $\mathbb{R}^2$의 표준위상에 대하여 부분집합 $A = \{(x, 0) \in \mathbb{R}^2 \mid x \in \mathbb{R}\}$.

(h) 평면 $\mathbb{R}^2$의 연습 문제 1.19에서 주어진 수직구간위상에 대하여 부분집합 $A = \{(0, x) \in \mathbb{R}^2 \mid x \in \mathbb{R}\}$.

(i) 평면 $\mathbb{R}^2$의 연습 문제 1.19에서 주어진 수직구간위상에 대하여 부분집합 $A = \{(x, 0) \in \mathbb{R}^2 \mid x \in \mathbb{R}\}$.

2.14. 자연수 n에 대하여 $B_n = \{n, n+1, n+2, \ldots\}$라고 정의하자. 이제 B_n들의 모임 $\mathcal{B} = \{B_n \mid n$은 자연수$\}$에 대하여 다음 물음에 답하시오.

(a) $\mathcal{B}$는 자연수 집합 $\mathbb{N}$의 기저가 됨을 증명하시오.

(b) $\mathcal{B}$에 의해서 생성된 $\mathbb{N}$의 위상은 하우스도르프가 되지 않음을 증명하시오.

(c) 자연수 $\mathbb{N}$의 수열 $(2, 4, 6, 8, \ldots)$은 $\mathcal{B}$에 의해서 생성된 위상에서 모든 자연수로 수렴하는 것을 증명하시오.

(d) 자연수 $\mathbb{N}$의 임의의 무한 수열은 $\mathcal{B}$에 의해서 생성된 위상에 대하여 모든 자연수로 수렴하는 것을 증명하시오.

2.15. 실수집합 $\mathbb{R}$ 의 여유한위상에 대하여 집합 $[0,1]$의 극한점을 모두 구하시오.

2.16. 디지털직선위상에서 한 점 집합 $\{n\}$의 극한점 집합을 결정하시오. (그 집합은 n이 홀수인지 짝수인지에 의존한다.)

2.17. (a) $\mathscr{B}=\{[a,b)\subset \mathbb{R} \mid a,b\in\mathbb{Q}$ 그리고 $a<b\}$라 할 때 $\mathscr{B}$는 집합 $\mathbb{R}$ 의 기저가 되는 것을 증명하시오. 이 위상을 **유리수 하극한위상**이라 부르고 $\mathbb{R}_{rl}$로 나타낸다.

(b) 집합 $\mathbb{R}$의 하극한위상과 유리수 하극한위상에 대하여 집합 $A=(0,\sqrt{2})$, $B=(\sqrt{2},3)$의 폐포를 각각 구하시오.

2.18. $\mathbb{R}$ 의 표준위상에 대하여 집합 $A=\left\{\dfrac{1}{m}+\dfrac{1}{n}\in\mathbb{R} \mid m,n\in\mathbb{N}\right\}$의 극한점을 모두 구하시오.

2.19. $\mathbb{R}$ 의 여유한위상에 대하여 임의의 무한 수열 (x_n)은 모든 실수로 수렴함을 보이시오.

2.20. 정리 2.11을 증명하시오.

2.21. $\mathbb{R}^2$의 표준위상에 대하여 집합 $S=\left\{\left(x,\sin\left(\dfrac{1}{x}\right)\right)\in\mathbb{R}^2 \mid 0<x\le 1\right\}$의 극한점을 모두 구하시오.

2.22. $\mathbb{R}$ 의 표준위상에 대하여 수열 $x_n=\dfrac{(-1)^n}{n}$을 고려하자. 다음 물음에 답하시오.

(a) 0을 포함하는 임의의 근방은 하나의 열린구간 $(-\alpha,\alpha)$를 포함하는 것을 증명하시오.

(b) 임의의 열린구간 $(-\alpha,\alpha)$에 대하여 적당한 자연수 N이 존재하여 n이 N보다 클 경우 $x_n\in(-\alpha,\alpha)$을 만족한다는 것을 증명하시오.

2.23. $\mathbb{R}$ 의 부분집합들의 모임 $\mathfrak{I}$는 공집합과 여집합이 가산집합인 부분집합들의 모임이다. 다음 물음에 답하시오.

(a) $\mathfrak{I}$는 집합 $\mathbb{R}$ 의 위상이 되는 것을 증명하시오. 이 위상을 **여가산위상**이라고 부른다.

(b) 0은 $\mathbb{R}$ 의 여가산위상에 대하여 집합 $A=\mathbb{R}-\{0\}$의 극한점이 됨을 증명하시오.

(c) $\mathbb{R}$ 의 여가산위상에 대하여 집합 $A=\mathbb{R}-\{0\}$의 어떤 수열도 0에 수렴하지 않음을 증명하시오.

2.3 집합의 경계

집합의 경계가 무엇을 의미하는지에 대한 직관적인 아이디어가 있다. 즉 집합의 내부와 외부 모두에 가깝게 놓인 점들이다. (그림 2.6. 참조.) 그러나 우리의 직관에 맞서는 예와 위상이 존재한다. 예를 들어 실수집합 $\mathbb{R}$ 상의 표준위상에 대하여 유리수집합 $\mathbb{Q}$ 의 경계는 무엇인가? 실수집합 $\mathbb{R}$ 상의 여유한위상에 대하여 닫힌구간 $[0,1]$의 경계는 무엇인가? 집합의 경계에 관한 엄밀한 정의와 면밀한 이해는 위상의 중요 개념 중의 하나인 경계를 올바르게 사용하는 데 도움을 줄 것이다.

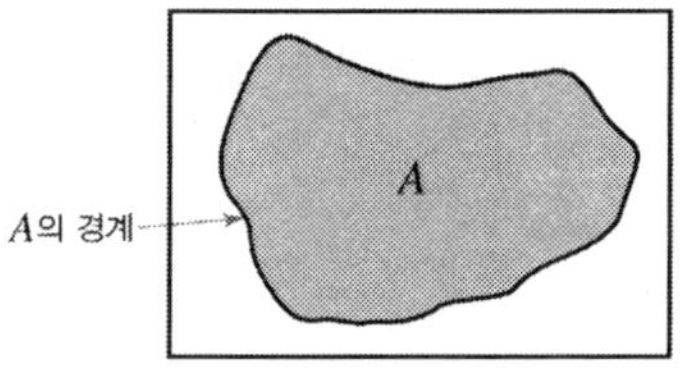

(그림 2.6) 집합의 경계.

정의 2.13. 위상공간 X의 부분집합 A에 대하여 A의 **경계(boundary)**는 ∂A로 표시하고 $\partial A = \overline{A} - \mathrm{Int}(A)$로 정의한다.

예 2.14. 실수집합 $\mathbb{R}$에 주어진 표준위상에 대하여 $A = [-1,1]$이라 하자. 그림 2.7에서와 같이 $\overline{A} = [-1,1]$이고 $\mathrm{Int}(A) = (-1,1)$이므로 $\partial A = \{-1,1\}$이 된다.

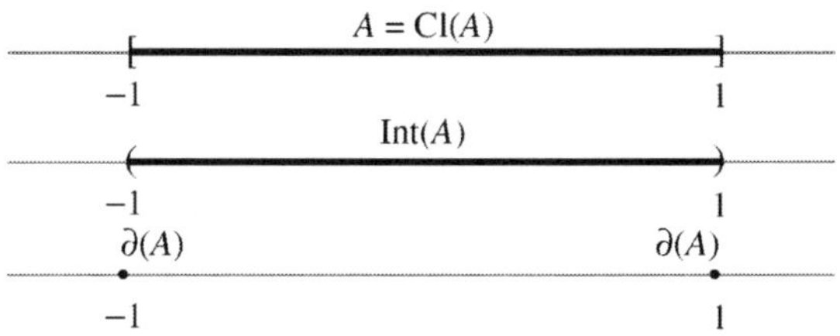

(그림 2.7) $[-1,1]$의 경계를 결정하기.

예 2.15. 평면의 부분집합 A는 그림 2.8의 가장 왼쪽 그림처럼 나타난다고 하자. $\overline{A}$는 닫힌원판이 되고 $\text{Int}(A)$는 열린원판이 되므로 ∂A는 원이 된다.

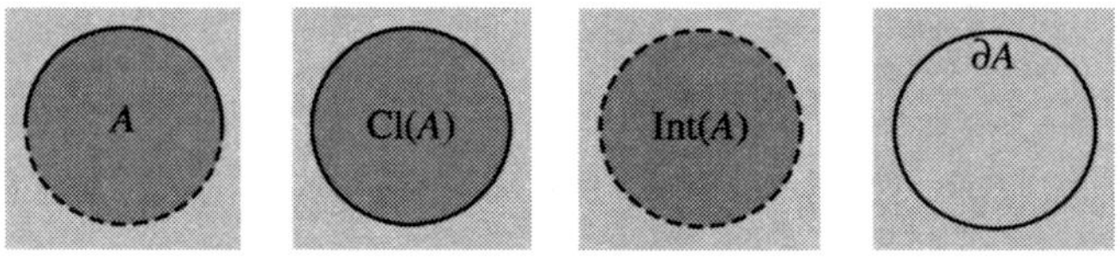

(그림 2.8) 평면의 부분집합 A의 경계 결정하기.

다음의 정리는 점 x가 집합 A의 경계에 속하는지 아닌지를 결정하는데 도움을 준다.

정리 2.14. A를 위상공간 X의 부분집합이라 하고 x는 X의 원소라고 하자. 이때 $x \in \partial A$이기 위한 필요충분조건은 x를 포함하는 임의의 근방 U에 대하여 $U \cap A \neq \varnothing$ 그리고 $U \cap (X-A) \neq \varnothing$ 이다.

증명. $x \in \partial A$라고 하자. 그러면 $x \in \overline{A}$이고 $x \notin \text{Int}(A)$가 된다. $x \in \overline{A}$이므로 x를 포함하는 임의의 근방 U에 대하여 $U \cap A \neq \varnothing$ 이다. 또한 $x \notin \text{Int}(A)$이므로 x의 근방 U는 A에 포함되지 않는다. 따라서 $U \cap (X-A) \neq \varnothing$ 이다.

역으로 x를 포함하는 임의의 근방 U에 대하여 $U \cap A \neq \varnothing$ 이고 $U \cap (X-A) \neq \varnothing$ 라고 가정하자. 그러면 $x \in \overline{A}$이고 $x \in \overline{X-A}$가 된다. 정리 2.6.에 의해 $\overline{X-A} = X - \text{Int}(A)$이므로 $x \notin \text{Int}(A)$가 된다. 따라서 $x \in \overline{A} - \text{Int}(A) = \partial A$가 되어 증명이 끝난다. ■

집합 A의 경계에 관한 몇 가지 사실을 열거한다. 증명은 경계의 정의로부터 쉽게 유도할 수 있다.

정리 2.15. A를 위상공간 X의 부분집합이라고 할 때 A의 경계에 관한 다음 명제가 성립한다.

(i) ∂A는 닫힌집합이다.

(ii) $\partial A = \overline{A} \cap \overline{X-A}$.

(iii) $\partial A \cap \text{Int}(A) = \varnothing$.

(iv) $\partial A \cup \text{Int}(A) = \overline{A}$.

(v) $\partial A \subset A$이기 위한 필요충분조건은 A가 닫힌집합이다.

(vi) $\partial A \cap A = \varnothing$이기 위한 필요충분조건은 A가 열린집합이다.

(vii) $\partial A = \varnothing$이기 위한 필요충분조건은 A가 열린집합인 동시에 닫힌집합이다.

증명. 연습문제 2.28 참조. ■

예 2.16. 실수집합 $\mathbb{R}$의 표준위상에 대하여 유리수 집합 $\mathbb{Q}$를 고려하자. $\overline{\mathbb{Q}} = \mathbb{R}$이고 $\text{Int}(\mathbb{Q}) = \varnothing$이므로 $\partial\mathbb{Q} = \mathbb{R}$이다.

따라서 모든 실수는 유리수집합 $\mathbb{Q}$의 경계에 포함된다. 이것은 의미 있는 결과이다. 왜냐하면 모든 실수는 유리수집합과 가까이 있고 유리수의 여집합과도 가까이 있기 때문이다.

예 2.17. 평면 $\mathbb{R}^2$의 표준위상에 대하여 수직선분 $A = \{0\} \times [-1, 1]$의 경계 $\partial A = A$가 된다. 왜냐하면 $\overline{A} = A$이고 $\text{Int}(A) = \varnothing$이기 때문이다. A를 실수집합 $\mathbb{R}$의 부분집합으로 생각할 수 있지만 경계의 모습은 완전히 다르게 나타난다.

예 2.18. 실수집합 $\mathbb{R}$의 이산위상에 대하여 $A = [-1, 1]$이라 하자. $\overline{A} = \text{Int}(A) = A$이므로 $\partial A = \varnothing$이다.

예 2.19. 실수집합 $\mathbb{R}$의 하극한위상에 대하여 $A = [-1, 1]$이라고 하자. $\overline{A} = [-1, 1]$이고 $\text{Int}(A) = [-1, 1)$이므로 $\partial A = \{1\}$이다.

연습문제 2.3

2.24. 다음 각 경우 집합 A의 경계를 결정하시오.

(a) 실수집합 $\mathbb{R}$ 의 하극한위상에 대하여 부분집합 $A = (0.1]$.

(b) 세 점 집합 $X = \{a, b, c\}$에 주어진 위상 $\{X, \varnothing, \{a\}, \{a, b\}\}$에 대하여 부분집합 $A = \{a\}$.

(c) 세 점 집합 $X = \{a, b, c\}$에 주어진 위상 $\{X, \varnothing, \{a\}, \{a, b\}\}$에 대하여 부분집합 $A = \{a, c\}$.

(d) 세 점 집합 $X = \{a, b, c\}$에 주어진 위상 $\{X, \varnothing, \{a\}, \{a, b\}\}$에 대하여 부분집합 $A = \{b\}$.

(e) 실수집합 $\mathbb{R}$ 의 표준위상에 대하여 부분집합 $A = (-1, 1) \cup \{2\}$.

(f) 실수집합 $\mathbb{R}$ 의 하극한위상에 대하여 부분집합 $A = (-1, 1) \cup \{2\}$.

(g) 평면 $\mathbb{R}^2$의 표준위상에 대하여 부분집합 $A = \{(x, 0) \in \mathbb{R}^2 | x \in \mathbb{R}\}$.

(h) 평면 $\mathbb{R}^2$의 연습문제 1.19에서 주어진 수직구간위상에 대하여 부분집합 $A = \{(0, x) \in \mathbb{R}^2 | x \in \mathbb{R}\}$.

(i) 평면 $\mathbb{R}^2$의 연습문제 1.19에서 주어진 수직구간위상에 대하여 부분집합 $A = \{(x, 0) \in \mathbb{R}^2 | x \in \mathbb{R}\}$.

2.25. $m < n \in \mathbb{Z}$ 에 대하여 $I_{m,n} = \{m, m+1, \ldots, n\}$이라 하자. 디지털직선위상에서 $I_{m,n}$의 경계를 결정하시오.

2.26. 평면 $\mathbb{R}^2$의 표준위상에 대하여 다음 부분집합의 경계를 결정하시오.

(a) $A = \{(x, 0) \in \mathbb{R}^2 | x \in \mathbb{R}\}$.

(b) $B = \{(x, y) \in \mathbb{R}^2 | x > 0,\ y \neq 0\}$.

(c) $C = \left\{\left(\frac{1}{n}, 0\right) \in \mathbb{R}^2 | n \in \mathbb{N}\right\}$.

(d) $D = \{(x, y) \in \mathbb{R}^2 | 0 \leq x^2 - y^2 < 1\}$.

2.27. $\mathbb{R}$ 의 여유한위상에 대하여 집합 $[0, 1]$의 경계를 구하고 그 이유를 설명하시오.

2.28. 정리 2.15를 증명하시오.

chapter 3

새로운 위상공간 생성하기

이 장에서는 주어진 위상공간으로부터 새로운 위상공간을 생성하는 방법을 소개한다. 3.1절에서는 위상공간의 부분집합에 위상을 생성하는 방법을 소개하고 3.2절에서는 두 위상공간의 곱위상을 소개한다. 3.3절과 3.4절에서는 상공간을 소개한다.

이 장의 전반에 걸쳐서 몇 가지 새로운 위상공간을 소개하고 주어진 위상과 관련하여 차이가 없어 보이는 공간을 "위상동치"라는 용어를 사용할 것이다. 위상동치에 관한 엄밀한 정의는 위상동형사상을 사용하여 4장에서 다룰 것이다.

3.1 부분공간위상

위상공간 X의 부분집합 Y에 대하여 X의 위상으로부터 유도되는 자연스런 위상을 Y 상에 정의할 수 있다.

정의 3.1. 위상공간 X의 부분집합 Y에 대하여 $\mathfrak{I}_Y = \{U \cap Y \mid U$는 X에서 열린집합$\}$으로 정의한다. $\mathfrak{I}_Y$를 Y상의 **부분공간위상(subspace topology)**이라고 한다. 이 위상과 함께 Y를 부분공간이라 한다. $V \subset Y$에 대하여 V가 Y의 부분공간위상의 원소일 때 V는 **Y의 열린집합**이라고 정의한다.

따라서 V가 Y상의 부분공간에서 열린집합이라는 것은 위상공간 X에서의 열린집합 U가 존재하여 $V = U \cap Y$로 나타낼 수 있다는 것이다.

물론 부분공간위상이 실제로 위상이 된다는 것을 확인해야 한다.

(i) $\varnothing = \varnothing \cap Y$이고 $Y = X \cap Y$이므로 $\varnothing$와 Y는 Y에서 열린집합이다.

(ii) $V_1, V_2, \dots, V_n$이 Y에서 열린집합일 때 $\bigcap_{i=1}^{n} V_i$도 Y에서 열린집합이 됨을 보이자.

각각의 i에 대하여 V_i는 Y에서 열린집합이므로 X에서 열린집합인 U_i가 존재하여 $V_i = Y \cap U_i$가 된다. 따라서 $\bigcap_{i=1}^{n} V_i = \bigcap_{i=1}^{n} (Y \cap U_i) = Y \cap (\bigcap_{i=1}^{n} U_i)$가 되고 $\bigcap_{i=1}^{n} U_i$는 X에서 열린집합이므로 $\bigcap_{i=1}^{n} V_i$는 Y에서 열린집합이다.

(iii) $\{V_\alpha\}$는 Y에서 열린집합인 집합들의 모임이라고 하자. 각각의 α에 대하여 V_α는 Y에서 열린집합이므로 X에서 열린집합인 U_α가 존재하여 $V_\alpha = U_\alpha \cap Y$가 된다. 따라서 $\bigcup_\alpha V_\alpha = \bigcup_\alpha (Y \cap U_\alpha) = Y \cap (\bigcup_\alpha U_\alpha)$이고 $\bigcup_\alpha U_\alpha$는 X에서 열린집합이므로 $\bigcup_\alpha V_\alpha$는 Y에서 열린집합이 된다.

예 3.1. 실수집합 $\mathbb{R}$ 의 표준위상에 대하여 $I = [0, 1]$이라 하자. I상의 부분공간위상에 대한 열린집합은 $\mathbb{R}$ 상의 열린집합과 I의 교집합으로 표시된다. 예를 들어 $0 < a < b < 1$인 실수 a, b에 대하여 (a, b)는 I에서도 $\mathbb{R}$ 에서도 열린집합이다. $0 < a < 1$인 실수 a에 대하여 $[0, a)$와 $(a, 1]$은 부분공간위상 I에서 열린집합이다. 하지만 $\mathbb{R}$ 에서는 열린집합이 아니다. (그림 3.1 참조.)

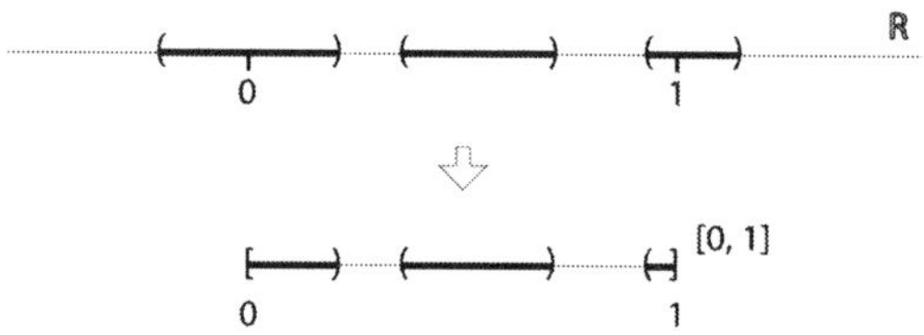

(그림 3.1) $I = [0, 1]$상의 부분공간위상.

예 3.2. 실수집합 $\mathbb{R}$ 의 표준위상으로부터 유도되는 정수집합 $\mathbb{Z}$상의 부분공간위상을 고려하자. (그림 3.2 참조.) 각각의 정수 $n \in \mathbb{Z}$ 에 대하여 $(n-1, n+1)$은 $\mathbb{R}$ 상에서 열린집합이고 $\mathbb{Z} \cap (n-1, n+1) = \{n\}$이므로 $\{n\}$은 $\mathbb{Z}$ 상의 부분공간위상에서 열린집합이다. 따라서 정수집합 $\mathbb{Z}$ 의 임의의 부분집합은 한 점 집합의 합집합으로 나타낼 수 있으므로 $\mathbb{Z}$ 상의 부분공간위상에 대하여 열린집합이다. 그러므로 $\mathbb{Z}$ 상의 부분공간위상은 이산위상이 된다.

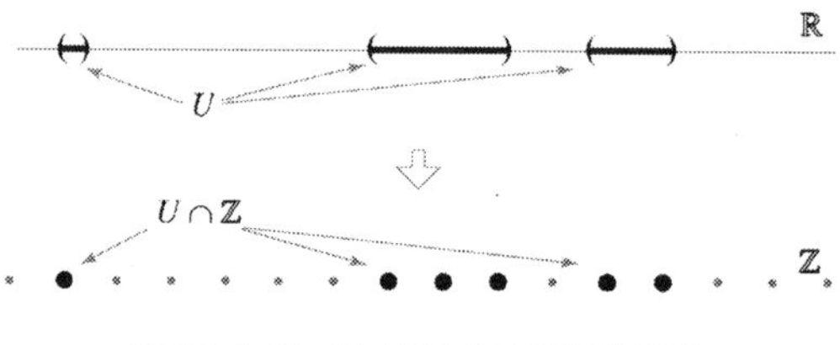

(그림 3.2) $\mathbb{Z}$ 상의 부분공간위상.

앞의 두 예에서와 같이 $\mathbb{R}$ 상의 표준위상으로부터 유도된 부분공간위상을 부분집합의 표준위상으로 생각할 수 있다.

정의 3.2. Y는 $\mathbb{R}^n$의 부분집합이라 하자. Y상의 **표준위상**은 $\mathbb{R}^n$상의 표준위상으로부터 유도된 Y상의 부분공간위상으로 정의한다.

원과 구면 그리고 n차원 구면은 모두 유클리드공간으로부터 유도된 표준위상을 갖는다. 마찬가지로 원판, n차원 구체, 열린원판, 열린 n차원 구체도 표준위상을 갖는다.

예 3.3. $Y=[-1,0)\cup(0,1]\subset\mathbb{R}$이라 하자. Y상의 표준위상에 대하여 $(-1,0)$와 $(0,1]$은 모두 열린집합이다. $Y-(0,1]=[-1,0)$이고 $Y-[-1,0)=(0,1]$이므로 $[-1,0)$와 $(0,1]$는 Y상의 표준위상에 대하여 닫힌집합이 된다. 따라서 $[-1,0)$와 $(0,1]$은 Y상의 표준위상에 대하여 열린집합인 동시에 닫힌집합이 된다.

정의 3.1에서는 Y상에서 열린집합을 정의하였다. 이제 Y상의 부분공간위상에 대하여 닫힌집합을 정의한다.

정의 3.3. 위상공간 X와 $Y\subset X$에 대하여 Y상에 부분공간위상이 주어져 있다고 하자. Y의 부분집합 C가 부분공간위상에 대하여 닫힌집합이면 C는 **Y에서 닫힌집합**이라 정의한다.

C가 Y에서 닫힌집합이라는 것은 무엇을 의미하는 것인가? $Y-C$가 Y상의 부분공간위상에 대하여 열린집합이 된다는 것이다. 다음의 정리는 Y상의 부분공간위상에 대한 닫힌집합은 X상의 닫힌집합과 Y의 교집합으로 얻을 수 있음을 알려준다.

정리 3.4. 위상공간 X와 $Y\subset X$에 대하여 Y상에 부분공간위상이 주어져 있다고 하자. $C\subset Y$가 닫힌집합이기 위한 필요충분조건은 X상의 닫힌집합 D가 존재하여 $C=Y\cap D$

가 되는 것이다.

증명. 연습문제 3.3 참조. ■

위상공간 X의 기저를 알고 있을 때 부분집합 $Y \subset X$ 상의 부분공간에 대한 기저를 찾는 방법을 소개한다.

정리 3.5. 위상공간 X에 대하여 $\mathcal{B}$를 주어진 위상공간의 기저라고 하자. 그러면 $Y \subset X$에 대하여 $\mathcal{B}_Y = \{B \cap Y \mid B \in \mathcal{B}\}$는 Y상의 부분공간위상에 대한 기저가 된다.

증명. 각각의 $B \in \mathcal{B}$는 X에서 열린집합이므로 $B \cap Y$는 Y상의 부분공간위상에 대하여 열린집합이다. 정리 1.13을 사용하여 $\mathcal{B}_Y$가 기저임을 보이고자 한다. W는 Y상의 부분공간위상에 대하여 열린집합이고 $y \in W$라고 하자. W는 Y상의 부분공간위상에 대한 열린집합이므로 X상에서 열린집합인 U가 존재하여 $W = U \cap Y$로 나타낼 수 있다. $\mathcal{B}$는 위상공간 X의 기저이므로 기저원소 $B \in \mathcal{B}$가 존재하여 $y \in B \subset U$가 된다. (그림 3.3 참조.) 따라서 $y \in B \cap Y \subset U \cap Y = W$이다. $B \cap Y \in \mathcal{B}_Y$이므로 정리 1.13으로부터 $\mathcal{B}_Y$는 Y상의 부분공간위상에 대한 기저가 된다. ■

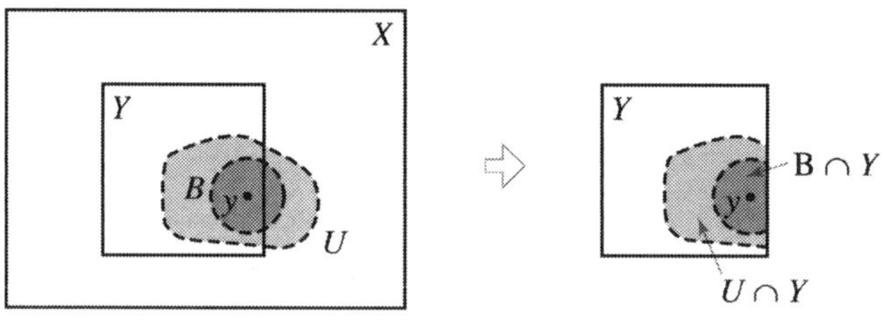

(그림 3.3) 부분공간위상에 대한 기저.

예 3.4. 평면 $\mathbb{R}^2$의 부분집합인 단위원 S^1상의 표준위상에 대한 기저는 $\mathcal{B}_{S^1} = \{B(x,r) \mid x \in \mathbb{R}^2, r > 0\} \cap S^1$ 이다. 따라서 S^1상의 기저원소들은 S^1상에서의 열린구간으로 표현할 수 있는데 두 각도 사이에 포함되는 점들의 집합으로 나타내어진다. (그림 3.4 참조.)

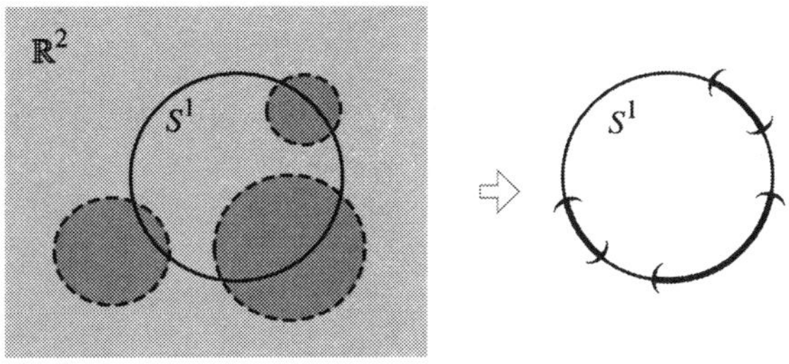

(그림 3.4) S^1상의 기저원소들은 두 각도 사이에 포함되는 점들로 이루어진 열린구간으로 표현된다.

중요한 노트: 우리가 "그 원"이라고 언급할 때는 단위원 S^1상의 표준위상이 주어진 것을 의미한다. 하지만 단순히 "원"이라고 말할 때는 단위원과 위상동치인 것을 의미한다.

예 3.5. $\mathbb{R}^3$에서 C는 중심이 $(2,0,0)$이고 반지름이 1인 xz-평면의 원이라고 하자. $\mathbb{R}^3$에서 C를 z-축 주위로 회전하여 생기는 회전면을 생각해 본다. (그림 3.5 참조.) 그 곡면에 표준위상이 주어졌을 때 **원환면(torus)**이라 정의하고 T로 나타낸다.

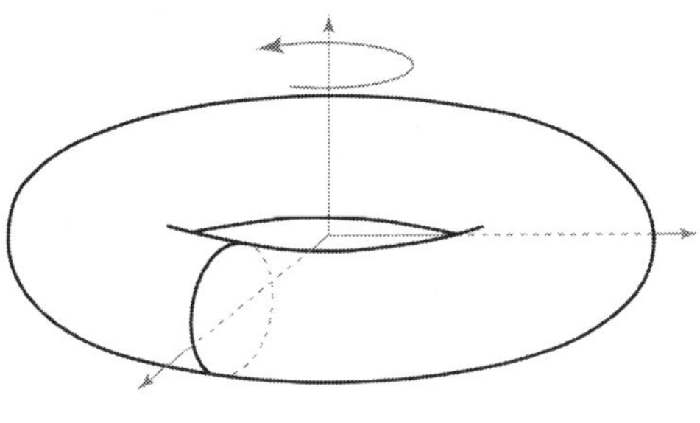

(그림 3.5) 원환면.

예 3.6. S가 $\mathbb{R}^3$에서의 곡면일 때 열린원판들과 S의 교집합에 의해 만들어지는 조각들은 S상의 표준위상에 대한 기저를 이룬다.(그림 3.6 참조.)

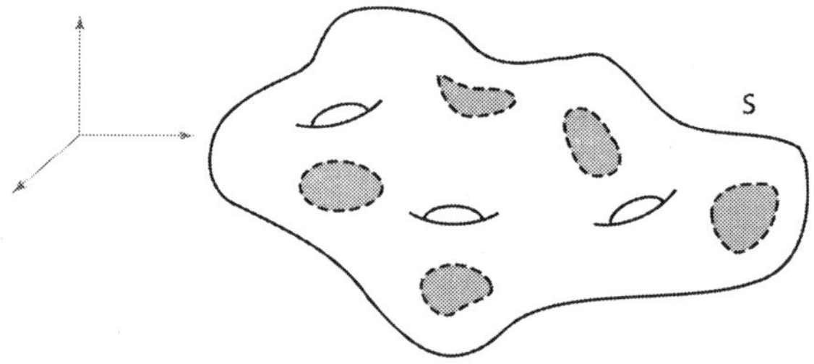

(그림 3.6) 곡면 S상의 표준위상에 대한 기저.

연습문제 3.1

3.1. 평면 $\mathbb{R}^2$의 표준위상에 대하여 부분집합 $X = \{(x, 0) \in \mathbb{R}^2 \mid x \in \mathbb{R}\}$에 유도되는 부분공간위상을 결정하시오.

3.2. 실수집합 $\mathbb{R}$의 표준위상에 대하여 부분집합 $Y = [-1, 1]$는 부분공간위상을 갖는다. 다음 중 어떤 것이 Y에서 열린집합인지, 또는 $\mathbb{R}$에서 열린집합인지를 판정하시오.

$$A = (-1, -1/2) \cup (1/2, 1)$$
$$B = (-1, -1/2] \cup [1/2, 1)$$
$$C = [-1, -1/2) \cup (1/2, 1]$$
$$D = [-1, -1/2] \cup [1/2, 1]$$
$$E = \bigcup_{n=1}^{\infty} \left(\frac{1}{1+n}, \frac{1}{n} \right)$$

3.3. 정리 3.4를 증명하시오.

3.4. 집합 $Y = (0, 5]$는 실수집합 $\mathbb{R}$의 표준위상에서 유도되는 부분공간위상을 갖는다. 다음 중 어떤 집합이 Y에서 열린집합인지, 또는 닫힌집합인지 판정하시오.

(a) $(0, 1)$ (b) $(0, 1]$ (c) $\{1\}$ (d) $(0, 5]$ (e) $(1, 2)$

(f) $[1, 2)$ (g) $(1, 2]$ (h) $[1, 2]$ (i) $(4, 5]$ (j) $[4, 5]$

3.5. 집합 $Y = (0, 5]$는 $\mathbb{R}$의 하극한위상에서 유도되는 부분공간위상을 갖는다. 다음 중 어떤 집합이 Y에서 열린집합인지, 또는 닫힌집합인지 판정하시오.

(a) $(0, 1)$ (b) $(0, 1]$ (c) $\{1\}$ (d) $(0, 5]$ (e) $(1, 2)$

(f) $[1, 2)$ (g) $(1, 2]$ (h) $[1, 2]$ (i) $(4, 5]$ (j) $[4, 5]$

3.6. 집합 $Y = (0,4] \cup \{5\}$는 $\mathbb{R}$의 표준위상에서 유도되는 부분공간위상을 갖는다. 다음 중 어떤 집합이 Y에서 열린집합인지, 또는 닫힌집합인지 판정하시오.

(a) $(0,1)$ (b) $(0,1]$ (c) $\{1\}$ (d) $(0,5]$ (e) $(1,2)$

(f) $[1,4)$ (g) $(1,4]$ (h) $[1,4]$ (i) $\{4\}$ (j) $\{4,5\}$

3.7. X는 하우스도르프 위상공간이고, Y는 X의 부분집합으로 부분공간위상을 갖는다고 하자. 이때 Y는 하우스도르프 위상공간임을 증명하시오.

3.8. X는 위상공간이고, Y는 X의 부분집합으로 부분공간위상을 갖는다고 하자.

(a) 집합 A가 Y에서 열린집합이고, Y는 X에서 열린집합일 때, A는 X에서 열린집합임을 증명하시오.

(b) 집합 A가 Y에서 닫힌집합이고, Y는 X에서 닫힌집합일 때, A는 X에서 닫힌집합임을 증명하시오.

3.9. (a) 집합 $K = \left\{ \frac{1}{n} \in \mathbb{R} \mid n \in \mathbb{Z}_+ \right\}$는 $\mathbb{R}$의 표준위상에서 유도되는 부분공간위상을 갖는다. 부분공간위상 K는 이산위상임을 증명하시오.

(b) 부분공간위상 $K^* = K \cup \{0\}$는 이산위상이 아님을 증명하시오.

3.10. 유리수의 집합 $\mathbb{Q}$의 부분공간위상은 이산위상이 아님을 증명하시오.

3.11. 집합 A에는 X의 부분공간위상이 주어져 있고, $D \subset A$라고 하자. 이제, $\mathrm{Int}_A D$는 A의 부분공간위상에 대한 D의 내부를 나타내고, $\mathrm{Int}_X D$는 위상공간 X에서의 D의 내부를 나타낸다. 마찬가지로, $\mathrm{Cl}_A D$는 A의 부분공간위상에 대한 D의 폐포를 나타내고, $\mathrm{Cl}_X D$는 위상공간 X에서의 D의 폐포를 나타낸다. $\partial_A D$와 $\partial_X D$는 같은 방법으로 정의된다.

(a) $\mathrm{Int}_A D \subset A \cap \mathrm{Int}_X D$임을 증명하고, 등호가 성립하지 않는 반례를 찾으시오.

(b) $\mathrm{Cl}_A D$와 $A \cap \mathrm{Cl}_X D$의 관계를 설명하시오. $\subset$, $\supset$ 관계가 성립하는지, 또는 성립하지 않는지 판별하고, 성립하지 않으면 반례를 찾으시오.

(c) $\partial_A D$와 $A \cap \partial_X D$의 관계를 설명하시오. $\subset$, $\supset$ 관계가 성립하는지, 또는 성립하지 않는지 판별하고, 성립하지 않으면 반례를 찾으시오.

3.2 곱위상

위상공간 X, Y에 대하여 곱집합 $X\times Y$에 자연스런 위상을 생성하려고 한다. 첫 번째 시도는 $X\times Y$의 부분집합들의 모임 $\mathcal{C}=\{U\times V \mid U, V$는 각각 X, Y에서 열린집합$\}$를 고려해 보는 것이다. 하지만 $\mathcal{C}$는 위상을 이루지 못한다. 왜냐하면 $\mathcal{C}$의 두 원소 $U_1\times V_1$와 $U_2\times V_2$에 대한 합집합이 $U\times V$형태의 꼴로 표시되지 않기 때문이다. (그림3.7 참조.) 하지만 우리는 $\mathcal{C}$를 $X\times Y$상의 위상을 생성하기 위한 기저로 택할 것이다.

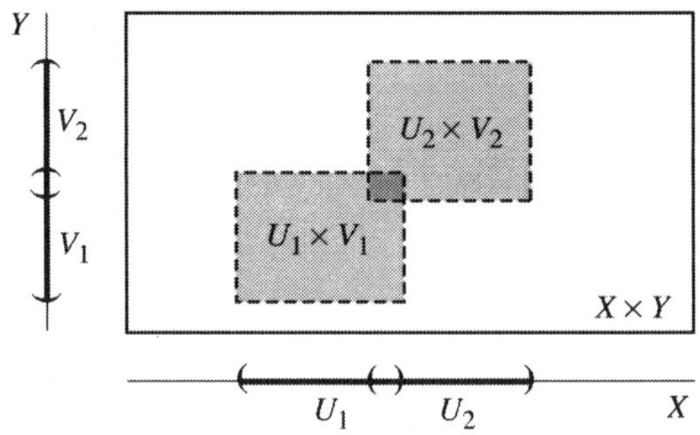

(그림 3.7) $U_1\times V_1$와 $U_2\times V_2$의 합집합은 $U\times V$ 형태일 필요는 없다.

정의 3.6. X와 Y는 위상공간이고 $X\times Y$는 그들의 곱집합이다. $X\times Y$상의 **곱위상 (product topology)**은 기저

$$\mathcal{B}=\{U\times V \mid U, V\text{는 각각 } X, Y\text{에서 열린집합}\}$$

에 의해 생성되는 위상으로 정의한다.

물론 $\mathcal{B}$가 $X\times Y$에서 기저가 됨을 확인해야 한다.

정리 3.7. $\mathcal{B}$는 $X\times Y$상의 위상에 관한 기저가 된다.

증명 임의의 점 $(x,y)\in X\times Y$에 대하여 $X\times Y\in\mathcal{B}$이므로 기저가 되기 위한 첫 번째 조건을 만족한다.
$(x,y)\in(U_1\times V_1)\cap(U_2\times V_2)$라고 하자.

$(U_1 \times V_1) \cap (U_2 \times V_2) = (U_1 \cap U_2) \times (V_1 \cap V_2)$이므로 $U_3 = U_1 \cap U_2$, $V_3 = V_1 \times V_2$ 라 놓으면 $U_3 \times V_3 \in \mathcal{B}$ 이고

$$(x,y) \in U_3 \times V_3 \subset (U_1 \times V_1) \cap (U_2 \times V_2)$$

이다. 따라서 기저가 되기 위한 두 번째 조건을 만족한다. ■

예 3.7. 집합 $X = \{a,b,c\}$와 $Y = \{1,2\}$에 대하여 각각 위상 $\{\varnothing, \{b\}, \{c\}, \{a,b,\}, \{b,c\}, X\}$와 $\{\varnothing, \{1\}, Y\}$가 주어져 있다. $X \times Y$상의 곱위상에 대한 기저는 그림 3.8에 묘사되어 있다. $X \times Y$상의 공집합이 아닌 열린집합은 기저원소의 합집합으로 나타내어진다.

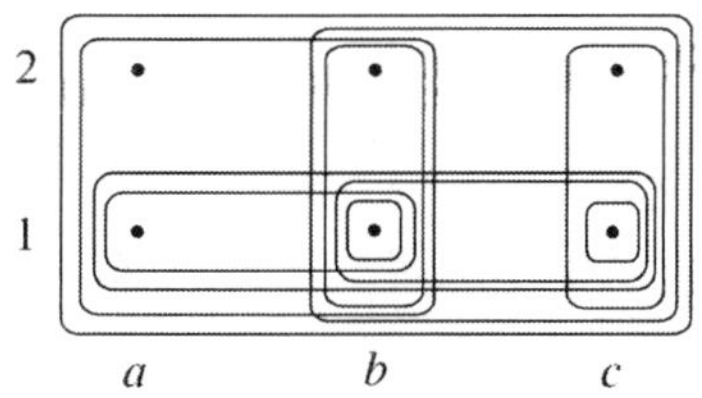

(그림 3.8) $X \times Y$의 곱위상에 대한 기저.

중요한 노트: 곱위상에서는 열린집합들의 곱이 열린집합일 뿐 아니라 그런 집합들의 가능한 모든 합집합 또한 열린집합이 된다.

곱위상에서는 닫힌집합의 곱 또한 닫힌집합이다. (연습문제 3.19 참조.) 하지만 곱위상에서는 닫힌집합들의 곱으로 표시되지 않는 닫힌집합이 존재한다. 예를 들어 예 3.7의 곱위상에 대하여 집합 $\{(a,2),(c,1),(c,2)\}$는 닫힌집합이지만 두 닫힌집합의 곱으로는 표시되지 않는다.

정의 3.6에서 곱위상을 정의하기 위해 X에서의 열린집합 U와 Y에서의 열린집합 V의 곱들의 모임을 기저로 사용하였다. 다음의 정리는 X상의 위상에 대한 기저와 Y상의 위상에 대한 기저가 주어져 있을 때 $X \times Y$상의 곱위상에 대한 기저를 쉽게 제공해준다.

정리 3.8. $\mathcal{C}$는 X의 기저이고 $\mathcal{D}$는 Y의 기저일 때

$$\mathcal{E} = \{C \times D \mid C \in \mathcal{C},\ D \in \mathcal{D}\}$$

는 $X \times Y$상의 곱위상에 대한 기저이다.

증명. $\mathcal{E}$에 속하는 각각의 원소 $C \times D$는 $X \times Y$상의 곱위상에 대하여 열린집합이다. 따라서 정리 1.13에 의하여 $X \times Y$의 임의의 열린집합 W와 임의의 점 $(x, y) \in W$에 대하여 $\mathcal{E}$의 원소 $C \times D \in \mathcal{E}$가 존재하여 $(x, y) \in C \times D \subset W$임을 보이면 된다. W는 $X \times Y$에서 열린집합이므로 X에서 열린집합인 U와 Y에서 열린집합인 V가 존재하여 $(x, y) \in U \times V \subset W$를 만족한다. $x \in U$이고 $y \in V$가 되고 $\mathcal{C}$와 $\mathcal{D}$는 각각 X와 Y의 기저이므로 $C \in \mathcal{C}$와 $D \in \mathcal{D}$가 존재하여 $x \in C \subset U$이고 $y \in D \subset V$가 된다. 그러므로 $C \times D \subset \mathcal{E}$가 존재하여 $(x, y) \in C \times D \subset U \times V \subset W$이다. ■

예 3.8. $I = [0,1]$에 실수집합의 부분공간위상으로 표준위상이 주어져 있을 때 $I \times I$의 곱위상을 **단위사각형(unit square)**라고 정의한다. (그림 3.9 참조.) $I \times I$상의 곱위상은 $\mathbb{R} \times \mathbb{R}$에서 유도된 부분공간위상과 같다. (정리 3.9 참조.)

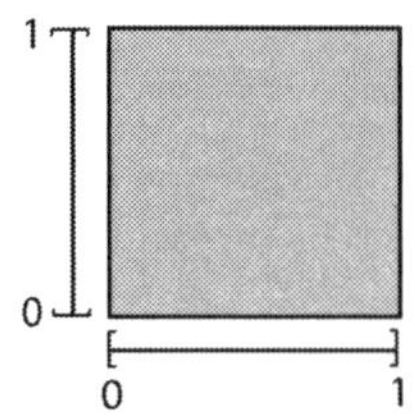

(그림 3.9) 단위사각형 $I \times I$.

중요한 노트: 곱집합을 묘사할 때 첫 번째 집합의 각각의 원소에 대하여 두 번째 집합을 대응시키는 것으로 상상할 수 있다.

예 3.9. 단위원 S^1와 $I = [0,1]$에 표준위상이 주어져 있을 때 집합 $S^1 \times I$은 그림 3.10처럼 나타낼 수 있다. 단위원의 각 점에 수직인 선분이 놓여 져 있는 것으로 생각할 수 있다. 따라서 원의 각 점에 선분이 놓여진 것으로 또는 선분의 각 점에 원이 놓

여 진 것으로 생각할 수 있다. 이렇게 만들어진 위상공간을 **고리면**(annulus)이라고 부른다.

$S^1 \times (0,1)$은 고리면에서 가장 안쪽과 바깥쪽 원을 제거하여 만든 것이고 이것을 **열린고리면**(open annulus)이라고 부른다.

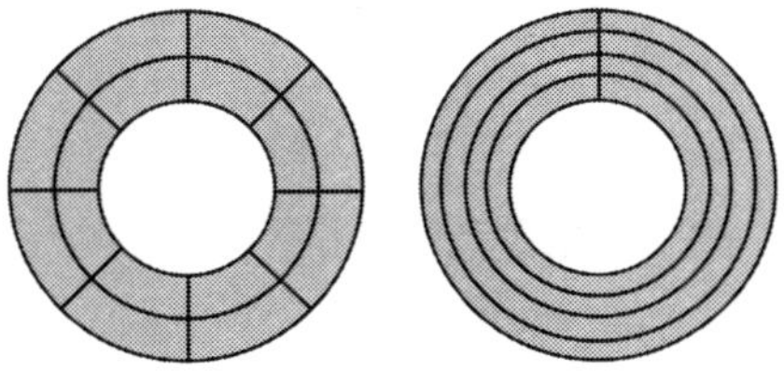

(그림 3.10) 고리면 $S^1 \times I$.

예 3.10. 단위원 S^1에 대하여 $S^1 \times S^1$상의 곱위상을 고려하자. 첫 번째 원 S^1상의 각 점에 두 번째 원 S^1이 놓여 있다고 생각할 수 있다. (그림 3.11 참조.) 각각의 S^1은 열린구간으로부터 생성되는 위상을 갖고 있으므로 정리 3.8로부터 $S^1 \times S^1$은 그림에서 묘사된 것처럼 열린사각형 조각들을 기저로 갖는다. 이렇게 만들어진 공간은 예 3.5에서 소개한 원환면과 위상동치이다.

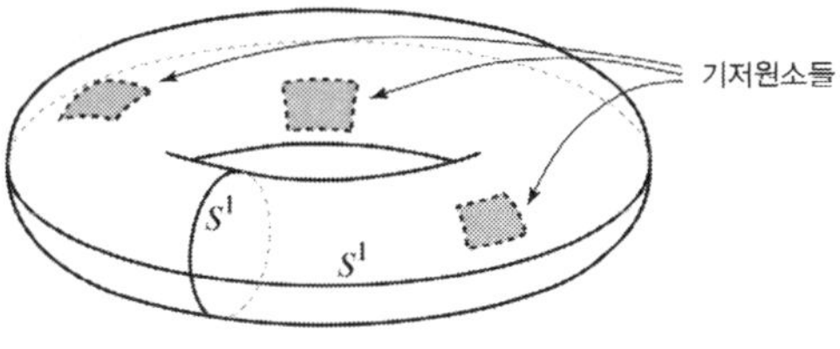

(그림 3.11) $S^1 \times S^1$은 원환면이다.

예 3.11. D는 $\mathbb{R}^2$에서 유도된 부분공간위상을 갖는 원판이다. 이때 곱공간 $S^1 \times D$를 **원환체(solid torus)**라 부른다. (그림 3.12 참조.) 원환면을 도너츠의 표면이라고 생각하면 원환체는 도너츠 전체와 같다.

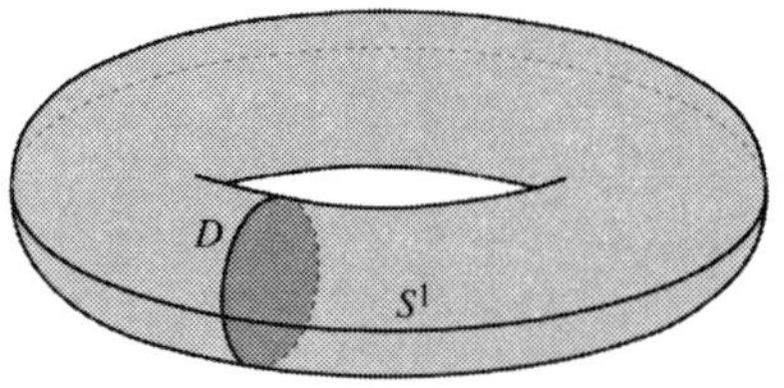

(그림 3.12) 원환체 $S^1 \times D$.

A와 B를 각각 위상공간 X와 위상공간 Y의 부분집합이라고 하자. $A \times B$에는 자연스럽게 두 가지 위상을 부여할 수 있는 방법이 있다. 그 중 하나는 곱위상 $X \times Y$로부터 유도되는 부분공간위상이고 다른 하나는 X의 부분집합으로서 A의 부분공간위상과 Y의 부분집합으로서 B의 부분공간위상의 곱위상이다. 다음의 정리는 $A \times B$에 부여할 수 있는 두 위상이 결국 같은 위상이라는 것을 제시한다.

정리 3.9. 위상공간 X와 Y에 대하여 $A \subset X$이고 $B \subset Y$라고 하자. 그러면 곱위상 $X \times Y$에서 유도된 $A \times B$의 부분공간위상과 A의 부분공간위상과 B의 부분공간위상의 곱위상은 같다.

증명. 연습문제 3.15 참조. ■

두 위상공간의 곱위상을 정의하기 위해 사용하였던 접근방식은 n개의 위상공간 $X_1, X_2, \ldots, X_n$의 곱위상 $X_1 \times X_2 \times \cdots \times X_n$을 정의할 때에도 그대로 적용된다.

$$\mathscr{B} = \{U_1 \times U_2 \times \ldots \times U_n \mid U_i\text{는 } X_i\text{에서 열린집합}, i = 1, \ldots, n\}$$

는 $X_1 \times X_2 \times \cdots \times X_n$에 대한 기저가 된다는 것을 쉽게 확인할 수 있다. $\mathscr{B}$로부터 생성된 위상을 $X_1 \times X_2 \times \cdots \times X_n$상의 **곱위상**이라고 정의한다. 우리는 $X_1 \times X_2 \times \cdots \times X_n$상의 곱위상에 대하여 정리 3.8과 유사한 결과를 유도할 수 있다. 즉 각각의 $i \in \{1, 2, \ldots, n\}$에 대하여 $\mathscr{B}_i$를 X_i의 기저라고 할 때

$$\mathscr{B}' = \{B_1 \times B_2 \times \cdots \times B_n \mid B_i \in \mathscr{B}_i, i = 1, \ldots, n\}$$

는 곱위상 $X_1 \times X_2 \times \cdots \times X_n$의 기저가 된다.

위상공간 $X, Y,$ 그리고 Z에 대하여 $(X\times Y)\times Z$는 위상공간 $X\times Y$와 위상공간 Z의 곱위상이고 $X\times(Y\times Z)$는 위상공간 X와 위상공간 $Y\times Z$의 곱위상이다. 한편 $X\times Y\times Z$는 위상공간 X, Y, Z의 곱위상이다. 이와 같은 세 개의 위상은 위상동치이므로 (연습문제 4.34 참조.) 우리는 구분하지 않고 $X\times Y\times Z$로 나타내기로 한다.

1.2절에서 $\mathbb{R}^n$상의 표준위상은 유클리드거리 공식에 의해 만들어진 열린공(open balls)들의 집합을 기저로 하여 생성된 위상으로 정의하였다. 또한 $\mathbb{R}^n$의 표준위상은 $\mathbb{R}$의 열린 구간들의 곱으로 만들어진 기저에 의해 생성된 위상과 같다는 것을 지적하였다. 따라서 $\mathbb{R}^n$상의 표준위상은 $\mathbb{R}$상의 표준위상의 n개의 곱위상과 같다.

예 3.12. ***n*차원 원환면** T^n은 S^1의 n개의 곱위상으로 정의한다.
즉 $T^n = S^1\times S^1\times\cdots\times S^1$이다.

다음의 정리는 곱위상에 대한 내부는 내부의 곱과 같음을 시사한다.

정리 3.10. A와 B는 각각 위상공간 X와 Y의 부분집합이라고 하자. 그러면 $\mathrm{Int}(A\times B)=\mathrm{Int}(A)\times\mathrm{Int}(B)$이다.

여기서 $\mathrm{Int}(A\times B)$는 곱위상 $X\times Y$상에서 내부를 의미하고 $\mathrm{Int}(A)$는 X의 위상에 대한 내부를 그리고 $\mathrm{Int}(B)$는 Y의 위상에 대한 내부를 의미한다.

증명. $\mathrm{Int}(A)$는 A에 포함되는 X상의 열린집합이고 $\mathrm{Int}(B)$는 B에 포함되는 Y상의 열린집합이므로 $\mathrm{Int}(A)\times\mathrm{Int}(B)$는 곱위상 $X\times Y$상의 열린집합이고 $\mathrm{Int}(A)\times\mathrm{Int}(B)\subset A\times B$이다. $\mathrm{Int}(A\times B)$는 $A\times B$에 포함되는 가장 큰 열린집합이므로 $\mathrm{Int}(A)\times\mathrm{Int}(B)\subset\mathrm{Int}(A\times B)$이다.

역으로 $(x,y)\in\mathrm{Int}(A\times B)$일 때 $(x,y)\in\mathrm{Int}(A)\times\mathrm{Int}(B)$가 되는 것을 증명한다. $(x,y)\in\mathrm{Int}(A\times B)$이므로 (x,y)는 $A\times B$에 포함되는 어떤 열린집합에 포함된다. 따라서 (x,y)를 포함하는 기저원소 $U\times V$가 존재하여 $(x,y)\in U\times V\subset A\times B$ 가 된다. 따라서 $x\in U\subset A$가 되고 $y\in V\subset B$가 된다. 즉 $x\in\mathrm{Int}(A)$, $y\in\mathrm{Int}(B)$이므로 $(x,y)\in\mathrm{Int}(A)\times\mathrm{Int}(B)$가 된다. 그러므로 $\mathrm{Int}(A\times B)\subset\mathrm{Int}(A)\times\mathrm{Int}(B)$가 증명되었다. ■

연습문제 3.20과 3.22에서 닫힌집합의 곱과 경계의 곱에 관한 문제를 다룬다.

연습문제 3.2

3.12. 평면 $\mathbb{R}^2$의 여유한위상은 곱위상 $\mathbb{R}_{fc} \times \mathbb{R}_{fc}$와 같음을 증명하시오.

3.13. 평면 $\mathbb{R}^2$는 점 $(0,0)$에서 특별점위상 $X = PP\mathbb{R}^2_{(0,0)}$를 갖는다. 위상 $PP\mathbb{R}^2_{(0,0)}$는 곱위상 $PP\mathbb{R}_0 \times PP\mathbb{R}_0$와 같은지 판별하시오.

3.14. 1.4절에 정의된 디지털평면은 두 디지털직선의 곱공간임을 보이시오.

3.15. 정리 3.9를 증명하시오.

3.16. S^2는 구면을 나타내고, D는 2차원 원판, T는 원환면, S^1은 단위원, $I = [0,1]$는 단위구간을 나타낸다. 곱집합 $S^2 \times I$, $T \times I$, $S^1 \times I \times I$, 그리고 $S^1 \times D$를 묘사하시오.

3.17. L은 평면 $\mathbb{R}^2$에서 직선을 나타낸다. 평면 $\mathbb{R}^2$의 곱위상 $\mathbb{R}_l \times \mathbb{R}$, $\mathbb{R}_l \times \mathbb{R}_l$에 대한 L의 부분공간위상을 각각 구하시오.

3.18. X와 Y가 하우스도르프 공간일 때, 곱위상 $X \times Y$도 하우스도르프임을 증명하시오.

3.19. A는 X에서 닫힌집합이고, B는 Y에서 닫힌집합일 때, $A \times B$는 $X \times Y$에서 닫힌집합임을 증명하시오.

3.20. A는 X의 부분집합이고, B는 Y의 부분집합일 때, $\mathrm{Cl}(A \times B) = \mathrm{Cl}(A) \times \mathrm{Cl}(B)$를 증명하시오.

3.21. 그림 3.13에 있는 집합은 평면 $\mathbb{R}^2$의 곱위상 $\mathbb{R} \times \mathbb{R}$, $\mathbb{R}_l \times \mathbb{R}$, 그리고 $\mathbb{R}_l \times \mathbb{R}_l$에 대하여 각각 열린집합인지, 닫힌집합인지, 둘 다인지, 또는 둘 중 어느 것에도 속하지 않는지를 결정하시오.

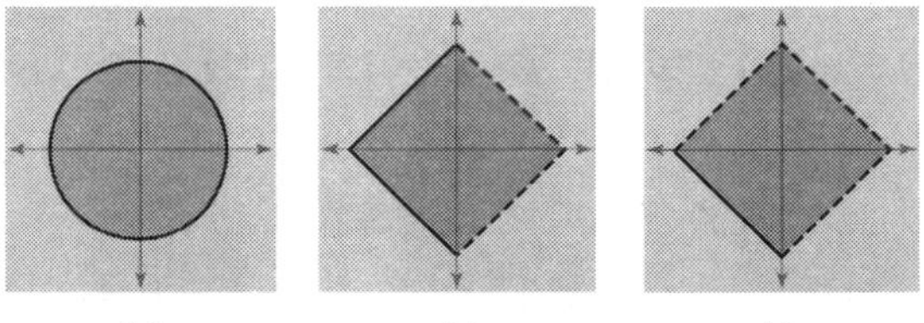

(a) (b) (c)

(그림 3.13) $\mathbb{R} \times \mathbb{R}$, $\mathbb{R}_l \times \mathbb{R}$, 그리고 $\mathbb{R}_l \times \mathbb{R}_l$에서 열린, 닫힌, 둘 다, 또는 둘 다 아닌지?

3.22. A는 X의 부분집합이고, B는 Y의 부분집합이라고 가정하자.

(a) $\partial(A\times B)=\partial(A)\times\partial(B)$가 성립하지 않는 반례를 찾으시오.

(b) $\partial(A\times B)$, $\partial(A)$, $\partial(B)$, A, 그리고 B 사이의 관계식을 결정하고, 그것을 증명하시오.

3.3 상위상

상위상에 대한 개념은 기존의 알려진 위상으로부터 다양한 새로운 위상공간을 구성하는 방법을 제시한다. 하나 또는 여러 가지 대상의 부분들을 이어붙이거나 또는 오므라뜨리는 방법을 흉내 내어 새로운 위상적 모델을 구성한다. 가장 널리 알려진 예는 원환면이다. 원환면는 정사각형 모양의 도형에서 서로 마주보는 변들을 붙여서 얻을 수 있다. (그림 3.14 참조.)

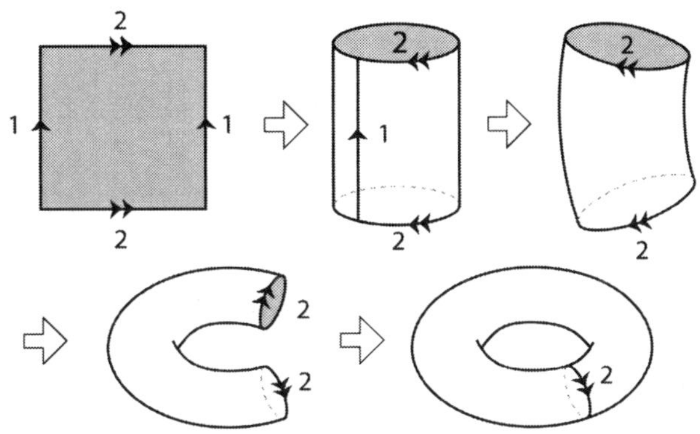

(그림 3.14) 원환면은 정사각형의 마주보는 변들을 붙여서 얻는다.

정의 3.11. 위상공간 X와 집합 A(A는 X의 부분집합일 필요가 없다)에 대하여 $p:X\to A$는 전사함수라고 하자. A의 부분집합 U가 A에서 열린집합이기 위한 필요충분조건은 $p^{-1}(A)$가 X에서 열린집합들로 정의한다. 이때 A에서 열린집합들의 모임은 A에서 위상을 이루는데 이것을 **함수 p에 의해 유도된 A상의 상위상**(quotient topology)이라 하고 함수 p를 **상사상**(quotient map)이라고 한다. 위상공간 A를 **상공간**(quotient space)이라고 정의한다.

상공간의 정의가 정사각형의 마주보는 변들을 붙여서 만든 원환면에 어떻게 적용되는지 분명하지 않지만 예 3.20에서 자세히 다룰 것이다. 우선 상위상은 위상이 되는 것을 확인한다.

정리 3.12. 전사함수 $p: X \to A$에 대하여 함수 p에 의해 유도되는 A의 상위상은 A상의 위상이다.

증명. (i) $p^{-1}(\varnothing) = \varnothing$이고 $p^{-1}(A) = X$가 되며 $\varnothing$과 X는 X상의 위상에 대하여 열린 집합이므로 $\varnothing$와 A는 A상의 상위상에 대하여 열린집합이다.

(ii) $\{U_\alpha\}$는 A의 상위상에 대한 열린집합들의 모임이라 하자. $p^{-1}(\bigcup_\alpha U_\alpha) = \bigcup_\alpha p^{-1}(U_\alpha)$가 되고 각각의 $p^{-1}(U_\alpha)$는 X의 열린집합이 된다. X는 위상공간이므로 $\bigcup_\alpha p^{-1}(U_\alpha)$ 또한 X의 열린집합이므로 $\bigcup_\alpha U_\alpha$는 A상의 상위상의 열린집합이다.

(iii) $U_1, U_2, \ldots, U_n$은 A상의 상위상에 대하여 열린집합이라 하자. 그러면 각각의 $i \in \{1, 2, \ldots, n\}$에 대하여 $p^{-1}(U_i)$는 X에서 열린집합이므로 $\bigcap_{i=1}^{n} p^{-1}(U_i) = p^{-1}(\bigcap_{i=1}^{n} U_i)$는 X에서 열린집합이다. 따라서 $\bigcap_{i=1}^{n} U_i$는 A상의 상위상에 대하여 열린집합이다. ■

예 3.13. $\mathbb{R}$의 표준위상에 대하여 함수 $p: \mathbb{R} \to \{a, b, c\}$를

$$p(x) = \begin{cases} a, & x < 0 \text{인 경우}, \\ b, & x = 0 \text{인 경우}, \\ c, & x > 0 \text{인 경우} \end{cases}$$

로 정의한다.

함수 p에 의해 유도되는 $\{a, b, c\}$의 상위상은 그림 3.15에 묘사되어 있다. 집합 $\{a\}, \{c\}, \{a, c\}$는 상위상에서 열린집합이지만 $\{b\}$는 상위상에서 열린집합이 아니다.

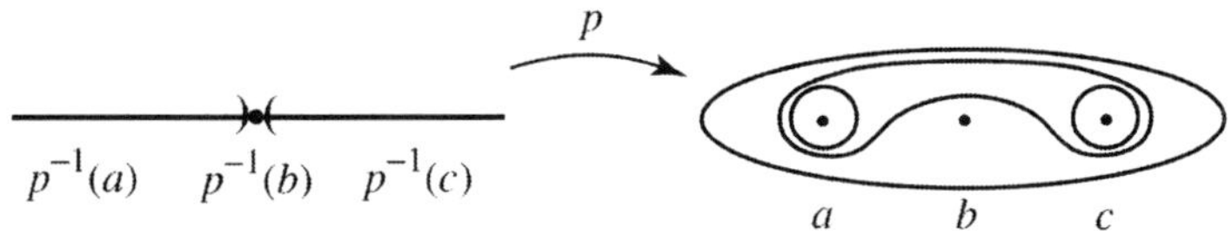

(그림 3.15) 함수 p에 의해 유도된 $\{a, b, c\}$의 상위상.

예 3.14. 실수집합 $\mathbb{R}$ 상의 표준위상에 대하여 함수 $p : \mathbb{R} \to \mathbb{Z}$를

$$p(x) = \begin{cases} x, & x\text{가 정수일때,} \\ n, & x \in (n-1, n+1)\text{이고 } n\text{이 홀수일때} \end{cases}$$

로 정의한다. (그림 3.16 참조.) 함수 p는 정수집합 $\mathbb{Z}$에서는 항등함수이고 정수 이외의 실수는 가장 가까이 놓여있는 홀수를 함숫값으로 갖는다.

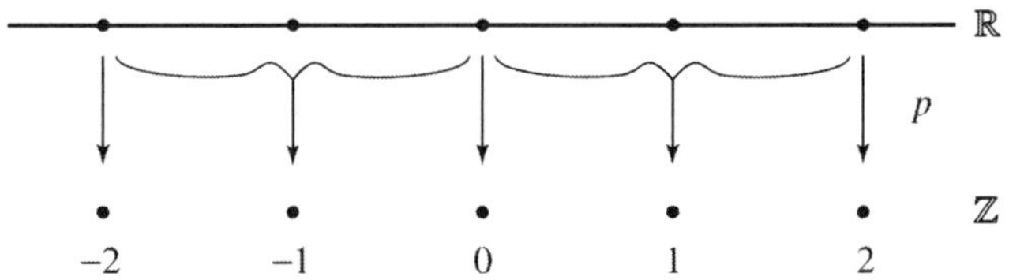

(그림 3.16) 함수 $p : \mathbb{R} \to \mathbb{Z}$.

함수 p에 의해 유도된 $\mathbb{Z}$상의 상위상에 대하여 n이 홀수인 경우 $p^{-1}(\{n\}) = (n-1, n+1)$은 $\mathbb{R}$ 상에서 열린집합이므로 $\{n\}$은 열린집합이다. 하지만 n이 짝수인 경우 $p^{-1}(\{n\}) = \{n\}$은 $\mathbb{R}$ 상에서 열린집합이 아니므로 $\{n\}$은 열린집합이 아니다. $\mathbb{Z}$ 상의 상위상에 대하여 짝수 n을 포함하는 가장 작은 열린집합은 $\{n-1, n, n+1\}$이다.

따라서 함수 p에 의해 유도되는 $\mathbb{Z}$ 상의 상위상은 예 1.10에서 소개된 $\mathbb{Z}$ 상의 디지털위상과 같다. 함수 p는 실수집합을 이산집합으로 자연스럽게 옮겨주는 디지털 화상과정의 아이디어를 내포하고 있다. 실수집합 $\mathbb{R}$은 픽셀 즉 홀수 n에 대하여 $(n-1, n+1)$ 들로 나누어지고 두 픽셀의 경계에 놓이는 짝수 n에 대한 $\{n\}$을 더하여 완성된다. 상공간에서 열린구간 $(n-1, n+1)$은 한 점집합 $\{n\}$이 되고 따라서 n이 홀수일 경우 $\{n\}$은 열린집합이며 n이 짝수일 때 $\{n\}$은 닫힌집합이 된다.

위상공간 X에 대하여 우리는 X의 분할에 의해 만들어지는 상공간에 대하여 특별히 관심이 있다. X^*는 서로 만나지 않는 X의 부분집합들의 모임으로서 모임에 속하는 원소들의 합집합이 X라고 하자. 함수 $p: X \to X^*$는 X의 임의의 원소를 그 원소를 포함하는 X^*의 원소에 대응시키는 전사함수이다. 위상공간 X에서 X^*상의 상위상을 얻는 과정은 분할을 구성하는 X의 부분집합 S에 대하여 S의 모든 원소를 동일시하여 상위상에서 한 점으로 모으는 과정이라 하겠다.(그림 3.17 참조.) 상공간 X^*의 원소들의 모임 U에 대하여 U의 각 원소에 대응하는 X의 부분집합들의 합집합이 X에서 열린집합인 경우 U는 X^*에서 열린집합이다.

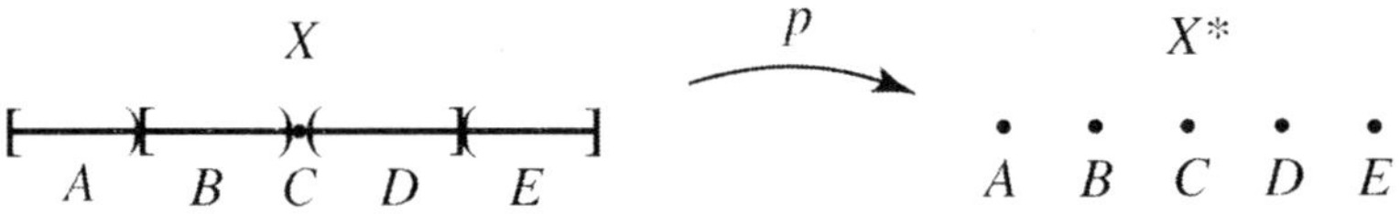

(그림 3.17) 분할에 속하는 부분집합을 상공간에서 한 점으로 모으기.

예 3.15. 그림 3.18에서 분할에 의해 정의된 상공간을 묘사하고 있다. 집합 $X=\{a,b,c,d,e\}$에 위상

$$\{\phi, \{a\}, \{a,b\}, \{a,b,c\}, \{a,b,c,d\}, X\}$$

가 주어져 있다. 집합 $A=\{a,b\}$와 $B=\{c,d,e\}$에 대하여 X^*를 A와 B에 의해 만들어진 분할이라 하자. 즉 $X^*=\{A,B\}$이고 $A\cup B=X$이다. X^*는 두 점 집합이고 $\{a,b\}$는 X에서 열린집합이지만 $\{c,d,e\}$는 열린집합이 아니므로 X^*에서 열린집합은 오직 $\varnothing$, $\{A\}$, 그리고 X^*뿐이다.

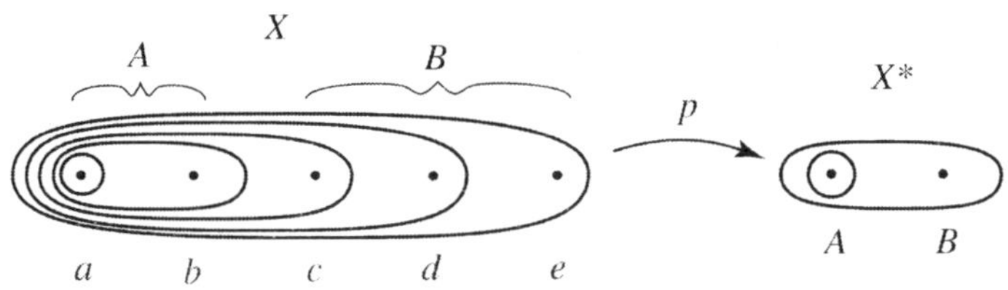

(그림 3.18) 위상공간 X와 상공간 X^*.

예 3.16. $X=[0,1]$에 대하여 X의 분할 X^*는 $0<x<1$인 경우에는 한 점 집합 $\{x\}$와 두 점 집합 $D=\{0,1\}$으로 구성되어 있다고 하자. (그림 3.19 참조.) X^*의 상위상에서 D는 한 점으로 생각할 수 있는데 마치 구간 $[0,1]$의 양 끝점을 한 점으로 붙여 모으는 것처럼 생각할 수 있다.

D를 포함하지 않는 X^*의 부분집합은 한 점 집합들의 모임으로 나타나고 그 집합이 X^*에서 열린집합이기 위해서는 한 점 집합의 합집합이 구간 $[0,1]$에서 열린집합이 되어야 한다. X^*의 부분집합 중에서 D를 포함하는 경우에는 부분집합을 구성하는 분할의 합집합이 $[0,1]$에서 열린집합인 경우 X^*에서 열린집합이 된다. 그러한 열린 집합은 반드시 0과 1을 포함하게 되므로 구간 $[0,a)$와 $(b,1]$을 포함하게 되고 그러한 구간들은 $[0,1]$상의 부분공간위상에 대하여 열린집합이다. X^*상의 상공간은 S^1과 위상동치이다.

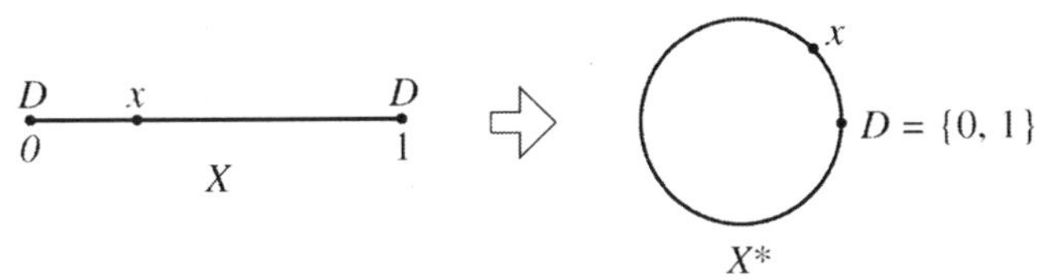

(그림 3.19) 구간 $[0,1]$의 양 끝점을 붙여서 만든 상공간.

예 3.17. **위상적 그래프** G는 꼭짓점(vertex)이라는 유한개의 점과 서로 만나지 않는 유한개의 $\mathbb{R}$ 상의 구간들과 구간의 끝점들을 일정한 방식으로 붙여서 만들어진 상공간을 말한다. (그림 3.20 참조.) 붙인 구간들을 G의 변(edge)이라고 부른다.

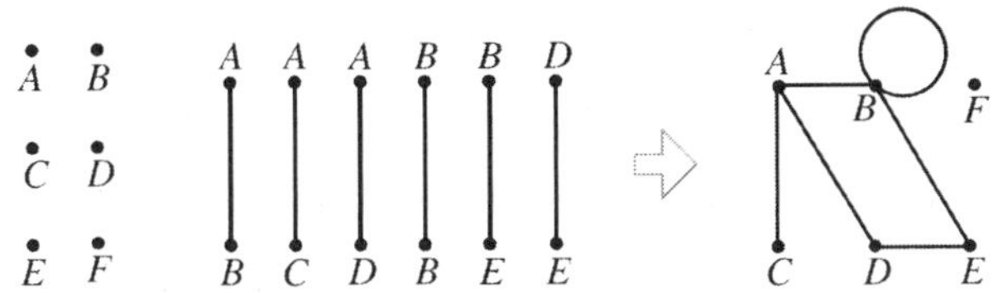

(그림 3.20) 위상적 그래프 만들기.

예 3.18. 예 3.16에서 닫힌구간의 양 끝점을 동일시하여 원을 구성하였다. 우리는 디지털직선에서 디지털원을 구성하는 과정을 소개한다.

특히, 디지털직선위상으로부터 유도되는 $\mathbb{Z}$ 상의 부분공간위상에 대하여 정수집합 $\mathbb{Z}$의 부분집합 $\{m, m+1, \dots, n\}$을 **디지털구간**이라고 정의한다. I_n을 $I_n = \{1, 2, \dots, n-1, n\}$ 형태의 디지털구간이라 하자. $n \geq 5$인 홀수라면 디지털구간 I_n의 양 끝점 1과 n을 동일시하여 얻은 위상공간 C_{n-1}을 **디지털원**이라고 한다. 그림 3.21에서 I_7과 C_6 그리고 그것들의 기저를 묘사하고 있다. 정의로부터 디지털원은 짝수개의 원소를 갖고 있다.

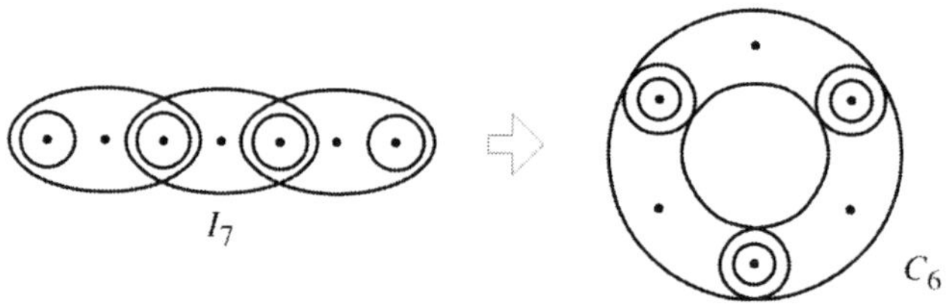

(그림 3.21) 디지털구간 I_7의 상공간인 디지털원 C_6.

연습문제 3.31에서는 일반적인 디지털구간 $\{m, m+1, \dots, n\}$의 양끝 점 m과 n을 동일시하여 얻은 디지털원에 대하여 조사한다. m과 n이 모두 홀수인 경우에만 디지털원이 생성된다.

예 3.19. $I \times I$에서 정의된 분할에 의해 만들어지는 서로 다른 두 상공간을 소개한다. 첫째로 다음의 부분집합들을 분할로 택한다.

(i) $0 < x < 1$이고 $0 \leq y \leq 1$인 모든 x, y에 대하여 $A_{x,y} = \{(x, y)\}$.

(ii) $0 < y < 1$인 모든 y에 대하여 $B_y = \{(0, y), (1, y)\}$.

상공간에서는 사각형 $I \times I$의 왼쪽과 오른쪽 변을 구성하는 부분집합들 B_y가 붙여져서 그림 3.22처럼 나타난다. 따라서 상공간은 고리면과 위상동치이다.

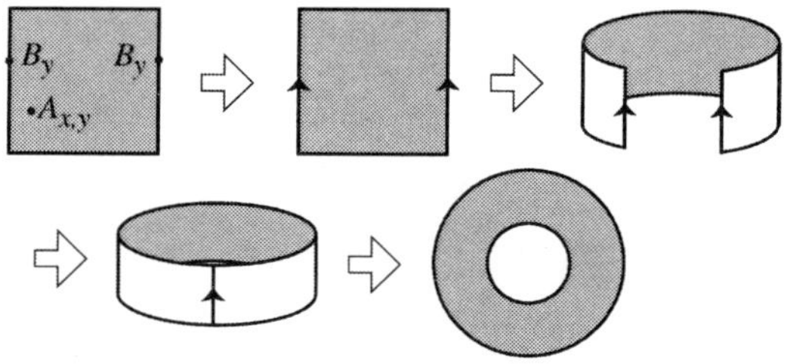

(그림 3.22) 사각형의 두 변을 붙여서 얻은 고리면.

두 번째 경우 $I \times I$의 분할을 다음과 같이 택한다.

(i) $0 < x < 1$이고 $0 \leq y \leq 1$인 모든 x, y에 대하여 $A_{x,y} = \{(x, y)\}$.

(ii) $0 < y < 1$인 모든 y에 대하여 $B_y^* = \{(0, y), (1, 1-y)\}$.

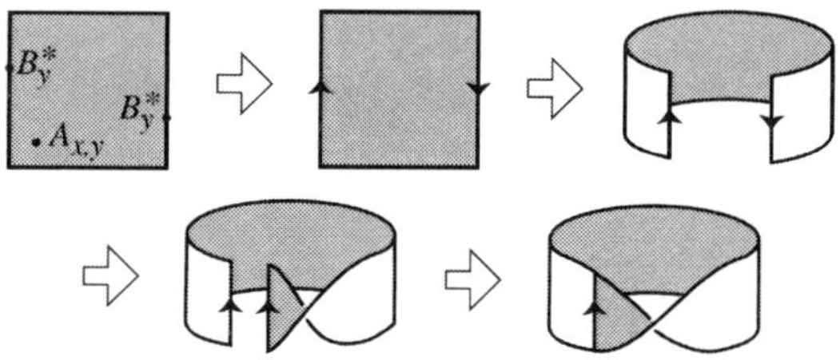

(그림 3.23) 사각형의 양변을 반 바퀴 비틀어 붙여 얻어지는 뫼비우스 띠.

사각형의 왼쪽과 오른쪽 변을 구성하는 B_y^*를 붙여야 하는데 이번에는 붙이는 방향을 고려하여 그림 3.23에서처럼 반 바퀴 비틀어 붙여야 한다. 결과적으로 얻어지는 상공간은 **뫼비우스 띠(Möbius band)**가 된다.

예 3.19에서와 같이 붙여지는 두 변에 방향이 표시된 화살표로 나타내어 어떤 방식으로 붙는지 알 수 있다. 방향이 표시된 화살표를 포함하는 두변이 서로 잘 일치하도록 붙이면 원하는 상공간을 얻게 된다.

예 3.20. $I \times I$의 분할을 다음과 같이 택한다.

(i) $0 < x < 1$이고 $0 < y < 1$인 모든 x, y에 대하여 $A_{x,y} = \{(x, y)\}$.

(ii) $0 < y < 1$인 모든 y에 대하여 $B_y = \{(0, y), (1, y)\}$.

(iii) $0 < x < 1$인 모든 x에 대하여 $C_x = \{(x,0),(x,1)\}$.

(iv) $D = \{(0,0),(0,1),(1,0),(1,1)\}$.

상공간에서 (ii)로부터 사각형의 오른쪽과 왼쪽 변이 붙게 되고 (iii)으로 부터 사각형의 위쪽과 아래쪽 변이 붙게 된다. (그림 3.24 참조.) D의 원소들은 사각형의 네 꼭짓점을 구성하는데 상공간에서 한 점이 된다. 이렇게 얻어진 상공간은 원환면과 위상동치이다.

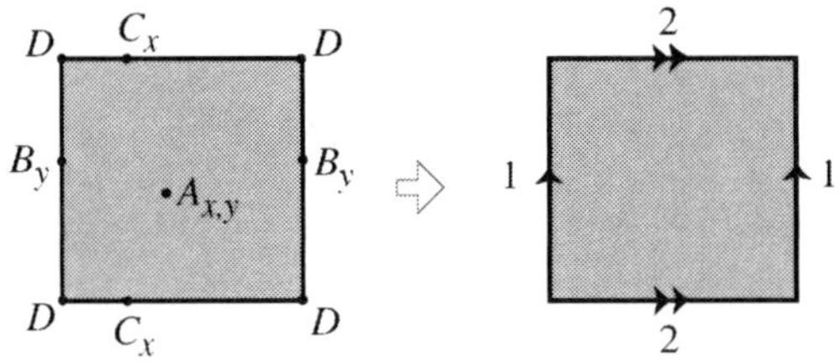

(그림 3.24) 사각형의 분할로부터 원환면 구성하기.

그림 3.24에서는 사각형의 네 꼭짓점이 한 점으로 붙여지는 것이 묘사되지 않았지만 1로 표시된 두 변과 2로 표시된 두 변을 서로 붙이는 과정에서 사각형의 네 꼭짓점이 어떻게 한 점으로 모아지는지 알 수 있다.

위와 같은 원환면 표현의 장점은 3차원 공간에 내재되어 있는 원환면상의 움직임을 2차원 평면을 떠나지 않고도 변이 붙여지는 과정을 잘 인지하고 있다면 파악할 수 있기 때문이다. 매번 위쪽 변에 있는 점에 다다르게 되면 대응되는 아래쪽 변에 놓인 점으로 옮겨진다. 이와 같은 과정은 원래 실재하고 있는 공간에서의 움직임을 한 차원 낮은 공간에서의 움직임으로 볼 수 있게 만들어준다.

사각형의 마주보는 두 쌍의 변을 동일시하는 아이디어는 컴퓨터 게임에도 활용된다. 만약 컴퓨터 화면의 왼쪽 모서리를 나가게 되면 같은 높이의 오른쪽 모서리에 다시 나타나게 된다. 마찬가지로 위쪽 모서리를 나가면 아래쪽 모서리에 다시 나타난다. 따라서 컴퓨터 게임은 실제로는 원환면 위에서 이루어지고 있는 것이다.

다음 절에서 다각형의 변을 동일시하여 얻어지는 공간과 정육면체의 면들을 동일시하여 얻어지는 3차원공간의 예들을 살펴볼 것이다.

연습문제 3.3

3.23. 실수 $\mathbb{R}$ 에는 표준위상이 주어져 있다. 함수 $p:\mathbb{R}\to\{a,b,c,d,e\}$는 조건

$$p(x)=\begin{cases} a, & x>2, \\ b, & x=2, \\ c, & 0\le x<2, \\ d, & -1<x<0, \\ e, & x\le -1. \end{cases}$$

를 만족한다.

(a) 집합 $\{a,b,c,d,e\}$의 상위상에 대한 열린집합을 모두 열거하시오.

(b) 집합 $\mathbb{R}$ 의 하극한위상에 대하여, 집합 $\{a,b,c,d,e\}$의 상공간에 대한 열린집합을 모두 열거하시오.

3.24. 집합 $X=\mathbb{R}$ 의 표준위상에 대하여, 분할

$$X^*=\{\ \dots\ ,(-1,0],(0,1],(1,2],\ \dots\ \}$$

가 주어져 있다. X^*의 상공간에 대한 열린집합을 모두 열거하시오.

3.25. 집합 $X=\mathbb{R}^2-\{O\}$의 분할은 원점에서 시작하는 반직선(ray)들로 구성되어있다. 이 분할에 대한 상공간은 우리가 배운 어떤 위상과 위상동치인지를 판별하시오.

(그림 3.25) $X=\mathbb{R}^2-\{O\}$의 분할.

3.26. 원환면 위에서 틱택톡(tic-tac-toe) 게임에 대한 규칙을 만들어 보시오. 보통의 게임에서는 허용되지 않는 새로운 세 개가 일렬로 나타나는 것은 어떠한 것이 허용되는지 결정하시오. (즉, 평면상에서는 정할 수 없는 규칙을 원환면상에서는 정할 수 있는지 말해 보시오.)

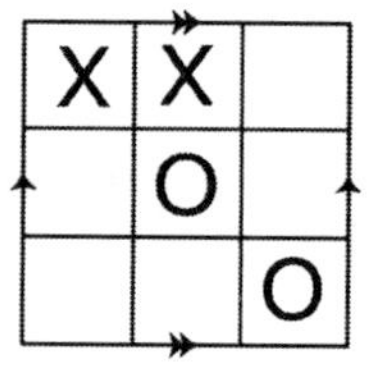

(그림 3.26) 원환면 위에서 틱택톡(tic-tac-toe).

3.27. 하우스도르프 공간의 상공간은 하우스도르프가 되지 않는 예를 찾으시오.

3.28. $\mathbb{R}$의 동치관계가 $x \sim y$ 이기 위한 필요충분조건으로는 $x-y \in \mathbb{Z}$ 로 주어져 있다. 이 동치관계에 의한 실수집합 $\mathbb{R}$의 동치류들에 의한 분할의 상공간을 묘사하시오.

3.29. 평면 $\mathbb{R}^2$의 동치관계가 $(x_1, x_2) \sim (w_1, w_2)$이기 위한 필요충분조건으로는 $x_1 + x_2 = w_1 + w_2$로 주어져 있다. 이 동치관계에 의한 평면 $\mathbb{R}^2$의 동치류들에 의한 분할의 상공간을 묘사하시오.

3.30. 평면 $\mathbb{R}^2$의 동치관계가 $(x_1, x_2) \sim (w_1, w_2)$이기 위한 필요충분조건으로는 $x_1^2 + x_2^2 = w_1^2 + w_2^2$로 주어져 있다. 이 동치관계에 의한 평면 $\mathbb{R}^2$의 동치류들에 의한 분할의 상공간을 묘사하시오.

3.31. m과 n이 짝수 또는 홀수인 네 가지 경우에 일반적인 디지털구간 $\{m, m+1, \dots, n\}$에서 양 끝점을 동일시할 때 만들어지는 위상공간들을 묘사하시오.

3.32. (a) 디지털직선공간은 표준위상에서 $\mathbb{R}$ 의 분할로부터 만들어지는 상공간으로써 얻어질 수 있음을 보이시오.

(b) 1.4절에 소개된 디지털평면공간은 $\mathbb{R}^2$의 분할로부터 만들어지는 상공간으로써 얻어질 수 있음을 보이시오.

3.33. 각각의 경우 상공간을 묘사하거나 그림을 그리시오. 다른 언급이 없으면 점들은 오직 자기 자신과 동일시된다.

(a) 원판 D에서 경계 ∂D는 한 점으로 동일시된다.

(b) 단위원에서 원점에 대칭인 두 점은 한 점으로 동일시된다.

(c) 닫힌구간 $[0, 4]$에 속하는 정수점들은 한 점으로 동일시된다.

(d) 닫힌구간 $[0, 9]$에 속하는 짝수점들은 한 점으로 동일시되고, 홀수점들은 또다른 한 점으로 동일시된다.

(e) 실수집합 $\mathbb{R}$의 닫힌부분집합 $[-1, 1]$은 한 점으로 동일시된다.

(f) 실수집합 $\mathbb{R}$의 닫힌부분집합 $[-2, -1] \cup [1, 2]$은 한 점으로 동일시된다.

(g) 실수집합 $\mathbb{R}$의 열린부분집합 $(-1, 1)$은 한 점으로 동일시된다.

(h) 평면 $\mathbb{R}^2$의 부분집합 S^1은 한 점으로 동일시된다.

(i) 평면 $\mathbb{R}^2$의 부분집합 $S^1 \cup \{O\}$은 한 점으로 동일시된다.

(j) 구 S^2에서 북극점과 남극점은 한 점으로 동일시된다.

(k) 구 S^2에서 적도는 한 점으로 동일시된다.

3.34. 시각문자인식 프로그램은 컴퓨터 상으로부터 문자(예를 들어 알파벳)를 인식하려는 시도이다. 각 문자 모양의 위상적 성질들은 그것을 인식하는데 도움이 될 수 있다. 알파벳 각 문자의 위상적 그래프 표현을 만들고 각각의 경우에 가능한 최소한의 변들을 가진 위상적 그래프를 만드시오.

3.4 상공간 더 보기

앞 절의 마지막 부분에서 우리는 정사각형의 마주보는 두 변을 붙여서 어떻게 원환면을 만드는지 살펴보았다. 이 절에서는 우리에게 익숙한 기하학적 도형의 변들을 붙여서 만든 상공간을 살펴보고자 한다. 이러한 상공간은 다양체라고 알려진 위상공간이다. 14장에서 다양체와 그 밖의 관련된 아이디어에 관하여 자세하게 다룰 것이다.

예 3.21. 예 3.20에서와 같이 정사각형의 왼쪽 변과 오른쪽 변을 붙이고 위쪽변의 왼쪽 끝을 아래쪽 변의 오른쪽 끝에 붙이고 위쪽 변의 오른쪽 끝을 아래쪽 변의 왼쪽 끝에다 붙인다. 다시 말해서 위쪽 변을 아래쪽 변에 붙이기 전에 방향을 뒤집어서 붙이도록 한다. (그림 3.27 참조.) 이렇게 얻어진 상공간을 수학자 펠리스 클라인(Felix Klein, 1849-1925)의 이름을 따서 **클라인 병(Klein bottle)**이라고 한다.

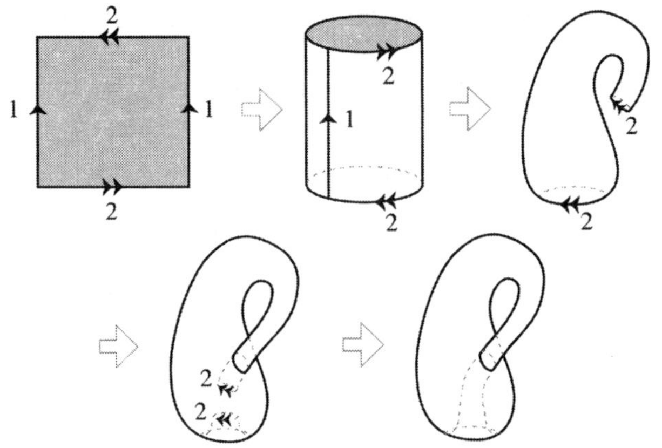

(그림 3.27) 정사각형의 변을 붙여서 클라인 병 만들기.

그림 3.27에서는 클라인 병을 만드는 과정을 소개하고 있다. 정사각형의 왼쪽 변과 오른쪽 변을 붙여서 원기둥(cylinder)을 만들고 원기둥을 구부려서 원환면을 만들 때처럼 위쪽의 원과 아래쪽의 원을 붙인다. 하지만 방향이 서로 반대이기 때문에 화살표의 방향이 일치하도록 붙이려면 3차원 공간에서 원기둥이 자신을 뚫고 지나가야 한다. 따라서 원통이 딱딱한 고무판으로 되어있지 않고 비누 막처럼 생긴 것으로 간주해야 할 것이다. 이렇게 하여 두 원의 방향을 제시하는 화살표가 일치하도록 성공적으로 붙일 수 있다. 3차원에서 만들어진 클라인 병은 자기 자신과 원에서 만난다. 하지만 실제의 클라인 병은 자기 자신과 만나지 않고 이와 같은 자기 자신과의 교집합이 없는 클라인 병은 4차원에서 만들 수 있다. (11장 참조.)

예 3.22. 상공간으로 얻어지는 두 가지의 곡면을 고려하자. 하나는 익숙한 곡면이고 다른 하나는 조금 익숙하지 않는 곡면이다. 두 경우 모두 원판의 경계를 두 개의 반원으로 나누고 그것을 일정한 방식으로 붙일 것이다. (그림 3.28과 3.29 참조.)

첫째로 그림 3.28에서처럼 붙여서 얻어지는 상공간을 고려하자. 이 경우 상공간은 원판의 경계에 화살표 방향으로 지퍼를 달아서 경계를 닫아버리는 공간인 구면과 위상동치이다.

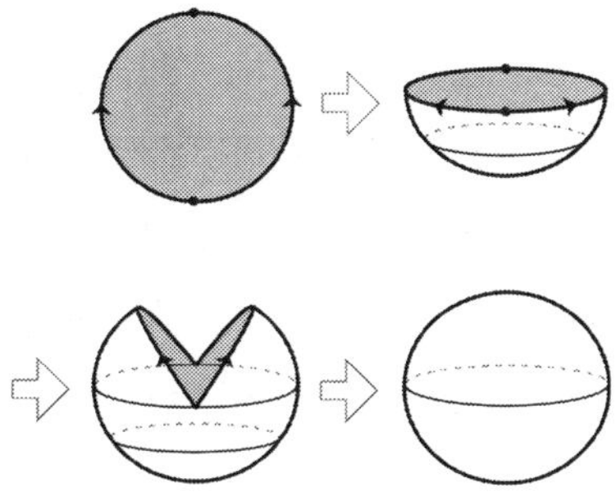

(그림 3.28) 원판의 경계를 붙여서 만든 구면.

이번에는 그림 3.29에서 묘사된 원판의 경계를 붙여서 만든 상공간을 고려하자. 상공간으로 얻어지는 위상공간을 **사영평면(projective plane)**이라고 부른다. 사영평면은 P로 표시한다. 클라인 병과 마찬가지로 사영평면 P는 3차원 공간에서는 만들 수 없다. 사영평면을 가장 잘 시각화할 수 있는 방법은 3차원 공간에서 자기 자신과 만나는 표현방법을 택하는 길이다.

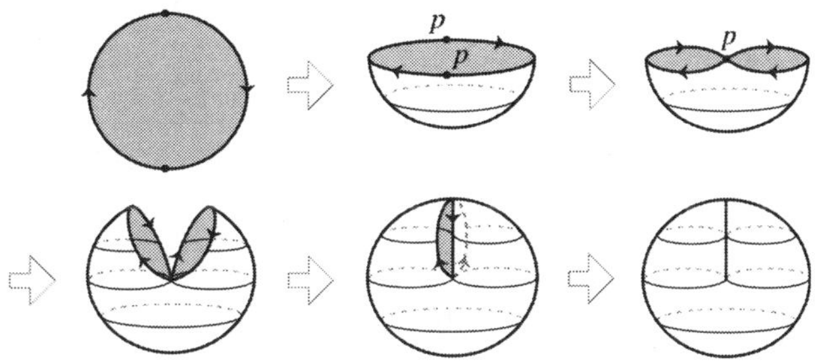

(그림 3.29) 원판의 경계를 붙여서 얻은 사영평면.

사영평면 P를 만드는 그림에서와 같이 우선 p로 표시된 점들을 붙인다. 그 결과 그릇의 바깥쪽 둘레에 있는 두 점을 붙여서 만든 물체를 얻게 된다. 따라서 바깥쪽 둘레는 방향을 갖는 두 개의 원이 된다. 이제 화살표 방향을 갖는 두 개의 원을 붙이면 되는데 방향이 일치하지 않아서 직접 붙일 수 없다. 하지만 왼쪽 원의 뒤편의 반쪽을 오른쪽 원의 앞편 반쪽과 이어붙이고 나머지 반쪽들을 이어붙이면 원하는 사영평면을 시각화할 수 있다. 나머지 반쪽을 이어붙일 때 마치 같은 수직선분에서 이어지도록 발생하는 것으로 묘사하면 된다. 따라서 곡면 P는 수직선분을 따라서 자기 자신과 교차하게 된다.

예 3.23. 구면에서 원점에 대칭인 두 점 x와 $-x$를 각각 동일시하여 얻은 위상공간을 고려하자. 이 결과 얻어지는 상공간은 사영평면과 위상동치임을 보이고자 한다.

그림 3.30에서 보여준 적도와 함께 다음을 확인할 수 있다.

(i) 적도를 제외한 북반구의 각 점은 남반구의 원점에 대칭인 점과 동일시된다.

(ii) 적도에 있는 각 점은 같은 적도에 놓인 원점에 대해 대칭인 점과 동일시된다.

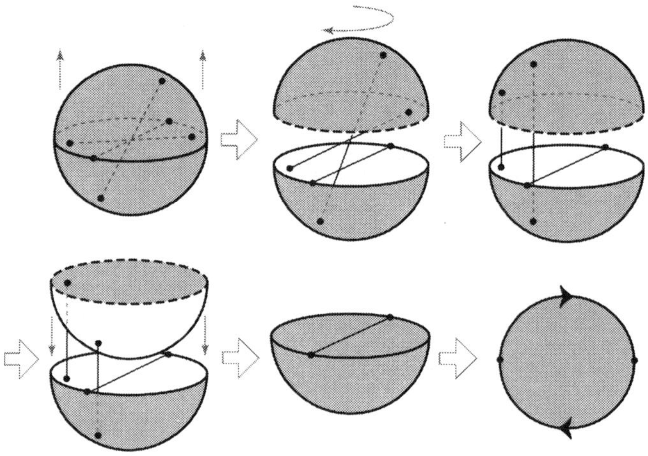

(그림 3.30) 구면에서 원점에 대칭인 두 점을 동일시하면 사영평면이 만들어진다.

적도를 포함하지 않는 북반구를 떼어내어 회전하고 뒤집어서 남반구와 붙인다. 그 결과 그림 3.30과 같이 밥그릇이 되고 그것의 원 둘레를 화살표 방향대로 붙이면 된다. 즉 그림 3.29에 묘사된 바와 같이 원판과 그 경계를 이루는 두 개의 반원을 화살표 방향으로 붙인다. 따라서 결과적으로 얻어지는 곡면은 사영평면과 위상동치이다.

두 곡면 S_1과 S_2에 대하여 두 곡면을 이어 붙여서 새로운 곡면을 얻는 자연스런 방법이 있다. 여기에 그 방법을 소개하지만 정의는 14장으로 미룬다. 곡면 S_1과 S_2 각각에서 원판의 내부를 제거하고 S_1과 S_2에 남아있는 경계를 이루고 있었던 원들을 상사상(quotient map)를 이용하여 붙인다. 그 결과 얻어지는 곡면을 S_1과 S_2의 **연결합(connected sum)**이라고 부른다. S_1과 S_2의 연결합을 $S_1 \# S_2$로 표시한다. (그림 3.31 참조.)

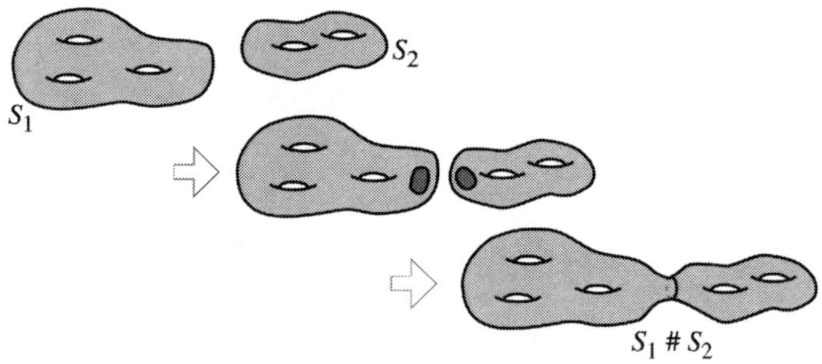

(그림 3.31) 두 곡면의 연결합.

예 3.24. 그림 3.32에서 두 개의 원환면의 연결합으로 얻어지는 곡면 $T\#T$를 묘사하고 있다.

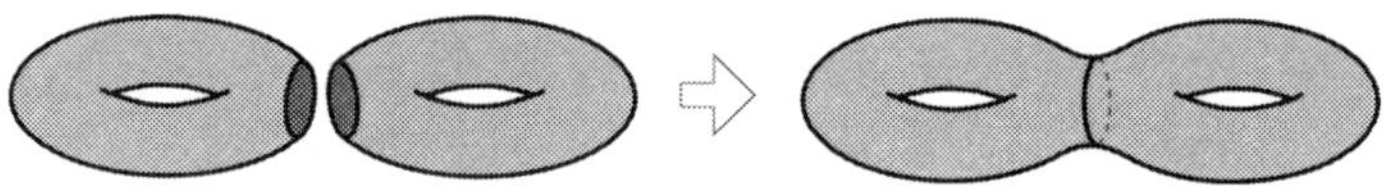

(그림 3.32) 두 개의 원환면으로 만들어진 연결합.

자르고 붙이는(cutting and pasting) 과정을 거쳐서 우리는 그림 3.33에서와 같이 곡면 $T\#T$를 다각형에서 변을 붙여서 얻을 수 있다. 우선 두 가지 형태의 원환면을 그림 (a)에서와 같이 정사각형의 변들을 붙여서 얻는다. 그러고 나서 그림 (b)에서와 같이 각각의 원환면에서 원판의 내부를 떼어낸다. 원판을 택할 때 각각의 경계를 이루는 원이 정사각형의 윗변과 오른쪽 변이 맞닿는 꼭짓점(정점)에 붙도록 한다. 이것은 편의를 위하여 그렇게 택한 것이다. 이제 그림 (c)와 같이 경계를 이루는 원들을 꼭짓점을 따라 선분으로 펼쳐서 열고나면 정사각형에서 오각형을 얻는다. 각각의 오각형에 새로 생긴 변의 양 끝점은 한 점으로 동일시된다. 따라서 새롭게 생긴 변은 실제의 곡면에서는 원이 된다. 두 개의 오각형을 새롭게 생긴 두 변을 따라 붙이면 팔각형이 된다. 이 과정은 두 개의 원환면을 연결합하는 과정과 동치이다. 왜냐하면 제거한 원판의 경계를 이루는 두 개의 원을 붙이는 과정과 일치하기 때문이다. 그림 (d)에서 연결합 $T\#T$를 팔각형의 대응되는 변들을 붙이는 것으로 표현하고 있다.

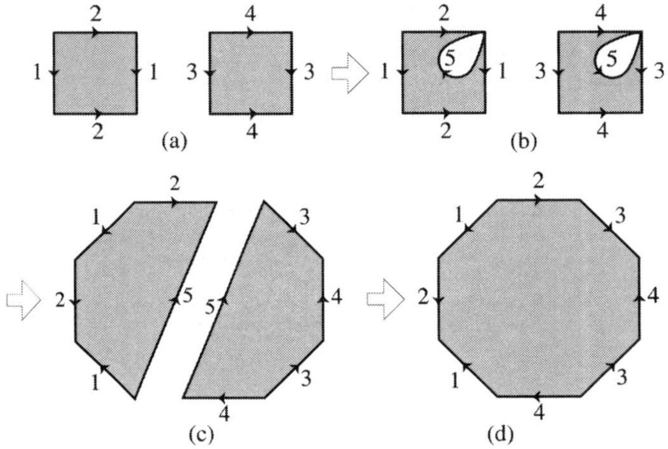

(그림 3.33) 두 원환면의 연결합 $T\#T$.

예 3.25. 두 개의 사영평면의 연결합은 무엇인가? 자르고 붙이는 과정을 거쳐서 그림 3.34 (e)에서 연결합 $P\#P$를 정사각형의 대응되는 변들을 붙이는 것으로 표현하고 있다. 정사각형을 그림 (f)에서와 같이 변을 따라 잘라낸 다음, 2로 표시된 변을 따라 붙이면 정사각형에 새롭게 대응되는 변을 따라 붙이게 된다. 그 결과 예 3.21과 같은 클라인 병을 얻게 된다. 따라서 두 사영평면의 연결합은 클라인 병과 위상동치이다.

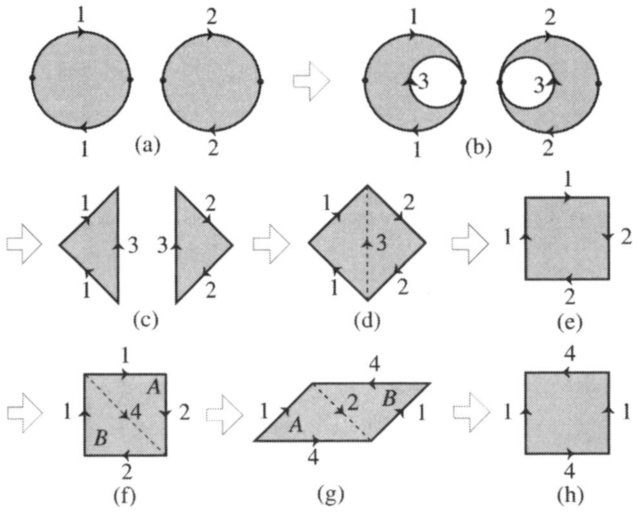

(그림 3.34) 두 사영평면의 연결합은 클라인 병과 동치이다.

그림 3.35에서 사영평면에서 원판의 내부를 제거하면 자르고 붙이는 과정을 거쳐서 뫼비우스 띠와 같다는 것을 보이고 있다. 따라서 두 사영평면의 연결합은 두 뫼비우스 띠의 경계를 이루는 변을 붙여서 만든 것과 같다. 그 결과는 클라인 병과 위상동치이다.

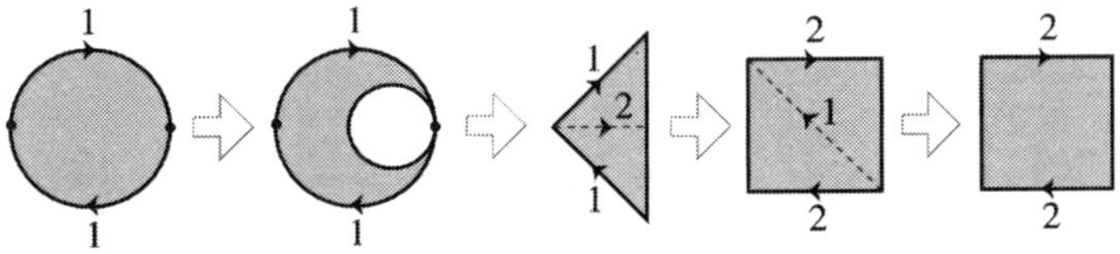

(그림 3.35) 사영평면에서 원판의 내부를 제거하면 뫼비우스 띠와 위상동치이다.

예 3.26. 정육면체 $I\times I\times I$의 마주보는 면들을 그림 3.36의 가장 왼쪽에서 표시한대로 붙여서 얻은 상공간을 고려하자. 우리는 결과적으로 얻어지는 물체를 3차원 공간에서는 구성할 수 없지만 잘 정의될 수 있는 위상공간이다. 그 위상공간을 다음과 같이 인식할 수 있다. 동일시되는 앞면과 뒷면을 붙이면 원환체 $S^1\times I\times I$가 된다. $S^1\times I\times I$의 경계에는 4개의 고리면이 있는데 위쪽과 아래쪽 고리면을 붙이고 안쪽과 바깥쪽 고리면을 그림처럼 붙인다. $S^1\times I\times I$에서는 원 S^1의 각 점에 정사각형 $I\times I$가 대응되는데 결과적으로 얻어지는 상공간 X는 정사각형의 윗변과 아랫변을 붙이고 양 옆의 두 변을 붙여서 얻어지는 공간과 같다. 즉, 원 S^1의 각 점에 원환면이 대응되는 것이다. 따라서 상공간 X는 원 S^1과 원환면 T의 곱공간과 같다. 원환면은 $S^1\times S^1$과 같으므로 공간 X는 $S^1\times S^1\times S^1$과 위상동치이고 3-원환면이라 부른다.

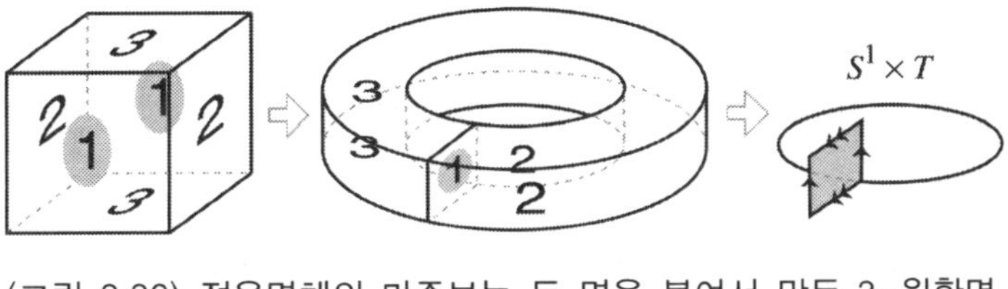

(그림 3.36) 정육면체의 마주보는 두 면을 붙여서 만든 3-원환면.

예 3.27. 정육면체의 마주보는 면들을 그림 3.37과 같이 붙여서 얻어지는 상공간을 고려하자. 그림의 왼쪽 면의 중심에서 오른쪽 면의 중심을 잇는 선분은 상공간에서는 원이 된다. 이제 그 선분을 중심으로 하는 원기둥을 택하여 왼쪽과 오른쪽 면을 붙이면 경계에 나타나는 두 원의 방향이 반대가 되어 클라인 병이 된다. 따라서 상공간에는 중심에 있는 원으로 오므라드는 클라인병이 놓이게 된다.

연습문제 3.38에서 이 상공간은 원과 사영평면의 곱공간인 $S^1 \times P$와 위상동치임을 증명한다.

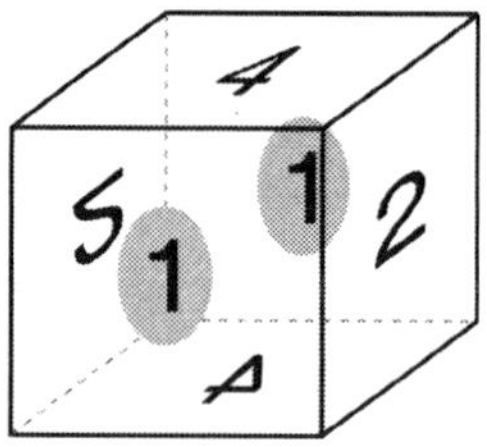

(그림 3.37) 정육면체의 마주보는 면을 붙여서 만든 $S^1 \times P$.

연습문제 3.4

3.35. 그림 3.33에서 주어지는 팔각형의 짝지어진 변을 동일시하여 $T\#T$를 얻는 과정을 묘사하시오.

3.36. (a) 육각형에서 마주보는 두 변을 짝지어 같은 방향으로 붙이면 원환면이 되는 것을 보이시오.

(b) 육각형에서 마주보는 두 변을 짝지어 반대 방향으로 붙이면 사영평면이 되는 것을 보이시오.

3.37. 원환면과 사영평면의 연결합이 무엇이 되는지를 묘사하시오.

3.38. 예 3.27에서 보여준 상공간은 $S^1 \times P$와 위상동치임을 증명하시오.

3.39. 정육면체의 상공간으로서 $S^1 \times K$를 얻는 과정을 묘사하시오.

연속함수와 위상동형사상

chapter 4

지금까지 여러 가지 위상공간과 부분공간에 관련된 개념들을 정의하였다. 이제 한 위상공간에서 다른 위상공간으로 보내는 함수를 생각하기로 한다. 함수의 연속성에 관한 개념은 위상에서 가장 중요한 개념 중의 하나이다.

집합에 정의된 위상은 그 집합의 근접성을 확립시켜주는 구조이다. 위상공간 사이의 연속함수는 근접성을 보존한다. 따라서 연속함수는 한 공간에서 가까이 있는 점들을 다른 공간에서 가까이 있는 점들로 보내준다. 4.1절에서는 위상적 연속성을 정의하고 연속성과 관련된 결과들과 예들을 소개한다.

연속인 전단사함수가 연속인 역함수를 갖는 경우 위상동형이라고 한다. 그러한 함수는 중요한 개념인 위상동치를 제공한다. 4.2절에서는 위상동형사상과 위상동치에 대하여 다룬다.

4.1 연속성

연속성을 처음 접하게 되는 것은 미적분학이나 해석학에서 실수집합 $\mathbb{R}$에서 자기 자신으로 가는 함수의 연속성에서부터 비롯된다. 일반적으로 그것은 다음과 같다.

정의 4.1. 함수 $f:\mathbb{R}\to\mathbb{R}$가 **연속**이라는 것은 임의의 $x_0\in\mathbb{R}$와 임의의 $\epsilon>0$에 대하여 적당한 $\delta>0$가 존재하여 만약 $|x-x_0|<\delta$이면 $|f(x)-f(x_0)|<\epsilon$를 만족하는 것이다.

다시 말해 $f:\mathbb{R}\to\mathbb{R}$가 연속이라는 것은 임의의 x_0와 $\epsilon>0$에 대하여 적당한 $\delta>0$를 찾을 수 있는데 x가 x_0에 충분히 가까이 있으면(δ 이내에) $f(x)$는 $f(x_0)$에 충분히 가까이(ϵ 이내에) 있다는 것이다. 이것을 종종 **연속성의** $\epsilon-\delta$ **정의**라고 부른다. 이것은 해석학에서 매우 유용하게 사용되는 핵심적인 개념이다.

하나의 위상공간에서 다른 위상공간으로 보내는 함수의 연속성에 관한 일반적인 위상적 정의를 제시하려고 한다. 이 정의는 서술하기도 간편하고 실수집합에서 실수집합으로 보내는 연속함수의 $\epsilon-\delta$정의와 동치라는 것을 증명할 것이다.

정의 4.2. X와 Y는 위상공간이라 하자. 함수 $f: X \to Y$가 Y의 임의의 열린집합 V에 대하여 $f^{-1}(V)$가 X에서 열린집합이면 f는 **연속함수**라고 정의한다.

이것을 **연속성의 위상적 정의**라고 한다. 바꿔 말하자면 함수 f에 대한 임의의 열린집합의 역상이 열린집합인 경우 f는 연속이다.

예 4.1. 집합 $X = \{a, b, c, d\}$와 $Y = \{1, 2, 3\}$에서의 위상이 그림 4.1과 같이 주어져 있다고 하자. X에서 Y로의 함수 f, g, h가 다음과 같이 정의된다고 하자.

$$f(a) = 1, f(b) = 1, f(c) = 2, f(d) = 2,$$

$$g(a) = 2, g(b) = 2, g(c) = 1, g(d) = 3,$$

$$h(a) = 1, h(b) = 2, h(c) = 2, h(d) = 3.$$

f는 Y의 임의의 열린집합에 대하여 역상이 X에서 열린집합이므로 연속이다. 마찬가지로 g 또한 연속이다. 하지만 Y에서 열린집합 $\{2\}$의 h의 역상 $h^{-1}(\{2\}) = \{b, c\}$이고 $\{b, c\}$는 X에서 열린집합이 아니므로 h는 연속이 아니다.

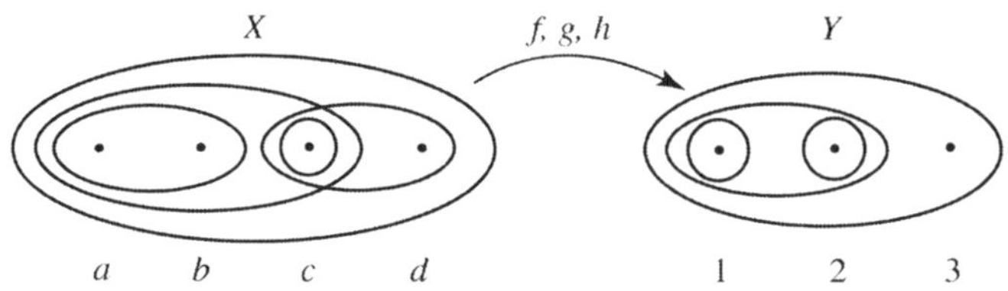

(그림 4.1) X에서 Y로의 함수 f, g, h.

예 4.2. X와 Y는 위상공간이라고 하자.

(i) $id(x) = x$인 항등함수 $id: X \to X$는 연속이다.

(ii) $y_0 \in Y$를 택하여 $C: X \to Y$를 모든 $x \in X$에 대하여 $C(x) = y_0$인 상수함수라고 하자. C가 연속임을 증명하고자 한다. V가 Y에서 열린집합이라고 하면 V가 y_0를 포함하면 $C^{-1}(V) = X$이고 V가 y_0를 포함하지 않으면 $C^{-1}(V) = \varnothing$이다. 따라서 상수함수 C는 연속이다.

주어진 함수가 연속인지 아닌지를 결정하는 것은 그 함수를 정의하는 식과 관계뿐 아니라 정의역과 치역의 위상이 중요한 역할을 한다. 다음의 예를 살펴보자.

예 4.3. 함수 $f: \mathbb{R} \to \mathbb{R}_{fc}$는 $f(x) = \dfrac{x-1}{2}$로 정의되고 정의역에는 실수집합 $\mathbb{R}$의 표준위상이 치역에는 실수집합 $\mathbb{R}$의 여유한위상이 주어져 있다고 하자. 실수집합 $\mathbb{R}$의 여유한위상에 대한 임의의 열린집합 $V = \mathbb{R} - \{x_1, x_2, \dots, x_n\}$의 역상 $f^{-1}(V) = \mathbb{R} - \{2x_1+1, \dots, 2x_n+1\}$은 실수집합 $\mathbb{R}$의 표준위상에 대하여 열린집합이므로 f는 연속함수이다.

다음으로 함수 $g: \mathbb{R} \to \mathbb{R}_l$는 $g(x) = \dfrac{x-1}{2}$로 정의되고 정의역에는 실수집합 $\mathbb{R}$의 표준위상이 치역에는 실수집합 $\mathbb{R}$의 하극한위상이 주어져 있다. 함수 g는 함수 f와 똑같은 식을 가진다. 그러나 g는 연속이 아니다. $[0,1)$는 $\mathbb{R}_l$에서 열린집합이지만 $g^{-1}([0,1)) = [1,3)$은 표준위상 $\mathbb{R}$에서 열린집합이 아니다.

예 4.4. 위상공간 X와 X의 부분공간 Y에 대하여 $i: Y \to X$, $i(y) = y$로 정의되는 포함함수(inclusion map) i는 연속이다. 왜냐하면 X의 임의의 열린집합 U에 대하여 $i^{-1}(U) = U \cap Y$가 되고 부분공간위상의 정의로부터 $U \cap Y$는 Y에서 열린집합이다. 실제로 Y상의 부분공간위상은 포함함수 i가 연속이 되게 하는 가장 작은 위상이다. (연습문제 4.5(a) 참조.)

$p: X \to A$는 위상공간 X에서 집합 A로 가는 전사함수이다. 집합 A상에 함수 p에 의해 유도되는 상위상이 주어져 있다고 하면 p는 연속함수가 된다. 상위상의 정의로부터 V가 A에서 열린집합이기 위한 필요충분조건은 $p^{-1}(V)$가 X에서 열린집합인 것이다. 따라서 열린집합의 p에 의한 역상은 자동적으로 X에서 열린집합이다. 실제로 A상의 상위상은 p가 연속이 되게 하는 가장 큰(세밀한) 위상이다. (연습문제 4.5(b) 참조.)

정의에 의해 함수 $f: X \to Y$가 연속이라는 것은 Y의 임의의 열린집합의 역상이 X에서 열린집합이 되는 것이다. 하지만 모든 열린집합의 역상이 또 다시 X에서 열린집합이 되는 것을 확인하는 작업은 결코 쉬운 일이 아니다. 다음의 정리는 함수 f가 연속이라는 것을 확인하기 위해서는 Y상의 위상에 대한 기저의 각각의 원소에 대한 역상이 X상에서 열린 집합이라는 것을 보이면 충분하다는 것을 제시하고 있다.

정리 4.3. X와 Y는 위상공간이고 $\mathcal{B}$는 Y상의 위상에 대한 기저라고 하자. 그러면 $f: X \to Y$가 연속이기 위한 필요충분조건은 임의의 $B \in \mathcal{B}$에 대하여 $f^{-1}(B)$가 X에서 열린집합인 것이다.

증명. $f: X \to Y$가 연속이라고 가정하자. 그러면 임의의 열린집합 V에 대하여 $f^{-1}(V)$는 X에서 열린집합이 된다. 기저 $\mathcal{B}$의 임의의 원소 B는 Y에서 열린집합이므로 $f^{-1}(B)$는 X에서 열린집합이다.

이제 기저 $\mathcal{B}$의 임의의 원소 $B \in \mathcal{B}$에 대하여 $f^{-1}(B)$가 X에서 열린집합이라고 하자. 이제 V를 Y에서 열린집합이라고 하면 V는 기저 $\mathcal{B}$에 속하는 원소의 합집합으로 표현된다. 즉 $V = \bigcup_{\alpha} B_{\alpha}$가 된다. 따라서

$$f^{-1}(V) = f^{-1}\left(\bigcup_{\alpha} B_{\alpha}\right) = \bigcup_{\alpha} f^{-1}(B_{\alpha})$$

이고 각각의 $f^{-1}(B_{\alpha})$는 X에서 열린집합이므로 $f^{-1}(V)$는 X에서 열린집합이 된다. 그러므로 모든 열린집합의 역상이 X에서 열린집합이 되므로 f는 연속이다. ■

예 4.5. 함수 $f(x) = x + 2$, $g(x) = 2x$, $h(x) = x^2$은 모두 실수집합 $\mathbb{R}$의 표준위상에서 자기 자신으로 보내는 연속함수이다.

표준위상에 대한 기저원소 (a,b), $a < b$에 대하여

$$f^{-1}(a,b) = (a-2, b-2),$$

$$g^{-1}(a,b) = \left(\frac{a}{2}, \frac{b}{2}\right),$$

$$h^{-1}(a,b) = \begin{cases} (-\sqrt{b}, -\sqrt{a}) \cup (\sqrt{a}, \sqrt{b}), & a \geq 0 \text{일 경우}, \\ (-\sqrt{b}, \sqrt{b}), & a < 0 \text{이고 } b > 0 \text{인 경우}, \\ \varnothing, & b < 0 \text{인 경우}. \end{cases}$$

이고, 각각의 경우 기저원소의 역상이 열린집합이므로 함수 f, g, h는 연속이다.

예 4.6. $f : \mathbb{R}^2 \rightarrow \mathbb{R}$ 는 $f(x, y) = xy$로 정의된 곱셈함수일 때 f는 연속이다. 치역 $\mathbb{R}$ 의 임의의 기저원소 (a,b)에 대하여 f의 역상 $f^{-1}((a, b)) = \{(x, y) \mid a < xy < b\}$ 이다. 이 집합은 두 쌍곡선 사이의 영역인데 a, b가 모두 양수인 경우 그림 4.2와 같이 표시된다.

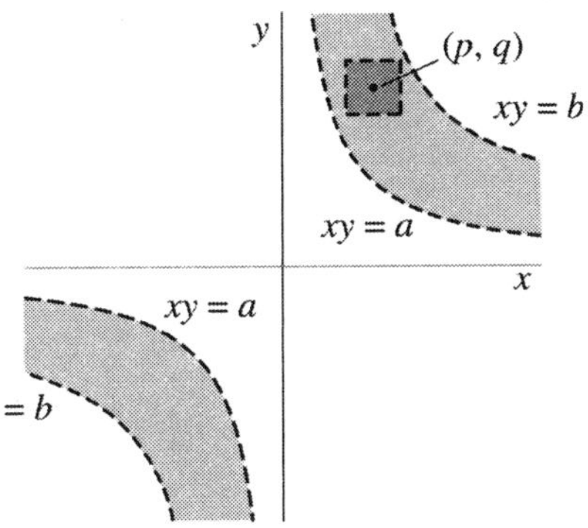

(그림 4.2) $f^{-1}((a,b)) = \{(x,y) \mid a < xy < b\}$, $a > 0, b > 0$.

직관적으로 $f^{-1}((a, b))$는 $\mathbb{R}^2$에서 열린집합이라는 것을 알 수 있다. $f^{-1}((a, b))$의 각 점 (p, q)에 대하여 (p, q)를 중심으로 갖는 열린 정사각형이 존재하여 $f^{-1}((a, b))$에 포함되는 것을 보이자. (그림 4.2 참조.) 실제로 $m = \min\{b - pq,\ pq - a\}$라고 하고 $\delta|p|, \delta|q|$, 그리고 $3\delta^2$이 모두 $m/3$보다 작도록 $\delta > 0$를 택하면 $(p - \delta, p + \delta) \times (q - \delta, q + \delta) \subset f^{-1}((a, b))$임을 확인할 수 있다. (연습문제 4.15 참조.)

$f : \mathbb{R}^2 \rightarrow \mathbb{R}$, $f(x, y) = x + y$로 정의되는 덧셈함수 또한 연속이다. (연습문제 4.14 참조.) 곱셈함수와 덧셈함수의 연속성을 조합하면 다음의 정리를 유도할 수 있다.

정리 4.4. 실수집합 $\mathbb{R}$ 에 표준위상이 주어져 있을 때 $f : \mathbb{R} \rightarrow \mathbb{R}$, $f(x) = a_n x^n + \cdots + a_1 x + a_0$로 정의되는 모든 다항함수는 연속이다.

증명. 연습문제 4.13 - 4.17 참조. ■

연속함수의 정의로부터 분수함수, 삼각함수와 역함수, 그리고 지수함수와 로그함수가 정의된 정의역에서 연속이라는 것을 증명할 수 있다. 이 책에서는 증명을 다루지는 않지만 사실로 받아들이기로 한다.

연속성에 대한 위상적 정의는 서술하기에는 매우 단순해 보이지만 어떻게 그러한 정의가 연속함수는 근접성을 보존하는 아이디어를 반영하는지 의아할 때가 있다. 다음의 정리는 정의역의 부분집합의 폐포는 연속함수에 의해 그 집합의 연속함수에 의한 상의 폐포로 옮겨진다는 것을 알 수 있다.

정리 4.5. $f: X \to Y$는 연속함수이고 $A \subset X$라고 하자. 만약 $x \in \overline{A}$이면 $f(x) \in \overline{f(A)}$이다. (그림 4.3 참조.)

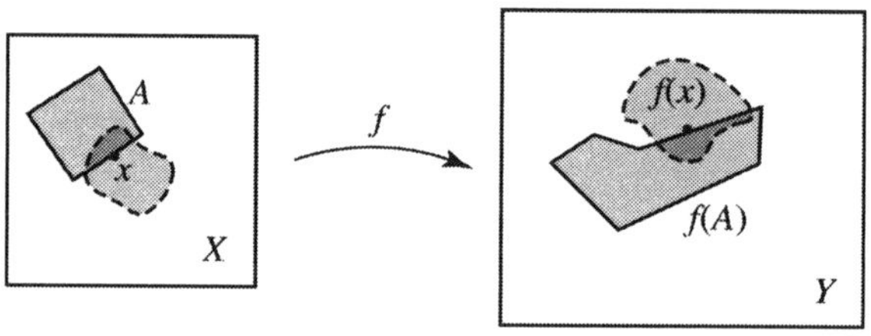

(그림 4.3) $x \in \overline{A}$이면 $f(x) \in \overline{f(A)}$이다.

증명. $f: X \to Y$는 연속이고 $x \in A$, $A \subset X$라고 하자. $f(x) \not\in \overline{f(A)}$일 때 $x \not\in \overline{A}$임을 증명하고자 한다. $f(x) \not\in \overline{f(A)}$라고 가정하면 정리 2.5에 의해 $f(x)$를 포함하는 열린 근방 U가 존재하여 $U \cup f(A) = \varnothing$이 된다. $f^{-1}(U)$는 x를 포함하는 열린집합이고 $f^{-1}(U) \cap A \subset f^{-1}(U \cap f(A)) = \varnothing$이므로 $f^{-1}(U) \cap A = \varnothing$이다. 따라서 $x \not\in \overline{A}$가 된다. ■

실수집합 $\mathbb{R}$의 표준위상에 대하여 $\mathbb{R}$에서 $\mathbb{R}$로 보내는 함수에 대하여 연속성의 위상적 정의와 $\epsilon - \delta$ 정의가 동치라는 것을 살펴본다. $\epsilon - \delta$ 정의를 위상적 용어를 사용하여 다음과 같이 전환할 수 있다.

$\epsilon - \delta$ 정의의 전환 : 위상공간 X, Y에 대하여 함수 $f: X \to Y$가 연속이라는 것은 임의의 $x \in X$와 $f(x)$를 포함하는 임의의 열린집합 U에 대하여 x를 포함하는 열린집합 V가 존

재하여 $f(V) \subset U$를 만족하는 것이다. (그림 4.4 참조.)

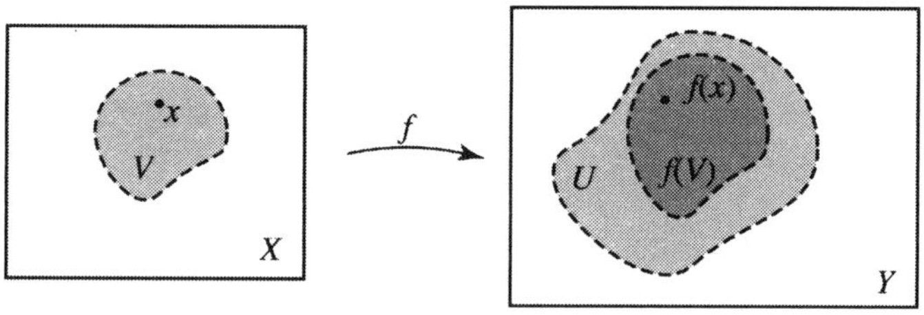

(그림 4.4) $f(x)$를 포함하는 임의의 U에 대하여 x를 포함하는 V가 존재하여 $f(V) \subset U$이다.

$\epsilon - \delta$ 정의의 전환에서 열린집합 U는 ϵ-구간의 역할을 하고 열린집합 V는 δ-구간의 역할을 한다. 함수 $f : \mathbb{R} \to \mathbb{R}$ 에 대하여 $\epsilon - \delta$ 정의에 의한 연속성과 $\epsilon - \delta$ 정의의 전환에 의한 연속성이 동치임을 쉽게 알 수 있다. (연습문제 4.3 참조.) 다음의 정리에서 전환된 연속성의 정의는 위상적 정의와 동치임을 확인한다.

정리 4.6. 함수 $f : X \to Y$에 대하여 함수 f가 위상적 정의에 의해 연속이기 위한 필요충분조건은 임의의 $x \in X$와 $f(x)$를 포함하는 임의의 열린집합 U에 대하여 X의 근방 V가 존재하여 $f(V) \subset U$를 만족하는 것이다.

증명. 함수 $f : X \to Y$에 대하여 연속에 관한 위상적 정의가 성립한다고 가정하자. $x \in X$와 $f(x)$를 포함하는 열린집합 U에 대하여 $V = f^{-1}(U)$로 택한다. 위상적 정의로부터 $f^{-1}(U)$는 열린집합이고 $x \in f^{-1}(U) = V$가 된다. 또한 $f(V) = f(f^{-1}(U)) \subset U$이다.

다음으로 임의의 $x \in X$와 $f(x)$를 포함하는 임의의 열린집합 U에 대하여 x의 근방 V가 존재하여 $f(V) \subset U$라고 가정하자. Y의 임의의 열린집합 W에 대하여 $f^{-1}(W)$는 X에서 열린집합이 되는 것을 보이자. $x \in f^{-1}(W)$인 임의의 x에 대하여 $f(x) \in W$이고 W는 Y에서 열린집합이므로 가정으로부터 x의 근방 V_x가 존재하여 $f(V_x) \subset W$가 된다. 따라서 $V_x \subset f^{-1}(W)$이다. 정리 1.5에 의해서 $f^{-1}(W)$는 열린집합이다. ■

다음의 정리가 제시하듯이 연속함수는 근접성을 보존한다는 것을 연속함수에 의해 수렴하는 수열을 수렴하는 수열로 보낸다는 것을 통하여 확인할 수 있다.

정리 4.7. 함수 $f: X \to Y$는 연속이라고 하자. 만약 X의 수열 $\{x_n\}$이 $x \in X$로 수렴하면 Y의 수열 $\{f(x_n)\}$은 $f(x) \in Y$로 수렴한다.

증명. $f(x)$를 포함하는 임의의 근방 U에 대하여 f가 연속이기 때문에 $f^{-1}(U)$는 X를 포함하는 열린집합이다. 수열 $\{x_n\}$이 x로 수렴하고 $x \in f^{-1}(U)$이므로 적당한 양의 정수 $N \in \mathbb{N}$이 존재하여 임의의 $n \geq N$에 대하여 $x_n \in f^{-1}(U)$이다. 따라서 모든 $n \geq N$에 대하여 $f(x_n) \in U$가 되어 수열 $\{f(x_n)\}$은 $f(x)$로 수렴한다. ■

중요한 노트: 연속함수는 일반적으로 열린집합을 열린집합으로 보내지 않는다. 예를 들어 $f: \mathbb{R} \to \mathbb{R}$, $f(x) = x^2$로 정의된 함수는 열린집합 $(-1, 1)$을 $[0, 1)$로 보내는데 $[0, 1)$는 열린집합이 아니다.

다음의 정리는 열린집합에 의해 정의되는 연속성의 위상적 정의에 대하여 닫힌집합에 대응되는 결과가 있음을 시사한다.

정리 4.8. 위상공간 X, Y에 대하여 함수 $f: X \to Y$가 연속이기 위한 필요충분조건은 Y상의 임의의 닫힌집합 C에 대하여 $f^{-1}(C)$가 X상에서 닫힌집합인 것이다.

증명. 연습문제 4.2. 참조. ■

다음정리에서는 연속함수의 합성이 연속임을 보여준다.

정리 4.9. 함수 $f: X \to Y$와 $g: Y \to Z$는 연속이라고 하자. 그러면 합성함수 $g \circ f: X \to Z$는 연속이다.

증명. 함수 $f: X \to Y$와 $g: Y \to Z$는 연속이고 U은 Z상의 임의의 열린집합이라고 가정하자. g가 연속이므로 $g^{-1}(U)$는 Y상에서 열린집합이고 f 또한 연속이므로 $f^{-1}(g^{-1}(U))$는 X상에서 열린집합이다. $f^{-1}(g^{-1}(U)) = (g \circ f)^{-1}(U)$이므로 $g \circ f$는 연속이다. ■

다음의 정리는 붙임보조정리(pasting lemma)라고 부른다. 이 정리는 어떤 조건하에서 두 함수 $f: A \to Y$와 $g: B \to Y$를 붙여서

$$h: A \cup B \to Y,\ h(x) = \begin{cases} f(x), & x \in A \text{인 경우}, \\ g(x), & x \in B \text{인 경우} \end{cases}$$

로 정의되는 함수 h가 연속이 되는지 알려준다. (그림 4.5 참조.)

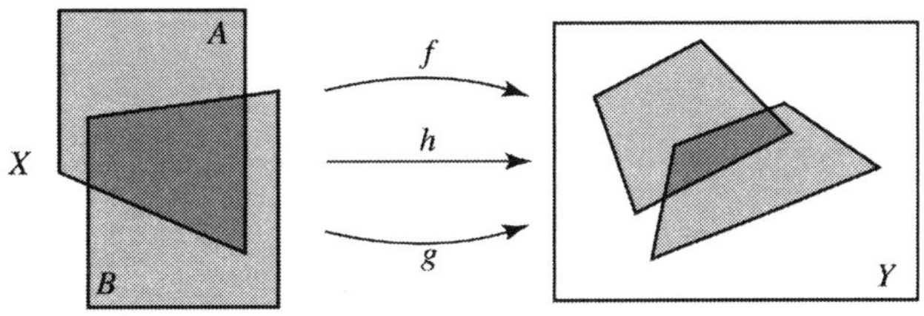

(그림 4.5) 함수 $f: A \to Y$, $g: B \to Y$를 붙여서 함수 $h: A \cup B \to Y$ 만들기.

보조정리 4.10. 붙임보조정리(The pasting lemma). X는 위상공간이고 A와 B는 X에서 닫힌집합으로 $X = A \cup B$라고 하자. $f: A \to Y$와 $g: B \to Y$는 각각 연속이고 $A \cap B$의 임의의 원소 x에 대하여 $f(x) = g(x)$이면

$$h: A \cup B \to Y,\ h(x) = \begin{cases} f(x), & x \in A \text{인 경우}, \\ g(x), & x \in B \text{인 경우} \end{cases}$$

로 정의되는 함수 h는 연속이다.

증명. 정리 4.8에 의해 Y의 임의의 닫힌집합 C에 대하여 $h^{-1}(C)$가 X에서 닫힌집합임을 보이면 된다. Y에서 닫힌집합인 C에 대하여 $h^{-1}(C) = f^{-1}(C) \cup g^{-1}(C)$이다. 한편 $f: A \to Y$는 연속이므로 정리 4.8로부터 $f^{-1}(C)$는 A에서 닫힌집합이다. 정리 3.4에 의해 $f^{-1}(C) = D \cap A$가 되는 X에서의 닫힌집합 D가 존재한다. D와 A는 모두 X에서 닫힌집합이므로 $f^{-1}(C)$는 X에서 닫힌집합이다. 같은 방법으로 $g^{-1}(C)$도 X에서 닫힌집합이 된다. 따라서 $h^{-1}(C) = f^{-1}(C) \cup g^{-1}(C)$는 X에서 닫힌집합이다. ■

예 4.7. 다음과 같이 정의된 절댓값 함수 $h: \mathbb{R} \to \mathbb{R}$

$$h(x) = \begin{cases} x, & x \geq 0 \text{인 경우}, \\ -x, & x \leq 0 \text{인 경우} \end{cases}$$

는 두 개의 닫힌집합 위에서 정의된 연속함수로 구성되어 있다. 하나는 $f:(-\infty, 0] \to \mathbb{R}$, $f(x) = -x$로 정의된 연속함수이고 다른 하나는 $g:[0, \infty) \to \mathbb{R}$, $g(x) = x$로 정의된 연속함수이다. 두 함수 f와 g를 $x=0$에서 붙여서 함수 $h:\mathbb{R} \to \mathbb{R}$를 구성하면 붙임보조정리에 의해 h는 연속이다. $x=0$에서 $f(x) = g(x)$인 것은 쉽게 확인할 수 있다.

연습문제 4.1

4.1. (a) X는 이산위상을 갖고, Y는 임의의 위상공간일 때, 임의의 함수 $f:X \to Y$는 연속임을 증명하시오.

(b) Y는 자명한위상을 갖고, X는 임의의 위상공간일 때, 임의의 함수 $f:X \to Y$는 연속임을 증명하시오.

4.2. 정리 4.8을 증명하시오.

4.3. 함수 $f:\mathbb{R} \to \mathbb{R}$가 $\epsilon - \delta$ 정의에 의하여 연속이기 위한 필요충분조건은 임의의 $x \in \mathbb{R}$와 $f(x)$를 포함하는 임의의 근방 U에 대하여 x를 포함하는 근방 V가 존재하여 $f(V) \subset U$임을 증명하시오.

4.4. 다음의 각각의 경우 주어진 함수가 연속인지 아닌지를 판정하시오.

(a) 함수 $f: \mathbb{R}_l \to \mathbb{R}$는 $f(x) = 3x-5$로 정의되어 있다. 여기서 $\mathbb{R}_l$은 실수집합 $\mathbb{R}$의 하극한위상이다.

(b) 함수 $g: \mathbb{R}_{fc} \to \mathbb{R}$는 $g(x) = 3x-5$로 정의되어 있다. 여기서 $\mathbb{R}_{fc}$은 실수집합 $\mathbb{R}$의 여유한위상이다.

4.5. (a) X는 위상공간이고, Y는 X의 부분집합이다. Y의 부분공간위상은 포함함수 $i:Y \to X$가 연속이 되게 하는 가장 작은 위상임을 증명하시오.

(b) 위상공간 X와 임의의 집합 A에 대하여 전사함수 $p:X \to A$에 의하여 유도되는 집합 A의 상위상은 함수 p가 연속이 되게 하는 가장 큰 위상임을 증명하시오.

4.6. (a) X, Y는 위상공간이고, 집합 $X \times Y$에는 곱위상이 주어져 있다. 사영함수 $p_X : X \times Y \to X$, $p_Y : X \times Y \to Y$는 연속임을 증명하시오.

(b) 집합 $X \times Y$의 곱위상은 함수 p_X, p_Y가 연속이 되게 하는 가장 작은 위상임을 증명하시오.

4.7. $\mathfrak{I}_1$과 $\mathfrak{I}_2$는 집합 X의 두 위상이다. 항등함수 $id : (X, \mathfrak{I}_1) \to (X, \mathfrak{I}_2)$, $i(x) = x$가 연속이기 위한 필요충분조건은 $\mathfrak{I}_2 \subseteq \mathfrak{I}_1$임을 증명하시오.

4.8. $f : X \to Y$는 연속함수이다. x가 X의 부분집합 A의 극한점이면, $f(x)$는 집합 $f(A)$의 극한점이 되는지를 판별하고, 명제가 참이 아닐 경우 반례를 찾으시오.

4.9. 함수 $f, g : X \to Y$는 연속이고, Y는 하우스도르프 공간이라고 하자. 만약 부분집합 D가 X에서 조밀한 부분집합이고, 모든 $x \in D$에 대하여 $f(x) = g(x)$라고 가정하면, 모든 $x \in X$에 대하여 $f(x) = g(x)$임을 증명하시오.

4.10. 함수 $f : X \to Y$에 대하여 f의 그래프는 $G = \{(x, f(x)) \mid x \in X\}$라고 정의하자. 함수 f는 연속이고, Y는 하우스도르프 공간일 때, f의 그래프 G는 곱위상 $X \times Y$의 닫힌부분집합임을 증명하시오.

4.11. $f : X \to Y$는 연속함수이고, A는 X의 부분공간일 때, 함수 f를 A로 제한하는 함수 $f|_A : A \to Y$는 연속함수임을 증명하시오.

4.12. (a) 붙임보조정리는 부분집합 A와 B가 모두 X의 열린집합일 때도 성립함을 증명하시오.

(b) 붙임보조정리는 A와 B가 모두 X의 닫힌집합이라는 가정을 뺄 때는 성립하지 않는 반례를 찾으시오.

4.13. (a) 함수 $f_1 : X \to Y_1$, $f_2 : X \to Y_2$가 연속일 때, 함수 $h : X \to Y_1 \times Y_2$, $h(x) = (f_1(x), f_2(x))$는 연속임을 증명하시오.

(b) (a)의 결과를 n개의 함수($n > 2$)로 확장할 수 있음을 증명하시오.

4.14. $f : \mathbb{R}^2 \to \mathbb{R}$, $f(x, y) = x + y$로 정의되는 덧셈함수는 연속임을 증명하시오.

4.15. $f : \mathbb{R}^2 \to \mathbb{R}$, $f(x, y) = xy$로 정의되는 곱셈함수는 연속임을 다음의 과정을 이용하여 증명한다.

(a) p, q가 양의 실수이고, δ는 예 4.6에서 주어진 것과 같을 때, $(p - \delta, p + \delta) \times (q - \delta, q + \delta) \subset f^{-1}((a, b))$ 임을 증명하시오.

(b) (a)의 결과가 p, q 값의 다른 경우에 대해서도 성립함을 증명하시오.

4.16. 예 4.6, 연습문제 4.13, 4.14, 그리고 정리 4.9의 결과를 이용하여 유한개의 연속함수들의 합과 곱도 연속임을 증명하시오.

4.17. 연습문제 4.16의 결과를 이용하여, 다항식

$$p:\mathbb{R}\to\mathbb{R}\,,\ p(x)=a_nx^n+\cdots+a_1x+a_0$$

는 연속임을 증명하시오.

보충문제: 함수열

함수열은 위상수학과 해석학에서 중요하게 다루어진다. 여기서는 함수열의 수렴에 대하여 다룬다.

자연수 n에 대하여 함수 $s_n:[0,1]\to[0,1]$을 다음과 같이 정의하자.

$$s_n(x)=\begin{cases} nx, & 0\le x\le \dfrac{1}{n}\text{일 경우,}\\ 1, & \dfrac{1}{n}\le x\le 1\text{일 경우.}\end{cases}$$

4.18. 함수 s_1, s_2, s_3의 그래프를 그리고, 모든 n에 대하여 s_n은 연속함수임을 증명하시오.

정의 4.11. 함수열 $(f_n:X\to Y)$이 함수 $f:X\to Y$로 **점별수렴한다**는 것은 모든 $x\in X$에 대하여 수열 $(f_n(x))$가 $f(x)$로 수렴하는 것으로 정의한다.

4.19. 함수열 (s_n)은 함수 $s:[0,1]\to[0,1]$로 점별수렴한다. s를 결정하고, s는 연속이 아님을 보이시오.

따라서 연속함수열이 어떤 함수로 점별수렴하더라도 수렴함수는 연속일 필요는 없다. 하지만, 각각의 함수값 $(f_n(x))$가 $f(x)$로 균등한 비율로 수렴한다면 수렴함수 f는 연속함수가 된다.

정의 4.12. 함수열 $f_n : X \to \mathbb{R}$ 이 함수 $f : X \to \mathbb{R}$ 로 **균등수렴한다**는 것은 임의의 $\epsilon > 0$ 에 대하여 적당한 양의 정수 N이 존재해서 모든 $x \in X$, $n \geq N$에 대하여 $|f_n(x) - f(x)| < \epsilon$ 을 만족하는 것으로 정의한다.

균등수렴을 기하적으로 다음 그림과 같이 나타낼 수 있다.

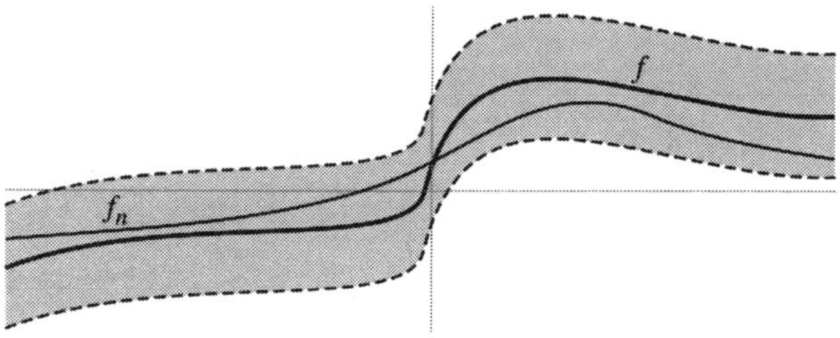

(그림 4.6) f_n의 그래프는 f의 그래프의 ϵ근방 안에 놓여 있다.

4.20. 위 문제에서 정의한 함수열 (s_n)은 균등수렴하지 않음을 증명하시오.

정리 4.13. 균등수렴정리.
연속함수열 $(f_n : X \to \mathbb{R})$이 함수 $f : X \to \mathbb{R}$ 에 균등수렴하면, f는 연속함수이다.

4.21. 정리 4.13을 증명하시오.

4.2 위상동형사상

이 절에서는 두 위상공간 사이의 위상동형사상을 정의하고 위상에서 기본적으로 다루어야 하는 위상동치의 개념을 소개한다. 위상동형사상은 위상에 의해 부여되는 모든 성질을 보존하므로 두 위상공간 사이의 점과 열린집합에 관한 대응을 결정하게 된다.

정의 4.14. 위상공간 X, Y에 대하여 전단사함수 $f : X \to Y$가 역함수 $f^{-1} : Y \to X$를 갖는다고 하자. 만약 f와 f^{-1}가 모두 연속이면 f를 **위상동형사상(homeomorphism)**

이라고 정의한다. 위상공간 X와 Y 사이에 위상동형사상이 존재하면 X와 Y는 **위상동형(homeomorphic)**, 또는 **위상동치(topologically equivalent)**라고 부른다. X와 Y가 위상동치인 경우 $X \cong Y$로 표시한다.

전단사함수 $f: X \to Y$에 대하여 역함수 $f^{-1}: Y \to X$가 연속이라는 것은 X의 임의의 열린집합 U에 대하여 $(f^{-1})^{-1}(U)$가 Y에서 열린집합인 것이다. $f: X \to Y$가 전단사함수이므로 $(f^{-1})^{-1}(U) = f(U)$가 된다. 따라서 $f: X \to Y$가 전단사인 경우 f^{-1}가 연속이라는 것은 X에서 임의의 열린집합 U에 대한 f의 상 $f(U)$가 Y에서 열린집합이 된다는 것과 동치이다. 마찬가지로 $f^{-1}: Y \to X$가 전단사일 때 함수 f가 연속이라는 것은 Y에서 임의의 열린집합 U에 대하여 f^{-1}의 상 $f^{-1}(U)$가 X에서 열린집합이 되는 것과 동치이다. (그림 4.7 참조.)

바꿔 말하자면 함수 $f: X \to Y$가 위상동형사상이라는 것은 f가 점들 사이의 전단사이며 동시에 X, Y의 위상을 결정하는 열린집합들의 모임 사이의 전단사가 된다는 것이다. X에 속하는 임의의 점은 Y의 유일한 점과 대응이 되고 Y의 점으로 X상의 점과 대응되지 않는 점은 존재하지 않는다. 마찬가지로 X에서 임의의 열린집합은 Y상의 유일한 열린집합과 대응이 되고 Y상에서 열린집합이면서 X에서 열린집합과 대응되지 않는 것은 존재하지 않는다. (그림 4.7 참조.)

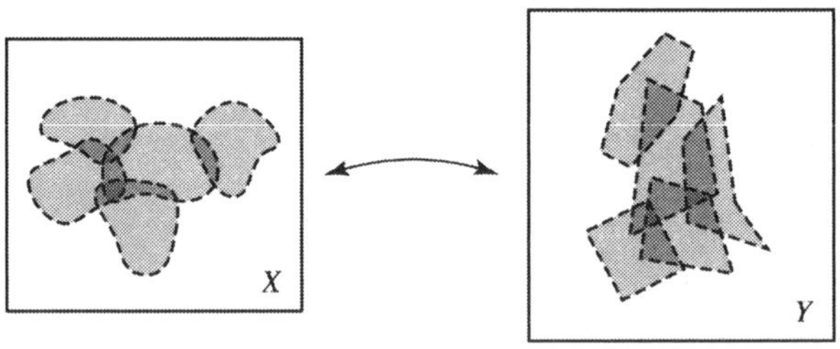

(그림 4.7) 위상동형사상은 열린집합을 열린집합으로 보낸다.

만약 여러분이 대수학 수업을 수강하였다면 동형사상을 들어본 적이 있을 것이다. 두 군 사이의 동형사상은 군을 형성하는 두 집합 사이의 전단사함수이고 군의 대수적 구조를 이루게 하는 곱셈 연산을 보존하는 함수이다. 마찬가지로 위상동형사상은 두 위상공간 사이의 전단사함수이고 각각의 위상공간을 결정하는 열린집합들의 모임으로 구성된 위상구조를 보존하는 함수이다.

비공식적으로 이미 앞 절에서 사용되었던 용어 "위상동치"에 대한 엄밀한 정의는 정의 4.14에서 소개하였다.

예 4.8. X와 Y는 세 점 집합에 그림 4.8과 주어진 위상공간이다. 함수 $f : X \to Y$를 $f(a)=1, f(b)=2, f(c)=3$으로 정의하면 f는 집합 사이의 전단사함수이고 X의 위상과 Y의 위상을 결정하는 열린집합들의 모임 사이의 전단사이므로 위상동형사상이다.

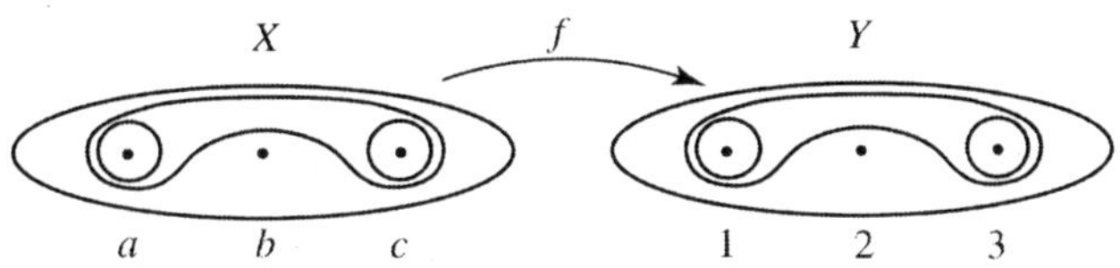

(그림 4.8) X와 Y 사이의 위상동형사상.

예 4.9. 세 점 집합 $X=\{a,b,c\}$상에 그림 4.9와 같이 주어진 두 위상은 다르지만 위상동치이다. 함수 $f : X \to X$를 $f(a)=c, f(b)=b, f(c)=a$로 정의하면 f는 위상동형사상이 된다.

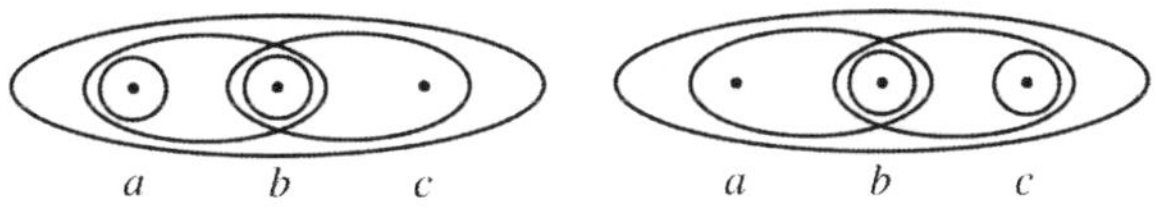

(그림 4.9) 집합 $X=\{a,b,c\}$상에 주어진 위상동치인 두 위상.

예 4.10. 함수 $f : \mathbb{R} \to \mathbb{R}$ 를 $f(x)=3x+1$로 정의하자. 그러면 f는 전단사함수이고 역함수 $f^{-1}(x)=\dfrac{x-1}{3}$를 갖는다. (예 0.12 참조.) f와 f^{-1}는 모두 다항함수이므로 정리 4.4에 의해 연속이다. 따라서 f는 위상동형사상이다.

f는 동형사상이므로 실수집합 $\mathbb{R}$ 이 갖는 위상적 성질을 보존한다. 3배로 늘리고

1만큼 오른쪽으로 평행 이동하는 것은 실수집합의 표준위상이 갖는 기본적인 성질을 변화시키지 않는다.

다음과 같은 위상동형사상이 갖는 기본적인 사실들은 위상동치가 모든 위상들의 모임에서 동치관계인 것을 보여준다. (연습문제 4.28 참조.)

(i) 항등함수 $id: X \to X$를 $id(x) = x$로 정의하면 id는 위상동형사상이다.

(ii) $f: X \to Y$가 위상동형사상이면 $f^{-1}: Y \to X$도 위상동형사상이다.

(iii) $f: X \to Y$와 $g: Y \to Z$가 위상동형사상이면 $g \circ f: X \to Z$도 위상동형사상이다.

예 4.11. 집합 $(-1, 1)$에는 $\mathbb{R}$의 표준위상에 대한 부분공간위상이 주어져 있다고 하자. 함수 $f: \mathbb{R} \to (-1, 1)$을 $f(x) = \dfrac{x}{1+|x|}$로 정의하면 f의 그래프는 그림 4.10과 같다. 그림에서 쉽게 확인할 수 있듯이 f는 단조증가함수이므로 f는 전단사이다. 또한 열린구간의 f와 f^{-1}에 의한 역상도 열린구간이므로 f와 f^{-1}는 연속이다. 따라서 f는 위상동형사상이다.

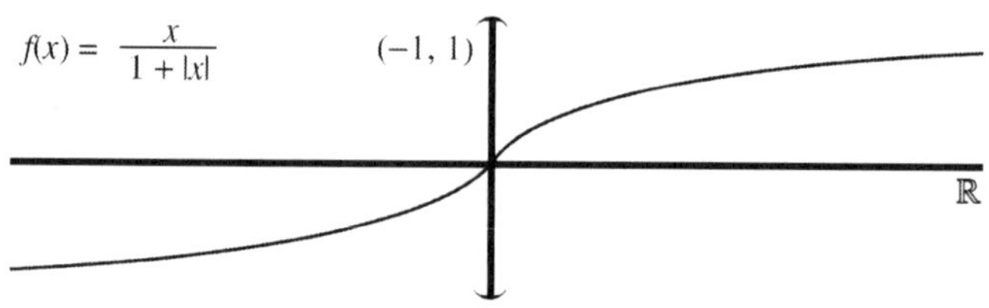

(그림 4.10) $\mathbb{R}$과 $(-1,1)$ 사이의 위상동형사상.

예 4.12. $(-1, 1)$과 $\mathbb{R}$은 위상동형일 뿐 아니라 모든 열린구간 (a, b)는 $\mathbb{R}$과 위상동형이다. 다음과 같은 구간들의 모임을 고려하자. a와 b는 실수이다.

(i) 열린구간들: $(a, b), (-\infty, a), (a, \infty), \mathbb{R}$,

(ii) 유계인 닫힌구간들: $[a, b]$,

(iii) 반열린구간, 유계가 아닌 닫힌구간들: $[a, b), (a, b], (-\infty, a], [a, \infty)$.

각각의 분류 (i), (ii), (iii)에 속하는 공간들은 서로 위상동형이다. 그림 4.11에서 위상동형사상의 예를 보여주고 있다.

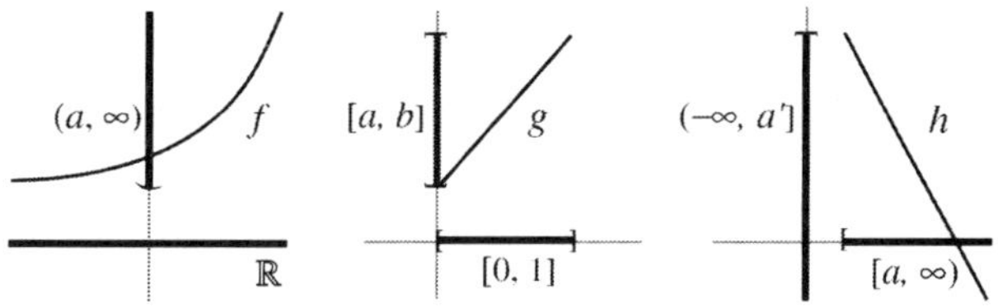

(그림 4.11) 위상동형사상 f, g, h.

함수 $f:\mathbb{R}\to(a,\infty)$를 $f(x)=e^x+a$로 정의하면 f는 위상동형사상이다. 따라서 $\mathbb{R}$ 은 모든 (a,∞)형태의 열린구간과 위상동형이다. 위상동형은 동치관계이므로 열린구간 (a,b)는 (a',∞)형태의 열린구간과 위상동형이다.

일차함수 $g:[0,1]\to[a,b]$를 $g(x)=(b-a)x+a$로 정의하면 g는 위상동형사상이므로 닫힌구간 $[0,1]$과 $[a,b]$는 위상동형이다. 또한 닫힌구간 $[a,b]$는 임의의 유계인 닫힌구간 $[a',b'](a'<b')$과 위상동형이다.

함수 $h:[a,\infty)\to[-\infty,a']$을 $h(x)=-x+a'+a$로 정의하면 h는 위상동형사상이다. 따라서 구간 I_1과 I_2가 $[a,\infty)$또는 $(-\infty,a']$형태의 구간이면 위상동형이 된다.

연습문제 4.25와 4.26에서 나머지 공간들의 위상동형을 결정하는 위상동형사상을 구성하는 여러 가지 예를 보게 될 것이다.

한 분류에 속하는 구간과 다른 분류에 속하는 구간은 위상동형이 아니라는 것은 직관적으로는 그럴 듯 해 보이지만 엄밀한 증명을 하기 위해서는 위상적 특징을 이해해야 하므로 6장으로 미룬다. (연습문제 6.27 참조.)

예 4.13. $[0,2\pi)$와 S^1은 각각 $\mathbb{R}$ 과 $\mathbb{R}^2$의 부분공간으로 표준위상을 갖는다고 하자. S^1의 각 점을 P_θ로 표시하고 θ는 양의 x-축과 반시계방향으로 이루는 각도이다. 그림 4.12와 같이 함수 $f:[0,2\pi)\to S^1$를 $f(\theta)=P_\theta$로 정의하면 함수 f는 전단사함수인 것을 쉽게 알 수 있다.

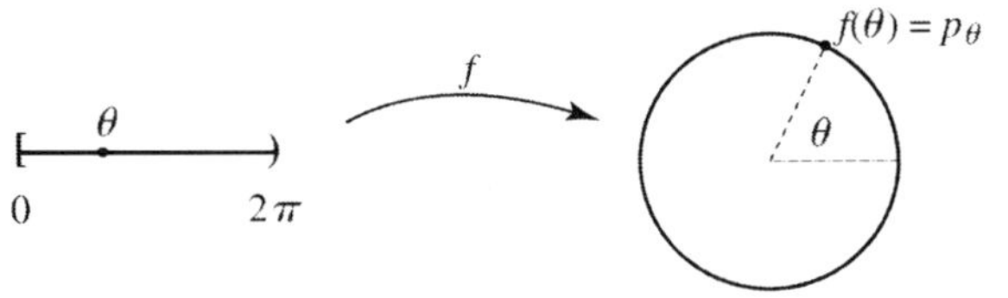

(그림 4.12) 위상동형사상이 아닌 연속인 전단사함수 $f : [0, 2\pi) \to S^1$.

f는 연속함수인가? S^1상의 표준위상에 대한 기저원소의 역상이 열린집합인 것을 확인하면 된다. S^1상의 표준위상에 대한 기저원소는 $B = \{p_\theta \mid a < \theta < b\}$의 형태로 표시할 수 있고 B의 f에 의한 역상을 구하기 위해 $p_0 \in B$인 경우와 $p_0 \not\in B$인 경우로 나누어 생각할 것이다. $p_0 \not\in B$인 경우에는 $f^{-1}(B) = (c, d) \subset [0, 2\pi)$이고 $p_0 \in B$인 경우에는 $f^{-1}(B) = [0, e) \cup (g, 2\pi)$형태로 표시된다. 어떤 경우에도 $f^{-1}(B)$는 $[0, 2\pi]$상의 표준위상에 대한 열린집합이 되므로 f는 연속이다.

f^{-1}는 연속인가? 구간 $[0, 1/4)$은 $[0, 2\pi)$상의 표준위상에 대하여 열린집합이지만 $f([0, 1/4))$은 S^1에서 열린집합이 아니다. 따라서 f는 위상동형사상이 아니다.

$[0, 2\pi)$와 S^1이 위상동형이 될 수 없다는 사실은 6장의 위상공간의 연결성을 사용하여 증명할 수 있다. (연습문제 6.28 참조.)

예 4.14. 표준위상에 대하여 평면 $\mathbb{R}^2$는 반열린평면 $H = \{(x, y) \in \mathbb{R}^2 \mid x > 0\}$과 열린원판 $\text{Int}(D) = \{(x, y) \in \mathbb{R}^2 \mid x^2 + y^2 < 1\}$과 각각 위상동형이다. (그림 4.13 참조.)

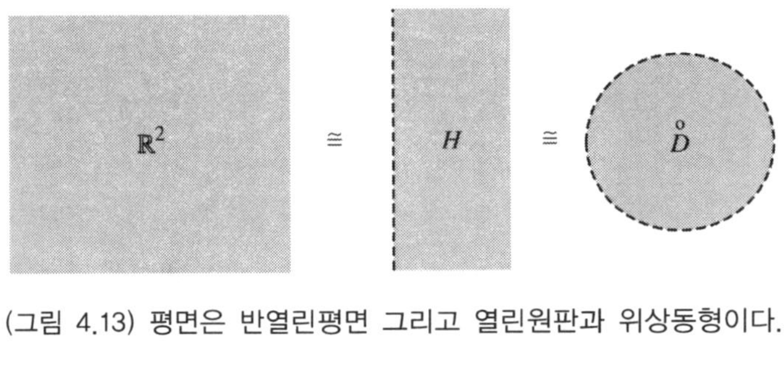

(그림 4.13) 평면은 반열린평면 그리고 열린원판과 위상동형이다.

함수 $f : \mathbb{R}^2 \to H$를 $f(x, y) = (e^x, y)$로 정의하면 f는 위상동형사상이다. 함수 f는 수직선을 수직선으로 보낸다.

(i) f는 $\mathbb{R}^2$의 왼쪽 반평면을 H에 놓이는 $0<x<1$인 수직 띠로 보낸다.

(ii) f는 y-축의 점들을 수직선 $x=1$의 점들로 보낸다.

(iii) f는 $\mathbb{R}^2$의 오른쪽 반평면을 $x>1$인 영역으로 보낸다.

함수 $g:\mathbb{R}^2\to \mathrm{Int}(D)$를 극좌표를 사용하여 $g(r,\theta)=(\frac{r}{1+r},\theta)$로 정의하면 g는 위상동형사상이다. 함수 g는 원점을 지나는 직선들을 열린원판 내부에 포함되는 지름들로 보내는 함수이다.

예 4.15. 그림 4.14에서 묘사된 것처럼 정육면체의 표면을 이루는 곡면 C는 구면 S^2와 위상동치이다. 정육면체의 표면과 구면 S^2의 중심이 원점에 놓여 있다고 하면 함수 $f:C\to S^2$를 $f(p)=\frac{p}{\| p \|}$로 정의하면 f는 동형사상이다. f는 C의 점들을 S^2의 점들로 보내는 전단사이고 C의 열린집합들의 모임을 S^2의 열린집합들의 모임으로 보내는 전단사이다.

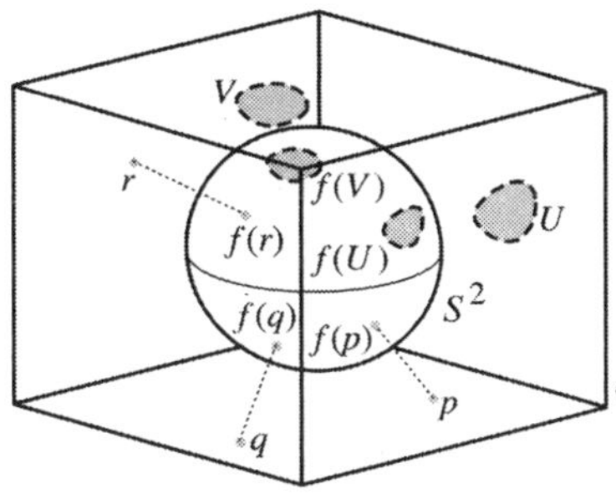

(그림 4.14) 정육면체의 표면 C와 S^2 사이의 위상동형.

다음의 예에서 구면 S^2에서 한 점을 제거하면 평면과 위상동형이라는 것을 보게 될 것이다.

예 4.16. 3차원 공간에서 $N=(0,0,1)$을 구면 S^2의 북극점이라 하자. $X=S^2-\{N\}$은 3차원 공간 $\mathbb{R}^3$으로부터 유도되는 부분공간위상을 갖고 X를 **구멍 뚫린 구면**

(punctured sphere)이라고 부른다. 우리는 X와 평면 $\mathbb{R}^2$가 위상동형이라는 것을 보이고자 한다. 3차원 공간 $\mathbb{R}^3$에서 xy-평면은 부분공간위상을 갖고 xy-평면은 $\mathbb{R}^2$와 위상동형이다.

함수 $f : X \to \mathbb{R}^2$를 다음과 같이 정의한다. X의 임의의 점 $p = (x, y, z)$에 대하여 점 N에서 시작하여 p를 지나는 반직선을 생각한다. 그 반직선이 xy-평면을 통과하면서 xy-평면과 만나는 유일한 점을 $f(p)$라 정의한다. (그림 4.15 참조.) 함수 f를 **극사영사상**(stereographic projection)이라 부른다. f가 동형사상이라는 것을 확인하는 것은 연습문제 4.27에 남긴다.

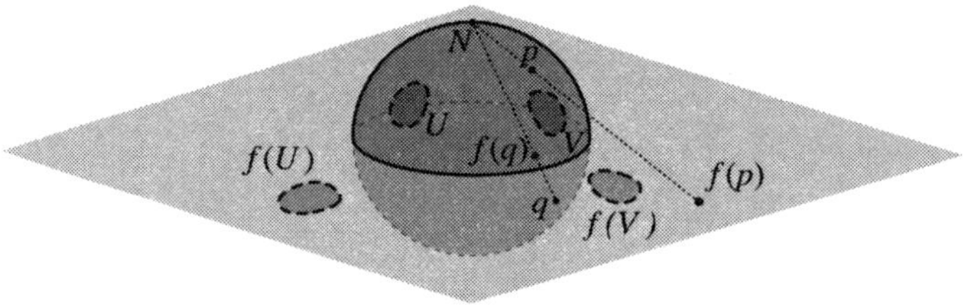

(그림 4.15) 극사영사상.

그림에서 알 수 있듯이 함수 f는 X에서 xy-평면으로 보내는 전단사이고 X에서 열린집합들의 모임을 평면의 열린집합들의 모임으로 보내는 전단사이므로 f는 위상동형사상이다.

다음의 예에서 원기둥의 양 끝 경계의 원들을 각각 한 점으로 모으면 구면과 위상동형이라는 것을 확인할 수 있다.

예 4.17. $X = S^1 \times [-1, 1]$은 3차원 공간 $\mathbb{R}^3$에 있는 원기둥이고 다음의 부분집합들로 이루어진 분할을 택하여 상공간 X^*를 구성한다.

(i) $-1 < z < 1$과 $(x, y) \in S^1$에 대하여 각 한 점 집합 $\{(x, y, z)\}$,

(ii) $T = \{(x, y, 1) \mid (x, y) \in S^1\}$는 원기둥의 윗부분,

(iii) $B = \{(x, y, -1) \mid (x, y) \in S^1\}$는 원기둥의 아랫부분.

함수 $p : X \to X^*$에 의해 유도되는 X^*상의 상위상을 고려하자. 함수 p는 X에 속하

는 임의의 점을 그 점을 포함하는 분할의 원소에 대응시키는 함수이다.

그림 4.16에서는 X^*와 X^*에서의 두 열린집합의 예를 보여주고 있다. 함수 p에 의해 집합 T와 B는 각각 한 점 T^*, B^*에 대응된다. X^*의 열린집합 U가 T^*와 B^*를 포함하지 않는다면 $p^{-1}(U)$는 X에서 정확하게 같은 집합으로 나타나게 되고 X^*의 열린집합 V가 T^*를 포함하지만 B^*를 포함하지 않는다면 $p^{-1}(V)$는 X의 부분집합 T를 포함하지만 B를 포함하지 않는 열린집합이 된다. 다른 열린집합에 대해서도 같은 방법으로 X^*의 열린집합을 결정할 수 있다.

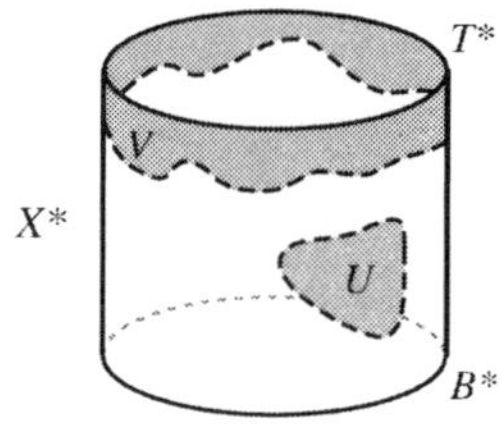

(그림 4.16) U, V는 상공간 X^*에서 열린집합이다.

이제 상공간 X^*와 구면 S^2가 위상동형이라는 것을 보이자. 그림 4.17에서와 같이 3차원 공간에서 원기둥 X는 구면 S^2를 둘러싸고 두 곡면은 중심을 지나는 수직 축으로 z-축을 갖는다. 또한 원기둥과 구면은 xy-평면에 놓이는 중심이 원점이고 반지름이 1인 원에서 만난다. 구면의 북극점 N과 남극점 S는 각각 원기둥의 각각 위쪽 원 T와 아래쪽 원 B의 중심이 된다.

위상동형사상 $g: X^* \to S^2$를 정의하기 위해 우선 함수 $f: X \to S^2$를 정의하고 함수 f로부터 g를 구성한다. 함수 f는 원기둥 $X = S^1 \times [-1, 1]$의 각 점 p를 수평선을 따라서 z-축 방향으로 사영하면서 점 $f(p)$가 구면 S^2에 놓이도록 정의한다. 3차원 공간 $\mathbb{R}^3$의 원기둥 좌표를 사용하여 함수 f를 $f(1, \theta, z) = (\sqrt{1-z^2}, \theta, z)$로 표현할 수 있다. 함수 f는 원기둥 X에서 구면 S^2로 보내는 전사함수이고 그림 4.17과 같이 함수 f는 다음과 같은 성질을 갖는다.

(i) 원기둥의 열린집합이 위쪽과 아래쪽 사이에 놓이게 되면 f는 그러한 열린집합 위에서 전단사함수이고 f에 의한 구면 위의 상은 북극점과 남극점을 포함하지 않는다.

(ii) 집합 T의 모든 점들은 함수 f에 의해 북극점 N에 대응된다.

(iii) 집합 B의 모든 점들은 함수 P에 의해 남극점 S에 대응된다.

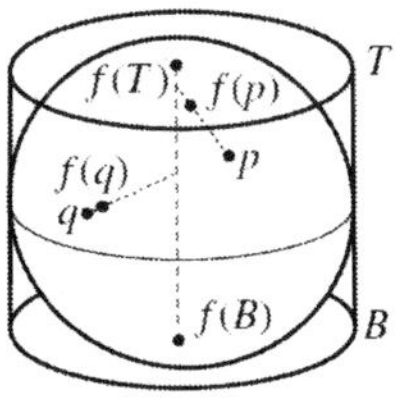

(그림 4.17) 원기둥에서 구면으로의 전사함수.

함수 f는 원기둥의 위쪽과 아래쪽 원을 각각 한 점으로 보내고 그것을 X^*의 점 T^*, B^*에 대응시켜서 전단사함수 $g: X^* \to S^2$를 유도할 수 있다.

g가 위상동형사상이라는 것을 보이기 위해 함수 g와 g^{-1}는 열린집합을 열린집합으로 보낸다는 것을 보이자. U가 X^*의 열린집합으로 T^*와 B^*를 포함하지 않으면 $g(U)$는 N과 S를 포함하지 않는 열린집합이 된다. (그림 4.18 참조.) V가 X^*의 열린집합으로 T^*를 포함하게 되면 $g(V)$는 구면 S^2에서 N을 포함하는 열린집합이 된다. 다른 경우의 열린집합에 대해서도 같은 방법으로 열린집합으로 보내지는 것을 확인할 수 있다. 또한 같은 방법으로 g^{-1}는 열린집합을 열린집합으로 보내진다는 것을 확인할 수 있다.

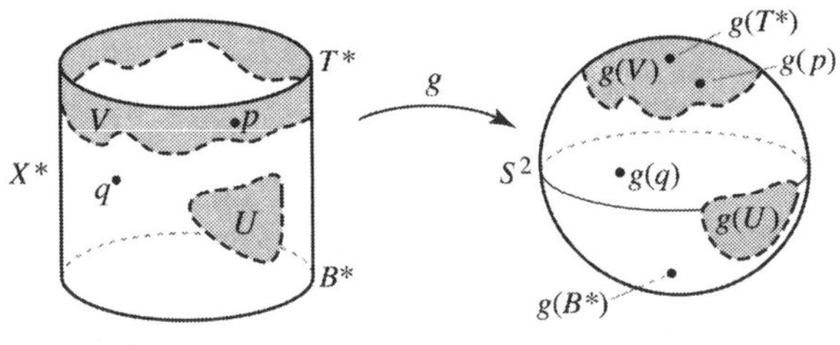

(그림 4.18) 상공간 X^*는 구면 S^2와 위상동형이다.

예 4.18. 그림 4.19에서는 3차원 공간상에 놓여있는 두 개의 띠가 있다. 각각 3차원 공간의 부분공간으로 표준위상이 주어져 있다. 띠가 고무판으로 만들어졌다고 생각하면 첫 번째 띠를 연속적으로 두 번째 띠로 변형할 수 없기 때문에 두 개의 띠는 위상적으로 다른 것으로 생각할 수 있다. 그러나 실제로 두 개의 띠는 위상동형이다.

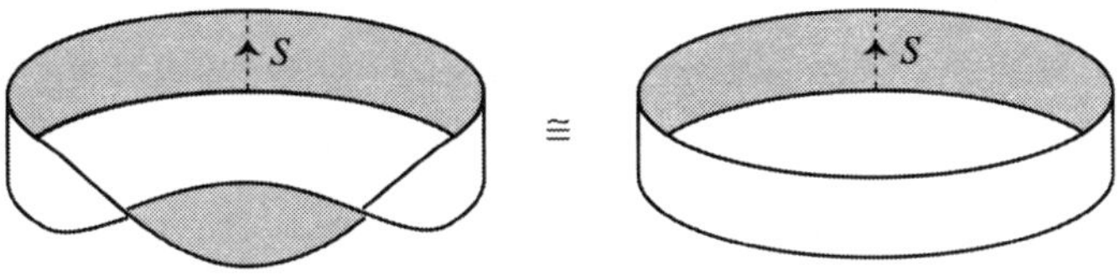

(그림 4.19) 위상동형인 두 개의 띠.

첫 번째 띠에서 선분 S를 따라서 자른 다음 꼬여있는 부분을 모두 풀어서 꼬이지 않는 상태로 만들고 선분 S를 따라서 다시 붙이면 두 번째 띠를 얻는다. 첫 번째 띠에서 두 번째 띠로 보내는 함수는 첫 번째 띠의 각 점에 대하여 위에서 시행한 자르고 붙이는 과정을 따라서 얻은 두 번째 띠의 점에 대응시킨다. 그러면 그렇게 정의한 함수는 전단사이고 열린집합의 모임에 대해서도 전단사이다.

그림 4.19의 왼쪽에 있는 띠는 뫼비우스 띠가 아니다. 4.19의 왼쪽 그림의 띠는 띠에 완전 비틂(360° 비틂, full twist)을 시행한 뒤에 양 끝을 붙여서 얻은 띠이고 뫼비우스 띠는 사각형에 반 비틂 (180° 비틂)을 시행한 후에 양 끝을 붙여서 얻은 띠이다. (그림 3.19 참조.)

예 4.18은 위상의 동형에 관한 중요한 면을 부각시킨다. 우리가 어떤 대상을 자르고 나면 새로운 대상은 원래의 대상과 위상동형을 이루지 못하게 될 것이다. 하지만 잘려진 선분의 양쪽에 놓여있는 점들을 원래의 위치대로 배열하여 다시 붙인다면 얼마나 많이 꼬여있던지 또는 변형되었는지는 문제가 되지 않는다. 두 대상은 위상동형이다.

비록 위상동형사상은 위상공간들의 모임에서 두 공간이 위상동형임을 결정하는 가장 기본적인 요소이지만 고무판 기하학에서 위상동형인지 아닌지를 결정하는 일은 쉬운 일이 아니다.

앞에서 언급했듯이 그림 4.19의 띠들은 고무판의 변형으로는 첫 번째 띠로부터 두 번째 띠로 옮기는 과정을 나타낼 수 없다. 하지만 두 개의 띠는 위상동형이다. 12장에서는 고무판 변형에 의한 동치를 엄밀하게 다룰 것인데 그러한 변형을 동위사상(isotopy)이라 부르며 그것은 연속인 매개 변수화된 위상동형사상들의 집합으로 구성되어 있다.

예 4.18에 소개된 두 개의 띠는 3차원 공간에 놓여있는 상태가 다르다. 첫 번째 띠에서 경계를 이루는 두 개의 원 E_1과 E_2가 고리지어(linked)있는 반면 두 번째 띠의 경계를 이루는 E_1과 E_2는 고리지어 있지 않는다. 그림 4.20에서 E_1과 E_2는 띠의 경계를 이루는 두 원을 나타낸다. 12장에서 고리수(linking number)에 관한 개념적인 소개를 할 것이다.

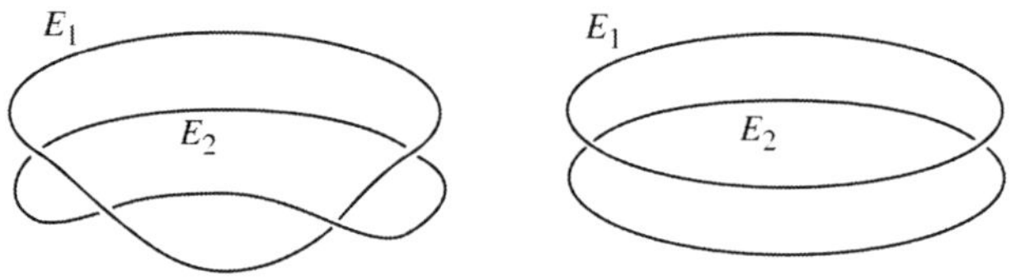

(그림 4.20) 띠의 경계 E_1, E_2가 고리지어 진 경우와 아닌 경우.

한 개의 위상공간이 다른 위상공간 안에 놓여있는 상태를 다음의 정의가 표현하고 있다.

정의 4.15. 위상공간 X에서 위상공간 Y로의 **넣기(embedding)**는 함수 $f: X \to Y$로써 X와 $f(X) \subset Y$가 위상동형이 되게 하는 함수이다.

그림 4.21과 같이 함수 $f: X \to Y$가 넣기라는 것은 X의 사본을 Y에 옮겨 놓는 것으로 생각할 수 있다.

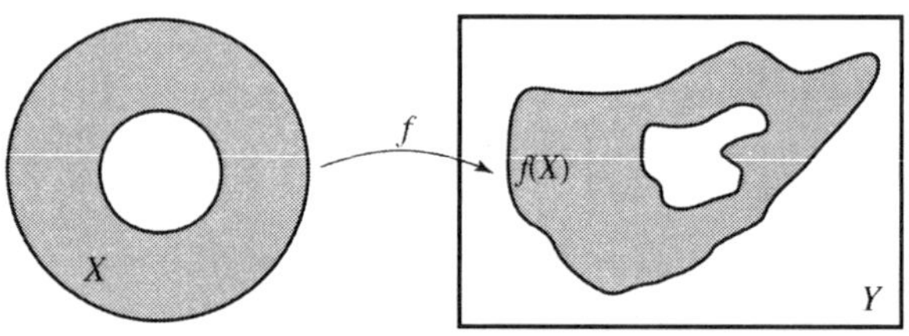

(그림 4.21) X에서 Y로의 넣기.

그림 4.19에서의 각각의 띠는 고리면을 3차원 공간에 넣어진 상이라고 생각할 수 있다. 각각의 대응되는 넣기가 다르다는 것을 12장에서 다루게 될 넣기들 간의 동치를 정의하고 나면 알게 될 것이다.

정의 4.16. 위상공간 X에 대하여 넣기 $f:[-1,1]\to X$의 상을 X에서의 **호(arc)**라고 정의한다. 또한 넣기 $f:S^1\to X$의 상을 X에서의 **단순닫힌곡선(simple closed curve)**이라고 한다. (그림 4.22 참조.)

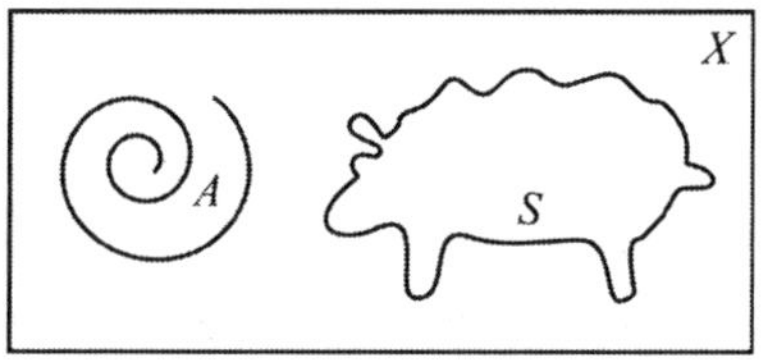

(그림 4.22) 위상공간 X에서의 호 A와 단순닫힌곡선 S.

그림 4.23에서는 3차원 공간의 몇 가지 단순닫힌곡선의 예를 보여준다. 넣기 $f:S^1\to\mathbb{R}^3$를 매듭이라 하고 매듭론 연구의 주된 주제이기도 하다. 11절에서 넣기를 좀 더 자세히 다룰 것이고 12장에서는 매듭을 다룰 것이다.

위상공간에 관한 일련의 성질들은 위상동형사상에 의해 보존된다. 다음의 정리는 위상동형사상에 의해 보존되는 한 가지 예를 보여준다.

(그림 4.23) 매듭과 넣기.

정리 4.17. 함수 $f:X\to Y$는 위상동형사상이고 X가 하우스도르프공간이면 Y도 하우스도르프공간이다.

증명. 함수 $f:X\to Y$는 위상동형사상이고 X는 하우스도르프공간이라고 하자. Y에서 서로 다른 두 점 x,y에 대하여 $f^{-1}(x)$와 $f^{-1}(y)$는 X에서 서로 다른 두 점이 된다. 그런데 X가 하우스도르프 공간이므로 서로소인 $f^{-1}(x)$를 포함하는 열린집합 U와 $f^{-1}(y)$를 포함하는 열린집합 V가 존재한다. 따라서 $f(U)$와 $f(V)$는 각각 x와 y를 포함하는 Y에서 서로 만나지 않는 열린집합이 된다. 그러므로 Y는 하우스도르프공간이다. ■

정리 4.17로부터 실수집합 $\mathbb{R}$의 표준위상과 여유한위상은 위상동형이 아니라는 것을 알 수 있다. 왜냐하면 전자는 하우스도르프공간인 반면 후자는 하우스도르프공간이 아니다.

위상공간들 사이에서 위상동형사상에 의해 변하지 않는 성질을 **위상적 성질(topological property)**이라고 부른다. 따라서 정리 4.17로부터 하우스도르프공간인 것은 위상적 성질이다. 일반적으로 열린집합에 의해 정의된 성질은 위상적 성질이다.

이 절에서 살펴본 몇 가지 예와 같이 두 위상공간이 위상동형이 되는 것을 두 위상공간 사이의 위상동형사상을 찾아서 확인할 수 있었다. 역으로 두 위상공간이 위상동형이 아니라는 것을 보이기 위해서는 두 위상공간 사이에 정의되는 어떤 함수도 위상동형사상이 아니라는 것을 보이면 된다. 그러나 두 위상공간 사이에서 정의되는 가능한 모든 함수들을 전부 고려하는 일은 매우 힘든 작업이다. $\mathbb{R}$ 상의 표준위상이 $\mathbb{R}$ 상의 여유한위상과 위상동형이 아니라는 것을 증명할 때와 마찬가지로 하나의 위상공간에서는 성립하지만 다른 위상공간에서는 성립하지 않는 성질을 찾아내어 두 위상공간이 위상동형이 아님을 보일 수 있다.

연습문제 4.2

4.22. 두 점 집합 $X=\{a,b\}$의 가능한 모든 위상을 찾고, 어떤 것들이 위상동형인지 결정하시오.

4.23. 세 점 집합 $X=\{a,b,c\}$의 위상으로 다섯 개의 원소로 되어있는 서로 다른 위상 세 개를 찾아내어 그 중 두 개는 위상동형이고, 나머지 하나는 다른 두 개와 위상동형이 되지 않도록 만드시오.

4.24. 전단사함수 $f: X \to Y$가 위상동형사상이기 위한 필요충분조건은 함수 f와 f^{-1}가 닫힌집합을 닫힌집합으로 보내는 것임을 증명하시오.

4.25. (a) $\mathbb{R}$과 구간 $(-\infty, a)$가 위상동형이 되게 하는 함수를 찾으시오.

(b) $\mathbb{R}$과 구간 (a,b)가 위상동형이 되게 하는 함수를 찾으시오.

(c) 예 4.12 (i)에 있는 임의의 두 구간 I_1과 I_2가 위상동형임을 증명하시오.

4.26. (a) 구간 $[0,\infty)$과 구간 $[a,b)$가 위상동형이 되게 하는 함수를 찾으시오.

(b) $(-\infty, 0]$과 구간 $(a,b]$가 위상동형이 되게 하는 함수를 찾으시오.

(c) 예 4.12 (iii)에서 있는 임의의 두 구간 I_1과 I_2가 위상동형임을 증명하시오.

4.27. 예 4.16에서 언급한 극사영사상을 구체적으로 서술하시오.

4.28. 다음 각 명제를 증명하고, 그것으로부터 위상동형은 동치관계임을 증명하시오.

(a) 항등함수 $id: X \to X$는 위상동형사상이다.

(b) $f: X \to Y$가 위상동형이면, $f^{-1}: Y \to X$도 위상동형이다.

(c) $f: X \to Y$와 $g: Y \to Z$가 위상동형이면, 합성함수 $g \circ f: X \to Z$도 위상동형이다.

4.29. $\mathbb{R}^2 - \{O\}$은 $S^1 \times \mathbb{R}$과 위상동형임을 증명하시오.

4.30. 실수집합 $\mathbb{R}$에서 첫 번째 위상은 두 번째 위상보다 보다 세밀하지만 두 위상은 위상동형이 되도록 하는 두 개의 위상을 찾으시오.

4.31. (a) 공집합이 아닌 유한개의 원소를 가진 열린집합을 갖는 것은 위상적 성질임을 증명하시오.

(b) 디지털직선공간은 $\mathbb{Z}$에서의 여유한공간과 위상동형이 아님을 증명하시오.

4.32. 위상동형사상은 내부, 폐포, 경계를 보존한다는 사실을 다음에서 증명하고자 한다.

(a) $f: X \to Y$가 위상동형사상이면, X의 임의의 부분집합 A에 대하여 $f(\mathrm{Int}(A)) = \mathrm{Int}(f(A))$임을 증명하시오.

(b) $f: X \to Y$가 위상동형사상이면, X의 임의의 부분집합 A에 대하여 $f(\mathrm{Cl}(A)) = \mathrm{Cl}(f(A))$임을 증명하시오.

(c) $f: X \to Y$가 위상동형사상이면, X의 임의의 부분집합 A에 대하여 $f(\partial(A)) = \partial(f(A))$임을 증명하시오.

4.33. $X \times Y$에서 $X \times \{y\}$들의 모임을 분할로 택하자. 이 분할에 의하여 만들어지는 상공간 $(X \times Y)^*$는 Y와 위상동형임을 증명하시오.

4.34. 위상공간 X, Y, Z에 대하여 $(X \times Y) \times Z$, $X \times (Y \times Z)$, $X \times Y \times Z$는 위상동형임을 증명하시오.

4.35. 3장에서 우리는 원환면을 나타내는 세 가지 방법을 소개하였다.

(i) 예 3.5에서 소개한 $\mathbb{R}^3$의 부분집합으로서의 원환면,

(ii) 예 3.10에서 소개한 곱공간 $S^1 \times S^1$,

(iii) 예 3.20에서 소개한 사각형의 마주보는 변을 붙여서 만든 상공간.

위 세 가지 표현은 위상동형이고, 구체적인 위상동형사상을 찾으시오.

4.36. 함수 $f: X \to Y$, $g: X' \to Y'$가 위상동형사상일 때, 함수 $h: X \times X' \to Y \times Y'$, $h(x, x') = (f(x), g(x'))$는 위상동형사상임을 증명하시오.

4.37. 연습문제 3.34에서 열거한 위상적 그래프 중에서 어떤 것이 서로 위상동형인지를 판별하시오.

chapter 5

거리공간

가장 보편적으로 사용되고 유용한 위상공간 중의 하나가 거리공간이다. 거리공간은 주어진 집합의 원소들 사이에 거리를 측정하는 것이 가능한 위상공간이다. 거리를 측정하는 개념은 단순히 줄자를 꺼내서 두 물체 사이의 거리를 재는 것을 넘어서서 두 함수 사이의 거리를 측정하는 것으로 확장할 수 있는데 두 함수 사이의 거리는 함수의 그래프에 의해 만들어진 영역에서 거리를 재는 것이다.

거리를 재고 집합의 원소들 사이의 거리를 비교할 수 있다는 것은 매우 중요하고 일반적인 위상공간이 가질 수 있는 것보다 더 많은 구조를 제공한다.

거리공간은 수학의 해석학 분야에서 핵심적인 역할을 담당하며 다양한 중요한 응용분야에 적용되고 있다. 5.2절에서 DNA 염기서열에 대하여 다루게 될 것이다.

우선 5.1절에서는 거리를 정의하고 5.3절에서는 거리공간을 소개하며 5.4절에서는 거리화(metrizability)를 소개한다.

5.1 거리

정의 5.1. 집합 X상의 거리는 함수 $d: X \times X \to \mathbb{R}$ 로 다음의 조건을 만족한다.

(i) X의 임의의 두 원소 x, y에 대하여 $d(x, y) \geq 0$ 이고 등호는 오직 $x = y$일 때만 성립한다.

(ii) X의 임의의 두 원소 x, y에 대하여 $d(x, y) = d(y, x)$이다.

(iii) X의 임의의 원소 x, y, z에 대하여 $d(x, z) \leq d(x, y) + d(y, z)$이다. (삼각부등식)

$d(x, y)$를 **x와 y 사이의 거리**라고 하고 집합 X와 거리 d의 쌍 (X, d)를 **거리공간** (metric space)이라고 한다.

함수 d는 우리가 기대하는 값의 거리를 가지는데 두 원소가 같으면 거리가 0이고 원소 x에서 y까지의 거리는 y에서 x까지의 거리와 같으며 원소 x에서 y까지의 거리와 y에서 다시 z까지 거리의 합은 x부터 z까지의 거리보다는 결코 작지 않음을 알려주고 있다.

예 5.1. 실수집합 $\mathbb{R}$ 에서 $d: \mathbb{R} \times \mathbb{R} \to \mathbb{R}$ 을 $d(x, y) = |x - y|$로 정의하자. d를 $\mathbb{R}$ 에서 **유클리드거리** 또는 **표준거리**라고 한다. 거리가 되기 위한 (i)과 (ii) 조건은 쉽게 확인할 수 있다. 삼각부등식 또한 세 점 x, y, z의 순서관계를 고려하여 쉽게 증명할 수 있다. 예를 들어 $y \le x \le z$인 순서관계에서는 다음과 같다.

$$\begin{aligned} d(x, y) + d(y, z) &= (x - y) + (z - y) \\ &\ge z - y \\ &\ge z - x \\ &= d(x, z). \end{aligned}$$

예 5.2. 평면 $\mathbb{R}^2$상에 서로 다른 세 종류의 거리를 정의하려고 한다. 그림 5.1에서 평면의 두 점 $p = (p_1, p_2)$와 $q = (q_1, q_2)$ 사이의 거리를 어떤 방식으로 재는지 보여주고 있다.

0.4절에서 유클리드거리 공식 $d(p, q) = \sqrt{(p_1 - q_1)^2 + (p_2 - q_2)^2}$ 을 소개하였다. 또한 함수 d가 거리가 되기 위한 세 가지 조건을 만족한다는 것을 확인하였다. 함수 d를 평면 $\mathbb{R}^2$상의 **유클리드거리** 또는 **표준거리**라고 한다. 이 거리함수는 평면의 점들 사이의 직선거리를 측정한다.

다음으로 평면의 거리를 $d_T(p, q) = |p_1 - q_1| + |p_2 - q_2|$로 정의하면 d_T가 거리가 되기 위한 조건들을 만족한다는 것을 쉽게 확인할 수 있다. (연습문제 5.1 참조.) 이 거리함수를 **택시거리** 또는 **맨하튼(Manhattan) 거리**라고 하는데 그 이유는 택시로 도시의 거리를 이동할 때 가로와 세로로 평행한 도로의 수평거리와 수직거리의 합을 나타내는 총 운행거리를 나타내기 때문이다.

마지막으로 $d_M(p, q) = \max\{|p_1 - q_1|, |p_2 - q_2|\}$로 정의한다. 함수 d_M은 거리가 되고 (연습문제 5.2 참조) 두 점 사이의 d_M거리는 두 점의 x좌표와 y좌표 차이의 최댓값과 같다. d_M을 **최대거리(max metric)**라고 한다.

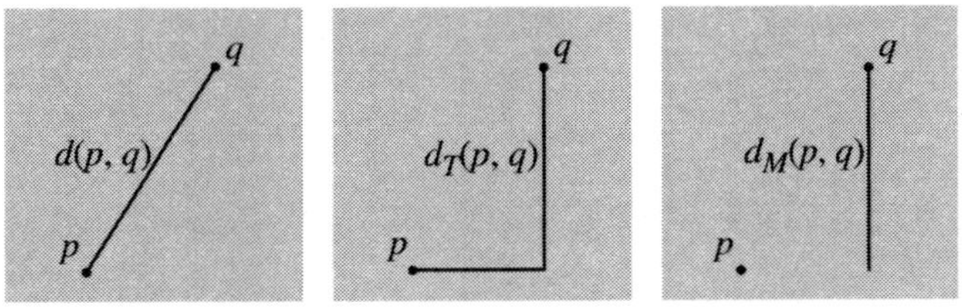

(그림 5.1) 평면에서의 유클리드거리, 택시거리, 그리고 최대거리.

평면상의 표준위상은 열린원판들의 모임을 기저로 하여 생성된 위상이다. 열린원판들의 모임이 기저를 이룬다는 것을 증명하기 위해 유클리드거리 공식이 평면에서 거리가 된다는 것을 사용하였다. 집합에 거리가 주어져 있다면 그 거리에 의해 만들어진 열린원판들로 위상을 구성할 수 있다.

정의 5.2. 거리공간 (X, d)와 임의의 점 $x \in X$, 양의 실수 $\epsilon > 0$에 대하여 중심이 x이고 **반지름이 ϵ인 열린공**을 다음과 같이 정의한다.

$$B_d(x, \epsilon) = \{y \in X \mid d(x,y) < \epsilon\}.$$

마찬가지로 **중심이 x이고 반지름이 ϵ인 닫힌공**을

$$\overline{B}_d(x, \epsilon) = \{y \in X \mid d(x,y) \leq \epsilon\}$$

로 정의한다.

정리 5.3. 거리공간 (X,d)에 대하여 열린공들의 모임 $\mathscr{B} = \{B_d(x, \epsilon) \mid x \in X, \epsilon > 0\}$은 X상의 위상에 대한 기저가 된다.

정리 5.3을 증명하기에 앞서 다음의 보조정리를 증명하자. 보조정리는 열린공 $B_d(x, \epsilon)$에 속하는 임의의 원소 y에 대하여 y를 중심으로 하고 $B_d(x, \epsilon)$에 포함되는 열린공을 택할 수 있다는 것을 알려준다.

보조정리 5.4. 거리공간 (X, d)에 대하여 만약 $y \in B_d(x, \epsilon)$이면 적당한 $\delta > 0$가 존재하여 $B_d(y, \delta) \subset B_d(x, \epsilon)$을 만족한다.

증명. $\delta = \epsilon - d(x, y)$로 택한다. (그림 5.2 참조.) 그러면 $B_d(y, \delta) \subset B_d(x, \epsilon)$를 주장할 수 있다.

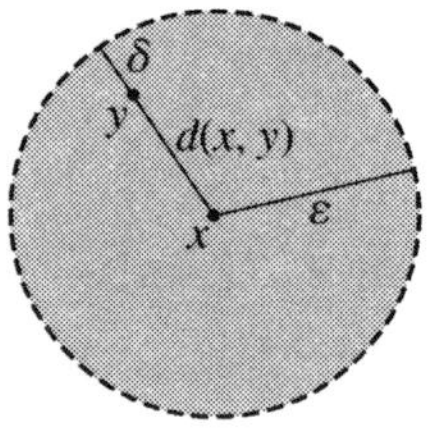

(그림 5.2) $\delta = \epsilon - d(x, y)$.

$z \in B_d(y, \delta)$인 임의의 점 z에 대하여 $d(y, z) < \delta$이다. 따라서

$$\begin{aligned} d(x, y) + d(y, z) &= d(x, y) + \delta \\ &= d(x, y) + \epsilon - d(x, y) \\ &= \epsilon \end{aligned}$$

이다. 삼각부등식으로부터 $d(x, z) \le d(x, y) + d(y, z)$이므로 $d(x, z) < \epsilon$이다. 그러므로 $z \in B_d(x, \epsilon)$이다. 결론적으로, $B_d(y, \delta) \subset B_d(x, \epsilon)$를 만족한다. ■

정리 5.3의 증명. $\mathscr{B} = \{B_d(x, \epsilon) \mid x \in X,\ \epsilon > 0\}$가 기저가 된다는 것을 증명한다. X의 임의의 점 $x \in X$와 임의의 양의 정수 $\epsilon > 0$에 대하여 $x \in B_d(x, \epsilon)$이다.

기저가 되기 위한 두 번째 조건이 성립된다는 것을 보이기 위해 $\mathscr{B}$에 속하는 B_1, B_2과 $x \in B_1 \cap B_2$에 대하여 $x \in B \subset B_1 \cap B_2$인 $B \in \mathscr{B}$가 존재한다는 것을 증명하여야 한다.

$\mathscr{B}$에 속하는 B_1, B_2에 대하여 $x \in B_1 \cap B_2$라고 하자. 보조정리 5.4에 의해 $\delta_1 > 0$과 $\delta_2 > 0$가 존재하여 $B_d(x, \delta_1) \subset B_1$과 $B_d(x, \delta_2) \subset B_2$를 만족한다. 이제 $\delta = \min\{\delta_1, \delta_2\}$로 택하면 $x \in B_d(x, \delta) \subset B_1 \cap B_2$이다.

따라서 $\mathscr{B}$는 기저가 된다. ■

주어진 거리에 대하여 열린공들의 모임이 기저를 이루기 때문에 위상을 생성할 수 있다.

정의 5.5. 거리공간 (X, d)에 대하여 기저 $\mathcal{B} = \{B_d(x, \epsilon) \mid x \in X, \epsilon > 0\}$에 의해 생성된 위상을 **거리 d에 의해 유도된 위상**이라 하고 X상의 **거리위상**이라고 정의한다.

앞으로 우리가 거리공간 (X, d)라고 언급할 때는 X상에 거리 d에 의해 유도된 거리위상이 주어져 있다고 가정한다.

정리 5.6. 거리공간 (X, d)에 대하여 거리 d에 의해 유도된 X상의 위상에 대하여 U가 열린집합이기 위한 필요충분조건은 U에 속하는 임의의 원소 y에 대하여 적당한 $\delta > 0$가 존재하여 $y \in B_d(y, \delta) \subset U$를 만족하는 것이다. (그림 5.3 참조.)

증명. 연습문제 5.9 참조. ■

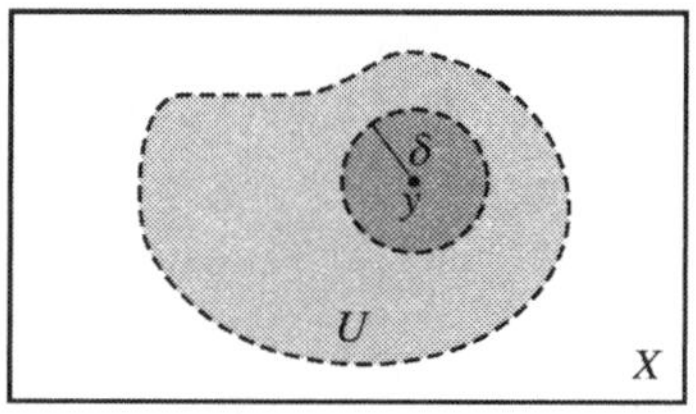

(그림 5.3) 집합 U가 열린집합이기 위한 필요충분조건은 U에 속하는 임의의 원소 y에 대하여 y를 포함하고 U에 포함되는 열린공이 존재하는 것이다.

거리공간에서는 모든 열린공은 기저원소이기 때문에 열린집합이다. 또한 닫힌공은 거리위상에 대하여 닫힌집합이다. (연습문제 5.14(a) 참조.) 실제로 닫힌공 $\overline{B}_d(x, \epsilon)$는 열린공 $B_d(x, \epsilon)$의 폐포와 같다. (연습문제 5.14(b) 참조.)

예 5.3. 실수집합 $\mathbb{R}$ 상의 거리 $d(x, y) = |x - y|$에 대하여 d에 의해 만들어지는 기저원소들은 다음과 같은 열린구간이다.

$$B_d(x, \epsilon) = \{y \in \mathbb{R} \mid d(x, y) < \epsilon\} = (x - \epsilon, x + \epsilon)$$

모든 열린구간 (a, b)는 $x = \dfrac{a+b}{2}$와 $\epsilon = \dfrac{b-a}{2}$에 대하여 $(x - \epsilon, x + \epsilon)$형태로 표현

할 수 있기 때문에 d에 의해 만들어지는 기저는 $\mathbb{R}$ 상의 표준위상의 기저와 일치하게 된다. 따라서 실수집합 $\mathbb{R}$ 상의 표준거리에 의해 유도되는 위상은 표준위상과 같다.

예 5.4. 예 5.2에서 소개된 평면 $\mathbb{R}^2$상의 세 가지 거리함수를 고려하자. 그림 5.4에서는 각각의 거리함수에 의해 만들어지는 열린원판을 묘사하고 있다.

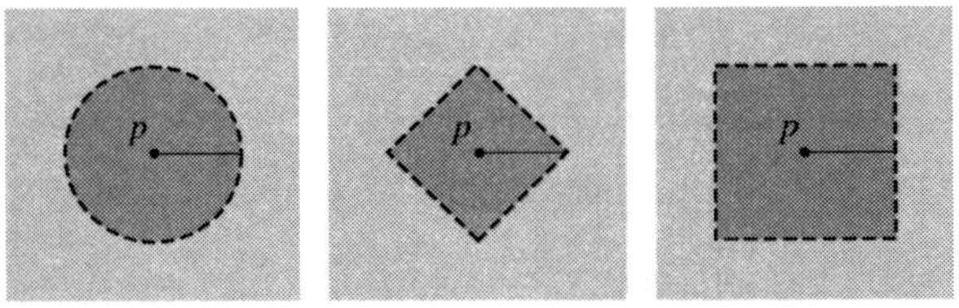

(그림 5.4) 세 거리함수에 의해 만들어지는 열린원판.

표준거리 $d(p,q)=\sqrt{(p_1-q_1)^2+(p_2-q_2)^2}$ 에 의해 만들어지는 기저원소들은 평면 $\mathbb{R}^2$에서 동그란 열린원판이 된다. 예 1.1에서 이러한 기저에 의해 생성되는 위상으로 표준위상을 정의하였다. 따라서 평면 $\mathbb{R}^2$상의 표준위상은 표준거리함수에 의해 유도되는 위상과 일치한다.

이제 $d_T(p,q)=|p_1-q_1|+|p_2-q_2|$로 정의되는 택시거리를 고려하자. 거리함수 d_T에 의해 만들어지는 기저원소들은

$$B_{d_T}(p,\epsilon)=\{q\in\mathbb{R}^2 \mid |p_1-q_1|+|p_2-q_2|<\epsilon\}$$

형태이다. 기저원소들은 중심이 p이고 꼭짓점까지의 거리가 ϵ인 열린 다이아몬드 형태가 된다. 정리 1.13으로부터 거리함수 d_T 또한 표준위상을 유도한다는 것을 알 수 있다. 다음 절의 정리 5.15에서 택시거리함수에 의해 유도되는 위상이 평면상의 표준위상과 일치한다는 것을 증명할 것이다.

마지막으로 최대거리함수

$$d_M(p,q)=\max\{|p_1-q_1|,|p_2-q_2|\}$$

에 의해 만들어지는 기저원소 $B_{d_M}(p,\epsilon)$는 중심이 p이고 한 변의 길이가 2ϵ인 열린 정사각형이다. 정리 1.13 또는 정리 1.15로부터 최대거리함수 d_M에 의해 유도되는 거리위상은 표준위상과 일치한다. (연습문제 5.26 참조.)

예 5.5. $C[a,b]$는 구간 $[a,b]$상에서 정의된 연속함수 $f:[a,b]\to\mathbb{R}$ 들의 집합이다. $[a,b]$에 속하는 임의의 두 연속함수 f,g에 대하여

$$\rho(f,g)=\int_a^b |f(x)-g(x)|\,dx$$

로 정의하자. 이 함수는 $x=a$부터 $x=b$ 사이에서 함수 f와 g의 그래프에 의해 둘러싸인 부분의 넓이를 측정한다. (그림 5.5 참조.)

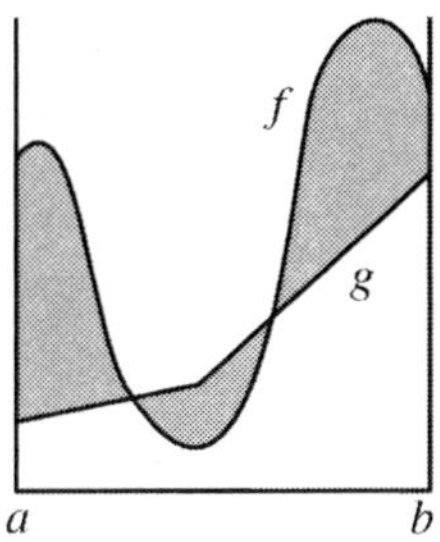

(그림 5.5) 함수 f와 g 사이의 거리는 그래프에 둘러싸인 넓이와 같다.

함수 ρ가 거리함수가 되기 위한 조건을 만족하는 것을 확인하는 일은 쉽다. (연습문제 5.7 참조.)

그러나 함수 ρ는 잘 정의되는가? 특히 ρ를 정의하기 위해 사용된 적분 값은 유한한가? 위상이 해답을 제공한다. 함수 f,g가 연속이므로 $|f-g|$의 적분도 연속이다. 7장에서 소개될 컴팩트공간의 성질을 사용하면 유계인 닫힌구간에서 정의된 연속함수는 최댓값과 최솟값을 갖는다. 따라서 함수 ρ는 잘 정의된다. 닫힌구간 $[a,b]$에서 $|f-g|$의 최댓값을 M이라고 하면

$$\rho(f,g)=\int_a^b |f(x)-g(x)|\,dx \le M(b-a)$$

이므로 유한한 값을 갖는다.

집합 $C[a,b]$상에 거리함수 ρ에 의해 유도된 위상을 갖는 위상공간을 **함수공간 (function space)**라고 한다. 수리해석학 분야에서 함수공간은 연산자라고 불리는 함수를 연구하는데 사용된다. 연산자는 함수를 함수로 보내는 함수이다.

연습문제 5.1

5.1. 택시거리는 평면 $\mathbb{R}^2$의 거리조건을 만족하는 것을 보이시오.

5.2. (a) 평면 $\mathbb{R}^2$의 최대거리는 거리조건을 만족하는 것을 보이시오.

(b) 평면 $\mathbb{R}^2$에서의 함수 $d(p, q) = \min\{|p_1 - q_1|, |p_2 - q_2|\}$는 거리가 되지 않음을 증명하시오.

5.3. 평면 $\mathbb{R}^2$의 점 $p = (p_1, p_2)$와 $q = (q_1, q_2)$에 대하여 함수

$$d_V(p, q) = \begin{cases} 1, & p_1 \neq q_1 \text{ 또는 } |p_2 - q_2| \geq 1 \text{ 일 때}, \\ |p_2 - q_2|, & p_1 = q_1 \text{ 이고 } |p_2 - q_2| < 1 \text{ 일 때} \end{cases}$$

라고 정의하자.

(a) d_V는 거리함수임을 보이시오.

(b) 거리 d_V에 의한 열린공을 묘사하시오.

5.4. 단위원 S^1에서의 두 점 p, q에 대하여 p, q 사이의 거리 $d(p, q)$를 두 점 p, q가 이루는 각의 최솟값을 라디안으로 표시한다고 하자. 이때, $d(p, q)$는 거리가 됨을 증명하시오.

5.5. 공집합이 아닌 집합 X에 대하여 X상의 거리 $d : X \times X \to \mathbb{R}$를

$$d(x, y) = \begin{cases} 0, & x = y \text{ 일 때}, \\ 1, & x \neq y \text{ 일 때} \end{cases}$$

로 정의하자. d는 거리함수임을 증명하고, d에 의해서 유도되는 위상을 결정하시오.

5.6. d가 유한집합 X상의 거리함수일 때, d에 의해서 유도되는 X상의 위상은 이산위상임을 증명하시오.

5.7. 예 5.5에서 언급한 거리함수 ρ에 대하여 다음 물음에 답하시오.

(a) 적분의 기본적인 성질을 사용하여 ρ가 거리함수임을 증명하시오.

(b) ρ는 열린구간 (a, b)에서 정의된 연속함수 f, g에 대하여 거리함수가 되지 않는 이유를 설명하시오.

5.8. $C[a, b]$에서 함수 $\rho_M(f, g) = \max_{x \in [a, b]}\{|f(x) - g(x)|\}$로 정의하자. 최댓값이 항상 존재한다고 가정하면, ρ_M은 거리함수임을 증명하시오.

5.9. 정리 5.6을 증명하시오.

5.10. (a) (X, d)가 X상의 거리함수일 때, $D(x, y) = \dfrac{d(x, y)}{1 + d(x, y)}$는 X상의 거리함수임을 보이시오.

(b) X상의 어떤 두 점도 거리가 1보다 크지 않음을 보이시오.

5.11. 정수 $\mathbb{Z}$에서 정의된 함수

$$d(x, y) = \begin{cases} 0, & x = y \text{일 때}, \\ \min\left\{\dfrac{1}{n!} \,\middle|\, |x - y| \text{은 } n! \text{로 나누어진다.}\right\} & x \neq y \text{일 때} \end{cases}$$

는 거리함수임을 보이시오.

5.12. 0과 1로 이루어진 수열들의 집합을 S라고 하자. S의 두 원소 $x = (x_1, x_2, x_3, \ldots)$, $y = (y_1, y_2, y_3, \ldots)$에 대하여 함수

$$d(x, y) = \sum_{j=1}^{\infty} \frac{|x_j - y_j|}{2^j}$$

라고 정의하자.

(a) 임의의 x, y에 대하여 정의에 주어진 무한합이 수렴하는 이유를 설명하시오.

(b) $d(x, y)$는 거리함수임을 보이시오.

(c) S의 부분집합 $E = \{x = (x_1, x_2, x_3, \ldots) \mid \exists N \in \mathbb{N} \ s.t. \ n \geq N \text{이면 } x_n = 0.\}$라고 하자. E는 집합 S상의 거리함수 d에 의해 유도되는 위상에 대하여 조밀 부분집합임을 증명하시오.

5.13. 거리공간 (X, d)에 대하여 $d: X \times X \to \mathbb{R}$는 연속함수임을 증명하시오. 여기서, $X \times X$에는 X에 주어진 거리함수 d에 의해 생성되는 위상의 곱위상이 주어져있다.

5.14. (X, d)는 거리공간이다.

(a) d에 의한 X의 닫힌공은 거리공간에서 닫힌집합임을 보이시오.

(b) $\epsilon > 0$과 $x \in X$에 대하여 닫힌공 $\overline{B}_d(x, \epsilon)$은 열린공 $B_d(x, \epsilon)$의 폐포가 됨을 보이시오.

5.15. 거리공간 (X, d)와 X의 부분집합 A에 대하여 $x \in \mathrm{Cl}(A)$이기 위한 필요충분조건은 A에서의 수열이 존재하여 x로 수렴하는 것임을 증명하시오.

5.2 거리와 정보

거리공간은 저장, 처리, 그리고 정보표시를 포함하는 수많은 응용에 사용된다. 여러분이 여기에서 읽고 있는 단어들을 구성하는 문자들처럼 일련의 기호들은 기본 정보단위들이다. 정보단위들 사이의 유사성과 차이점을 알고 싶어 하는 많은 상황에서 적절한 거리는 사용되어질 수 있다. 이 절에서는 두 개의 특별한 예들을 살펴본다. 첫 번째 정보단위들은 2진법 코드로 전송되고 두 번째 정보단위들은 DNA 분자의 뉴클레오타이드(nucleotide) 가닥을 모델링하는 문자열들이다.

에러-정정 코드(error-correcting code)

전화선이나, 인터넷을 통해서, 또는 우주에 있는 위성으로부터 지구로 전송되는 믿을 수 없을 정도의 정보의 양이 있는데 주어진 정보가 그대로 전송되는지 아는 것은 상당히 중요하다. 우리는 전기 서지, 우주파, 또는 다양한 요인들로 인하여 전송에 어떤 에러가 있을 것으로 생각하고 언제 이러한 일이 일어나는지를 알고 잘못된 메시지를 정정할 수 있기를 원한다. 이것이 바로 에러-정정 코드 이론이다.

어떤 메시지를 보낸다고 가정하자. 그 메시지는 2진법 코드로 암호화 되고 즉 그 메시지는 **단어(word)**라 부르는 0과 1로 이루어진 유한수열, 예를 들어 n개로 이루어진다고 가정한다. 또한 전송에 있어서 몇 개의 0은 1로 또는 반대로 바뀔 수도 있다고 가정한다. 그러나 항이 삭제되거나 추가되는 것을 허용하지 않고 도착한 그 단어는 또한 길이 n을 가진다. 여기에서 소위 단어는 하나의 특정한 메시지를 만드는 몇 개의 단어로 구성될 수도 있음을 알아 둔다.

길이 n인 각각의 단어는 모든 성분들이 0과 1인 길이 n인 벡터로 간주될 수 있다. 그래서 이러한 집합들을 $V^n = \{(a_1, \dots , a_n) \mid a_i \in \{0, 1\}\}$으로 나타낸다. 다시 말해 V^n은 집합 $\{0, 1\}$의 n개의 곱이다. 이제 이 집합에 거리를 정의하자.

정의 5.7. 길이 n인 두 단어 사이의 **해밍(Hamming)거리** $D_H(x, y)$는 서로 다른 성분들의 개수이다.

예를 들어,

$$x = (0,0,1,1,0,0,0,1,0),$$
$$y = (0,1,0,1,0,0,1,1,0)$$

일 때, 두 번째, 세 번째, 그리고 일곱 번째 성분에 있는 수가 다르기 때문에 $D_H(x,y)=3$ 이다.

해밍거리는 V^n에서 거리이다. (연습문제 5.16 참조.) V^n은 유한집합이기 때문에 해밍거리가 유도하는 위상은 이산위상이다. (연습문제 5.6 참조.)

메시지를 보내기 위해 V^n의 모든 원소들을 실제로는 사용하지 않는다. V^n 안의 단어들의 부분집합을 택하고 그것으로부터 전송하는 단어들을 선택한다.

정의 5.8. **길이 n인 코드**는 V^n의 임의의 부분집합 C이다. C의 원소들을 **코드단어**(codeword)라 부른다.

만약 송신자와 수신자가 특정한 코드를 공유하고 있다면 코드단어가 아닌 단어가 도착했을 때, 수신자는 최소한 하나의 에러가 전송 중에 발생했다는 것을 알 것이다.

정의 5.9. C를 길이 n인 코드라 하자. 코드 C의 **최소거리**는 그 코드 안의 두 코드단어들 사이의 해밍거리의 최솟값으로 정의한다.

예 5.6. 길이 6인 코드

$$C = \{(0,0,1,0,0,0),(1,0,0,1,1,1),(1,1,1,0,1,1),(0,1,0,0,1,0)\}$$

를 고려하자. 이 코드단어들 사이의 최솟값이 3이라는 것을 알 수 있다.

만약 기껏해야 하나의 에러가 있는 즉, 한 성분이 바뀐 메세지를 받는다면 어떤 코드단어가 원래 단어였는지 알 수 있다. C 안에 있는 두 코드단어들과 동시에 하나의 에러 차이나는 단어는 V^n에 없다. 만약 있다면, 삼각부등식에 의해 이 두 코드단어의 거리는 2이하일 것이고 이것은 C의 최소거리가 3이라는 것에 모순이다.

이것은 에러-정정 코드의 기본적인 개념이다. 각각의 코드단어에 자연수 반지름 r인 열린공을 놓는다. 만약 하나의 단어가 우리에게 보내지고 $r-1$ 또는 더 적은 에러들이 전송에서 발생한다면 우리가 받은 그 단어는 비록 다른 코드단어가 중심인 반지름 r인 열린공에 놓일 수도 있지만 원래 보내려 했던 그 코드단어를 중심으로 한 반지름 r인 열린공 안에 놓인다. 그러나 만약 서로 다른 코드단어들에 대한 반지름이 r인 열린공들이 겹치지 않는다면 우리가 받은 그 단어는 반드시 유일한 열린공에 있어야 하고 우리는 정확히 어떤 코드단어가 보내어 졌는지를 안다. 그래서 우리는 에러를 정정할 수 있고 원래 보내고자 했던 코드단어를 결정할 수 있다. 다음 정리는 좀 더 엄밀하게 다룬다. $[x]$를 x를 넘지 않은 가장 큰 정수라 하자.

정리 5.10. 길이 n인 코드 C가 최소거리가 d가 되도록 선택되어진다면 $\left[\frac{d-1}{2}\right]$ 또는 더 적은 에러를 가진 길이 n인 모든 메시지는 정정될 수 있다.

증명. c가 보내고자 하는 원래 코드단어라 하고 f가 도착한 단어라 하자. f는 $\left[\frac{d-1}{2}\right]$ 이하의 에러들을 가지기 때문에 $D_H(f,c) \le \left[\frac{d-1}{2}\right]$이다. $D_H(f,c') \le \left[\frac{d-1}{2}\right]$인 두 번째 코드단어 c'가 있다고 가정하자. 그러면 삼각부등식에 의해

$$D_H(c,c') \le D_H(c,f) + D_H(f,c') \le d-1$$

이다. 이것은 최소거리 d에 모순이다. 그러므로 c는 f의 $\left[\frac{d-1}{2}\right]$거리 안에 있는 유일한 코드단어이고 그래서 보내고자 했던 코드단어이어야 한다. ■

하나의 코드를 가지기 위한 두 가지 유용한 속성이 있다. 첫 번째는, 많은 에러들을 정정하기를 원한다. 이것이 의미하는 것은 각각의 코드단어들이 중심인 서로소인 큰 열린공들이 있기를 원하기 때문에 너무 많은 코드단어들을 원하지 않는다. 두 번째는 다양한 다른 메시지를 보낼 수 있도록 충분한 코드단어들을 가지기를 원한다. 예를 들어, 코드 $C = \{(0,0,0,0,0)\}$는 다섯 개까지 에러들을 정정할 수 있지만 그러나 단지 하나의 단어만 있기 때문에 유용한 정보를 전달할 수 없다. 궁극적으로 우리가 V^n에 넣을 수 있는 주어진 크기의 서로소인 열린공들의 수를 최대화하기를 원한다. (예를 들어, 연습문제 5.19 참조.)

에러들을 발견하고 정정하는 것은 컴퓨터과학이나 정보과학 분야에서 활발한 연구분야이다. 해밍거리같은 거리는 이 분야에서 당연히 중요한 역할을 한다.

DNA 염기서열(DNA sequence)

DNA는 수백만 개의 원자들로 이루어진 기다랗고 얇은 분자이다. 그 구조 안에는 우리의 유전자 구성을 결정하는 코드가 있다. 하나의 DNA 분자는 그림 5.6에 묘사된 것처럼 이중나선을 형성하기 위해 서로 꼬여있는 두 개의 가닥으로 구성되어 있다. DNA 안에 있는 뉴클레오타이드는 네 종류가 있다: 아데닌(A, adenine), 사이토신(C, cytosine), 구아닌(G, guanine), 타민(T, thymine). 하나의 DNA 가닥의 뉴클레오타이드들은 쌍으로 있는데 다른 가닥에 있는 것과 쌍을 이룬다(아데닌은 티민과, 그리고 구아닌은 시토신과 쌍을 이룸). 그렇기 때문에 한 가닥의 뉴클레오타이드의 서열은 다른 가닥의 서열을 결정하고 두 가닥 중 하나에 발견되는 뉴클레오타이드의 서열에 대응하는 문자 A, C, G, T 서열로 DNA 분자의 모든 또는 한 부분을 나타낼 수 있다.

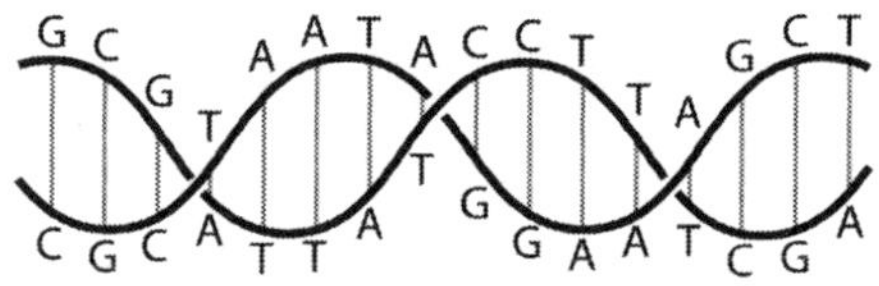

(그림 5.6) DNA 분자의 다이어그램.

DNA 연구에서 가장 중요한 문제 중 하나는 서로 다른 DNA 서열들을 어떻게 비교하는가이다. DNA의 하나의 서열은 다른 서열과 어떻게 다른가? 어떤 의미에서 이것은 두 서열 사이(그리고 확장해서, 그것들로부터 도출되는 유기체 사이)의 진화적인 거리를 측정하는 것이다. 진화계보에서 분기점을 만드는 하나의 종(species)이 두 개의 새로운 종으로 분리됐을 때, 그 종들의 처음 동일한 DNA 서열들은 고유의 변화들을 가지기 시작한다. 그 두 서열 사이의 거리를 이 차이들의 함수로써 측정하는 것은 각각의 종의 진화 역사의 본질을 이해하는 통찰력을 제공한다.

진화하는 과정동안에 DNA 서열 차이는 다양한 방법으로 일어난다. 가장 흔한 방법은 뉴클레오타이드 치환인데 그것은 원래 DNA 서열에서 한 문자를 바꾸는 것이다. 만약 이것이 두 서열 사이에 일어나는 유일한 형태의 변화라면 해밍거리는 그 거리를 측정하는 (전체 치환의 수를 셈으로써) 유용한 방법이다. DNA에서 흔하게 나타나는 다른 변화는 DNA 서열에서 문자들을 삽입 또는 삭제함으로써 나오는 뉴클레오타이드의 삽입 또는 삭제이다. 이 경우에 변경된 서열에서 그 성분 이후에 나오는 모든 문자들은 바꾸어질 것이다. 이것은 실제로 매우 비슷한 두 DNA 서열 사이의 큰 해밍거리를 초래한다. 이러한 문제를 해결하기 위해서 비교하는데 유용한 다른 거리를 소개한다.

x와 y를 문자 A, C, G, T의 두 서열이라 하자. x를 y로 바꾸기 위해 필요한 연산의 횟수를 결정함으로써 이 두 서열 사이의 거리를 측정한다. x에 세 형태의 연산을 허용한다: x에 문자를 삽입할 수 있다, x에 있는 문자를 삭제할 수 있다, 그리고 한 문자를 다른 문자로 대체할 수 있다. 특정한 x, y에 대하여 x를 y로 바꾸는 연산들의 수열 S를 사용한다고 하자. i_S를 그 수열 안의 삽입연산의 개수, d_S를 삭제연산의 개수, 그리고 r_S를 대체연산의 개수라 하자. 그래서 x를 y로 바꾸기 위한 연산의 총 개수는 $i_S + d_S + r_S$이다. 그러나 물론 x를 y로 바꾸기 위한 연산들의 다른 많은 수열들이 있다. 그러므로 x와 y 사이의 거리를 다음과 같이 정의한다:

정의 5.11. 서열 x와 y 사이의 **레벤쉬타인(Levenshtein) 거리**는 다음과 같다.

$$D_L(x, y) = \min\{i_S + d_S + r_S \mid S\text{는 } x\text{를 } y\text{로 바꾸는 연산들의 수열}\}$$

예 5.7. $x =$ AGTTCGAATCC 그리고 $y =$ AGCTCAGGAATC라 하자. 그러면 다음 과정에 의해 x로부터 y를 얻을 수 있다:

x	: AGTTCGAATCC
T 대체	: AGCTCGAATCC
A 삽입	: AGCTCAGAATCC
G 삽입	: AGCTCAGGAATCC
C 삭제	: AGCTCAGGAATC

모든 가능한 연산들의 수열들을 조사함으로써 x에서 y를 얻기 위한 삽입, 삭제, 그리고 대체 연산들의 수의 최솟값은 위의 연산에서처럼 4라는 것을 알 수 있다. 그러므로 $D_L(x, y) = 4$이다.

예 5.8. $x=$ACGTTGAATAC 그리고 $y=$AGGGTTGAATA라 하자. 겉으로 봤을 때 x와 y는 어느 정도 비슷하다는 것을 알 수 있다. 사실 그것들은 GTTGAATA를 공통으로 가지고 있다. 그래서 어렵지 않게 $D_L(x, y)=3$이라는 것을 알 수 있다. 반면에 만약 x와 y 사이의 해밍거리를 (서로 다른 성분들의 개수를 셈으로써) 계산하면, 7을 얻는다. 따라서 이 예에서 해밍거리와 비교하여 레벤쉬타인거리는 x와 y의 비슷한 구조로부터 나오는 근접성을 더 반영한다.

레벤쉬타인거리는 스펠링 체크, 음성인식, 그리고 표절탐색에 대해 또한 쓰인다. 그것은 단지 연구자들이 DNA 염기서열 비교와 분석을 위해 사용하고 있는 여러 거리들 중 하나이다.

연습문제 5.2

5.16. 해밍거리는 길이 n인 모든 단어들 집합인 V^n에서 거리임을 보이시오.

5.17. 해밍거리는 다양한 길이를 가진 단어들에 거리가 되도록 확장할 수 있는가? 즉 길이가 다른 두 단어들 사이에 거리를 가지도록 정의를 확장할 수 있는 방법이 있는가?

5.18. 집합 V^n에서 해밍거리와 레벤쉬타인거리를 비교하시오. 일반적으로 어떤 거리가 다른 거리보다 항상 작거나 같은가? 그 주장을 정당화하시오.

5.19. 만약 V^p 안의 모든 단어가 길이 p인 코드 안의 하나의 특정한 코드단어로부터 거리가 n이하라면 그 코드는 n **에러를 정정한다**라고 말한다.

(a) V^8에서 네 개의 코드단어를 가지고 2 에러를 정정하는 하나의 코드 C를 찾으시오.

(b) 네 개의 코드단어는 V^8 안의 2 에러를 정정하는 코드에 대한 최대 크기임을 보이시오.

5.20. W를 문자 A, C, G, T로 이루어진 유한 길이를 가진 서열들의 집합이라 하자. 레벤쉬타인거리는 W에서 거리임을 보이시오.

5.21. 다음 각각에 대하여 레벤쉬타인거리를 찾으시오. 서열이 똑같은 길이를 가진 경우에는 해밍거리 또한 계산하시오.

(a) $x=$ ACGGTAT, $y=$ GGTAG

(b) $x=$ CTGGTAC, $y=$ CTAGATC

(c) $x=$ CCAGTCA, $y=$ CCGTCTTA

(d) $x=$ TGACCGTTA, $y=$ TGCGCTTAG

5.22. TUPOTAGRY처럼 철자가 심하게 틀린 단어가 있다. 철자법 검사 프로그램은 잘못된 단어로부터 최소 레벤쉬타인거리에 있는 데이터베이스 안의 한 단어로 바꾼다고 가정하자. 철자법 검사 프로그램은 다음 중 어떤 단어를 바꾸고자 하는 단어로 선택할 것인가: TOPOGRAPHY, TOPOLOGY, TAUTOLOGY?

5.3 거리공간의 여러 가지 성질

거리공간은 많은 유용한 성질을 가지고 있는데 그 중 하나를 다음 정리에서 소개한다.

정리 5.12. 모든 거리공간은 하우스도르프 공간이다.

증명 거리공간 (X,d)의 서로 다른 두 점 x,y에 대하여 $d(x,y)=\epsilon>0$이라 하자. $U=B_d(x,\epsilon/2)$, $V=B_d(y,\epsilon/2)$로 택하면 U,V는 열린집합이다. 이제 $U\cap V=\varnothing$가 되는 것을 증명하자. 만약 $U\cap V\neq\varnothing$라고 하면 적당한 원소 z가 존재하여 $z\in U\cap V$이다. 따라서 $d(x,z)<\epsilon/2$이고 $d(y,z)<\epsilon/2$이다. 삼각부등식으로부터

$$d(x,z)\leq d(x,y)+d(z,y)<\epsilon/2+\epsilon/2=\epsilon$$

이다. 이것은 $d(x,y)=\epsilon$에 모순이다. 따라서 $U\cap V=\varnothing$가 된다. 서로 다른 두 점 x,y에 대하여 만나지 않는 열린집합 U,V가 존재하므로 (X,d)는 하우스도르프 공간이다. ■

정리 5.12는 어떤 위상공간이 하우스도르프 공간이 아니면 그 위상은 거리함수에 의해 유도되는 위상이 아님을 의미한다. 예를 들어, 실수집합 $\mathbb{R}$ 상에 주어진 여유한위상 $\mathbb{R}_{fc}$는 하우스도르프 공간이 아니므로 실수집합 $\mathbb{R}$ 상에서의 거리함수에 의해 유도된 위상이 아니다. 마찬가지로 정수 $\mathbb{Z}$ 상의 디지털 위상도 하우스도르프 공간이 아니므로 $\mathbb{Z}$ 상의 거리함수에 의해 유도되는 위상이 될 수 없다. 거리함수에 의해 유도되는 위상에 대해서는 5.3절

에서 더 자세히 다루기로 한다.

함수 $f:\mathbb{R}\to\mathbb{R}$ 에 대한 $\epsilon-\delta$ 연속성의 정의는 X와 Y가 거리공간인 경우 함수 $f:X\to Y$의 연속성으로 일반화될 수 있다. 다음의 정의는 연속성의 $\epsilon-\delta$ 정의와 열린집합에 의한 위상적 정의가 동치임을 알려준다.

정리 5.13. (X,d_X)와 (Y,d_Y)는 거리공간이라고 하자. 함수 $f:X\to Y$가 열린집합에 의한 위상적 정의에서 연속이기 위한 필요충분조건은 임의의 $x\in X$와 $\epsilon>0$에 대하여 적당한 $\delta>0$가 존재하여 만약 $d_X(x,x')<\delta$이면 $d_Y(f(x),f(x'))$를 만족하는 것이다.

증명. 연습문제 5.24 참조. ■

거리공간에서는 점들 사이의 거리를 잴 수 있을 뿐 아니라 다음과 같이 집합들 사이의 거리도 잴 수 있다.

정의 5.14. 거리공간 (X,d)에 대하여 집합 $A,B\subset X$ 사이의 거리를 다음과 같이 정의한다.

$$d(A,B)=glb\{d(a,b)\mid a\in A,b\in B\}$$

정의 5.14의 최대하계는 임의의 집합의 쌍 A,B에 대하여 존재한다. 왜냐하면 함숫값의 집합 $\{d(a,b)\mid a\in A,b\in B\}$는 0에 의해 아래로 유계이기 때문이다.

예 5.9. 점들 사이의 거리와는 달리 집합 사이의 거리가 0이라고 해서 두 집합이 같을 필요는 없다. 예를 들어 평면 $\mathbb{R}^2$상의 표준거리에 대하여 A는 x-축의 점들의 집합이라 하고 B는 y-축의 점들의 집합이라고 하면 $d(A,B)=0$이지만 $A\neq B$이다. 또한 $d(A,B)=0$는 두 집합 A와 B가 공유하는 점을 갖는다는 것을 의미하지 않는다. 예를 들어 평면 $\mathbb{R}^2$상의 표준거리에 대하여 집합 A는 x-축의 점들의 집합이고 B는 중심이 $(0,1)$이고 반지름이 1인 열린원판일 때, $d(A,B)=0$이지만 $A\cap B=\varnothing$이다. (그림 5.7 참조.)

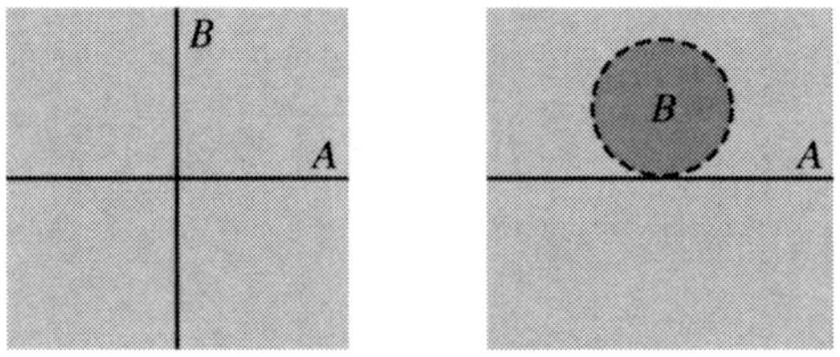

(그림 5.7) $d(A, B) = 0$인 예.

주어진 집합에 서로 다른 거리함수를 부여할 수 있다는 것을 알고 있다. 서로 다른 거리함수에 의해 유도되는 위상을 비교하는 일은 유익할 것이다. 다음의 정리는 거리에 의해 유도되는 위상을 비교하는 방법을 알려준다.

정리 5.15. d와 d'는 집합 X상의 거리함수이고 $\mathfrak{T}$와 $\mathfrak{T}'$은 각각의 거리함수에 의해 유도되는 위상이라고 하자. 그러면 $\mathfrak{T}'$이 $\mathfrak{T}$보다 세밀하기 위한 필요충분조건은 임의의 $x \in X$와 $\epsilon > 0$에 대하여 적당한 δ가 존재하여 $B_{d'}(x, \delta) \subset B_d(x, \epsilon)$을 만족하는 것이다. (그림 5.8 참조.)

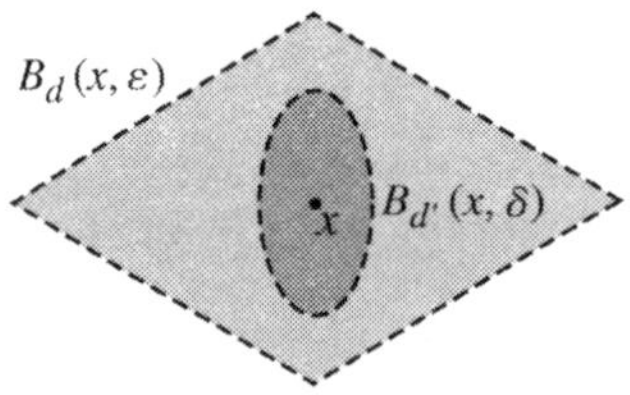

(그림 5.8) 임의의 $x \in X$와 $\epsilon > 0$에 대하여 적당한 δ가 존재하여 $B_{d'}(x, \delta) \subset B_d(x, \epsilon)$이다.

증명. $\mathfrak{T}'$이 $\mathfrak{T}$보다 세밀하다고 가정하자. 그러면 $\mathfrak{T}$에서의 모든 열린집합은 $\mathfrak{T}'$에서도 열린집합이 된다. 특히 임의의 $x \in X$와 $\epsilon > 0$에 대하여 $B_d(x, \epsilon)$은 $\mathfrak{T}$에서 열린집합이므로 $\mathfrak{T}'$에서도 열린집합이다. $B_d(x, \epsilon)$는 $\mathfrak{T}'$에서 x를 포함하는 열린집합이므로 정리 5.6에 의해 적당한 $\delta > 0$가 존재하여 $B_{d'}(x, \delta) \subset B_d(x, \epsilon)$이 된다.

이제 임의의 $x \in X$와 $\epsilon > 0$에 대하여 적당한 $\delta > 0$가 존재하여 $B_{d'}(x, \delta) \subset B_d(x, \epsilon)$이 성립한다고 가정하자. $\mathfrak{T}'$이 $\mathfrak{T}$보다 세밀하다는 것을 증명해보자. $\mathfrak{T}$에서의 열린집합 U와 U에 속하는 임의의 원소 x에 대하여 정리 5.6으로부터 양의 실수 $\epsilon > 0$이 존재하여 $B_d(x, \epsilon) \subset U$

가 된다. 가정으로부터 양의 실수 $\delta > 0$가 존재하여 $B_{d'}(x, \delta) \subset B_d(x, \epsilon)$이다. 따라서 $x \in B_{d'}(x, \delta) \subset U$가 되고 정리 5.6에 의해 U는 $\mathfrak{T}'$에서 열린집합이 된다. ■

정리 5.15에 의해 표준거리, 택시거리, 그리고 최대거리함수는 모두 평면 $\mathbb{R}^2$상의 같은 위상을 유도한다는 것을 알 수 있다. 다음의 정리에서 표준거리와 택시거리는 같은 위상을 유도한다는 것을 증명할 것이다. 택시거리와 최대거리함수가 동일한 결과를 유도한다는 것은 연습문제 5.26에 남긴다.

1.2절에서 제시한대로 평면상의 표준위상은 기저의 모양에 의존하지 않는다는 것을 알고 있다. 표준거리에 의한 둥근 열린원판들과 택시거리에 의한 열린 다이아몬드들 그리고 최대거리함수에 의한 열린 정사각형들은 모두 같은 표준위상을 유도한다.

정리 5.16. 표준거리함수와 택시거리함수는 $\mathbb{R}^2$상에 동일한 위상을 유도한다.

증명. 우선 표준거리 d에 의해 유도되는 $\mathbb{R}^2$상의 위상이 택시거리 d_T에 의해 유도되는 위상보다 세밀하다는 것을 증명한다. 평면 $\mathbb{R}^2$상의 임의의 점 p와 양의 실수 $\epsilon > 0$에 대하여 $\delta = \epsilon/2$이라고 하자. 그러면 $B_d(p, \delta) < B_{d_T}(p, \epsilon)$임을 보이고자 한다.

$B_d(p,\delta)$에 속하는 임의의 점 q에 대하여 $d(p,q) < \delta$이다.

$$|p_1 - q_1| = \sqrt{(p_1 - q_1)^2 + (p_2 - q_2)^2} = d(p, q) < \delta = \epsilon/2$$

이 되고 같은 방법으로 $|p_2 - q_2| < \epsilon/2$이다. 따라서 $d_T(p, q) = |p_1 - q_1| + |p_2 - q_2| < \epsilon$이므로 $q \in B_{d_T}(p, \epsilon)$이다. 정리 5.15로부터 표준거리 d에 의해 유도된 위상이 택시거리 d_T에 의해 유도된 위상보다 세밀하다.

이제 택시거리에 의해 유도된 위상이 표준거리에 의해 유도된 위상보다 세밀하다는 것을 증명한다. 평면 $\mathbb{R}^2$상의 임의의 점 p와 양의 실수 $\epsilon > 0$에 대하여 $\delta = \epsilon/\sqrt{2}$이라 하자. 그러면 $B_{d_T}(p, \delta) \subset B_d(p, \epsilon)$임을 보일 것이다.

$B_{d_T}(p,\delta)$에 속하는 임의의 점 q에 대하여 $d_T(p, q) = |p_1 - q_1| + |p_2 - q_2| < \delta$이다. 한편, $|p_1 - q_1| \leq |p_1 - q_1| + |p_2 - q_2|$이므로 $|p_1 - q_1| < \delta$이다. 같은 방법으로 $|p_2 - q_2| < \delta$가 된다. 그러므로

$$d(p, q) = \sqrt{(p_1 - q_1)^2 + (p_2 - q_2)^2} < \sqrt{\delta^2 + \delta^2} = \sqrt{2}\,\delta = \epsilon$$

이다. 따라서 $q \in B_d(p, \delta)$가 되고 $B_{d_T}(p, \delta) < B_d(p, \epsilon)$이다. ■

물론 $\mathbb{R}^2$상의 모두 거리함수가 동일한 표준위상을 유도하는 것은 아니다. $\mathbb{R}^2$상의 거리함수 d_V를 다음과 같이 정의하자.

$$d_V(p,q)=\begin{cases}1, & p_1\neq q_1\text{이거나 } |p_2-q_2|\geq 1\text{인 경우},\\ |p_2-q_2|, & p_1=q_1\text{이고 } |p_2-q_2|<1\text{인 경우}.\end{cases}$$

거리함수 d_V에 의해 유도된 평면 $\mathbb{R}^2$상의 위상은 표준위상보다 더 세밀하다. (연습문제 5.3과 5.27 참조.)

거리함수를 완전히 바꾸어도 여전히 같은 위상을 유도하는 방법을 소개한다.

정의 5.17. 거리공간 (X,d)와 X의 부분집합 A에 대하여 적당한 양의 실수 $\mu>0$가 존재하여 임의의 $x,y\in X$에 대하여 $d(x,y)\leq\mu$이면 A는 거리 d에 관하여 **유계 (bounded)**라고 정의한다. 만약 X 자신이 거리 d에 의해 유계이면 d는 **유계인 거리**라고 한다.

집합 X에 유계인 거리함수가 주어져 있다면 X의 모든 부분집합은 유계이다. 거리함수가 유계인지 아닌지는 그 거리함수에 의해 유도되는 위상에 아무런 영향을 주지 않는다. 다음의 정리는 거리함수에 의해 유도되는 모든 위상은 유계인 거리함수에 의해 유도된 위상과 동일하다는 것을 보여준다.

정리 5.18. 거리공간 (X,d)에 대하여 $d':X\times X\to\mathbb{R}$을 $d'(x,y)=\min\{d(x,y),1\}$로 정의하자. 그러면 d'은 유계인 거리함수이고 d'에 의해 유도된 위상과 d에 의해 유도된 위상은 같다.

증명 X에 속하는 임의의 x,y에 대하여 $d'(x,y)\leq 1$이므로 d'은 유계이다. 우선 d'이 거리함수가 되는 것을 보이자. $d'(x,y)\geq 0$은 명백하고 $d'(x,y)=0$이 되기 위한 필요충분조건은 $d(x,y)=0$이다. d는 거리함수이므로 $d(x,y)=0$이기 위한 필요충분조건은 $x=y$이다. $d'(x,y)=d'(y,x)$가 되는 것은 $d(x,y)=d(y,x)$인 것으로부터 쉽게 확인할 수 있으므로 d'이 삼각부등식을 만족한다는 것을 보이면 된다.

X에 속하는 임의의 원소 x,y,z에 대하여 두 가지 경우를 고려해본다. $d(x,y)\geq 1$이거나 $d(y,z)\geq 1$인 경우에는 $d'(x,y)+d'(y,z)\geq 1$이다. 하지만 $d'(x,z)\leq 1$이므로

$d'(x,z) \le d'(x,y) + d'(y,z)$가 성립한다. $d(x,y) < 1$이고 $d(y,z) < 1$인 경우에는

$$d'(x,z) \le d(x,z) \le d(x,y) + d(y,z) = d'(x,y) + d'(y,z)$$

가 성립한다. 따라서 d'은 삼각부등식을 만족한다.

정리 5.15의 결과를 사용하여 d에 의해 유도된 위상 $\mathfrak{I}$와 d'에 의해 유도된 위상 $\mathfrak{I}'$이 같다는 것을 증명한다. 우선 $\mathfrak{I}$가 $\mathfrak{I}'$보다 세밀하다는 것을 증명한다. 임의의 $x \in X$와 $\epsilon > 0$에 대하여 ϵ값에 관한 두 가지 경우를 고려한다. $\epsilon \le 1$인 경우 $B_d(x,\epsilon) = B_{d'}(x,\epsilon)$이 되고 $\epsilon > 1$인 경우 $B_{d'}(x,\epsilon) = X$가 된다. 두 경우 모두 $B_d(x,\epsilon) \subset B_{d'}(x,\epsilon)$이 되고 $\delta = \epsilon$으로 택하면 $B_d(x,\delta) \subset B_{d'}(x,\epsilon)$이므로 $\mathfrak{I}$가 $\mathfrak{I}'$보다 세밀하다.

이제 $\mathfrak{I}'$이 $\mathfrak{I}$보다 세밀하다는 것을 증명한다. 임의의 $x \in X$와 $\epsilon > 0$에 대하여 $\epsilon \le 1$인 경우에는 $B_d(x,\epsilon) = B_{d'}(x,\epsilon)$이 되고 $\epsilon > 1$인 경우에는 $B_{d'}(x,1) \subset B_d(x,\epsilon)$이다. 따라서 $\delta = \min\{\epsilon, 1\}$로 택하면 $B_{d'}(x,\delta) \subset B_d(x,\epsilon)$이 모든 $x \in X$와 $\epsilon > 0$에 대하여 성립하므로 $\mathfrak{I}'$은 $\mathfrak{I}$보다 세밀하다.

그러므로 d와 d'에 의해 유도된 위상은 같다. ■

예 5.10. 실수집합 $\mathbb{R}$ 상의 표준거리 $d(x,y) = |x-y|$를 $d'(x,y) = \min\{d(x,y), 1\}$로 바꾸더라도 d와 d'에 유도되는 위상은 같다. 그러나 d'에 의한 기저원소들은 길이가 2보다 작은 열린구간이거나 전체집합 $\mathbb{R}$로 구성되어있다. $\gamma \ge 1$인 모든 실수 γ에 대하여 $B_{d'}(x,\gamma) = \mathbb{R}$이기 때문이다.

정리 5.18에서 유계인 거리를 정의하기 위해 사용된 값 1은 중요한 역할을 하지 않는다. 그 값을 $1/1000000$로 바꾸어도 유계인 거리는 여전히 같은 위상을 유도한다. 실제로 정리 5.18에서의 상수 값 1을 임의의 양의 실수 ϵ으로 대치하더라도 같은 위상을 유도한다. 어떤 의미에서 거리함수에 의해 유도되는 위상은 오직 주어진 거리에 의해 서로 가까이 있는 원소들에 의해 결정된다는 것이다.

다음으로 거리함수 간의 동치를 정의하자. 아이디어는 두 거리공간 사이에 전단사가 존재하여 거리를 보존하는 경우 두 공간은 동치라고 정의한다. 구체적으로 다음의 정의를 살펴보자.

정의 5.19. 거리공간 (X, d_X)와 (Y, d_Y)에 대하여 전단사함수 $f: X \to Y$가 임의의 $x, x' \in X$에 관하여 $d_X(x, x') = d_Y(f(x), f(x'))$를 만족한다면 함수 f를 **등거리사상(isometry)**이라고 한다. 거리공간 X와 Y 사이에 등거리사상이 존재하면 X와 Y는 **등거리동치(isometric)**라고 정의한다.

위의 정의에서 함수 f가 전사이면 충분하다. 함수 f가 거리를 보존하게 되면 단사가 된다. (연습문제 5.30 참조.) 따라서 함수 f가 전사이고 거리를 보존하게 되면 f는 전단사이다. 등거리사상을 정의할 때 함수가 전단사가 되도록 하였는데 그것은 등거리사상은 전단사이고 거리를 보존하는 함수라는 것을 강조하기 위해서이다.

위상동형사상이 위상공간들 사이에 기본적인 동치관계인 것처럼 등거리사상은 거리공간 사이의 기본적인 동치관계이다. 거리공간이 가지고 있는 모든 성질들은 등거리사상에 의해 보존된다. 따라서 등거리동치인 두 공간은 구성되는 원소들만 다를 뿐 구별되지 않는다.

등거리사상은 위상동형사상보다 더 강한 형태의 동치관계를 제공한다. 등거리동치인 두 위상공간은 위상동형이지만(연습문제 5.31 참조) 다음의 예에서 알 수 있듯이 역은 성립하지 않는다.

예 5.11. 평면 $\mathbb{R}^2$상의 택시거리와 $\mathbb{R}^2$상의 표준거리는 $\mathbb{R}^2$상에 같은 위상을 유도하지만 두 공간은 등거리동치가 아니다. 등거리사상 $f: \mathbb{R}^2 \to \mathbb{R}^2$가 존재하여 임의의 $p, q \in \mathbb{R}^2$에 대하여 $d(f(p), f(q)) = d_T(p, q)$가 성립한다고 가정하자. 네 점 $\alpha = (0,0)$, $\beta = (1, 0)$, $\gamma = (0, 1)$, $\delta = (1, 1)$을 선택하면 택시거리에 관하여 $d_T(\alpha, \beta) = 1$, $d_T(\alpha, \gamma) = 1$, $d_T(\beta, \delta) = 1$, $d_T(\gamma, \delta) = 1$, $d_T(\alpha, \delta) = 2$이고 $d_T(\beta, \gamma) = 2$이다. (그림 5.9 참조.) 함수 f는 등거리사상이므로 $d(f(\alpha), f(\beta)) = 1$, $d(f(\alpha), f(\gamma)) = 1$, $d(f(\beta), f(\gamma)) = 2$가 되어야 한다. 하지만 이것은 $f(\alpha), f(\beta), f(\gamma)$가 일직선상에 있고 $f(\alpha)$가 $f(\beta)$와 $f(\gamma)$로부터 같은 거리에 놓여있을 때만 가능하다. 같은 방법으로 $f(\beta), f(\gamma), f(\delta)$는 일직선상에 놓여있어야 하고 $f(\delta)$는 $f(\beta)$와 $f(\gamma)$로부터 같은 거리만큼 떨어져 있어야 한다. 따라서 $f(\alpha) = f(\delta)$이다. 이것은 f가 전단사함수라는 사실에 모순이고 두 공간 사이에 등거리사상은 존재하지 않는다.

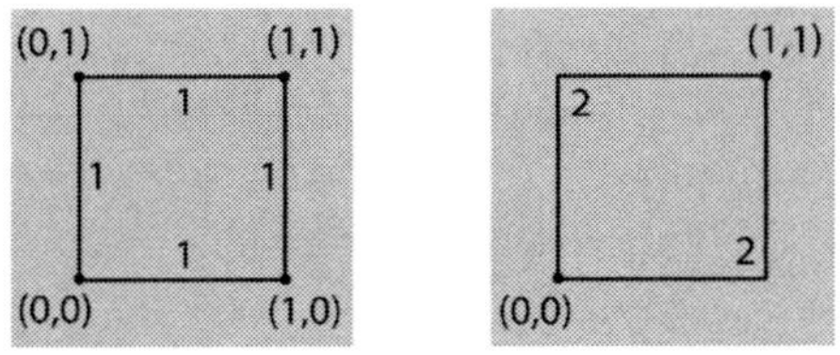

(그림 5.9) 택시거리에 의한 두 점 사이의 거리.

연습문제 5.3

5.23. (X, d)는 거리공간이고, 집합 A, B는 X에서 서로소인 닫힌 부분집합일 때, 서로소인 열린 부분집합 U, V가 존재하여 $A \subset U, B \subset V$임을 증명하시오.

5.24. 정리 5.13을 증명하시오.

5.25. (X, d)는 거리공간이고, $p \in X$이고, $A \subset X$라고 하자.

(a) $d(\{p\}, A) = 0$이지만 p는 A의 원소가 아닌 예를 찾으시오.

(b) A가 닫힌집합일 때, $d(\{p\}, A) = 0$이면, $p \in A$임을 증명하시오.

5.26. 정리 5.15를 사용하여, 평면 $\mathbb{R}^2$의 택시거리와 최대거리는 $\mathbb{R}^2$의 같은 위상을 유도함을 보이시오.

5.27. 평면 $\mathbb{R}^2$상의 거리

$$d_V(p, q) = \begin{cases} 1, & p_1 \neq q_1 \text{이거나 } |p_2 - q_2| \geq 1 \text{인 경우}, \\ |p_2 - q_2|, & p_1 = q_1 \text{이고 } |p_2 - q_2| < 1 \text{인 경우} \end{cases}$$

에 대하여 다음 물음에 답하시오.

(a) 정리 5.15를 사용하여 거리 d_V에 의해서 유도되는 평면 $\mathbb{R}^2$의 위상은 표준위상보다 세밀하다는 것을 보이시오.

(b) $\mathbb{R}^2$의 표준위상은 d_V에 의해서 유도되는 평면 $\mathbb{R}^2$의 위상보다 세밀하지 않다는 것을 보이시오.

5.28. 연습문제 5.10에서 정의한 $D(x, y) = \dfrac{d(x, y)}{1 + d(x, y)}$와 d는 같은 위상을 유도함을 보이시오.

5.29. 연속함수들의 집합 $C[a,b]$ 에서 거리함수

$$\rho_M(f,g) = \max_{x \in [a,b]}\{|f(x) - g(x)|\} \quad \text{그리고}$$

$$\rho(f,g) = \int_a^b |f(x) - g(x)| dx$$

가 주어져 있다.

(a) 정리 5.15를 사용하여, ρ_M에 의해서 생성되는 위상이 ρ에 의해서 생성되는 위상보다 세밀하다는 것을 보이시오.

(b) 양의 실수 c_1, c_2에 대하여 다음 조건을 만족하는 $f \in C[a,b]$가 존재함을 보이시오.

$$\max_{x \in [a,b]}\{|f(x)|\} = c_1, \text{ 그리고 } \int_a^b |f(x)| dx = c_2$$

(c) $C[a,b]$에 속하는 상수함수 $Z(x) = 0,\ x \in [a,b]$가 주어져 있다. $\epsilon > 0$에 대하여 $B_\rho(Z,\delta) \subset B_{\rho_M}(Z,\epsilon)$을 만족하는 $\delta > 0$가 존재하지 않음을 보이시오.

(d) 정리 5.15를 사용하여 (c)의 결과가 무엇을 의미하는지 설명하시오.

5.30. (X, d_X)와 (Y, d_Y)에 대하여 함수 $f: X \to Y$가 임의의 $x, x' \in X$에 대하여 $d_X(x, x') = d_Y(f(x), f(x'))$을 만족할 때, f는 단사함수임을 보이시오.

5.31. (X, d_X)와 (Y, d_Y)에 대하여 함수 $f: X \to Y$가 등거리사상일 때, f는 위상동형사상임을 보이시오.

5.32. 평면 $\mathbb{R}^2$상의 최대거리 $d_M(p,q) = \max\{|p_1 - q_1|, |p_2 - q_2|\}$에 대하여 d_M에 의해서 생성되는 공간과 표준위상 사이에는 등거리사상이 존재하지 않음을 보이시오.

5.4 거리화 가능성

거리함수에 의해 유도되지 않는 위상공간이 많이 존재한다. 하우스도르프가 아닌 위상공간은 정리 5.12에 의해 거리함수에 의해 유도되지 않는다. 그러나 거리함수에 의해 유도된 위상공간은 매우 유용하게 사용될 수 있는 여분의 구조를 갖는다. 주어진 위상공간에 대하여 그 공간이 거리함수에 의해 유도되는지를 알아내는 것은 흥미로운 일이다.

정의 5.20. 위상공간 X에 대하여 거리함수 d가 존재하여 d에 의해 유도되는 위상이 X상의 위상과 같은 경우 X는 **거리화 가능(metrizable)**하다고 정의한다.

예 5.12. 단위원 S^1상의 표준위상은 평면 $\mathbb{R}^2$상의 위상에서부터 비롯되는 부분공간 위상으로 예 3.4에서 소개하였다. S^1상의 표준위상은 거리화 가능한가? 그렇다. 우선 S^1상의 표준위상에 대한 기저는 평면상의 열린원판과 S^1과의 교집합들로 구성되어 있다. 따라서 기저원소들은 원에서 열린구간들이다.
S^1상의 거리함수는 S^1상의 점 p,q에 대하여 $d(p,q)$는 p와 q가 겹치도록 회전하는 각도의 최솟값으로 음이 아닌 실수를 라디안으로 택하도록 정의한다(연습문제 5.4 참조.) 거리함수 d에 의한 열린집합은 S^1상의 열린구간이므로 거리함수 d에 의한 기저와 S^1상의 부분공간위상에 대한 기저가 일치한다. 따라서 S^1상의 표준위상은 거리화 가능하다.

앞에서 다룬 예에서 거리공간 $\mathbb{R}^2$의 부분공간인 S^1 역시 거리화 가능함을 알았다. 이 아이디어는 일반적으로 성립한다. X는 거리공간이고 Y가 X의 부분집합일 때 Y상의 부분공간위상은 거리화 가능하다. (연습문제 5.34 참조.)

주어진 집합 X에 대하여 이산위상은 거리화 가능하다. (연습문제 5.33 참조.) 실제로 X가 유한집합인 경우 X상의 모든 거리함수는 이산위상을 유도한다. (연습문제 5.6 참조.) 따라서 유한집합에서는 이산위상이 유일한 거리화 가능한 위상이다.

다음의 정리가 제시하듯이 거리화 가능은 위상적 성질이다.

정리 5.21. X는 거리화 가능한 위상공간이고 Y는 X와 위상동형일 때 Y는 거리화 가능하다.

증명. 연습문제 5.35 참조. ■

많은 위상공간이 거리화 가능하고 수학자들은 오랫동안 다음과 같은 질문에 관심을 가져왔다. "구체적인 거리함수를 찾아내지 않아도 주어진 위상공간이 거리화 가능한 것을 판별할 수 있는지, 즉 주어진 공간이 거리화 가능하기 위한 조건이 있는지?" 울손의 거리화 정리(Urysohn Metrization Theorem)가 해답을 제시한다.

주어진 공간이 정칙이고 가산기저를 갖는다면 거리화 가능하다. 이 절의 나머지는 울손 정리의 증명을 다룬다.

위상적 성질인 정칙성은 하우스도르프 공간의 개념을 더 강화시킨 것이다.

정의 5.22. 위상공간 X가 다음의 두 조건을 만족하면 X는 **정칙(regular)**이라고 정의한다.

(i) 모든 한 점 집합은 닫힌집합이다.

(ii) 임의의 점 $a \in X$와 a를 포함하지 않는 닫힌집합 B에 대하여 서로 만나지 않는 열린집합 U, V가 존재하여 $a \in U$이고 $B \subset V$이다. (그림 5.10 참조.)

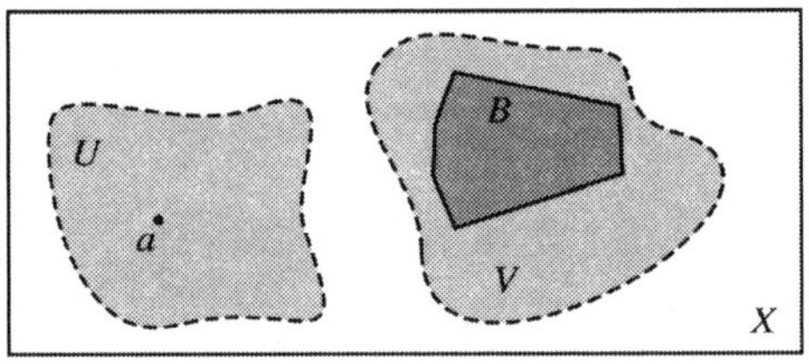

(그림 5.10) 정칙공간에서 한 점과 그 점을 포함하지 않는 닫힌집합 분리하기.

예 5.13. 실수집합 $\mathbb{R}$ 의 표준위상은 정칙이다. 한 점 집합은 닫힌집합이다. $\mathbb{R}$ 상의 점 x와 x를 포함하지 않는 닫힌집합 C에 대하여 $\mathbb{R} - C$는 x를 포함하는 열린집합이 된다. 따라서 x를 포함하는 열린구간 (a, b)가 존재하여 $x \in (a, b) \subset \mathbb{R} - C$가 된다. $a < x < b$이므로 $c \in (a, x), d \in (x, b)$가 되도록 c, d를 선택하면 $a < c < x < d < b$를 만족한다. $U = (-\infty, c) \cup (d, \infty)$, $V = (c, d)$라고 하면 U, V는 열린집합이고 $C \subset U$ 그리고 $x \in V$이다. 또한 $U \cap V = \varnothing$ 이다.

위상공간의 정칙성의 조건 (i)과 (ii)를 결합하면 위상공간 X가 정칙이면 하우스도르프 공간이 된다는 것을 쉽게 확인할 수 있다. 하지만 정칙성의 조건 (i)을 제거하면 위의 결과는 성립하지 않는다. 정칙성의 조건 중에서 (ii)만 만족하지만 하우스도르프 공간이 아닌 예가 존재한다. (연습문제 5.42 참조.)

정칙위상공간은 하우스도르프 공간이다. 하지만 역은 성립하지 않는다. 다음의 예에서 하우스도르프 공간이지만 정칙이 아닌 예를 소개한다. 정칙성은 하우스도르프보다 강한 성질이다.

예 5.14. 실수집합 $\mathbb{R}$ 에서 모든 열린구간 (a, b)과 모든 부분집합 $(c, d) \cap \mathbb{Q}$ 들의 모임으로 구성된 기저로부터 생성된 위상을 고려하자. 그러면 $\mathbb{R}$ 상의 위상공간은 하우스도르프이지만 정칙은 아니다. (연습문제 5.37 참조.)

하우스도르프 공간과 정칙공간을 만족하는 성질을 **분리공리(separation axioms)**라고 부른다. 비록 울손 거리화 정리에서는 사용되지 않지만 또 다른 형태의 분리공리가 있다.

정의 5.23. 위상공간 X가 다음의 조건을 만족하면 **정규(normal)**공간이라고 정의한다.

(i) 모든 한 점 집합은 닫힌집합이다.

(ii) 서로 만나지 않는 닫힌집합 A와 B에 대하여 서로 만나지 않는 열린집합 U, V가 존재하여 $A \subset U, B \subset V$이다. (그림 5.11 참조.)

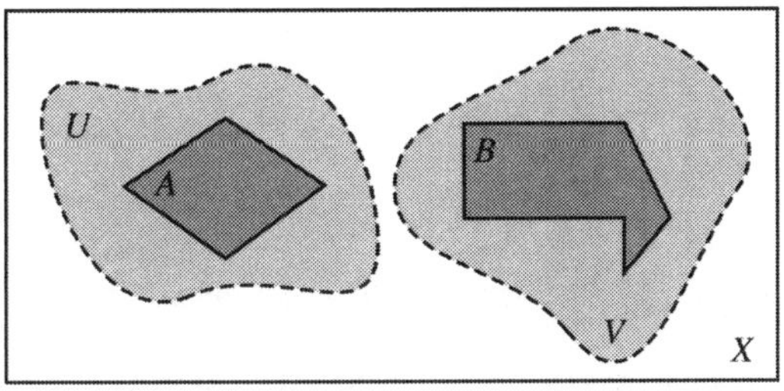

(그림 5.11) 정규공간에서 두 닫힌집합 분리하기.

$\mathbb{R}$ 의 표준위상은 정칙일 뿐 아니라 정규공간이다. 실제로 모든 거리공간은 정규공간이다. (연습문제 5.23 참조.) 정의로부터 모든 정규공간은 정칙이다.

울손 거리화 정리의 두 번째 조건은 주어진 위상공간이 가산인 기저를 갖는 것이다. 어떤 집합이 가산이라는 것은 유한집합이거나 자연수집합과 일대일 대응을 이루는 집합이다.

예 5.15. $\mathbb{R}$ 의 표준위상은 가산기저를 갖는다. $\mathcal{C}=\{(a,b)\,|\,a,b\in\mathbb{Q},\ a<b\}$는 양 끝점이 유리수인 열린구간들의 모임이다. 따라서 $\mathcal{C}$의 개수는 양 끝점의 개수 $\mathbb{Q}\times\mathbb{Q}$와 같으므로 가산집합이고 $\mathcal{C}$는 기저를 이룬다. (정리 0.29와 정리 1.13 참조.)

같은 방법으로 $\mathbb{R}^n$상의 표준위상은 가산기저를 갖는다. 양 끝점이 유리수로 된 열린구간들의 곱들로 이루어진 모임이 표준위상의 가산기저가 된다.

정리 5.25. 울손 거리화 정리(Urysohn Metrization Theorem)
위상공간 X가 정칙이고 가산기저를 갖는다면 X는 거리화 가능하다.

울손 거리화 정리를 증명하기 위해서는 우리가 지금까지 개발하지 않은 방법을 사용해야하기 때문에 여기서는 증명하지 않는다. 울손 거리화 정리의 증명은 [Mun]에서 찾을 수 있다. 하지만 증명의 핵심적인 내용은 X가 정칙이고 가산인 기저를 갖는다면 공간 X를 적당한 거리공간 안으로 넣을 수 있고 따라서 X는 거리공간의 부분공간과 위상동형이다. 거리공간의 부분공간은 거리화 가능하고 거리화 가능 성질은 위상적 성질(위상동형사상에 의해 보존되는)이므로 X는 거리화 가능하다.

예 5.16. 정수집합 $\mathbb{Z}$ 의 등차수열위상은 다음과 같은 형태의 부분집합들의 모임을 기저로 갖는 위상이다.

$$A_{a,b}=\{\ldots,a-2b,a-b,a,a+b,a+2b,\ldots\}$$

여기서 a,b는 정수이고 $b\neq 0$이다. (연습문제 1.15 참조.) 이러한 기저원소의 개수는 가능한 쌍 $(a,b)\in\mathbb{Z}\times\mathbb{Z}$ 의 개수와 같으므로 가산이다.

또한 등차수열위상은 정칙이다. (연습문제 5.39 참조.)
$\mathbb{Z}$ 상의 등차수열위상은 정칙이고 가산인 기저를 갖고 있으므로 거리화 가능하다. 실제로 거리함수를 정의하여 등차수열위상을 유도하도록 만들 수 있다. $\mathbb{Z}$ 상의 거리를 다음과 같이 정의하자.

$$d(x,y)=\begin{cases}0, & x=y\text{일 때},\\ \min\left\{\dfrac{1}{n!}\mid n!\text{은 }|x-y|\text{의 약수}\right\}, & x\neq y\text{일 때}.\end{cases}$$

d는 $\mathbb{Z}$ 의 등차수열위상을 유도한다. (연습문제 5.11과 5.40 참조.)

울손 거리화 정리는 정칙인 위상공간이 가산기저를 갖는 경우 거리화 가능하다는 것을 제시한다. 그러면 정리의 역도 성립하는가? 다시 말해서 거리화 가능한 위상공간은 가산인 기저를 갖고 정칙인가? 거리공간은 정규공간이고 정규공간은 정칙이므로 거리공간은 정칙이다. 하지만 다음의 예에서 살펴볼 수 있듯이 거리공간이 반드시 가산기저를 갖는 것은 아니다.

예 5.17. 실수집합 $\mathbb{R}$ 의 이산위상은 거리화 가능하다. (연습문제 5.33 참조.) 이산위상에서는 모든 한 점 집합은 열린집합이다. 그리고 그러한 한 점 집합의 개수는 실수의 원소개수와 같으므로 비가산이다.

주어진 위상공간에 대하여 모든 열린집합은 기저원소의 합집합으로 표현되므로 이산위상의 기저는 모든 한 점 집합을 기저원소로 포함하고 있다. 따라서 실수집합 $\mathbb{R}$ 의 이산위상의 기저는 비가산인 한 점 집합의 모임을 포함하고 있다. 그러므로 실수집합 $\mathbb{R}$ 상의 이산위상은 거리화 가능하지만 가산인 기저를 갖지 않는다.

연습문제 5.4

5.33. 집합 X가 주어져 있다.

(a) 집합 X의 이산위상은 X상의 거리함수

$$d(x,y)=\begin{cases}0, & x=y\text{ 일 때},\\ 1, & x\neq y\text{ 일 때}\end{cases}$$

에서 생성되는 위상과 같음을 보이시오.

(b) X의 자명한위상은 거리화 가능한가?

5.34. 거리공간 (X, d)와 X의 부분집합 Y에 대하여 함수 $d_Y: Y\times Y\to\mathbb{R}$은 $d_Y(x, y)= d(x, y)$로 주어져 있다.

(a) d_Y는 Y상의 거리함수임을 증명하시오.

(b) d_Y에 의해서 생성되는 Y의 위상은 X의 부분공간위상임을 보이시오.

5.35. 거리공간 (X, d)와 위상동형사상 $f: X\to Y$에 대하여 $d^*: Y\times Y\to\mathbb{R}$는 $d^*(x, y)= d(f^{-1}(x), f^{-1}(y))$로 정의되어 있다.

(a) d^*는 Y상의 거리함수임을 증명하시오.

(b) Y상의 위상은 d^*에 의해서 유도되는 위상과 같다는 것을 보이시오.

(c) $f: (X, d)\to(Y, d^*)$는 등거리사상임을 보이시오.

5.36. $\mathbb{R}$의 하극한위상은 정칙임을 증명하시오.

5.37. $\mathbb{R}$의 부분집합들의 모임 $\mathscr{B} = \{(a, b)\}\cup\{(c, d)\cap\mathbb{Q}\}$가 주어져 있다.

(a) $\mathscr{B}$는 $\mathbb{R}$의 어떤 위상에 대하여 기저가 됨을 보이시오.

(b) $\mathbb{R}$은 주어진 위상에 대하여 하우스도르프 공간이 됨을 증명하시오.

(c) $\mathbb{R}$은 주어진 위상에 대하여 정칙이 아님을 증명하시오.

5.38. X와 Y가 정칙공간일 때, $X\times Y$도 정칙공간임을 증명하시오. 이 결과를 이용하여 $\mathbb{R}^n$은 정칙공간임을 보이시오.

5.39. 정수집합 $\mathbb{Z}$의 등차수열위상은 정칙임을 보이시오.

5.40. 정수집합 $\mathbb{Z}$의 등차수열위상은 거리

$$d(x, y)=\begin{cases}0, & x=y\text{일 때},\\ \min\left\{\dfrac{1}{n!}\mid n!\text{은 } |x-y|\text{의 약수}\right\}, & x\neq y\text{일 때}\end{cases}$$

에 의해서 생성되는 위상과 같음을 보이시오.

5.41. 정칙성과 정규성은 위상적 성질임을 보이시오.

5.42. 두 점 집합 $X= \{x_1, x_2\}$의 자명한위상은 정칙공간의 정의에서의 두 번째 성질을 만족하는 것을 보이시오.

연결공간

chapter 6

위상공간에 연결성에 관한 개괄적인 개념을 습득할 수 있는 자연스러운 접근방식이 여러 가지 있다. 한 가지 접근방식은 어떤 위상공간이 두 조각으로 쪼개져서 서로 분리될 수 없는 경우 연결공간이라고 말하는 것이다. 다른 접근방식으로는 위상공간의 어느 한 점에서 다른 점으로 이어지는 연속적인 움직임이 가능하면 연결공간이라고 말하는 것이다.

이 장에서는 위의 두 가지 형태의 위상공간에 대한 연결성을 모두 정의할 것이다. 첫 번째 형태의 위상공간을 연결공간이라 하고 두 번째 형태의 위상공간을 길연결공간이라고 한다. 이러한 두 가지 형태의 연결성은 같지 않지만 길연결성이면 연결성을 의미한다는 것을 증명할 것이다.

연결성의 개념은 단순해 보이지만, 연결성은 위상공간을 다루는 심오한 개념을 내포하고 있으며 응용성을 갖고 있다. 연결성은 중간값 정리의 확립에 핵심적인 역할을 한다. 또한 연결성이 지구 정보 시스템, 개체증가 모델링과 로보틱스의 연구에 어떻게 활용되는지 소개한다. 게다가 연결성이 위상공간을 구분하는데 어떻게 활용되는지 소개한다.

6.1절에서는 연결성의 정의와 그에 관련된 성질을 다루며 6.2절에서는 유클리드공간이 연결공간임을 증명하고 연결성과 관련된 성질을 이용하여 두 위상을 구분하는 방법을 소개한다. 6.3절에서는 중간값 정리를 증명하고 그 결과로부터 몇 가지 중요한 수학적 사실과 응용을 유도한다. 6.4절에서는 길연결을 정의하고 모든 길연결공간은 연결공간이 되는 것을 증명한다. 또한 연결공간이지만 길연결이 아닌 위상수학자의 소용돌이를 소개한다. 따라서 연결성과 길연결성은 동치개념이 아니라는 것을 확립한다.

6.1 연결성의 첫 번째 접근

이 장의 소개부분에서 언급한 연결성의 첫 번째 직관적 접근을 엄밀하게 정의한다.

정의 6.1. X는 위상공간이라고 하자.

(i) X에서 서로 만나지 않으면서 공집합이 아닌 열린집합의 쌍 $\{U, V\}$에 대하여 $U \cup V = X$가 되는 쌍을 찾을 수 없는 경우 X를 **연결공간**(connected space)이라고 정의한다.

(ii) X가 연결공간이 아닌 경우 X는 **비연결**(disconnected)이라고 한다.

(iii) X가 비연결일 때 서로 만나지 않고 $U \cup V = X$이고 공집합이 아닌 열린집합의 쌍 $\{U, V\}$를 X의 **분리(separation)**라고 한다.

예 6.1. 세 점 집합 $X = \{a, b, c\}$에 대하여 그림 6.1에 묘사한 두 위상을 고려하자. 첫 번째 위상은 X의 분리가 존재하지 않으므로 연결이고 두 번째 위상은 $U = \{a, b\}$, $V = \{c\}$로 택하면 X의 분리가 되므로 비연결이다.

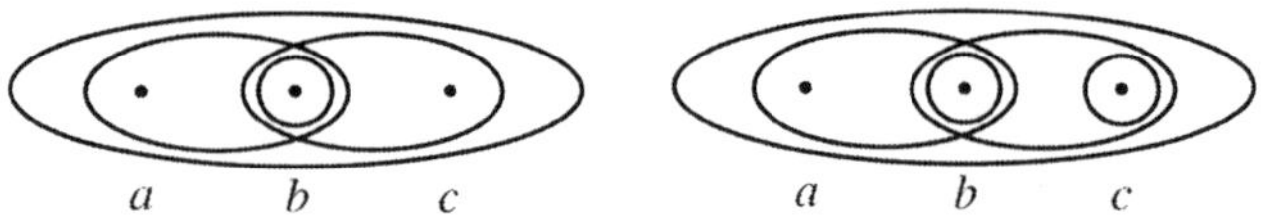

(그림 6.1) $X = \{a, b, c\}$상의 두 위상.

예 6.2. $\mathbb{R}$의 부분공간위상 $X = (-1, 0) \cup (0, 1)$은 비연결이다. 열린집합의 쌍 $(-1, 0)$과 $(1, 0)$은 X의 분리를 구성한다. (그림 6.2 참조.)

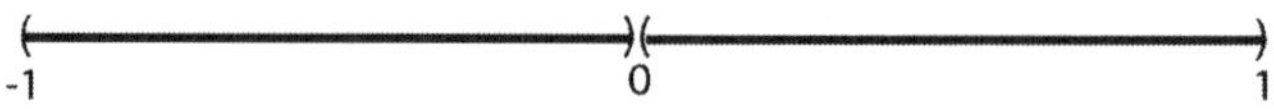

(그림 6.2) $X = (-1, 0) \cup (0, 1)$은 비연결이다.

예 6.3. 집합 X의 원소의 개수가 2 이상이고 X에 이산위상이 주어져 있다면 X는 비연결이다. A를 X의 공집합 아닌 진부분집합이라고 하면 쌍 A와 $X - A$가 X의 분리가 된다.

예 6.4. 집합 X가 자명한위상을 갖는 경우 X는 연결공간이다. X의 진부분집합으로 공집합이 아닌 열린집합이 존재하지 않기 때문에 X의 분리를 찾을 수 없다.

예 6.5. $p \in \mathbb{R}$에 대하여 $\mathbb{R} - \{p\}$는 비연결이다. $U = (-\infty, p)$와 $V = (p, \infty)$는 X의 분리를 구성한다. (그림 6.3 참조.)

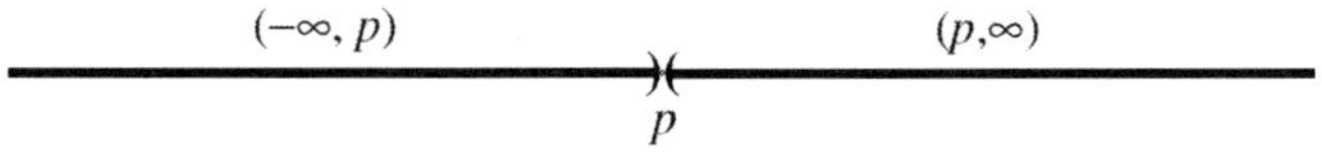

(그림 6.3) $\mathbb{R}-\{p\}$는 비연결이다.

다음 정리의 결과는 연결성의 또 다른 정의를 제시한다.

정리 6.2. 위상공간 X가 연결이기 위한 필요충분조건은 공집합이 아니면서 진부분집합으로 열린집합이면서 동시에 닫힌집합은 존재하지 않는 것이다.

증명. 연습문제 6.2 참조. ■

위상공간 X에서 X와 $\varnothing$는 열린집합인 동시에 닫힌집합이다. 따라서 정리 6.2에 의해 X가 연결이기 위한 필요충분조건은 오로지 X와 $\varnothing$만이 열린집합이며 동시에 닫힌집합인 것이다.

예 6.6. 실수집합 $\mathbb{R}$의 하극한위상은 연결이 아니다. 구간 $[a,b)$는 열린집합인 동시에 닫힌집합이므로 정리 6.2로부터 $\mathbb{R}$의 하극한위상은 연결이 아니다.

다음은 부분집합의 연결성을 정의한다.

정의 6.3. 위상공간 X의 부분집합 A가 X의 부분공간으로 **연결**일 때 A는 X에서 연결이라고 정의한다. A가 연결이 아니면 X에서 **비연결**이라고 한다.

예 6.7. $\mathbb{R}$의 부분공간으로 $A=[-1,0)\cup(0,1]$는 비연결이다. $U=[-1,0)$와 $V=(0,1]$는 A의 분리를 구성하므로 A는 비연결이다.

다음의 정리는 위상공간 X의 비연결집합의 특징을 제시한다.

정리 6.4. 위상공간 X의 부분집합 A가 비연결이기 위한 필요충분조건은 X에서 열린집합 U, V가 존재하여 $A \subset U \cup V$, $U \cap A \neq \varnothing$, $V \cap A \neq \varnothing$, 그리고 $U \cap V \cap A = \varnothing$를 만족하는 것이다.

증명. A가 X에서 비연결이라고 가정하면 A의 분리가 존재한다. 즉 공집합이 아니면서 A에서 열린집합인 쌍 $\{P, Q\}$가 존재하여 $P \cap Q = \varnothing$이고 $P \cup Q = A$가 된다. P, Q는 A에서 열린집합이므로 X상에서 열린집합 U, V가 존재하여 $U \cap A = P$, $V \cap A = Q$를 만족한다. 따라서 $A \subset U \cup V$, $U \cap A \neq \varnothing$, $V \cap A \neq \varnothing$, 그리고 $U \cap V \cap A = \varnothing$가 됨을 쉽게 확인할 수 있다.

역으로 X상의 열린집합 U, V가 존재하여 $A \subset U \cup V$, $U \cap A \neq \varnothing$, $V \cap A \neq \varnothing$, 그리고 $U \cap V \cap A = \varnothing$를 만족한다고 가정하자. 그러면 $P = U \cap A$, $Q = V \cap A$는 A의 분리를 구성하게 된다. 따라서 A는 비연결이다. ■

정리 6.4의 집합 U, V는 다음의 정의에서 소개하듯이 또 다른 의미의 분리를 제공한다.

정리 6.5. 위상공간 X에 대하여 A를 부분공간이라고 하자. X에서 열린집합의 쌍 U, V가 존재하여 $A \subset U \cup V$, $U \cap A \neq \varnothing$, $V \cap A \neq \varnothing$, 그리고 $U \cap V \cap A = \varnothing$를 만족하면 $\{U, V\}$를 **X에서 A의 분리**라고 정의한다. (그림 6.4 참조.)

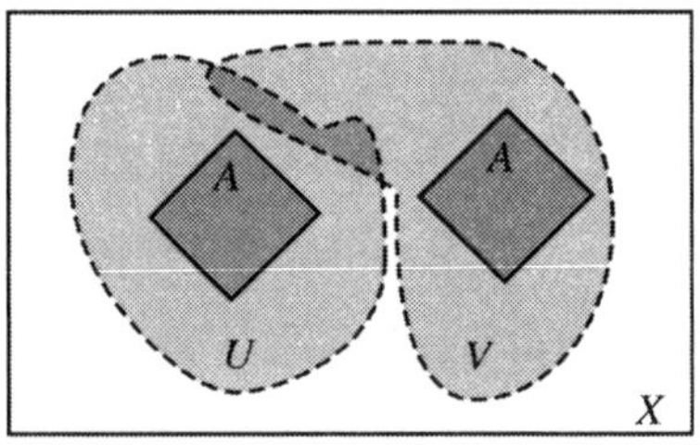

(그림 6.4) $\{U, V\}$는 X에서 A의 분리이다.

중요한 노트: X에서 A의 분리를 구성하는 집합의 쌍 $\{U, V\}$에 대하여 $U \cap V = \varnothing$인 것을 요구하지 않는다. 단지 $U \cap V$와 A의 교집합이 공집합인 것을 요구한다.

예 6.8. 집합 A는 그림 6.5와 같이 평면상의 두 곡선 $y=e^x$와 $y=0$으로 구성되어 있다. A는 연결인가? 아니다. 그림 6.5에 점선으로 표시된 곡선 $y=e^{x-1}$에 의해 양분된 부분을 각각 U, V라 놓으면 쌍 $\{U, V\}$는 평면에서 A의 분리가 된다.

또 다른 분리 방법으로는 집합 U를 그래프 $y=e^x$의 아래쪽에 놓인 점들의 집합이라 하고 V를 x-축 위쪽에 놓인 점들의 집합이라고 하면 $\{U, V\}$는 A의 분리가 된다. 비록 U와 V는 서로소는 아니지만 $U\cap V$와 A는 서로소이므로 $\{U, V\}$는 평면에서 A의 분리가 된다.

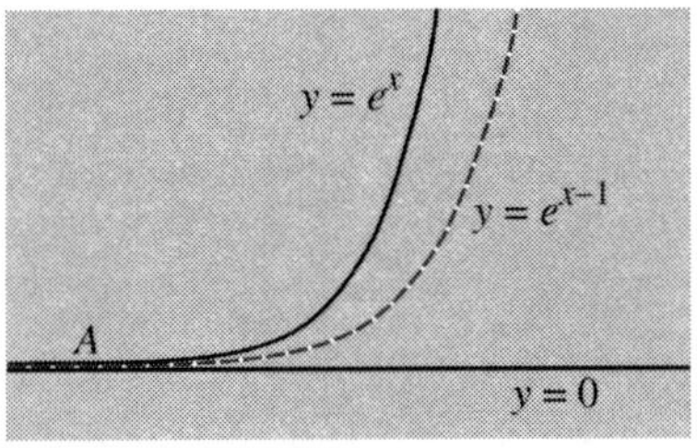

(그림 6.5) 집합 A는 비연결이다.

연결성은 오로지 열린집합에 의해서 정의되기 때문에 연결성은 위상적 성질이라는 것은 명백하다. X와 Y가 위상동형인 경우 X가 연결이기 위한 필요충분조건은 Y가 연결인 것을 증명하는 것은 자명하다. 그러나 연결성을 보존하기 위해서는 위상동형이라는 강력한 조건이 필요하지 않다.

정리 6.6. X가 연결이고 함수 $f: X\to Y$가 연속이면 $f(X)$는 Y에서 연결이다.

증명. $f(X)$가 Y에서 연결이 아니라고 가정하자. 그러면 열린집합의 쌍 $\{U, V\}$가 존재하여 Y에서 $f(X)$의 분리가 된다. 함수 f는 연속이므로 $f^{-1}(U)$와 $f^{-1}(V)$는 X에서 열린집합이 되고 $U\cap f(X)\neq\varnothing$, $V\cap f(X)\neq\varnothing$이므로 $f^{-1}(U)\neq\varnothing$, $f^{-1}(V)\neq\varnothing$이다. 또한 $f(X)\subset U\cup V$로부터 $X\subset f^{-1}(U)\cup f^{-1}(V)$가 되고 $U\cap V\cap f(X)=\varnothing$로부터 $f^{-1}(U)\cap f^{-1}(V)=\varnothing$이다. 따라서 $\{f^{-1}(U), f^{-1}(V)\}$는 X의 분리가 되고 이것은 X가 연결이라는 것에 모순이다. 따라서 $f(X)$는 Y에서 연결이다. ■

다음의 보조정리는 몇 가지 사실을 증명하는데 유용하게 사용된다.

보조정리 6.7. C와 D는 위상공간 X의 부분집합이다. $C\subset D$이고 C는 연결이라고 하자. 만약 $\{U, V\}$가 X에서 D의 분리라고 하면 $C\subset U$이거나 $C\subset V$이다.

증명. $C\subset U$도 성립하지 않고 $C\subset V$도 성립하지 않는다고 가정하자. 그러면 $C\cap U\neq\varnothing$이 되고 $C\cap V\neq\varnothing$이 된다. 따라서 $\{U, V\}$는 X에서 C의 분리를 구성한다. 이것은 C가 연결이라는 사실에 모순이다. ■

다음의 정리는 C가 X에서 연결인 경우 C에 C의 극한점을 더해도 여전히 연결집합이라는 것을 제시한다.

정리 6.8. C는 X에서 연결이라 하고 $C\subset A\subset\overline{C}$ 라고 하면 A는 X에서 연결이다.

증명. A가 연결이 아니라고 하고 $\{U, V\}$가 X에서 A의 분리라고 가정하자. 그러면 보조정리 6.7로부터 $C\subset U$이거나 $C\subset V$이다. 일반성을 잃지 않고 $C\subset U$라고 가정하자. 따라서 $C\cap V=\varnothing$이 된다. 그러나 $\{U, V\}$가 X에서 A의 분리를 구성하므로 $V\cap A\neq\varnothing$이다. $V\cap A$에서 한 점 x를 택하면 $x\in V\cap A$이고 따라서 $x\in A$이다. 그런데 $A\subset\overline{C}$이므로 $x\in\overline{C}$가 된다. 그러나 $x\in V$이고 V는 열린집합이며 $V\cap C=\varnothing$이므로 $x\notin\overline{C}$이다. 이것은 모순이므로 A는 X에서 연결이다. ■

연결집합의 합집합은 일반적으로 연결이 아니다. 예를 들어 $A=\{0\}$와 $B=\{1\}$은 각각 실수집합 $\mathbb{R}$의 표준위상에 대해 연결이지만 $A\cup B$는 연결이 아니다. 하지만 다음의 정리가 제시하듯이 위상공간 X의 연결인 부분집합들의 모임이 적어도 한 점을 공유하고 있다면 그것들의 합집합도 연결이다.

정리 6.9. 위상공간 X에 대하여 $\{C_\alpha\}_{\alpha\in A}$는 X의 연결인 부분집합들의 모임으로 $\bigcap_{\alpha} C_\alpha\neq\varnothing$이면 $\bigcup_{\alpha\in A} C_\alpha$는 X에서 연결이다.

증명. $\bigcup_{\alpha\in A} C_\alpha$는 X에서 연결이 아니라고 가정하자. 그러면 $\bigcup_{\alpha\in A} C_\alpha$의 X에서의 분리

$\{U, V\}$가 존재한다. $\bigcap_{\alpha \in A} C_\alpha \neq \varnothing$ 이므로 $x \in \bigcap_{\alpha \in A} C_\alpha$를 택하면 $x \in U$이거나 $x \in V$이다. 왜냐하면 $\{x\}$는 연결이기 때문이다. 일반성을 잃지 않고 $x \in U$라고 가정하면 $x \notin V$가 된다. 보조정리 6.7로부터 A에 속하는 모든 α에 대하여 $C_\alpha \subset U$이거나 $C_\alpha \subset V$가 된다. $x \in U$이지만 $x \notin V$이므로 모든 $\alpha \in A$에 대하여 $C_\alpha \subset U$이다. 따라서 $\bigcup_{\alpha \in A} C_\alpha \subset U$가 되어 $\{U, V\}$가 $\bigcup_{\alpha \in A} C_\alpha$의 분리라는 것에 모순이 된다. 그러므로 $\bigcup_{\alpha \in A} C_\alpha$는 연결이다. ■

정리 6.9는 연결집합의 합집합이 연결이 되는 경우를 설명하고 있지만 그 결과는 연결집합의 곱이 연결이 된다는 것을 증명할 때 사용된다.

정리 6.10. $X_1, X_2, \dots, X_n$이 연결인 위상공간이면 곱공간 $X_1 \times X_2 \times \cdots \times X_n$도 연결이다.

증명 우리는 두 연결공간의 곱공간이 연결이라는 것을 증명한다. 일반적인 경우에는 귀납법으로 증명하면 된다. X와 Y가 연결일 때 곱공간 $X \times Y$가 연결인 것을 증명한다. 임의의 $x \in X$에 대하여 $\{x\} \times Y$는 Y와 위상동형이고 Y가 연결이므로 $\{x\} \times Y$도 연결이다. 같은 방법으로 임의의 $y \in Y$에 대하여 $X \times Y$의 부분공간 $X \times \{y\}$는 연결이다. 정리 6.9에 의해 임의의 $x \in X$와 $y \in Y$에 대하여 $(\{x\} \times Y) \cup (X \times \{y\})$는 $X \times Y$의 연결인 부분집합이다. (그림 6.6 참조.)

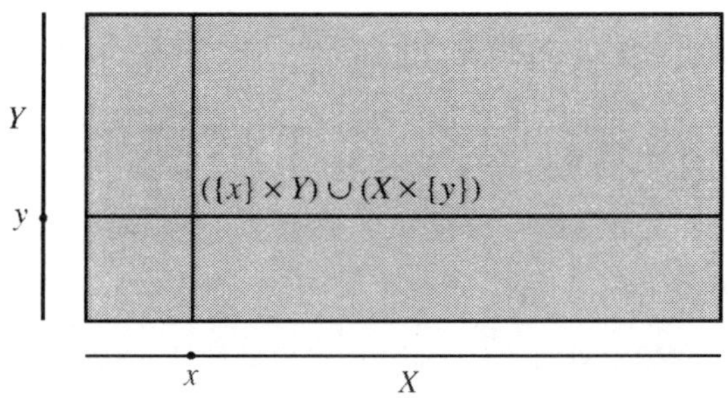

(그림 6.6) $(\{x\} \times Y) \cup (X \times \{y\})$는 $X \times Y$에서 연결이다.

이제 $x_0 \in X$를 고정하고 $y \in Y$를 변화시키면 각각의 부분집합 $(\{x_0\} \times Y) \cup (X \times \{y\})$는 $\{x_0\} \times Y$를 포함하게 된다. 정리 6.9로부터 $\bigcup_{y \in Y} ((\{x_0\} \times Y) \cup (X \times \{y\}))$는 $X \times Y$

에서 연결이고

$$\bigcup_{y\in Y}((\{x_0\}\times Y)\cup(X\times\{y\}))=X\times Y$$

이다. 따라서 $X\times Y$는 연결이다. (그림 6.7 참조.)

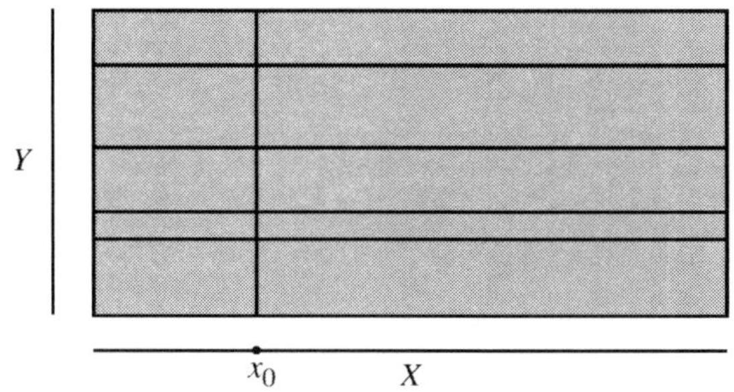

(그림 6.7) $X\times Y=\bigcup_{y\in Y}((\{x_0\}\times Y)\cup(X\times\{y\}))$ ■

위상공간은 그 안에 포함되는 가장 큰 연결인 부분집합들로 분할이 된다. 우리는 이러한 개념을 구체화하려고 한다.

위상공간 X에 대하여 관계 $\sim_C$를 다음과 같이 정의한다. $x\sim_C y$는 x와 y가 같은 연결부분집합에 포함될 때이다. 그러면 $\sim_C$는 동치관계이다. 모든 $x\in X$에 대하여 $x\sim_C x$는 명백하고 $x\sim_C y$이면 $y\sim_C x$이다. $x\sim_C y$이고 $y\sim_C z$라고 가정하면 x와 y는 연결부분집합 C에 속하고 y와 z는 연결집합 C'에 속하게 된다. C와 C는 원소 y를 공유하게 되므로 정리 6.9에 의해 $C\cup C'$은 연결이다. 이제 x와 z는 모두 연결집합 $C\cup C'$에 속하므로 $x\sim_C z$이다. 따라서 $\sim_C$는 동치관계이다.

정의 6.11. 위상공간 X에 대하여 두 원소 x, y가 같은 연결부분집합에 속할 때 $x\sim_C y$로 정의하자. 동치관계 $\sim_C$에 의한 동치류를 **연결성분**이라고 정의한다.

위상공간의 연결성분들은 동치관계에 의한 동치류들의 집합이므로 X의 분할을 이룬다. 다음의 정리로부터 연결성분은 X에 포함되는 가장 큰 연결부분집합이라는 것을 알 수 있다.

정리 6.12. X는 위상공간이라 하자.

(i) 각각의 연결성분은 X에서 연결이다.

(ii) A가 X의 연결부분집합이면 A는 어떤 연결성분의 부분집합이다.

(iii) 각각의 연결성분은 X에서 닫힌집합이다.

증명. (ii)부분을 증명하고 (i)과 (iii)은 연습문제 6.9로 남긴다.

(ii)의 증명: 위상공간 X에 대하여 C를 X의 연결성분이라고 하자. C가 연결이라는 것을 증명한다. C의 원소 p를 고정하면 모든 $x \in C$에 대하여 C는 동치관계에 의한 동치류이므로 $x \sim_C p$가 된다. 따라서 $\sim_C$의 정의에 의해 연결인 부분집합 C_x가 존재하여 x와 p를 포함하게 된다.

이제 $C_x \subset C$가 되는 것을 증명한다. $y \in C_x$라고 하면 $y \sim_C x$이고 $x \sim_C p$라는 사실을 이미 알고 있기 때문에 $y \sim_C p$가 된다. 따라서 y는 p를 포함하는 동치류 C에 속하게 된다. 즉 $y \in C$이다. 따라서 $C_x \subset C$이다.

이제 합집합의 보조정리로부터 $\bigcup_{x \in C} C_x = C$가 되고 각각의 C_x는 연결집합이고 p를 공유하고 있으므로 정리 6.9로부터 C는 연결집합이 된다. ■

예 6.9. 실수집합 $\mathbb{R}$의 여유한위상이 주어져 있다고 하자. 그러면 $\mathbb{R}$은 연결집합이다. (연습문제 6.1 참조.) 따라서 $\mathbb{R}$은 오직 한 개의 연결성분을 갖는데 그것은 $\mathbb{R}$ 자신이다.

예 6.10. 실수집합 $\mathbb{R}$의 하극한위상이 주어져 있다고 하자. 이 경우 예 6.9와는 완전히 다른 양상이 발생한다. 모든 연결성분은 한 점 집합이다. 두 점 이상을 포함하는 부분집합은 비연결이다. A는 $\mathbb{R}$의 부분집합으로 두 점 x, y를 포함하고 $x < y$라고 하자. 그러면 $x < z < y$를 만족하는 실수 z가 존재하므로 $(-\infty, z)$와 $[z, \infty)$는 A의 분리를 구성하게 되므로 A는 연결이 아니다. 따라서 하극한위상에 대하여 공집합이 아닌 연결 부분집합은 한 점 집합이다. 이 경우 연결성분은 한 점 집합들로 이루어져 있다.

정의 6.13. 위상공간 X에 대하여 모든 연결성분이 한 점 집합일 때 X는 **완전분리 (totally disconnected)**라고 정의한다.

예 6.10에 의해 $\mathbb{R}$ 의 하극한위상은 완전분리공간이다. 또 다른 완전분리공간의 예는 유리수집합 $\mathbb{Q}$ 에 표준위상이 주어진 경우이다. (연습문제 6.7 참조.)

다음의 정리는 위상동형사상이 연결성분을 연결성분으로 보낸다는 것을 제시한다.

정리 6.14. 위상동형사상 $f: X \to Y$에 대하여 C가 X에서 연결성분이면 $f(C)$는 Y에서 연결성분이다.

증명 $f: X \to Y$는 위상동형사상이고 C는 X의 연결성분이라고 가정하자. 그러면 정리 6.12에 의해 C는 연결이고 정리 6.6에 의해 $f(C)$는 Y에서 연결이다. 다시 정리 6.12에 의해 $f(C)$는 어떤 연결성분 D에 포함이 되므로 $f(C) = D$인 것을 보이면 된다.

D는 연결성분이므로 Y에서 연결이고 $f^{-1}: Y \to X$는 연속이므로 $f^{-1}(D)$는 X에서 연결이다. 한편 $f(C) \subset D$이므로 $C \subset f^{-1}(D)$가 되고 C는 연결성분이므로 $C = f^{-1}(D)$가 된다. 따라서 $f(C) = D$이다. ■

연습문제 6.1

6.1. 여유한위상을 갖는 무한집합은 연결공간임을 증명하시오.

6.2. 정리 6.2를 증명하시오.

6.3. 위상공간 X가 연결공간이기 위한 필요충분조건은 모든 공집합이 아닌 부분집합 A가 공집합이 아닌 경계를 갖는 것임을 증명하시오.

6.4. (a) 디지털직선위상에서 임의의 정수 $n \geq 0$에 대하여 집합 $\{-n, -n+1, \ldots, n-1, n\}$은 연결공간임을 증명하시오.

(b) (a)의 결과를 사용하여 디지털직선공간은 연결공간임을 증명하시오.

6.5. 집합 $\mathbb{R}$ 의 기저 $\mathcal{B} = \{(-a, a) \mid a \in \mathbb{R}\}$에 의해 생성되는 위상공간은 연결공간임을 증명하시오.

6.6. 집합 X에 대하여 p는 X의 원소이다. X의 임의의 부분집합은 특별점위상 PPX_p과 점제외위상 EPX_p에 대하여 연결집합임을 보이시오.

6.7. (a) X가 이산위상을 갖는다면, X는 완전분리공간임을 보이시오.

(b) $\mathbb{Q}$는 유리수들의 집합이고 표준위상을 갖는다면, 완전분리공간임을 보이시오.

6.8. X는 위상공간이고, 연결된 부분집합들의 모임 $\{A_j\}_{j\in \mathbb{Z}_+}$에 대하여 $A_j \cap A_{j+1} \neq \varnothing$를 만족할 때, 합집합 $\cup_{j\in\mathbb{Z}_+} A_j$는 연결부분집합임을 보이시오.

6.9. 정리 6.12의 (ⅱ)와 (ⅲ)을 증명하시오.

6.10. 다음 예는 X의 부분집합 A의 분리를 정의하는데 조건 $U\cap V\cap A=\varnothing$이 적절하다는 것을 보여주는 것이다. $U\cap V=\varnothing$인 것은 너무나 강한 조건이다.

(a) 세 점 집합 $X=\{a,b,c\}$의 위상과 비연결 부분집합 A에 대하여 A의 어떤 분리도 $U\cap V\cap(X-A)\neq\varnothing$이 되도록 하는 예를 찾으시오.

(b) 집합 $\mathbb{R}$의 위상과 비연결 부분집합 A에 대하여 A의 어떤 분리도 $U\cap V\cap(\mathbb{R}-A)\neq\varnothing$이 되도록 하는 예를 찾으시오.

6.2 연결성에 의한 위상공간 구분하기

이 절에서는 유클리드 n-공간 $\mathbb{R}^n$상의 표준위상이 연결공간이라는 사실을 증명한다. 실수집합의 표준위상이 연결공간임을 보이고 정리 6.10을 사용하여 일반적인 유클리드공간 $\mathbb{R}^n$이 연결이 되는 것을 증명한다. 또한 연결성의 개념을 적용하여 어떻게 위상공간들을 구분하는지 보여준다. (즉 두 위상공간 사이에 위상동형사상이 존재하는지를 판별한다.)

실수집합의 표준위상이 연결이라는 사실을 증명하기 위해 실수 체계의 다음 성질들이 사용된다.

(ⅰ) 최소상계법칙(Least upper bound property)

공집합이 아닌 위로 유계인 실수의 모든 부분집합은 최소상계를 갖는다.

(ⅱ) 모든 실수 $x, y\in\mathbb{R}$에 대하여 $x<y$이면 $x<z<y$를 만족하는 실수 z가 존재한다.

정리 6.17. 실수집합 $\mathbb{R}$ 의 표준위상은 연결공간이다.

증명. $\mathbb{R}$ 이 연결이 아니라고 가정하고 $\{U, V\}$는 $\mathbb{R}$ 의 분리라고 하자. $u \in U$와 $v \in V$를 택하여 일반성을 잃지 않고 $u < v$라고 가정한다. 그림 6.8과 같이 $U' = U \cap [u, v]$, $V' = V \cap [u, v]$라고 하자. 그러면 $U' \cup V' = [u, v]$가 된다. U'는 v에 의해 위로 유계이므로 최소상계법칙에 의해 최소상계 c를 갖는다. 또한 $u \le c \le v$가 된다. 이제 $c \notin U'$이고 $c \notin V'$을 증명하여 모순을 이끌어 내려고 한다.

$c \notin V'$를 증명하기 위해 $c \in V'$라고 가정하고 모순을 유도한다. $u \notin V'$이면서 V'은 $[u, v]$에서 열린집합이므로 $u < d < c$이면서 $(d, c] \subset V'$인 d가 존재한다. 이것은 d가 U'의 상계가 되고 U'의 최소상계 c보다 작으므로 모순이다. 따라서 $c \notin V'$이다.

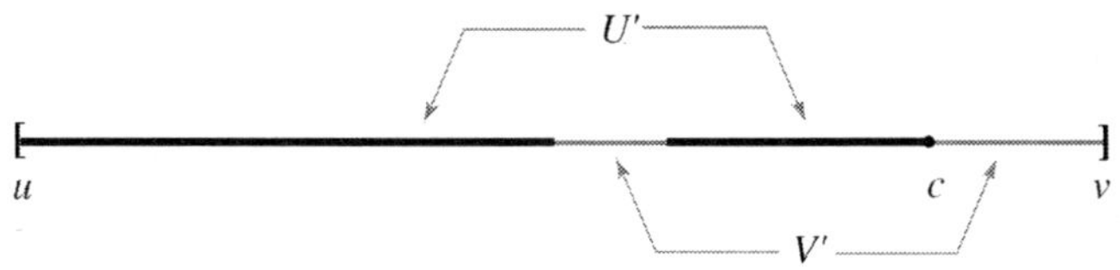

(그림 6.8) $[u, v]$ 안의 집합 U'과 V'.

이제 $c \notin U'$가 되는 것을 증명한다. $c \in U'$이라고 가정하고 모순을 유도한다. U'은 $[u, v]$에서 열린집합이고 $v \notin U'$이므로 $[c, d) \subset U'$를 만족하는 d가 존재한다. 따라서 모든 $e \in (c, d)$에 대하여 $e \in U'$이고 $e > c$가 된다. 이것은 c가 U'의 상계라는 것에 모순이다. 그러므로 $c \notin U'$이다.

$c \in [u, v]$이고 $U' \cup V' = [u, v]$를 만족해야 하므로 모순이 일어나고 $\mathbb{R}$ 은 연결인 위상공간이다. ■

정리 6.10과 6.17로부터 다음의 따름정리를 유도할 수 있다.

따름정리 6.18. 유클리드 n-공간 $\mathbb{R}^n$은 연결공간이다.

예 6.11. $\mathbb{R}$ 의 모든 구간은 연결이다. 열린구간 $(a, b), (-\infty, b)$ 그리고 (a, ∞)는 각각 $\mathbb{R}$ 과 위상동형이므로 연결이다. 정리 6.8에 의해 다른 모든 구간은 연결이다. 왜냐하면 모든 구간은 열린구간에서 극한점을 더하여 얻을 수 있기 때문이다.

예 6.12. n차원 구면 S^n은 연결공간이다. 우리는 2차원 구면 S^2가 연결공간이라는 것을 증명한다. 하지만 같은 접근방식으로 n차원 구면 S^n이 연결공간임을 증명할 수 있다.

예 4.16에서 소개한 극사영은 평면 $\mathbb{R}^2$와 구면에서 북극점 N을 제거한 $S^2-\{N\}$ 사이의 위상동형사상이다. $\mathbb{R}^2$는 연결공간이므로 $S^2-\{N\}$ 또한 연결공간이 된다. 정리 6.8에 의해 $S^2-\{N\}$의 폐포 S^2도 연결공간이다.

예 6.13. 구간 $I=[0,1]$이 연결공간이므로 정사각형 $I\times I$도 연결이다. 고리면, 뫼비우스 띠, 원환면, 클라인 병, 구면, 그리고 사영평면은 모두 정사각형의 대응되는 변들을 붙여서 만들어지거나 그러한 공간과 위상동형이다. (그림 6.9 참조.) 따라서 그러한 공간들은 정사각형으로 얻어지는 상공간이 되고 상공간 함수는 연속이며 정의역인 정사각형은 연결공간이므로 상공간도 연결공간이 된다.

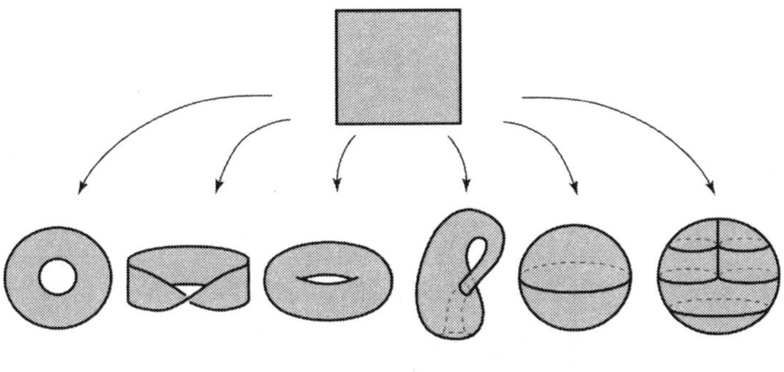

(그림 6.9) 정사각형 $I\times I$의 상공간

예 6.14. 위상공간 $\mathbb{R}^2-\{O\}$를 **구멍 뚫린 평면**(punctured plane)이라고 한다. O는 원점 $(0,0)$이다. 상반 평면 H_+와 하반 평면 H_-는 각각 연결이고 각각 x-축에서 원점을 제거한 집합을 더해주면 정리 6.8에 의해 연결집합이 되고 교집합이 공집합이 아니므로 합집합인 $\mathbb{R}^2-\{O\}$는 연결이 된다.

p가 $\mathbb{R}^2$의 점이라면 $\mathbb{R}^2-\{p\}$는 $\mathbb{R}^2-\{O\}$와 위상동형이므로 $\mathbb{R}^2-\{p\}$는 연결공간이다.

연결인 위상공간의 모임에서 연결성이 어떻게 위상공간들을 구분하는지 살펴본다. 직선은 원과 다르고 원은 평면과 다르고 평면은 구면과 다르다. 이것을 어떻게 증명할 것인가? 연결성이 증명에 도움을 주게 될 것이다.

예 6.5에서 제시하였듯이 직선에서 한 점을 제거하면 그 공간은 비연결이다. 이러한 방식은 다음과 같은 중요한 개념을 이끌어낸다.

정의 6.19. 연결인 위상공간 X에 대하여 X의 부분집합 S가 $X-S$는 비연결이 될 조건을 만족할 때 **절단집합(cutset)**이라고 정의한다. p가 X의 **절단점(cutpoint)**이라는 것은 $\{p\}$가 X에서 절단집합이 될 때이다. 절단집합 또는 절단점은 X**를 분리한다**고 한다.

예 6.15. 평면 $\mathbb{R}^2$는 연결공간이다. $\mathbb{R}^2$에서 원 S^1을 제거하면 두 개의 공집합이 아닌 열린집합이 그림 6.10과 같이 남게 된다. 따라서 $\mathbb{R}^2-S^1$은 비연결이 되고 S^1은 절단집합이 된다.

위상수학의 고전적 정리인 조르단 곡선 정리(Jordan Curve Theorem)에 의하면 모든 단순닫힌곡선은 평면을 유계인 영역과 비유계인 영역 두 부분으로 나누게 되므로 조르단 곡선은 평면에서 절단집합이 된다. 조르단 곡선 정리는 11장에서 다루게 된다.

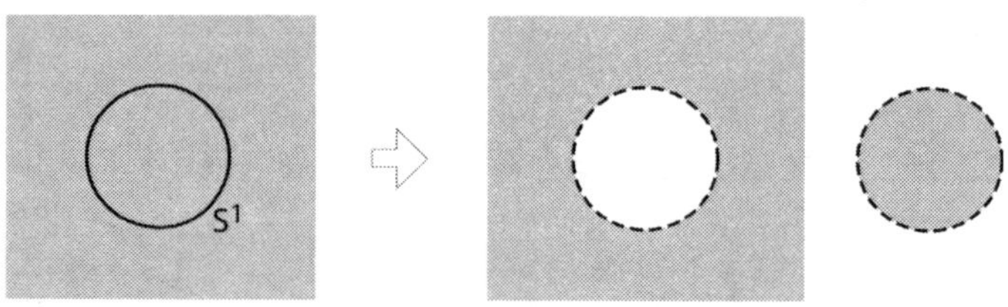

(그림 6.10) 원 S^1은 평면 $\mathbb{R}^2$의 절단집합이다.

그림 6.11에서 알 수 있듯이 X가 연결공간일 때 X의 부분집합 A의 경계는 $\mathrm{Int}(A)$와 $\mathrm{Int}(X-A)$가 공집합이 아닐 때 절단집합이 된다. (연습문제 6.23 참조.)

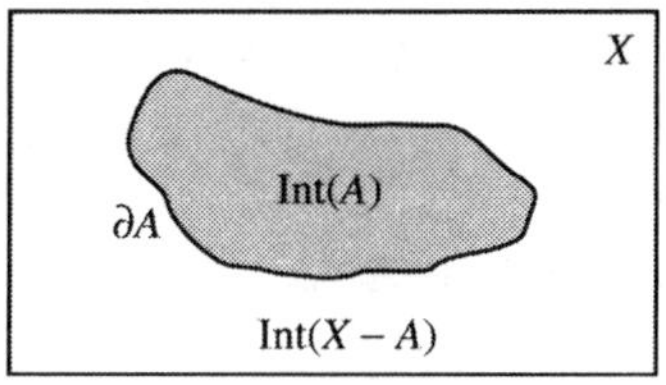

(그림 6.11) 집합 A의 경계가 X에서 절단집합이다.

다음의 정리는 절단집합이나 절단점이 위상동형사상에 의해 보존된다는 것을 확립한다. 따라서 그러한 개념은 위상공간을 구별하는데 사용된다.

정리 6.20. 위상동형사상 $f: X \to Y$에 대하여 S가 X의 절단집합이면 $f(S)$는 Y의 절단집합이다.

증명. 연습문제 6.24 참조. ■

정리 6.20으로부터 $f: X \to Y$가 위상동형사상이고 p가 X의 절단점이면 $f(p)$는 Y의 절단점이 된다는 것을 쉽게 알 수 있다.

예 6.16. 실수집합 $\mathbb{R}$의 모든 점 p는 절단점이지만 평면 $\mathbb{R}^2$상의 어떤 점 q도 절단점이 될 수 없다. 왜냐하면 $\mathbb{R}^2 - \{q\}$는 연결이기 때문이다. (그림 6.12 참조.) 따라서 $\mathbb{R}$과 $\mathbb{R}^2$는 위상동형이 아니다.

(그림 6.12) $\mathbb{R} - \{p\}$는 비연결이지만 $\mathbb{R}^2 - \{q\}$는 연결이다.

예 6.17. 원 S^1의 임의의 점 q에 대하여 $S^1-\{q\}$는 $\mathbb{R}$과 위상동형이므로 $S^1-\{q\}$는 연결공간이다. 따라서 S^1의 어떤 점도 절단점이 될 수 없다. 한편 $\mathbb{R}$의 모든 점은 절단점이다. 따라서 $\mathbb{R}$과 S^1은 위상동형이 될 수 없다. (그림 6.13 참조.)

구면 S^2의 임의의 점 r에 대하여 $S^2-\{r\}$은 $\mathbb{R}^2$와 위상동형이므로 연결공간이다. 따라서 구면 S^2의 어떤 점도 절단점이 될 수 없다. 이것은 구면 S^2와 $\mathbb{R}$이 위상동형이 될 수 없음을 알려준다.

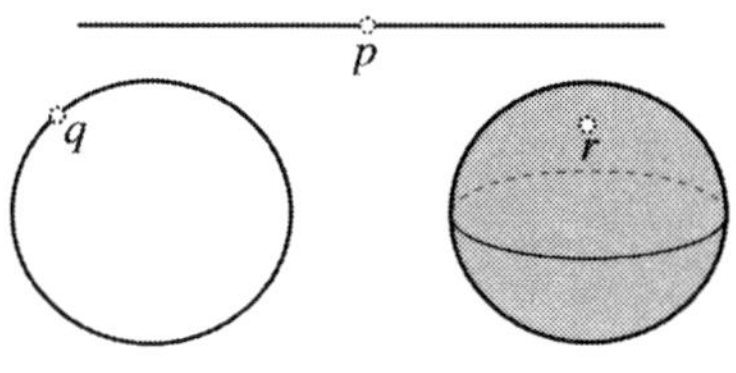

(그림 6.13) $\mathbb{R}-\{p\}$는 비연결이지만 $S^1-\{q\}$는 연결이다.

예 6.18. 원 S^1의 임의의 두 점 집합 $\{p,p'\}$은 원 S^1을 두 개의 열린구간으로 분리한다. 따라서 S^1의 임의의 두 점 집합은 절단집합이 된다. (그림 6.14 참조.)
하지만 구면 S^2의 두 점 $\{q,q'\}$을 제거하면 $S^2-\{q,q'\}$는 $\mathbb{R}^2-\{O\}$와 위상동형이므로 $S^2-\{q,q'\}$는 연결공간이 된다. 그러므로 구면의 어떤 두 점 집합도 절단집합이 될 수 없다. 이것으로부터 원 S^1와 구면 S^2는 위상동형이 될 수 없다는 것을 알 수 있다.

(그림 6.14) $S^1-\{p,p'\}$는 비연결이지만 $S^2-\{q,q'\}$는 연결이다.

지금까지 실수집합 $\mathbb{R}$을 평면 $\mathbb{R}^2$, 원 S^1, 그리고 구면 S^2와 구분하였고 원 S^1과 구면 S^2와 구분하였다. 같은 방법으로 원 S^1과 평면 $\mathbb{R}^2$를 구분할 수 있다. (연습문제 6.29 참조.) 하지만 구면과 평면을 고려할 때 한 점 집합, 두 점 집합 심지어는 가산인 무한집합도 두 공간을 분리하지 않는다. (연습문제 6.43 참조.) 따라서 점들을 제거하는 방식으로는 구면 S^2를 평면 $\mathbb{R}^2$로부터 구분할 수 없다. 7장에서 다루게 된 컴팩트성이 두 공간을 구분하게 될 것이다.

연습문제 6.2

6.17. (a) $\mathbb{R}^n$의 표준위상에 대하여 열린공과 닫힌공은 연결 부분집합임을 보이시오.

(b) 그림 6.15에 묘사된 그림 A, B, C는 평면에서 연결 부분집합임을 보이시오.

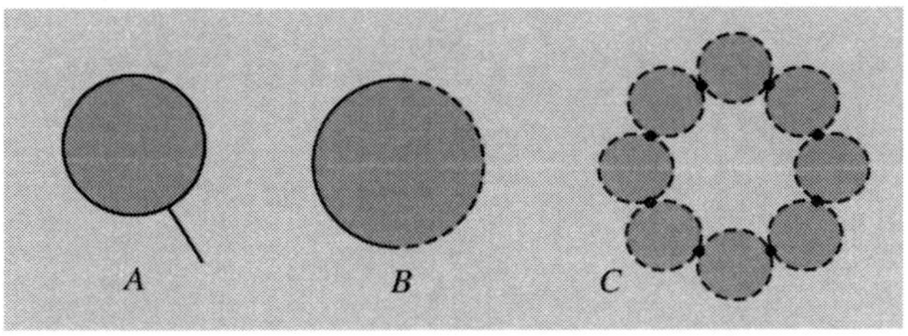

(그림 6.15) 평면의 이 부분집합들은 연결이다.

6.18. 다음의 조건을 만족하는 $\mathbb{R}^2$의 부분집합 A, B를 찾으시오.

(a) A, B는 연결부분집합이지만, $A \cap B$는 연결이 아니다.

(b) A, B는 연결부분집합이지만, $A - B$는 연결이 아니다.

(c) A는 연결이고, B는 비연결이며, $A \cap B$는 연결이다.

(d) A, B는 비연결이지만, $A \cup B$는 연결이다.

(e) A, B는 연결이고, $\mathrm{Cl}(A) \cap \mathrm{Cl}(B) \neq \varnothing$이며, $A \cup B$는 비연결이다.

6.19. 집합 B는 $\mathbb{R}^n$의 유클리드거리에 대하여 유계인 부분집합일 때, $\mathbb{R}^n - B$는 오직 한 개의 유계가 아닌 연결성분을 갖는다는 것을 증명하시오.

6.20. 다음의 각 경우에 주어진 집합 C가 연결공간 X의 절단부분집합인지를 판정하시오.

(a) 집합 $X = \{a, b, c\}$의 위상 $\{\varnothing, \{b\}, \{a, b\}, \{b, c\}, X\}$에 대하여 $C = \{b\}$.

(b) 집합 $X = \{a, b, c\}$의 위상 $\{\varnothing, \{b\}, \{a, b\}, \{b, c\}, X\}$에 대하여 $C = \{c\}$.

(c) 집합 $\mathbb{R}$ 의 특별점위상 $PP\mathbb{R}_0$에 대하여 $C=\{0\}$.

(d) 집합 $\mathbb{R}$ 의 여유한위상에 대하여 $C=\{-1,1\}$.

(e) 평면 $X=\mathbb{R}^2$의 표준위상에 대하여 $C=S^1$.

(f) 뫼비우스 띠 X에 대하여 C는 그림 6.16과 같은 중심곡선.

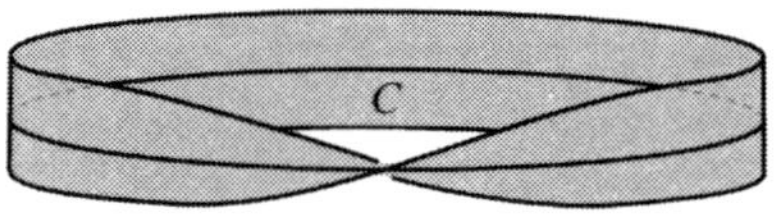

(그림 6.16) $X-C$는 연결인가?

6.21. 디지털직선위상에서 각각의 정수 n은 절단점이라는 것을 보이시오.

6.22. 클라인 병을 두 개의 뫼비우스 띠로 나눌 수 있는가? 다음 조건을 만족하는 클라인 병 K의 절단집합 C를 찾으시오.

(i) C는 K의 단순닫힌곡선이다.

(ii) $K-C$는 서로소인 두 개의 열린집합으로 구성되어 있고, 각각의 폐포는 뫼비우스 띠와 위상동형이다.

6.23. X는 연결공간이고, A는 X의 부분집합일 때, $\text{Int}(A)$와 $\text{Int}(X-A)$가 공집합이 아니면, ∂A가 절단부분집합이고, $\text{Int}(A)$와 $\text{Int}(X-A)$는 $X-\partial A$의 분리가 되는 것을 보이시오.

6.24. 정리 6.20을 증명하시오.

6.25. $n\geq 2$일 때, $\mathbb{R}$과 $\mathbb{R}^n$은 위상동형이 아님을 보이시오.

6.26. $n\geq 2$일 때, $\mathbb{R}$과 S^1은 S^n과 위상동형이 아님을 보이시오.

6.27. 실수 $\mathbb{R}$의 표준위상에 대하여 부분집합 $[0,1],[0,1),(0,1)$ 중에서 어느 두 개도 서로 위상동형이 아님을 보이시오.

6.28. (a) 구간 $[0,2\pi)$는 S^1과 위상동형이 아님을 보이시오.

(b) $\mathbb{R}$의 어떤 구간도 S^1과 위상동형이 아님을 보이시오.

6.29. 평면의 어떤 두 점 부분집합도 평면을 분리할 수 없음을 증명하고, 그 결과를 이용하여 S^1과 평면 $\mathbb{R}^2$는 위상동형이 아님을 보이시오.

6.30. 다음 정의를 고려하자:

정의 6.21. X는 연결인 위상공간이고 $n \in \mathbb{Z}_+ (n \geq 2)$이라 하자. X의 점 p에 대하여 만약 $U - \{p\}$가 n개의 연결성분을 가지는 연결인 p의 근방 U가 존재한다면 p를 **X에서 차수가 n인 국소절단점**이라 말한다.

만약 $f : X \to Y$가 위상동형사상이고 p가 X에서 차수 n인 국소절단점이면 $f(p)$는 Y에서 차수 n인 국소절단점임을 증명하시오.

6.31. 위상동치에 의해 위상동치류로 나누어진 알파벳 문자들의 위상적 그래프 표현들의 모임으로 시작하자. (연습문제 4.37 참조.) 연습문제 6.30을 사용하여 만약 두 표현이 다른 위상동치류에 있다면 그것들은 위상동형이 아님을 증명하시오.

6.3 중간값 정리

미적분학에서 가장 중요한 정리 중의 하나가 중간값 정리이다. 중간값 정리는 닫힌구간 $[a, b]$에서 정의된 연속함수는 $f(a)$와 $f(b)$ 사이의 모든 값을 함수 값으로 갖는다는 것을 알려준다.

정리 6.22. 구간 $[a, b]$에서의 중간값 정리

연속함수 $f : [a, b] \to \mathbb{R}$ 에 대하여 s가 $f(a)$와 $f(b)$ 사이에 놓여있다면 $[a, b]$에 적어도 한 점 c가 존재하여 $f(c) = s$를 만족한다. (그림 6.17 참조.)

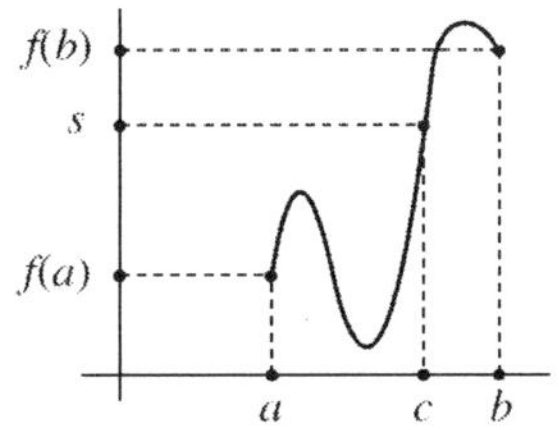

(그림 6.17) $c \in [a, b]$가 존재하여 $f(c) = s$.

구간 $[a, b]$에서의 중간값 정리는 보다 일반적인 경우의 중간값 정리 6.24로부터 유도할 수 있다.

예 6.19. 2001년 1월 1일 몸무게가 320파운드에 달했던 자레드(Jared)는 체중을 줄이기 위해 신년계획을 세웠다. 그래서 그가 좋아하는 버거 가게에서 점심을 먹는 대신 길 건너 샌드위치 가게에서 먹기로 결정하였다. 놀랍게도 자레드는 30주 지나서 50파운드를 감량하였다. $w(t)$는 시간의 변화에 따른 자레드의 체중의 변화를 주별 함수로서 나타낸 것이라고 하면 $w(0)=320$이고 $w(30)=270$이다. 체중이 270부터 320까지의 모든 값에 대하여 자레드의 체중이 그 값이 되는 시기가 반드시 있었다.
특히 자레드의 체중이 300파운드가 되는 시점이 몇 번 있었다. 중간값 정리는 자레드의 체중이 300파운드가 되는 시점이 30주 동안 적어도 한 번은 있었다는 것을 알려준다.

다음의 따름정리는 중간값 정리가 어떻게 활용되는지 보여준다.

따름정리 6.23. $f:[a,b]\to\mathbb{R}$ 는 연속함수이고 $f(a)$와 $f(b)$의 함수 값의 부호가 다르다면 $f(x)=0$는 구간 $[a,b]$에서 근을 갖는다.

보조정리 6.23은 방정식 $f(x)=0$에 대한 근의 존재성을 확인시켜준다. 예를 들어 함수 f는 실수집합에서 정의된 연속함수로 구간 $[a,b]$가 존재하여 한 쪽 끝에서는 f가 음의 함수 값을 갖고 다른 쪽 끝에서는 양의 함수 값을 갖는다면 중간값 정리로부터 방정식 $f(x)=0$는 근을 갖게 된다.

구간 $[a,b]$에서의 중간값 정리는 미적분학에서 처음 접하게 되지만 중간값 정리는 훨씬 더 일반적인 경우로 서술된다. 따라서 그 정리는 위상으로부터 비롯된 것이다.

정리 6.24. 중간값 정리(일반적인 경우)
연결인 위상공간 X와 연속함수 $f:X\to\mathbb{R}$ 에 대하여 $p,q\in f(X)$이고 $p\le r\le q$이면 $r\in f(X)$이다.

증명. $f:X\to\mathbb{R}$ 은 연속이고 $p,q\in f(X)$, $p\le r\le q$라고 가정하자. 만약 $r=p$ 또는 $r=q$이면 $r\in f(X)$는 자명하다. 따라서 $p<r<q$인 경우를 고려하자. X는 연결공간이고 f는 연속함수이므로 $f(X)$는 $\mathbb{R}$ 에서 연결이다. 귀류법으로 증명하기 위해 $r\notin f(X)$라고

가정하면 $U=(-\infty, r)$과 $V=(r, \infty)$는 $\mathbb{R}$ 의 열린집합이고 $f(X) \subset U \cup V$이다. 또한 $p \in U$이고 $q \in V$이므로 $U \cap f(X) \neq \varnothing$, $V \cap f(X) \neq \varnothing$ 이다. 따라서 쌍 $\{U, V\}$는 $\mathbb{R}$ 에서 $f(X)$의 분리가 되고 이것은 $f(X)$가 연결이라는 것에 모순이다. 그러므로 $r \in f(X)$이다. (그림 6.18 참조.) ■

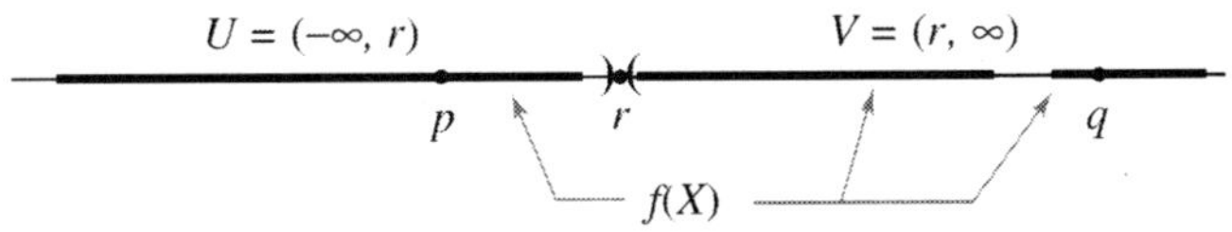

(그림 6.18) $r \notin f(X)$이면 $U=(-\infty, r)$과 $V=(r, \infty)$는 $f(X)$의 분리가 된다.

구간 $[a, b]$에서의 중간값 정리는 일반적인 경우의 중간값 정리에서 $X=[a, b]$라 하고 $p=f(a)$, $q=f(b)$라 놓으면 유도할 수 있다.

예 6.20. 루이제(Louise) 호수의 표면을 위상공간 X로 나타내고 함수 $f: X \to \mathbb{R}$ 는 호수 표면의 각 점에서 호수의 깊이를 재는 함수라고 하자. 호수의 최대 깊이가 70미터라고 한다면 호수의 깊이가 30미터인 지점이 존재하는가?

$f: X \to \mathbb{R}$ 는 연속함수이고 X는 위상적으로 원판과 동일하므로 연결공간이다. (연습문제 6.17 참조.) 따라서 중간값 정리로부터 호수의 깊이가 30미터인 지점이 존재한다. 호수의 깊이가 0부터 70미터 사이의 모든 값에 대하여 그 값을 깊이로 갖는 호수 표면의 지점이 적어도 하나 존재한다.

중간값 정리의 유용한 활용 중의 하나는 1차원 브라우어 고정점 정리이다.

정리 6.25. 1차원 브라우어(Brouwer) 고정점 정리.
연속함수 $f:[-1,1] \to [-1,1]$에 대하여 적어도 한 점 $c \in [-1,1]$가 존재하여 $f(c)=c$를 만족한다.

이 정리는 모든 연속함수 $f:[-1,1] \to [-1,1]$는 $[-1,1]$상의 어떤 점 c를 자기 자신으로 보낸다는 것을 알려준다. 이러한 점 c를 함수 f의 **고정점(fixed point)**이라고 한다.

이 정리가 왜 성립하는지 쉽게 시각화할 수 있다. (그림 6.19 참조.) 연속함수 $f:[-1,1]\to[-1,1]$의 그래프를 사각형 $[-1,1]\times[-1,1]$의 왼쪽 끝에서 오른쪽 끝까지 움직여 가보면 반드시 직선 $y=x$와 만나는 점 (c,c)가 생긴다. 그러한 교점들이 $f(c)=c$를 만족하는 점에 대응이 된다.

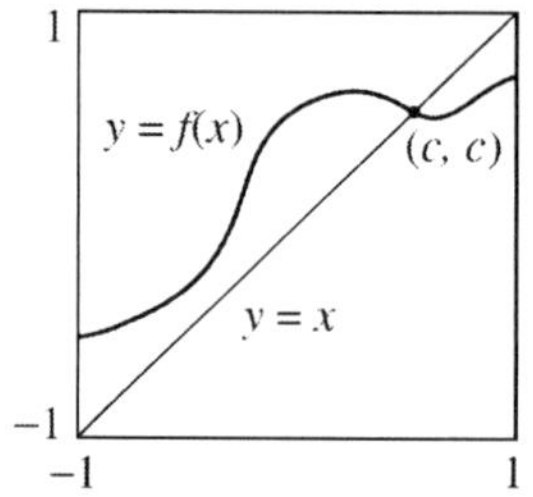

(그림 6.19) 함수 f의 그래프와 직선 $y=x$의 교점이 고정점에 대응된다.

다음의 증명에서 지금까지의 시각화된 논리를 정식화한다.

증명. 연속함수 $f:[-1,1]\to[-1,1]$에 대하여 연속함수 $g:[-1,1]\to\mathbb{R}$을 $g(x)=$ $=f(x)-x$로 정의하자. 그러면 g는 연속함수이고 $f(-1)\geq -1$이므로 $g(-1)\geq 0$이다. 같은 방법으로 $g(1)\leq 0$이다. 중간값 정리로부터 $c\in[-1,1]$이 존재하여 $g(c)=0$를 만족한다. 그러한 c에 대하여 $g(c)=f(c)-c=0$이므로 $f(c)=c$이다. 따라서 적어도 한 개의 $c\in[-1,1]$가 존재하여 $f(c)=c$를 만족한다. ■

n차원 브라우어 고정점 정리는 연속함수 $f:B^n\to B^n$가 n차원 공에서 정의된 연속함수이면 함수 f는 고정점을 갖는다는 것이다. 즉 $x\in B^n$이 존재하여 $f(x)=x$를 만족한다. 2차원 공에 대한 브라우어 고정점 정리는 10장에서 다룬다.

예 6.21. 개체수 모델링으로의 활용

생태학 분야의 개체수 모델은 한 종 또는 여러 종의 개체수 모델에 관한 실험적 그리고 수학적으로 탐구되었다. 어떻게 한 종이 성장하고 멸종되는지, 어떻게 주변 환경에 적응하는지, 어떻게 종이 관리되는지에 관한 모든 것들이 모델을 결정하는 요소가 된다. 정량적 분석을 위해 특별한 모델이 요구될 때 위상적 도구를 사용하게 된다.

여기에 단순한 특별한 형태의 행동방식을 보여주는 단종모델을 중간값 정리를 사용하여 분석해 본다.

$y(t)$는 어느 종의 개체수의 크기를 시간의 함수로 나타낸 것이다. 개체수가 현재의 개체수 크기에 종속되는 비율로 연속적으로 증가한다고 가정하자. 따라서 $\frac{dy}{dt}=f(y)$이고 f는 연속함수이다. 함수 f는 성장함수이고 어떻게 성장률이 개체수에 의존되는지를 반영한다.

그러한 모델 중의 단순한 예는 $\frac{dy}{dt}=ky, k>0$으로 주어진다. 여기서 성장률은 개체수의 크기에 비례한다. 이 모델은 자원의 제약이 없고 천적이 없는 경우에 적용된다. 이 미분 방적식의 해는 $y=y_0e^{kt}$로 주어진다. 이 모델의 경우 개체수의 초월 함수적 증가를 초래한다.

다른 종류의 함수 $y(t)$에 대해서는 일반적으로 해를 결정하기 어려운 경우도 있다. 직접 방정식의 해를 구하는 방법 이외의 다른 접근 방식은 방정식의 해에 관한 행동양식을 분석하는 것이다.

그러한 모델을 분석하는데 종종 시간의 변화에 일정한 상수인 **일정한 상태의 해 (steady-state solutions)**를 찾아내는 것은 흥미로운 작업이다. 그러한 해는 연립방정식의 예측되는 오랜 기간의 행동을 나타낼 수 있고 시간 변화에 따른 해들의 극한 행동으로 나타난다. 따라서 우리는 일정 상태의 해에 관심이 있다. 왜냐하면 그것들은 다른 해들이 수렴하는 안정된 상태에 대응되기 때문이다. 일정상태의 해 $y(t)=y^*$는 $\frac{dy}{dt}=0$인 경우에 발생하므로 $f(y^*)=0$이다.

구체적인 예를 살펴보자. $y(t)$는 몬타나(Montana) 지역의 늑대 개체수를 나타내고 늑대는 야생의 상태로 방목되었다. 우리는 늑대 개체수의 일정 상태가 존재하는 것을 알아내는 것이 가능한지 알고 싶다.

우리는 성장함수 f에 자연스러운 가정을 부여할 것이다.

(i) 작은 수의 늑대에 대하여 개체 수의 증가를 가능하게 하는 충분한 자원이 있다.

(ii) 많은 수의 늑대에 대해서는 개체 수의 증가를 유지하기 위한 자원은 충분하지 않고 결과적으로 개체 수는 감소한다.

따라서 우리는 작은 값 y에 대해서는 $f(y)>0$이 되고 큰 값 y에 대해서는 $f(y)<0$이라고 가정하자. 이제 0에 가까운 값 S를 택하여 $f(S)>0$이라 하고 큰 값을 택하여 $f(L)<0$이 되게 만든다.

이제 그림 6.20에 묘사된 y와 t의 좌표계를 고려하자. 미분방정식 $\frac{dy}{dt}=f(y)$의 해는 $f(y)$를 기울기로 갖는다. 즉 (t, y)를 지나는 해 곡선(solution curve)은 $f(y)$를 기울기로 갖는다. 특히 가정으로부터 그림 6.20과 같이 해 곡선은 $y=S$에서 양의 기울기를 갖고 $y=L$에서 음의 기울기를 갖는다.

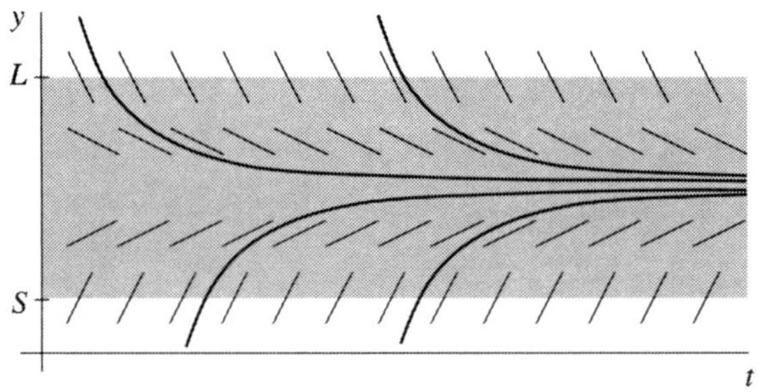

(그림 6.20) 기울기와 해 곡선.

$ty-$평면에서는 B는 다음과 같이 정의된 띠라고 하자.

$$B=\{(t, y) \mid t \geq 0,\ S \leq y \leq L\}.$$

그림 6.20에서 확인할 수 있듯이 띠 B안으로 들어간 해 곡선은 그곳에 반드시 머무르게 된다는 것은 명백하다. 띠 B 안에서는 무슨 일이 일어나는 것인가? 성장함수 f의 행동양식에 관한 더 많은 정보 없이는 뚜렷한 결론을 이끌어 낼 수 없다. 하지만 중간값 정리를 사용하면 $f(S)>0$이고 $f(L)<0$이라는 정보로부터 $[S, L]$ 사이의 어떤 값 y^*가 존재하여 $f(y^*)=0$를 만족한다는 것을 알 수 있다. (그림 6.21 참조.) 따라서 일정 상태의 해 $y(t)=y^*$가 존재한다. 그것의 그래프는 띠 B 안에 그려진 수평선으로 나타난다. 따라서 작은 수에서는 개체수가 성장하고 큰 수에서는 개체수가 감소한다는 가정 하에 어떤 개체수가 존재하여 늑대가 일정한 상태를 유지하며 살아남게 된다.

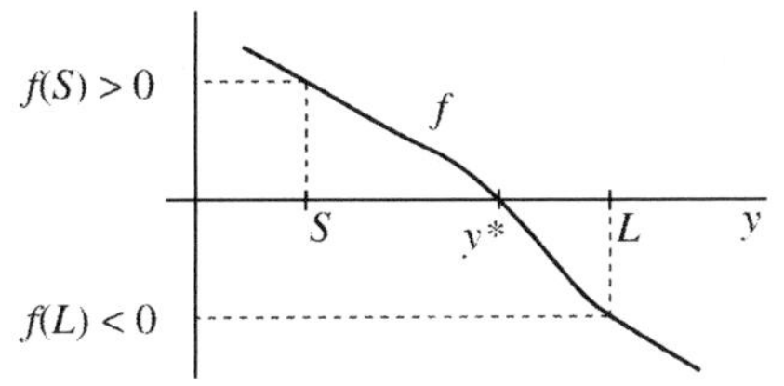

(그림 6.21) 성장함수 $f(y)$.

앞의 예에서 우리는 미분방정식의 정량적 분석을 살펴보았다. 일반적으로 미분방정식의 해에 관한 정량적 행동 양식을 연구하는 분야는 동력학계이다. (8장에서 다른 측면에서 바라본 동력학계 이론을 탐구할 것이다.) 앞에서 다룬 분석을 동력학계에 일반화할 수 있다. 닫힌구간 $[a, b]$상에서 $\dfrac{dy}{dt} = f(y)$가 정의되어 있다고 하자. f는 연속이고 $f(a) > 0$, $f(b) < 0$이라고 가정하면 $y^* \in [a, b]$인 일정 상태의 해 $y(t) = y^*$가 존재한다. 이것이 위상의 도구를 사용하여 이끌어 낼 수 있는 미분방정식의 해에 관한 정량적 결론의 평범한 형태이다. 비록 미분방정식의 해를 정확히 도출하지는 못했지만, 위상적 분석은 해의 정량적 행동 양식에 관한 결론을 이끌어내도록 하는 것을 가능하게 해준다.

일반적 형태의 중간값 정리는 다양한 흥미로운 결과를 유도한다. 그 중 하나인 다음의 정리를 살펴보자.

정리 6.26. 연속함수 $f : S^2 \to \mathbb{R}$ 에 대하여 $c \in S^2$가 존재하여 $f(c) = f(-c)$를 만족한다.

증명. 연속함수 $f : S^2 \to \mathbb{R}$ 에 대하여 $g : S^2 \to \mathbb{R}$ 를 $g(x) = f(x) - f(-x)$로 정의하자. 그러면 g는 연속이고 정의역 S^2는 연결공간이다. 또한 모든 $x \in S^2$에 대하여 $g(-x) = -g(x)$가 된다. S^2의 점 p를 택하고 $g(p) = 0$이 되면 $f(p) = f(-p)$가 되어 우리가 원하는 결과를 얻게 된다.

$g(p) \neq 0$이라면 $g(p)$와 $g(-p)$는 부호가 반대가 된다. 따라서 중간값 정리로부터 $q \in S^2$가 존재하여 $g(q) = 0$을 만족한다. 그러한 q에 대하여 $f(q) = f(-q)$이다. $g(p) = 0$이거나 $g(p) \neq 0$인 경우 모두 $c \in S^2$가 존재하여 $f(c) = f(-c)$이다. ■

예 6.22. 정리 6.26은 기상학에 흥미롭게 활용된다. 지구의 표면이 구면이라고 가정하고 표면의 기온은 구면 위에서 정의된 연속함수라고 가정하면 주어진 시점에서 지구 표면의 한 점과 원점에 대칭인 지점에서 같은 기온을 갖게 된다. 기온 이외에도 지구 표면에 정의되는 연속함수인 기압, 습도 등에도 적용되어 같은 결과를 얻어낼 수 있다.

정리 6.26은 $n \geq m$인 경우 연속함수 $f : S^n \to \mathbb{R}^m$로 일반화될 수 있다. 일반화된 결과를 보르수크-울람(Borsuk-Ulam) 정리라고 한다. 정리 6.26은 $n=2, m=1$인 경우의 보르수크-울람 정리이다. 임의의 n과 $m=1$인 경우 보르수크-울람 정리의 증명은 정리 6.26의 증명을 그대로 사용할 수 있다. 하지만 일반적인 경우의 보르수크-울람 정리의 증명은 이 책의 범위를 넘어서는 위상적 도구가 요구된다.

$m=n=2$인 경우의 보르수크-울람 정리의 증명은 9장의 보충문제에서 다루게 된다. 연속함수 $f : S^2 \to \mathbb{R}^2$에 관한 보르수크-울람 정리의 결과는 예 6.22에서 다룬 지구 표면에서의 연속함수의 결과보다 더 강력한 기상학의 활용을 보여준다. 구체적으로 말하자면 주어진 시간에서 지구 표면의 원점에 대칭인 두 점이 존재하여 똑같은 기온과 기압을 갖게 된다.

연습문제 6.3

6.32. 함수 $T: S^2 \to \mathbb{R}$는 지구 표면의 각 점에서의 온도를 나타내는 연속함수라고 하자. T(앵커리지)$= -30^\circ$이고, T(호놀룰루)$= 80^\circ$라고 하면, 지구 표면에 어떤 지점에서의 온도가 0°이 되는 곳이 있음을 보이시오. 함수 T의 정의역을 50개의 미국 주로 제한하더라도 여전히 중간값 정리는 성립하는가?

6.33. $p(x)$는 홀수 차수 다항식일 때, $p(x)=0$는 적어도 한 개의 실근을 갖는다는 것을 보이시오.

6.34. 일반적인 중간값 정리는 공역 $\mathbb{R}$에 다음과 같은 위상이 주어졌을 때 성립하는지 판정하시오.

(a) 자명한위상

(b) 이산위상

(c) 하극한위상

6.35. 공역에 디지털직선위상이 주어졌을 때, 중간값 정리를 서술하고 그것을 증명하시오.

6.36. 지구 표면의 각 점에서 태양빛의 강도를 측정하는 연속함수를 $I: S^2 \to \mathbb{R}$ 라고 하자. 정리 6.26에 의하여 원점에 대칭인 두 점 $c, -c$가 존재하여 $I(c) = I(-c)$ 이다. 하지만 c가 낮이면, $-c$는 밤이므로 이것은 역설이다. 이 역설을 해결하시오.

6.37. 지구 표면의 모든 대원에 대하여 원점에 대칭인 두 점이 존재하여 온도가 같음을 보이시오.

6.38. X는 연결공간이고 $A: X \to X$는 위상동형사상으로서 $A \circ A(x) = x$를 만족한다고 하자. 임의의 연속함수 $f: X \to \mathbb{R}$ 에 대하여 $f(x) = f(A(x))$를 만족하는 점 $x \in X$가 존재함을 증명하시오.

6.4 길연결공간

이 절에서는 6장의 초반부에 언급하였던 연결성에 관한 두 번째 접근 방식인 길연결성을 소개하고자 한다. 또한 길연결공간은 연결공간이 되는 것을 증명한다. 그리고 연결공간이지만 길연결공간이 되지 않는 예(위상수학자의 소용돌이)를 들어서 길연결성이 연결성보다 강한 조건이라는 것을 확인한다.

위상공간 X와 X의 두 점 x, y에 대하여 x와 y를 잇는 **길(path)**을 연속함수 $f: [0,1] \to X$로서 $f(0) = x$ 그리고 $f(1) = y$로 정의한다.

정의 6.27. 위상공간 X의 임의의 두 점 $x, y \in X$에 대하여 연속함수 $f: [0,1] \to X$가 존재하여 $f(0) = x$, $f(1) = y$를 만족할 때 X를 **길연결공간(path connected space)**이라고 정의한다. X의 부분집합 A가 X로부터 유도된 부분공간위상에 대하여 길연결이면 A는 X에서 길연결 부분집합이라 한다.

명백하게 $\mathbb{R}^n$은 길연결공간이고 $\mathbb{R}^n$의 부분집합인 열린공과 닫힌공도 길연결이다.

정리 6.28. X가 길연결공간이면 X는 연결공간이다.

증명 X가 길연결공간이라고 가정하고 X는 오직 한 개의 연결성분을 갖는다는 것을 증명한다. 즉 임의의 두 점 $x, y \in X$에 대하여 x와 y를 포함하는 X의 연결 부분집합이 존재함을 보이고자 한다. 임의의 두 점 $x, y \in X$에 대하여 X가 길연결공간이므로 연속함수 $f: I \to X$가 존재하여 $f(0)=x$, $f(1)=y$를 만족한다. $f(I)$는 X의 연결 부분집합이 되고 따라서 X는 연결공간이다. ■

명백하게 $\mathbb{R}$ 상의 표준위상은 길연결공간이므로 연결공간이다. 이것은 정리 6.17에서 제시한 증명보다 훨씬 쉬운 증명 방법을 제시한다. 그러나 이 논리에는 허점이 있다. 정리 6.28의 증명에서 닫힌구간 $[0,1]$이 연결이라는 사실을 사용하고 있는데 $[0,1]$이 연결이라는 것을 증명하기 위해서는 $\mathbb{R}$ 이 연결이라는 사실을 사용해야 한다. 따라서 정리 6.28의 증명은 $\mathbb{R}$ 이 연결공간이라는 사실에 기반을 두고 있다. 따라서 정리 6.28은 $\mathbb{R}$ 이 연결이라는 것을 증명하는데 사용될 수 없다.

처음 보기에는 길연결성과 연결성에 관한 성질이 동치같이 보이지만 그렇지 않다. 다음의 예에서 연결공간이지만 길연결공간이 되지 않는 예를 보게 될 것이다.

예 6.23. 위상수학자의 소용돌이(The topologist's whirlpool). A는 평면 안의 곡선으로 극좌표 (r,θ)를 사용하여 $A=\left\{\left(\frac{\theta}{\theta+1}, \theta\right) \mid \theta \in (0,\infty)\right\}$로 표현된다. 그림 6.22에서 보여주듯이 곡선 A는 바깥쪽으로 원 S^1을 향해서 계속 휘감는 모양이다. 위상수학자의 소용돌이는 $W=A\cup S^1$으로 정의되고 W는 평면 $\mathbb{R}^2$에서 A의 폐포와 같다는 것을 쉽게 알 수 있다.

A는 연결공간 $(0,\infty)$에서 정의된 연속함수의 상이므로 연결이고 $W=\overline{A}$이므로 W 또한 연결공간이 된다.

하지만 W는 길연결공간이 아니다. 증명은 좀 복잡하지만 해볼 만하다. 아이디어는 S^1의 점에서 시작한 길은 S^1에 머무르게 되기 때문에 S^1의 점과 A의 점을 연결하는 길이 존재하지 않는다는 것이다. $p:[0,1]\to W$는 길이고 $p(0)\in S^1$라고 하자. 이제 $p([0,1])\subset S^1$이 되는 것을 증명한다. 이것은 $p^{-1}(S^1)=[0,1]$과 동치이다. 우선 $p(0)\in S^1$이므로 $p^{-1}(S^1)$은 $[0,1]$의 공집합이 아닌 부분집합이다. 이제 $p^{-1}(S^1)$는 $[0,1]$에서 열린집합이면서 동시에 닫힌집합이 되는 것을 증명한다. 그러면 $[0,1]$은 연결이기 때문에 정리 6.2로부터 $p^{-1}(S^1)=[0,1]$이 된다.

S^1은 W에서 닫힌집합이고 $p:[0,1]\to W$는 연속함수이므로 $p^{-1}(S^1)$은 $[0,1]$의 닫힌집합이다.

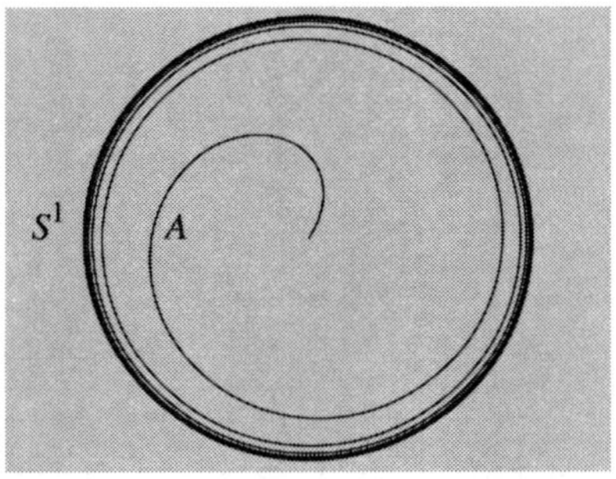

(그림 6.22) 위상수학자의 소용돌이.

$\mathcal{B}$를 $[0,1]$의 부분위상에 대한 기저라고 하면 모든 기저원소들은 $\mathbb{R}$ 상의 열린구간과 $[0,1]$의 교집합들로 구성되어 있다.

$p^{-1}(S^1)$이 열린집합이라는 것을 증명하기 위해 $p^{-1}(S^1)$에 속하는 임의의 원소 y를 택한다. 그러면 $y\in p^{-1}(S^1)$이므로 $p(y)\in S^1$이 된다. S^1의 점 $p(y)$를 극좌표를 사용하여 표현하면 $p(y)=(1,\gamma)$로 나타낼 수 있고 $p(y)$의 $\mathbb{R}^2$에서의 극좌표 근방 N을 다음과 같이 택한다.

$$N=\{(r,\theta)\mid 0.9<r<1.1,\ \gamma-0.1<\theta<\gamma+0.1\}$$

N을 선택하는데 사용된 특정한 숫자는 중요하지 않다. 우리는 단순히 $p(y)$를 포함하는 작은 근방이 필요하다. 집합 $N'=N\cap W$는 W에서 열린집합이고 $p^{-1}(N')$은 $[0,1]$에서 y를 포함하는 열린집합이 된다. 따라서 기저원소 $J\in\mathcal{B}$가 존재하여 $y\in J\subset p^{-1}(N')$을 만족시킨다. 기저원소 J는 $[0,1]$에서 구간으로 표현되므로 연결집합이다. 그러므로 $p(J)$는 N'의 연결 부분집합이고 $p(J)\subset S^1\cap N'$인 것을 보이자. $p(y)\in S^1\cap N'$이므로 $p(J)\cap(S^1\cap N')\neq\varnothing$이다.

구간 $(0.9,1)$에서 수열 $\{r_n\}$을 택하여 $r_n\to 1$로 수렴하고 집합

$$U_n=\{(r,\theta)\in N\mid r>r_n\}\ \text{그리고}\ V_n=\{(r,\theta)\in N\mid r<r_n\}$$

이 평면에서 N'의 분리가 되도록 만든다. (그림 6.23 참조.) 정리 6.7에 의해 모든 n에 대하여 $p(J)\subset U_n$이다. 따라서 $p(J)\subset S^1\cap N'$이 되고 $y\in J\subset p^{-1}(S^1)$이 되어

$p^{-1}(S^1)$은 열린집합이다.

따라서 W는 길연결공간이 아니다. 그리고 W는 연결이지만 길연결이 아닌 예가 된다.

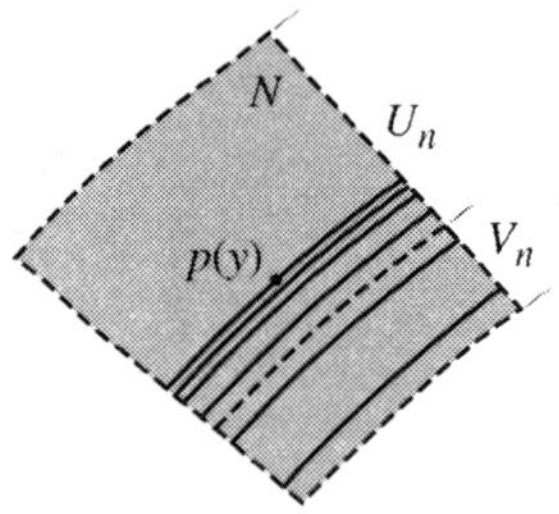

(그림 6.23) 집합 U_n과 V_n은 $S^1 \cap N'$의 분리이다.

예 6.24. 위상수학자의 sine 곡선은 평면 $\mathbb{R}^2$의 부분공간으로 다음과 같이 정의된다.

$$T = \left\{\left(x, \sin\frac{1}{x}\right) \mid 0 < x \leq 1\right\} \cup \{(0, y) \mid -1 \leq y \leq 1\}$$

T는 그림 6.24에서 묘사되고 있는데 위상수학자의 sine 곡선은 연결공간이면서 길연결공간이 아닌 또 다른 예이다. (연습문제 6.42 참조.)

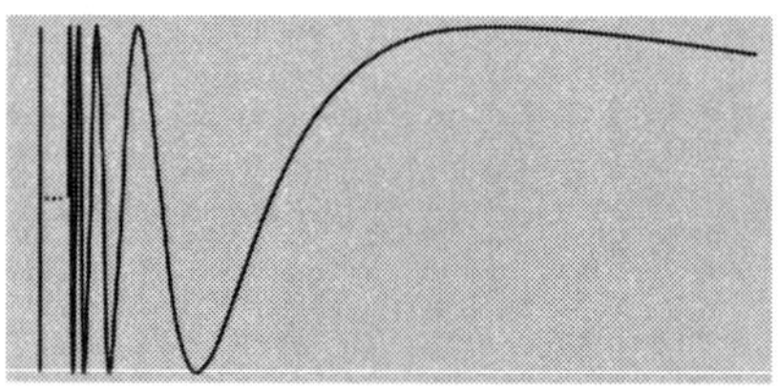

(그림 6.24) 위상수학자의 sine 곡선.

$\mathbb{R}^2$의 점 p에 대하여 $\mathbb{R}^2 - \{p\}$는 길연결공간이다. a, b는 $\mathbb{R}^2 - \{p\}$의 점이고 a와 b를 잇는 선분이 점 p를 포함하지 않는 경우에는 그 선분이 a와 b를 연결하는 길이 된다. 또한 a와 b를 연결하는 길은 함수 $f : I \to \mathbb{R}^2 - \{p\}$로서 $f(t) = (1-t)a + tb$로 나타낼 수 있다. a와 b를 연결하는 선분이 p를 통과할 경우에는 그 선분에 포함되지 않는 점 c를 택하여 먼저 a와 c를 선분으로 연결하고 연이어 c와 b를 그림 6.25와 같이 연결하면 된다. 그러한 길은 다음과 같이 표현할 수 있다.

$$g(t)=\begin{cases}(1-2t)a+2tc, & 0\le t\le \dfrac{1}{2},\\ (2-2t)c+(2t-1)b, & \dfrac{1}{2}\le t\le 1.\end{cases}$$

붙임보조정리에 의해 함수 g는 연속이다. 따라서 $\mathbb{R}^2-\{p\}$는 길연결공간이다.

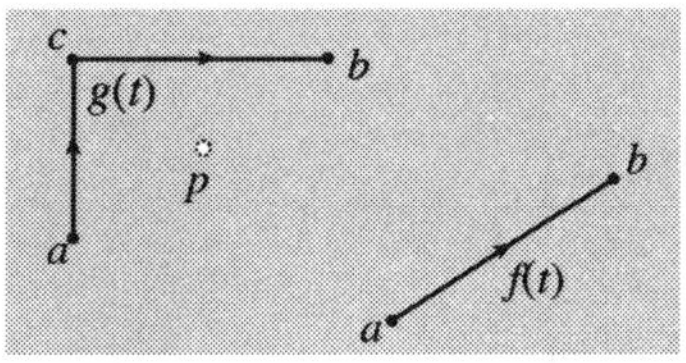

(그림 6.25) $\mathbb{R}^2-\{p\}$는 길연결공간이다.

위의 논리는 $n\ge 2$이고 $p\in\mathbb{R}^n$에 대하여 $\mathbb{R}^n-\{p\}$가 길연결공간이라는 사실로 일반화된다. 또한 $\mathbb{R}^n$에서 가산인 무한집합을 제거하더라도 결과적으로 얻어지는 공간은 여전히 길연결공간이다. (연습문제 6.43과 6.44 참조.)

다음의 정리는 길연결공간의 연속함수에 의한 상은 길연결공간임을 알려준다. 따라서 길연결성은 위상동형사상에 의해 보존되며 길연결성은 위상적 성질이다.

정리 6.29. 함수 $f:X\to Y$는 연속이고 X가 길연결공간이면 $f(X)$는 길연결공간이다.

증명. $f(X)$에 속하는 p,q에 대하여 $x\in f^{-1}(\{p\})$와 $y\in f^{-1}(\{q\})$를 택한다. X는 길연결공간이므로 x와 y를 연결하는 길 $g:I\to X$가 존재하여 $g(0)=x$, $g(1)=y$를 만족한다. 이제 함수 $f\circ g:I\to f(X)$로 $f\circ g(0)=p$, $f\circ g(1)=q$가 되어 p와 q를 연결하는 길이 된다. ■

연결공간과 마찬가지로, 주어진 위상공간 X를 최대의 길연결 부분집합들로 분할할 수 있다. 이러한 부분집합들을 길연결성분이라 하고 이것에 대해 아래와 같이 엄밀하게 정의하고자 한다.

위상공간 X에 대하여 X의 원소 사이의 관계 $x\sim_p y$를 x와 y를 연결하는 길이 존재하는 경우로 정의하면 $\sim_p$는 X에서 동치관계이다.

(i) $x \sim_p x$이다. 왜냐하면 함수 $f: I \to X$를 $f(t) = x$라고 정의하면 된다.

(ii) $x \sim_p y$이면 $y \sim_p x$이다. 함수 $f: I \to X$이고 $f(0) = x$, $f(1) = y$에 대하여 함수 $g: I \to X$를 $g(t) = f(1-t)$로 정의하면 된다.

(iii) $x \sim_p y$이고 $y \sim_p z$이면 $x \sim_p z$이다. 함수 $f: I \to X$가 존재하여 $f(0) = x$, $f(1) = y$라 하고 $g: I \to X$가 $g(0) = y$, $g(1) = z$라고 하면 함수

$$h(t) = \begin{cases} f(2t), & 0 \le t \le \frac{1}{2}, \\ g(2t-1), & \frac{1}{2} \le t \le 1 \end{cases}$$

로 정의하자. 그러면 $h(0) = x$, $h(1) = z$가 된다.

따라서 $\sim_p$는 동치관계이고 동치류들의 모임은 X의 분할을 이룬다.

정의 6.30. X의 동치관계 $\sim_p$에 관한 동치류를 **길연결성분(path component)**이라고 한다.

X의 모든 길연결성분은 길연결집합이고 모든 길연결 부분집합은 적당한 길연결성분에 포함된다. (연습문제 6.47 참조.) 이런 의미에서 길연결성분은 가장 큰 길연결 부분집합이다.

예 6.25. X_n는 평면 $\mathbb{R}^2$의 부분집합으로 소용돌이 $\left\{\left(\frac{\theta}{\theta+1}, \theta\right) \in \mathbb{R}^2 \mid \theta \in (0, \infty)\right\}$와 원 S^1에 같은 길이만큼 떨어져 있는 n개의 점 $\left\{\left(1, \frac{2k\pi}{n}\right) \mid k = 0, 1, 2, \dots, n-1\right\}$로의 합집합으로 구성되어 있다고 하자. 그림 6.26은 X_6을 묘사하고 있다. 위상수학자의 소용돌이 예에서 사용한 논리로부터 X_n은 연결이지만 길연결은 아니다. X_n은 한 개의 연결성분을 갖고 있고 $n+1$개의 길연결성분을 갖는다.

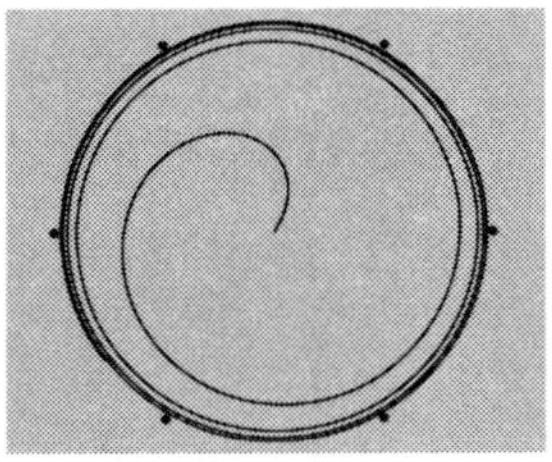

(그림 6.26) X_6의 그림.

각각의 길연결성분은 적당한 연결성분에 포함되기 때문에 일반적으로 연결성분의 개수는 길연결성분의 개수를 넘지는 않는다. (연습문제 6.49 참조.)

연습문제 6.4

6.39. 두 점 집합 $X = \{a, b\}$에 위상 $\mathfrak{I} = \{\varnothing, \{a\}, X\}$가 주어져 있다. 이 위상에 대하여 X는 길연결임을 보이시오.

6.40. 디지털직선공간은 길연결임을 보이시오.

6.41. $\mathbb{R}^n$의 부분집합 C가 주어져 있을 때, 고정된 점 $p^* \in C$와 임의의 점 $p \in C$를 연결하는 선분이 C에 포함되면 C를 **별모양 볼록집합**(star convex)이라고 부른다. 별모양 볼록집합은 길연결임을 보이시오.

6.42. 위상수학자의 sine 곡선은 연결집합이지만, 길연결집합이 아님을 증명하시오.

6.43. C는 $\mathbb{R}^2$의 가산 부분집합일 때, $\mathbb{R}^2 - C$는 길연결임을 보이시오.

6.44. C는 $\mathbb{R}^n$의 가산 무한부분집합일 때, $\mathbb{R}^n - C$는 길연결임을 보이시오.
(도움말: 연습문제 6.43은 수학적 귀납법을 사용하는 첫 단계이다.)

6.45. n차원 구면 S^n $(n \geq 1)$은 길연결임을 증명하시오.

6.46. $\{A_\alpha\}_{\alpha \in A}$는 위상공간 X의 길연결 부분집합들의 모임이고, $\bigcap_{\alpha \in A} A_\alpha \neq \varnothing$일 때, $\bigcup_{\alpha \in A} A_\alpha$는 길연결임을 보이시오.

6.47. X는 위상공간이다.

(a) X의 각각의 길연결성분은 길연결집합임을 보이시오.

(b) X의 각각의 길연결 부분집합은 X의 어떤 길연결성분에 포함되는 것을 보이시오.

6.48. 위상공간 X의 길연결성분으로서 열린집합도 아니고, 닫힌집합도 아닌 예를 찾으시오.

6.49. 위상공간 X의 길연결성분은 X의 어떤 연결성분에 포함됨을 보이시오.

6.50. 비가산인 길연결성분을 갖는 연결공간 X의 예를 찾으시오.

6.51. $f: X \to Y$는 위상동형사상이고, C는 X의 길연결성분일 때, $f(C)$는 Y의 길연결성분인 것을 보이시오.

6.52. $X_1, \ldots, X_n$이 길연결공간일 때, 곱공간 $X_1 \times \cdots \times X_n$은 길연결공간임을 보이시오.

컴팩트공간

chapter 7

지금까지 위상 입문에 해당하는 "세 가지 C" 중에서 두 가지를 소개하였다: 연속성(continuity)과 연결성(connectedness). 이 장에서는 세 번째인 컴팩트성(compactness)을 소개한다. 컴팩트성은 연속성이나 연결성처럼 직관적이지 않다. $\mathbb{R}^n$에서 컴팩트집합은 닫힌집합이고 유계이다. 하지만 일반적인 위상공간에서는 컴팩트집합을 간단히 표현하기는 어렵다. 20세기 초반에 위상수학자들이 컴팩트성을 엄밀하게 정의하기까지는 시간이 걸렸다. 극적으로 1923년 알렉산더(Alexandroff)와 울손(Urysohn)에 의해 제안된 컴팩트성의 정의를 위상수학자들이 수용하면서 문제가 해결되었다. 그 정의는 7.1절에서 다루게 된다.

컴팩트성의 정의와 컴팩트성과 관련된 몇 가지 성질 그리고 예들을 7.1절에서 소개한다. 7.2절에서는 거리공간의 컴팩트성을 다룬다. 7.3절에서는 최대·최소 정리를 증명하고 그 결과를 사용하여 몇 가지 유용한 결과들을 유도한다. 7.4절에서는 컴팩트성과 밀접한 관련이 있는 극한점 컴팩트성을 조사한다. 특히 거리공간에서는 극한점 컴팩트성과 컴팩트성은 동치이다. 마지막으로 7.5절에서는 한 점 컴팩트화를 소개한다. 컴팩트가 아닌 공간 X를 X에 한 점을 더하여 얻은 컴팩트공간의 부분공간으로 간주하는 것이다.

7.1 열린덮개와 컴팩트공간

그림 7.1에서와 같이 평면 $\mathbb{R}^2$상의 표준위상에 대한 부분집합을 고려하자. 이 장의 목표는 그림에서 "컴팩트"라고 표시된 부분집합과 "컴팩트 아님"이라고 표시된 부분집합을 구분하는 것이다.

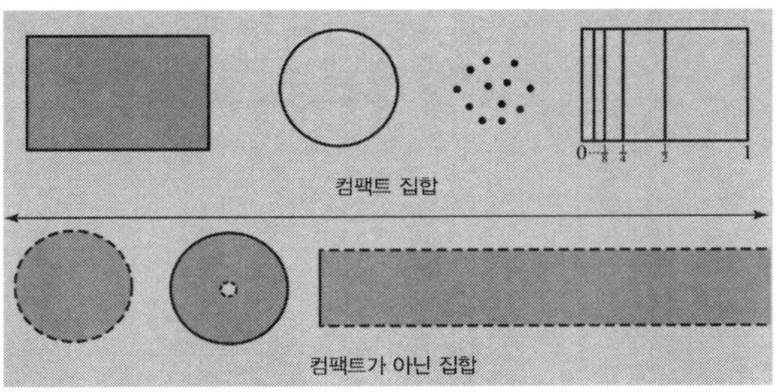

(그림 7.1) 평면 $\mathbb{R}^2$의 컴팩트 부분집합과 컴팩트가 아닌 부분집합.

컴팩트성과 관련된 몇 가지 중요한 정의부터 시작한다.

정의 7.1. A는 위상공간 X의 부분집합이고 $\mathcal{O}$는 X의 부분집합들의 모임이라 하자.

(i) A가 $\mathcal{O}$ 안의 부분집합들의 합집합에 포함될 때 $\mathcal{O}$를 A의 **덮개**라고 한다.

(ii) $\mathcal{O}$ 안의 각각의 부분집합이 열린집합이고 $\mathcal{O}$가 A의 덮개가 될 때 $\mathcal{O}$를 A의 **열린덮개(open cover)**라고 한다. (그림 7.2 참조.)

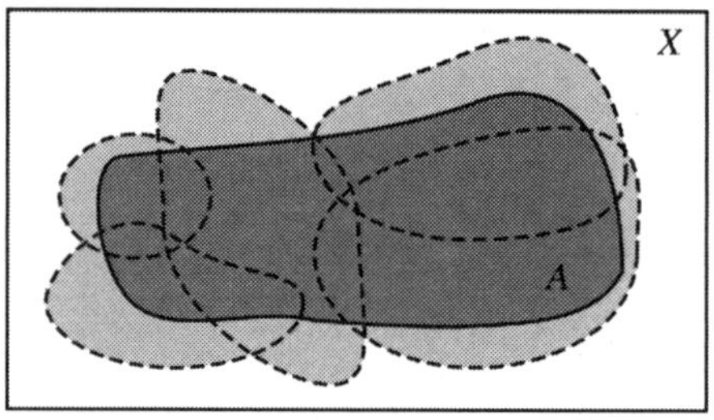

(그림 7.2) A의 열린덮개.

기저의 정의로부터 위상공간 X의 기저는 X의 열린덮개가 된다.

두 가지 형태의 구간들의 모임

$$\mathcal{O}_1 = \{\dots, (-1, 1), (0, 2), (1, 3), \dots\} \text{ 그리고 } \mathcal{O}_2 = \{(-\infty, 1), (0, \infty)\}$$

는 모두 $\mathbb{R}$ 의 열린덮개이다. 한 개의 덮개는 무한히 많은 집합으로 구성되어 있고 다른 덮개는 유한개의 집합으로 구성되어 있다. 우리는 유한개의 부분덮개를 가진 덮개에 관심이 있고 다음 정리를 가진다.

정의 7.2. 위상공간 X에 대하여 임의의 열린덮개가 유한 부분덮개를 가질 때 X를 **컴팩트공간(compact space)**이라고 한다.

예 7.1. 실수집합 $\mathbb{R}$ 의 표준위상은 컴팩트가 아니다. 왜냐하면 열린덮개

$$\mathcal{O} = \{\dots, (-1, 1), (0, 2), (1, 3), \dots\}$$

의 어떤 유한 부분모임도 $\mathbb{R}$ 을 덮지 못한다. (그림 7.3 참조.)

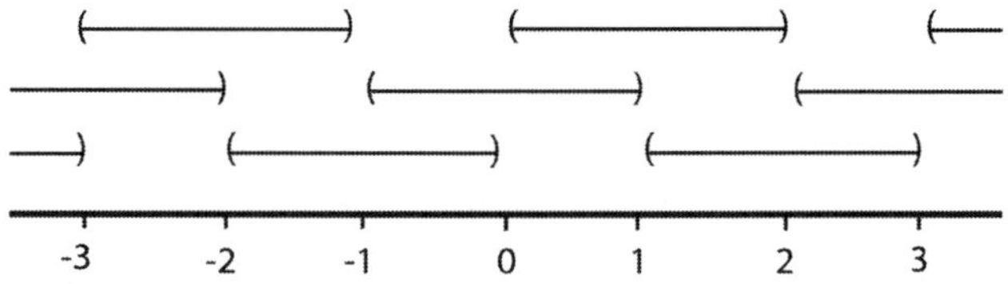

(그림 7.3) 어떤 유한 부분덮개도 갖지 않는 $\mathbb{R}$ 의 열린덮개.

예 7.2. $X=\{x_1,\dots,x_n\}$는 유한개의 원소를 갖고 있는 위상공간이라고 하자. X의 열린집합의 개수는 유한이고 임의의 X의 열린덮개는 유한개의 원소로 구성되어 있으므로 X는 컴팩트이다.

컴팩트성의 정의를 다음과 같이 부분집합으로 확장해보자.

정의 7.3. 위상공간 X에 대하여 $A\subset X$라고 하자. A가 X의 부분공간으로 컴팩트가 될 때 A는 **X에서 컴팩트**라고 정의한다.

다음의 보조정리는 위상공간 X의 부분공간 A가 컴팩트인지 아닌지를 A에서 열린집합으로 구성된 열린덮개가 아니라 X에서 열린집합들의 모임으로 만들어진 열린덮개를 이용하여 판정하는 방법을 알려준다.

보조정리 7.4. 위상공간 X에 대하여 $A\subset X$라고 하자. A가 X에서 컴팩트이기 위한 필요충분조건은 X에서 열린집합으로 구성된 A의 덮개가 유한 부분덮개를 가질 때이다.

증명. A가 X에서 컴팩트이고 $\mathcal{O}$는 X에서 열린집합들로 구성된 A의 덮개라고 하자. 그러면 $\mathcal{O}'=\{U\cap A\,|\,U\in\mathcal{O}\}$는 A에서 열린집합들로 구성된 A의 덮개이다. A가 컴팩트이므로 $\mathcal{O}'$는 유한 부분덮개 $\{U_1\cap A,\ U_2\cap A,\dots,\ U_n\cap A\}$를 갖는다. 따라서 $\{U_1,\ U_2,\dots,\ U_n\}$은 $\mathcal{O}$의 유한 부분덮개가 된다. 결과적으로 X에서 열린집합으로 구성된 A의 임의의 덮개는 유한 부분덮개를 갖는다.

역으로, X에서 열린집합들로 구성된 A의 덮개가 유한 부분덮개를 갖는다고 가정하자. $\mathcal{O}=\{V_\beta\}_{\beta\in B}$는 A에서 열린집합들로 구성된 A의 덮개라고 하자. 부분공간의 정의로부터 각각의 V_β에 대하여 X에서 열린집합인 U_β가 존재하여 $V_\beta = U_\beta \cap A$를 만족한다. 그러면 $\mathcal{O}'=\{U_\beta\}_{\beta\in B}$는 X에서 열린집합들로 구성된 A의 덮개가 된다. 가정으로부터 $\mathcal{O}'$는 유한 부분덮개 $\{U_{\beta_1}, U_{\beta_2}, \dots, U_{\beta_n}\}$를 가지게 되고 $\{V_{\beta_1}, V_{\beta_2}, \dots, V_{\beta_n}\}$은 $\mathcal{O}$의 유한 부분덮개이다. 따라서 A에서 열린집합들로 구성된 A의 임의의 덮개는 유한 부분덮개를 가지므로 A는 컴팩트이다. ■

예 7.3. 집합 $A=\{0\}\cup\left\{\frac{1}{n}\mid n\in\mathbb{N}\right\}$은 $\mathbb{R}$에서 컴팩트이다. $\mathcal{O}$를 $\mathbb{R}$에서 열린집합들로 구성된 A의 덮개라고 하자. 그러면 0을 포함하는 덮개의 원소가 적어도 하나 존재한다. 그것을 U_0라 하면 $0\in U_0$, $U_0\in\mathcal{O}$이다. U_0는 A의 원소 중에서 유한개를 제외한 나머지 원소들을 모두 포함하게 된다. U_0가 A의 원소들을 모두 포함하게 되면 $\{U_0\}$가 $\mathcal{O}$의 유한 부분덮개가 된다. 그렇지 않다면 $1/m$이 U_0에 포함되지 않는 최소의 원소라고 하자. $1/m$보다 큰 각각의 $1/i$에 대하여 $\mathcal{O}$의 원소 U_i가 존재하여 $1/i\in U_i$가 된다. 따라서 $\{U_0, U_1, \dots, U_m\}$은 $\mathcal{O}$의 유한 부분덮개가 되어 A는 컴팩트이다. (그림 7.4 참조.)

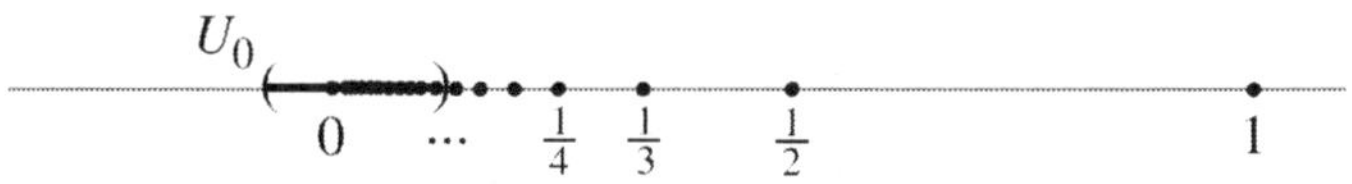

(그림 7.4) U_0는 A의 원소 가운데 유한개를 제외한 나머지를 포함한다.

예 7.4. $\mathbb{R}$의 부분공간으로 $(0,1]$을 고려하자. $(0,1]$은 컴팩트가 아니다. $\mathbb{R}$에서 열린집합들로 구성된 $(0,1]$의 덮개 $\mathcal{O}=\left\{\left(\frac{1}{n},2\right)\mid n\in\mathbb{N}\right\}$는 A의 어떠한 유한 부분덮개를 갖지 않으므로 $(0,1]$은 컴팩트가 아니다.

두 위상공간 사이에 위상동형사상이 존재하면 그 함수는 한 위상공간의 열린덮개를 다른 위상공간의 열린덮개로 보내고 유한 부분덮개를 유한 부분덮개로 보내므로 위상동형사상은 컴팩트성을 보존한다.

$\mathbb{R}$과 $(0,1]$은 모두 컴팩트가 아니므로 다음과 같은 형태의 구간 (a,b), $(-\infty,b)$, (a,∞), $[a,b)$, $[a,\infty)$, $(a,b]$, 또는 $(-\infty,b]$는 모두 컴팩트가 아니다. 닫힌구간 $[a,b]$는 표준위상에 대하여 컴팩트임을 다음 절에서 증명한다.

컴팩트성을 보존하는 함수로서 위상동형사상과 같은 강력한 조건이 필요하지 않다. 다음 정리에서 알 수 있듯이 컴팩트성은 연속함수에 의해 보존된다.

정리 7.5. 연속함수 $f: X \to Y$에 대하여 A가 X에서 컴팩트이면 $f(A)$는 Y에서 컴팩트이다.

증명. 연속함수 $f: X \to Y$에 대하여 A는 X에서 컴팩트라고 가정하자. $\mathcal{O}$를 Y에서 열린집합들로 구성된 $f(A)$의 덮개라면 각각의 $U \in \mathcal{O}$에 대하여 $f^{-1}(U)$는 X에서 열린집합이다. 따라서 $\mathcal{O}' = \{f^{-1}(U) \mid U \in \mathcal{O}\}$은 X에서 열린집합들로 구성된 A의 덮개가 된다. A는 X에서 컴팩트이므로 보조정리 7.4에 의해 $\mathcal{O}'$는 유한 부분덮개 $\{f^{-1}(U_1), \dots, f^{-1}(U_n)\}$을 갖는다. 따라서 $\{U_1, U_2, \dots, U_n\}$은 $\mathcal{O}$의 유한 부분덮개가 되어 $f(A)$는 컴팩트이다. ■

정리 7.5로부터 곧바로 얻을 수 있는 결과는 컴팩트공간 X의 상공간은 컴팩트이다. 왜냐하면 상공간은 위상공간 X의 연속함수에 의한 상이기 때문이다.

다음의 정리는 컴팩트집합들의 합집합과 교집합의 컴팩트성을 알려준다.

정리 7.6. X는 위상공간이다.

(i) $C_1, C_2, \dots, C_n$이 X의 컴팩트 부분집합이면 $\bigcup_{j=1}^{n} C_j$는 X의 컴팩트 부분집합이다.

(ii) X가 하우스도르프이고 $\{C_\alpha\}_{\alpha \in A}$가 X에서 컴팩트 부분집합들의 모임이면 $\bigcap_{\alpha \in A} C_\alpha$는 X에서 컴팩트이다.

증명. 연습문제 7.2 참조. ■

컴팩트집합의 임의의 합집합은 일반적으로 컴팩트가 아니다. (연습문제 7.3 참조.) 또한 정리 7.6의 두 번째 명제에서 하우스도르프 조건을 제거하면 일반적으로 컴팩트집합의 교집합은 컴팩트가 아니다. (연습문제 7.18 참조.)

다음 두 정리는 위상공간 X에 대하여 부분집합이 컴팩트인 것과 닫힌집합이라는 것에는 밀접한 관계가 있음을 보여준다.

정리 7.7. 위상공간 X에 대하여 D는 X에서 컴팩트라고 하자. C는 X에서 닫힌집합이고 $C \subset D$이면 C는 컴팩트이다.

증명. 위상공간 X에 대하여 D는 X의 컴팩트 부분집합이라 하자. X에서 닫힌집합 C에 대하여 X에서 열린집합들로 구성된 C의 덮개를 $\mathcal{O}$라고 하자. 그러면 $X-C$는 열린집합이고 $\mathcal{O}' = \mathcal{O} \cup \{X-C\}$는 X의 덮개가 된다. $D \subset X$이므로 $\mathcal{O}'$는 X의 덮개이다. D는 X에서 컴팩트이므로 $\mathcal{O}'$는 유한 부분덮개를 갖는다. 그러한 유한 부분덮개가 $X-C$를 포함한다면 유한 부분덮개에서 $X-C$를 제거하더라도 여전히 C의 유한 부분덮개가 된다. 따라서 덮개 $\mathcal{O}$는 유한 부분덮개를 갖게 되고 따라서 C는 컴팩트이다. (그림 7.5 참조.) ■

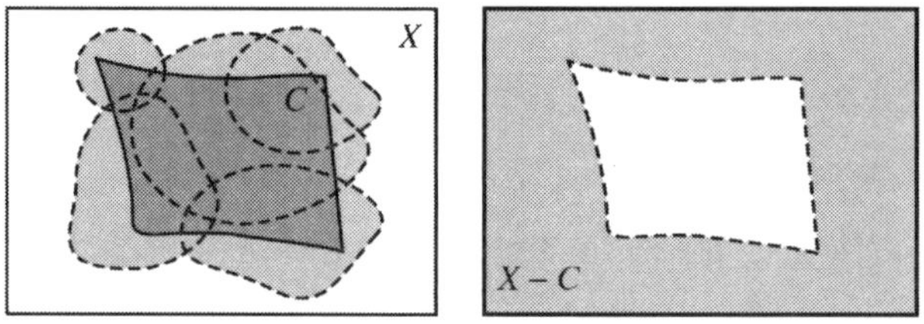

(그림 7.5) $\mathcal{O} \cup \{X-C\}$는 X의 덮개이다.

정리 7.7로부터 컴팩트공간의 닫힌 부분집합은 컴팩트라는 사실을 알게 되었다. 하지만 위상공간의 컴팩트 부분집합은 일반적으로 닫힌집합이 아니다. 다음은 그러한 예를 보여준다.

예 7.5. 실수집합 $\mathbb{R}$ 의 여유한위상 $\mathbb{R}_{fc}$를 고려해보자. $\mathbb{R}_{fc}$의 모든 부분집합은 컴팩트이다. (연습문제 7.1 참조.) A를 $\mathbb{R}$ 의 무한 부분집합이라고 하면 $\mathbb{R} - A$가 열린집합이 아니므로 A는 닫힌집합이 아니지만 A는 컴팩트이다.

일반적으로 컴팩트 부분집합은 닫힌집합이 아니지만 다음의 정리는 컴팩트 부분집합은 자동적으로 닫힌집합이 되는 일반적인 상황을 제시한다.

정리 7.8. 하우스도르프 위상공간 X에 대하여 A가 X에서 컴팩트이면 A는 X에서 닫힌 집합이다.

증명. A는 하우스도르프 위상공간 X에서 컴팩트라고 하자. A가 X에서 닫힌집합이라는 것을 증명하기 위해 $X-A$는 열린집합임을 보이자. 임의의 원소 $x \in X-A$에 대하여 x를 포함하는 열린집합 U가 존재하여 $x \in U \subset X-A$가 되는 것을 보이면 된다.

A에 속하는 각각의 $a \in A$에 대하여 $x \neq a$이고 X는 하우스도르프 공간이므로 서로소인 두 열린집합 U_a, V_a가 존재하여 $x \in U_a, a \in V_a$를 만족한다. (그림 7.6 참조.) 이제 $\mathcal{O} = \{V_a \mid a \in A\}$는 A의 열린덮개가 되고 A가 컴팩트이므로 $\mathcal{O}$는 유한 부분덮개 $\{V_{a_1}, V_{a_2}, \cdots, V_{a_n}\}$을 갖는다. $U = \bigcap_{i=1}^{n} U_{a_i}$, $V = \bigcup_{i=1}^{n} V_{a_i}$라 놓으면 U, V는 열린집합이고 $x \in U$, $A \subset V$가 된다. 각각의 i에 대하여 $U_{a_i} \cap V_{a_i} = \varnothing$이므로 $U \cap V = \varnothing$이 되고 따라서 $U \cap A = \varnothing$이다. 즉 $U \subset X-A$가 된다. $x \in U \subset X-A$가 되어 $X-A$는 열린집합이고 따라서 A는 닫힌집합이다. ■

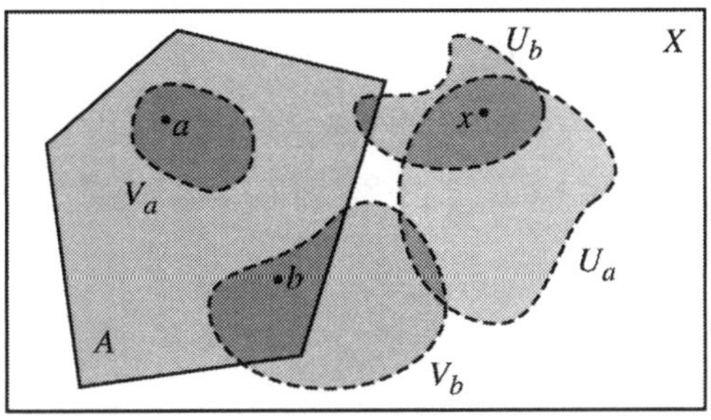

(그림 7.6) 하우스도르프 조건을 이용하여 점 x와 집합 A를 분리하기.

다음의 보조정리는 유한개의 컴팩트공간의 곱공간이 컴팩트가 되는 사실을 증명하는데 도움을 준다.

보조정리 7.9. 관보조정리(The tube lemma)
위상공간 X, Y에 대하여 Y는 컴팩트라고 하자. $x \in X$와 $\{x\} \times Y$를 포함하는 $X \times Y$의 열린집합 U에 대하여 x의 근방 W가 존재하여 $W \times Y \subset U$를 만족한다.

이 보조정리는 $X \times Y$에서 열린집합인 U가 한 조각 $\{x\} \times Y$를 포함하면 관 $W \times Y$가 존재하여 조각 $\{x\} \times Y$를 포함하고 열린집합 U에 포함된다는 것을 알려준다. (그림 7.7 참조.) Y가 컴팩트가 아니면 관의 존재성을 보장하는 보조정리는 일반적으로 성립하지 않는다. (연습문제 7.12 참조.)

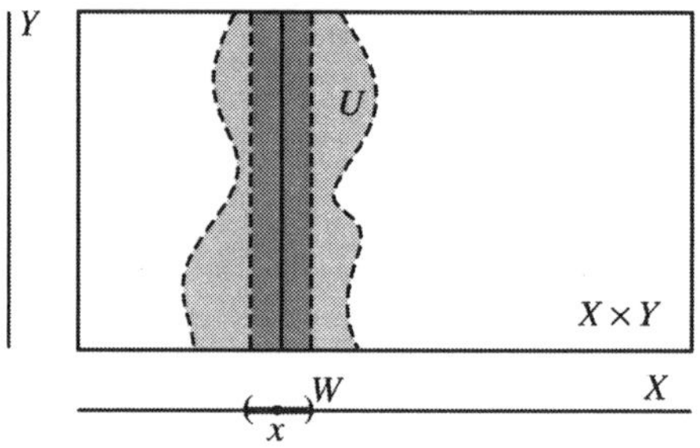

(그림 7.7) 열린집합 U에 포함된 관 $W \times Y$.

증명. Y에 속하는 각각의 $y \in Y$에 대하여 $(x, y) \in U$이고 U는 $X \times Y$에서 열린집합이므로 X의 열린집합 W_y와 y를 포함하는 열린집합 V_y가 존재하여 $(x, y) \in W_y \times V_y \subset U$를 만족한다. $\{V_y \mid y \in Y\}$는 컴팩트공간 Y의 열린덮개이므로 유한 부분덮개 $\{V_{y_1}, V_{y_2}, \cdots, V_{y_n}\}$을 갖는다. 이제 $W = \bigcap_{i=1}^{n} W_{y_i}$라 놓으면 W는 x를 포함하는 열린집합이 되고

$$W \times Y \subset \bigcup_{i=1}^{n} W_{y_i} \times V_{y_i} \subset U$$

이므로 $W \times Y$는 $\{x\} \times Y$를 포함하고 U에 포함되는 관이 된다. ■

정리 7.10. X와 Y가 컴팩트 위상공간이면 곱공간 $X \times Y$는 컴팩트이다.

증명. $\mathcal{O}$를 $X \times Y$의 열린덮개라고 하자. 각각의 $x \in X$에 대하여 $\{x\} \times Y$는 컴팩트이므로 $\mathcal{O}$는 유한 부분덮개 $\mathcal{O}_x$를 갖는다. U_x는 $\mathcal{O}_x$에 포함되는 부분집합들의 합집합이라고 하면

U_x는 조각 $\{x\}\times Y$를 포함하는 $X\times Y$에서 열린집합이다. 보조정리 7.9에 의해 각각의 $x\in X$에 대하여 x의 근방 W_x가 존재하여 $W_x\times Y\subset U_x$를 만족한다. 또한 $\mathcal{O}_x$는 $W_x\times Y$를 덮는다.

$\mathcal{W}=\{W_x \mid x\in X\}$는 X의 열린덮개가 되고 X는 컴팩트이므로 $\mathcal{W}$는 유한 부분덮개 $\{W_{x_1}, W_{x_2}, \dots, W_{x_m}\}$을 갖는다. 따라서 $\mathcal{C}=\mathcal{O}_{x_1}\cup\cdots\cup\mathcal{O}_{x_m}$은 $X\times Y$를 덮는다. 유한집합의 유한개의 합집합은 유한집합이므로 $\mathcal{C}$는 $\mathcal{O}$의 유한 부분덮개가 된다. 따라서 덮개 $\mathcal{O}$는 유한 부분덮개를 갖게 되므로 $X\times Y$는 컴팩트이다. ■

정리 3.9로부터 위상공간 X의 부분집합 A와 위상공간 Y의 부분집합 B에 대하여 부분공간위상 A와 부분공간위상 B의 곱위상은 곱위상 $X\times Y$에서 유도된 부분집합 $A\times B$상의 부분공간위상과 같다는 것을 알고 있다. 정리 3.9와 정리 7.10으로부터 A가 X의 컴팩트 부분집합이고 B가 Y의 컴팩트 부분집합이면 $A\times B$는 $X\times Y$의 컴팩트 부분집합이 된다. 이 결과와 귀납법을 사용하여 다음의 따름정리를 이끌어낼 수 있다.

따름정리 7.11. $X_1, X_2, \dots, X_n$은 위상공간이고 각각의 $i=1,2,\dots,n$에 대하여 A_i는 X_i의 컴팩트 부분집합이면 $A_1\times A_2\times\cdots\times A_n$은 곱공간 $X_1\times X_2\times\cdots\times X_n$의 컴팩트 부분집합이다.

연습문제 7.1

7.1. 실수집합 $\mathbb{R}$의 여유한위상에 대하여 모든 부분집합 A는 컴팩트임을 증명하시오.

7.2. 정리 7.6을 증명하시오.

7.3. 위상공간 X의 컴팩트 부분집합들의 합집합은 컴팩트가 되지 않는 예를 찾으시오.

7.4. 디지털직선위상에서 정수집합 $\mathbb{Z}$는 컴팩트가 아님을 증명하시오.

7.5. 원판에서 원점을 제외한 집합 $A=D^2-\{O\}$는 컴팩트가 아님을 증명하시오.

7.6. 정수집합 $\mathbb{Z}$에서 기저 $\mathcal{B}=\{(-n,n)\mid n\in\mathbb{Z}_+\}$에 의해 생성되는 위상을 고려하자.

(a) 집합 $(-5,5)$은 주어진 위상에 대하여 컴팩트인지를 결정하시오.

(b) 집합 $\mathbb{Z}$는 주어진 위상에 대하여 컴팩트인지를 결정하시오.

7.7. 집합 $\mathbb{Z}$의 등차수열위상에 대하여 $\mathbb{Z}$가 컴팩트인지를 결정하시오.

7.8. X는 컴팩트공간이고, $\{C_i\}_{i\in\mathbb{Z}_+}$는 X의 공집합이 아닌 닫힌집합들의 모임으로서 $C_{i+1}\subset C_i$를 만족한다. 이때, 교집합 $\bigcap_{i=1}^{\infty} C_i \neq \varnothing$ 임을 증명하시오.

7.9. X가 컴팩트 하우스도르프 공간이면, X는 정규공간임을 증명하시오.

7.10. 정리 7.10의 역을 증명하시오.

7.11. (a) $f:X\to Y$는 연속인 전단사함수이다. X가 컴팩트이고, Y가 하우스도르프 공간일 때, 함수 f는 위상동형사상임을 증명하시오.

(b) $f:X\to Y$는 연속인 전단사함수이고 X가 컴팩트이지만, f가 위상동형사상이 아닌 예를 찾으시오.

(c) $f:X\to Y$는 연속인 전단사함수이고 Y가 하우스도르프이지만, f가 위상동형사상이 아닌 예를 찾으시오.

7.12. Y가 컴팩트가 아닌 경우, 관보조정리는 성립하지 않음을 보이시오.

7.13. 함수 $f:X\to Y$에 대하여 f의 그래프를 $G=\{(x,f(x))\mid x\in X\}$라고 정의하자.

(a) X는 위상공간이고, Y는 컴팩트공간이며, 그래프 G가 $X\times Y$의 닫힌 부분집합일 때, 함수 f는 연속임을 보이시오.

(b) Y가 컴팩트가 아닌 경우, (a)의 결과는 성립하지 않음을 보이시오.

7.2 거리공간에서의 컴팩트성

실해석학에서 $\mathbb{R}^n$의 표준거리와 표준위상을 다룰 때는 때때로 집합이 닫힌집합이고 유계일 때 컴팩트라고 정의한다. 이 절에서는 $\mathbb{R}^n$의 경우에 해석학적 정의와 위상적 정의가 일치하는 것을 보인다. 또한 그러한 동치 개념은 일반적인 거리공간으로 확장될 수 있음을 확인한다. 그러고 나서 거리공간에서 컴팩트집합의 수렴에 관한 중요한 법칙을 제시한다.

실수집합에서 유계인 닫힌구간은 컴팩트가 되는 것을 증명하기 위해 사용될 보조정리를 소개한다.

보조정리 7.12. 축소구간 보조정리(The nested intervals lemma).
$\{[a_n, b_n]\}_{n\in \mathbb{N}}$은 $\mathbb{R}$의 공집합이 아니면서 유계인 닫힌구간들의 모임으로 모든 $n\in \mathbb{N}$에 대하여 $[a_{n+1}, b_{n+1}] \subset [a_n, b_n]$을 만족하면 $\bigcap_{n\in \mathbb{N}} [a_n, b_n] \neq \varnothing$ 이다.

증명. 그림 7.8에서와 같이, 모든 $n\in \mathbb{N}$에 대하여 $[a_{n+1}, b_{n+1}] \subset [a_n, b_n]$이라고 가정하자. 그러면 구간의 끝점들은 다음과 같은 부등식을 만족시킨다.

$$a_1 \le a_2 \le \dots \le a_n \le \dots \le b_n \le \dots \le b_2 \le b_1$$

수열 $\{a_n\}_{n\in \mathbb{N}}$은 각각의 b_n에 의해 위로 유계이므로 최소상계 A를 갖는다. 같은 방법으로 수열 $\{b_n\}_{n\in \mathbb{N}}$은 최대하계 B를 갖는다. $A \le B$이므로 구간 $[A, B] \neq \varnothing$ 이다.

이제 $\bigcap_{n\in \mathbb{N}} [a_n, b_n] = [A, B]$가 됨을 증명하자. 우선 $\bigcap_{n\in \mathbb{N}} [a_n, b_n] \subset [A, B]$가 됨을 증명하자. $x\in \bigcap_{n\in \mathbb{N}} [a_n, b_n]$인 임의의 x에 대하여 모든 $n\in \mathbb{N}$에 관하여 $x\in [a_n, b_n]$이다. 따라서 모두 $n\in \mathbb{N}$에 대하여 $a_n \le x$이고 $x \le b_n$이다. x는 $\{a_n\}$의 상계가 되어 $A \le x$가 되고 마찬가지로 x는 $\{b_n\}$의 하계가 되어 $x \le B$이다. 그러므로 $x\in [A, B]$이다.

$[A, B] \subset \bigcap_{n\in \mathbb{N}} [a_n, b_n]$을 증명하기 위해 $x\in [A, B]$가 되는 임의의 x에 대하여 A는 $\{a_n\}$의 상계이므로 모든 a_n에 대하여 $a_n \le x$이고 B는 $\{b_n\}$의 하계이므로 모든 b_n에 대하여 $x \le b_n$이다. 따라서 모든 $n\in \mathbb{N}$에 대하여 $x\in [a_n, b_n]$이다. 결과적으로 $[A, B] \subset \bigcap_{n\in \mathbb{N}} [a_n, b_n]$이 증명이 되었다.

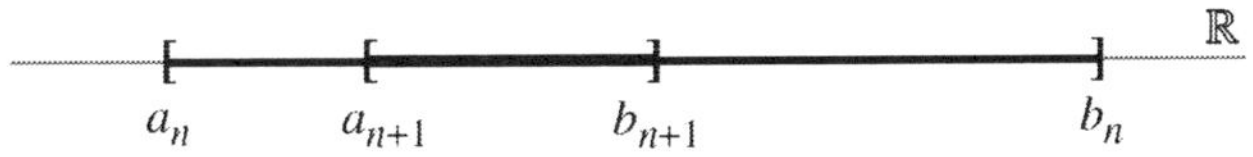

(그림 7.8) $[a_{n+1}, b_{n+1}] \subset [a_n, b_n]$. ■

보조정리 7.12에서 닫힌구간을 열린구간으로 대치하면 정리는 성립하지 않는다. 예를 들어 열린구간들의 모임 $\left\{\left(0, \frac{1}{n}\right) \mid n\in \mathbb{N}\right\}$은 각각의 n에 대하여 조건 $\left(0, \frac{1}{n+1}\right) \subset \left(0, \frac{1}{n}\right)$을 만족하지만 $\bigcap_{n\in \mathbb{N}} \left(0, \frac{1}{n}\right) = \varnothing$ 이다.

정리 7.13. $\mathbb{R}$ 의 표준위상에 대하여 유계인 닫힌구간 $[a,b]$는 컴팩트 부분집합이다.

증명. $\mathcal{O}$는 $\mathbb{R}$ 의 열린집합들로 구성된 $[a,b]$의 덮개라고 하자. 귀류법으로 증명하기 위해 $\mathcal{O}$의 어떤 유한 부분모임도 $[a,b]$의 덮개가 될 수 없다고 가정하자.

구간 $[a,b]$를 두 부분으로 나누어서 $[a, \frac{a+b}{2}]$와 $[\frac{a+b}{2}, b]$를 얻는다. $\mathcal{O}$는 구간 $[a,b]$의 덮개이므로, $\mathcal{O}$는 $[a, \frac{a+b}{2}]$와 $[\frac{a+b}{2}, b]$를 덮는다. 적어도 두 구간 중의 하나는 $\mathcal{O}$의 유한 부분모임으로 덮을 수 없다. (만약 두 구간 모두 유한 부분덮개가 있다면 결국 $[a,b]$를 덮는 $\mathcal{O}$의 유한 부분덮개를 찾을 수 있기 때문이다.) 그러한 $[a,b]$의 부분 구간을 $[a_1,b_1]$으로 나타내자.

같은 방법으로 $[a_1,b_1]$을 둘로 나누어서 그것들 중에서 $\mathcal{O}$의 유한 부분모임으로 덮을 수 없는 구간을 $[a_2,b_2]$라고 한다.

이와 같은 과정을 반복한다. 즉 $\mathcal{O}$의 유한 부분모임으로 덮을 수 없는 $[a,b]$의 부분 구간 $[a_n,b_n]$을 둘로 나누어서 그것들 중에서 $\mathcal{O}$의 유한 부분모임에 의해 덮을 수 없는 구간을 $[a_{n+1},b_{n+1}]$이라 하자. (그림 7.9 참조.)

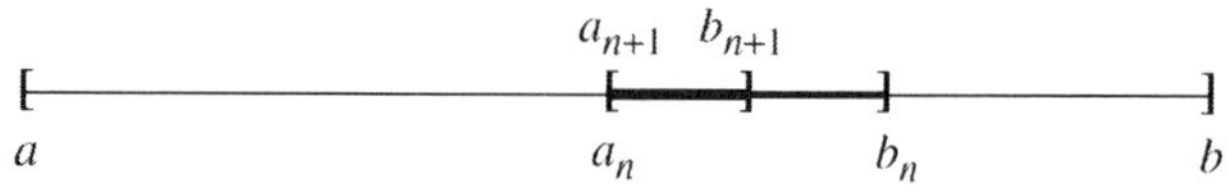

(그림 7.9) $[a_n,b_n]$은 $\mathcal{O}$의 유한 부분모임으로 덮을 수 없다.

이제 이 구간들의 모임 $\{[a_n,b_n]\}_{n\in Z}$을 생각한다. 위의 과정으로부터 모든 $n\in \mathbb{N}$ 에 대하여 다음의 명제가 성립한다.

(i) $[a_{n+1},b_{n+1}] \subset [a_n,b_n]$,

(ii) $b_n - a_n = \dfrac{b-a}{2^n}$,

(iii) $[a_n,b_n]$은 $\mathcal{O}$의 유한 부분모임으로 덮을 수 없다.

보조정리 7.12에 의해 $\bigcap_{n\in \mathbb{N}} [a_n,b_n] \neq \varnothing$ 이다. $x\in \bigcap_{n\in \mathbb{N}} [a_n,b_n]$이라고 하면 $x\in [a,b]$이다. 따라서 $\mathcal{O}$의 원소 $U\in \mathcal{O}$가 존재하여 $x\in U$가 된다. U는 $\mathbb{R}$ 에서 열린집합이므로 $\epsilon > 0$이 존재하여 $x\in (x-\epsilon, x+\epsilon) \subset U$이 된다. 충분히 큰 자연수 N을 택하여 $\frac{b-a}{2^N} < \epsilon$이 되도

록 하면 $x \in \bigcap_{n \in \mathbb{N}} [a_n, b_n]$으로부터 $x \in [a_N, b_N]$이 되고 $b_N - a_N = \dfrac{b-a}{2^N} < \epsilon$이기 때문에 $[a_N, b_N] \subset (x-\epsilon, x+\epsilon) \subset U$이다. 결과적으로 $[a_N, b_N]$은 $\mathcal{O}$에 속하는 오직 한 개의 모임 $\{U\}$에 의해 덮이게 되므로 $[a_N, b_N]$은 $\mathcal{O}$의 어떤 유한 부분모임에 의해 덮이지 않는다는 것에 모순이다.

따라서 $[a, b]$를 덮는 $\mathcal{O}$의 유한 부분덮개가 존재하고 그러므로 $[a, b]$는 컴팩트이다. ■

예 7.6. 예 3.17에서 위상적 그래프는 유한개의 점과 유한개의 유계인 닫힌구간으로부터 구간의 양끝 점을 유한개의 점에 붙여서 얻어지는 위상공간이라고 설명하였다. 유한개의 점과 유한개의 유계인 닫힌구간의 합집합은 컴팩트이고 위상적 그래프는 그것의 상공간이므로 위상적 그래프는 컴팩트이다.

다음의 정리에서는 정리 7.13의 결과를 $\mathbb{R}^n$에 놓여있는 유계이고 닫힌구간의 곱으로 확장할 것이다. 정리의 증명은 정리 7.13과 따름정리 7.11로부터 곧바로 비롯된다.

정리 7.14. $[a_1, b_1], [a_2, b_2], \dots, [a_n, b_n]$이 $\mathbb{R}$의 유계이고 닫힌구간이면 $[a_1, b_1] \times [a_2, b_2] \times \cdots \times [a_n, b_n]$은 $\mathbb{R}^n$의 컴팩트 부분집합이다. (그림 7.10 참조.)

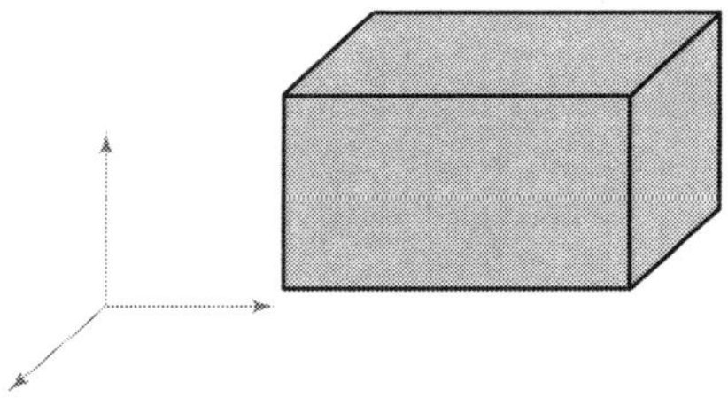

(그림 7.10) 유계이고 닫힌구간의 곱은 $\mathbb{R}^n$에서 컴팩트이다.

정리 7.14를 이용하여 $\mathbb{R}^n$상의 표준위상에 대하여 컴팩트집합을 완전히 결정할 수 있다. 거리공간 (X, d)의 부분집합 A에 대하여 양의 실수 $m > 0$이 존재하여 임의의 $x, y \in A$에 대하여 $d(x, y) \le m$일 때 A는 유계라고 한다.

정리 7.15. $\mathbb{R}^n$은 표준위상과 표준거리 d를 갖는다고 하자. $\mathbb{R}^n$의 부분집합 A가 컴팩트이기 위한 필요충분조건은 A가 유계이고 닫힌집합이다.

증명. A가 $\mathbb{R}^n$에서 컴팩트라고 가정하자. $\mathbb{R}^n$은 하우스도르프이므로 정리 7.8에 의해 A는 닫힌집합이다. A가 유계인 것을 증명하기 위해 $\mathbb{R}^n$에서 중심이 원점인 열린공들의 모임 $\mathcal{O} = \{B_d(O, n) | n \in \mathbb{N}\}$를 생각하자. $\mathcal{O}$는 A의 열린덮개가 되고 A는 컴팩트이므로 $\mathcal{O}$는 유한 부분덮개를 갖는다. 따라서 양의 정수 $N \in \mathbb{N}$이 존재하여 $A \subset B_d(O, N)$이다. 모든 $x, y \in A$에 대하여 $d(x, y) \leq d(x, O) + d(O, y) < 2N$이므로 A는 유계이다.

A는 $\mathbb{R}^n$에서 유계이고 닫힌집합이라 하자. $a = (a_1, a_2, \dots, a_n) \in A$이고 A에 속하는 임의의 원소 $x, y \in A$에 대하여 $d(x, y) < M$이라 하자. 그러면 $A \subset [a_1 - M, a_1 + M] \times [a_2 - M, a_2 + M] \times \cdots \times [a_n - M, a_n + M]$이 된다. 그림 7.11에서 $n = 2$인 경우를 표현하고 있다. 정리 7.14에 의해

$$P = [a_1 - M, a_1 + M] \times \cdots \times [a_n - M, a_n + M]$$

은 컴팩트이고 A는 P의 닫힌 부분집합이므로 정리 7.7에 의해 컴팩트이다. ■

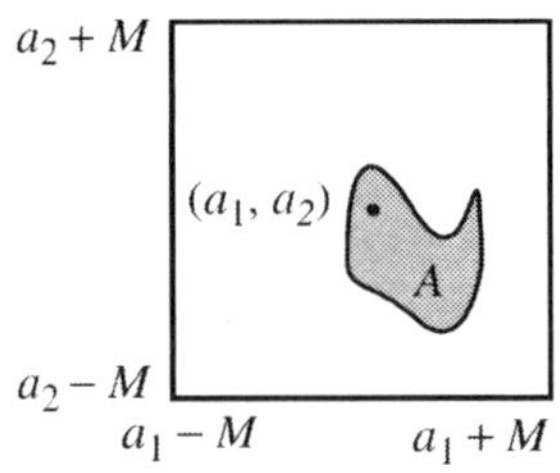

(그림 7.11) 집합 A는 컴팩트집합 $[a_1 - M, a_1 + M] \times [a_2 - M, a_2 + M]$의 부분집합이다.

$\mathbb{R}^n$상의 표준거리와 표준위상에 대하여 정리 7.15는 부분집합 A가 컴팩트라는 것을 유계이고 닫힌집합으로 정의하는 것이나 컴팩트를 열린덮개로 정의하는 것이 동치라는 것을 알려준다.

그림 7.1을 다시 생각해보면 평면에서 "컴팩트"라고 표시된 집합은 유계이고 닫힌집합인 반면 "컴팩트 아님"이라고 표시된 집합은 유계가 아니거나 닫힌집합이 아니다.

예 7.7. 단위원 S^1은 $\mathbb{R}^2$의 유계이고 닫힌집합이므로 컴팩트이다. 매듭은 $S^1 \to \mathbb{R}^3$로 표현되는 넣기이고 S^1은 컴팩트이며 넣기는 연속이므로 S^1의 넣기의 상은 $\mathbb{R}^3$에서 컴팩트이다. 일반적으로 S^1의 넣기의 상을 편의상 매듭이라고 부르기 때문에 매듭은 $\mathbb{R}^3$에서 컴팩트이다.

예 7.8. 원환면 T는 컴팩트이다. 이것을 세 가지 방법으로 증명하고자 한다.

방법 1: 예 3.5에서 소개된 것처럼 원환면 T는 3차원 공간 $\mathbb{R}^3$에서 xz-평면에 놓여있는 원을 z-축을 따라 한 바퀴 회전하여 얻은 부분공간이다. T는 닫힌집합이다. 왜냐하면 임의의 $x \in \mathbb{R}^3 - T$에 대한 x를 중심으로 하는 충분히 작은 반경의 열린공을 택하면 $\mathbb{R}^3 - T$ 안에 포함되도록 할 수 있다. 따라서 $\mathbb{R}^3 - T$는 열린집합이고 결과적으로 T는 닫힌집합이 된다. T는 유계이다. 왜냐하면 T는 중심이 원점에 있고 반지름이 4인 공속에 포함되기 때문이다. T는 $\mathbb{R}^3$에서 유계이고 닫힌집합이므로 컴팩트이다.

방법 2: 원환면 T는 $S^1 \times S^1$과 위상동형이고 S^1은 컴팩트이므로 곱공간 $S^1 \times S^1$ 역시 컴팩트이다. 따라서 원환면 T는 컴팩트이다.

방법 3: 원환면 T는 정사각형의 마주보는 변을 붙여서 얻는 상공간이다. 정사각형은 $\mathbb{R}^2$의 유계이고 닫힌집합이므로 컴팩트이고 원환면는 정사각형의 연속함수의 상으로 표현되므로 컴팩트이다.

예 7.8의 두 번째 방법을 사용하면 $n > 2$인 경우 n-원환면 $T^n = S^1 \times S^1 \times \cdots \times S^1$이 컴팩트라는 것을 알 수 있다. 또한 세 번째 방법을 사용하면 원기둥, 뫼비우스 띠, 클라인 병, 구면 그리고 사영평면도 모두 컴팩트라는 사실을 이끌어낼 수 있다.

정리 7.15에서 $\mathbb{R}^n$을 일반적인 거리공간으로 대체한다면 여전히 컴팩트인 것과 유계이고 닫힌집합이라는 것과 동치인가? 아니다. 거리공간에서 컴팩트집합은 유계이고 닫힌집합이다. 하지만 거리공간에서 유계이고 닫힌집합은 컴팩트집합이 될 필요는 없다. (연습문제 7.19 참조.)

정리 7.16. (X, d)는 거리공간이고 A는 X에서 컴팩트부분집합이라 하자. 만약 (x_n)이 A 안의 수열이라면 A 안에서 수렴하는 (x_n)의 부분수열 (x_{n_m})이 존재한다.

증명. A의 원소 $a \in A$가 존재하여 공집합이 아닌 중심이 a인 임의의 열린공은 수열 (x_n)의 원소를 무한히 많이 포함한다는 것을 증명한다. 부정하여 모든 $a \in A$에 대하여 $\epsilon_a > 0$이 존재하여 $B_d(a, \epsilon_a)$는 수열 (x_n)의 원소를 기껏해야 유한개를 포함한다고 가정하자. 열린공들의 모임 $\mathcal{O} = \{B_d(a, \epsilon_a) | a \in A\}$에 대하여 각각의 공은 기껏해야 수열 (x_n)의 원소를 유한개 포함하고 있으므로 $\mathcal{O}$의 어떤 유한 부분모임도 수열 (x_n)을 덮을 수 없다. 한편 $\mathcal{O}$는 A의 열린덮개이고 A는 컴팩트이므로 $\mathcal{O}$는 유한 부분덮개를 갖는다. 이제 $(x_n) \subset A$이므로 (x_n)도 유한개의 열린공들로 덮여야하는데 이것은 모순이다. 따라서 $a \in A$가 존재하여 a를 중심으로 하는 임의의 열린공이 수열 (x_n)의 원소를 무한히 많이 포함한다.

이제 각각의 $m \in \mathbb{N}$에 대하여 $x_{n_m} \in B_d\left(a, \frac{1}{m}\right) \cap (x_n)$이고 $n_m > n_{m-1}$이라고 하면 부분수열 (x_{n_m})은 a로 수렴한다. ■

예 7.9. $[0, 1]$의 주어진 수열

$$\left(\frac{1}{2}, \frac{1}{4}, \frac{3}{4}, \frac{1}{8}, \frac{3}{8}, \frac{5}{8}, \frac{7}{8}, \frac{1}{16}, \frac{3}{16}, \dots\right)$$

을 고려하자. 이 수열은 위아래로 진동하고 반복되는 수도 없다. 하지만 정리 7.16으로부터 $a \in [0, 1]$가 존재하여 주어진 수열이 a로 수렴하는 부분수열을 갖게 되는 것을 보장받게 된다. 실제로는 모든 $a \in [0, 1]$에 대하여 주어진 수열은 a로 수렴하는 부분수열을 갖게 된다. (연습문제 7.20 참조.)

거리공간에서 수렴에 관한 중요한 질문은 이렇다. 수열의 원소들이 점점 더 가까이 놓여있다면 그 수열은 수렴하는가? 이 질문에 대하여 이 절의 나머지에서 살펴보고자 한다.

정의 7.17. 거리공간 (X, d)에 대하여 X의 수열 (x_n)이 다음의 조건을 만족할 때 (x_n)을 **코시수열(Cauchy sequence)**이라고 한다: 임의의 $\epsilon > 0$에 대하여 자연수 $N \in \mathbb{N}$이 존재하여 $n, m \geq N$이면 $d(x_n, x_m) < \epsilon$이다.

코시수열이 되기 위한 조건은 수열 (x_n)이 n이 커지면 커질수록 수열의 원소들은 점점 더 가까이 놓여있다는 것을 의미하지만 주어진 수열이 수렴하는지 하지 않는지를 알려주지는 않는다. $\mathbb{R}^n$의 경우 다음의 정리는 코시수열의 수렴에 관한 질문에 답을 제시한다.

정리 7.18. $\mathbb{R}^n$의 표준거리에 대하여 (x_n)이 코시수열이면 (x_n)은 수렴한다.

증명. (x_n)은 $\mathbb{R}^n$의 코시수열이라고 가정하고 $\mu > 0$을 택한다. 수열 (x_n)이 코시수열이므로 적당한 자연수 $N \in \mathbb{N}$이 존재하여 임의의 $n, m \geq N$에 대하여 $d(x_n, x_m) < \mu$이다. C를 중심이 x_N이고 반지름이 μ인 닫힌공이라고 한다면 C는 유계이고 닫힌집합이므로 컴팩트이다. 또한 수열 $(x_N, x_{N+1}, \cdots) \subset C$이고 C는 컴팩트이므로 정리 7.16에 의해 수열 $(x_N, x_{N+1}, \cdots)$은 수렴하는 부분수열을 갖는다. 수렴하는 부분수열의 극한을 x^*라고 하면 원래의 수열 (x_n)도 x^*로 수렴하는 것을 보이면 된다.

임의의 $\epsilon > 0$에 대하여 (x_n)은 코시수열이므로 적당한 자연수 M이 존재하여 $n, m \geq M$이면 $d(x_n, x_m) < \epsilon/2$이 된다. 이제 $k \geq M$인 임의의 자연수 k에 대하여 $d(x_k, x^*) < \epsilon$인 것을 증명하면 수열 (x_n)은 x^*로 수렴하게 된다. 수열 $(x_N, x_{N+1}, \cdots)$은 x^*로 수렴하는 부분수열을 갖고 있으므로 $j(\geq M)$ 이 존재하여 $d(x_j, x^*) < \epsilon/2$을 만족한다. 또한 $j, k \geq M$이므로 $d(x_k, x_j) < \epsilon/2$이다. 따라서 삼각부등식으로부터 $d(x_k, x^*) < \epsilon/2 + \epsilon/2 = \epsilon$이다. ■

정의 7.19. 거리공간 X의 모든 코시수열이 수렴하면 X를 **완비(Complete) 공간**이라고 한다.

정리 7.18로부터 $\mathbb{R}^n$상의 표준거리는 완비거리공간이다. 그러나 $X = \mathbb{R} - \{0\}$라 하고 $d(x, y) = |x - y|$로 정의하면 수열 $\left\{\frac{1}{n} \mid n \in \mathbb{N}\right\}$은 코시수열이지만 X에서 수렴하지 않으

므로 X는 완비가 아니다.

다음의 정리는 컴팩트 거리공간에 관한 수렴성을 다루는 유용한 결과이다.

정리 7.20. X가 컴팩트 거리공간이면 X는 완비이다.

증명. 연습문제 7.21 참조. ■

연습문제 7.2

7.14. 보조정리 7.12에서 유계인 닫힌구간을 닫힌집합으로 대체할 경우 성립하는지를 말하시오.

7.15. 집합 $\mathbb{R}$ 의 하극한위상에 대하여 닫힌구간 $[0,1]$은 컴팩트가 아님을 증명하시오.

7.16. $\mathbb{R}_d$는 집합 $\mathbb{R}$ 의 이산위상을 나타낼 때, 그림 7.12에 있는 집합 $A=\{(x,2)\mid 1\leq x\leq 2\}$와 $B=\{(3,y)\mid 1\leq y\leq 2\}$ 중에서 어떤 것이 곱위상 $\mathbb{R}_d\times\mathbb{R}$에서 컴팩트인지 결정하시오.

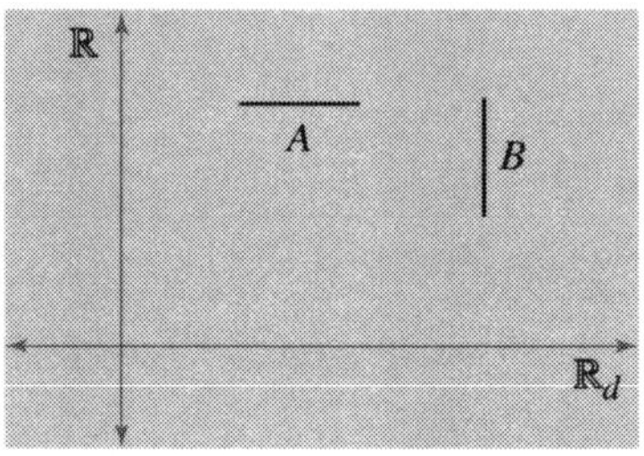

(그림 7.12) A와 B는 $\mathbb{R}_d\times\mathbb{R}$ 의 컴팩트 부분집합인가?

7.17. 컴팩트성을 이용하여, 평면 $\mathbb{R}^2$는 S^2와 위상동형이 아님을 증명하시오.

7.18. 정리 7.6에서 X가 하우스도르프가 아닌 경우, X의 컴팩트 부분집합들의 교집합은 컴팩트일 필요가 없다는 것을 보일 것이다. **확장된 직선**을 $X=\mathbb{R}\cup\{p_e\}$ $(p_e\not\in\mathbb{R})$로 정의하고 $\mathcal{B}=\{(a,b)\mid a<b\}\cup\{(c,0)\cup\{p_e\}\cup(0,d)\mid c<0,d>0\}$라 하자.

(a) $\mathcal{B}$는 X의 어떤 위상에 대한 기저가 됨을 증명하시오.

(b) (a)에 의해 주어진 X의 위상은 하우스도르프가 아님을 보이시오.

(c) X에서 교집합이 컴팩트가 아닌 두 개의 컴팩트 부분집합 A, B를 찾으시오.

7.19. (a) (X, d)는 거리공간이고, A는 X의 컴팩트 부분집합일 때, A는 닫힌집합이고 유계임을 증명하시오.

(b) 거리공간에서 유계이고 닫힌집합이지만, 컴팩트가 아닌 부분집합의 예를 찾으시오.

7.20. 예 7.9에서 정의한 수열을 고려하자. 모든 $a \in [0, 1]$에 대하여 a로 수렴하는 부분수열이 존재함을 증명하시오.

7.21. 정리 7.20을 증명하시오.

7.3 최대·최소 정리

중간값 정리와 마찬가지로 최대·최소 정리는 위상에 바탕을 둔 정리로서 미적분학에서 종종 언급된다. 6장에서 살펴본 바와 같이 중간값 정리는 연결인 정의역에서 실수로 보내는 연속함수와 관련한다. 최대·최소 정리는 컴팩트인 정의역에서 실수로 보내는 연속함수와 관련한다. 이 절에는 일반적인 형태의 최대·최소 정리를 증명하고 몇 가지 유용한 결과들을 소개한다.

시작하기에 앞서 실수집합의 모든 컴팩트 부분집합은 최댓값과 최솟값을 갖는다는 보조정리를 소개한다. (그림 7.13 참조.)

(그림 7.13) ℝ 의 모든 컴팩트 부분집합은 최댓값과 최솟값을 갖는다.

보조정리 7.21. ℝ 의 컴팩트 부분집합 A에 대하여 m과 M이 A에 존재하여 임의의 $a \in A$에 대하여 $m \leq a \leq M$을 만족한다.

증명 최댓값 M의 존재성을 증명한다. 최솟값 m의 존재성은 같은 방법으로 증명할 수 있다. A는 ℝ 의 컴팩트 부분집합이므로 유계이고 닫힌집합이다. 따라서 A는 위로 유계이다. 최소상계의 법칙으로부터 집합 A는 최소상계 M을 갖는다. 물론 모든 $a \in A$에 대하여 $a \leq M$

이다. 이제 $M \in A$임을 증명하자. 귀류법으로 증명하기 위해 $M \notin A$라고 가정하자. A는 닫힌집합이기 때문에 $\mathbb{R} - A$는 M을 포함하는 열린집합이다. 따라서 적당한 $\epsilon > 0$이 존재하여 $M \in (M-\epsilon, M+\epsilon) \subset \mathbb{R} - A$, 즉 $(M-\epsilon, M+\epsilon) \cap A = \varnothing$이다. 이제 $M - \epsilon/2$은 A의 상계가 되고 M보다 작으므로 M이 A의 최소상계라는 사실에 모순이다. 그러므로 $M \in A$이고 A는 최댓값을 갖는다. ■

정리 7.22. 최대·최소 정리(일반적인 형태).
컴팩트공간 X와 연속함수 $f : X \to \mathbb{R}$에 대하여 함수 f는 X에서 최댓값과 최솟값을 갖는다. 즉 $a, b \in X$가 존재하여 모든 $x \in X$에 대하여 $f(a) \leq f(x) \leq f(b)$를 만족한다.

증명 X는 컴팩트이고 $f : X \to \mathbb{R}$는 연속함수이므로 정리 7.5에 의해 $f(X)$는 $\mathbb{R}$에서 컴팩트이다. 보조정리 7.21에 의해 $f(X)$는 최댓값 M과 최솟값 m을 갖는다. $m, M \in f(X)$이므로 $a, b \in X$가 존재하여 $f(a) = m$, $f(b) = M$이 된다. 이제 모든 $x \in X$에 대하여 $f(x) \in f(X)$이므로 $f(a) = m \leq f(x) \leq M = f(b)$이다. ■

예 7.10. 지구표면을 구면 S^2이라고 가정하고 함수 $f : S^2 \to \mathbb{R}$은 지구표면의 각 지점에서의 온도를 나타내는 연속함수라고 하자. 구면 S^2는 컴팩트이므로 최대·최소 정리로부터 지구표면의 어떤 지점에서 온도가 가장 높고 또 다른 지점에서 온도가 가장 낮은 지점이 존재하게 된다.

다음의 따름정리는 정리 7.22의 특별한 형태로서 미적분학에서 자주 접하게 되는 최대·최소 정리이다. 정리 7.22에서 $X = [a, b]$로 택하여 얻을 수 있는 결과이다.

따름정리 7.23. $[a, b]$에서의 최대·최소 정리.
$f : [a, b] \to \mathbb{R}$이 연속함수이면 f는 $[a, b]$에서 최댓값과 최솟값을 갖는다.

최대·최소 정리와 중간값 정리를 결합하면 다음의 따름정리를 얻을 수 있다.

따름정리 7.24. $[a, b]$는 $\mathbb{R}$에서 유계이고 닫힌구간이고 $f : [a, b] \to \mathbb{R}$가 연속함수이면 $f([a,b])$는 유계이고 닫힌구간이다. (그림 7.14 참조.)

증명. 연습문제 7.22 참조. ■

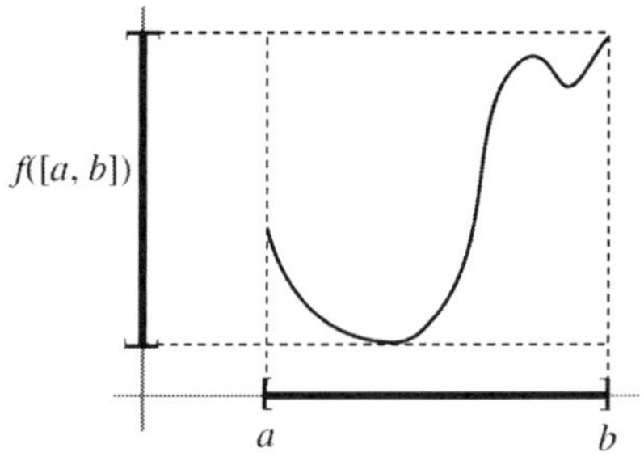

(그림 7.14) 연속함수 $f:[a,b]\to\mathbb{R}$ 에 대하여 $f([a,b])$는 유계이고 닫힌구간이다.

최대·최소 정리는 여러 가지 최적화이론에 활용될 수 있다. 다음의 예를 살펴보자.

예 7.11. 클라인 출판사의 발행인은 응용위상수학의 새로운 흐름에 편승하고 싶었다. 클라인 출판사는 현재 시중에 출판된 교과서와 경쟁하기 위해 응용위상수학 교과서를 발행하기로 했다. 영업부는 50만 달러의 지원금을 책의 출판을 위해 여러 관련 부서에 할당하였다. 그것에는 저자협약, 편집과 인쇄, 홍보, 배포 등이 포함되어 있다. 그러한 변수를 $v_1, v_2, \ldots, v_n$이라고 하자. 책을 출판하여 생기는 이익은 지원금을 어떻게 할당하느냐에 따라 달려있다. 예를 들어 비용이 많이 드는 뫼비우스 띠 포맷의 인쇄를 선택하고 최소한의 홍보비용을 할당한다면 표준적인 출판 포맷을 사용하고 많은 홍보비용을 할당한 것보다는 이익이 적을 것이다. 따라서 이익 P는 변수 $v_1, v_2, \ldots, v_n$의 함수이다. P를 연속함수라고 가정하는 것은 자연스러운 일이고 P의 정의역

$$D = \{(v_1, v_2, \ldots, v_n) \mid v_1 \ge 0, \ldots, v_n \ge 0, v_1 + v_2 + \cdots + v_n \le 500{,}000\}$$

은 $\mathbb{R}^n$의 부분집합이다. D는 $\mathbb{R}^n$에서 유계이고 닫힌집합이므로 컴팩트이고 P는 D에서 연속이므로 최대·최소 정리로부터 제한된 자원의 적절한 분배 여부에 따라 최대의 이익을 산출할 수 있게 된다.

최대·최소 정리는 주어진 연속함수에 대한 최대, 최솟값을 어떻게 찾아내는지 방법을 제시하는 것이 아니라 최대, 최솟값이 존재함을 보장해준다. 이러한 것이 위상수학에서 비롯된 정리의 보편적 특징이다. 중간값 정리와 마찬가지로 최대·최소 정리도 특정한 성질을 만족하는 점의 존재를 보장할 뿐이지 그 점의 정확한 위치를 알려주지는 않는다.

다음의 두 정리는 앞으로 다룰 결과를 확립하는데 유용하게 사용될 것이다. 각각의 정리를 증명하는데 최대·최소 정리가 사용된다.

거리공간 (X, d)의 부분집합 A, B에 대하여

$$d(A, B) = glb\{d(a, b) \mid a \in A, b \in B\}$$

로 정의한다. 다음의 정리는 거리공간에서 서로소인 두 닫힌집합의 거리는 양수라는 것을 제시한다.

정리 7.25. 거리공간 (X, d)에서 A와 B는 서로소인 두 컴팩트집합이면 $d(A, B) > 0$이다.

증명. 거리함수 $d : X \times X \to \mathbb{R}$은 연속함수이고(연습문제 5.13 참조), $A \times B$는 $X \times X$에서 컴팩트이다. 최대·최소 정리로부터 $a^* \in A, b^* \in B$가 존재하여 임의의 $a \in A, b \in B$에 대하여 $d(a^*, b^*) \leq d(a, b)$가 된다. 따라서 $d(A, B) = d(a^*, b^*)$가 되고 $A \cap B = \varnothing$이므로 $a^* \neq b^*$이다. 그러므로 $d(A, B) = d(a^*, b^*) > 0$이다. ■

중요한 노트: 정리 7.25에서 컴팩트를 닫힌집합으로 바꾸면 정리는 성립하지 않는다. 즉 거리공간의 서로소인 두 닫힌집합 A, B가 존재하여 $d(A, B) = 0$이다. (연습문제 7.23 참조.)

다음의 결과에서 점과 집합 사이의 거리함수를 다루게 된다. X는 거리공간이고 A는 X의 부분집합이라고 하자. 함수 $f_A : X \to \mathbb{R}$을 $f_A(x) = d(\{x\}, A)$로 정의한다. $f_A(x)$는 점 x에서 집합 A까지의 거리를 재는 함수이다.

보조정리 7.26. (X, d)는 거리공간이고 A는 X의 부분집합이라고 할 때 함수 $f_A : X \to \mathbb{R}$, $f_A(x) = d(\{x\}, A)$는 연속함수이다.

증명. 연습문제 7.24 참조. ■

다음의 보조정리는 컴팩트 거리공간의 열린덮개에 대하여 적당한 상수가 존재하여 공의 반지름이 주어진 상수보다 작은 모든 열린공은 덮개의 적당한 원소에 포함되는 것을 제시한다.

보조정리 7.27. 르베그 수 보조정리(Lebesgue Number Lemma).
(X, d)는 컴팩트 거리공간이고 $\mathcal{O}$는 X의 열린덮개이면 상수 $\lambda > 0$가 존재하여 모든 $x \in X$에 대하여 $U \in \mathcal{O}$가 존재하여 $B_d(x, \lambda) \subset U$를 만족한다.

상수 λ를 열린덮개 $\mathcal{O}$에 대한 **르베그 수(Lebesgue Number)**라고 한다.

증명. $\mathcal{O}$를 X의 열린덮개라고 하자. 만약 X가 덮개 $\mathcal{O}$의 원소라고 하면 모든 실수는 $\mathcal{O}$의 르베그 수가 될 수 있다. 따라서 X는 덮개 $\mathcal{O}$의 원소가 아니라고 가정한다.

X는 컴팩트이므로 덮개 $\mathcal{O}$는 유한 부분덮개 $\{U_1, U_2, \dots, U_n\}$을 갖는다. 각각의 $i \in \{1, 2, \dots, n\}$에 대하여 $C_i = X - U_i$라고 하면 $C_i \neq \varnothing$ 이다. 왜냐하면 X는 덮개 $\mathcal{O}$의 원소가 아니기 때문이다. 함수 $f : X \to \mathbb{R}$ 를

$$f(x) = \frac{1}{n} \sum_{i=1}^{n} f_{C_i}(x)$$

로 정의하자. 따라서 $f(x)$는 x에서 각각의 C_i까지의 거리에 대한 평균값이다.

모든 $x \in X$에 대하여 $f(x) > 0$임을 보이자. X의 임의의 원소 $x \in X$에 대하여 $\{U_1, U_2, \dots, U_n\}$이 X의 덮개이므로 적당한 k가 존재하여 $x \in U_k$이다. U_k는 열린집합이므로 $\epsilon > 0$이 존재하여 $B_d(x, \epsilon) \subset U_k$가 된다. 이것으로부터 $f_{C_i}(x) > \epsilon$이 되고 $f(x) > \epsilon / n$이다.

보조정리 7.26으로부터 각각의 $f_{C_i}(x)$는 연속이고 연속함수의 합과 상수 배는 연속이므로 $f(x)$는 연속이다. (연습문제 4.26 참조.) 연속함수 $f : X \to \mathbb{R}$ 의 정의역 X는 컴팩트이므로 최대·최소 정리로부터 함수 f는 최솟값 λ를 갖는다. 모든 $x \in X$에 대하여 $f(x) > 0$이므로 $\lambda > 0$이다.

λ가 원하는 르베그 수라는 것을 증명하기 위해 임의의 $x \in X$에 대하여 열린공 $B_d(x, \lambda)$가 적어도 한 개의 U_i에 포함되는 것을 증명하자. 만약 모든 $i \in \{1, 2, \dots, n\}$에 대하여 $B_d(x, \lambda) \not\subset U_i$라고 가정하면 각각의 $i \in \{1, 2, \dots, n\}$에 대하여 $f_{C_i}(x) < \lambda$가 되고 따라서 $f(x) < \lambda$이다. 이것은 λ가 $f(X)$의 최솟값이라는 사실에 모순이다. ■

보조정리 7.27의 다음 따름정리는 앞으로 다루어야 할 내용을 이해하는데 도움을 줄 것이다.

따름정리 7.28. $\mathcal{O}$가 유계이고 닫힌구간 $[a,b]$의 $\mathbb{R}$에서 열린집합들로 구성된 덮개라면 $[a,b]$의 분할 $a=a_0<a_1<\ldots<a_n=b$이 존재하여 각각의 $j=1,2,\ldots,n$에 대하여 $U_j\in\mathcal{O}$가 존재하여 $[a_{j-1},a_j]\subset U_j$를 만족한다.

증명. 연습문제 7.26 참조. ■

미적분학의 기본정리의 증명에서 최대·최소 정리가 사용된다. 구체적으로 최대·최소 정리는 롤(Rolle's)의 정리를 증명하는데 사용되고 롤의 정리는 평균값 정리와 동치이며 또한 평균값 정리는 미적분학의 기본정리를 증명하는데 핵심적인 역할을 한다.

9장에서는 위상적 도구를 사용하여 대수학의 기본정리를 증명한다. 우리는 미적분학의 기본정리와 대수학의 기본정리가 위상수학의 정리라고 주장하지는 않는다. 중요한 것은 어떻게 해석학과 대수학 그리고 위상수학이 유기적으로 연결되어 있는지를 인식하는 것이다. 비록 추상수학의 입문 단계에서는 다른 과목으로 인식되지만 그러한 수학의 분야가 다루는 주제, 도구와 성질들은 매우 흡사하다. 이것은 놀랄만한 일이 아니다. 수학을 이해하기 위한 과정은 실수체계와 유클리드공간 그리고 그들 사이의 함수를 이해하고자하는 욕구와 노력에서 비롯되었기 때문이다.

연습문제 7.3

7.22. 따름정리 7.24를 증명하시오.

7.23. 거리공간 (X,d)에서 A, B는 서로소이지만 $d(A,B)=0$인 닫힌 부분집합 A, B를 찾으시오.

7.24. 보조정리 7.26을 증명하시오.

7.25. X가 컴팩트가 아니면 르베그 수 보조정리가 성립하지 않는 예를 찾으시오.

7.26. 따름정리 7.28을 증명하시오.

보충문제: 티에제 확장 정리(Tietze Extension Theorem)

위상공간 X와 부분집합 A에 대하여 연속함수 $f: A \to Y$가 전체공간 X로 확장된 함수 $F: X \to Y$가 존재하는지 아는 것은 종종 흥미로운 질문이다. 티에제 확장 정리는 어떤 조건하에서 함수가 확장되는지를 알려주는 결과이다.

X가 정규공간, A가 닫힌 부분집합, 그리고 J는 열린구간, 유계인 닫힌구간 또는 실수집합 $\mathbb{R}$ 일 때, 연속함수 $f: A \to J$는 전체집합 X로 확장될 수 있음을 티에제의 정리가 보장해준다.

정리 7.29. 거리공간에서의 티에제 확장 정리.
거리공간 X의 닫힌 부분집합 A에 대하여, 연속함수 $f: A \to [-1, 1]$는 연속함수 $F: X \to [-1, 1]$로 확장된다.

보조정리 7.30. B, C는 거리공간 X의 서로소이고 공집합이 아닌 닫힌 부분집합이라 하자. 실수 $b, c\ (b < c)$에 대하여 연속함수 $g: X \to [b, c]$가 존재하여 $B = g^{-1}(b)$, $C = g^{-1}(c)$를 만족한다.

7.27. $f_B(x) = d(x, B), f_C(x) = d(x, C)$ 라고 할 때, 다음과 같이 함수 $g: X \to [b, c]$를 정의하면, g는 보조정리 7.30의 조건을 만족함을 보이시오.

$$g(x) = \frac{cf_B(x) + bf_C(x)}{f_B(x) + f_C(x)}$$

보조정리 7.31. 거리공간 X의 닫힌 부분집합 A에 대하여 $f: A \to [-k, k]$는 연속함수라고 하자. 그러면 연속함수 $g: X \to [-\frac{k}{3}, \frac{k}{3}]$가 존재하여 모든 $a \in A$에 대해 $|f(a) - g(a)| \leq \frac{2k}{3}$을 만족한다.

보조정리 7.31을 증명하는 아이디어는 $f(x) \leq -\frac{k}{3}$인 x에서는 $g(x) = -\frac{k}{3}$으로, $f(x) \geq \frac{k}{3}$인 x에서는 $g(x) = \frac{k}{3}$으로, 다른 경우에는 $-\frac{k}{3}$과 $\frac{k}{3}$ 사이에 $g(x)$를 연속적으

로 변형시키는 것이다. (그림 7.15 참조.) 특히 $B = f^{-1}\left([-k, -\frac{k}{3}]\right)$, $C = f^{-1}\left([\frac{k}{3}, k]\right)$라 놓자. 집합 B, C는 A의 서로소인 닫힌 부분집합이고 A는 X에서 닫힌집합이므로 B, C 또한 X에서 닫힌집합이다. 보조정리 7.30에 의해 $g^{-1}\left(-\frac{k}{3}\right) = B$, $g^{-1}\left(\frac{k}{3}\right) = C$인 연속함수 $g: X \to [-\frac{k}{3}, \frac{k}{3}]$가 존재한다.

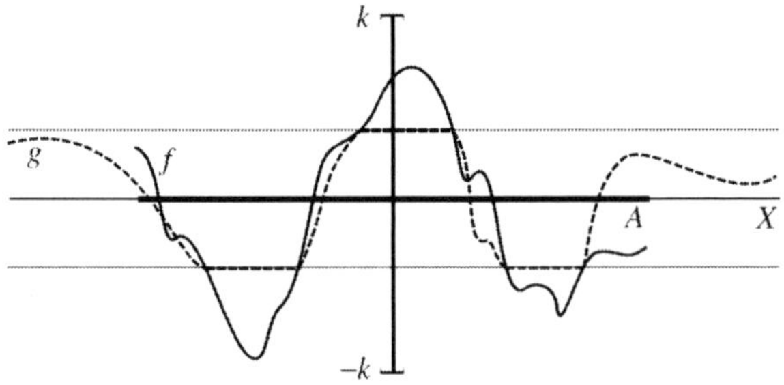

(그림 7.15) 함수 g는 f를 근사하고 $[-k/3, k/3]$으로 보내어진다.

7.28. 모든 $a \in A$에 대해 $|f(a) - g(a)| \leq \frac{2k}{3}$을 만족함을 증명하시오.

티에제 확장 정리 증명의 스케치 : ($k = 1$로 제한한다.)

단계 1 : 보조정리 7.31에 의해 $|f(x) - g_1(x)| \leq \frac{2}{3}$인 연속함수 $g_1 : X \to [-\frac{1}{3}, \frac{1}{3}]$이 존재한다. $f - g_1 : A \to [-\frac{2}{3}, \frac{2}{3}]$에 다시 적용하면 연속함수 $g_2 : X \to [-\frac{1}{3^2}, \frac{1}{3^2}]$가 존재하여 $|f(a) - g_1(a) - g_2(a)| \leq \left(\frac{2}{3}\right)^2$를 만족한다. 이와 같은 과정을 반복하여 모든 $a \in A$에 대하여 $|f(a) - g_1(a) - \cdots - g_n(a)| \leq \left(\frac{2}{3}\right)^n$인

$$g_n : X \to \left[-\frac{2^{n-1}}{3^n}, \frac{2^{n-1}}{3}\right]$$

을 얻는다. $F(x) = \sum_{n=1}^{\infty} g_n(x)$라고 하자.

단계 2 : 이제 $F_n = \sum_{i=1}^{n} g_i$이라고 놓으면 함수 $F_n : X \to [-1, 1]$은 연속함수이고, 함수열

(F_n)은 함수 F로 균등수렴한다. 따라서 F도 연속함수이다.

단계 3 : 함수 $F: X \to [-1, 1]$이고, 모든 $a \in A$에 대하여 $F(a) = f(a)$이다.

7.29. 모든 $x \in X$에 대하여 $|g_1(x) + \cdots + g_n(x)| \leq 1$임을 증명하시오.

7.30. 모든 $x \in X$에 대하여 함수열 $(F_n(x))$은 $[-1, 1]$에서 코시수열임을 증명하시오.

7.31. 함수열 (F_n)은 함수 F로 균등수렴함을 증명하시오.

7.32. 함수 F는 f의 확장, 즉 모든 $a \in A$에 대하여 $F(a) = f(a)$임을 증명하시오.

7.4 극한점 컴팩트성

7.1절에서 소개된 컴팩트의 정의가 확립되기 전에는 다른 형태의 정의가 사용되었다. 예를 들어 다음과 같은 후보가 있었다.

정의 7.32. 위상공간 X에 대하여 모든 무한 부분집합이 X에서 극한점을 가질 경우 X를 **극한점 컴팩트(limit point compact)**라고 한다.

예 7.12. 실수집합에서 부분공간 $A = \{0\} \cup \left\{ \frac{1}{n} \mid n \in \mathbb{N} \right\}$은 극한점 컴팩트이다. B를 A의 무한 부분집합이라고 하면 충분히 큰 $n \in \mathbb{N}$에 대하여 $\frac{1}{n}$을 포함해야 하고 0은 B의 극한점이 된다. 따라서 A의 모든 무한 부분집합은 극한점을 가지므로 A는 극한점 컴팩트이다.

예 7.13. X는 무한집합이고 여유한위상을 갖는다면 X는 극한점 컴팩트이다. B를 X의 무한 부분집합이라 하면 X의 모든 점이 B의 극한점이 된다. 임의의 점 $x \in X$에 대하여 U를 x를 포함하는 열린집합이라고 하면 U는 X에서 유한개의 원소를 제외한 나머지 원소들을 모두 포함해야 하므로 $U \cap B$는 무한집합이다. 따라서 x는 B의 극한점이다. 따라서 X의 모든 무한 부분집합은 극한점을 갖게 되고 X는 극한점 컴팩트이다.

예 7.3과 7.12로부터 $\mathbb{R}$ 의 부분공간 $A=\{0\}\cup\left\{\frac{1}{n}\mid n\in\mathrm{N}\right\}$은 컴팩트이며 동시에 극한점 컴팩트이다. 다음의 정리는 이 결과가 우연의 일치가 아니라는 것을 제시한다.

정리 7.33. 위상공간 X가 컴팩트이면 X는 극한점 컴팩트이다.

증명. X가 극한점 컴팩트가 아니면 X는 컴팩트가 아님을 증명한다. X가 극한점 컴팩트가 아니라고 가정하면 극한점을 갖지 않는 무한집합 B가 존재한다. B에 속하는 임의의 점 $x\in B$는 B의 극한점이 아니므로 x를 포함하는 근방 U_x가 존재하여 $U_x\cap B=\{x\}$이다. B는 극한점을 갖지 않으므로 따름정리 2.9에 의해 B는 닫힌집합이다. 따라서 $X-B$는 열린집합이다. 이제 $\mathcal{O}=\{U_x\mid x\in B\}\cup\{X-B\}$라 놓으면 $\mathcal{O}$는 X의 열린덮개가 되고 $\mathcal{O}$는 어떠한 유한 부분덮개를 갖지 않는다. 따라서 X는 컴팩트가 아니다. ■

예 7.14. 2차원 원판은 컴팩트이므로 극한점 컴팩트이다. 따라서 모든 무한 부분집합은 극한점을 갖는다. 그러나 경우에 따라서는 무한 부분집합의 극한점을 쉽게 알아내기 어려운 경우도 있다. 예를 들어 극좌표로 표시된 무한 부분집합

$$A=\left\{\left(\frac{\theta-1}{\theta},\theta\right)\mid\theta=1,2,3,\dots\right\}$$

은 그림 7.16에 나타난 것처럼 S^1을 향하여 바깥쪽으로 휘감는 소용돌이 모양이지만 어떤 점으로 접근하는지 쉽게 파악하기 힘들다. 그럼에도 불구하고 정리 7.33에 의해 A는 적어도 한 개의 극한점을 갖는다.

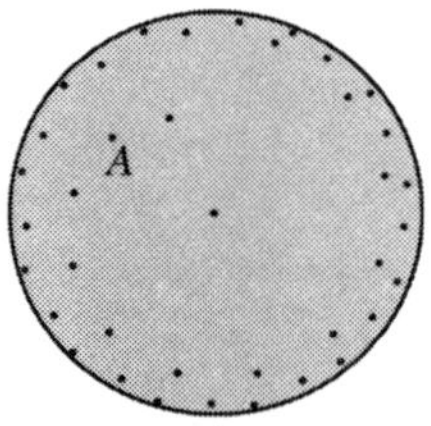

(그림 7.16) A의 극한점이 원판에서 반드시 존재한다.

정리 7.33의 역은 성립하지 않는다. 극한점 컴팩트이지만 컴팩트가 되지 않는 예가 존재한다.

예 7.15. 정수집합 $\mathbb{Z}$는 기저 $\mathscr{B} = \{(-n, n) \mid n \in \mathbb{N}\}$에 의해 생성된 위상을 갖는다고 하자. $\mathscr{B}$는 $\mathbb{Z}$의 열린덮개이지만 어떤 유한 부분덮개를 갖고 있지 않으므로 $\mathbb{Z}$는 컴팩트가 아니다. 이제 $\mathbb{Z}$는 극한점 컴팩트가 되는 것을 증명하자. 실제로 모든 공집합이 아닌 부분집합 A는 극한점을 갖는다. A를 $\mathbb{Z}$의 공집합이 아닌 부분집합이라고 하자. 그러면 A의 원소 중 절댓값이 최솟값인 원소 $s \in A$가 존재한다. 이 경우 $|t| > |s|$인 모든 $t \in \mathbb{Z}$에 대하여 t를 포함하는 열린집합은 반드시 s를 포함한다. 따라서 $|t| > |s|$를 만족하는 정수 t는 A의 극한점이 된다. 따라서 $\mathbb{Z}$는 극한점 컴팩트이다.

보조정리 7.34. 거리공간 (X, d)에 대하여 $A \subset X$이고 c는 A의 극한점이라고 하면 임의의 $\epsilon > 0$에 대하여 열린공 $B_d(c, \epsilon) \cap A$는 무한집합이다.

증명 $A \subset X$이고 c는 A의 극한점이라고 가정하자. 결론을 부정하여 적당한 $\epsilon^* > 0$가 존재하여 $B_d(c, \epsilon^*) \cap A$가 유한집합 $\{a_1, a_2, \dots, a_n\}$이라고 가정하자. c는 A의 극한점이므로 집합 $\{a_1, a_2, \dots, a_n\}$안에 c와 다른 원소가 적어도 하나 존재한다. 따라서

$$\mu = \min\{d(a_i, c) \mid a_i \neq c, i = 1, \dots, n\} > 0$$

이다. 또한 $B_d(c, \frac{\mu}{2})$는 c를 제외한 A의 어떤 원소도 포함하지 않는다. 이것은 c가 A의 극한점이라는 사실에 모순이다. 결과적으로 임의의 $\epsilon > 0$에 대하여 $B_d(c, \epsilon) \cap A$는 무한집합이다. ■

우리에게 필요한 두 번째 보조정리는 거리공간에서 극한점 컴팩트의 르베그 수 보조정리이다. 여기서 우리는 묘한 상황에 놓이게 된다. 정리 7.27에서 컴팩트 거리공간의 르베그 수 보조정리를 증명하였다. 거리공간에서는 컴팩트와 극한점 컴팩트가 동치이므로 거리공간에서 극한점 컴팩트공간에 대한 르베그 수 보조정리가 증명된 것이 아닌가? 아니다. 우리는 아직 거리공간에서 컴팩트와 극한점 컴팩트가 동치라는 것을 증명하지 않는다. 실제로 컴팩트와 극한점 컴팩트가 동치인 것을 증명하고자 한다. 따라서 극한점 컴팩트공간에 대한 르베그 수 보조정리의 증명을 거쳐야 한다.

보조정리 7.35. (X, d)는 극한점 컴팩트인 거리공간이고 $\mathcal{O}$는 X의 열린덮개라고 하면 $\lambda > 0$인 상수가 존재하여 임의의 $x \in X$에 대하여 $B_d(x, \lambda) \subset U$가 되는 $U \in \mathcal{O}$가 존재한다.

증명 (X, d)는 극한점 컴팩트 거리공간이고 $\mathcal{O}$는 X의 열린덮개라고 하자. $\mathcal{O}$는 X의 열린덮개이므로 임의의 $x \in X$에 대하여 $x \in U_x$이고 $U_x \in \mathcal{O}$를 만족하는 U_x가 존재한다. 따라서 $\epsilon_x > 0$이면서 $B_d(x, \epsilon_x) \subset U_x$가 되는 ϵ_x가 존재한다.

모순을 유도하기 위해 명제에서 언급한 상수 $\lambda > 0$가 존재하지 않는다고 가정하자. 그러면 임의의 자연수 $n \in \mathbb{N}$에 대하여 적당한 $x_n \in X$을 찾을 수 있고 $B_d\left(x_n, \dfrac{1}{n}\right)$은 $\mathcal{O}$의 어떤 원소 U에도 포함되지 않는다.

반복되는 원소가 있을 수도 있지만 집합 $Y = \{x_n\}_{n \in \mathbb{N}}$이 무한집합이라는 것을 증명할 수 있다. 무한히 많은 n에 대하여 $p = x_n$이 되는 p는 X에서 존재하지 않는다는 것을 보이면 된다. 결론을 부정하여 무한히 많은 n에 대하여 $p = x_n$이 되는 $p \in X$가 존재한다고 가정하자. 그러면 $M \in \mathbb{N}$이 존재하여 $p = x_M$이고 $\dfrac{1}{M} < \epsilon_p$가 되도록 할 수 있다. ϵ_p의 정의에 의해 $\mathcal{O}$의 원소 U_p가 존재하여 $B_d(p, \epsilon_p) \subset U_p$이다. 이제 $\dfrac{1}{M} < \epsilon_p$이므로 $B_d\left(p, \dfrac{1}{M}\right) \subset B_d(p, \epsilon_p) \subset U_p$이다. $p = x_M$이므로 $B_d\left(x_M, \dfrac{1}{M}\right) \subset U_p$가 되어 x_M의 정의에 모순된다. 따라서 Y는 무한집합이다.

X는 극한점 컴팩트이고 Y는 X의 무한 부분집합이므로 Y는 극한점 y를 갖는다. $B_d(y, \epsilon_y) \subset O_y$, $O_y \in \mathcal{O}$가 되고 y는 Y의 극한점이므로 정리 7.34에 의해 무한히 많은 $n \in \mathbb{N}$에 대하여 $x_n \in B_d\left(y, \dfrac{\epsilon_y}{2}\right)$가 된다. $x_N \in B_d\left(y, \dfrac{\epsilon_y}{2}\right)$와 $\dfrac{1}{N} < \dfrac{\epsilon_y}{2}$를 만족하도록 충분히 큰 $N \in \mathbb{N}$을 선택한다. 그러면 $B_d\left(x_N, \dfrac{1}{N}\right) \subset B_d(y, \epsilon_y) \subset O_y$가 되어 x_N의 정의에 모순된다. 따라서 열린덮개 $\mathcal{O}$에 대한 상수 $\lambda > 0$가 존재한다. ■

이제 거리공간에서 컴팩트와 극한점 컴팩트가 동치임을 증명한다.

정리 7.36. 거리공간 (X, d)에서 X가 컴팩트이기 위한 필요충분조건은 X가 극한점 컴팩트이다.

증명. 정리 7.33의 결과로부터 거리공간 X가 극한점 컴팩트이면 컴팩트가 되는 것을 증명하면 된다. X의 열린덮개 $\mathcal{O}$에 대하여 $\mathcal{O}$는 유한 부분덮개를 갖는다는 것을 보이고자 한다. 보조정리 7.35에 의해 열린덮개 $\mathcal{O}$에 대한 르베그 수 $\lambda > 0$가 존재한다. X의 덮개 $\mathcal{C} = \{B_d(x, \lambda) \mid x \in X\}$를 고려하자.

$\mathcal{C}$가 유한 부분덮개를 갖는다는 것을 증명하고 그 결과를 사용하여 $\mathcal{O}$가 유한 부분덮개를 갖는다는 것을 보일 것이다.

$\mathcal{C}$가 유한 부분덮개를 갖는다는 것을 증명하기 위해 결론을 부정하여 모순을 이끌어낼 것이다. 어떠한 유한 부분모임도 X를 덮을 수 없다고 가정하고 X의 원소 $x_1 \in X$을 택한다. $B_d(x_1, \lambda)$은 X를 덮을 수 없으므로 $x_2 \in X - B_d(x_1, \lambda)$를 택한다. 이제 $B_d(x_1, \lambda)$와 $B_d(x_2, \lambda)$는 X를 덮을 수 없으므로 $x_3 \in X - (B_d(x_1, \lambda) \cup B_d(x_2, \lambda))$를 택한다. 이 과정을 반복하여 집합 $Y = \{x_n \mid n \in \mathbb{N}\} \subset X$을 구성하면 모든 $k \in \mathbb{N}$에 대하여 $x_k \notin \bigcup_{j=1}^{k-1} B_d(x_j, \lambda)$를 만족한다. (그림 7.17 참조.)

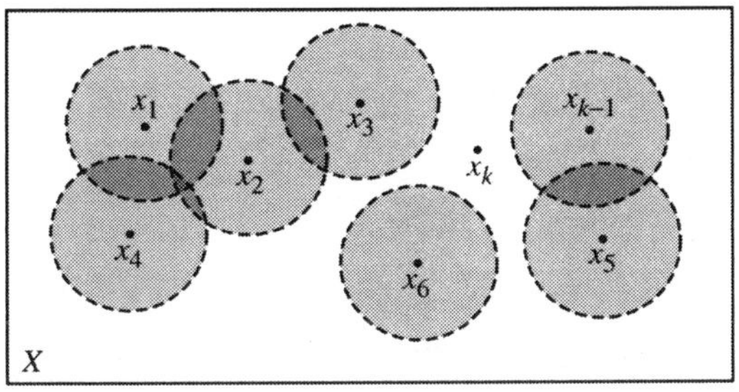

(그림 7.17) $x_k \notin \bigcup_{j=1}^{k-1} B_d(x_j, \lambda)$.

Y의 원소들은 서로 다르기 때문에 Y는 X의 무한 부분집합이 되고 따라서 극한점 y를 갖는다. 보조정리 7.34에 의해 $B_d\left(y, \frac{\lambda}{2}\right) \cap Y$는 무한집합이다. $x_p, x_q \in B_d\left(y, \frac{\lambda}{2}\right)$이고 $p < q$라고 하자. $x_p, x_q \in B_d\left(y, \frac{\lambda}{2}\right)$이므로 $d(x_p, x_q) < \lambda$이다. 그러나 이것은 $x_q \notin \bigcup_{j=1}^{q-1} B_d(x_j, \lambda)$에 모순이다. 따라서 $\mathcal{C}$는 유한 부분덮개를 갖는다.

$\{B_1, B_2, \dots, B_n\}$을 $\mathcal{C}$의 유한 부분덮개라고 하면 각각의 B_i는 반지름이 르베그 수인 λ인 열린공이다. 따라서 각각의 $i = 1, 2, \dots, m$에 대하여 $B_i \subset O_i$, $O_i \in \mathcal{O}$가 되는 O_i가 존재한다. 결론적으로 열린덮개 $\mathcal{O}$는 유한 부분덮개 $\{O_1, O_2, \dots, O_m\}$을 갖게 되고 따라서 X는 컴팩트이다. ■

연습문제 7.4

7.33. $\mathbb{R}_d$는 집합 $\mathbb{R}$의 이산위상을 나타낼 때, 극한점 컴팩트의 정의를 사용하여, 집합 $A=\{(x,2)\mid 1\le x\le 2\}$와 $B=\{(3,y)\mid 1\le y\le 2\}$ 중에서 어떤 것이 곱위상 $\mathbb{R}_d\times\mathbb{R}$에서 극한점 컴팩트인지 결정하시오.

7.34. 두 점 집합 $Y=\{1,2\}$에는 자명한위상, 그리고 $\mathbb{Z}_+$에는 이산위상이 주어져 있을 때, 곱공간 $Y\times\mathbb{Z}_+$는 극한점 컴팩트이지만, 컴팩트가 아님을 증명하시오.

7.35. 구간 $[0,1]$은 $\mathbb{R}$의 하극한위상에 대하여 극한점 컴팩트가 아님을 보이시오.

7.36. X는 극한점 컴팩트공간이고, A는 X의 닫힌 부분집합일 때, A는 부분공간위상에 대하여 극한점 컴팩트임을 증명하시오.

7.5 한 점 컴팩트화

지금까지 살펴본 바와 같이 컴팩트공간과 집합은 여러 가지 유용한 성질을 갖고 있다. 예를 들어

(i) 거리공간에서 컴팩트집합은 유계이고 닫힌집합이다.
(ii) 거리공간상의 컴팩트 부분집합에서는 모든 수열은 수렴하는 부분수열을 갖는다.
(iii) 컴팩트 거리공간은 완비이다.
(iv) 컴팩트공간상의 연속함수는 최댓값과 최솟값을 갖는다.

또한 우리는 하우스도르프 공간이 갖는 중요한 성질을 살펴보았다. 예를 들어

(i) 하우스도르프 공간에서 한 점 집합은 닫힌집합이다.
(ii) 하우스도르프 공간에서는 수렴하는 수열은 오직 하나의 극한을 갖는다.

하지만 위상공간에서 컴팩트이고 하우스도르프 공간이 제공하는 장점을 누릴 수 있는 것은 아니다. 이 절에서는 국소 컴팩트성을 소개하고 국소 컴팩트이고 하우스도르프인 공간에 한 점을 더하여 컴팩트, 하우스도르프 공간을 만드는 방법을 소개한다. $X=\mathbb{R}^3$인 경우 X의 한 점 컴팩트화는 S^3가 된다.

정의 7.37. 위상공간 X의 임의의 점 $x \in X$에 대하여 X의 컴팩트 부분집합에 포함되는 x의 근방이 존재할 때 X를 **국소컴팩트(locally compact)**공간이라고 한다.

예 7.16. 모든 컴팩트공간은 국소컴팩트공간이다. 각 점 $x \in X$에 대하여 X는 x의 근방 X를 포함하는 컴팩트집합이다.

예 7.17. 실수집합 $\mathbb{R}$의 표준위상은 국소컴팩트이다. 임의의 점 $x \in \mathbb{R}$에 대하여 x의 근방 $(x-1, x+1) \subset [x-1, x+1]$이고 $[x-1, x+1]$은 컴팩트이다.

예 7.18. $\mathbb{R}$의 표준위상에 대한 부분공간 $\mathbb{Q}$는 국소 컴팩트가 아니다. (연습문제 7.37 참조.)

정의 7.38. 하우스도르프 공간 X에 대하여 Y는 X와 X 이외의 한 점 ∞의 합집합이라고 하자. (그림 7.18 참조.) $Y = X \cup \{\infty\}$ 상의 위상을 정의하기 위한 열린집합을 다음과 같이 두 가지 형태로 정의하자.

(i) X의 열린집합과

(ii) X의 컴팩트 부분집합 C에 대하여 $Y - C$형태의 집합.

이와 같이 만들어진 위상공간 Y를 X의 **한 점 컴팩트화(one-point compactification)**라고 한다.

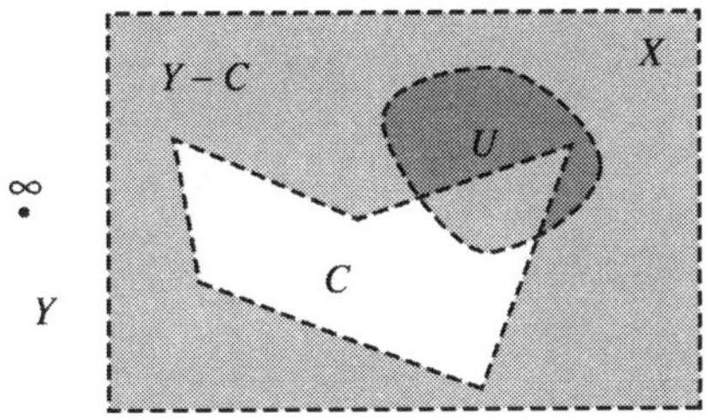

(그림 7.18) 한 점 컴팩트화 $Y = X \cup \{\infty\}$의 열린집합 U와 $Y - C$.

물론 위와 같은 형태의 열린집합들의 모임이 위상을 구성한다는 것을 보여야 한다. 다음의 정리는 그 사실을 증명한다.

정리 7.39. 하우스도르프 공간 X에 대하여 X의 한 점 컴팩트화 $Y=X\cup\{\infty\}$를 정의하기 위해 만든 열린집합의 모임은 Y상의 위상이다.

증명. $\varnothing$는 X에서 열린집합이므로 $\varnothing$는 Y에서 열린집합이다. 또한 $\varnothing$는 X에서 컴팩트이고 $Y=Y-\varnothing$이므로 Y는 Y자신에서 열린집합이다.

열린집합들의 유한 교집합이 열린집합임을 증명하기 위해 열린집합의 쌍 U, V에 대하여 $U\cap V$가 열린집합임을 보이면 충분하다. 우리는 몇 가지 경우를 고려해야 한다. 우선 U, V 모두 X에서 열린집합이면 $U\cap V$ 또한 X에서 열린집합이므로 $U\cap V$는 Y에서 열린집합이다. 두 번째로 X의 컴팩트 부분집합 C_1, C_2에 대하여 $U=Y-C_1$이고 $V=Y-C_2$인 경우에는 $U\cap V=Y-(C_1\cup C_2)$이다. 컴팩트 부분집합의 유한 합집합은 컴팩트이므로 $C_1\cup C_2$는 X에서 컴팩트이고 따라서 $U\cap V$는 Y에서 열린집합이다. 마지막으로 U는 X에서 열린집합이고 X에서 컴팩트인 C에 대하여 $V=Y-C$인 경우에는 $\infty\not\in U$이므로 $U\cap V=U\cap(X-C)$이다. C는 하우스도르프 공간 X의 컴팩트 부분집합이므로 정리 7.8에 의해 닫힌집합이고 따라서 $X-C$는 X에서 열린집합이다. 그러므로 $U\cap V$는 X에서 열린집합이므로 Y에서도 열린집합이다. 따라서 Y상의 임의의 두 열린집합 U, V에 대하여 $U\cap V$ 또한 Y상에서 열린집합이다.

마지막으로 열린집합들의 임의의 합집합은 열린집합임을 보여야 한다. 열린집합들의 임의의 합집합을

$$\left(\bigcup_{\alpha\in A} U_\alpha\right)\cup\left(\bigcup_{\beta\in B}(Y-C_\beta)\right)$$

형태로 나타내자. 여기서 각각의 U_α는 X에서 열린집합이고 각각의 C_β는 X에서 컴팩트 부분집합이다. $\bigcup_{\alpha\in A} U_\alpha$는 X에서 열린집합이고 이것을 U로 나타내자. 또한

$$\bigcup_{\beta\in B}(Y-C_\beta)=Y-\left(\bigcap_{\beta\in B} C_\beta\right),$$

이다. 각각의 C_β는 X에서 컴팩트이므로 정리 7.6에 의해 $\bigcap_{\beta\in B} C_\beta$는 X에서 컴팩트이고 그것을 C로 나타내자. 그러면 $\bigcup_{\beta\in B}(Y-C_\beta)=Y-C$가 된다. 이제 $U\cup(Y-C)$가 Y에서 열린집합임을 보이면 된다. $C'=X-U$라 놓으면 C'은 X에서 닫힌집합이고 $U=X-C'$이다. 따라서

$$\begin{aligned} U \cup (Y-C) &= (X-C') \cup (Y-C) \\ &= (Y-C') \cup (Y-C) \\ &= Y-(C \cap C') \end{aligned}$$

이다. C는 하우스도르프 공간 X의 컴팩트 부분집합이므로 X에서 닫힌집합이다. C는 X에서 컴팩트이므로 $C \cap C'$ 또한 X에서 컴팩트이다. 따라서 $U \cup (Y-C)$는 Y에서 열린집합이다. ■

X는 한 점 컴팩트화 $Y = X \cup \{\infty\}$의 부분집합이다. 따라서 X는 Y에서 유도되는 부분공간위상을 갖게 되는데 이것은 X의 원래 위상과 일치한다. X는 Y의 부분공간으로 간주할 수 있다.

정리 7.40. X는 하우스도르프 공간이고 $Y = X \cup \{\infty\}$는 X의 한 점 컴팩트화라고 하면 Y의 위상에서 유도되는 X의 부분공간위상은 X의 원래 위상과 같다.

증명. 연습문제 7.38 참조. ■

다음의 정리에서 “컴팩트화”를 정당화한다.

정리 7.41. X는 하우스도르프 공간이고 $Y = X \cup \{\infty\}$는 X의 한 점 컴팩트화이면 Y는 컴팩트이다.

증명. Y의 열린덮개 $\mathcal{O}$에 대하여 $\mathcal{O}_X = \{V \cap X \mid V \in \mathcal{O}\}$라고 정의하면 각각의 $V \cap X$는 Y에서 열린집합과 X의 교집합이므로 X에서 열린집합이다. 정리 7.40으로부터 X는 Y로부터 유도된 부분공간위상을 가지므로 각각의 $V \cap X$는 X에서 열린집합이고 따라서 $\mathcal{O}_X = \{V \cap X \mid V \in \mathcal{O}\}$는 X의 열린덮개가 된다.

한편 $\mathcal{O}$는 Y의 열린덮개이므로 ∞를 포함하는 $\mathcal{O}$의 원소 U가 존재한다. $\infty \in U$이므로 $U = Y - C$형태가 된다. C는 X의 컴팩트 부분집합이고 $\mathcal{O}_X$는 X의 덮개이므로 유한 부분덮개 $\{V_1 \cap X, \dots, V_n \cap X\}$를 갖게 된다. 따라서 $\{U, V_1, \dots, V_n\}$은 $\mathcal{O}$의 유한 부분덮개가 되고 Y는 컴팩트이다. ■

정리 7.42. 국소컴팩트 하우스도르프 공간 X에 대하여 $Y = X \cup \{\infty\}$가 X의 한 점 컴팩트화이면 Y는 하우스도르프 공간이다.

증명. x와 y는 Y의 서로 다른 두 점이라고 하자. 우선 x와 y가 동시에 X의 원소이면 X가 하우스도르프 공간이므로 서로소인 열린집합 U, V가 존재하여 $x \in U, y \in V$ 이다. 따라서 U와 V는 Y에서 열린집합으로 서로소이고 $x \in U, y \in V$가 된다. 두 번째 경우로 $x = \infty, y \in X$라고 하자. X가 국소컴팩트이므로 y의 근방 U를 포함하는 컴팩트 부분집합 C가 존재한다. 이제 $Y - C$와 U는 서로소인 Y에서 열린집합이고 $x \in Y - C, y \in U$가 된다. 따라서 Y는 하우스도르프 공간이다. ■

예 7.19. 평면 $\mathbb{R}^2$의 한 점 컴팩트화는 2차원 구면 S^2와 위상동형이다. 예 4.16에서 북극점을 제외한 구면은 평면과 위상동형임을 극사영사상을 사용하여 보였다. 따라서 $\mathbb{R}^2$의 한 점 컴팩트화 $\mathbb{R} \cup \{\infty\}$는 구면 S^2에서 제외된 북극점 N을 다시 메우는 것과 같다. S^2와 $\mathbb{R}^2 \cup \{\infty\}$ 사이의 구체적인 위상동형사상 $f : S^2 \to \mathbb{R}^2 \cup \{\infty\}$는 다음과 같이 정의할 수 있다.

$$f(x) = \begin{cases} p(x), & x \in S^2 - \{N\}\text{인 경우}, \\ \infty, & x = N\text{인 경우}. \end{cases}$$

여기서 p는 극사영사상이다. (그림 7.19 참조.)

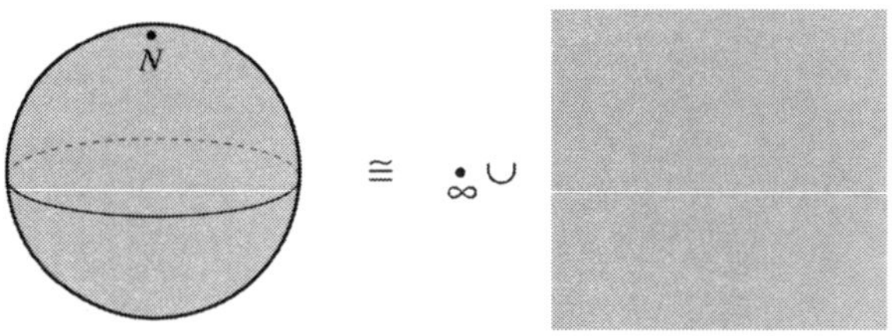

(그림 7.19) 구면 S^2는 $\mathbb{R}^2 \cup \{\infty\}$과 위상동형이다.

평면 $\mathbb{R}^2$를 복소평면 $\mathbb{C}$로 간주한다면 $\mathbb{C}$의 한 점 컴팩트화 $\mathbb{C} \cup \{\infty\}$를 **리만구면** (Riemann Sphere) 또는 **확장된 복소평면**이라고 한다. 첨가된 점 ∞는 위상적인 역할뿐 아니라 대수적인 역할도 한다.

예 7.20. 3차원 구면 S^3는 $S^3 = \{x \in \mathbb{R}^4 \mid |x| = 1\}$로 정의된다. 4차원 공간을 시각화할 수 없으므로 3차원 구면 S^3 역시 시각화하기가 어렵다. 하지만 예 7.19에서 사용한 논리를 적용하면 3차원 구면 S^3는 3차원 공간 $\mathbb{R}^3$의 한 점 컴팩트화와 위상동형이다.

수학자들이 매듭이론을 연구할 때는 매듭이 컴팩트가 아닌 $\mathbb{R}^3$보다는 컴팩트인 S^3에 넣어진 것으로 가정한다. 오직 한 점만 더 첨가하면 컴팩트 상황에서 누릴 수 있는 장점들을 택할 수 있게 된다.

연습문제 7.5

7.37. 유리수집합 $\mathbb{Q}$는 실수집합 $\mathbb{R}$의 표준위상에 대하여 국소컴팩트가 아님을 보이시오.

7.38. 정리 7.40을 증명하시오.

7.39. 열린구간 $(0, 1)$의 한 점 컴팩트화는 S^1과 위상동형임을 보이시오.

7.40. 유리수집합 $\mathbb{Q}$의 한 점 컴팩트화는 하우스도르프가 아님을 보이시오.

7.41. (a) 열린원환 $S^1 \times (0, 1)$의 한 점 컴팩트화를 묘사하시오.

(b) 열린 뫼비우스 띠의 한 점 컴팩트화를 묘사하시오.

7.42. X는 하우스도르프 공간이고 $Y = X \cup \{\infty\}$는 X의 한 점 컴팩트화이다.

(a) X가 컴팩트가 아니면 $\mathrm{Cl}(X) = Y$임을 증명하시오.

(b) X가 컴팩트이면 $\mathrm{Cl}(X) = X$ 이고, Y는 연결공간이 아니고, $\{\infty\}$은 Y의 연결성분 중의 하나임을 보이시오.

chapter 8

동역학계와 카오스

동역학계로 알려진 수학분야는 과거 30년 동안 엄청난 관심과 성장을 보여 왔다. 동역학계는 시간에 따라 변하는 과정들을 모델링하는데 사용되는 특정한 형태의 함수이다. 그러한 과정들의 예시들은 유체역학, 개체수 증가, 천체역학, 심장움직임, 분자역학, 그리고 물리적 시스템이 시간에 따라 변하는 여러 가지 상황에 나타난다. 구체적인 동역학계 분석에서 질적인 도구와 기술이 종종 사용되어지고 위상적인 개념들이 자주 이 질적인 방법을 뒷받침한다.

1800년대 후반과 1900년대 초반에 위상수학 발전을 선도하는 인물들 중 하나로 간주되는 앙리 푸앵카레(Henri Poincare, 1854-1912)는 또한 동역학계 분야의 주요 창시자로 일반적으로 여긴다. 푸앵카레는 삼체문제, 위치모델링 그리고 서로간의 중력 영향하에서 움직이는 삼체의 속도들을 연구했다. 관련된 미분방정식들의 일반적인 해 공식들은 얻기가 어렵기 때문에 그는 그것들이 정의되어지는 공간 안에서 그들의 구조를 질적으로 연구하는 새로운 접근을 취했다. 그리하여 동역학계 분야가 탄생됐다.

이 장에서 우리는 한 공간에서 그 자신으로 보내는 함수의 반복적용에 의해 정의된 동역학계들을 고려한다. 처음 두 절에서는 그러한 동역하계들의 기본 성질들을 조사한다. 8.3절에서는 카오스의 동역학계의 위상적인 정의를 하고 초깃값과 그 변화의 간단한 규칙에 의해 구체화된 모든 움직임들과 더불어 동역학계가 완전히 결정될 수 있다는 비교적 새로운 아이디어를 탐구하고, 그러나 계속해서 카오스로 알려진 예측 불가능한 움직임을 제시한다. 8.4절에서 카오스 대변혁을 촉발시키는데 도움을 주었던 간단한 개체수 모델을 제시한다. 마지막으로 8.5절에서는 초기조건들(일반적으로 “나비효과”로 일컬어진)에 민감하게 의존하는 것은 카오스의 위상적인 정의의 결과라는 것을 증명한다.

8.1 반복함수

여기서 우리는 한 공간에서 그 자신으로 보내는 함수의 반복적용에 의해 정의된 동역학계에 집중한다. 구체적으로, X를 위상공간, $f: X \to X$를 X를 그 자신으로 보내는 함수라 하자. 임의의 $n \in \mathbb{Z}_+$에 대하여, $f^n(x) = f \circ f \circ \cdots \circ f(x)$를 n개의 함수 f의 합성함수로 정의하자. 아이디어는 x로 시작해서 x에 함수 f를 적용하고 $f(x)$에 함수 f를 적용하고, 이 반복되는 과정을 $f^n(x)$를 얻을 때까지 계속하는 것이다.

정의 8.1. $f: X \to X$**에 의해 정의된 동역학계**는 X에서 X로의 함수들 $\{f^n\}_{n \in \mathbb{Z}_+}$의 모임이다.

예 8.1. $f: \mathbb{R} \to \mathbb{R}$ 가 $f(x) = x/3$에 의해 주어졌다고 하자. 그러면 f에 의해 정의된 동역학계는 $f^n(x) = x/3^n$에 의해 주어진 함수들의 모임이다.

함수 $f: X \to X$를 반복함으로써 정의된 동역학계의 하나의 응용에는 $f(x)$를 상태 x에서 그 동역학계의 한 단위시간 후의 새로운 상태를 나타내는 것으로 간주한다. 예를 들어 시간별 증가하는 박테리아 수를 모델링하고 있다면 함수 박테리아 수가 x인 시간에서 한 시간 후 박테리아 수를 나타내는 $f(x)$를 가질 것이다. 또는 로켓의 위치 및 속도를 모델링하고 있다면, 위치와 속도가 (x, v)인 시간에서 1초 후 위치와 속도를 나타내는 $f(x, v)$를 가질 것이다.

동역학계를 정의하는 함수들의 몇 가지 예들을 더 살펴보자.

예 8.2. $\mathbb{R}$ 에서 정의된 다음 네 함수들을 고려하자.

(i) $f: \mathbb{R} \to \mathbb{R}$, $f(x) = -2x$,

(ii) $g: \mathbb{R} \to \mathbb{R}$, $g(x) = \frac{1}{2}x$,

(iii) $h: \mathbb{R} \to \mathbb{R}$, $h(x) = -x$,

(iv) $k: \mathbb{R} \to \mathbb{R}$, $k(x) = 0$.

$x = 0$에서 각각의 함수들의 값을 구했을 때, 그 함숫값들은 0이다. 0을 동역학계에 대한 고정점이라 한다. (추후에 이 예에서 사용된 "고정점"과 그 밖의 다른 용어들을 정의할 것이다.)

첫 번째, 함수 f를 고려하자. 만약 특정한 점 x_0를 선택한다면, $f^n(x_0) = (-2)^n x_0$이다. 그러므로 만약 $x_0 \neq 0$이면, x_0에 f의 반복적용은 양수와 음수 사이를 왔다갔다하면서 0으로부터 점점 더 멀어지는 값을 가진다. $\mathbb{R}$ 에서 f의 동역학은 그림 8.1에 정성적으로 묘사되어 있는데 그것을 동역학계에 대한 단계도(phase diagram)라 부른다.

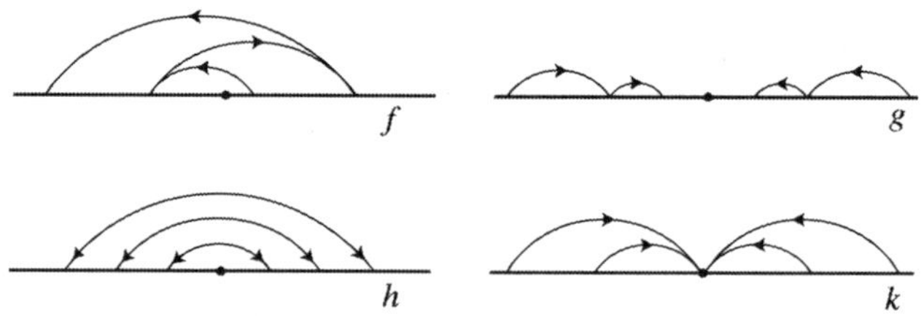

(그림 8.1) f, g, h, 그리고 k에 대한 단계도.

다음은 g를 고려하자. 여기에서는 0이 아닌 값에 g를 반복적용하면 0에 점진적으로 가까워지는 값들을 가지고 극한이 0이 된다.

h에 대해서는 다른 동역학 그림이 나온다. 0에서 고정점을 가지지만, 다른 x_0에 대해서는 h를 반복적용하면은 x_0와 $-x_0$ 사이에서 진동을 한다. 0이 아닌 모든 값 x_0은 그 동역학계의 주기-2인 점이라 한다.

마지막으로, k를 고려하자. 여기에서는 동역학계는 간단하다. k를 적용하자마자 모든 점은 고정점 0으로 바로 보내어진다. 그래서 0을 고정점이라 하고 다른 모든 점은 궁극적 고정점이라 한다.

정의 8.2. $f: X \to X$, $x \in X$이라 하자.

(i) **f에서의 x의 궤도**는 수열

$$(x, f(x), f^2(x), \ldots, f^n(x), \ldots)$$

이고 $O(x)$라 표시한다.

(ii) 만약 $f(x) = x$이면 x를 **f의 고정점**이라 한다. 그래서 한 고정점 x의 궤도는 그 점 x에서 상수수열이다.

(iii) 만약 x는 f의 고정점이 아니지만 어떤 $n \in \mathbb{Z}_+$에 대하여 $f^n(x)$는 고정점이면 x를 **f의 궁극적 고정점**이라 한다.

(iv) $m \in \mathbb{Z}_+$이라 하자. 만약 $f^m(x) = x$이고 $j = 1, \ldots, m-1$에 대하여 $f^j(x) \neq x$이면 x를 **주기점** 또는 **주기-m인 점**이라 한다. 이러한 상황들 하

에서 x의 궤도를 **주기적 궤도** 또는 **주기-m인 궤도**라 한다. 또한, m을 그 주기점 또는 주기적 궤도의 **주기**라 한다.

(v) 만약 x가 주기점이 아니지만 어떤 $n \in \mathbb{Z}_+$에 대하여 $f^n(x)$가 주기점이면 x를 **궁극적 주기점**이라 한다.

만약 x가 함수 $f: X \to X$에 대하여 주기-m인 점이라 하면, 점들 $x, f(x), \ldots, f^{m-1}(x)$는 모두 주기-$m$인 점들이고 모두 다르다. (연습문제 8.3 참조.) 그러므로 x에 f를 반복적용하면, 우리는 이 m개의 주기점들 사이에서 계속 순환한다.

고정점은 주기-1인 점이고, 그래서 고정점들을 함수의 주기점들 집합에 포함한다.

예 8.3. 여기에서 저축계좌의 두 개의 간단한 예를 고려한다. 첫째, 매년 복리로 5%인 저축계좌에 돈을 예금한다고 가정하자. 첫 예금 후, 우리는 계좌에 더 이상 예금을 하지 않고 또한 계좌에서 돈을 찾지도 않는다. 단순히 계좌에 있는 금액으로 이자를 증가시키는 것으로 한다. $f(x) = 1.05x$로 정의된 함수 $f: [0, \infty) \to [0, \infty)$는 매년 변하는 계좌에 있는 금액을 모델링하는 동역학계를 정의한다. f의 동역학은 간단하다: 0에서 고정점이 있고, 다른 모든 점은 f의 연속적인 반복적용에 따라 0으로부터 멀어지면서 증가하는 궤도를 가진다. (그림 8.2 참조.)

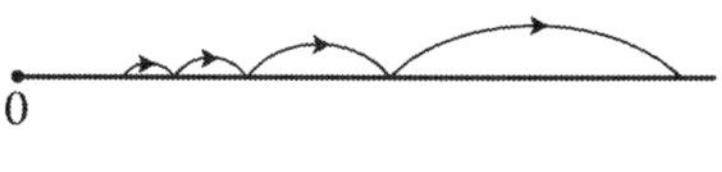

(그림 8.2) f의 동역학.

이제 매년 이자가 적용된 후에 우리는 계좌로부터 \$1,000을 찾거나 (만약 계좌에 최소한 그 만큼 돈이 있다면) 계좌에 있는 잔금을 찾는다고 (만약 잔금이 \$1,000 미만일 때) 가정하자. 이 경우에

$$g(x) = \begin{cases} 1.05x - 1000 & \text{만약 } 1.05x \geq 1000, \\ 0 & \text{만약 } 1.05x \leq 1000, \end{cases}$$

에 의해 주어진 함수 $g: [0, \infty) \to [0, \infty)$는 금액이 어떻게 변하는지 모델링하는 동역학계를 정의한다. 여기서 또한, 0은 고정점이다. $g(x) = x$를 풀면 $x = 20{,}000$에서 또

다른 고정점이 있다. 5% 이자가 매년 인출하는데 필요한 금액을 정확히 제공해줄 때 계좌의 금액이 고정될 것이라는 것을 추론함으로써 우리는 20,000에서 고정점을 또한 찾을 수 있다. 20,000의 5% 이자는 1,000이기 때문에 결과적으로 $x = 20{,}000$에서 고정점이 발생한다. 20,000보다 큰 x의 값들에 대해서는, x에 대한 이자는 \$1,000 인출하는데 필요한 액수보다 더 많이 제공해서 계좌에 있는 금액은 g의 연속적인 적용하에 계속해서 증가할 것이다. 만약 $x < 20{,}000$이면, 계좌에 있는 금액은 궁극적으로 0과 같게 될 것이다. 그래서 20,000보다 작은 x의 0이 아닌 값들은 g의 궁극적 고정점들이다. 그림 8.3은 g의 동역학을 나타낸다.

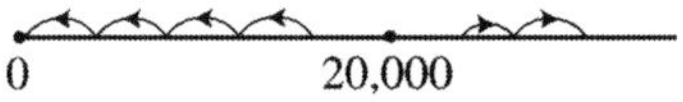

(그림 8.3) g의 동역학.

예 8.3에서 보았듯이, 만약 함수 f를 반복적용함으로써 정의된 동역학계를 가진다면 우리는 $f(x) = x$를 풀이함으로써 고정점들을 찾을 수 있다. 비슷하게, 주기-m인 점을 찾기 위해서는 $f^m(x) = x$를 풀고 $j = 1, \dots, m-1$에 대하여 $f^j(x) = x$의 해가 아닌 해들을 취한다.

예 8.4. 구간 $[0, 1]$에 놓여있는 1회분의 건포도빵 반죽을 생각하자. 우리는 그 길이의 두 배로 반죽을 균일하게 늘리고 그런 다음 반죽을 접고 구간 $[0, 1]$에 다시 놓여있도록 누른다고 가정하자. (그림 8.4 참조.)

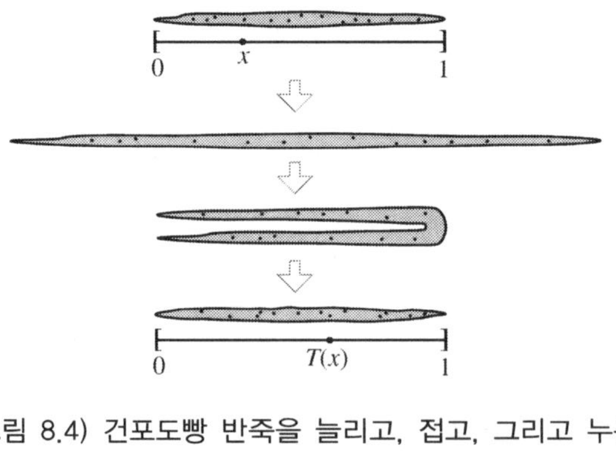

(그림 8.4) 건포도빵 반죽을 늘리고, 접고, 그리고 누름.

반죽을 늘리고, 접고, 누른 후 원래 x에 있는 건포도의 새 위치를 $T(x)$로 하여 $T: [0, \infty) \to [0, \infty)$를 정의하자. 좀 더 정확히, T는 다음과 같이 정의된다.

$$T(x) = \begin{cases} 2x & \text{만약 } x \in \left[0, \dfrac{1}{2}\right], \\ 2-2x & \text{만약 } x \in \left[\dfrac{1}{2}, 1\right]. \end{cases}$$

T의 그래프는 그림 8.5에 나와 있다. 당연한 이유로 T는 **텐트(tent)함수**라 일컫는다. 그림 8.5에는 또한 직선 $y=x$의 그래프가 있다. T의 고정점은 $T(x)=x$에서 일어나고 그러므로 T의 그래프가 직선 $y=x$를 교차하는 x의 값들에서 발생한다. 우리는 T가 두 개의 고정점을 갖는다는 것을 알 수 있다; 그것들은 0과 2/3 에 위치에 있다.

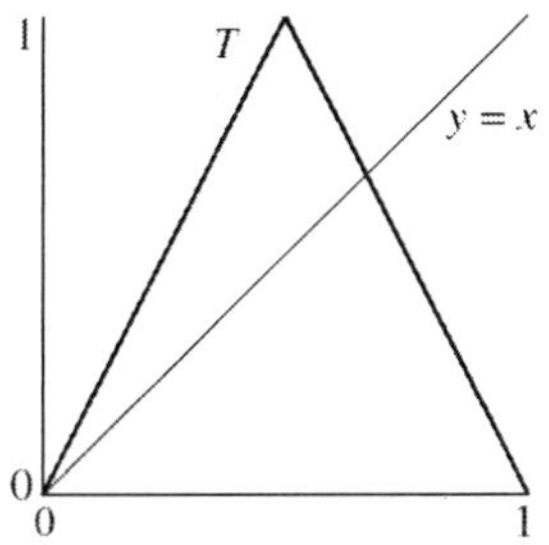

(그림 8.5) 텐트함수.

1과 1/2은 T의 궁극적 고정점들이지만 이것들이 전부 다가 아니라는 것을 보이는 것은 쉽다 — 훨씬 많이 있고 8.3절에서 그것들 모두를 확인하는 방법을 제시한다.

이제 T^2를 고려하자. 그 그래프는 $y=x$의 그래프와 함께 그림 8.6에 있다. 우리는 $T^2(x)=x$에 네 개의 해가 있다는 것을 알 수 있다; 그것들 중 두 개는 고정점들 0과 2/3 이고, 그리고 다른 두 개는 2/5와 4/5이다. 후자 두 개는 주기-2인 점들이고 그들은 함께 하나의 주기 궤도를 형성한다.

여기에서 우리는 단지 텐트함수의 매우 복잡한 동역학을 접해왔다. 8.3절에서 T를 좀 더 탐구하고 T가 카오스적이라는 것을 증명한다.

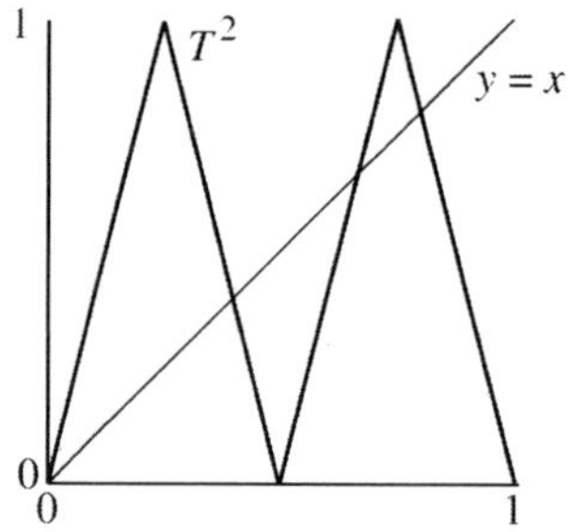

(그림 8.6) 함수 T^2.

다음 정의는 함수 반복적용에 의해 정의된 동역학계들에 대한 동치개념을 만든다.

정의 8.3. 만약 $g \circ h = h \circ f$를 만족하는 위상동형사상 $h : X \to Y$가 존재한다면 함수 $f : X \to X$와 $g : Y \to Y$ (그리고 그들에 의해 정의된 동역학계들)는 **위상적으로 켤레**라고 말한다. 함수 h를 f와 g 사이 **위상적 켤레변형**이라 부른다.

그림 8.7에서 위상적인 켤레변형 조건 $g \circ h = h \circ f$을 보여준다. 아이디어는 왼쪽 위 X로부터 오른쪽 아래 Y로의 두 경로—위를 지나서 오른쪽에서 아래로, 그리고 왼쪽에서 아래로 내려가서 아래를 지나서—가 똑같은 결과를 준다는 것이다. 우리는 그 다이어그램이 교환가능하다라고 말한다. 본질적으로 h는 함수 f를 함수 g로 보내는 것이다.

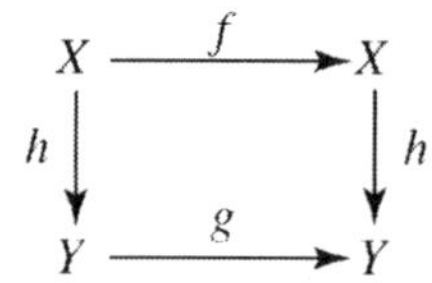

(그림 8.7) 위상적인 켤레변형은 $g \circ h = h \circ f$ 조건이 필요하다.

예 8.5. 함수 $f(x) = 2x$와 $g(x) = 3x$의 동역학들은 본질적으로 같게 나타난다. 두 경우에 0에서 고정점이 있고, 그리고 다른 모든 궤도들은 0의 양수쪽이거나 음수쪽에 계속 놓여있고 0으로부터 멀어진다. 사실 두 함수들은 위상적으로 켤레이다.

> $h(x) = x^{\log_2(3)}$에 의해 정의된 함수 $h: \mathbb{R} \to \mathbb{R}$는 $g \circ h = h \circ f$을 만족시키는 위상동형사상이다.

다음 정리가 보여주듯이 두 함수 f와 g 사이에 위상적 결레변형은 f의 궤도를 g의 궤도로 자연스럽게 보낸다.

정리 8.4. 함수 $h: X \to Y$가 $f: X \to X$와 $g: Y \to Y$ 사이에 위상적 결레변형이라 하자. 각각의 $x \in X$와 $n \in \mathbb{Z}_+$에 대하여, $h(f^n(x)) = g^n(h(x))$이고, 따라서 h는 f에서의 x의 궤도를 g에서의 $h(x)$의 궤도로 보낸다.

증명. n에 대한 귀납법에 의해 이것을 증명한다. $n=1$인 경우는 위상적 결레변형의 정의에 의해 성립한다. $n-1$인 경우에 정리의 결과가 성립한다고 가정하자. 그러면,

$$\begin{aligned} h(f^n(x)) &= h(f^{n-1}(f(x))) \\ &= g^{n-1}(h(f(x))) \\ &= g^{n-1}(g(h(x))) \\ &= g^n(h(x)) \end{aligned}$$

이고, 여기서 두 번째 등식은 귀납적 가정에 의해 성립한다. 따라서 만약 결과가 $n-1$에 대해서 성립하면, n에 대해서도 성립한다. 그러므로 귀납법에 의해, 모든 $n \in \mathbb{Z}_+$에 대하여 $h(f^n(x)) = g^n(h(x))$이다. ■

다음 따름정리는 정리 8.4로부터 바로 나온다.

따름정리 8.5. 함수 $h: X \to Y$가 $f: X \to X$와 $g: Y \to Y$ 사이에 위상적 결레변형이라 하고, $x \in X$이라 하자. 그러면 다음 결과가 성립 한다:

(i) 만약 x가 f의 고정점이면, $h(x)$는 g의 고정점이다.
(ii) 만약 x가 f의 주기-m인 점이면, $h(x)$는 g의 주기-m인 점이다.
(iii) 만약 x가 f의 궁극적 고정점이면, $h(x)$는 g의 궁극적 고정점이다.
(iv) 만약 x가 f의 궁극적 주기점이면, $h(x)$는 g의 궁극적 주기점이다.

증명. 연습문제 8.9 참조. ■

따름정리가 암시하기를 f의 중요한 동역학 특성들은 f에 위상적으로 켤레인 함수들에 반영된다는 것이다. 앞으로 이 장을 통하여 비슷한 결과들을 보게 될 것이고, 그러므로 위상적으로 켤레인 함수들은 반복적용에서의 동치인 동역학 행동들을 가지는 것을 알게 될 것이다.

연습문제 8.1

8.1. 다음 각각의 함수 $f : \mathbb{R} \to \mathbb{R}$ 에 대하여, 모든 고정점과 주기점을 찾고 동역학계에 대한 단계도를 그리시오.

(a) $f(x) = x^3$

(b) $f(x) = -x^3$

(c) $f(x) = -x^{1/3}$

(d) $f(x) = x - x^2$

(e) $f(x) = \dfrac{4}{\pi}\tan^{-1}(x)$

(f) $f(x) = 1 - x^2$

(g) $f(x) = \dfrac{1}{2}\sin(x)$

(h) $f(x) = \dfrac{\pi}{2}\sin(x)$

(i) $f(x) = e^x$

(j) $f(x) = 2(x - x^2)$

(k) $f(x) = x + \sin(x)$

8.2. (a) $a \in \mathbb{R}$ 에 대하여 $L_a(x) = ax$ 에 의해 정의된 선형계 $L_a : \mathbb{R} \to \mathbb{R}$ 를 고려하자. 단계도들의 집합을 통하여, a가 임의의 실수일 때 a에 따른 L_a의 서로 다른 동역학 행동들을 분류하시오.

(b) 만약 L_a와 L_b가 똑같은 동역학 행동((a)에서 확인된 것처럼)을 가진다면, L_a와 L_b는 위상적으로 켤레임을 보이시오.

8.3. 만약 x가 함수 $f : X \to X$의 주기-m인 점이라면, 점들 $x, f(x), \ldots, f^{m-1}(x)$는 모두 다르고 그리고 모두 주기-$m$인 점들임을 보이시오.

8.4. 텐트함수 T에 대해 최대한 많이 궁극적 고정점들을 찾으시오. (8.3절에서 그 점들 모두 확인할 수 있는 방법을 보일 것이다.)

8.5. 텐트함수 T에 대해 주기-3인 점을 찾으시오.

8.6. 예 8.3에 있는 두 번째 저축계좌를 고려하자:

$$g(x) = \begin{cases} 1.05x - 1000 & \text{만약 } 1.05x \ge 1000, \\ 0 & \text{만약 } 1.05x \le 1000. \end{cases}$$

(a) $g^{-1}(0)$을 결정하시오. 즉 다음 해에 잔금이 0이 되는 금액의 구간을 결정하시오.

(b) $n-1$년 후에는 0이 아니지만 n년 후에는 잔금이 0인 되는 금액의 구간을 결정하시오.

8.7. 이 연습문제는 구체적인 계산에 통하여 $f_\alpha(x) = \alpha x(1-x)$에 의해 정의된 함수 $f_\alpha : [0,1] \to [0,1]$와 연관된 궤도를 조사하는 것을 묻는 것이다. 우리는 8.4절에서 이 함수들을 좀 더 조사할 것이다.

(a) $f_{0.6} : [0,1] \to [0,1]$, $f_{0.6}(x) = 0.6x(1-x)$에 대하여 초깃값들 $0, 0.1$, 그리고 0.7에 의해 결정되는 궤도들을 조사하고 비교하시오.

(b) $f_{1.6} : [0,1] \to [0,1]$, $f_{1.6}(x) = 1.6x(1-x)$에 대하여 초깃값들 $0, 0.1$, 그리고 0.7에 의해 결정되는 궤도들을 조사하고 비교하시오.

(c) $f_{3.2} : [0,1] \to [0,1]$, $f_{3.2}(x) = 3.2x(1-x)$에 대하여 초깃값들 0.25와 0.75에 의해 결정되는 궤도들을 조사하고 비교하시오.

(d) $f_4 : [0,1] \to [0,1]$, $f_4(x) = 4x(1-x)$에 대하여 초깃값들 0.261과 0.262에 의해 결정되는 궤도들을 조사하고 비교하시오.

8.8. $a > 0$에 대하여 $g_a : \mathbb{R} \to \mathbb{R}$, $g_a(x) = a(x + x^2)$의 고정점들을 찾으시오. x, a축으로 이루어진 좌표계에서 변수 a가 변함에 따라 고정점들의 위치가 어떻게 변하는지 보여주도록 고정점들을 표시하시오.

8.9. 따름정리 8.5를 증명하시오.

(i) 만약 x가 f의 고정점이면, $h(x)$는 g의 고정점이다.

(ii) 만약 x가 f의 주기-m인 점이면, $h(x)$는 g의 주기-m인 점이다.

(iii) 만약 x가 f의 궁극적 고정점이면, $h(x)$는 g의 궁극적 고정점이다.

(iv) 만약 x가 f의 궁극적 주기점이면, $h(x)$는 g의 궁극적 주기점이다.

8.10. 함수 $g:[0,1]\rightarrow[0,1]$을 다음과 같이 정의하자:

$$g(x)=\begin{cases}3x & 0\le x\le 1/3,\\ 2-3x & 1/3\le x\le 2/3,\\ 3x-2 & 2/3\le x\le 1.\end{cases}$$

g는 텐트함수와 위상적으로 켤레가 아님을 보이시오.

8.11. $f:X\rightarrow X$가 연속이고 I와 J를 $f(I)\subseteq J$이고 $f(J)\subseteq I$인 서로소이고 유계인 닫힌 구간이라 하자. I 안에 f의 주기-2인 점이 존재함을 보이시오.

8.12. $f:\mathbb{R}\rightarrow\mathbb{R}$가 연속이고 I와 J를 $f(I)\subseteq J$이고 $f(J)\subseteq I$인 서로소이고 유계인 닫힌 구간이라 하자. I 안에 f의 주기-2인 점이 존재함을 보이시오.

8.13. (a) $f:\mathbb{R}\rightarrow\mathbb{R}$가 위상동형사상이라 하자. f는 2보다 큰 주기를 가진 주기점을 가지지 않음을 증명하시오.

(b) 임의의 $n\in\mathbb{Z}_+$에 대하여 주기-n인 점을 가지는 위상동형사상 $f:\mathbb{R}^2\rightarrow\mathbb{R}^2$가 존재함을 보이시오.

8.14. $f:X\rightarrow X$가 단사함수라 가정하자.

(a) 임의의 $n\in\mathbb{Z}_+$에 대하여 $f^n:X\rightarrow X$은 단사임을 증명하시오.

(b) f는 궁극적 주기점을 가지지 않음을 증명하시오.

8.15. $f(x)=\dfrac{1}{1-x}$를 고려하자. X는 f가 동역학계를 정의하는 $\mathbb{R}$의 최대 부분공간이라 하자. X는 3개의 연결성분을 가짐을 보이고 각 $x\in X$는 X의 각 연결성분에서 한 점을 포함하는 궤도를 가지는 주기-3인 점임을 증명하시오.

8.2 안정성

많은 물리학적인 설정과 수학적 모델에서, 우리는 고정 또는 주기 상태로 수렴하는 현상들을 목격한다. 예를 들어, 오븐에서 꺼낸 케이크의 온도는 고정된 실내온도로 내려가고, 또는 그네를 멈추지 않게 움직였을 때 그네 위에 있는 아이는 고정된 진동에 도달하게 된다. 수학에서는, 예를 들어, $f(x)=\dfrac{1}{2}x$에 대해서 모든 점은 0에서의 고정점으로 수렴하는 궤도를 가지고, 그리고 함수 $g(x)=-x^{1/3}$에 대해서는 0을 제외한 모든 점은 주기 궤도

$\{-1, 1\}$에 수렴하는 궤도를 가진다.

이 절에서 동역학계의 고정점 또는 주기적 점의 점근적 안정성이라고 알려진 것을 통해서 이들의 현상들을 파악한다. 안정성과 관련된 정의들로 시작한다.

정의 8.6. $f: X \to X$가 주어졌을 때, x^*가 f의 고정점이라 가정하자.

(i) 만약 x^*를 포함하는 임의의 열린집합 U에 대하여 x^*를 포함하는 열린집합 V가 존재하여 모든 $x \in V$에 대하여 x의 궤도가 U에 포함되면 x^*는 **안정적**이라고 말한다.

(ii) 만약 x^*가 안정적이고 만약 x^*를 포함하는 열린집합 U가 존재하여 모든 $x \in U$에 대하여

$$\lim_{n \to \infty} f^n(x) = x^*$$

이면 x^*는 **점근적으로 안정적**이라고 말한다.

(iii) 만약 x^*가 안정적이지만 점근적으로 안정적이 아니면 x^*는 **중립적으로 안정적**이라고 말한다.

(iv) 만약 x^*가 안정적이 아니면 x^*가 **불안정적**이라고 말한다.

정의 8.7. $f: X \to X$에 대하여 x^*가 f의 주기-m인 점이라 가정하자. 만약 x^*가 f^m의 고정점으로써 안정적이면 x^*는 **안정적 주기점** 또는 **안정적 주기적 궤도를 가진다**라고 말한다. 주기점들과 주기적 궤도들에 대하여 **점근적으로 안정적**, **중립적으로 안정적**, 그리고 **불안정적**이라는 것도 비슷하게 정의한다.

안정적 주기점들과 주기적 궤도들의 정의에는 만약 x^*가 f의 안정적 주기-m인 점이면

$$f(x^*), f^2(x^*), \dots, f^{m-1}(x^*)$$

도 안정적 주기-m인 점들이라는 사실이 암시된다. 점근적으로 안정적, 중립적으로 안정적,

그리고 불안정적이라는 정의에 대해서도 똑같은 사실이 성립한다. 이러한 사실들은 자동적으로 따라오지는 않지만, 정의들이 의미가 있기 위해서는 사실이라는 것을 보여줘야 한다. (연습문제 8.17 참조.)

예 8.6. 예 8.2에 있는 네 함수들을 다시 고려한다:

(i) $f:\mathbb{R}\to\mathbb{R}$, $f(x)=-2x$,

(ii) $g:\mathbb{R}\to\mathbb{R}$, $g(x)=\dfrac{1}{2}x$,

(iii) $h:\mathbb{R}\to\mathbb{R}$, $h(x)=-x$,

(iv) $k:\mathbb{R}\to\mathbb{R}$, $k(x)=0$.

이 각각의 함수들에서 대해 0에서 고정점이 있다. f에 대해서, 만약 0을 포함하는 열린구간 $U=(-1,1)$을 취한다면, 0의 궤도를 제외하고 U 안에서 시작하는 모든 궤도는 결국 U를 벗어난다. 그러므로 0은 f의 불안정적인 고정점이다. 다음은 g에 대해서 0에서 고정점을 고려하자. 0을 포함하는 임의의 열린집합 U가 주어졌을 때, V를 U 안에 있는 열린구간 $(-\epsilon,\epsilon)$이라 하자. V에서 시작하는 모든 궤도는 V에 머무르고 극한으로 0에 접근한다. 그러므로 0은 g의 점근적으로 안정적 고정점이다. k에 대해서는, 0에서 고정점은 또한 점근적으로 안정적이다. h에 대해서는, 0에서 고정점은 중립적으로 안정적이고 0을 제외한 모든 점은 중립적으로 안정적 주기-2인 점이다.

예 8.7. 예 8.3의 저축계좌 모델을 다시 고려하자. 계좌에 이자수입이 있고, 그리고 예금과 출금이 없는 경우에 대해서, $f(x)=1.05x$에 의해 정의된 동역학계를 가진다. 이 f에 대해서 0에서 불안정적인 고정점을 가진다. 만약 약간의 금액에서 시작한다면, 얼마나 작든지 상관없이, 계좌에 있는 금액은 0으로부터 멀어지면서 증가한다.

매년 이자가 적용된 후에 계좌로부터 \$1,000을 찾는 두 번째 저축계좌 모델에서, 동역학계는 다음과 같이 정의된다.

$$g(x)=\begin{cases}1.05x-1000 & \text{만약 } 1.05x\ge 1000,\\ 0 & \text{만약 } 1.05x\le 1000.\end{cases}$$

이 경우에, 0은 점근적으로 안정적 고정점이다. 만약 0에 가까운 금액에서 시작한다면, 결국 0으로 될 것이다. (사실, 충분히 작은 초기 금액에 대해서, 바로 0으로 간다.) 다른 한편으로, 20,000에서 불안정적 고정점을 가진다. 20,000보다 큰 초기 금액은 이 동역학계에서 계속해서 증가하고, 그리고 20,000보다 작은 금액은 0으로 감소한다.

이미 보였듯이, 안정적 고정점들과 주기적 점들은 동역학계의 수학분야와 동역학계가 모델링하는 물리학적인 체계의 현상들 모두에서 우리가 종종 관찰하거나 궁극적으로 접근하는 것이다. 예 8.8과 예 8.10에서 이것들을 실례를 들어가며 보여준다.

예 8.8. $f:[0,1]\to[0,1]$가 $f(x)=2x(1-x)$로 정의된다고 하자. 만약 값 $w\in(0,1)$을 선택하고 $f(w)$와 w에 f의 연속적인 반복적용을 계산하기 위해 계산기를 사용한다면 궁극적으로 계산기는 매번 0.5로 돌아온다는 것을 알게 된다. 이 과정을 통하여 우리는 f의 안정적 고정점 같은 것을 발견하게 된다. 사실, 0.5은 점근적으로 안정적인 고정점이고, 그리고 이 동역학계는 $(0,1)$ 안에 모든 값들을 그 값으로 몰아넣는다. 그러므로 0.5 근처에 있거나 0.5에 고정된다는 것은 이 동역학계에서 예상되는 장기적인 현상이다.

물론, $2x(1-x)=x$를 풀이함으로써 f에 대한 고정점 0.5를 찾을 수 있다. 그렇게 하면, $x=0$ 또는 0.5를 얻는다. 그래서 0에서 또한 고정점이 존재한다. 0에서 고정점은 불안정적이고, 그러므로 초깃값에 그 값(또는 1)을 선택하지 않는다면 f의 계속적인 반복적용 과정은 이 고정점을 찾아내지 못한다. 0에 고정된다는 것은 이 동역학계에서 예상되는 장기적인 현상이 아니다.

비록 $w\in(0,1)$에 f의 유한히 많은 반복적용 후에 계산기가 값 0.5로 접근하지만, 점 w은 실제로 f의 궁극적 고정점이 아니다. 우리가 결국 정확히 0.5를 얻는 이유는 계산기가 중간에 그 결과들을 반올림하고 어떤 시점에서 정확히 0.5로 반올림하고 그래서 거기에서 고정되기 때문이다. 그래서 만약 $w\in(0,1)$이고 $w\neq 0.5$이라면, $\lim_{n\to\infty} f^n(w)=0.5$이지만 모든 n에 대하여 $f^n(w)\neq 0.5$이다.

실수 안의 한 정의역에서 정의된 동역학계의 현상들을 보기 위한 하나의 편리한 방법은 **그물(web) 다이어그램**으로 알려진 방법이다. (그림 8.8 참조.) 앞의 예에 있는 함수 $f:[0,1]\to[0,1]$로 이 방법을 설명한다. 우선, $f(x)=2x(1-2x)$와 $y=x$의 그래프들을 그린다. 그 다음에 초깃값 $a\in[0,1]$를 선택하고 직선 $y=x$ 위의 점 (a,a)에서 시작한다. $f(x)$의 그래프 위의 점 $(a,f(a))$으로 수직으로 그 다음 직선 $y=x$ 위의 점 $(f(a),f(a))$으로 수평으로 움직인다. 이러한 단계들을 반복하면은 직선 $y=x$ 위의 점 $(f^2(a),f^2(a))$으로 접근한다. 이 과정을 좀 더 반복함으로써, 직선 $y=x$ 위에 그려지는 a의 궤도를 얻는다.

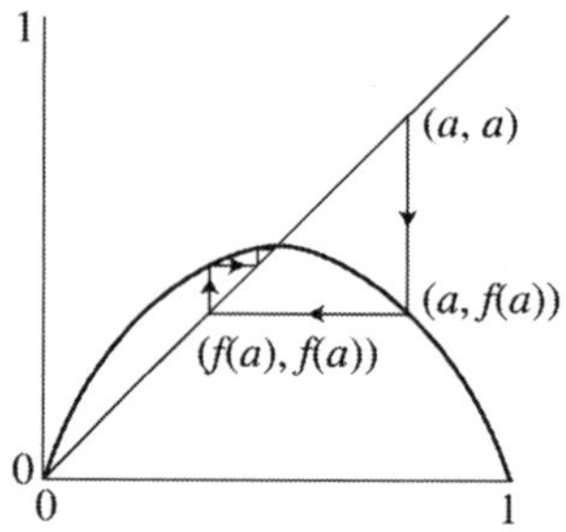

(그림 8.8) $f(x)=2x(1-x)$에 대한 그물 다이어그램.

다음 정리는 선형함수 $f(x)=mx+b$의 모든 가능한 고정점과 안정성 성질을 분류한다.

정리 8.8. $f:\mathbb{R}\to\mathbb{R}$가 선형함수 $f(x)=mx+b$라고 하자.

(i) 만약 $m\neq 1$이면, f는 고정점을 가지고, 그리고 그 고정점은 만약 $m=-1$이면 중립적으로 안정적이고, $|m|<1$이면 점근적으로 안정적이고, 그리고 $|m|>1$이면 불안정적이다.

(ii) 만약 $m=1$이면, $b\neq 0$일 경우 f는 고정점을 가지지 않고, $b=0$일 경우 모든 $x\in\mathbb{R}$는 중립적으로 안정적 고정점이다.

증명. 연습문제 8.19 참조. ■

그림 8.9에서, 정리 8.8에서 주장했던 몇 가지 안정성 가능성들을 설명하기 위해 그물 다이어그램을 이용한다.

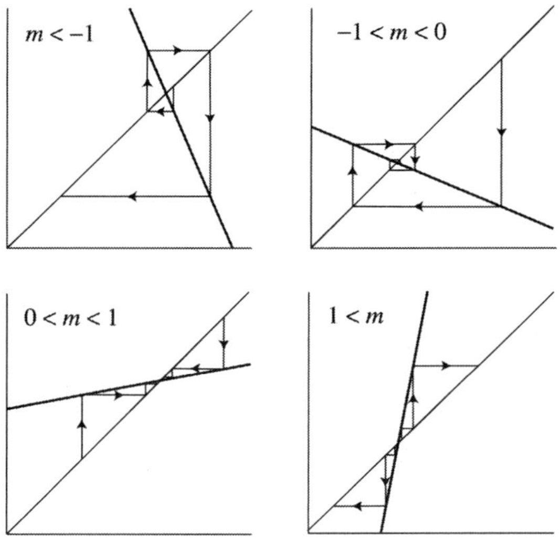

(그림 8.9) 선형함수 $f(x) = mx + b$의 안정성 성질들.

이제, 만약 함수가 한 고정점에서 미분가능하다면, 그 고정점의 안정성은 그 미분값이 -1 또는 1이 아닌 한 그 고정점에서 미분값에 의해 결정될 수 있다는 것을 다음 정리는 보여준다.

정리 8.9. X가 $\mathbb{R}$의 부분집합이라 하자. x_0이 $f: X \to X$의 고정점이고 f가 x_0에서 미분가능하다고 가정하자. 만약 $|f'(x)| < 1$이면 x_0은 점근적으로 안정적이고 $|f'(x)| > 1$이면 x_0은 불안정적이다.

정리 8.9를 증명하지 않는다. 증명들은 [DevR]과 같은 일반적인 동역학계 개론에서 찾을 수 있다. 아이디어는 만약 $|f'(x)| \neq 1$이면 f의 고정점으로써 x_0의 안정성은 x_0에서 f의 선형근사의 고정점으로써 x_0의 안정성에 의해 결정된다는 것이다. (그림 8.10 참조.) 선형근사는 함수 $L(x) = f'(x)(x - x_0) + f(x_0)$이다.

정리 8.9에서 다루지 않는 $|f'(x_0)| = 1$인 경우에는, x_0는 중립적으로 안정적, 점근적으로 안정적, 또는 불안정적일 수가 있다. (연습문제 8.20 참조.)

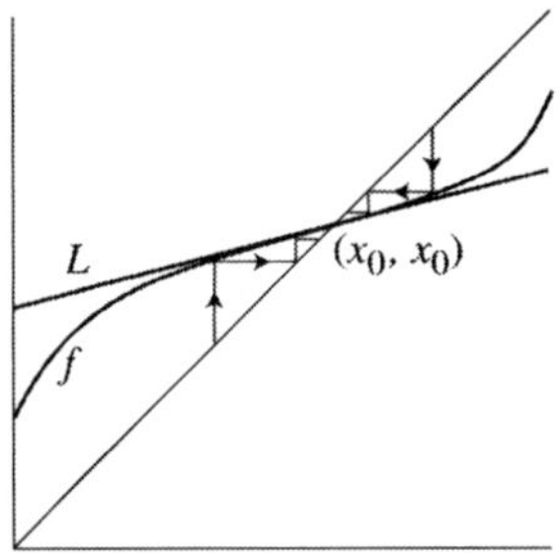

(그림 8.10) 고정점 x_0의 안정성은 f와 L 둘 다 같다.

예 8.9. 정리 8.8과 8.9가 안정성에 관한 판단을 어떻게 증명하는지 보기 위해 이전에 고려했던 예들을 다시 살펴보자.

예 8.3의 $f(x)=1.05x$에 의해 주어진 인출 없는 저축계좌 모델에 대해, 0에서 고정점을 갖는다. 0에서 f의 기울기는 1보다 큰 1.05이고, 그러므로 그 고정점은 불안정적이다.

예 8.3의 다음 함수에 의해 주어진 인출 있는 저축계좌 모델에 대해,

$$g(x)=\begin{cases}1.05x-1000 & \text{만약 } 1.05x \geq 1000, \\ 0 & \text{만약 } 1.05x \leq 1000,\end{cases}$$

0과 20,000에서 고정점들을 갖는다. 20,000에서 g의 기울기는 1.05이고 이것은 20,000이 불안정적 고정점이라는 것을 암시한다. 0에서 g의 기울기는 0이고 이것은 0이 점근적으로 안정적 고정점이라는 것을 암시한다.

예 8.8에 있는 함수 $f(x)=2x(1-x)$에 대해서는 0과 1/2에서 고정점들이 있다. 더군다나, $f'(0)=2$이고, 그래서 0은 불안정적 고정점이고, $f'(1/2)=0$이고 그래서 1/2는 안정적 고정점이다.

예 8.4에 있는 텐트함수 T에 대하여, 0과 2/3에서 고정점들을 갖는다. 전자에서 T의 기울기는 2이고 후자에서는 -2이다. 결과적으로 둘 다 불안정적 고정점들이다. 또한 2/5와 4/5에서 주기-2인 점들이 있다. 그림 8.6에 있는 T^2의 그래프로부터 각각에서 T^2의 기울기가 -4라는 것을 알 수 있다. 그러므로 이 주기점들은 불안정적이다. 따라서, 텐트함수에서는 0 또는 2/3에서의 어떤 고정점을 향해서 함수가 안정화될 것이라고 기대되지 않고 또한 주기궤도 $\{2/5, 4/5\}$를 향해 안정화될 것이라고도 기대되지 않는다. 사실, 8.3절에서 볼 것이지만, $[0,1]$에서 조밀하게 분포된 T의 주

기점들이 있지만, 그것들은 모두 불안정적이고, 그래서 그 동역학계는 결코 그것들에게 안정되지 않는다.

주기궤도 $\{2/5, 4/5\}$에 있는 각각의 점들에서 T^2의 미분계수가 같다는 것은 우연의 일치가 아니다. 사실, $X \subset \mathbb{R}$ 인 $f: X \to X$가 주어졌을 때, 만약 $x_1, \ldots, x_m$이 f의 주기-m 궤도를 형성한다면, 그리고 f가 미분가능하다면, $x_1, \ldots, x_m$ 각각의 점들에서 f^m의 미분계수는 궤도에 있는 각각의 점에서 f의 미분계수의 곱인 $f'(x_1)f'(x_2)\cdots f'(x_m)$과 같다. (연습문제 8.21 참조.)

예 8.10. 이 예에서, 천장에 달린 스프링에 걸려있는 물체를 고려한다. 우리는 물체가 움직임이 없는 균형지점이 있다고 가정한다. 균형지점은 그 물체의 이동을 결정하기 위한 원점으로 간주된다. 더욱이, 물체가 움직일 때, 그것이 균형지점을 지나 위아래로 진동하고 균형지점으로부터 거리 M보다 더 높이 올라가지 않는다고 가정한다. 만약 이전 진동에서 물체의 최대높이가 x이면 $f(x)$는 그 다음 진동에서 물체의 최대높이로 정의되는 함수 $f: [0, M] \to [0, M]$에 의해 물체의 운동을 모델링한다. (그림 8.11 참조.)

예를 들어 공기 저항과 같은 것으로 인한 감쇠운동에서, 그림 8.12 왼쪽에 나타난 것처럼 $f(0) = 0$이고 다른 모든 x에 대하여 $f(x) < x$이다. 그리하여 0에서 안정적 고정점을 가질 것이고, 그리고 결국 용수철-물체 동역학계가 균형상태를 이루어질 것이라고 예상할 수 있다.

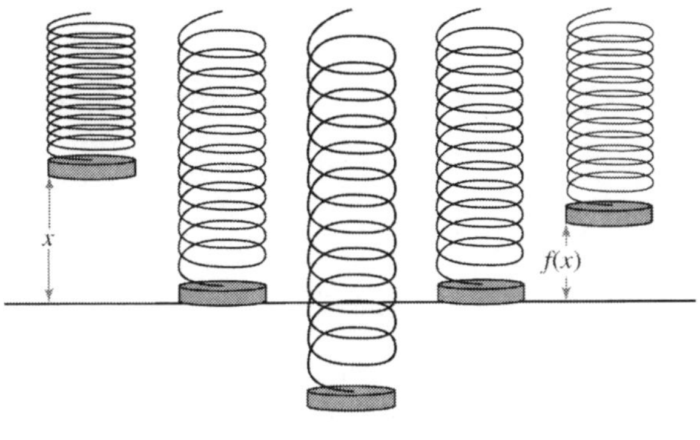

(그림 8.11) 진동하는 용수철과 물체.

다른 한편으로, 예를 들어 용수철이 균형지점을 지나 밑으로 내려갈 때마다 용수철을 아랫방향으로 미는 것과 같은 운동을 자극시킨다고 가정하자. 이 경우에 그림 8.12 오른쪽에 보여진 것처럼 $f(0)=0$이고 다른 모든 x에 대하여 $f(x)>x$이다. 여기서는 0에서 불안정적 고정점을 갖는다. 일단 이 동역학계가 움직임 상태에 있다면 그것은 계속해서 점점 더 커지는 진동으로 움직일 것이다.

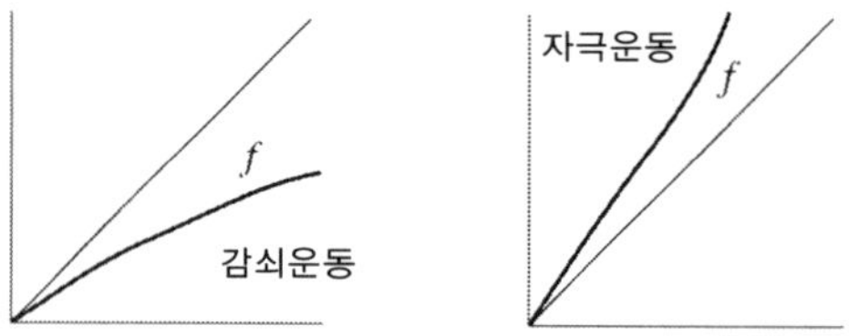

(그림 8.12) 감쇠운동과 자극운동에 대한 그래프.

작은 규모의 자극과 큰 규모의 감쇠의 이 두 시나리오를 조합할 때 무엇이 일어날 것인지 알아보자. 진동들의 최고점이 0근처일 때 물체를 밀고, 그리고 최고점이 클 때는 감쇠한다고 가정하자. 함수 f가 $f(0)=0$이고, 0근처의 x에서 $f(x)>x$, 큰 x에서 $f(x)<x$이고 그리고 작은 규모의 자극과 큰 규모의 감쇠 사이를 이동할 때 f는 연속이라고 가정한다. (그림 8.13 참조.) 중간값정리에 의해 $f(x_0)=x_0$인 점 $x_0>0$을 갖는다; 즉 고정점을 갖는다. 그 고정점은 물체가 고정되어 있는 위치를 나타내지 않지만 그러나 대신에 물체가 각각의 진동에서 물체가 다시 그 높이로 되돌아 오는 균형상태에서의 최고 높이를 나타낸다. 이 운동을 지속 진동이라 한다—결코 감쇠하거나 증가하지 않는 진동. 따라서, 큰 규모의 감쇠와 함께 작은 규모의 자극은 지속 진동을 만들어낸다.

더군다나, 만약 f의 그래프가 그림 8.13처럼 보여진다면, $0<f'(x_0)<1$이고 x_0은 안정적이다. 그러므로 지속 진동은 이 체계가 결국 안정되어질 것이라고 예상되는 운동이다.

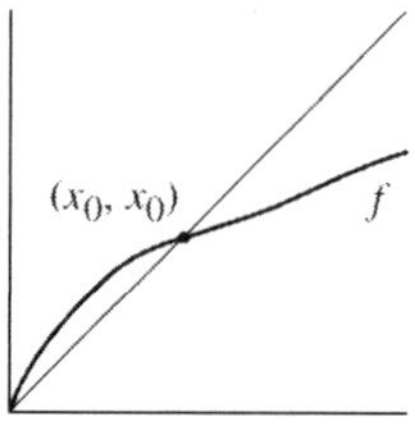

(그림 8.13) 작은 규모의 자극과 큰 규모의 감쇠의 조합.

예 8.10에서 본 것처럼, 지속 진동은 많은 물리학 동역학계에 흔히 일어난다. 목관악기의 리드를 불 때, 리드를 평평하게 유지시키려는 복원력에 반대되는 작은 규모의 자극을 만들고 있는 것이다. 자극과 복원력 사이의 균형으로부터 생기는 진동은 그 악기에서 음악이 되는 소리를 만든다. 반 데르 폴(van del Pol) 발진기는 지속 진동에 대한 고전적인 미분방정식 모델이다. 그것은 심장진동에 대한 모델로써 블라자르 반 데르 폴(Blathazar van der Pol, 1889-1959)에 의해 처음 소개됐고, 그리고 그는 또한 전기회로에 대한 모델로써 그것을 좀 더 일반적으로 실험했다. 그 미분방정식은 소규모의 자극과 대규모의 감쇠 둘 다 반영하고, 그리고 결과적으로 그것의 해들은 지속 진동으로 향하는 경향이 있다. ([Str] 참조.)

연습문제 8.2

8.16. 다음 각각의 함수에 대하여 고정점과 주기점을 결정하고 그러한 점들에 대하여 안정성을 결정하기 위해 정리 8.9를 사용하시오:

(a) $f(x)=x^3$

(b) $f(x)=-x^3$

(c) $f(x)=-x^{1/3}$

(d) $f(x)=\frac{4}{\pi}\tan^{-1}(x)$

(e) $f(x)=1-x^2$

(f) $f(x)=\frac{1}{2}\sin(x)$

(g) $f(x)=\frac{\pi}{2}\sin(x)$

(h) $f(x)=2(x-x^2)$

(i) $f(x)=x+\sin(x)$

8.17. (a) 만약 x^*가 함수 f의 안정적 주기-m인 점이라면 $f(x^*), f^2(x^*), \ldots, f^{m-1}(x^*)$도 또한 그러한 점임을 보이시오.

(b) 만약 x^*가 함수 f의 점근적으로 안정적 주기-m인 점이라면 $f(x^*), f^2(x^*), \ldots, f^{m-1}(x^*)$도 또한 그러한 점임을 보이시오.

(c) 만약 x^*가 함수 f의 중립적으로 안정적 주기-m인 점이라면 $f(x^*), f^2(x^*), \ldots, f^{m-1}(x^*)$도 또한 그러한 점임을 보이시오.

(d) 만약 x^*가 함수 f의 불안정적 주기-m인 점이라면 $f(x^*), f^2(x^*), \ldots, f^{m-1}(x^*)$도 또한 그러한 점임을 보이시오.

8.18. 예 8.9에서 다루었던 안정성 성질들을 보여주기 위해 예 8.3, 8.4, 그리고 8.8에 있는 동역학계에 대한 그물 다이어그램을 그리시오.

8.19. 정리 8.8을 증명하시오.

(a) 만약 $m \neq 1$이면, f는 고정점을 가지고, 그리고 그 고정점은 만약 $m = -1$이면 중립적으로 안정적이고, $|m| < 1$이면 점근적으로 안정적이고, 그리고 $|m| > 1$이면 불안정적이다.

(b) 만약 $m = 1$이면, $b \neq 0$일 경우 f는 고정점을 가지지 않고, $b = 0$일 경우 모든 $x \in \mathbb{R}$는 중립적으로 안정적인 고정점이다.

8.20. 정리 8.9에서 다루지 않았던 f의 고정점 x_0에서 $|f'(x_0)| = 1$인 경우에 x_0는 중립적으로 안정적, 점근적으로 안정적, 또는 불안정적일 수 있다.

(a) 고정점 x_0에서 $|f'(x_0)| = 1$이고 x_0가 중립적으로 안정적인 함수 f의 예시를 찾으시오.

(b) 고정점 x_0에서 $|f'(x_0)| = 1$이고 x_0가 점근적으로 안정적인 함수 f의 예시를 찾으시오.

(c) 고정점 x_0에서 $|f'(x_0)| = 1$이고 x_0가 불안정적인 함수 f의 예시를 찾으시오.

8.21. $X \subset \mathbb{R}$이고 $f : X \to X$이 미분가능이라 가정하자. 만약 $x_1, \ldots, x_m$이 f의 주기-m 궤도를 구성하고 있다면 임의의 i에 대하여

$$(f^m)'(x_i) = f'(x_1)f'(x_2)\cdots f'(x_m)$$

임을 보이시오.

8.22. 뉴튼의 방법은 $D \subset \mathbb{R}$인 함수 $f : D \to \mathbb{R}$의 근들을 근사시키기 위한 반복과정이다. f가 두 번 미분가능하다고 가정한다. 그러한 함수 f에 대하여 $g(x) = x - \dfrac{f(x)}{f'(x)}$을 정의하자. 뉴튼 방법의 아이디어는 f의 근의 첫 근삿값 x_0를 추측하고 그리고 나서 f의 근에 수렴하는(희망하기를) 점들의 수열 $x_n = g^n(x_0)$을 얻기 위해 x_0에 g를 반복적용하는 것이다.

(a) 만약 x가 g의 고정점이면 x는 f의 근임을 보이시오.

(b) g의 모든 고정점은 점근적으로 안정적임을 보이시오.

만약 x가 $f'(x)=0$인 점이라면 g는 x에서 정의되지 않는다. 그러한 x는 f의 근일 수 있다. 만약 z가 $f'(z)\neq 0$인 f의 근이라면 (a)와 (b)의 결과는 만약 z와 충분히 가까이 있는 x_0를 첫 근삿값으로 선택한다면 g에서 x_0의 궤도는 z로 수렴한다는 것을 암시한다.

이제, 사이에 고정점이 없는 g의 두 고정점 z_1과 z_2가 있는 상황을 고려하자. (b)에 의해 z_1과 z_2의 근방 U_1과 U_2가 각각 존재하여 U_i 안의 임의의 점의 궤도는 z_i로 수렴한다. 궤도가 z_2로 수렴하는 점들과 궤도가 z_1으로 수렴하는 점들을 분리하기 위해 z_1과 z_2 사이에 무언가 일어나야 한다. 최소한 다음을 가질 수 있다.

(c) g의 고정점들의 임의의 쌍 사이에 g가 정의되지 않는 점이 존재함을 증명하시오.

8.3 카오스

1961년, MIT 대학의 기상학자인 에드워드 로렌츠(Edward Lorenz)는 12개의 상대적으로 복잡한 등식들로부터 유도된 모델을 사용하여 컴퓨터로 날씨 패턴을 시뮬레이션하는 시도를 하고 있었다. 전날 했던 컴퓨터 실행 전체를 반복하는 것보다 오히려 그는 그 전 실행을 통하여 부분적인 데이터 결과를 사용하여 계산을 새로 시작하기로 결정했다. 하지만 컴퓨터에 의해 얻어진 소수점 여섯 번째 자리까지 정확성을 가진 데이터를 입력하는 대신에 그는 컴퓨터 출력이 제공했던 소수점 셋째 자리까지의 정확성을 사용했다. 상당히 놀랍게도, 그 실행의 결과들은 전의 결과들보다 완전히 달랐다. 그는 초기 조건의 민감성을 알고 있었다. 비록 등식들은 고정되어 있더라도, 입력 조건들에서의 단지 작은 변화는 결과에서 큰 변화를 일으켰다. 이것은 종종 "나비효과"라고 불리는데 홍콩에서 날개를 펄럭거리는 한 마리의 나비가 궁극적으로 텍사스에서 토네이도를 발생시키기에 충분할 정도로 조건들을 변하게 할 수도 있기 때문이다. 다시 말해서, 작은 변화들은 극적인 충격을 가져올 수 있다. 이것이 장기적인 날씨 예측이 아주 어려운 이유이다. 이 발견에 대한 현재는 고전인 된 그의 논문, "결정적인 비주기적인 흐름"에서, 로렌츠가 쓰기를,

> 우리의 결과들이 . . . 대기에 적용될 때. . . 만약 현재 조건들이 정확히 알려지지 않는다면 충분히 먼 미래의 예측은 어떤 수단으로도 불가능하다는 것을

> 그것들은 보여준다. 날씨 관측의 피할 수 없는 부정확성과 불완전성 관점에서, 정확한 매우 긴 범위의 날씨예보는 존재하지 않을 것 같다.

컴퓨터 도움으로, 로렌츠는 앙리 푸앵카레가 삼체문제에 대한 연구의 하나의 결과로써, 60년 앞서서 직관적으로 묘사했던 현상을 관찰하고 있었다. 1903 에세이인, "과학과 방법"에서, 푸앵카레가 제안하기를,

> 만일 우리가 초기순간에 자연의 법칙들과 우주의 상황을 정확하게 알고 있다면, 우리는 그 이후의 순간에 똑같은 우주의 상황을 정확을 묘사할 수 있을 것이다. 그러나 … 우리는 여전히 단지 초기상황을 근사적으로 알 수도 있다. 만일 그것이 그 이후의 상황을 똑같은 근사로 예측한다면, 그것은 우리가 요구하는 모든 것이다. … 그러나 이것은 항상 그렇지는 않다; 초기 조건들에서 작은 변화는 최종 현상에서 큰 변화들을 일으킬 수 있을 것이다.

푸앵카레와 로렌츠 시대 사이에, 다른 사람들 또한 이러한 흥미로운 현상을 감지했지만 그러나 그것이 많은 물리 또는 수학체계에서 확고한 일부분으로써 인식될 정도로 널리 이해되고 보여지기까지는 수학과 과학에서 실험적인 도구로써의 컴퓨터의 출현 이후이다.

수학과 과학혁명이 탄생하고, 그리고 그 이후 수십 년 동안 많은 과학자들과 수학자들이 이러한 현상, 그 성질들, 그리고 그것의 후속결과들을 정의하고, 묘사하고, 밝히기 위해 일해 왔다. 카오스는 초기조건들에 민감하게 의존하는 일반적인 구조와 현상들에 대해 넓게 사용되는 이름이다.

초기조건들에 대한 민감한 의존성의 예측 불가능성과 함께, 카오스는 또한 하나의 규칙을 포함한다. 카오스 체계에서 궤도들은 한 주기의 시간(아마 매우 긴)에 대해 주기적으로 나타날 수 있지만, 그러나 결국 그것들은 아마 다른 명백한 주기성인, 다른 영역의 현상으로 나뉘어 진다. 태양을 도는 지구의 규칙성은 전체 카오스 체계에서 거의 장기간 주기성일 것이다. (이 가능성에 대한 좀 더 깊은 논의는 [Pet] 참조.)

이 절에서 카오스의 위상적 정의를 제시하고, 그리고 카오스의 본질적인 특징들을 다룰 것이다: 그것은 결정적이나 예측불가능하다; 그것은 감춰진 규칙성을 가지고 있고, 그리고 동시에 정의역의 모든 영역들을 혼합한다. 또한 텐트함수를 좀 더 조사하고 그것이 카오스

적이라는 것을 보이는 두 가지 접근을 제시한다. 마지막으로, 초기조건들의 민감한 의존성을 소개하고 무한 거리공간에서 모든 카오스적 연속함수는 초기조건들에 민감한 의존성을 가진다는 것을 보이는 정리를 제시한다.

정의 8.10. X가 위상공간이라 하자. 함수 $f : X \to X$가 다음 두 조건을 만족하면 f는 **카오스적** 또는 **카오스를 가진다**라고 말한다.

(i) f의 주기점들 집합이 X에서 조밀하고,

(ii) X의 임의의 열린집합 U, V에 대하여, $f^n(x) \in V$인 $x \in U$와 $n \in \mathbb{Z}_+$이 존재한다

첫 번째 조건은 정의역 전반에 걸쳐 조밀하게 분포되어 있는 규칙적 주기 현상이 있다는 것을 암시한다. 정의역에서 어떠한 점을 선택하더라도, 임의로 가까이에 주기점들이 있다.

위상적 추이성으로 알려진 두 번째 조건은 정의역에 있는 임의의 두 영역은 그 체계에 의해 섞여진다는 것을 암시한다. 주어진 임의의 두 열린집합에 대하여, 몇 번의 반복으로 두 번째 집합으로 보내어지는 최소한 한 점이 첫 번째 집합에 존재한다.

다음과 같은 텐트함수를 다시 고려하자.

$$T(x) = \begin{cases} 2x & \text{만약 } x \in \left[0, \dfrac{1}{2}\right], \\ 2-2x & \text{만약 } x \in \left[\dfrac{1}{2}, 1\right]. \end{cases}$$

8.1절에서 T와 T^2의 그래프를 제시했다. 그림 8.14에 T^3와 T^4의 그래프가 있다. 패턴은 분명하다. T^n의 그래프는 각각의 $j = 1, 2, \ldots, 2^{n-1}$에 대하여 $\left[\dfrac{j-1}{2^{n-1}}, \dfrac{j}{2^{n-1}}\right]$에서 "텐트"를 만들어낸다. 그러한 각각의 구간은 직선 $y = x$와 T^n의 그래프와의 두 개의 교점을 포함한다. 이 교점들은 T의 주기점들이다. 그리하여, n이 점점 커짐에 따라, 구간 $\left[\dfrac{j-1}{2^{n-1}}, \dfrac{j}{2^{n-1}}\right]$은 $[0, 1]$을 점점 더 작은 구간들로 분할하고 그 작은 구간들 각각은 주기점을 포함한다.

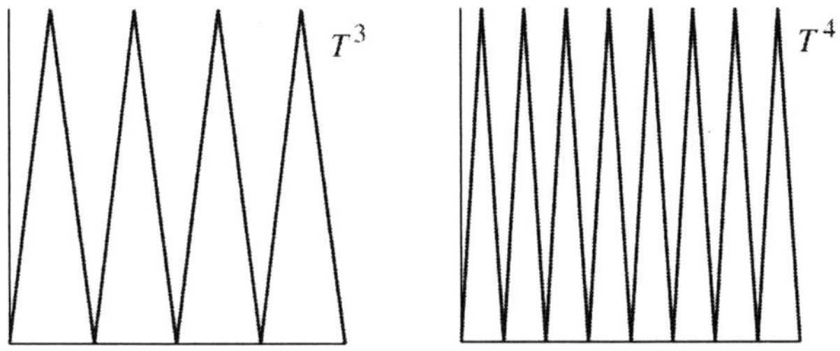

(그림 8.14) T^3와 T^4의 그래프.

더욱이, T^n은 각각의 구간 $\left[\frac{j-1}{2^{n-1}}, \frac{j}{2^{n-1}}\right]$을 $[0,1]$ 위로 보낸다. 그래서 n이 점점 커짐에 따라, 점점 더 작아지는 구간들은 전체 구간 $[0,1]$에서 T^n에 의해 펼쳐지거나 또는 "섞여진다". 그리하여 카오스의 두 개의 주된 요소가 텐트함수에 나타나게 된다. 이 절의 끝에 있는 보충연습문제들에서, T가 카오스적이라는 것을 증명하기 위해 이러한 접근에 대한 상세한 부분을 다룰 것이다.

그러나, 지금 T가 카오스적이라는 것을 증명하기 위한 다른 접근을 알아볼 것이다; 이 접근은 $[0,1]$에 있는 실수들의 이진법 전개를 기반으로 한다. 특히, 모든 $x \in [0,1]$는 다음과 같은 형태로 나타낼 수 있다는 사실을 이용한다.

$$\frac{a_1}{2}+\frac{a_2}{2^2}+\cdots+\frac{a_m}{2^m}+\cdots.$$

여기서 각각의 a_i는 0 또는 1이다. 그래서 x의 이진법 전개는 $x = .a_1a_2\cdots a_m\cdots$이다.

$a=0$ 또는 1에 대하여, $a^*=1-a$라 놓는다. $(a^*)^*=a$임을 주목하자. 또한, 만약 x가 이진법 전개 $.a_1a_2\cdots a_m\cdots$을 가진다면, $1-x$는 이진법 전개 $.a_1{}^*a_2{}^*\cdots a_m{}^*\cdots$을 가진다.

이제, 만약 $x \in \left[0, \frac{1}{2}\right]$이면, x는 이진법 전개 $.0a_2a_3\cdots a_m\cdots$을 가지고,

$$2x = 2\left(\frac{a_1}{2}+\frac{a_2}{2^2}+\cdots+\frac{a_m}{2^m}+\cdots\right) = .a_2a_3\cdots a_m\cdots$$

이 된다. 더욱이, $x \in \left[\frac{1}{2}, 1\right]$이면, x는 $.1a_2\cdots a_m\cdots$의 형태의 이진법 전개를 가지고; 그래서 $1-x = .0a_2{}^*\cdots a_m{}^*\cdots$이고, $2-2x = .a_2{}^*a_3{}^*\cdots a_m{}^*\cdots$이다. (이진법 전개는 유일하지 않음을 주의하라. 예를 들어, 1/2은 $.1000000\cdots$과 $.01111111\cdots$으로 표현될 수 있고,

그 이유로 1/2을 여기에 제시된 경우들 $x\in\left[0,\frac{1}{2}\right]$ 또는 $x\in\left[\frac{1}{2},1\right]$ 각각에 포함한다.)

그러므로, 이진법 전개를 이용하여 텐트함수 $T\colon[0,1]\to[0,1]$를 다음과 같이 표현할 수 있다:

$$T(.a_1a_2\cdots\ a_m\ \cdots)=\begin{cases}.a_2a_3\cdots\ a_m\ \cdots & \text{만약 } a_1=0,\\ .a_2{}^*a_3{}^*\cdots\ a_m{}^*\cdots & \text{만약 } a_1=1.\end{cases}$$

예를 들어, $T(.000\cdots)=.000\cdots$이고 0에서 고정점이라는 것을 보여준다. 1에 대한 이진법 전개는 $.111\cdots$이고 $T(.111\cdots)=.000\cdots$이므로 $T(1)=0$이다. 2/3에 대해서는, 이진법 전개는 $.1010\cdots$이고 $T(.1010\cdots)=.1010\cdots$이다; 그리하여 (이미 알고 있듯이) 2/3은 고정점이다. 2/5에 대해서는, 이진법 전개가 $.01100110\cdots$이고 $T(.01100110\cdots)=.11001100\cdots=4/5$이다. 다른 한편으로, $T(.11001100\cdots)=.011011\cdots=2/5$이다. 그러므로 앞서 보았듯이, 2/5와 4/5에서 주기-2인 점들을 가진다.

T의 이러한 표현으로, 다음 보조정리가 암시하듯이 $T^n(.a_1a_2\cdots\ a_m\ \cdots)$의 값을 표현하는 간단한 방법이 또한 있다:

보조정리 8.11. $.a_1a_2\cdots\ a_m\ \cdots\in[0,1]$과 $n\in\mathbb{Z}_+$에 대하여,

$$T^n(.a_1a_2\cdots\ a_m\ \cdots)=\begin{cases}.a_{n+1}a_{n+2}\cdots & \text{만약 } a_n=0,\\ .a_{n+1}{}^*a_{n+2}{}^*\cdots & \text{만약 } a_n=1.\end{cases}$$

증명. n에 대한 귀납법으로 증명한다. $n=1$에 대해서는 T의 정의로부터 성립한다. 정리의 명제가 $n-1$에 대해서 성립한다고 가정하자. 그러면

$$\begin{aligned}T^n(.a_1a_2\cdots\ a_m\ \cdots)&=T\left(T^{n-1}(.a_1a_2\cdots\ a_m\ \cdots\ )\right)\\&=\begin{cases}T(.a_na_{n+1}\cdots) & \text{만약 } a_{n-1}=0,\\ T(.a_n{}^*a_{n+1}{}^*\cdots) & \text{만약 } a_{n-1}=1\end{cases}\end{aligned}$$

이다. 여기서 두 번째 등식은 귀납법 가정에 의해 성립한다. $a_n=0$이라 가정하자; 그러면 $T^n(.a_1a_2\cdots\ a_m\cdots)$은 $T(.0a_{n+1}a_{n+2}\cdots)$ 또는 $T(.1a_{n+1}{}^*a_{n+2}{}^*\cdots)$과 같다. 어느 경우든, T의 정의에 의해, 결과는 우리가 원하는 $.a_{n+1}a_{n+2}\cdots$이다.

이제 $a_n=1$이라 가정하자. 그러면 $T^n(.a_1a_2\cdots\ a_m\cdots)$은 $T(.1a_{n+1}a_{n+2}\cdots)$ 또는 $T(.0a_{n+1}{}^*a_{n+2}{}^*\cdots)$과 같고, 어느 경우이든, 우리는 원하는 결과 $.a_{n+1}{}^*a_{n+2}{}^*\cdots$을 얻는다.

따라서, 만약 $n-1$에 대해서 성립하면 n에 대해서 성립하고, 귀납법에 의해 모든 $n \in \mathbb{Z}_+$에 대해서도 성립한다. ■

T가 카오스적이라는 증명에서, 다음 보조정리를 사용하는데, 만약 $[0,1]$에 있는 두 점이 처음 n번째 요소까지 같은 이진법 전개를 가진다면, 이 두 점 사이의 거리는 기껏해야 $\frac{1}{2^n}$이라는 것이다:

보조정리 8.12. x와 y가 각각 이진법 전개 $.a_1a_2 \cdots a_m \cdots$과 $.b_1b_2 \cdots b_m \cdots$을 가진다고 하자. 만약 $i=1,\dots,n$에 대하여 $a_i = b_i$라면, $|x-y| \le \frac{1}{2^n}$이다.

증명. 다음 등식에 의해 성립한다.

$$\begin{aligned} |x-y| &= \left| \sum_{j=n+1}^{\infty} \frac{a_j - b_j}{2^j} \right| \\ &\le \sum_{j=n+1}^{\infty} \left| \frac{a_j - b_j}{2^j} \right| \\ &\le \sum_{j=n+1}^{\infty} \frac{1}{2^j} \quad (\text{왜냐하면 } a_j - b_j \le 1) \\ &\le \frac{1}{2^n} \sum_{j=1}^{\infty} \frac{1}{2^j} \\ &\le \frac{1}{2^n} \qquad (\text{왜냐하면 } \sum_{j=1}^{\infty} \frac{1}{2^j} = 1). \end{aligned}$$

■

이제 T가 카오스적이라는 것을 밝힌다.

정리 8.13. 텐트함수 T는 카오스적이다.

증명. 먼저 T의 주기점들이 $[0,1]$에서 조밀하다는 것을 보이고자 한다. 만약 $x \in [0,1]$이고 $\epsilon > 0$이면, $|x-p| < \epsilon$인 주기점 p가 존재한다는 것을 보이면 충분하다. 따라서 $x \in [0,1]$이고 $\epsilon > 0$를 임의의 수라 하자. $.a_1a_2 \cdots a_m \cdots$이 x의 이진법 전개이고 $n \in \mathbb{Z}_+$이 $\frac{1}{2^n} < \epsilon$을 만족하게 충분히 크다고 가정하자. 만약

$$p = .a_1a_2 \cdots a_n0a_1a_2 \cdots a_n0a_1a_2 \cdots a_n0 \cdots$$

이라 놓으면 보조정리 8.11에 의해 p가 주기점이 되고, 보조정리 8.12는 $|x-p| < \epsilon$을 암시한다. 그리하여 T의 주기점들은 $[0,1]$에서 조밀하다.

위상적 추이성을 보이기 위해, U와 V를 $[0,1]$에서 열린집합이라 하고, $x = a_1a_2 \cdots a_m \cdots \in U$를 임의의 수라고 하자. U는 열린집합이기 때문에, $(x-\epsilon, x+\epsilon) \cap [0,1] \in U$을 만족하는 $\epsilon > 0$이 존재한다. $n \in \mathbb{Z}_+$이 $\dfrac{1}{2^n} < \epsilon$을 만족하게 충분히 크다고 하자.

$y = b_1b_2 \cdots b_m \cdots \in V$를 선택하고, 점

$$p = .a_1a_2 \cdots a_n0b_1b_2b_3 \cdots$$

를 고려하자. 보조정리 8.12에 의해, $|x-p| \le \dfrac{1}{2^n} < \epsilon$이고, 그러므로 $p \in U$이다. 보조정리 8.11은 $T^{n+1}(p) = y \in V$를 암시한다. 결과적으로 T는 위상적으로 추이적이고 그러므로 카오스적이다. ■

T의 위상적 추이성 증명에서, 이진법 전개 $.b_1b_2 \cdots b_m \cdots$은 완전히 임의적이고 $[0,1]$ 안의 어느 점도 될 수 있다. 우리가 실제로 증명한 것은 $[0,1]$에서 열린집합인 U가 주어졌을 때, T^n이 U를 $[0,1]$ 위로 보내는 $n \in \mathbb{Z}_+$ 이 존재한다는 것이다. 앞에서 이 현상을 주시를 했기 때문에 놀랄만한 것이 아니다. 특히, $[0,1]$ 에서 열린집합 U에 대하여, 어떤 구간 $\left[\dfrac{j-1}{2^{m-1}}, \dfrac{j}{2^{m-1}}\right]$이 U에 포함되는 충분히 큰 $m \in \mathbb{Z}_+$이 존재한다. T^m이 각각의 그러한 구간 $\left[\dfrac{j-1}{2^{m-1}}, \dfrac{j}{2^{m-1}}\right]$을 $[0,1]$로 보낸다는 것을 이전에 다루었다.

비록 그것은 카오스 정의에서 중요한 역할을 하지 않지만, T의 궁극적 고정점들이 $[0,1]$에서 조밀하다는 것을 또한 알 수 있다. 보조정리 8.11에 의해 $[0,1]$에서 모두 0으로, 모두 1로, 또한 0과 1이 교대로 나타나도록 끝나는 이진법 전개를 가지는 모든 점들은 궁극적 고정점이 된다. (사실, 이것은 모든 궁극적 고정점들을 나타낸다—연습문제 8.23 참조.) 이진법 전개 $.a_1a_2 \cdots a_n \cdots$ 을 가진 x에 대하여, 이진법 전개가 $.a_1a_2 \cdots a_n000 \cdots$ 인 점은 x로부터 $\dfrac{1}{2^n}$ 안에 있고, 그러므로 x의 임의로 가까운 곳에 궁극적 고정점인 점들이 존재한다.

텐트함수의 주기점들이 모두 불안정하다는 것을 보이는 것은 간단하다. 사실, 다음 정리는 모든 주기점들이 무한한 하우스도르프 공간에서 정의된 임의의 카오스적 함수에 대해 불안정하다는 것을 나타낸다. 따라서, 비록 주기점들은 정의역 전반에 조밀하게 분포되어 있지만, 그러한 카오스적 체계에서 장기적으로 그것들 어떠한 점을 볼 것으로 기대하지 않는다.

정리 8.14. X가 무한한 하우스도르프 공간이라 하자. 만약 $f: X \to X$가 카오스적이면, f의 모든 주기점들은 불안정적이다.

증명. 연습문제 8.25 참조. ■

일반적으로, 함수가 카오스적임을 보이는 직접적인 증명은 텐트함수에서의 증명보다 결코 쉽지 않다. 그러나 위상적 켤레변형은 카오스적 함수들을 밝히는데 도움이 된다. 다음 정리는 예상했던 것처럼, 카오스는 위상적 켤레변형으로부터 보존된다는 것을 보여준다. 따라서, 주어진 카오스적 함수에 대하여, 그것과 위상적인 켤레인 모든 함수는 또한 카오스적이다.

정리 8.15. 만약 f와 g가 위상적으로 켤레인 함수이고 f가 카오스를 가진다면, g는 카오스를 가진다.

증명. 연습문제 8.26 참조. ■

$Q(x) = 4x(1-x)$로 정의된 함수 $Q: [0,1] \to [0,1]$는 텐트함수와 위상적으로 켤레이다. 위상적인 켤레변형은 $h(x) = \sin^2\left(\frac{\pi}{2}x\right)$로 정의된 함수 $h: [0,1] \to [0,1]$에 의해 주어진다. $h \circ T = Q \circ h$를 보이는 것은 간단하다. (연습문제 8.27 참조.)

그리하여 정리 8.13과 8.15는 Q가 카오스적이라는 것을 암시한다. Q의 그래프는 T의 그래프에 있는 것과 비슷한 성질들을 가진다. (그림 8.15를 참조.) 이 두 함수는 구간 $[0,1]$을 그것의 길이 두 배로 늘리고 그래서 늘려진 구간($x = 1/2$을 제외하고)이 $[0,1]$으로 2-1로 보내지도록 접는 것으로 볼 수 있다.

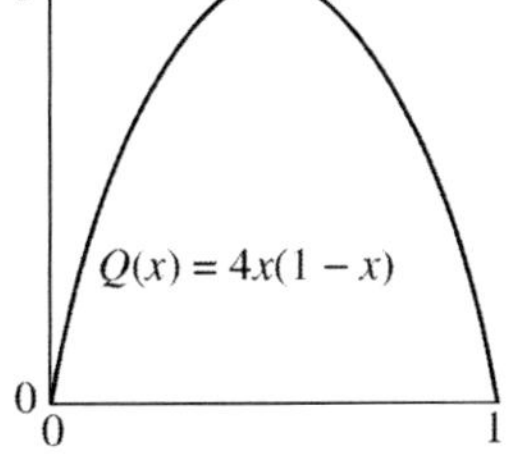

(그림 8.15) 함수 $Q(x)=4x(1-x)$.

T와 Q에 나타나는 늘리고 접는 것은 카오스를 야기하는 전형적인 비선형 현상이다. 늘리는 것은 궤도들을 분리시키는 반면 접는 것은 동역학계를 컴팩트한 정의역에 가두게 한다. 이 현상들의 조합은 초기조건의 민감한 의존성과 카오스에 나타내는 예측 불가능성을 초래할 수 있다. 초기조건의 민감한 의존성은 다음과 같이 정의된 거리적 성질이다:

정의 8.16. (X, d)가 거리공간이라 하자. 만약 임의의 $x \in X$와 $\epsilon > 0$에 대하여, 다음 조건을 만족하는 $\delta > 0$가 존재하면 함수 $f: X \to X$는 **초기조건에 민감한 의존성**을 가진다: $d(f^n(x), f^n(y)) > \delta$을 만족하는 $y \in B_d(x, \epsilon)$와 $n \in \mathbb{Z}_+$이 존재한다.

그래서, 만약 임의의 점 x의 임의로 가까운 곳에 점들이 있는데 f의 어떤 반복에 의해 그 점들의 상이 똑같은 반복에 의한 x의 상으로부터 δ보다 떨어져 있다면 f는 초기조건에 민감한 의존성을 가진다. 우리는 δ를 f에 대한 **민감성 상수**라 부른다.

8.5절에서 카오스가 초기조건에 민감한 의존성을 암시한다는 것을 증명할 것이다. 이 절 도입부에서, 카오스적 행동이 결정적이고, 그러나 예측불가능하고, 그리고 그것이 숨겨진 규칙성을 가지는 반면 동시에 정의역의 모든 영역들을 섞는다는 것을 언급했다. 숨겨진 규칙성과 섞음은 카오스 정의에서 주기점들의 조밀한 집합과 위상적 추이성을 통하여 각각 제시됐다. 결정적이 되는 것은 모든 동역학계의 하나의 특징이다; 아이디어는 만약 출발점을 안다면, 미래는 동역학계를 정의하는 함수에 의해 완전히 결정된다는 것이다. 카오스 체계에서 예측 불가능성은 초기조건의 민감한 의존성의 결과로써 나온다. 만약 초기상태 정보에서 어떤 불확실성 또는 오차가 있다면, —로렌츠가 기상에 대해서 제안했듯이—정확한 장기 예측은 불가능하다.

연습문제 8.3

8.23. $x \in [0,1]$가 텐트함수의 궁극적 고정점일 필요충분조건은 x의 이진법 전개가 모두 0, 모두 1, 또는 0가 1이 교대로 나오는 수열로 끝나는 것임을 증명하시오.

8.24. (a) 만약 X가 비이산위상공간이라면 $f: X \to X$가 카오스적일 필요충분조건은 f는 주기점을 가진다라는 것임을 보이시오.

(b) 만약 X가 이산위상공간이고 $f: X \to X$가 카오스적이라면 X는 유한이고 f는 X의 원소들의 순환치환임을 보이시오.

8.25. 정리 8.14를 증명하시오.

8.26. 정리 8.15를 증명하시오.

8.27. $h(x) = \sin^2\left(\frac{\pi}{2}x\right)$에 의해 정의된 위상동형사상 $h: [0,1] \to [0,1]$는 텐트함수와 $Q(x) = 4x(1-x)$에 의해 정의된 함수 $Q: [0,1] \to [0,1]$ 사이의 위상적 결레변형임을 증명하시오.

8.28. $Q(x) = 4x(1-x)$에 의해 정의된 함수 $Q: [0,1] \to [0,1]$와 $R(x) = 1 - 2x^2$에 의해 정의된 함수 $R: [-1,1] \to [-1,1]$은 위상적으로 결레임을 보이시오. (그래서 R은 카오스적이다.)

8.29. 함수 $g: [0,1] \to [0,1]$

$$g(x) = \begin{cases} 3x & 0 \le x \le 1/3 \\ 2-3x & 1/3 \le x \le 2/3 \\ 3x-2 & 2/3 \le x \le 1 \end{cases}$$

가 카오스적임을 보이기 위해 3진법 전개를 사용하여 다음 각각을 보이시오..

(a) 주기점들은 조밀하다.

(b) g는 위상적으로 추이적이다.

8.30. 만약 $f: X \to X$가 궤도가 X에서 조밀한 점 x를 가진다면 f는 위상적으로 추이적임을 보이시오. (이 정리의 역은 만약 X가 $\mathbb{R}$ 또는 S^1의 컴팩트 부분집합이면 또한 사실이지만 증명은 이 책에서 소개되지 않은 이론들이 필요하다.)

8.31. θ를 양의 x-축으로부터 시계반대방향으로 각 θ에 있는 $S^1 \subset \mathbb{R}^2$ 위의 점을 나타

낸다고 하자. $f(\theta)=2\theta$에 의해 $f: S^1 \to S^1$으로 정의하자. (a)와 (b)에서 f가 카오스적임을 증명한다.

(a) $n, j \in \mathbb{Z}_+$에 대해서 각 $\dfrac{2\pi j}{2^n - 1}$에 의한 점들은 f^n의 고정점임을 증명하고 그러므로 f의 주기점들은 S^1에서 조밀함을 보이시오.

(b) $\left[\theta, \theta + \dfrac{\pi}{2^{n-1}}\right] \subset S^1$ 형태의 모든 구간은 f^n에 의해 S^1 위로 보내어짐을 증명하고 이 결과를 이용하여 f는 위상적으로 추이적임을 보이시오.

보충문제: 텐트함수가 카오스적임을 증명하는 다른 접근 방법

여기에서 텐트함수 f가 카오스적임을 보이는 두 번째 증명을 제시한다. 이 접근은 T^n의 그래프 유형이 주어졌을 때 시각화하기가 쉽다. T^n의 그래프는 각 구간 $\left[\dfrac{j-1}{2^{n-1}}, \dfrac{j}{2^{n-1}}\right]$에서 "텐트"임을 주장하는 보조정리부터 시작한다.

보조정리 8.17. 각 $n \in \mathbb{Z}_+$와 $j = 1, 2, \ldots, 2^{n-1}$에 대하여,

$$T^n(x) = \begin{cases} 2^n x - 2j + 2 & \text{만약 } x \in \left[\dfrac{j-1}{2^{n-1}}, \dfrac{j-1/2}{2^{n-1}}\right], \\ -2^n x + 2^n + 2j - 2 & \text{만약 } x \in \left[\dfrac{j-1/2}{2^{n-1}}, \dfrac{j}{2^{n-1}}\right] \end{cases}$$

이다. 특히 $\left[\dfrac{j-1}{2^{n-1}}, \dfrac{j}{2^{n-1}}\right]$의 양 끝점에서 함수 T^n은 0과 같고 중점에서 1과 같고, 구간의 각 절반에서 선형이다.

8.32. 보조정리 8.17을 증명하시오. (도움말: 귀납법을 이용하시오; $n=1$인 경우는 T의 정의로부터 성립한다.)

이 보조정리로 정리를 증명할 수 있다.

정리 8.18. 텐트함수 T는 카오스적이다.

증명. 먼저 주기점들은 $[0,1]$에서 조밀하다는 것을 보이고자 한다. $[0,1]$의 임의의 열린집합은 주기점을 포함함을 보이는 것으로 충분하다. $U \subset [0,1]$을 임의의 열린집합이라 하자. ■

8.33. 구간 $\left[\frac{j-1}{2^{n-1}}, \frac{j}{2^{n-1}}\right]$이 U 안에 놓여 있도록 하는 $n, j \in \mathbb{Z}_+$가 존재함을 보이시오.

8.34. 이전 연습문제의 n에 대하여 T^n은 U 안에 고정점을 가지고 그러므로 U 안에 T의 주기점이 존재함을 증명하시오.

다음은 위상적 추이성을 증명한다. U와 V를 $[0,1]$의 임의의 열린집합이라 하자.

8.35. $V \subset T^n(U)$인 $n \in \mathbb{Z}_+$이 존재함을 보이기 위해 문제 8.33과 보조정리 8.17을 사용하고 그러므로 T는 위상적으로 추이적임을 결론지으시오.

8.4 복잡한 동역학계를 가진 간단한 개체수 모델

이 절의 제목은 물리학자이고 수리생물학자인 로버트 메이(Robert May)의 1976년에 Nature 저널에 출판된 "매우 복잡한 동역학계를 가진 간단한 수학적 모델"이라는 논문 제목의 각색이다. 메이의 논문은 카오스 혁명에서 획기적인 사건이다. 흥미로운 수학적 결과와 그것들의 잠재적 응용 결과들과 함께, 이 논문은 간단한 비선형 등식들이 주기적 고정점으로부터 카오스적 고정점까지 폭넓은 현상들을 가질 수 있고, 모델화된 체계에서 전에는 그 환경의 외부에서 일어나는 "잡음"으로 간주되었던 예측 불가능한 행동이 그 체계 안의 카오스적 행동의 결과가 될 수 있다는 것에 대해 과학계를 깨닫게 하는 하나의 신호였다. 더욱이 메이는 "간단한 비선형 등식들로 풀 수 있는 복잡한 것들을 이해함으로써 학생들의 직관이 풍부해지게" 하는 이 아이디어들을 학생들의 수학교육 경험 초기에 소개되어져야 한다고 강력히 촉구했다. 이 절에서 메이에 의해 연구됐던 로지스틱 개체수 모델을 다루고 그 모델의 현상의 몇 가지 특징들을 강조한다.

세대 간 개체수가 함수 F에 의해 주어지는 하나의 종을 가지고 있다고 가정하자. 여기서 $F(p)$는 현재 세대의 개체수 p로부터 발생되는 다음 세대의 개체수를 나타낸다. 다음 세대의 개체수가 다음 두 가지 요인에 곧바로 비례한다고 가정한다: 현재 세대의 개체수와 그 개체수가 증가할 수 있는 환경 안의 공간의 크기. 그리하여 $R(p)$를 개체수가 증가할 수 있는 공간을 반영하는 함수라 했을 때 $F(p)=kpR(p)$이다. 환경이 최대 M의 개체수를 가질 수 있고 $R(p)$는 최대개체수와 현 개체수의 차이인 $M-p$로 단순히 주어진다고 가정한다. 그리하여 $F(p)=kp(M-p)$이다.

간단히 하기 위해, 변수 p대신에, p와 최대 가능한 개체수의 분수 형태인 $x=p/M$을 사용한다. 결과적으로, 우리의 모델은 정의역이 $[0,1]$인 $f(x)=\alpha x(1-x)$ 형태를 취한다. 이것을 **로지스틱(logistic) 증가함수**라 부른다. 매개변수 α를 증가율로 간주하고, 그리고 f보다는 오히려 f_α로 사용함으로써 다른 증가율을 가진 함수들을 구별한다.

f_α가 $[0,1]$를 다시 $[0,1]$로 보내는 그러한 증가율 α에만 관심 있다. 이것은 $\alpha\in[0,4]$일 때 일어난다. 로지스틱 모임은 매개변수 값들 $[0,4]$에 대응되는 로지스틱 함수들의 모임을 의미한다. 그림 8.16에서 f_0, f_1, f_2, f_3, 그리고 f_4의 그래프들이 간략히 그려져 있다. f_0에 대해 동역학계는 상대적으로 간단하다: 한 세대에서 개체수가 무엇이든 간에, 그것은 다음 세대에 즉시 0이 된다. 0근처의 α값에 대해, f_α의 동역학계는 많이 다르지 않다.

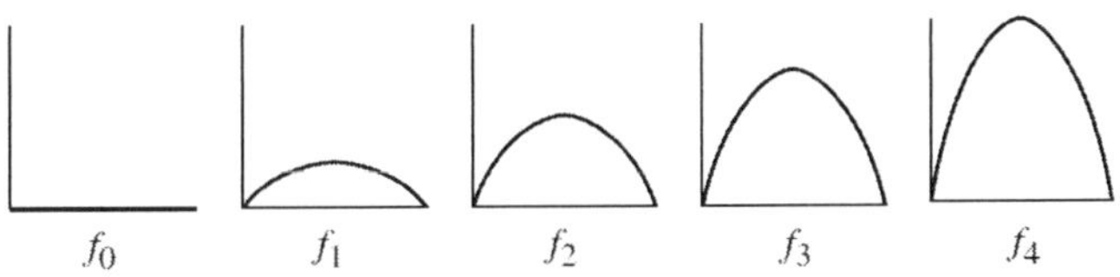

(그림 8.16) 로지스틱 함수들 f_0, f_1, f_2, f_3, 그리고 f_4.

특히, 그러한 f_α는 0에서 점근적으로 안정적 고정점을 가지고, $[0,1]$에 있는 모든 궤도는 극한에서 0으로 접근한다. 따라서, 작은 값 α에 대하여 증가율은 0이 아닌 개체수를 유지할 정도로 충분히 크지 않고, 0이 아닌 초기 개체수는 극한에서 0으로 간다. 다른 한편으로, $\alpha=4$인 매개변수 정의역의 다른 끝쪽에서는, 이전 절에서 카오스적이라고 보였던 함수 $f_4(x)=4x(1-x)$를 가진다.

따라서 다음과 같은 질문을 가진다; 모든 점들이 곧바로 0으로 보내어지는 함수 f_0로부터 카오스적인 함수 f_4까지 이동할 때, f_α의 동역학계는 어떻게 변하는가? 카오스로 가는 길은 대단히 흥미로운 것이다. 불행히도, 그것은 단지 몇 쪽으로 분석될 수 없고, 더욱이 묘사할 수도 없다. 우리는 단지 중간 중간에 몇 가지 흥미로운 부분만 이야기 한다. 게다가 자세한 내용은 동역학계와 카오스에 관한 많은 입문서 그리고 여기서 알려줄 참고문헌에서 찾을 수 있다.

먼저, 그림 8.17을 고려하자. 우리는 그것을 **궤도 다이어그램**이라 부른다: 그 다이어그램은 α가 0에서 4로 이동함에 따라 함수 f_α의 기대 장기 현상이 어떻게 전개되는지를 묘사한다. 다이어그램에서 가로축은 매개변수 α를 나타내고, 세로축은 정의역 $[0, 1]$에서 각각의 함수 f_α의 변수 x를 나타낸다. 다이어그램은 α를 9601개의 값들, $0, \frac{1}{2400}, \frac{2}{2400}, \dots, \frac{9599}{2400}, 4$로 놓고, 각각에 대해 다음과 같이 실행을 함으로써 만들어진다:

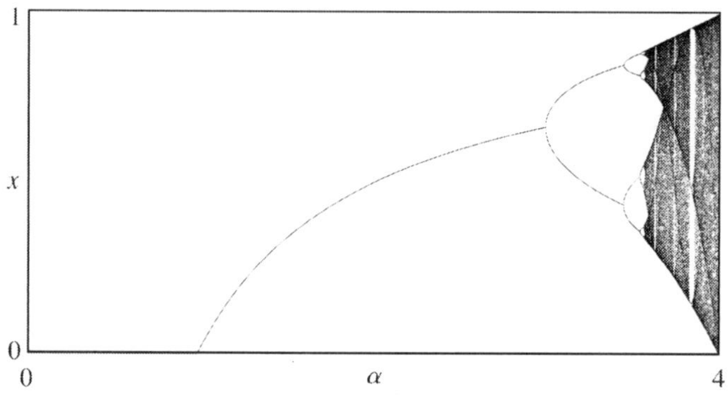

(그림 8.17) 로지스틱 군에 대한 궤도 다이어그램. (Chip Ross 제공)

(i) f_α하의 0.5의 궤도에서 처음 2075개의 점들을 계산한다; 즉,

$$f_a(0.5), f_\alpha^2(0.5), \dots, f_\alpha^{2075}(0.5).$$

(ii) 다이어그램에서, 계산된 2075개의 궤도점들의 마지막 75개에 대응되는 다음 점들을 표시한다:

$$\left(\alpha, f_\alpha^{2001}(0.5)\right), \dots, \left(\alpha, f_\alpha^{2075}(0.5)\right).$$

따라서 각각의 $\alpha \in [0,4]$ 에 대하여, 다이어그램에서 α 에서의 수직부분에서, 우리는 f_α 의 장기 현상의 추정치를 보고 있는 것이다. 예를 들어, $\alpha = 1$ 에서 단지 값 0이 표시되어 있다. 그러므로 f_1 에 대하여, 기대 장기 현상은 0에서 고정점으로 접근하는 것이다. $\alpha = 2$ 에 대해서는, 0.5에서 하나의 점이 표시되어 있다. 따라서 f_2 에 대한 기대 장기 현상은 0.5에서 고정점으로 접근하는 것이다. 또한, $\alpha = 3.4$ 에 대하여 대략 0.45와 0.85의 값이 표시되어 있다. 이것은 $f_{3.4}$ 에 대해 기대 장기 현상이 대략 0.45와 0.85 사이에 진동하는 주기 궤도에 접근한다는 것을 반영한다. 이러한 관찰을 해석학적으로 증명하고 궤도 다이어그램에 묘사된 현상을 좀 더 탐구해 보자.

f_α 의 고정점들을 결정하기 위해, $f_\alpha(x) = x$ 로 놓고 풀면 0과 $\dfrac{\alpha-1}{\alpha}$ 에서 해를 가진다. $\alpha \in [0,1]$ 에 대해 $\dfrac{\alpha-1}{\alpha}$ 는 정의역 $[0,1]$ 를 벗어나지만 $\alpha \in [1,4]$ 에 대해서는 정의역 안에 있음을 알 수 있다. 고정점들의 안정성을 분석하기 위해 정리 8.9를 사용하면, 0은 $\alpha \in [0,1)$ 에 대해 점근적으로 안정적이고 $\alpha \in (1,4]$ 에 대해 불안정적이고, 그리고 $\dfrac{\alpha-1}{\alpha}$ 은 $\alpha \in (1,3)$ 에 대해 점근적으로 안정적이고 $\alpha \in (3,4]$ 에 대해 불안정적이라는 것을 알 수 있다. (연습문제 8.36 참조.) 그림 8.18에서, 궤도 다이어그램과 비슷한 x 축과 α 축의 좌표체계에 고정점들을 표시했다. 고정점이 점근적으로 안정적인 값들을 나타내기 위해 굵은 선을 사용하고 고정점이 불안정적인 값들을 나타내기 위해 점선을 사용한다.

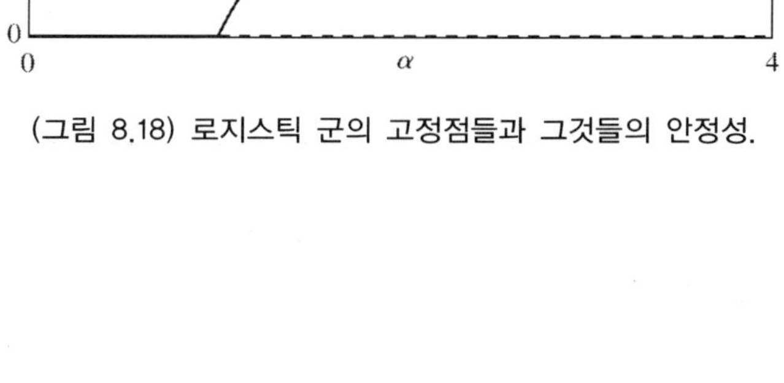

(그림 8.18) 로지스틱 군의 고정점들과 그것들의 안정성.

고정점 0이 안정성을 잃은 α값은 정확히 고정점 $\frac{\alpha-1}{\alpha}$이 0에서 고정점과 합쳐지고 정의역 안으로 들어오는 α값이다. 더군다나, 고정점 $\frac{\alpha-1}{\alpha}$은 대략적으로 주기-2인 궤도가 궤도 다이어그램의 그림 안으로 들어오는 그 위치에서 안정성을 잃는 것 같다. 다음으로 주기-2인 궤도의 발생을 탐구한다. 여기서 봤던 안정성에서의 변화는 **분기(bifurcation)**로 알려진 현상 변화들의 예시들이다.

f_α에 대해 주기-2인 점들을 찾기 위해, $f_\alpha^2(x) = x$를 푼다. f_α의 고정점과 함께, 또한 해

$$\frac{1+\alpha \pm \sqrt{\alpha^2-2\alpha-3}}{2\alpha}$$

를 가진다.

이것들은 주기-2인 점들이고, 각 α에 대하여 주기-2인 궤도를 형성한다. 이 주기-2인 점들은 $\alpha \in (3, 4]$에 대해서 정의되고, 그들은 우리가 예상한대로 정확히 고정점 $\frac{\alpha-1}{\alpha}$이 안정성을 잃는 α값에서 정의역 안에 들어온다. $\alpha = 3$에서 고정점 $\frac{\alpha-1}{\alpha}$은 **주기-두배 분기**로 알려진 것을 가지게 된다. 이 주기-2인 점들의 안정성을 결정하기 위해 정리 8.9를 사용하면, 그것들이 $\alpha \in (3, 1+\sqrt{6})$에서 점진적으로 안정적이고 $\alpha \in (1+\sqrt{6}, 4]$에서 불안정적이라는 것을 알게 된다. (연습문제 8.38 참조.) 그림 8.19에서 주기-2인 점들을 포함하도록 그림 8.18을 확장한다. 매개변수 값 $0 \le \alpha \le 1+\sqrt{6}$에 대하여 그림 8.19와 궤도 다이어그램 사이에 유사성이 있다는 것을 알 수 있다.

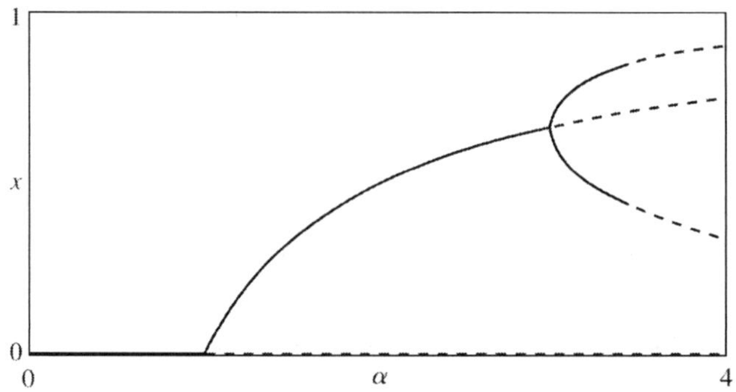

(그림 8.19) 로지스틱 군의 고정점들과 주기-2인 점들.

우리가 보았듯이, 주기-2인 점들은 $1+\sqrt{6}$에서 안정성을 잃는다. 그곳에서 무엇이 일어나는가? 오직 매개변수 값 $3.4 \le \alpha \le 3.6$을 고려하기 위해 그림 8.17로부터 궤도 다이어그램을 그림 8.20에서 확대시킨다. 이 다이어그램을 조사하면 점진적으로 안정적인 주기-4인 궤도는 주기-2인 궤도가 안정성을 잃은 점에서 발생한다. 따라서 또 하나의 주기 두 배를 가져왔다. 이것을 $f_\alpha^4(x)=x$를 풂으로써 해석학적으로 증명하는 것은 어렵다. 왜냐하면, 차수 16인 다항식을 푸는 것이기 때문이다. 그러나, 주기가 두 배로 증가하는 것(또는 주기 두 배)은 $1+\sqrt{6}$ 근처의 α의 값들에 대해 등식 $f_\alpha^4(x)=x$를 그래프로 조사함으로써 증명될 수 있다. (연습문제 8.40 참조.)

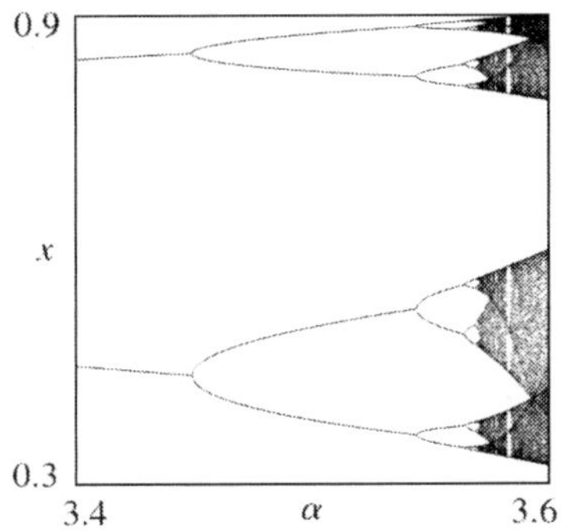

(그림 8.20) $3.4 \le \alpha \le 3.6$인 f_α에 대한 궤도 다이어그램. (Chip Ross 제공)

우리는 여전히 궤도 다이어그램의 이야기의 시작부분에 있다. 매개변수 α가 증가함에 따라, 주기-4인 궤도는 주기-8인 궤도로, 주기-8 궤도는 주기-16인 궤도 등등으로 분기한다. 주기 두 배들 사이의 매개변수 구간들은 점점 작아지고, 그리고 두 배 기간에 관련된 매개변수 값들은 극한 $L \approx 3.57$로 접근한다.

주기-두배 극한 L에서 우리는 무한히 많은 주기 궤도들을 가지고 다양한 흥미로운 현상들이 일어나는 매개변수 정의역의 영역으로 들어간다. 다시 말하면 모든 자세한 내용을 증명할 수 없지만, 여기에 몇 가지 강조사항들이 있다:

(i) f_α가 $[0,1]$의 무한 부분집합에서 카오스적인 그러한 매개변수 α가 무한히 많다.

(ii) 각각의 $\alpha \in [L,4]$에 대하여 f_α는 무한히 많은 주기점들을 가진다.

(iii) $[L, 4]$의 열린 조밀한 부분집합 P가 존재하여 모든 $\alpha \in P$에 대하여, f_α가 정확히 하나의 점진적으로 안정적 주기 궤도를 가진다. 모든 다른 $\alpha \in [L, 4]$에 대해서는, f_α의 점진적으로 안정적 주기 궤도는 존재하지 않는다.

(iv) 각각의 홀수 n에 대하여, 점진적으로 안정적 주기-n인 궤도가 존재하는 매개변수들의 열린구간이 존재한다.

(v) 방금 언급된 주기-n인 궤도들 각각은 접분기로 알려진 곳 밖에서 일어나고 (연습문제 8.42 참조) 전에 관찰된 것과 비슷하게 무수히 많은 주기 두 배들의 시작부분에서 결국은 안정성을 잃는다.

궤도 다이어그램에서, 홀수 주기를 가진 점진적으로 안정적 궤도들이 존재하고 그리고 그들의 그 다음 주기 두 배들이 일어나는 "창문"을 볼 수 있다. 예를 들어, 그림 8.21에서 우리는 $3.8 \leq \alpha \leq 3.9$에 대응하는 궤도 다이어그램 부분을 좀 더 면밀히 조사한다. 주기-3인 궤도가 대략 $\alpha = 3.83$에서 들어가고 그 다음에 대략 $\alpha = 3.84$에서 주기-6인 궤도로 분기되는 것을 알 수 있다. 주기-3인 궤도 탄생은 연습문제 8.43에서 좀 더 다루어진다.

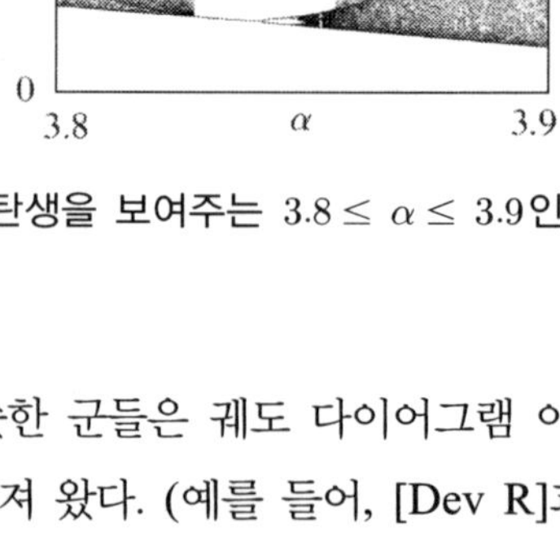

(그림 8.21) 주기-3인 궤도의 탄생을 보여주는 $3.8 \leq \alpha \leq 3.9$인 f_α에 대한 궤도 다이어그램. (Chip Ross 제공)

로지스틱 군과 그것과 비슷한 군들은 궤도 다이어그램 이후의 동역학 이야기를 밝혀내기 위해 광범위하게 연구되어져 왔다. (예를 들어, [Dev R]과 [Gil] 참조.) 한 가지 흥미로운 결과는 우리가 묘사해 왔던 현상들의 스펙트럼이 로지스틱 군에서 유일하지 않지만, 하나의 혹 모양을 가진 함수들의 모임을 통하여 구간을 카오스로 채우는 함수까지 도달하는 하나의 구간 위에 정의된 또 다른 함수들의 모임에서 보여질 수 있다. α가 0에서 1로 움직이는 $[0, 1]$에 정의된 함수들 $s_\alpha(x) = \alpha \sin(\pi x)$의 모임이 하나의 그러한 모임이다.

이제, 이 모든 것이 로지스틱 등식에 의해 모델화된 개체수에 대하여 무엇을 이야기 할 수 있는가? 메이의 논문의 주된 주제는 매우 간단한 함수조차도 복잡한 동역학을 보여줄 수 있고, 그러므로 단순한 자연 체계에서 관찰된 복잡한 현상들은 그들 밖에 있는 영향들의 결과라기보다는 오히려 그 체계에 내재될 수 있다는 것이다. 고정점들, 주기점들, 그리고 카오스는 자연 체계에서 예상되는 모든 현상들이고, 매개변수들이 그 체계에서 변할 때, 로지스틱 군에서 관찰됐던 것과 비슷한 현상들 사이에 특이한 전이들을 예상할 수 있다.

카오스 혁명이 강력해짐에 따라, 많은 수학자들과 과학자들은 로지스틱 군에서 보여진 현상들에 대한 체계를 조사하기 시작했다. 이 간단한 모델에서 동역학은 유체흐름에서의 난류, 천체의 움직임들, 질병 발생, 그리고 기계에서의 진동과 같은 현상들을 깊게 이해하는데 도움을 주어왔다.

카오스는 단지 복잡한, 예측 불가능한 현상들의 근원이 아니라, 카오스와 그와 관련된 구조들의 발견은 수학자들과 과학자들이 비선형 체계의 동역학을 좀 더 이해하는데 도움을 주어 왔다. 그리고 물론, 위상적 개념들은 그 쪽 방면으로 중요한 역할을 해 왔다.

연습문제 8.4

이 연습문제들에서 f_α는 $\alpha \in [0, 4]$에 대하여 $f_\alpha = \alpha x(1-x)$로 정의된 함수들을 의미한다.

8.36. f_α의 고정점들을 결정하고 그것들의 안정성을 추론하기 위해 정리 8.9를 사용하시오.

8.37. 정의역 $x \in [-1, 1]$에서 1보다 약간 작은, 1과 같은, 그리고 1보다 약간 큰 α에 대해서 f_α의 그물 다이어그램을 각각 분리해서 그리시오. 매개변수 α가 1을 지남에 따라 고정점들과 안정성에 대해 관찰되는 변화에 대해 논하시오. 여기에 관찰되는 분기는 **초임계(transcritical) 분기**로 알려져 있다.

8.38. f_α의 주기-2인 점들을 결정하고 그 안정성을 추론하기 위해 정리 8.9를 사용하시오. (도움말: 주기-2인 점들을 찾는 것은 차수 4인 다항식을 푸는 것과 관련 있다;

f_α의 고정점들은 그 다항식의 두 개의 해이다.)

8.39. f_α^2의 고정점의 근삿값을 구하기 위해 3보다 약간 작은, 3과 같은, 3보다 약간 큰 α에 대하여 함수 f_α^2과 직선 $y=x$의 그래프를 컴퓨터그래픽 프로그램을 사용하여 조사하시오. 관찰하기에 f_α^2의 어느 고정점이 f_α의 고정점이고 어느 것이 f_α의 주기-2인 점인가? 매개변수 α가 3을 지남에 따라 관찰되는 변화에 대해 논하시오. 여기에서 관찰된 분기는 **주기-두배 분기**로 알려져 있다.

8.40. 점근적으로 안정적 주기-2인 궤도로부터 점근적으로 안정적 주기-4인 궤도까지 주기-두배 분기가 일어나는 α의 값을 근사하기 위해 함수 f_α^4와 직선 $y=x$의 그래프를 컴퓨터그래픽 프로그램을 사용하여 조사하시오.

8.41. $\lambda\in[0,2]$에 대하여 $g_\lambda(x)=\lambda x-x^3$에 의해 주어진 함수들 $g_\lambda:\mathbb{R}\to\mathbb{R}$의 모임을 고려하자.

(a) 고정점들과 그것들의 안정성을 결정하시오.

(b) 매개변수 정의역에서 일어나는 분기를 논의하고 분기가 일어날 때 (직선 $y=x$와 연관지어) g_λ의 그래프가 어떻게 변하는지를 보여주는 그림을 포함하시오. 이 분기는 **쇠스랑 분기(pitchfork bifurcation)**라 부른다. 그것은 로지스틱 군에서 첫 번째 주기-두배 분기를 일으키는 f_α^2의 $\alpha=3$에서 발생하는 쇠스랑 분기이다.

8.42. $\lambda\in[-1,1]$에 대하여 $h_\lambda(x)=\lambda+x-x^2$에 의해 주어진 함수들 $h_\lambda:\mathbb{R}\to\mathbb{R}$의 모임을 고려하자.

(a) 고정점들과 그것들의 안정성을 결정하시오.

(b) 매개변수 정의역에서 일어나는 분기를 논의하고 분기가 일어날 때 (직선 $y=x$와 연관지어) h_λ의 그래프가 어떻게 변하는지를 보여주는 그림을 포함하시오. 이 분기는 **접분기(tangent bifurcation)**라 부른다. 이 명칭에 대해 설명하시오.

8.43. 그림 8.21에 나타난 주기-3인 창문을 야기하는 그리고 접분기가 일어나는 α의 값을 근사하기 위해 함수 f_α^3과 직선 $y=x$의 그래프를 컴퓨터그래픽 프로그램을 사용하여 조사하시오.

8.5 카오스는 초기 조건들에 민감한 의존성을 암시한다

이 절에서는 초기 조건들에 대한 민감한 의존성의 거리 개념은 카오스의 위상적 정의의 결과라는 것을 증명한다. 특히, 다음과 같은 정리를 가진다:

정리 8.19. X는 무한 거리공간이고 $f: X \to X$는 연속이고 카오스적이라 하자. 그러면 f는 초기조건들에 민감한 의존성을 가진다.

이 결과는 1992년에 [Ban]에서 존 뱅크스(John Banks), 제프 브룩스(Jeff Brooks), 그랜트 캐언스(Grant Cairns), 개리 데이비스(Gary Davis), 그리고 피터 스테이시(Peter Stacey)에 의해 증명됐다. 카오스의 몇몇 초기 형성에서, 초기 조건에 대한 민감한 의존성은 함수가 카오스적이 되기 위한 필요조건들에 포함되었다. (예를 들어, [DevR] 참조.) 초기 조건에 대한 민감한 의존성이 카오스에 대한 두 개의 위상적 필요조건의 결과라는 인식은 오직 위상적 용어로 카오스의 정의를 만드는 것을 가능하게 했다.

증명 X를 거리 d를 가진 무한 거리공간이라 하고, $f: X \to X$가 연속이고 카오스적이라 가정하자. 모든 $x \in X$와 $\epsilon > 0$에 대하여, $d(f^n(x), f^n(y)) > \delta$인 $y \in B_d(x, \epsilon)$와 $n \in \mathbb{Z}_+$이 존재하는 그러한 $\delta > 0$가 있다는 것을 증명한다.

우선, 궤도가 서로소인 두 주기점들 q와 q'를 선택하자. δ_0를 두 궤도 사이에 최소거리라 하자 (즉, δ_0는 한 점은 q의 궤도 안에, 다른 한 점은 q'의 궤도 안에 있는 이 두 점들 사이의 최소거리이다). 두 궤도는 서로소이므로, $\delta_0 > 0$이다. $\delta = \delta_0/8$이라 하자. 이 δ가 정리의 필요조건들을 만족한다는 것을 증명한다. 따라서 $x \in X$는 임의의 점이고 $\epsilon > 0$라고 가정하자. 일반성을 잃지 않고, $\epsilon \leq \delta$라고 가정한다. 우리는 $d(f^n(x), f^n(y)) > \delta$인 $y \in B_d(x, \epsilon)$와 $n \in \mathbb{Z}_+$이 존재함을 보이고자 한다.

f의 주기점들은 조밀하기 때문에, $B_d(x, \epsilon)$ 안에 주기점 p가 존재한다. p가 주기 m을 가진다고 가정하자.

x로부터 q의 궤도 안에 모든 점까지 거리는 $\delta_0/2$보다 크거나 또는 x로부터 q'의 궤도 안에 모든 점까지 거리는 $\delta_0/2$보다 크다. 그렇지 않으면, 삼각부등식에 의해, δ_0의 정의에 모순이 되는, 거리가 δ_0보다 작게 떨어져 있는 한 쌍의 점들—하나는 q의 궤도 안에, 다른 하나는 q'의 궤도 안에—이 있다. 일반성을 잃지 않고, x로부터 q의 궤도 안의 모든 점까지 거리는 $\delta_0/2 = 4\delta$보다 크다고 가정한다.

B_0를 q를 중심으로 한 반지름이 δ인 열린공이라고 하고, 각각의 $j=1, \ldots, m$에 대하여 B_j를 $(f^j)^{-1}(q)$를 중심으로 반지름이 δ인 열린공이라고 하자. 각각의 f^j의 연속성에 의해, 집합 $(f^j)^{-1}(B_j)$은 열린집합이다. 더군다나, 그러한 각각의 집합은 q를 포함한다.

$$V = B_0 \cap \left(\bigcap_{j=1}^{m} (f^j)^{-1}(B_j) \right)$$

이라 놓자. 집합 V는 q를 포함하는 열린집합이다. 여기에 사용되는 m은 p의 주기이고 반드시 q의 주기일 필요가 없다는 것에 주의하자. V를 만드는 아이디어는 q의 근방에 있는 모든 v에 대하여 v에 f의 처음 m반복으로부터 얻어진 점들 $f^1(v), \ldots, f^m(v)$이 q의 궤도에서 δ거리 안에 있는 q의 모든 근방을 찾는 것이다. 이것이 필요한 이유는 곧 명백해진다.

위상적 추이성에 의해, $f^k(w) \in V$인 $w \in B_d(x, \epsilon)$와 $k \in \mathbb{Z}_+$가 존재한다. 정수 k와 $k+m$은 m만큼 떨어져 있어서 $k \le hm \le k+m$인 $h \in \mathbb{Z}_+$가 존재한다. 우리는 $d(f^{hm}(p), f^{hm}(w)) > 2\delta$임을 주장한다. 이것은 $f^{hm}(x)$와 $f^{hm}(p)$ 또는 $f^{hm}(w)$ 사이의 거리가 δ보다 반드시 크다는 것을 암시하고, p와 w 둘 다 $B_d(x, \epsilon)$ 안에 있으므로 δ는 정리의 필요조건들을 만족함을 보여준다.

$d(f^{hm}(p), f^{hm}(w)) > 2\delta$임을 증명하기 위해, 먼저 $f^{hm}(p) = p$임을 알 수 있다. 그래서 $d(p, f^{hm}(w)) > 2\delta$임을 보이고자 한다. 또한 $f^k(w) \in V$이므로 w에 f의 다음 m번 반복은 q의 궤도의 δ거리 안에 모두 놓여있음이 보장되어 있다(앞서 보여줬듯이). 특히, $f^{hm}(w) \in B_{hm-k}$이고, 그러므로 $d(f^{hm}(w), f^{hm-k}(q)) < \delta$이다. 이제, 삼각부등식에 의해,

$$\begin{aligned} d(x, f^{hm-k}(q)) &\le d(x,p) + d(p, f^{hm}(w)) + d(f^{hm}(w), f^{hm-k}(q)) \\ &\le \delta + d(p, f^{hm}(w)) + \delta \\ &= 2\delta + d(p, f^{hm}(w)) \end{aligned}$$

이다. x와 q의 궤도 사이의 거리가 4δ보다 크기 때문에, $4\delta < d(x, f^{hm-k}(q))$이다. 그러므로 $4\delta < 2\delta + d(p, f^{hm}(w))$이고 그래서 $d(p, f^{hm}(w)) > 2\delta$이다. 따라서, $d(f^{hm}(p), f^{hm}(w)) > 2\delta$임을 증명했다.

이제, $n = hm$이라 놓자.

$$d(f^n(x), f^n(w)) > \delta \text{ 이거나 } d(f^n(x), f^n(p)) > \delta$$

이다. 그렇지 않으면

$$d(f^n(x), f^n(w)) \le \delta \text{ 이고 } d(f^n(x), f^n(p)) \le \delta$$

이고 이것은 삼각부등식에 의해 $d(f^n(p), f^n(w)) \le 2\delta$이므로 모순이다. w와 p 둘 다 $B_d(x, \epsilon)$ 안에 놓여 있으므로, $d(f^n(x), f^n(y)) > \delta$인 $y \in B_d(x, \epsilon)$와 $n \in \mathbb{Z}_+$이 존재하고 정리 8.19의 증명이 끝난다. ■

뱅크스와 그의 동료들의 결과들을 뒤따라서 다른 사람들도 주기점들의 조밀한 집합의 존재성, 위상적 추이성, 그리고 초기조건에 민감한 의존성 사이의 관계를 좀 더 탐구했다. 많은 흥미로운 결과들이 나왔다. 예를 들어 1994년에 미셜 벨레쿱프(Michel Vellekoop)와 라울 버글런드(Raoul Berglund)는 $\mathbb{R}$ 안의 하나의 구간 I에 대하여 만약 $f: I \to I$가 연속이고 위상적 추이성을 가진다면, f는 주기점들의 조밀한 집합을 가지고 그러므로 카오스적이라는 것을 [Vel]에서 보였다. 따라서, $\mathbb{R}$의 하나의 구간에서의 연속함수에 대하여, 위상적 추이성은 카오스 존재성을 주장하기에 충분하다.

또한, 1997년에 패트 투히(Pat Touhey)는 연속함수 $f: X \to X$에 대하여, 정의 8.10에 있는 카오스에 대한 두 가지 조건은 다음 정리에 의하여 하나의 조건으로 합쳐질 수 있다는 것을 보였다.

정리 8.20. 연속함수 $f: X \to X$가 카오스적일 필요충분조건은 X의 임의의 한 쌍의 열린집합 U와 V에 대하여 $f^k(x) \in V$인 주기점 $x \in U$와 $k \in \mathbb{Z}_+$가 존재한다는 것이다.

증명. 연습문제 8.47 참조. ■

정리 8.20에 명시된 함수 f가 카오스적이 되기 위한 조건은 f의 정의역 안에 임의의 한 쌍의 열린집합들은 f의 어떤 주기 궤도에 의해 다른 하나로 갈 수 있다는 것을 말한다. 투히는 더욱이 카오스 함수 f의 정의역 안에 주어진 임의의 유한개의 열린집합에 대하여 열린집합 각각으로 갈 수 있는 f의 주기 궤도가 존재한다는 것을 보였다.

비록 정리 8.20은 하나의 조건(연속함수의 경우에)으로 하는 카오스 정의의 간소화를 가능케 했지만, 두 개의 필요조건이 있는 정의(정의 8.10)는 특별히 흥미로운 면을 드러낸다. 왜냐하면 카오스의 두 개의 본성을 강조한다: 주기점들의 조밀한 집합에서 나타나는 규칙성과 위상적 추이성으로 나오는 불규칙성.

연습문제 8.5

8.44. 여기에서는 위상적 추이성과 주기점들의 조밀한 집합의 존재성 각각은 초기조건들에 대한 민감한 의존성을 암시하기에는 그 자체로 충분하지 않다는 것을 보여준다.

(a) 정의역에서 주기점들의 조밀한 집합을 가지지만 초기조건에 대한 민감한 의존성을 가지지 않는 $f: X \to X$를 찾으시오.

(b) $f: S^1 \to S^1$을 $f(\theta) = \theta + 1$에 의해 정의된다고 하자; 즉 f는 원에서의 1라디안 회전이다. f는 위상적으로 추이적이지만 초기조건에 대한 민감한 의존성을 가지지 않음을 증명하시오. (도움말: 원에서 한 구간 U가 주어졌을 때, $f^n(U) \cap U \neq \varnothing$ 이지만 $f^n(U) \neq U$인 $n \in \mathbb{Z}_+$이 존재함을 증명하시오. 그 다음에 $m \in \mathbb{Z}_+$에 대해 집합 $f^{mn}(U)$를 고려하시오.)

8.45. 이 문제에서 초기조건에 대한 민감한 의존성은 위상적 켤레에 의해 보존되지 않음을 증명한다. $f: (1, \infty) \to (1, \infty)$는 $f(x) = 2x$에 의해, 그리고 $g: \mathbb{R}_+ \to \mathbb{R}_+$는 $g(x) = 1 + x$에 의해 정의된다고 하자.

(a) f는 초기조건에 대한 민감한 의존성을 가지지만 g는 그렇지 않다는 것을 증명하시오.

(b) 구체적인 위상동형사상 $h: (1, \infty) \to \mathbb{R}_+$을 구함으로써 f와 g는 위상적 켤레임을 증명하시오.

8.46. 연습문제 8.45는 초기조건에 대한 민감한 의존성은 위상적 켤레에 의해 일반적으로 보존되지 않음을 보이지만 그러나 이 연습문제에서 증명하듯이 만약 컴팩트 정의역으로 제한한다면 그것은 보존된다.

X와 Y를 각각 거리가 d_X와 d_Y인 컴팩트 거리공간이라 하자. $f: X \to X$는 민감성 상수가 δ인 초기조건에 대한 민감한 의존성을 가진다고 가정하고 $g: Y \to Y$는 위상동형사상 $h: X \to Y$에 의해 f와 위상적으로 켤레라고 가정하자.

(a) $C = \{(y_1, y_2) \in Y \times Y \mid d_X(h^{-1}(y_1), h^{-1}(y_2)) > \delta\}$는 $Y \times Y$의 컴팩트 부분집합임을 증명하시오.

(b) 임의의 $(y_1, y_2) \in C$에 대하여 $d_Y(y_1, y_2) > 0$이고 그러므로 d_Y는 C에서 양수인 최솟값 δ^*을 가짐을 증명하시오.

(c) g는 민감성 상수가 δ^*인 초기조건에 대한 민감한 의존성을 가짐을 증명하시오.

8.47. 정리 8.20을 증명하시오.

chapter 9

호모토피와 차수이론

비록 우리는 다른 두 위상공간을 비교하는 방법은 다루었지만, 두 함수를 비교하는 방법에 대해서는 다루지 않았다. 함수들에 대한 유용한 동치는 있는가? 9.1절에서 한 함수에서 다른 함수로의 연속변형인 호모토피 개념을 소개한다. 서로 호모토피적인 두 함수의 공통된 성질은 이 장에서 제시하는 결과들에 중요한 역할을 한다.

9.2절에서는 소위 원함수라 하는 함수들에 호모토피를 적용한다. 원은 변수가 주기적, 즉 일정한 간격의 연속된 시간구간 위에서 똑같은 행동이 반복되는 상황들을 모델링할 때 사용되는 자연스러운 공간이다. 원함수들은 하나의 주기 변수가 다른 변수로 보내어지는 상황에서 일어난다. 예를 들어 뛰고 있는 심장이 자극을 받았을 때, 자극이 발생할 때의 심장박동 주기시간은 심장이 자극으로부터 회복되고 다시 뛸 때의 심장박동 주기시간으로 보내어진다.

원함수는 원을 자기 자신으로 보내는 연속함수이다. 그러한 함수들에 대해서 함수가 얼마나 많이 원을 돌고 지나는지를 측정하는 양인 차수의 개념을 소개한다. 두 원함수가 호모토피적일 필요충분조건이 그들이 똑같은 차수를 가지는 것인데 이것은 차수의 정의로부터 바로 나온다. 9.2절에서 차수를 정의하고, 9.6절에서 차수의 정의와 관련된 몇 개의 전문적인 결과들을 증명한다.

9.2절에서, 또한 수축을 소개하고 2차원 수축사상 존재 불가능 정리(10장에서 2차원 브라우워 고정점 정리를 증명하기 위해 사용되는 결과)를 증명하기 위해 차수를 사용한다. 9.3절에서는 심장박동 모델에 차수의 적용을 보여준다. 거기에서, 심장박동에 대한 간단한 가정과 함께, 다양한 힘과 시간에 심장박동 주기에 적용된 자극에는 심장이 연속적으로 대응할 수 없다는 결론을 이끌어낸다. 심장박동 주기에서 적절한 순간에 심장에 주는 상대적으로 작은 자극은 심장에 심장세동을 일으킬 수도 있다는 놀라운 결과를 다룬다.

이 장에서 또한 수학에서 차수의 몇 개의 응용을 고려한다. 9.4절에서 대수학의 기본정리를 증명하기 위해 차수를 사용한다. 9.5절에서는 $\mathbb{R}^2 - \{O\}$와 S^1은 단순연결이 아니고 이 결과를 사용하여 $n \geq 3$에 대해 평면과 $\mathbb{R}^n$은 다르고, 그리고 $n \geq 2$에 대해 원과 S^n은 다르다라는 것을 증명한다.

9.1 호모토피

여기에서 하나의 함수에서 다른 함수로 변형하는 것을 정확하게 의미하는 개념인 호모토피를 소개한다.

정의 9.1. $f, g : X \to Y$를 연속함수라 하자. $I = [0,1]$은 $\mathbb{R}$ 로부터 유도된 부분공간위상과 $X \times I$는 곱공간을 가진다고 가정하자. 만약 $F(x,0) = f(x)$이고 $F(x,1) = g(x)$인 연속함수 $F: X \times I \to Y$가 존재하면 f와 g는 **호모토피적(homotopic)**이라고 말한다. 그러한 함수 F를 f와 g 사이의 **호모토피(homotopy)**라 한다. $f \simeq g$는 f와 g가 호모토피적이라는 것을 나타낸다.

그림 9.1은 호모토피 F를 나타낸다. $X \times I$이 곱공간을 가질 때, 호모토피를 X에서 Y로의 함수들의 구간 I로 간주한다. I 안의 고정값 t에 대하여 함수 $F|_{X \times \{t\}}$는 X에서 Y로의 함수이다. t의 값들이 구간 I에서 변함에 따라, 그 함수는 f로 시작해서 g로 끝나는 연속함수들의 일변수 모임에서 연속적으로 변한다.

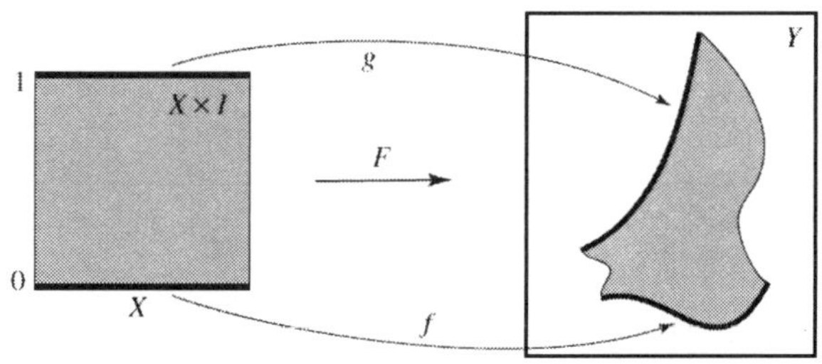

(그림 9.1) 호모토피는 함수 f를 함수 g로 변형시킨다.

예 9.1. $F(x,t) = x + t$에 의해 $F: \mathbb{R} \times I \to \mathbb{R}$ 를 정의하자. 연속함수의 합은 연속이므로 함수 F는 연속이다. 그래서 F는 $f(x) = F(x,0) = x$와 $g(x) = F(x,1) = x+1$ 사이의 호모토피이다. 함수 f는 $\mathbb{R}$ 에서의 항등함수이다. 함수 g는 실수직선 전체를 양의 방향으로 한 단위만큼 이동시킨다. 고정된 값 t에 대하여, 호모토피 $F(x,t)$는 실수직선을 거리 t만큼 이동시킨다. t가 0에서 1로 변함에 따라 F는 f를 g로 바꾼다.

예 9.2. $f : I \to \mathbb{R}^2$를 $f(x) = (\cos(\pi x), -\sin(\pi x))$에 의해 정의하고 $g : I \to \mathbb{R}^2$를 $g(x) = (\cos(\pi x), \sin(\pi x))$에 의해 정의하자. 이 함수 모두 길의 예시들이다.
두 함수는 호모토피적이지만 어떻게 호모토피를 구할 수 있는가? 두 함수 사이에 직선 호모토피를 취한다. 각각의 값 $x \in I$에 대하여, 두 함수 사이의 선분을 따라 $f(x)$를 $g(x)$로 변형시킬 수 있으므로 이것을 직선 호모토피라 부른다. (그림 9.2 참조.) 호모토피를 통하여, 0과 1 사이에 있는 각각의 t에서 $f(x)$에서 $g(x)$로의 길의 비율을 이동시킨다.

$F(x,t) = (\cos(\pi x), (1-2t)\sin(\pi x))$에 의해 $F: I\times I \to \mathbb{R}^2$를 정의하자. 함수 $F(x,t)$는 연속함수들의 곱과 합성함수로 이루어져 있기 때문에 연속이다. 더군다나, $F(x,0) = f(x)$이고 $F(x,1) = g(x)$이고 그러므로 F는 우리가 원하는 호모토피이다.

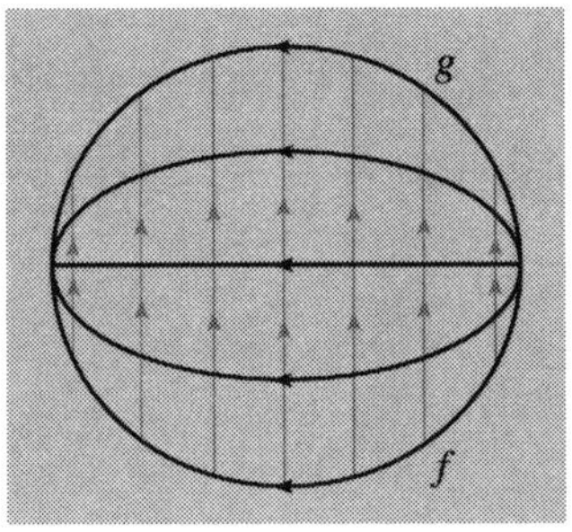

(그림 9.2) $\mathbb{R}^2$에서 길 f에서 길 g로의 호모토피.

이전 예에서, 만약 $\mathbb{R}^2 - \{0\}$을 공역으로 하는 두 길 f와 g를 고려한다면, 정의에 의한 함수 F는 $I\times I$를 $\mathbb{R}^2 - \{0\}$으로 보내지 않기 때문에 둘 사이의 직선 호모토피는 더 이상 유효하지 않다. 그러나 비록 F가 호모토피가 아니지만, 두 길은 $\mathbb{R}^2 - \{0\}$에서 호모토피적이다. (연습문제 9.4 참조.)

정리 9.2. 관계 $\simeq$은 모든 연속함수들 $f : X \to Y$의 집합에서 동치관계이다.

증명. 관계가 반사적, 대칭척, 추이적이라는 것을 보여야 한다. $\simeq$이 반사적이라는 것을 보이기 위해 $f : X \to Y$가 연속함수라 하자. $F(x,t) = f(x)$에 의해 호모토피 $F: X\times I \to Y$를 정의하자. 그러면 $F(x,0) = f(x)$이고 $F(x,1) = f(x)$이다. 그래서 $f \simeq f$이다.

$\simeq$이 대칭적이라는 것은 만약 $F(x,t)$가 f와 g 사이의 호모토피라면 $G(x,t) = F(x,1-t)$에 의해 정의된 $G: X\times I \to Y$는 g와 f 사이의 호모토피라는 사실로부터 나온다. 그래서 $f\simeq g$는 $g\simeq f$를 암시한다.

추이성을 증명하기 위해, f, g, 그리고 h를 X에서 Y로의 연속함수라 하자. f는 호모토피 F에 의해 g와 호모토피적이고 g는 호모토피 G에 의해 h와 호모토피적이라고 가정하자. 그러면 그림 9.3에서 보여주듯이, 함수 $H: X\times I \to Y$를

$$H(x,t) = \begin{cases} F(x,2t) & 0 \le t \le \dfrac{1}{2}, \\ G(x,2t-1) & \dfrac{1}{2} \le t \le 1 \end{cases}$$

로 정의하자. $t = 1/2$에서 $F(x,2t)$와 $G(x,2t-1)$ 둘 다 $g(x)$로 같고 그러므로 두 정의역의 교집합에서 일치한다. 그러므로 붙임보조정리에 의해 H는 연속이다. $H(x,0) = f(x)$이고 $H(x,1) = h(x)$이므로, $f\simeq g$와 $g\simeq h$는 $f\simeq h$를 암시한다는 것을 증명했다. ■

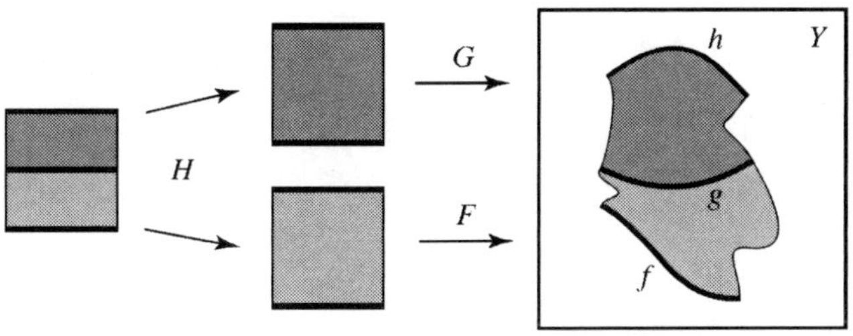

(그림 9.3) F와 G로부터 H를 정의함.

한 집합에서 동치관계는 동치류로의 집합의 분할을 형성하기 때문에, 모든 연속함수들 $f: X\to Y$의 집합 $C(X, Y)$는 관계 $\simeq$에 의해 동치류들로 분할이 된다. 결과적으로 다음 정의를 가진다.

정의 9.3. $C(X, Y)$를 모든 연속함수들 $f: X\to Y$의 집합이라 하자. $C(X, Y)$에서 **호모토피류**를 관계 $\simeq$에 의한 동치류로 정의하자. 함수 f를 포함하는 호모토피류는 $[f]$로 표시한다.

예 9.3. $\mathbb{R}$ 에서 $\mathbb{R}$ 로의 모든 연속함수는 $g_0(x)=0$ 으로 주어진 상수함수 $g_0:\mathbb{R}\to\mathbb{R}$ 과 호모토피적이다. 함수 $F(x,t)=(1-t)f(x)$는 f와 g_0 사이의 호모토피이다. 따라서 집합 $C(\mathbb{R},\mathbb{R})$은 하나의 호모토피류 $[g_0]$로 구성된다.

연습문제 9.1

9.1. 평면 안의 원판 D에서 그 자신으로 가는 항등함수는 D를 원점으로 보내는 함수와 호모토피적임을 보이시오.

9.2. 만약 $f_1, f_2: X\to Y$가 호모토피적이고 $g_1, g_2: Y\to Z$가 호모토피적이면, $g_2\circ f_2$는 $g_1\circ f_1$과 호모토피적임을 보이시오.

9.3. f와 g를 $\mathbb{R}$ 에서 길이라 하자. f는 g와 호모토피적임을 보이시오.

9.4. f와 g를 $\mathbb{R}^2-\{0\}$에서 길이라 하자. f는 g와 호모토피적임을 보이시오. (도움말: 임의의 길은 전체 구간을 그 길의 시작점으로 보내는 상수 길과 호모토피적임을 보이시오. 그 다음에 $\mathbb{R}^2-\{0\}$은 길연결이라는 사실을 사용하여 두 상수 길은 호모토피적임을 보이시오.)

9.5. $f: I\to Y$와 $g: I\to Y$를 $f(0)=g(0)=y_0$이고 $f(1)=g(1)=y_1$인 Y에서의 길이라 하자. (그러므로 f와 g는 똑같은 시작점과 끝점을 가진다.) f에서 g로의 길호모토피는 $F(x,0)=f(x)$, $F(x,1)=g(x)$, $F(0,t)=y_0$, 그리고 $F(1,t)=y_1$인 연속함수 $F: I\times I\to Y$를 정의한다.

(a) 길호모토피는 똑같은 시작점과 끝점을 공유하는 Y에서의 모든 길들의 집합에서 동치관계를 정의함을 증명하시오.

(b) 0에서 시작해서 n으로 끝나는 임의의 길 $p: I\to\mathbb{R}$ 는 0에서 n으로의 $\mathbb{R}$ 에서의 직행 길, 즉, $p_n(x)=nx$로 주어진 길 $p_n: I\to\mathbb{R}$ 과 호모토피적임을 보이시오.

9.6. 만약 X가 위상공간이고 D는 평면의 원판이라면, X에서 D로 보내는 함수들의 호모토피류는 오직 하나 있음을 보이시오.

9.7. 다음 정의를 고려하자:

> **정의 9.4.** 만약 X에서의 항등함수가 상수함수와 호모토피적이면 위상공간 X는 **수축가능(contractible)**이라 말한다.

(a) 수축가능성은 위상적 불변량임을 증명하시오. 다시 말해서, 만약 X와 Y가 위상동형이라면, X가 수축가능일 필요충분조건은 Y가 수축가능이라는 것임을 증명하시오.

(b) $\mathbb{R}^n$은 수축가능임을 증명하시오.

(c) X가 수축가능한 공간이라 하자. X는 길연결임을 증명하시오.

9.8. Y는 n개의 길연결성분을 가진다고 하자. $C(I, Y)$에서 n개의 길호모토피류가 있음을 증명하시오.

9.2 원함수, 차수, 그리고 수축

이 절에서의 주된 관심은 연속함수들 $f: S^1 \to S^1$이다. 그러한 함수들을 **원함수**라 부른다. 비록 원 S^1에 초점을 두지만, 여기에 나타난 결과들은 원과 위상동형인 모든 공간 X로 이어진다. 원함수의 차수를 정의하고 그리고 2차원 수축사상 존재 불가능 정리를 증명하기 위해 사용한다. 그 정리는 평면에 있는 원판 D를 그것의 경계 S^1을 고정하면서 S^1으로 보내는 연속함수가 존재하지 않음을 말한다.

원 위의 점들을 표시하기 위해 변수 θ를 사용한다. 여기서 θ는 평면에서 양의 x-축으로부터 재는 일반적인 각도 측정이다. (그림 9.4참조.) 만약 두 값 θ_1과 θ_2가 2π의 정수배 차이라면, 그 두 값은 똑같은 점을 나타낸다고 가정한다.

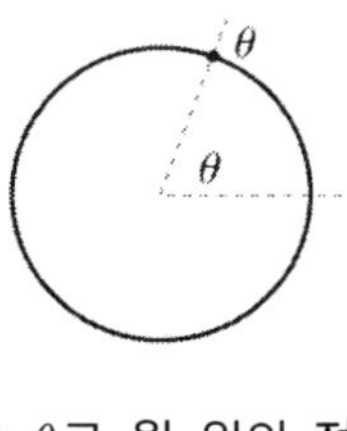

(그림 9.4) 변수 θ로 원 위의 점들을 표시한다.

원함수들의 움직임을 시각화하기 위하여, 그것들의 그래프를 나타낼 수 있다. 함수 $f: S^1 \to S^1$의 그래프를 집합

$$\{(x, y) \in S^1 \times S^1 \mid y = f(x)\}$$

으로 간주한다. 그래프는 원환면의 부분집합이고, 만약 원환면을 서로 마주보는 변이 동일시되는 정사각형 $[0, 2\pi] \times [0, 2\pi]$ 으로 간주한다면, 원함수의 그래프를 $[0, 2\pi] \times [0, 2\pi]$ 의 부분집합(마주보는 변이 동일시된다는 가정하에)으로써 그릴 수 있다. 예를 들어, 그림 9.5에서 $f(\theta) = \frac{3\pi}{2}$, $g(\theta) = \theta + \frac{\pi}{2}$, $h(\theta) = 2\theta$, 그리고 $k(\theta) = -\theta$의 그래프들을 보여준다.

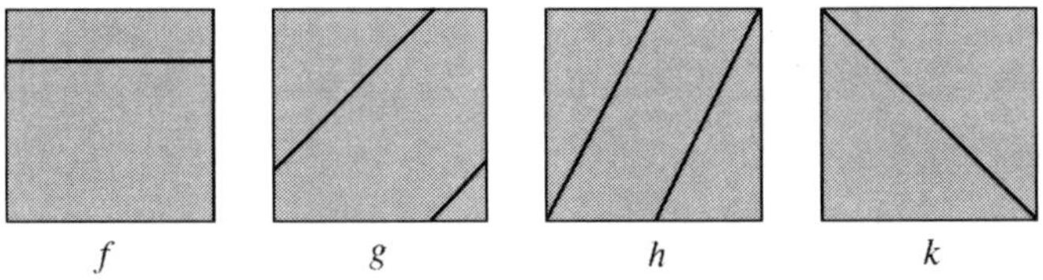

(그림 9.5) 원함수 $f, g, h,$ 그리고 k의 그래프들.

우리의 목표는 원함수 $f: S^1 \to S^1$가 원을 몇 번 도는지를 측정하는 차수의 개념을 정확히 정의하는 것이다. 원에서의 항등함수에 대해서는 도는 횟수가 1과 같고, 함수 $f(\theta) = -\theta$에 대해서는 -1과 같고, 그리고 —좀 더 일반적으로— 함수 $c_n(\theta) = n\theta$에 대해서는 n과 같다. (그림 9.6 참조.)

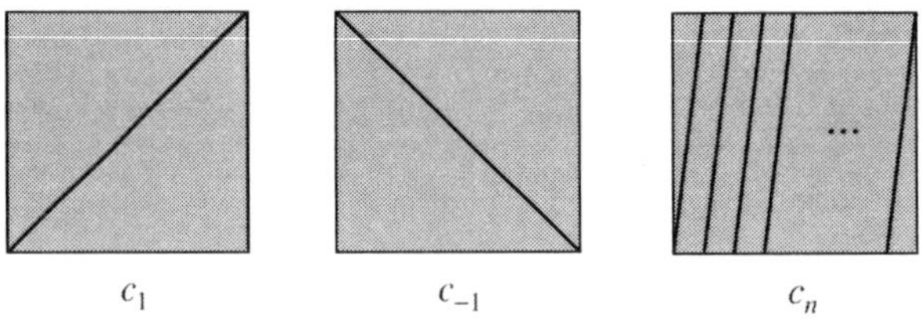

(그림 9.6) 함수 c_n은 원을 n번 돈다.

$c_n(\theta) = n\theta$과 다르게 좋지 않은 원함수는 원 주위를 돌 때 진동할 수도 있다. (그림 9.7 참조.) 또는 원을 몇 번 돌고 그리고 나서 다시 반대로 몇 번 돌 수도 있다. 원을 돌 때 잠시 멈출 수도 있다. 또는 다양한 형태의 복잡한 행동들을 가질 수도 있다.

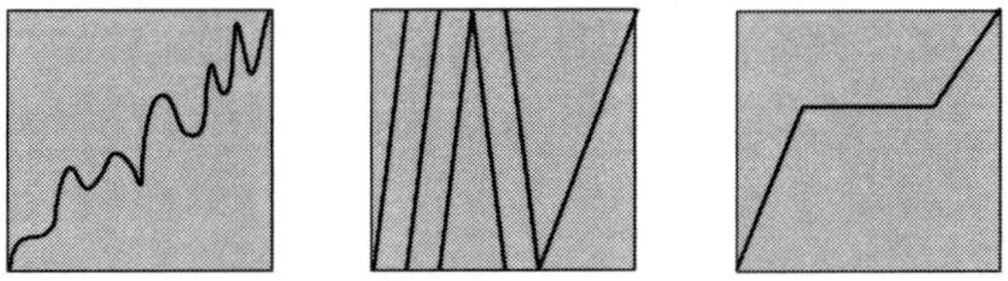

(그림 9.7) 진동, 반대돌기, 그리고 멈춤은 원함수에서 목격할 수 있는 복잡한 움직임들이다.

원함수의 차수를 정의하는 목적은 호모토피를 통하여 그 모든 복잡한 움직임들을 변형시켜서 없애는 것이다. 다행히도, 다음 정리의 결과로써 그 목적을 달성할 수 있다.

정리 9.5. 임의의 원함수 $f: S^1 \to S^1$에 대하여, $n \in \mathbb{Z}$이 유일하게 존재하여 f는 $c_n(\theta) = n\theta$와 호모토피적이다.

> **정의 9.6.** 정리 9.5에서 $f: S^1 \to S^1$과 관련된 유일한 n은 **f의 차수**로 정의되고 $deg(f)$로 표시된다.

9.6절에서 정리 9.5를 증명한다. 정의로부터, 차수는 원함수의 호모토피류를 결정한다는 것을 보여주는 다음 정리를 얻는다.

정리 9.7. 두 원함수 $f, g: S^1 \to S^1$이 호모토피적일 필요충분조건은 $deg(f) = deg(g)$이다.

증명. 호모토피는 동치관계이므로, 원함수들의 다른 호모토피류는 서로소인 집합이다. 정리 9.5는 이 호모토피류가 $\{[c_n(\theta)] \mid n \in \mathbb{Z}\}$에 의해 주어진다는 것을 암시한다. 그러므로 $f \simeq g$일 필요충분조건은 $[f] = [g] = [c_n(\theta)]$이다. 이 등식은 정확히 $\deg(f) = \deg(g) = n$일 때 나온다. ■

다음 정리 9.7의 따름정리는 다음 절에 있는 심장박동 모델로의 차수의 적용에 사용된다.

따름정리 9.8. $F: S^1 \times [a, b] \to S^1$이 연속이라 하자. 만약 각각의 $r \in [a, b]$에 대하여

$F_r : S^1 \to S^1$을 $F_r(\theta) = F(\theta, r)$로 정의된 원함수라 놓으면, F_r의 차수는 r에 의존하지 않는다.

증명. 연습문제 9.10 참조. ■

따름정리 9.8은 만약 고리면에서 원으로 가는 연속함수 F가 있다면, 그림 9.8에서 보여주듯이, F를 고리면과 같은 중심을 가진 반지름 r인 원으로 제한했을 때, 생성되는 원함수 F_r의 차수는 r에 의존하지 않는다.

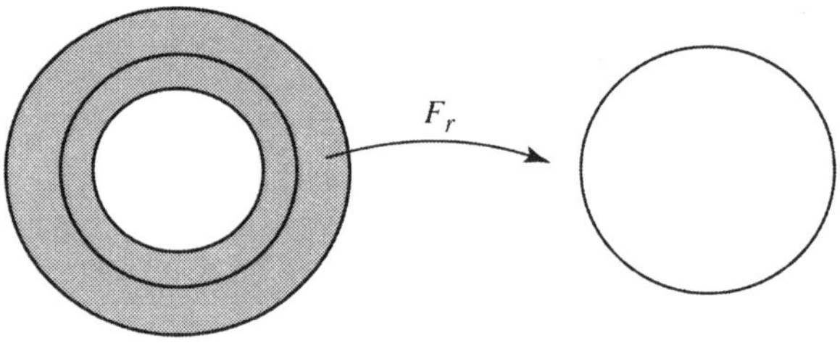

(그림 9.8) 축소함수 F_r의 차수는 반지름 r에 의존하지 않는다.

다음 정리는 차수 0을 가진 원함수들에 관련된 확장 정리이다; 이 정리는 이 장 전체에서 유용할 것이다.

정리 9.9. 원함수 $f : S^1 \to S^1$가 차수 0을 가질 필요충분조건은 f가 원판 D 위로의 연속함수로 확장된다 (즉, 모든 $x \in S^1$에 대하여 $F(x) = f(x)$인 연속함수 $F: D \to S^1$가 존재한다).

증명. 이 증명 전체에서, 원판 안의 점을 극좌표 (r, θ)로 표시한다.

먼저, f가 연속함수 $F: D \to S^1$로 확장된다고 가정하자. 함수 $G: S^1 \times I \to S^1$를 $G(\theta, t) = F(t, \theta)$로 정의하자. F가 연속이기 때문에 G도 연속이다. 그러므로 G는 두 원함수 $G|_{S^1 \times \{0\}}$과 $G|_{S^1 \times \{1\}}$ 사이의 호모토피이고 이것은 이 두 함수가 똑같은 차수를 가짐을 암시한다. 함수 $G|_{S^1 \times \{0\}}$은

$$G|_{S^1 \times \{0\}}(\theta) = G(\theta, 0) = F(0, \theta) = F(0, 0)$$

에 의해 주어진다. 따라서 $G|_{S^1\times\{0\}}$은 상수함수이고 그러므로 차수 0을 가진다. 따라서 $G|_{S^1\times\{1\}}$도 또한 차수 0이다. $G|_{S^1\times\{1\}}$이 f와 같기 때문에 f의 차수는 0이다.

이제 f의 차수가 0이라고 가정하자. 그러므로 $G(\theta,0)=c_0(\theta)$이고 $G(\theta,1)=f(\theta)$인 호모토피 $G: S^1\times I\to S^1$가 존재한다. 여기서 $c_0 : S^1\to S^1$은 모든 점 $\theta\in S^1$를 점 $0\in S^1$으로 보내는 상수함수이다. $F: D\to S^1$을 $(r,\theta)=G(\theta,r)$로 정의하자. $r=0$일 때 $G(\theta,r)$는 θ에 대해 상수함수이기 때문에, F는 $r=0$에서 잘 정의되고 그러므로 D에서의 함수로써 정의된다. 더군다나 G가 연속이라는 것은 F 또한 연속이라는 것을 암시한다. 결국 $F(1,\theta)=G(\theta,1)=f(\theta)$이고 F는 f의 확장이다. ■

다음 결과는 원함수의 차수에 의해 결정될 수 있는 또 다른 유용한 사실이다.

정리 9.10. 만약 원함수 $f: S^1\to S^1$가 0이 아닌 차수를 가지면, f는 전사이다.

증명. 연습문제 9.11 참조. ■

이제 수축이라는 개념을 소개한다. 수축은 부분공간을 고정하면서 전체공간을 그 부분공간으로 보내는 연속함수이다.

정의 9.11. X를 위상공간, A를 X의 부분집합이라 하자. X로부터 A로의 **수축사상(retraction)**은 모든 $a\in A$에 대하여 $r(a)=a$인 연속함수 $r: X\to A$이다. 만약 수축사상 $r: X\to A$이 존재한다면, A를 X의 **수축(retract)**이라 부른다. (그림 9.9 참조.)

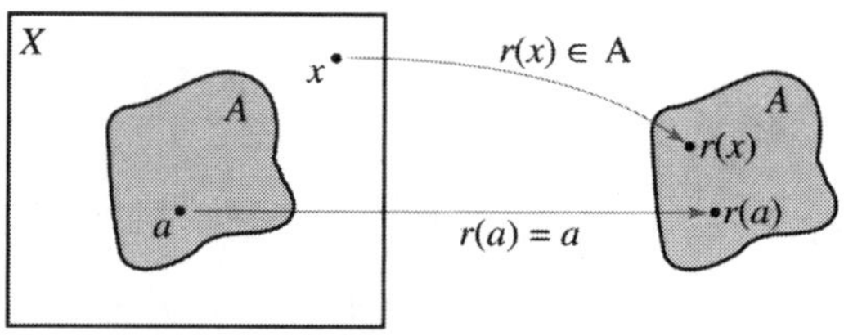

(그림 9.9) 부분집합 A는 X의 수축이다.

예 9.4. 만약 A가 위상공간의 한 점 부분집합 $\{a\}$이라면, X의 모든 원소 x를 a로 보내는 함수가 수축사상이므로 A는 X의 수축이다.

예 9.5. 원 S^1은 $\mathbb{R}^2-\{O\}$의 수축이다. 극좌표 (r,θ)를 사용하여 $f(r,\theta)=(1,\theta)$에 의해 정의된 함수 $f:\mathbb{R}^2-\{O\}\to S^1$는 수축사상이다.

예 9.6. 그림 9.10에서 보여주듯이 평면에 고리면 영역 A를 고려하자. A는 반지름이 1인 원부터 반지름 2인 원까지 걸쳐있는 중심이 원점인 영역이다. C_1과 C_2 각각은 A의 수축이다. 그러나 연결공간의 연속인 상은 연결이어야 하므로 $C_1\cup C_2$는 A의 수축이 아니다.

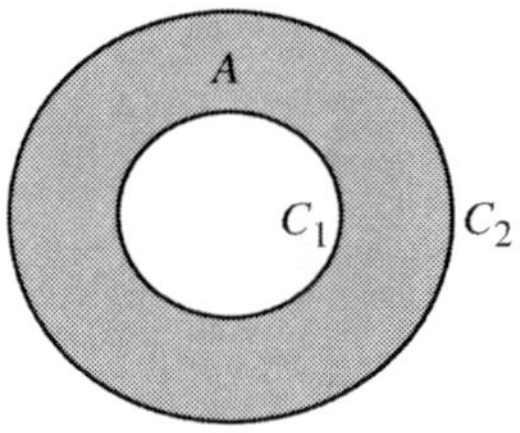

(그림 9.10) C_1과 C_2 각각은 A의 수축이지만 $C_1\cup C_2$는 그렇지 않다.

이전 예에서, 원 C_1과 C_2가 고리면 A의 수축이라는 사실은 다음 예의 특별한 경우이다. 다음 예는 공간 X와 Y는 곱공간 $X\times Y$의 수축으로써 자연스럽게 여겨질 수 있음을 보여준다.

예 9.7. 위상공간 X와 Y가 주어지고, 곱공간 $X\times Y$를 고려하자. $x^*\in X$라고 가정하자. 그러면 $r(x,y)=(x^*,y)$로 주어진 수축사상 $r:X\times Y\to A$에 의해 $X\times Y$의 부분집합 $A=\{x^*\}\times Y$는 수축이다. 그러므로 곱공간 $X\times Y$은 Y와 위상동형인 수축인 부분공간들을 포함한다(비슷하게, X와 위상동형인 수축인 부분공간들을 포함한다). 예를 들어, 원환면 안에 원환면의 수축인 원 부분공간들이 있다. (그림 9.11 참조.)

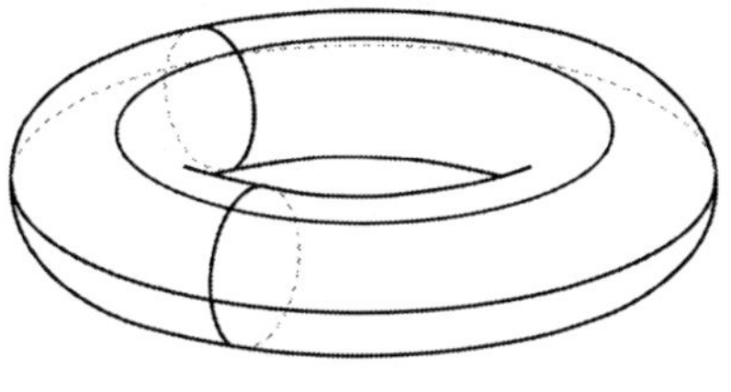

(그림 9.11) 원환면의 수축인 원들.

이제, 평면에 있는 원판 D를 고려하자. 마치 우리가 가장자리에 있는 점들은 고정되고, 천을 찢지 않은 채 드럼의 전체 천을 가장자리로 변형하는 것은 불가능하다는 것을 예측하는 것처럼, D로부터 원 경계로의 수축사상은 존재하지 않음을 우리는 추측할 수 있다. (그림 9.12 참조.)

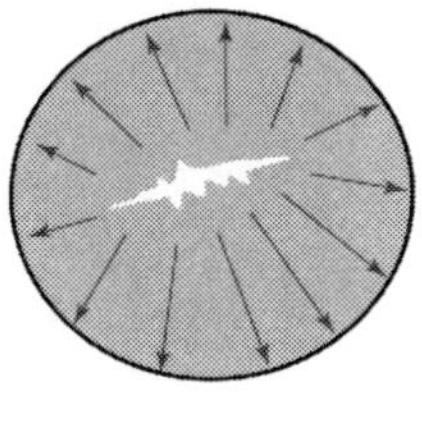

(그림 9.12) 드럼의 천을 가장자리로 변형시키는 것은 그 천을 찢을 것이다. 이것은 D로부터 S^1로의 수축사상이 없다는 것을 입증한다.

사실, $\mathbb{R}^n$의 n-구체 B^n에서 그것의 $(n-1)$-구면 경계, S^{n-1}로의 수축사상은 없다. 이 일반적인 결과는 수축사상 존재 불가능 정리로 알려져 있다. 여기에서, 우리는 수축사상 존재 불가능 정리의 1- 그리고 2-차원 형태를 증명한다. 대수적 위상의 적당한 방법을 사용하여, 일반적인 결과는 바로 증명이 된다.

정리 9.12. 1-차원 수축사상 존재 불가능 정리.
$B^1=[-1,1]$으로부터 그것의 구면 경계, $S^0=\{-1,1\}$로의 수축사상은 존재하지 않는다.

증명. $[-1,1]$로부터 $\{-1,1\}$로의 수축사상은 연결공간에서 비연결공간으로의 연속사상이고 이것은 불가능하므로 $[-1,1]$로부터 $\{-1,1\}$로의 수축사상은 존재하지 않는다. ■

정리 9.13. 2-차원 수축사상 존재 불가능 정리.

원판 D로부터 그것의 원 경계 S^1로의 수축사상은 존재하지 않는다.

증명. 귀류법으로 증명한다. 임의의 $\theta \in S^1$에 대하여 $F(\theta) = \theta$인 연속함수 $F: D \to S^1$가 존재한다고 가정하자. 그러한 함수 F는 $id(\theta) = \theta$에 의해 정의된 항등함수 $id: S^1 \to S^1$의 연속인 확장함수이다. 함수 id는 차수 1을 가지고 그러므로 정리 9.9에 의해 id는 D에 정의된 연속함수로 확장될 수 없고 이것은 모순이다. 따라서 D로부터 S^1로의 수축사상은 존재하지 않는다. ■

예 9.8. 정리 9.13에 의해 $\mathbb{R}^2$로부터 S^1로의 수축사상은 없다. 왜냐하면 D로 제한됐을 때, 그러한 수축사상은 D로부터 S^1로의 수축사상을 제공해주기 때문이다.

10장에서 수축사상 존재 불가능 정리를 다시 다룰 것이며, 그 정리는 브라우워 고정점 정리와 동치라는 것을 증명한다.

다음은 수축사상에 대한 일반적인 존재 정리를 증명한다. 비록 원판 D에서 S^1로의 수축사상은 존재하지 않지만, 만약 $A \subset D$가 하나의 호라면, A가 원판에서 어떻게 놓여 있더라도 A는 원판의 수축이다. (그림 9.13 참조.) 이 결과의 증명은 7.3절의 보충문제 나와 있는 티에제 확장 정리를 사용한다.

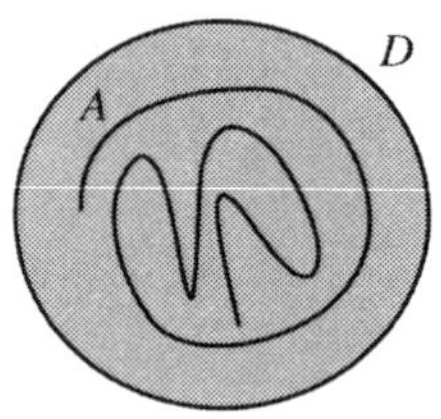

(그림 9.13) D 안에 있는 모든 호는 D의 수축이다.

정리 9.14. D는 원판이고, $A \subset D$는 호라고 하자. 그러면 A는 D의 수축이다.

증명. A는 호이기 때문에 A로 보내는 넣기사상 $f: [-1, 1] \to D$이 존재한다. 구간 $[-1, 1]$은 컴팩트이므로 A 또한 컴팩트이다. 그래서 A는 하우스도르프 공간 D의 닫힌 부분집합이다. 티에제 확장 정리에 의해 함수 $f^{-1}: A \to [-1, 1]$은 연속인 확장함수

$g: D \to [-1, 1]$을 가진다. 함수 $f \circ g: D \to A$는 D에서 A로의 수축사상이다. ■

연습문제 9.2

9.9. 다음 각각의 원함수의 차수를 결정하시오.

(a) 원 위의 점을 원점에 대해 반대편 점으로 보내는 원점대칭사상 $A: S^1 \to S^1$, $A(\theta) = \theta + \pi$.

(b) 한 방향으로 원을 한 번 돌고 그 다음 다른 방향으로 한 번 도는 함수,

$$f: S^1 \to S^1,\ f(\theta) = \begin{cases} 2\theta & \theta \in [0, \pi] \\ -2\theta & \theta \in [\pi, 2\pi] \end{cases}$$

9.10. 따름정리 9.8을 증명하시오.

9.11. 정리 9.10을 증명하시오.

9.12. X는 연결인 하우스도르프 공간이고 B는 X의 두 점 집합이라 하자. B는 X의 수축이 아님을 증명하시오.

9.13. X는 하우스도르프 공간이고 A는 X의 수축이라 하자. A는 X의 닫힌 부분집합임을 증명하시오.

9.14. 그림 9.14에 있는 무한한 나선 S는 어떻게 평면의 수축인지를 그림을 이용하여 보이시오.

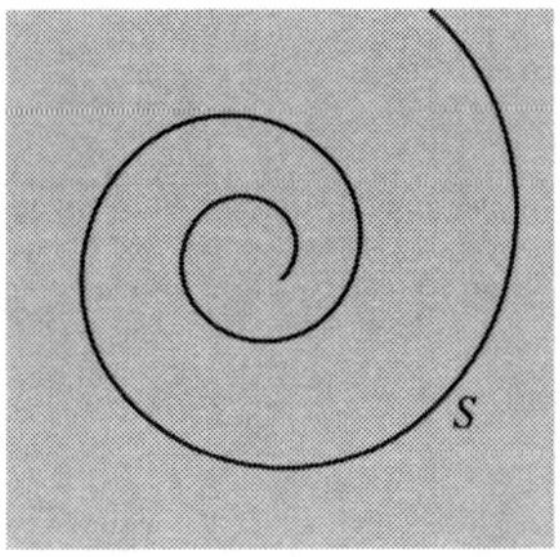

(그림 9.14) 나선 S는 평면의 수축이다.

9.3 심장박동 모델로의 응용

이 절에서는 심장박동을 자극시키는 것에 대한 모델을 면밀히 살펴본다. 심장이 심장박동 주기 동안에 서로 다른 시간에 주어지는 다양한 강도의 자극에 어떻게 반응하는지에 대한 결론을 이끌어내기 위하여 차수 이론을 사용한다. 이 모델은 생물학적 체계의 수학적 모델링에 대한 연구로 유명한 이론 생물학자인 아서 윈프리(Arthur Winfree, 1942-2002)의 논문 "급성 심장사: 위상에서의 문제"로부터 개작됐다.

박동주기의 시간을 원에서의 변수 θ에 의해 모델링하고 (그림 9.15 참조.), 심장이 $\theta = 0$일 때 뛴다는 것을 가정한다. 원 주위를 도는 시계바늘을 생각할 수 있고 매번 그것이 $\theta = 0$을 지날 때마다 심장이 뛴다. 이것은 편의상 2π의 박동주기를 가정하고 있다는 것을 의미한다.

자극은 박동주기 동안 심장에 가해지고 그 자극에 대한 심장의 반응을 조사하고자 한다. 그 반응은 자극이 가해진 후 심장이 다시 뛰기까지의 걸리는 시간으로써 측정된다; 이 변수는 **잠복기**로 알려져 있고 L로 표시한다.

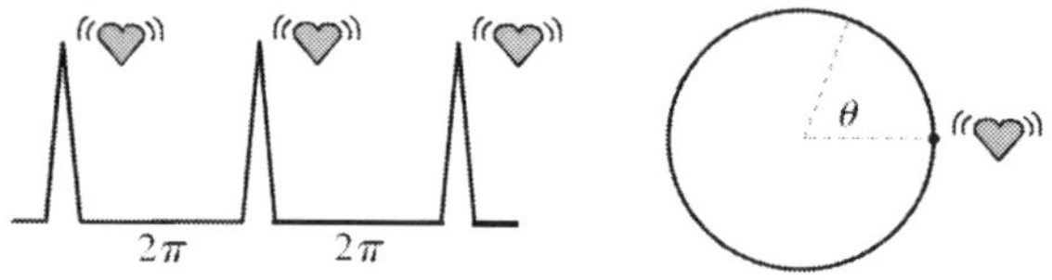

(그림 9.15) 박동주기의 시간은 원변수 θ에 의해 모델링된다.

박동주기에서의 자극이 가해지는 지점을 **결합구간**이라 부른다; c로 표시한다. 약함$(s = w)$에서 강함$(s = g)$까지 다양한 강도 s의 자극을 고려하고 결합구간과 자극강도의 함수로써의 잠복기 $L(c, s)$를 조사한다. 따라서 함수 $L : S^1 \times [w, g] \rightarrow S^1$을 가진다.

약한 자극에 대한 심장의 반응을 **약한 재조정**이라 하고, 강한 자극에 대한 반응을 **강한 재조정**이라 한다. 약한 그리고 강한 재조정에 대하여 다음과 같은 합리적인 가정을 한다:

(i) 약한 재조정에 대해서는 자극이 너무 약해서 박동 시간의 어떠한 뚜렷한 변화를 초래하지 않고 그러므로 잠복기는 자극 후에 박동 주기에 남아있는 시간이다.

(ii) 강한 재조정에 대해서는 자극이 너무 강해서 심장이 과거의 기억을 잃고 결합구간에 의존하지 않는 잠복기를 초래한다.

이 가정들은 그림 9.16에서 보여주듯이, 잠복기 L의 다음 가정된 성질들로 바뀔 수 있다.

(i) 모든 $c \in S^1$ 대하여 $L(c, w) = 2\pi - c$이다.

(ii) 모든 $c \in S^1$ 대하여 $L(c, g) = \theta^*$인 $\theta^* \in S^1$이 존재한다.

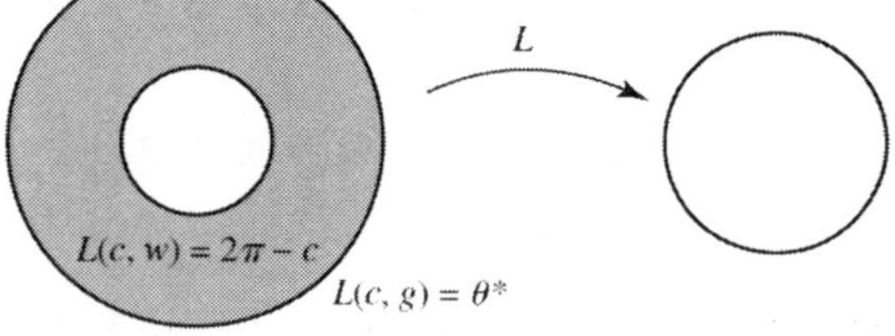

(그림 9.16) 정의역 $S^1 \times [w, g]$ 위에 정의된 잠복기 $L(c, s)$.

만약 L을 특정한 자극 강도 s^*로 제한을 한다면, 결과는 원함수 $L|_{S^1 \times \{s^*\}}$이다. 만약 $L|_{S^1 \times \{s^*\}}$이 연속이면, 그것은 잘 정의된 차수를 가진다.

함수 $L|_{S^1 \times \{w\}}$은 S^1 주위에 시계방향으로 한 번 $S^1 \times \{w\}$을 돌기 때문에 차수가 -1이다. 더군다나, $L|_{S^1 \times \{g\}}$은 상수함수이기 때문에 차수가 0이다. 그러나 따름정리 9.8에 의해 만약 L이 연속이면 $L|_{S^1 \times \{s^*\}}$의 차수는 s^*에 의존하지 않는다. 그러므로 $L : S^1 \times [w, g] \to S^1$은 연속이 아니다; 즉, 주어진 가정 하에서, 잠복기는 자극 시간과 약함에서 강함으로 변하는 강도구간에서의 강도에 연속적으로 의존하지 않는다.

따라서, 여러 자극시간과 강도에 대한 심장의 반응에 불연속성들이 존재한다. 만약 심장이 박동주기에서 적절한 시간에 자극을 받는다면, 그 자극은 예측불가능하게 심장의 박동패턴을 무너뜨릴 수 있다.

이제, 위의 가정에서 가능한 추가적인 위상적 결과들을 이끌어 내기 위해서 $L : S^1 \times [w, g] \to S^1$을 좀 더 조사하자. L은 연속이 아니기 때문에, 연속이 아닌 점들의 집합 $P \subset S^1 \times [w, g]$가 존재한다. 이 불연속점들의 집합이 $S^1 \times [w, g]$ 안의 원판 K의 내부에 놓여있는 상황을 고려하자. (그림 9.17 참조.) 예를 들어, 만약 L의 불연속점이 하나 존재하고 그 점이 $S^1 \times [w, g]$의 내부에 있다면 이러한 상황은 일어난다. 우리는 K의 경계인 원에서, 잠복기 함수 L이 0부터 2π까지의 잠복기의 모든 값들을 취한다는 것을 주장한다.

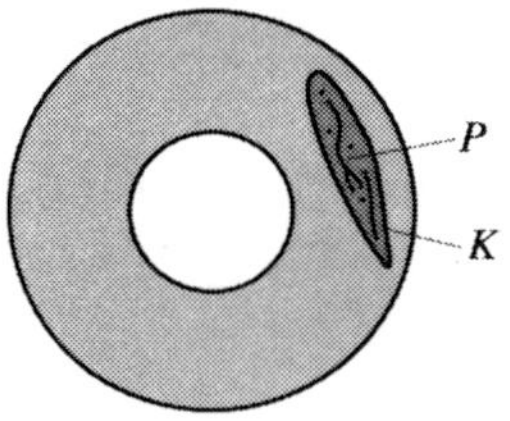

(그림 9.17) L의 불연속인 점들의 집합 P는 K 안에 있다.

이 주장을 증명하기 위해, L과 정의역에 몇 가지 변화를 준다. 만약 A가 $S^1 \times [w, g]$으로부터 K의 내부를 제거해서 얻어진 집합이라고 하면, $L|_A$는 가정에 의해 연속임을 알 수 있다. 첫 번째 변화는 내부 원 $s = w$가 외부로 그리고 외부 원 $s = g$가 내부로 되도록 그림을 이용하여 A를 뒤집는다. (그림 9.18 참조.)

다음은 새로운 정의역 A'를 얻기 위해 내부 원을 채운다. 더군다나, A'의 채워진 부분에서 상수함수 θ^*가 되도록 L을 연속함수 L'로 확장한다. (그림 9.19 참조.) L'는 이미 A의 내부에 있는 경계에서 θ^*와 같기 때문에, L'는 연속함수이다. (만약 $L|_{S^1 \times \{g\}}$가 반드시 상수함수일 필요가 없지만 차수 0을 가진다면, 정리 9.9에 의해, 여전히 $L|_A$를 A'에서 연속함수 L'로 확장할 수 있다.)

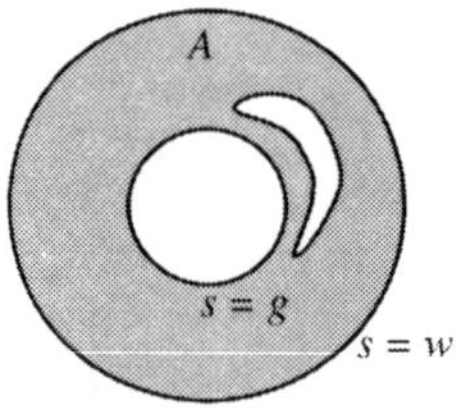

(그림 9.18) 안과 밖이 뒤바뀐 정의역 A.

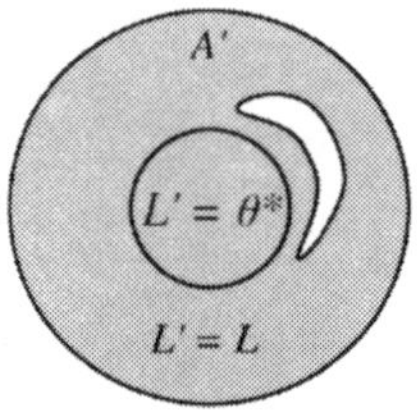

(그림 9.19) A에서의 L을 A'에서 정의된 L'로 확장.

정의역 A'는 위상적으로 고리면이다. 그러므로 따름정리 9.8을 적용할 수 있고 $L'|_{\partial K}$의 차수는 $L'|_{s=w}$의 차수와 같다는 결론을 내릴 수 있다. 이전에 다루었던 것처럼 $L'|_{s=w}$의 차수는 -1과 같다. 정리 9.10에 의해 만약 $L'|_{\partial K}$을 원에서 그 자신으로 가는 함수로 간주한다면, 그 함수는 전사이다. 그러므로 주장한대로, K의 경계인 원에서 함수 L은 0부터 2π까지의 잠복기의 모든 값들을 취한다.

따라서, 반응들의 꽤 복잡한 분포는 L의 불연속 점들의 집합 근처에서 일어날 수 있음을 알 수 있다. 특히 만약 L이 한 점의 불연속점 p를 가지고, 그리고 그 점이 $S^1 \times [w, g]$의 내부에 있다면, p를 둘러싼은 모든 원에서 함수 L은 모든 가능한 잠복기 값들을 가진다. 그러한 상황에서, p로부터 떨어진 자극강도와 시간의 매우 작은 변화에 잠복기 반응의 전체 스펙트럼은 나타날 수 있다. 심장박동이 다시 시작하기 전에 박동주기에서 얼마나 오래 걸리는지를 예측할 수 없다. 무엇이든 일어날 수 있다.

여기에 제시된 모델의 위상적 성질들은 흔히 심장수축 패턴의 치명적인 분열인 심방세동의 원인에 대한 그럴 듯한 이유를 제공한다. 심방세동에 대한 맥길(McGill) 대학의 실험 연구자인 조지 마인스(George Mines)는 그가 자신의 실험대상으로써 선택할 때인 1914년 28살의 나이에 불행한 죽음을 맞이했다. 실험실 관리인은 의식을 잃은 마인스를 발견했고 그의 가슴에 부착된 실험도구인 심장박동 모니터가 그의 희미해지는 심장박동을 기록하고 있었다. 마인스는 그날 저녁에 죽었다. 그의 마지막 논문에서, 마인스는 심방세동은 부적절한 전기 충격에 의해 야기될 수 있음을 가정해 왔다. 방금 제시된 모델의 위상적 성질들뿐만 아니라 마인스의 실험의 치명적인 결과들은 확실히 그의 추측을 뒷받침한다.

연습문제 9.3

9.15. 이 연습문제는 잠복기 함수 $L: S^1 \times [w, g] \to S^1$은 불연속임을 보이는 다른 접근 방법을 제시한다. L이 연속이라고 가정하고 이것으로부터 평면의 원판 D의 경계 원에서의 축소함수 $f|_{S^1}: S^1 \to S^1$의 차수 -1이 되는 연속함수 $f: D \to S^1$를 만드시오. 모순을 이끌어 내기 위해 정리 9.9를 사용하시오.

9.4 대수학의 기본정리

해석학에서 위상수학의 두 가지 중요한 응용인 중간값 정리와 최대・최소의 정리를 이전에 알아봤다. 이 절에서는 차수가 대수학에서 중요한 기본적인 정리인 대수학의 기본정리를 증명하는데 어떻게 이용될 수 있는지를 보여준다.

대수학의 기본정리가 주장하기를 모든 다항식

$$a_n z^n + a_{n-1} z^{n-1} + \cdots + a_1 z + a_0 = 0 \tag{9.1}$$

은 복소평면 $\mathbb{C}$ 안에서 해를 가진다. 위상수학 방법으로 그러한 중요한 대수적 결과를 증명할 수 있다는 것은 놀라운 일이다.

먼저, 등식 9.1을 a_n으로 나눌 수 있으므로, 단지 다음과 같은 등식을 고려해도 충분하다.

$$z^n + a_{n-1} z^{n-1} + \cdots + a_1 z + a_0 = 0.$$

이 등식이 $\mathbb{C}$에서 해를 가지는 필요충분조건은 임의의 양의 실수 c에 대하여, 등식

$$z^n + \frac{a_{n-1}}{c} z^{n-1} + \cdots + \frac{a_1}{c^{n-1}} z + \frac{a_0}{c^n} = 0$$

이 $\mathbb{C}$에서 해를 가지는 것이다. (연습문제 9.16 참조.) c를 충분히 크게 선택함으로써,

$$\left|\frac{a_{n-1}}{c}\right| + \cdots + \left|\frac{a_1}{c^{n-1}}\right| + \left|\frac{a_0}{c^n}\right| < 1$$

을 보장할 수 있다. 그러므로 대수학의 기본정리를 증명하기 위해, 단지 $|b_{n-1}| + \cdots + |b_0| < 1$을 만족하는 다음 등식을 고려해도 된다.

$$z^n + b_{n-1} z^{n-1} + \cdots + b_1 z + b_0 = 0.$$

이 등식들은 다음 정리의 대상이다:

정리 9.15. 만약 $|b_{n-1}| + \cdots + |b_0| < 1$이면, 등식

$$z^n + b_{n-1} z^{n-1} + \cdots + b_1 z + b_0 = 0$$

은 $\mathbb{C}$에서 해를 가진다.

증명. 모순에 의해 이 결과를 증명한다.

$$z^n + b_{n-1}z^{n-1} + \cdots + b_1 z + b_0 = 0 \tag{9.2}$$

이 복소평면에서 해를 가지지 않는다고 가정하자. 여기서 복소평면의 부분집합으로써 D를 원판 그리고 S^1을 원이라 하자. 등식 9.2는 해를 가지지 않으므로,

$$F(z) = z^n + b_{n-1}z^{n-1} + \cdots + b_1 z + b_0$$

에 의해 연속함수 $F: D \to \mathbb{C} - \{0\}$를 정의할 수 있다. 함수 F는 $f(z) = F(z)$인 함수 $f: S^1 \to \mathbb{C} - \{0\}$의 확장이다.

$g(z) = \dfrac{f(z)}{|f(z)|}$과 $G(z) = \dfrac{F(z)}{|F(z)|}$에 의해 새 연속함수 $g: S^1 \to S^1$와 $G: D \to S^1$를 정의한다. 함수 G는 g의 확장이다; 그러므로 정리 9.9에 의해 g는 차수 0을 가진다.

g는 $c_n(z) = z^n$과 호모토피적이라는 것을 주장한다. 함수 c_n은 이전에 $c_n(\theta) = n\theta$로써 표현했던 함수이다; 여기서는 각 θ의 함수보다는 오히려 복소변수 z의 함수로써 표현한다. 주장에 의해서, g가 차수 0을 가지고 c_n은 차수 $n \neq 0$을 가지기 때문에 모순이다.

주장을 증명하기 위해서,

$$H(z,t) = \frac{\left(z^n + t\left(b_{n-1}z^{n-1} + \cdots + b_1 z + b_0\right)\right)}{\left|z^n + t\left(b_{n-1}z^{n-1} + \cdots + b_1 z + b_0\right)\right|}$$

에 의해 $H: S^1 \times [0,1] \to S^1$를 정의하자. H가 잘 정의됨을 밝히기 위해, 모든 $(z,t) \in S^1 \times [0,1]$에 대하여

$$\left|z^n + t\left(b_{n-1}z^{n-1} + \cdots + b_1 z + b_0\right)\right| > 0 \tag{9.3}$$

임을 보여야 한다. $t \in [0,1]$, $|b_{n-1}| + \cdots + |b_0| < 1$, 그리고 모든 $z \in S^1$와 $j \in \mathbb{Z}_+$에 대하여 $|z^j| = 1$이므로, 다음 부등식이 성립한다.

$$\begin{aligned}
\left|z^n + t\left(b_{n-1}z^{n-1} + \cdots + b_1 z + b_0\right)\right| &\geq |z^n| - t\left|b_{n-1}z^{n-1} + \cdots + b_1 z + b_0\right| \\
&\geq 1 - t\left(|b_{n-1}z^{n-1}| + \cdots + |b_1 z| + |b_0|\right) \\
&= 1 - t\left(|b_{n-1}| + \cdots + |b_0|\right) \\
&> 1 - t \\
&\geq 0.
\end{aligned}$$

$H(z,t)$에 대한 표현과 부등식 9.3으로부터, H는 $S^1 \times [0,1]$에서 S^1으로 보내는 잘 정의된 연속함수이다. 더욱이, $H(z,1) = \dfrac{f(z)}{|f(z)|} = g(z)$이고 $H(z,0) = \dfrac{z^n}{|z^n|} = z^n$이다. 두 번째 등식은 모든 $z \in S^1$에 대하여 $|z^n| = 1$이므로 성립한다. 그러므로 H는 g와 c_n 사이의 호모토피이고 주장과 정리에 대한 증명이 끝난다. ■

연습문제 9.4

9.16. 등식

$$z^n + a_{n-1}z^{n-1} + \cdots + a_1 z + a_0 = 0$$

이 $\mathbb{C}$ 에서 해를 가질 필요충분조건은 임의의 양의 실수 c에 대하여 등식

$$z^n + \frac{a_{n-1}}{c}z^{n-1} + \cdots + \frac{a_1}{c^{n-1}}z + \frac{a_0}{c^n} = 0$$

이 $\mathbb{C}$ 에서 해를 가지는 것임을 보이시오.

9.17. 정리 9.15의 증명에 있는 다음 부분의 각 단계를 증명하시오:

$$\begin{aligned} \left|z^n + t\left(b_{n-1}z^{n-1} + \cdots + b_1 z + b_0\right)\right| &\geq |z^n| - t\left|b_{n-1}z^{n-1} + \cdots + b_1 z + b_0\right| \\ &\geq 1 - t\left(\left|b_{n-1}z^{n-1}\right| + \cdots + |b_1 z| + |b_0|\right) \\ &= 1 - t\left(|b_{n-1}| + \cdots + |b_0|\right) \\ &> 1 - t \\ &\geq 0. \end{aligned}$$

9.18. (a) 만약 c가

$$\left|\frac{a_{n-1}}{c}\right| + \cdots + \left|\frac{a_1}{c^{n-1}}\right| + \left|\frac{a_0}{c^n}\right| < 1$$

을 만족한다면,

$$z^n + a_{n-1}z^{n-1} + \cdots + a_1 z + a_0 = 0$$

의 모든 해는 $|z| < c$를 만족함을 증명하시오. (도움말: 만약 $|z| \geq c$이면,

$$\left|\frac{a_{n-1}}{z} + \cdots + \frac{a_1}{z^{n-1}} + \frac{a_0}{z^n}\right| < 1$$

이고 이것으로부터 그러한 z는 등식의 해가 될 수 없음을 증명하시오.)

(b) 등식

$$z^n + z^{n-1} + \cdots + z + 1 = 0$$

의 모든 해는 복소평면에서 중심이 원점이고 반지름이 2인 열린원판 안에 놓여 있음을 보이시오.

9.5 위상공간들을 구별하는 또 다른 개념

이 절에서는 위상공간들을 구별하는데 6.2절의 결과들을 확장한다. 6.2절에서 여러 공간들이 서로 위상동형이 아니라는 것을 증명하기 위해 연결이라는 개념을 사용했다. 여기서, 비슷한 방법으로 단순연결이라는 개념을 사용한다.

정의 9.16. 길연결인 위상공간 X에 대하여 만약 임의의 연속함수 $f: S^1 \to X$가 상수함수와 호모토피적이면 X를 **단순연결(simply connected)**이라고 부른다.

연속함수 $f: S^1 \to X$를 X에서 하나의 닫힌곡선으로 간주했을 때, X의 모든 닫힌곡선이 X에서 한 점으로 변형될 수 있다면 길연결인 위상공간은 단순연결이다. (그림 9.20 참조.)

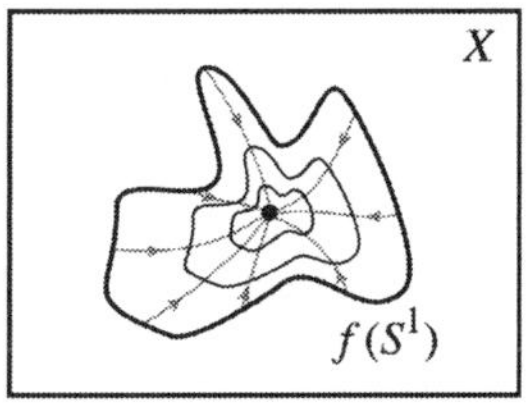

(그림 9.20) X의 모든 닫힌곡선이 한 점으로 변형될 수 있다면 위상공간 X는 단순연결이다.

예 9.9. 평면 $\mathbb{R}^2$가 단순연결이라는 것을 보이는 것은 어렵지 않다. 모든 연속함수 $f: S^1 \to \mathbb{R}^2$가 S^1을 원점으로 보내는 상수함수와 호모토피적이다. 그러한 호모토피는 $F(x, t) = (1-t)f(x)$로 정의된 선분 호모토피 $F: S^1 \times I \to \mathbb{R}^2$를 사용함으로써 만들어질 수 있다. 다른 한편으로, 만약 평면으로부터 원점을 제거한다면, 만들어지는 공간 $\mathbb{R}^2 - \{O\}$는 단순연결이 아니다. 원점 주위를 한 번 도는 닫힌곡선은 평면에서 한 점으로 변형될 수 없다. (그림 9.21 참조.) 이것을 정리 9.19에서 증명한다.

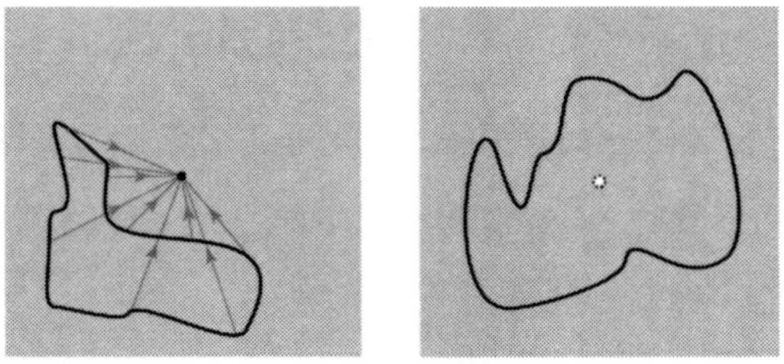

(그림 9.21) 평면 $\mathbb{R}^2$는 단순연결이나, $\mathbb{R}^2-\{O\}$은 아니다.

단순연결과 관련된 다음 두 정리들은 간단명료하다. 증명을 연습문제로 남긴다.

정리 9.17. 단순연결은 위상적 성질이다. 즉, 만약 X와 Y가 위상동형이면 X가 단순연결일 필요충분조건은 Y가 단순연결이다.

증명. 연습문제 9.20 참조. ■

정리 9.18. 만약 X가 단순연결이고 A가 X의 수축이면 A는 단순연결이다.

증명. 연습문제 9.21 참조. ■

6.2절에서 직선이 평면과 위상동형이 아니라고 보였을 때, 직선에서 한 점을 제거하는 것은 비연결된 공간을 만들지만, 평면에서 한 점을 제거하는 것은 비연결된 공간을 만들지 않음을 보임으로써 증명했다. 평면이 $\mathbb{R}^3$와 위상동형이 아니라는 것을 보이는데 똑같은 아이디어가 여기에 쓰인다. 특히, 평면에서 한 점을 제거하는 것은 단순연결이 아닌 공간을 만들지만, $\mathbb{R}^3$에서 한 점을 제거하는 것은 단순연결인 공간을 만든다는 것을 증명한다. 이 결과들은 직관적으로 명백하다. 세부적인 부분을 다음에서 다룬다.

정리 9.19. 위상공간 $\mathbb{R}^2-\{O\}$은 단순연결이 아니다.

증명. 상수함수와 호모토피적이 아닌 연속함수 $f: S^1 \to \mathbb{R}^2-\{O\}$가 존재한다는 것을 보인다. 존재성을 보이기 위해, f를 $\mathbb{R}^2-\{O\}$의 부분공간으로써 S^1을 그 자신으로 보내는 넣기사상이라 하자. f로부터 상수함수로의 호모토피가 존재하지 않음을 주장한다.

f로부터 상수함수로의 호모토피 $F: S^1 \times I \to \mathbb{R}^2 - \{O\}$가 존재한다고 가정하자. 그러면 만약 $G(x,t) = \dfrac{F(x,t)}{|F(x,t)|}$에 의해 $G: S^1 \times I \to S^1$를 정의한다면, G는 원에서의 항등함수로부터 원에서의 상수함수로의 호모토피이다. 그러나 원에서의 항등함수는 차수 1을 가지고, 상수함수는 차수 0을 가진다. 그러므로 정리 9.7에 의해 그러한 호모토피 G는 존재하지 않는다. 그러므로 F가 존재한다는 가정에 모순이다. 따라서 f는 상수함수와 호모토피적이 아니고, $\mathbb{R}^2 - \{O\}$은 단순연결이 아니다. ■

이제 α를 $\mathbb{R}^3$의 한 점이라 하자. $f: S^1 \to \mathbb{R}^3 - \{\alpha\}$가 연속이라고 가정하자. f를 빠진 점 α를 피하면서 상수함수로 변형시키기 위한 충분한 공간이 있다는 것은 명백하다. (그림 9.22 참조.) 다음 정리의 증명에서 그러한 변형을 어떻게 만드는지를 보여준다.

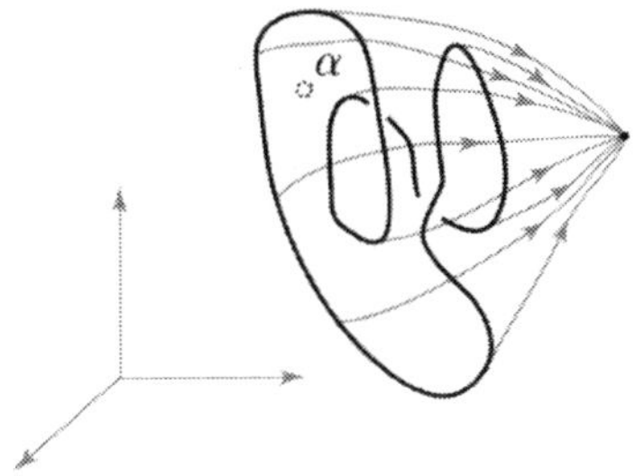

(그림 9.22) $f: S^1 \to \mathbb{R}^3 - \{\alpha\}$을 상수함수로 변형시키기 위한 $\mathbb{R}^3 - \{\alpha\}$ 안에 공간이 있다.

정리 9.20. 임의의 $\alpha \in \mathbb{R}^3$에 대하여, 위상공간 $\mathbb{R}^3 - \{\alpha\}$는 단순연결이다.

증명 만약 $f: S^1 \to \mathbb{R}^3 - \{\alpha\}$가 연속이면, 그것은 상수함수에 호모토피적이라는 것을 증명한다. f로부터 상수함수로의 두 단계 호모토피를 보임으로써 증명한다. 하지만, 그 호모토피의 구체적인 정의보다는 단지 그 호모토피를 통하여 무엇이 일어나는지를 제시한다.

우선, $f(S^1)$은 컴팩트이고(그러므로 닫힌) $\alpha \notin f(S^1)$이므로, α를 중심으로 하고 반지름이 ϵ인 열린구가 $f(S^1)$와 서로소가 되도록 하는 $\epsilon > 0$이 존재한다. $f(S^1)$의 컴팩트를 다시 사용하여 반지름이 $\epsilon/2$인 유한개의 열린구들로 $f(S^1)$ 덮을 수 있다. 그러한 각각의 열린구들은 α를 포함하지 않는다.

만약 이러한 열린구 각각에 f에 대한 역상을 취한다면, 그 역상들은 S^1의 열린덮개이다. 따름정리 7.28에 의해, S^1을 각 $i = 0, \ldots, m-1$에 대하여 구간 $[\theta_i, \theta_{i+1}]$이 S^1의 열린덮개

안의 하나의 집합에 포함되도록

$$0=\theta_0<\theta_1<\cdots<\theta_m=2\pi$$

으로 나눌 수 있다. 그러므로 각각의 집합 $f([\theta_i,\theta_{i+1}])$은 앞서 언급한 열린구들 중 하나에 포함된다. 각각의 $i=0,\ldots,m-1$에 대하여, 그러한 열린구를 선택하고 그것을 B_i로 표시하자. 각각의 $i=0,\ldots,m$에 대하여 $s_i=f(\theta_i)$로 놓고, S_i를 s_i와 s_{i+1}을 연결하는 선분이라 하자. (선분 S_i가 한 점이 될 수 있다는 것에 주의하여라.) 각각의 S_i는 열린구 B_i 안에 놓여 있다.

호모토피의 첫 번째 단계로써, 각각의 $f([\theta_i,\theta_{i+1}])$를 B_i에서 S_i로 변형시킨다. (그림 9.23 참조.) 각 점 s_i가 고정되도록 이 변형을 만들 수 있다. 그러한 B_i는 α를 포함하지 않기 때문에, 이 변형은 $\mathbb{R}^3-\{\alpha\}$ 안에서 일어난다. 따라서 $f(S^1)$은 $\mathbb{R}^3-\{\alpha\}$에서 완전히 선분들로 구성된 닫힌곡선 P로 변형된다.

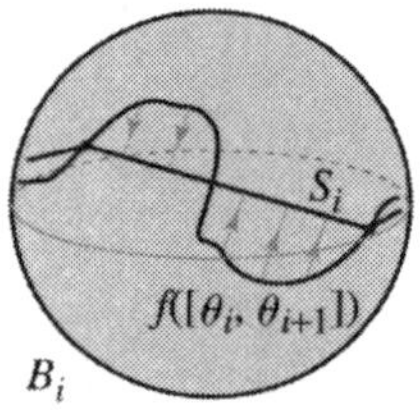

(그림 9.23) B_i 안에서 $f([\theta_i,\theta_{i+1}])$를 S_i로 변형함.

각 $i=0,\ldots,m-1$에 대하여 A_i를 α, s_i, 그리고 s_{i+1}을 포함하는 평면(또는 α, s_i, 그리고 s_{i+1}가 동일선상에 있으면 그들을 지나는 직선)이라 하자. 집합들 A_i의 어느 곳에도 놓여 있지 않는 한 점 $\beta\in\mathbb{R}^3$를 선택할 수 있다. α가 꼭짓점이 β, s_i, s_{i+1}인 삼각형 T_i의 어느 곳에도 놓여있지 않음을 알 수 있다. (여기서 삼각형에 $s_i=s_{i+1}$일 가능성도 포함한다.)

이제, 호모토피의 두 번째 단계로써 각각의 선분 S_i를 T_i에서 점 β로 변형시킬 수 있고 그래서 그 변형들을 서로 연결해서 닫힌곡선 P가 점 β로 변하는 연속 변형을 만들 수 있다. (그림 9.24 참조.) α는 집합 T_i의 어떠한 곳에도 놓여 있지 않기 때문에 이 두 번째 단계의 호모토피는 또한 $\mathbb{R}^3-\{\alpha\}$에서 일어난다.

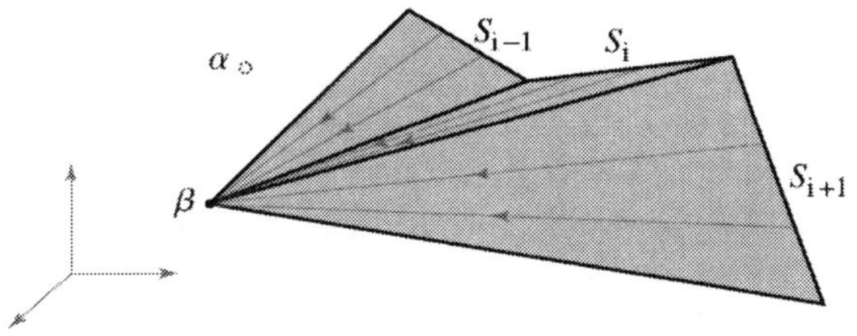

(그림 9.24) 각 S_i를 β로 변형함.

이 두 단계의 호모토피들을 조합을 하면 그 결과는 f로부터 상수함수로의 호모토피이고, 따라서 모든 α에 대하여 $\mathbb{R}^3 - \{\alpha\}$는 단순연결이다. ■

이제, 정리 9.17, 9.19, 그리고 9.20를 통하여, 평면과 3차원 공간을 구별할 수 있다.

정리 9.21. 평면 $\mathbb{R}^2$는 3차원 공간 $\mathbb{R}^3$와 위상동형이 아니다.

증명. 위상동형 $f : \mathbb{R}^2 \to \mathbb{R}^3$가 존재한다고 가정하자. $\mathbb{R}^2 - \{O\}$은 단순연결이 아니기 때문에 $\mathbb{R}^3 - \{f(O)\}$도 또한 단순연결이 아니고 이것은 모순이다. 따라서 그러한 f는 존재하지 않고 $\mathbb{R}^2$는 $\mathbb{R}^3$와 위상동형이 아니다. ■

$\mathbb{R}^3$가 단순연결이라는 것을 증명하는데 사용했던 접근방법은 또한 모든 $n \geq 3$과 모든 $\alpha \in \mathbb{R}^3$에 대하여 $\mathbb{R}^n - \{\alpha\}$는 단순연결이라는 것을 증명하는데 사용될 수 있다. 따라서 임의의 $n \geq 3$에 대하여 $\mathbb{R}^2$는 $\mathbb{R}^n$과 위상동형이 아니다. 더군다나, $f(x) = \frac{x}{|x|}$에 의해 주어진 함수 $f : \mathbb{R}^{n+1} - \{O\} \to S^n$는 수축이다. 그러므로 정리 9.18에 의해 임의의 $n \geq 2$에 대하여 S^n은 단순연결이다. 원 S^1은 단순연결이 아니다. (연습문제 9.22 참조.) 그러므로, 임의의 $n \geq 2$에 대하여 S^1과 S^n은 위상동형이 아니다.

연습문제 9.5

9.19. 위상공간 X가 단순연결일 필요충분조건은 임의의 연속함수 $f: S^1 \to X$는 평면에서의 원판 D에 대하여 연속함수 $F: D \to X$로 확장된다는 것임을 증명하시오.

9.20. 정리 9.17을 증명하시오.

9.21. (a) 정리 9.18을 증명하시오.

(b) A는 X의 수축이고 A가 단순연결이지만 X는 단순연결이 아닌 예시를 찾으시오.

9.22. S^1이 단순연결이 아님을 증명하시오. (도움말: 정리 9.19의 증명에서 사용된 것과 비슷한 접근방법을 사용하시오.)

9.23. $X \times Y$가 단순연결일 필요충분조건은 X와 Y가 단순연결이라는 것을 보이시오.

9.6 차수에 대해 좀 더 보기

이 절에서는 차수의 정의와 원함수들 사이의 호모토피 하에 차수의 불변성을 입증하는 주요 결과인 정리 9.5를 증명한다. 9.2와 9.3절에서 S^1을 보는 관점에서, 실수 θ를 원 위의 점들을 나타내기 위해 사용했는데 다시 말해서 θ는 x-축 양의 방향으로부터 시계반대방향으로 각도 θ에 있는 점으로 대응된다. 이 절에서는 실수직선 위의 점들을 나타내는 목적으로 실수 값들을 사용할 필요가 있다. 이 두 해석을 혼동하는 것을 피하기 위해, 원 위의 점들을 복소지수 형태로 나타낸다. 그래서 $e^{i\theta}$는 x축으로부터 각도 θ에 위치에 있는 원 위의 복소수 $\cos(\theta)+\sin(\theta)i$를 나타낸다. (그림 9.25 참조.)

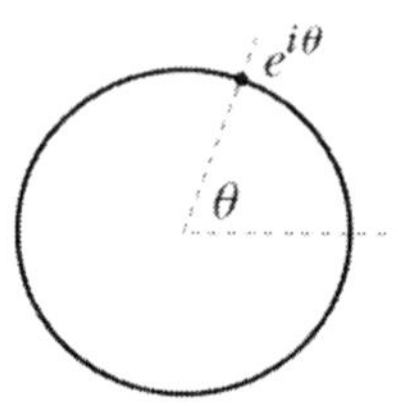

(그림 9.25) 원 위의 점들을 복소지수 형태로 나타냄.

임의의 원함수 $f: S^1 \to S^1$에 대하여 f가 $c_n(e^{i\theta}) = e^{in\theta}$에 의해 정의된 함수 $c_n: S^1 \to S^1$과 호모토피적이게 하는 유일한 $n \in \mathbb{Z}$이 존재함을 보이고자 한다. 이 c_n은 복소평면에 정의된 함수 $f(z) = z^n$을 원으로 제한시킴으로써 얻어진 함수이다. 이 함수는 또한 전에 $c_n(\theta) = n\theta$로서 표시했던 함수 $c_n: S^1 \to S^1$과 정확히 같다.

원하는 결과를 증명하기 위해, 원함수 $f: S^1 \to S^1$를 근본적으로 f의 감김을 푸는 함수 $f^*: [0, 2\pi] \to \mathbb{R}$에 대응시킨다. 그런 다음 f^*와 $c_n{}^*(\theta) = n\theta$에 의해 정의된 선형함수 $c_n{}^*: [0, 2\pi] \to \mathbb{R}$ 사이에 선분호모토피가 존재함을 증명한다. 그 호모토피로부터 원함수들 사이에 원하는 호모토피를 얻는다.

임의의 원함수 $f: S^1 \to S^1$는 $f(0) = f(2\pi)$인 연속함수 $f: [0, 2\pi] \to S^1$으로 여길 수 있다. 반대로, $f(0) = f(2\pi)$을 만족하는 연속함수 $f: [0, 2\pi] \to S^1$가 주어진다면 당연히 그것과 연관된 원함수 $f: S^1 \to S^1$가 있다. 따라서 이 절에서는 $f(0) = f(2\pi)$을 만족하는 연속함수 $f: [0, 2\pi] \to S^1$을 다룬다. 연속함수 $f: S^1 \to S^1$에서처럼, 이러한 함수들을 **원함수**라 한다.

원함수들 사이의 호모토피는 여기에 제시되는 결과들에 중요한 역할을 한다. 그러한 호모토피 $H: [0, 2\pi] \times [0, 1] \to S^1$는 각각의 $t \in [0, 1]$에 대하여 원함수임에 틀림없다. 따라서 다음 정의를 가진다:

정의 9.22. 원함수 $f, g: [0, 2\pi] \to S^1$에 대하여 만약 모든 $t \in [0, 1]$에 대하여 $H(0, t) = H(2\pi, t)$인 f와 g 사이의 호모토피 $H: [0, 2\pi] \times [0, 1] \to S^1$가 존재한다면, f와 g를 **원호모토피적**이라 한다. 그러한 호모토피 H를 **원호모토피**라 부른다.

원호모토피 $H: [0, 2\pi] \times [0, 1] \to S^1$는 정의역이 S^1인 원함수들 사이의 호모토피 $H: S^1 \times [0, 1] \to S^1$를 자연스럽게 정의한다. 더군다나, 호모토피 $H: S^1 \times [0, 1] \to S^1$는 원호모토피를 자연스럽게 만든다.

이제 $p(\theta) = e^{i\theta}$에 의해 정의된 함수 $p: \mathbb{R} \to S^1$를 고려하자. 함수 p는 각각의 구간 $[r, r + 2\pi)$을 원 주위로 일대일로 보내고 그러므로 실수직선을 원 주위로 무한 번 감는다. (그림 9.26 참조.) 이것은 덮개사상으로 알려진 전형적인 연속함수의 하나의 예이다.

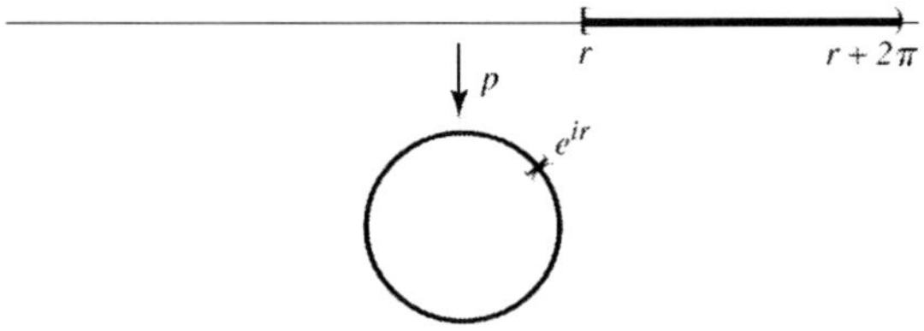

(그림 9.26) 함수 p는 구간 $[r, r+2\pi)$을 S^1 주위로 감는다.

p를 $b-a \le 2\pi$인 열린구간 (a, b)로 제한시킬 때, 축소함수 $p|_{(a,b)}$는 S^1 안의 그 상 위로의 위상동형사상이다. 각각의 $r \in \mathbb{R}$에 대하여 q_r을 위상동형사상 $p|_{(r, r+2\pi)}$의 역함수라 하자. 함수 q_r은 그림 9.27에서 보여주듯이 점 e^{ir}이 제거된 원 $S^1-\{e^{ir}\}$을 구간 $(r, r+2\pi)$로 위상동형적으로 보낸다.

원함수 $f: [0, 2\pi] \to S^1$의 감김을 푸는 아이디어는 그것을 함수 $f^*: [0, 2\pi] \to \mathbb{R}$로 다음과 같이 대응시키는 것이다:

> **정의 9.23.** $f: X \to S^1$을 연속함수라 하자. 연속함수 $f^*: X \to \mathbb{R}$에 대하여 만약 $p \circ f^* = f$이면 f^*를 f의 **올림(lifting)**이라 부른다. (그림 9.28 참조.)

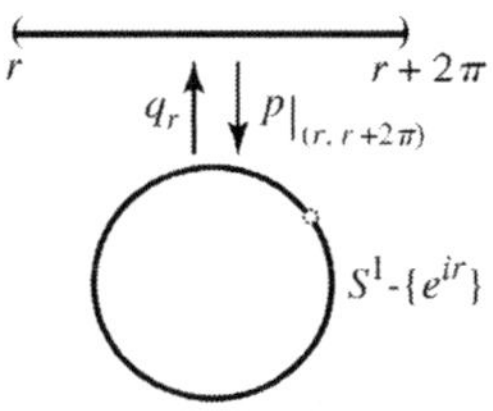

(그림 9.27) 함수 q_r과 $p|_{(r,r+2\pi)}$는 역함수 관계의 위상동형사상이다.

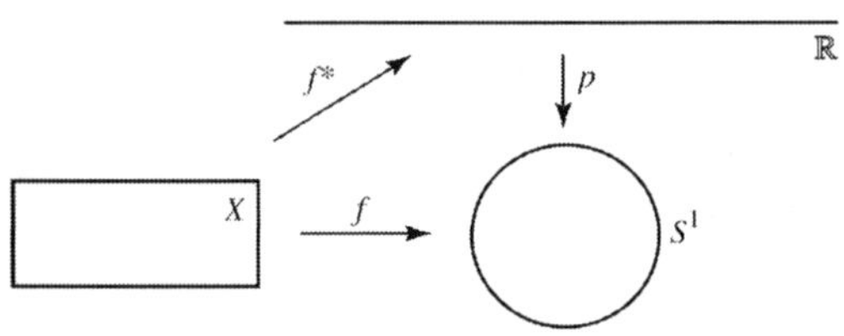

(그림 9.28) f의 올림 f^*는 $p \circ f^* = f$를 만족한다.

예 9.8. $1=e^{i0}$을 시작으로 원을 시계반대방향으로 3/4만큼 도는 길은 0부터 $3\pi/2$까지 가는 $\mathbb{R}$에서의 길인 올림을 가진다. $-1=e^{i\pi}$을 시작으로 원을 시계방향으로 정확히 한 바퀴 도는 길은 π부터 $-\pi$까지 가는 $\mathbb{R}$에서의 길인 올림을 가진다. (그림 9.29 참조.)

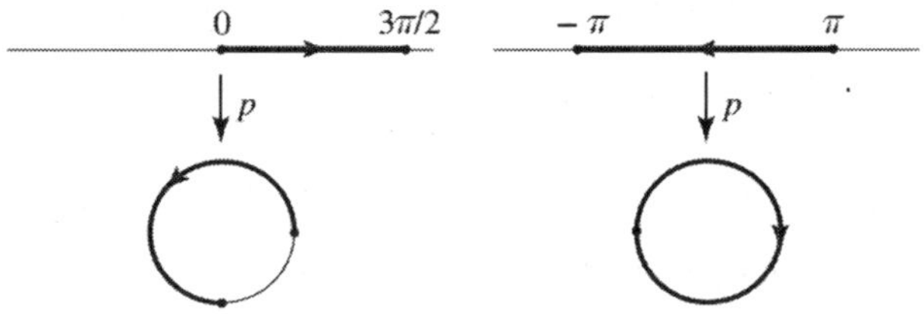

(그림 9.29) 원에서의 길의 올림.

다음 정리는 함수 $f:X\to S^1$에 대하여 만약 f가 전사가 아니라면 올림은 존재한다는 것을 주장한다.

정리 9.24. $f:X\to S^1$가 연속이고 $f(X)$가 S^1의 진부분집합이라 하자. 더욱이, $x_0\in X$이고 $r_0\in p^{-1}(f(x_0))$이라 하자. 그러면 $f^*(x_0)=r_0$인 f의 올림 $f^*:X\to\mathbb{R}$이 존재한다.

증명. $s\notin f(X)$인 $s\in S^1$가 존재한다. $r_0\in(r,r+2\pi)$인 $r\in p^{-1}(s)$을 선택할 수 있다. q_r을 이전에 묘사된 위상동형사상이라 하고, $f^*:X\to\mathbb{R}$을 $f^*(x)=q_r(f(x))$로 정의하자. 그러면 f^*은 f의 올림이고 $f^*(x_0)=r_0$이다. (그림 9.30 참조.) ■

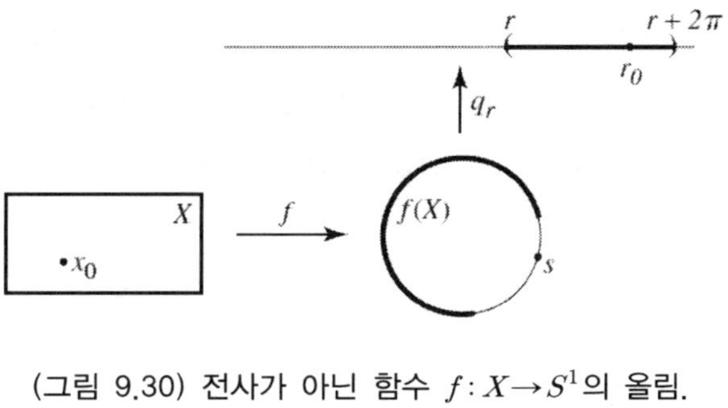

(그림 9.30) 전사가 아닌 함수 $f:X\to S^1$의 올림.

올림은 유일하게 결정되지는 않는다. 임의의 $\theta \in \mathbb{R}$와 $n \in \mathbb{Z}$에 대하여 $p(\theta) = p(\theta + 2\pi n)$이므로 만약 f^*가 $f : X \to S^1$의 올림이면 임의의 $n \in \mathbb{Z}$에 대하여 $f_n{}^*(x) = f^*(x) + 2\pi n$로 정의된 함수 $f_n{}^* : X \to \mathbb{R}$은 또한 f의 올림이다. 다음 정리가 암시하듯이 X가 연결인 경우에 이것은 모든 가능한 올림을 나타낸다.

정리 9.25. $f : X \to S^1$가 연속이고 X가 연결이라 하자. 만약 $g, h : X \to \mathbb{R}$가 f의 올림이면, 모든 $x \in X$에 대하여 $g(x) - h(x) = 2\pi n$인 $n \in \mathbb{Z}$이 존재한다.

증명. $x \in X$를 임의의 원소라 하자. 그러면 $p(g(x)) = f(x) = p(h(x))$이고 그러므로 $g(x) - h(x) = 2\pi n_x$인 $n_x \in \mathbb{Z}$가 존재한다. 함수 $k : X \to \mathbb{R}$를 $k(x) = g(x) - h(x)$로 정의하자. k의 상은 집합 $\{2\pi n_x \mid x \in X\}$이고 k는 연속이고 X는 연결이므로 이 집합은 연결이어야 한다. 그래서 집합 $\{2\pi n_x \mid x \in X\}$은 $\mathbb{R}$의 연결 부분공간이고 모든 $x, y \in X$에 대하여 $n_x = n_y$이다. 그러므로 모든 $x \in X$에 대하여 $g(x) - h(x) = 2\pi n$인 $n \in \mathbb{Z}$이 존재한다. ■

다음 정리는 정리 9.25로부터 바로 나온다. 만약 X가 연결이고 두 올림이 X의 한 점에서 일치하면 X의 모든 점에서 일치한다는 것을 나타낸다.

정리 9.26. $f : X \to S^1$가 연속이고 X가 연결이고, $g, h : X \to \mathbb{R}$가 f의 올림이라 하자. 만약 $g(x_0) = h(x_0)$인 $x_0 \in X$가 존재한다면, 모든 $x \in X$에 대하여 $g(x) = h(x)$이다.

증명. 연습문제 9.25 참조. ■

이제, 원함수의 감김을 풀 준비가 되어 있다. 아이디어는 임의의 원함수 $f : [0, 2\pi] \to S^1$에 대하여 올림 $f^* : [0, 2\pi] \to \mathbb{R}$가 존재함을 보이는 것이다. 단지 원함수에 국한하지 않고 임의의 연속함수 $f : [0, 2\pi] \to S^1$에 성립하는 좀 더 일반적인 올림 결과를 증명한다.

정리 9.27. $f : [0, 2\pi] \to S^1$ 연속이라 하자. 그러면 f의 올림인 $f^* : [0, 2\pi] \to \mathbb{R}$가 존재한다.

증명. 복소수 e^{i0}과 $e^{i\pi}$은 각각 1과 -1이라는 것은 다 알고 있다. $U = S^1 - \{1\}$이고

$V=S^1-\{-1\}$이라 하자. 열린집합 U, V는 S^1을 덮고, 그러므로 $\{f^{-1}(U), f^{-1}(V)\}$는 $[0,2\pi]$의 열린덮개이다. 따름정리 7.28에 의해 모든 $j=1,\ldots,n$에 대해 $[\theta_{j-1},\theta_j]$가 $f^{-1}(U)$ 또는 $f^{-1}(V)$에 포함되는 $[0,2\pi]$의 분할 $0=\theta_0<\theta_1<\cdots<\theta_n=2\pi$이 존재한다. 각 구간 $[\theta_{j-1},\theta_j]$에 대하여 축소함수 $f|_{[\theta_{j-1},\theta_j]}$은 전사가 아니고, 그러므로 정리 9.24에 의해 $f|_{[\theta_{j-1},\theta_j]}$의 올림이 존재한다. 목표는 적절히 결합하여 원하는 올림 f^*을 형성되도록 단계적으로 이러한 올림들을 만드는 것이다.

우선 $g_1:[\theta_0,\theta_1]\to\mathbb{R}$을 $f|_{[\theta_0,\theta_1]}$의 올림이라 하자. g_1과 같은 올림의 첫 번째 부분을 $f_1{}^*$라 놓자. $p(g_1(\theta_1))=f(\theta_1)$이고 그러므로 $g_1(\theta_1)\in p^{-1}(f(\theta_1))$임을 알 수 있다. 그래서 정리 9.24에 의해 $g_2(\theta_1)=g_1(\theta_1)$인 $f|_{[\theta_1,\theta_2]}$의 올림 $g_2:[\theta_1,\theta_2]\to\mathbb{R}$가 존재한다. 붙임보조정리에 의해 연속함수 $f_2{}^*:[\theta_0,\theta_2]\to\mathbb{R}$을 얻기 위해 함수 g_1과 g_2를 붙일 수 있다. 함수 $f_2{}^*$는 $f|_{[\theta_0,\theta_2]}$의 올림이다. 이러한 과정을 계속해서 할 수 있고 n번째 단계에서 얻어진 함수 $f_n{}^*$이 바로 원하는 함수 f^*이다. ■

만약 $f:[0,2\pi]\to S^1$가 원함수이면, 정의에 의해 $f(0)=f(2\pi)$이다. 그러나 f의 올림 $f^*:[0,2\pi]\to\mathbb{R}$에 대해서는 $f^*(0)=f^*(2\pi)$일 필요는 없다. 사실, $f^*(2\pi)$와 $f^*(0)$의 차이는 f의 차수와 관계있다; 구체적으로, $f^*(2\pi)-f^*(0)=2\pi\deg(f)$이고 정리 9.31에서 다룰 것이다.

이제 정리 9.5의 존재성 주장을 증명하겠다. $c_n:[0,2\pi]\to S^1$을 $c_n(\theta)=e^{in\theta}$로 정의된 원함수라 하자.

정리 9.28. $f:[0,2\pi]\to S^1$을 원함수라 하자. 그러면 f가 c_n과 원호모토피적이 되는 $n\in\mathbb{Z}$이 존재한다.

증명. $f^*:[0,2\pi]\to\mathbb{R}$를 f의 올림이라 하자. $f(0)=f(2\pi)$이므로 $p(f^*(0))=p(f^*(2\pi))$이고 그러므로 $f^*(2\pi)-f^*(0)=2\pi n$인 $n\in\mathbb{Z}$이 존재한다.

$H(\theta,t)=(1-t)f^*(\theta)+tn\theta$에 의해 주어진 선분 호모토피 $H:[0,2\pi]\times[0,1]\to\mathbb{R}$를 고려하자. 함수 H는 f^*와 $c_n{}^*(\theta)=n\theta$로 정의된 함수 $c_n{}^*$ 사이의 호모토피이다. $G(x,t)=p(H(x,t))$인 $G:[0,2\pi]\times[0,1]\to S^1$를 정의하자. 우리는 G는 f와 c_n 사이의 원호모토피임을 보일 것이다.

우선, 모든 $t\in[0,1]$에 대해 $G(0,t)=G(2\pi,t)$임을 보여야 한다. $t\in[0,1]$를 고정시

키자. $H(0,t)=(1-t)f^*(0)$이고 $H(2\pi,t)=(1-t)f^*(2\pi)+tn2\pi=(1-t)(2\pi n+$ $+f^*(0))+t2\pi n=(1-t)f^*(0)+2\pi n=H(0,t)+2\pi n$임을 알 수 있다.

그리하여 $H(0,t)$과 $H(2\pi,t)$는 $2\pi n$ 차이이고 그래서 $p(H(0,t))=p(H(2\pi,t))$이다. 그러므로 $G(0,t)=G(2\pi,t)$이고 G는 원호모토피이다.

이제 $G(\theta,0)=p(f^*(\theta))=f(\theta)$이고 $G(\theta,1)=p(n\theta)=e^{in\theta}$이므로 G는 f와 c_n 사이의 원호모토피이다. ■

정리 9.5를 증명하는 마지막 단계는 유일성 결과를 증명하는 것이다. 즉, 만약 f가 c_n과 c_m에 원호모토피적이면 $n=m$임을 보여야 한다. 이것은 만약 c_n이 c_m과 호모토피적이면 $n=m$을 보이는 것으로 충분하다. 이것을 보이기 위해서 호모토피에 대한 다른 올림 정리가 필요하다.

정리 9.29. $H:[0,2\pi]\times[0,1]\to S^1$가 연속이라 하자. 그러면 H의 올림인 함수 $H^*:[0,2\pi]\times[0,1]\to\mathbb{R}$ 이 존재한다.

증명. 여기서의 증명 접근방법은 정리 9.27에서 사용했던 것과 비슷하다. 다시 $U=S^1-\{1\}$이고 $V=S^1-\{-1\}$이라 하자. 그러면 $\{H^{-1}(U),H^{-1}(V)\}$는 $[0,2\pi]\times[0,1]$의 열린덮개이다. 르베그 수 보조정리의 결과로써, 각각의 직사각형 $[\theta_{i-1},\theta_i]\times[t_{j-1},t_j]$가 $H^{-1}(U)$ 또는 $H^{-1}(V)$에 포함되도록 $[0,2\pi]\times[0,1]$을

$$0=\theta_0<\theta_1<\cdots<\theta_n=2\pi \text{ 그리고}$$
$$0=t_0<t_1<\cdots<t_m=1$$

로 분할할 수 있다. 정리 9.24에 의해 각각의 직사각형으로 축소된 H의 올림을 얻을 수 있다. 앞으로 해야 할 것은 원하는 올림 H^*을 얻기 위해 이러한 올림들을 적절히 선택해서 연결하는 것이다.

$R_{i,j}$를 직사각형 $[\theta_{i-1},\theta_i]\times[t_{j-1},t_j]$이라 하자. $G_{1,1}:R_{1,1}\to\mathbb{R}$을 $H|_{R_{1,1}}$의 올림으로 정의하는 것으로 시작하자. 또한 $G_{1,1}$을 $H_{1,1}{}^*$로 표기하자. $G_{1,1}(\theta_1,t_0)\in p^{-1}(H(\theta_1,t_0))$임을 알 수 있다. 다음은 $G_{2,1}:R_{2,1}\to\mathbb{R}$을 $G_{2,1}(\theta_1,t_0)=G_{1,1}(\theta_1,t_0)$을 만족하는 $H|_{R_{2,1}}$의 올림이라 하자. 여기서 그림 9.31에서 보여주듯이 직사각형 $R_{1,1}$과 $R_{2,1}$ 각각에 H의 올림을 가진다. 이 올림들은 점 (θ_1,t_0)에서 일치하지만 $R_{1,1}\cup R_{2,1}$에서 정의된 올림을 가지도록 그 올림들을 연결할 수 있기 위해서는 그 올림들이 전체 교집합 $R_{1,1}\cap R_{2,1}$에

서 일치한다는 것을 보여야 한다.

그 교집합은 집합 $S=\{\theta_1\}\times[t_0, t_1]$이다. 축소함수 $G_{1,1}|_S$와 $G_{2,1}|_S$는 $H|_S$의 올림이고 점 (θ_1, t_0)에서 일치한다. 정리 9.26에 의해 $G_{1,1}|_S = G_{2,1}|_S$이고 그러므로 $G_{1,1}$과 $G_{2,1}$은 $R_{1,1}\cap R_{2,1}$에서 일치한다. 따라서 $H|_{R_{1,1}\cup R_{2,1}}$의 올림 $H_{2,1}{}^*$을 얻기 위해 $G_{1,1}$과 $G_{2,1}$을 연결한다.

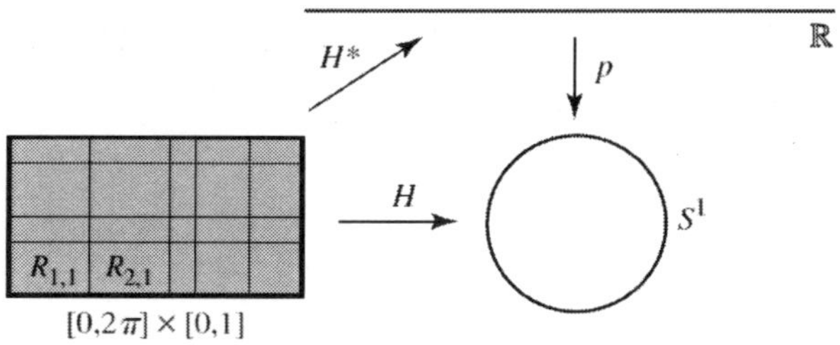

(그림 9.31) 호모토피 H는 한 번에 하나의 직사각형에 올려진다.

이 과정을 계속해서 $[0,2\pi]\times[0,1]$의 분할에서 가장 아래쪽 행에 있는 직사각형들에 H^*을 만들 수 있고 그 다음은 그 다음 행에 대해서, 그리고 기타 등등에 대해서 H^*을 만들 수 있다. 함수 $H_{n,m}{}^*$이 원하는 H의 올림이다. ■

다음은 차수가 잘 정의되게 하는 유일성 결과를 증명한다.

정리 9.30. 만약 c_n이 c_m에 호모토피적이면 $n=m$이다.

증명. $G:[0,2\pi]\times[0,1]\to S^1$을 $G(\theta,0)=c_n(\theta)$이고 $G(\theta,1)=c_m(\theta)$인 원호모토피라 하자. 정리 9.29에 의해 G의 올림 $G^*:[0,2\pi]\times[0,1]\to\mathbb{R}$이 존재한다.

$G(\theta,0)=c_n(\theta)$이므로 $G^*|_{[0,2\pi]\times\{0\}}$은 c_n의 올림이다. $c_n{}^*(\theta)=n\theta$로 정의된 함수 $c_n{}^*:[0,2\pi]\to\mathbb{R}$ 또한 c_n의 올림이다. 정리 9.26에 의해 모든 $\theta\in[0,2\pi]$에 대하여 $G^*(\theta,0)=n\theta+2\pi d$인 $d\in\mathbb{Z}$가 존재한다. 그러므로

$$G^*(2\pi,0)-G^*(0,0)=2\pi n+2\pi d-2\pi d=2\pi n \tag{9.4}$$

이다. 비슷하게, 다음을 얻는다.

$$G^*(2\pi,1)-G^*(0,1)=2\pi m. \tag{9.5}$$

이제 G는 원호모토피이므로 $[0,1]$을 S^1으로 보내는 함수로써 간주되는 함수 $G|_{\{0\}\times[0,1]}$

과 $G|_{\{2\pi\}\times[0,1]}$는 똑같다. 그러므로 $G^*|_{\{0\}\times[0,1]}$과 $G^*|_{\{2\pi\}\times[0,1]}$은 똑같은 함수의 올림이다. 정리 9.25에 의해 모든 $t\in[0,1]$에 대하여 $G^*(2\pi,t)=G^*(0,t)+2\pi b$인 $b\in\mathbb{Z}$가 존재한다. 따라서 $G^*(2\pi,1)-G^*(0,1)=G^*(2\pi,0)-G^*(0,0)$이고 등식 9.4와 9.5에 의해 $2\pi m=2\pi n$이고 그러므로 $m=n$이다. ■

정리 9.28과 9.30을 통하여 차수는 원함수들의 잘 정의된 성질이라는 것을 보여주는 정리 9.5를 증명했다. 정리 9.30의 증명과 비슷하게 차수를 원함수의 올림의 끝점들과 연관짓게 하는 다음 정리를 증명할 수 있다.

정리 9.31. $f:[0,2\pi]\to S^1$을 원함수, $f^*:[0,2\pi]\to\mathbb{R}$을 f의 올림이라 하자. 그러면 $f^*(2\pi)-f^*(0)=2\pi\deg(f)$이다.

증명. 연습문제 9.26 참조. ■

연습문제 9.6

9.24. 만약 정리 9.25에서 X가 연결이라는 가정을 뺀다면 그 결과는 성립하지 않음을 보이시오. 다시 말해서, 상수차이가 아닌 올림 $g,h:X\to\mathbb{R}$을 가지는 비연결인 정의역 X에서의 연속함수 $f:X\to S^1$를 찾으시오.

9.25. 정리 9.26을 증명하시오.

9.26. 정리 9.31을 증명하시오. (도움말: G를 f와 c_n 사이의 원호모토피라 하자. 여기서 $n=\deg(f)$, $G(\theta,0)=f(\theta)$, 그리고 $G(\theta,1)=c_n$이다. G^*를 G의 올림이라 하자. 정리 9.30의 증명에서처럼 풀고 $G^*(2\pi,0)=G^*(0,0)=2\pi n$임을 보이시오. 그 다음에 원하는 결과를 얻기 위해 정리 9.25를 이용하시오.)

9.27. 만약 $f:S^1\to S^1$가 위상동형사상이면 $\deg(f)=1$임을 증명하시오.

보충문제: 보르수크-울람(Borsuk-Ulam) 정리 및 햄 샌드위치(Ham Sandwich) 정리

6.3절에서 보르수크-울람 정리를 소개했다. 거기에서 만약 $f: S^2 \to \mathbb{R}$가 연속이면 $f(x)=f(-x)$($x \in S^2$를 $\mathbb{R}^3$의 원점을 시점으로 하는 단위벡터로 간주하여)인 $x \in S^2$가 존재한다는 것을 증명했다. 그 다음에 더 좋은 결과를 얻을 수 있다고 했는데 구체적으로 똑같은 결과가 $\mathbb{R}^2$에서도 성립한다는 것이다. 6.3절에서 언급했듯이 이것은 대척점과 정확히 똑같은 온도와 기압을 가지는 지구 표면상의 점이 존재해야 한다는 것을 암시한다. 이제 더 강한 결과를 증명할 것이다; 다음 연습문제를 통해서 알아본다.

원함수 $f: S^1 \to S^1$는 만약 f가 대척점들을 대척점들로 보내면 대척점-보존이라고 말한다. 즉, 만약 f를 복소수 값을 가지는 함수로 본다면 S^1의 모든 복소수 z에 대하여 $f(-z)=-f(z)$을 만족한다. (그림 9.32 참조.) 또한 이 관계를 $f\left(e^{i(\theta+\pi)}\right)=e^{i\pi}f\left(e^{i\theta}\right)$로 표현할 수 있다. 원함수가 $f(0)=f(2\pi)$인 함수 $f:[0,2\pi] \to S^1$로써 표현됐을 때는 대척점-보존인 f가 되기 위해서는 모든 $\theta \in [0,\pi]$에 대하여 $f(\theta+\pi)=-f(\theta)=e^{i\pi}f(\theta)$을 만족해야 한다.

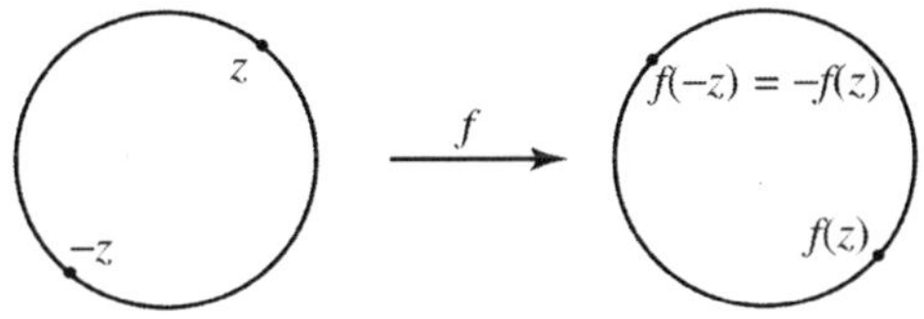

(그림 9.32) 대척점-보존 함수는 대척점들을 대척점들로 보낸다.

이 조건에 의해 $f(2\pi)=-f(\pi)=-(-f(0))=f(0)$이다. 물론 $f(2\pi)=f(0)$은 정의에 의해 원함수에 필요하고 그러므로 원함수가 되기 위한 조건들과 대척점-보존 함수가 되기 위한 조건들은 서로 일치한다.

$f:[0,2\pi] \to S^1$는 대척점-보존 원함수라고 가정하고 $f^*:[0,2\pi] \to \mathbb{R}$는 f의 올림이라 하자.

9.28. 모든 $\theta \in [0,2\pi]$에 대하여 $f^*(\theta+\pi)=f^*(\theta)+(2n+1)\pi$인 $n \in \mathbb{Z}$이 존재함을 증명하시오.

9.29. $f^*(2\pi)-f^*(0)\neq 0$임을 증명하고 대척점-보존 원함수는 0이 아닌 차수를 가진다는 결론을 내리시오.

이제 함수 $f:S^n\to S^m$을 포함하기 위해 대척점-보존 개념을 확장한다. 간단히 하기 위해서 S^n의 점들을 $\mathbb{R}^{n+1}$의 원점을 시작점으로 하는 단위벡터 x로 나타낸다. 이 경우에 함수 $f:S^n\to S^m$가 대척점-보존이 되기 위한 조건은 모든 $x\in S^n$에 대하여 $f(x)=-f(x)$이다.

정리 9.32. 연속이고 대척점-보존하는 함수 $f:S^2\to S^1$는 존재하지 않는다.

9.30. 정리 9.32를 증명하시오. (도움말: 대척점-보존 함수 $f:S^2\to S^1$가 존재한다고 가정하고 f_0를 f를 적도로 제한함으로써 얻어진 원함수라 하자. 문제 9.29를 f_0에 적용할 수 있음을 보이시오. 그 다음에 f를 적도를 포함해서 S^2의 상반부로 제한하고 정리 9.9를 f_0에 적용할 수 있음을 보이시오. f_0의 이 두 관점으로부터 모순을 이끌어 낼 수 있어야 한다.)

정리 9.33. 보르수크-울람 정리. $f:S^2\to\mathbb{R}^2$를 연속이라 하자. $f(x)=f(-x)$인 $x\in S^2$가 존재한다.

9.31. 정리 9.33을 증명하시오. (도움말: 그러한 x가 존재하지 않는다고 가정하고 $h(x)=\dfrac{f(x)-f(-x)}{|f(x)-f(-x)|}$로 정의된 함수를 고려하시오.)

이미 언급한 간단한 기상학 응용과 더불어 보르수크-울람 정리의 다른 흥미로운 결과는 햄 샌드위치 정리이다. 이 정리는 만약 $\mathbb{R}^3$에서 세 개의 입체가 있다면 각각의 입체를 동시에 절반으로 자르는 평면이 $\mathbb{R}^3$에 존재한다는 것을 말한다. (그림 9.33 참조.) 따라서 만약 두 조각의 빵과 햄 한 조각으로 샌드위치를 만든다면 빵과 햄을 어떻게 배열을 하더라도 단 하나의 곧은 칼로 샌드위치를 잘라서 빵 각각과 햄을 정확히 절반으로 나눌 수 있다. 햄 샌드위치 정리는 사회과학에서의 수학의 응용에서 공평분배 문제들에 중요한 역할을 한다. 이 문제들은 예를 들어 경쟁하는 여러 정당들 사이의 재원의 공평한 분배를 다룬다.(예를 들어, [Hil] 참조.)

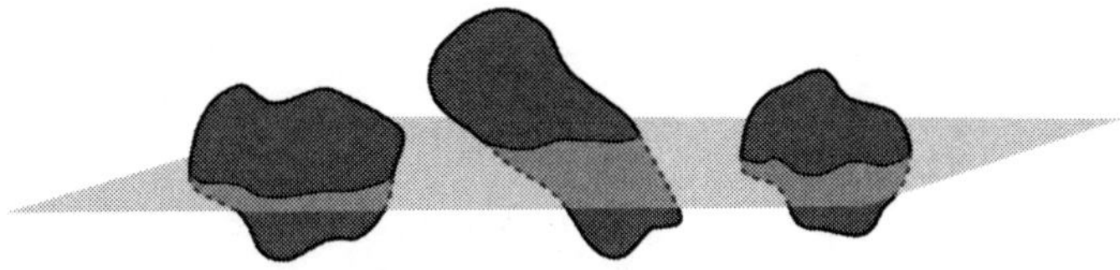

(그림 9.33) 각각의 입체를 절반으로 자르는 평면이 존재한다.

이제 햄 샌드위치 정리를 증명하는 접근방법에 대해 다룬다. σ_1, σ_2, 그리고 σ_3를 $\mathbb{R}^3$ 안의 세 입체라 하자. "입체"의 의미는 측도 이론에서 나오는 개념인데 잘 정의된 부피를 가진 유계 집합이다. 측도 이론의 상세한 부분은 다루지 않는다. 입체들을 둘로 이등분하는 평면의 존재성을 보이기 위해 사용되는 함수 $d: S^2 \to \mathbb{R}^2$를 정의한다. S^2의 각 점 x는 $\mathbb{R}^3$에서 하나의 방향을 나타내는 단위벡터로 간주된다. $x \in S^2$를 고정하자. x를 법선벡터로 하는 모든 평면들을 고려하자.

9.32. 법선벡터가 x이고 입체 σ_1을 절반으로 자르는 평면 $P_1(x)$가 왜 존재해야 하는지를 논의하시오. (도움말: 법선벡터가 x인 임의의 평면 P에 대하여 법선벡터 x방향에 있는 P의 한 쪽편에 놓여 있는 σ_1의 입체의 부피의 백분율을 나타내는 양 V_p를 고려하시오.)

비슷하게, 입체 σ_2와 σ_3를 절반으로 자르고 법선벡터가 x인 평면 $P_2(x)$와 $P_3(x)$가 각각 존재해야 한다. $P_1(x^*) = P_2(x^*) = P_3(x^*)$인 $x^* \in S^2$가 존재하고 그러므로 이 공통 평면이 각각의 입체를 동시에 절반으로 자름을 보이고자 한다.

만약 평면 $P_1(x)$가 법선벡터 x방향에 있는 평면 $P_3(x)$의 한 쪽편에 놓여 있다면 $d_1(x)$를 $P_3(x)$로부터 $P_1(x)$까지의 거리라 하고 만약 $P_1(x)$가 법선벡터 x의 반대방향에 있는 평면 $P_3(x)$의 한 쪽편에 놓여 있다면 $d_1(x)$를 $P_3(x)$로부터 $P_1(x)$까지의 거리의 음수라 하자. $d_2(x)$를 $P_3(x)$로부터 $P_2(x)$까지의 거리에 의해 비슷하게 정의하자. 함수 $d(x) = (d_1(x), d_2(x))$로 정의된 함수 $d: S^2 \to \mathbb{R}^2$가 연속이라고 가정한다.

9.33. 임의의 $x \in S^2$에 대하여 $d(-x) = -d(x)$임을 증명하시오.

9.34. $d(x^*) = (0, 0)$인 $x^* \in S^2$가 존재함을 증명하기 위해 문제 9.33과 함께 보르수크-울람 정리를 사용하시오. 따라서 햄 샌드위치 정리가 성립함을 보이시오.

고정점 정리와 응용

chapter 10

$f: X \to X$를 위상공간 X에서 그 자신으로 보내는 함수라 하자. 만약 X의 어떤 x에 대해서 $f(x)=x$이면 x는 f에 의해 자기 자신으로 보내지고 f의 고정점이라 한다. 고정점과 그것들에 대한 정리들은 순수 및 응용수학의 많은 분야에서 중요한 역할을 한다. 위상분야 그 자체 내에서는 고정점 결과들에 대한 많은 연구가 있다. 가장 잘 알려진 결과 중 하나는 브라우어(Brouwer) 고정점 정리이다. 그 정리에 의하면 n-구체 B^n에서 자기 자신으로 보내는 모든 연속함수는 고정점을 가져야 한다는 것이다. 6.3절에 있는 중간값 정리의 결과로써 1차원 브라우어 고정점 정리를 증명했다. 여기 10.1절에서는 2차원 수축사상 존재 불가능 정리를 이용하여 2차원 브라우어 고정점 정리를 증명한다. 10.2절에서는 순수 교환경제에서 평균가격 분배를 증명하기 위해 브라우어 고정점 정리의 응용을 제시한다. 10.3절에서는 집합을 값으로 하는 함수들에 적용되는 카쿠타니(Kakutani) 고정점 정리로 알려진 브라우어 고정점 정리의 일반화를 보여준다. 마지막으로 10.4절에서는 게임이론에서 내쉬균형의 존재성을 증명하기 위해 카쿠타니 고정점 정리를 응용한다. 내쉬균형은 게임이론분야에서 가장 중요한 결과들 중 하나이고 그것은 게임의 모든 참가자들에 대한 기댓값을 최적화하는 하나의 전략이 존재한다는 것을 말한다.

10.1 브라우어 고정점 정리

똑같은 크기의 종이 두 장이 있는데 한 장을 다른 한 장 위에 놓는 것을 상상하자. 위에 있는 종이의 각각의 점은 아래에 있는 종이의 어떤 점에 대응된다. 이제 윗 장의 종이를 찢지 않고 구겨서 공모양처럼 만들자. 그 구겨진 공모양의 윗 장의 종이를 아래에 있는 종이에 놓자. 구겨진 공모양의 종이 어딘가에 점이 존재해서 그 점은 구겨지기 전에 대응되는 아래에 있는 종이 위의 똑같은 점으로 놓여진다. (그림 10.1 참조.) 이것은 다음 절에서 증명하게 될 2차원 브라우어 고정점 정리의 응용이다.

정의 10.1. $f: X \to X$에 대하여 만약 $f(x)=x$이면 점 $x \in X$를 **고정점**이라 한다. 위상공간 X에 대하여 만약 모든 연속함수 $f: X \to X$가 고정점을 가지면 X는 **고정점 성질**을 가진다고 말한다.

예 10.1. 위상공간 $[-1,1]$은 1차원 브라우어 고정점 정리에 의해 고정점 성질을 가진다.

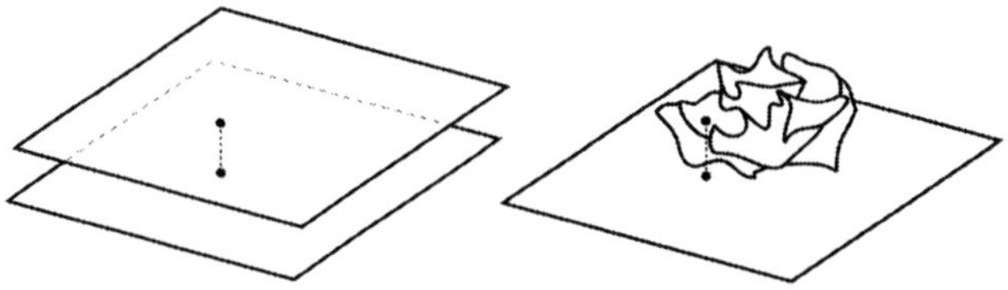

(그림 10.1) 종이가 구겨진 후, 어떤 점은 여전히 구겨지기 전에 놓였던 똑같은 점으로 놓여진다.

예 10.2. 실수직선 $\mathbb{R}$ 은 어떤 점을 고정시키지 않은 연속함수가 존재하기 때문에 고정점 성질을 가지지 않는다. $f(x)=x+1$로 주어진 함수 $f:\mathbb{R}\to\mathbb{R}$ 가 하나의 예이다.

예 10.3. 원 위의 각각의 점을 π만큼 회전하는 연속함수 $f:S^1\to S^1$은 고정점을 가지지 않기 때문에 S^1은 고정점 성질을 가지지 않는다.

고정점 성질은 위상적 성질이다. 즉 만약 위상공간 X와 Y가 위상동형이면 X가 고정점 성질을 가지기 위한 필요충분조건은 Y가 고정점 성질을 가지는 것이다. (연습문제 10.3 참조.) 그러므로 $[-1,1]$이 그 성질을 가지고 있으므로 표준위상이 주어진 모든 유계인 닫힌구간 $[a,b]$는 고정점 성질을 가진다. 또한 $\mathbb{R}$ 이 그 성질을 가지고 있지 않으므로 표준위상이 주어진 모든 열린구간 $(-\infty,b),(a,b)$ 그리고 (a,∞)은 고정점 성질을 가지지 않는다.

위상에서 가장 유용한 정리 중의 하나는 브라우어 고정점 정리이다. 그 정리에 의하면 모든 n에 대하여 n-구체 B^n는 고정점 성질을 가진다. 이 정리는 1912년에 그 정리의 일반적인 n-차원 형태를 증명했던 독일 수학자 브라우어(L. E. J. Brouwer, 1881-1966)의 이름을 따서 붙여진 것이다. 이 절에서 2차원 브라우어 고정점 정리는 2차원 수축사상 존재 불가능 정리와 동치라는 것을 보인다(실제로 모든 n에 대하여 이 동치는 성립한다는 증명과 함께). 9.2절에서 2차원 수축사상 존재 불가능 정리를 증명했으므로 2차원 브라우어 고정점 정리는 성립한다.

이 절의 보충문제에서는 2차원 브라우어 고정점 정리의 다른 증명을 제시하는데 그 증명은 원함수의 차수와 연관되지만 그러나 수축사상 존재 불가능 정리에 의존하지 않는다.

정리 10.2. 2차원 브라우어 고정점 정리. 원판에서 자기 자신으로 보내는 모든 연속함수 $f: D \rightarrow D$는 고정점을 가진다.

앞서 시사했듯이, 이 정리의 증명 방법은 2차원 수축사상 존재 불가능 정리와 동치라는 것을 보이는 것이다. 이 동치의 증명은 다음 정리로부터 따른다.

정리 10.3. $\mathbb{R}^2$의 부분공간으로써 원판 D가 고정점 성질을 가지는 필요충분조건은 D로부터 그의 경계 S^1으로의 수축사상이 존재하지 않는다는 것이다.

증명 일단 수축사상 $r: D \rightarrow S^1$이 존재한다고 가정하자. $q(x) = -x$로 정의된 함수 $q: S^1 \rightarrow D$를 고려하자. 여기서 x를 평면상의 벡터로 간주한다. 함수 $q \circ r: D \rightarrow D$는 연속이고 고정점을 가지지 않는다. 그러므로 만약 수축사상 $r: D \rightarrow S^1$이 있다면, D는 고정점 성질을 가지지 않는다.

한편, 연속함수 $f: D \rightarrow D$가 고정점을 가지지 않는다고 가정하자. 우리는 수축사상 $r: D \rightarrow S^1$이 존재한다는 것을 보이고자 한다. $r: D \rightarrow S^1$을 다음과 같이 정의하자. 먼저, $f(x)$로부터 x를 지나는 반직선을 택한다. 그러한 반직선은 f가 고정점을 가지지 않기 때문에 잘 정의된다. $r(x)$를 그림 10.2에서 보여준 것처럼 반직선이 S^1을 교차하는 점이라 하자. 명백히, r은 D를 S^1으로 보내고 모든 $x \in S^1$에 대하여 $r(x) = x$이다. 그러므로 r의 연속성이 증명된다면 r이 수축사상이 된다.

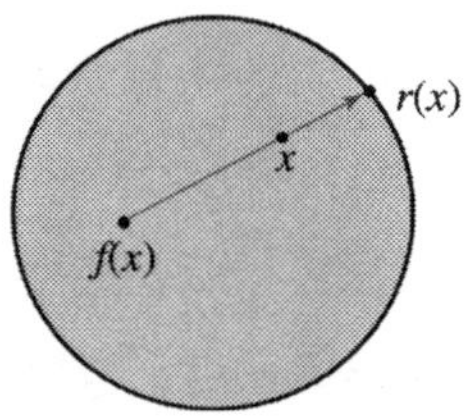

(그림 10.2) 원판으로부터 경계인 원으로 보내는 r을 정의함.

r이 연속임을 증명하기 위해 U를 S^1에서 열린집합이고 x를 $r^{-1}(U)$ 안의 한 점이라 하자. $r(V) \subset U$이고 x를 포함하는 열린집합 V가 존재하고 그러므로 $r^{-1}(U)$는 열린집합임을 증명한다. 우선, O_1 안에서 시작하여 O_2를 지나는 모든 반직선이 U 안에서 S^1과 교차하도록 $f(x)$와 x를 각각 중심으로 하는 열린원판 O_1과 O_2를 선택한다. (그림 10.3 참조.) f는 연속이므로 x를 포함하고 O_2에 포함되고 $f(V) \subset O_1$인 열린집합 V를 찾을 수 있다. 따라서 모든 $v \in V$에 대하여 $f(v)$를 출발하여 v를 지나는 모든 직선은 U 안에서 S^1과 교차한다. 그러므로 $r(v) \in U$이고 그러므로 r은 연속이다. 그러므로 만약 D가 고정점 성질을 가지지 않는다면 수축사상 $r : D \to S^1$이 존재함을 증명했고 정리의 증명이 끝난다.

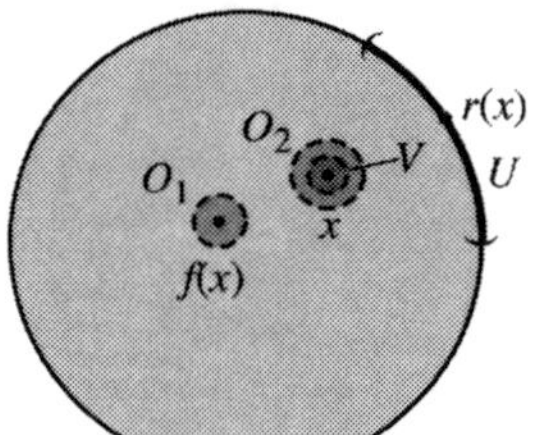

(그림 10.3) $r(V) \subset U$이고 x를 포함하는 열린집합 V가 존재한다. ■

2차원 수축사상 존재 불가능 정리와 정리 10.3은 바로 정리 10.2를 암시하고 그러므로 2차원 브라우어 고정점 정리가 증명된다.

만약 원판 D와 원 S^1을 각각 n-구체 B^n과 $(n-1)$-구면 S^{n-1}으로 교체해도 정리 10.3의 증명 방법은 유효하고 이 방법으로 n차원 브라우어 고정점 정리와 n차원 수축사상 존재 불가능 정리가 동치라는 것을 보일 수 있다.

예 10.4. 뉴잉글랜드 지도를 그림 10.4처럼 뉴잉글랜드 안의 아무 곳이나 놓는다고 가정하자. 뉴잉글랜드는 위상적으로 원판과 같다고 가정하고 그것을 N으로 놓는다. f를 뉴잉글랜드의 각각의 점을 그것에 대응되는 지도상의 점으로 보내는 함수라 하자. f를 N에서 자기 자신으로 가는 연속함수로 볼 수 있다. 그러므로 f는 고정점을 가져야 하고 그러므로 지도 바로 아래 지면 위에 정확히 그 점으로 대응되는 지도상에 점이 존재해야 한다. 만약 여행자들에게 안내로써 현재 위치에 지도를 놓는다면 지도상에서 "당신은 여기에 있다"라는 라벨이 붙은 화살표로 고정점의 위치를 우리는 가리킬 수 있을 것이다.

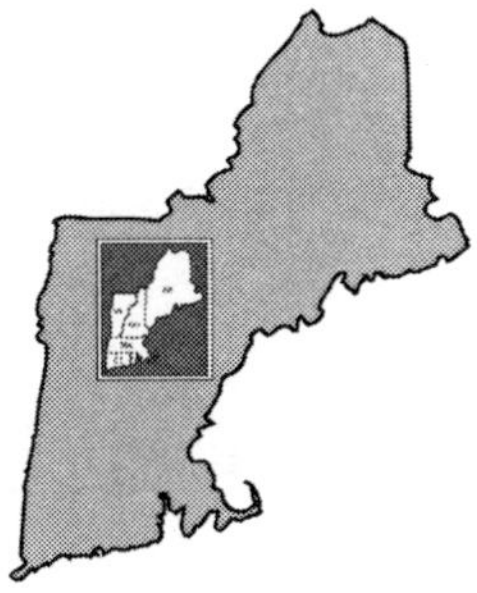

(그림 10.4) 뉴잉글랜드에서 지도로 보내는 함수는 고정점을 가져야 한다.

연습문제 10.1

10.1. 다음 각각의 위상공간은 고정점 성질을 가지지 않음을 보이시오:

(a) 구간 $(0, 1]$

(b) 원환면

(c) 두 원을 한 점에서 붙여서 만들어진 8자 모양의 공간

(d) 구면

10.2. 만약 위상공간 X가 고정점 성질을 가진다면 X는 연결임을 증명하시오.

10.3. 만약 X가 고정점 성질을 가지고 Y가 X와 위상동형이면 Y는 고정점 성질을 가짐을 보이시오.

10.4. 만약 X가 고정점 성질을 가지고 A가 X의 수축이면 A는 고정점 성질을 가짐을 보이시오.

10.5. 만약 X가 고정점 성질을 가지지 않는다면, 모든 Y에 대하여 곱공간 $X \times Y$는 고정점 성질을 가지지 않음을 보이시오.

10.6. 2차원 브라우어 고정점 정리로부터 1차원 브라우어 고정점 정리를 증명하시오.

10.7. 그림 10.5에서 보여주듯이 알파벳 A-E의 위상적 그래프를 고려하자. 이 공간들 중 어느 것이 고정점 성질을 가지는지 결정하시오. (도움말: 알파벳 E에 대해서 연습문제 10.4를 사용할 수도 있다.)

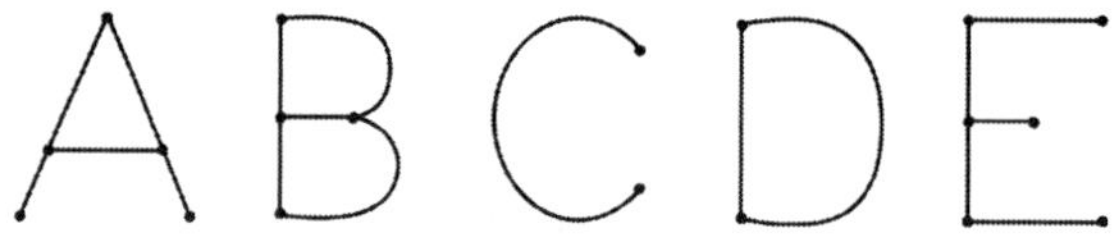

(그림 10.5) 어느 알파벳이 고정점 성질을 가지는가?

보충문제: 2차원 브라우어 고정점 정리의 다른 접근 방법

이 연습문제에서는 2차원 브라우어 고정점 정리의 다른 증명을 전개한다. 이 경우에 증명은 원함수의 차수에 직접적으로 기반을 두고 수축사상 존재 불가능 정리에는 의존하지 않는다. 다음으로 S^1, D, 그리고 기타 등등에 있는 점 x는 평면에서 원점을 시점으로 하는 벡터라고 가정한다. 보조정리로 시작한다.

보조정리 10.4. $g: S^1 \to \mathbb{R}^2 - \{O\}$를 연속이라 하고 $h(x) = \dfrac{g(x)}{|g(x)|}$로 정의된 함수 $h: S^1 \to S^1$의 차수가 1이 아니라고 가정하자. 어떤 $a > 0$에 대하여 $g(x) = ax$인 $x \in S$가 존재한다.

이 보조정리는 어떤 $x \in S^1$(한번 더, 원점을 시작점으로 하는 벡터로 간주함)는 g에 의해 그 자신의 양의 스칼라배로 보내어진다는 것을 가리킨다.

증명. $G(x,t) = (1-t)g(x) - tx$에 의해 $G: S^1 \times [0,1] \to \mathbb{R}^2$을 정의하자. 함수 G는 g (치역 $\mathbb{R}^2$를 가진다고 간주함)로부터 각 $x \in S^1$를 대척점으로 보내는 함수 $a(x) = -x$로의 직선 호모토피를 정의한다. ■

10.8. $G(x,t) = 0$인 $(x,t) \in S^1 \times (0,1)$이 존재함을 보이시오. (도움말: 그러한 점 (x,t)가 존재하지 않음을 가정하고 $H(x,t) = \dfrac{G(x,t)}{|G(x,t)|}$로 정의된 원함수들의 호모토피 $H(x,t): S^1 \times [0,1] \to S^1$을 고려하시오.)

10.9. 만약 $G(x,t) = 0$인 $(x,t) \in S^1 \times (0,1)$이 존재한다면 어떤 $a > 0$에 대하여 $g(x) = ax$이고 그러므로 보조정리를 증명함을 보이시오.

원함수들은 반드시 고정점들을 가질 필요는 없다. π만큼의 원의 회전은 고정점을 가지지 않는다. 이 회전은 차수 1을 가진다. 흥미롭게도 이것은 원함수가 고정점을 가지지 않는 유일한 차수이다. 차수가 1과 같지 않은 원함수에 대해서 다음 정리를 가진다:

정리 10.5. $f: S^1 \to S^1$을 $\deg(f) \neq 1$인 원함수라 하자. 그러면 $f(x') = x'$이고 $f(x'') = -x''$인 $x', x'' \in S^1$이 존재한다.

따라서 만약 원함수의 차수가 1과 같지 않다면 그 함수는 고정점과 대척점으로 보내어지는 점을 가진다.

10.10. 정리 10.5를 증명하시오. (도움말: $f: S^1 \to S^1$를 $\mathbb{R}^2 - \{O\}$으로 보내는 함수로 간주하고 고정점의 존재성을 증명하기 위해 보조정리 10.4를 사용하시오. 그 다음에 $h(x) = f(-x)$로 정의된 함수 $h: S^1 \to S^1$를 고려하고 h에 정리의 첫 번째 주장을 적용하시오.)

이제 2차원 브라우어 고정점 정리를 진행한다. D를 평면의 원판이라 하자.

정리 10.6. $f: D \to D$를 연속이라 하자. 그러면 $f(x) = x$인 $x \in D$가 존재한다.

증명. 그러한 점이 존재하지 않는다고 가정하자. $k: D \to \mathbb{R}^2 - \{O\}$를 $k(x) = f(x) - x$로 정의된 함수라 하자. f는 고정점을 가지지 않는다고 가정했기 때문에 함수 k는 $\mathbb{R}^2 - \{O\}$로 보낸다. ■

10.11. 왜 보조정리 10.4는 함수 $k|_{S^1}: S^1 \to \mathbb{R}^2 - \{O\}$에 적용되는지 보이시오. (도움말: 관련된 원함수의 차수가 0임을 보이시오.)

그러므로 어떤 $a > 0$에 대하여 $k(x^*) = ax^*$인 $x^* \in S^1$이 존재한다.

10.12. $f(x^*) \notin D$이고 그러므로 모순에 도달해서 정리의 증명을 완성함을 보이시오.

10.2 경제학으로의 응용

이 절에서는 고정점 이론이 경제균형의 존재성을 어떻게 입증할 수 있는가를 보여준다. 어떤 물품을 사고파는 사람들로 구성된 경제가 있다고 가정하자. 그곳에는 어떠한 물품의 소비나 새롭게 생산하는 것이 없다고 가정한다. 그러므로 특정한 물품을 가지기를 원하는 사람들은 현재 가지고 있는 다른 물품을 팔아야 한다. 이러한 경제를 순수 교환경제라 한다.

물품들의 가격은 1776년 철학자이자 경제학자인 아담 스미스(Adam Smith, 1723-1790)가 "보이지 않은 손"이라 일컬었던 공급과 수요에 의해 결정된다. 하나의 제품에 대해 공급보다 수요가 더 많으면 가격은 오른다. 지나친 공급과 작은 수요가 있다면 가격은 내려간다. 우리는 공급과 수요의 균형을 맞추는 가격선택, 즉 가격이 안정되고 모든 소비자들이 특정한 묶음의 상품들에 대해 만족하는 균형점이 존재하는지를 알고 싶다.

1932년 존 폰 노이만(John Von Neumann, 1903-1957)은 프린스턴 대학에서 "경제 등식들의 연립방정식과 브라우어 고정점 정리의 일반화"라는 주제로 세미나를 했다. 거기에서 그는 고정점 정리가 경제학 모델에서 균형상태의 존재성을 증명하기 위해 어떻게 사용되는지를 개략적으로 설명했다. 이 개념의 일반화 및 응용은 1972년에 케네스 애로우(Kenneth Arrow)와 1983년에 제라드 데브레우(Gerard Debreu, 1921-2004)에게 노벨상을 안겨줬다. 10.4절에 논하듯이 게임이론에의 응용은 또한 1994년에 수학자 존 내쉬(John Nash)에게 노벨경제학상을 안겨줬다.

시작단계로 특별히 간단한 예를 살펴보자. 단지 세 개의 물품만 가능한 경제를 가정하자. 이 물품들은 캐시미어, 버터, 그리고 화약이다. 파운드 단위로 각각의 총 양을 공급량이라 하고 이 세 공급량은 각각 S_C, S_B, 그리고 S_G로 표시한다. 우리는 공급벡터 $\mathrm{S}=(S_C, S_B, S_G)$라 하는 하나의 벡터로 각각의 물품의 공급량에 대해 계속 파악한다.

이 경제에 거래를 하는 n명의 사람들이 있다. 그들을 $1, 2, \ldots, n$으로 표시한다. 각 개인은 한데 묶어서 물품꾸러미가 되는 각 물품의 몇 개를 가지고 시작한다. 개개인 i는 각각 물품의 양을 표시하는 3차원 벡터인 하나의 묶음 $\mathrm{b}=(b^i_C, b^i_B, b^i_G)$를 가진다. 어떤 주어진 시간에 경제 안의 개개인들에 대한 모든 묶음벡터의 합은 공급벡터

$$\mathrm{S}=\sum_i \mathrm{b}^i$$

가 된다.

우리는 시간이 지나면서 어떠한 물품들도 소비되거나 파괴되지 않고 그래서 S는 상수라고 가정하고 있다. 모든 사람들은 단순히 그들의 제품들을 비축하고 현행가격에 따라 물품들의 특정한 조합을 바란다. 만약 한 개인이 더 많은 버터와 적은 캐시미어를 원한다면 다른 사람에게 현행가격으로 캐시미어 몇 개를 팔 수 있고 추가의 버터를 살 수 있다. 그러나 모든 사람들이 캐시미어를 팔려고 노력한다면 캐시미어 가격은 내려간다.

캐시미어, 버터, 그리고 화약에 대한 파운드 당 현행가격을 각각 p_C, p_B, 그리고 p_G로 표시한다. 그런 다음 이 가격들을 하나의 가격벡터 $\mathbf{p}=(p_C, p_B, p_G)$로 나타낸다.

사실, 중요한 것은 단지 이 물품들의 상대적인 가격이다. 예를 들어 캐시미어 한 파운드를 팔 때 얼마나 많이 버터를 살 수 있는지를 결정하는 것은 가격들의 비이므로 어떤 물품의 특정한 가격은 무관하다.

그러므로 그 상황을 정규화하기 위해 각각의 물품가격을 가격들의 총합 $p_C+p_B+p_G$로 나눈다. 이 나온 가격을 다음과 같이 표시한다.

$$p_C' = \frac{p_C}{p_C+p_B+p_G},$$

$$p_B' = \frac{p_B}{p_C+p_B+p_G}, \text{ 그리고}$$

$$p_G' = \frac{p_G}{p_C+p_B+p_G}.$$

이 정규화된 가격은 합하면 1이 되는 장점을 가진다. 표현을 간단히 하기 위해, 가격벡터의 프라임 부호를 생략하지만 가격은 정규화 되어 있다는 것을 명심한다. 그 다음에

$$p_C+p_B+p_G=1$$

인 하나의 전체 가격벡터 $\mathbf{p}=(p_C, p_B, p_G)$ 안의 벡터들을 계속 파악한다.

게다가, 어떠한 물품도 한 소비자가 너무 싫어해서 남에게 돈을 지불하고 그 물품을 주려고 하지 않는다고 가정한다. 다시 말해, 가격들은 결코 음수가 될 수 없고, 그래서

$$p_C \ge 0, p_B \ge 0, \text{ 그리고 } p_G \ge 0.$$

물품의 가격이 0일 때, 그 물품에 대한 수요는 없다. 오히려 각 소비자들은 얼마나 비싼가에 상관없이 다른 두 물품을 가지려고 할 것이다.

3차원 공간에 가능한 가격벡터들 집합을 그릴 수 있다. 등식 $p_C + p_B + p_G = 1$은 하나의 평면을 정의한다. $p_C \geq 0, p_B \geq 0$, 그리고 $p_G \geq 0$은 그림 10.6에서 보여주듯이 3차원 공간의 1팔분공간에 있는 평면의 일부분인 하나의 삼각형 T를 만든다. 그 삼각형의 각각의 점은 세 종류의 물품의 가격들로 이루어진 하나의 쌍과 대응된다. T가 위상적으로 원판과 위상동형이라는 사실은 브라우어 고정점 정리를 적용하는데 중요하다.

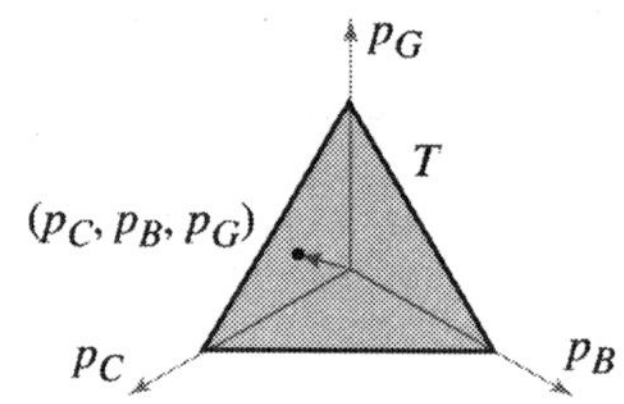

(그림 10.6) 세 종류의 물품에 대한 가능한 가격벡터들 (p_C, p_B, p_G)의 삼각형 T.

특정한 가격벡터 p에 대하여, 경제 안의 각 개개인은 물품묶음의 값의 형태로 어느 정도의 "재산"을 가지고 있다. i번째 소비자에 대해, 재산은

$$w^i(\mathrm{p}) = \mathrm{p} \cdot \mathrm{b}^i$$

으로 주어진다. 개인의 재산은 현재의 가격벡터에 의존하여 변할 수 있고 그래서 그것을 p의 함수로 나타낸다.

어떤 특정한 가격 p에 개인 i의 현재 물품묶음은 최적의 선택이 아닐 수 있다. 그는 다른 사람들과 어떤 상품들을 교환하기를 원할 것이다. 가격 p에 대해 최적의 묶음에 대한 그의 선호를 수요벡터 $\mathrm{d}^i(\mathrm{p})$로 기록한다. $\mathrm{d}^i(\mathrm{p})$는 그 가격에 그가 가지고 싶은 물품들의 조합을 제공한다. 그가 바라는 묶음 $\mathrm{d}^i(\mathrm{p})$를 얻기 위해 그의 묶음 b^i를 교환하는데 그의 전재산을 소비한다고 가정한다. 우리는 이것을 다음 등식으로 표현한다:

$$w^i(\mathrm{p}) = \mathrm{p} \cdot \mathrm{b}^i = \mathrm{p} \cdot \mathrm{d}^i(\mathrm{p}). \tag{10.1}$$

예 10.5. 윌마(Wilma)가 1파운드의 캐시미어, 1파운드의 버터, 3파운드의 화약을 가지고 있다고 가정하자. 그래서 그녀는 물품묶음 $\mathrm{b}^W = (1, 1, 3)$을 가진다. 가격벡터

$p = \left(\frac{1}{6}, \frac{3}{6}, \frac{2}{6}\right)$에 대해, 그녀는 $p \cdot b^W = 5/3$라는 순자산을 가진다. 더군다나, 이 가격벡터에 그녀는 수요벡터 $d^W(p) = (2, 2, 1)$에 의해 주어진 물품배분을 선호한다. 등식 10.1에 의해 요구되어진 대로, 이 수요벡터는 제한적이어서 이 가격에 그녀의 묶음의 총비용은 그녀의 순자산 5/3와 같다.

다른 한편으로, 덱스터(Dexter)는 순자산 5/2의 묶음 $b^D = (1, 2, 4)$를 가지고 있다고 가정하자. 똑같은 가격 p에 대하여 그는 수요벡터 $d^D(p) = \left(6, 2, \frac{3}{2}\right)$를 가지고 있다. 덱스터는 윌마보다 더 많은 재산을 캐시미어로 바꾸기를 원하기 때문에 캐시미어를 좋아하는 것을 알 수 있다.

이제 만약 가격이 변한다면, 수요벡터 또한 변할 수 있다. 예를 들어 만약 가격벡터가 $p' = \left(\frac{4}{10}, \frac{1}{10}, \frac{5}{10}\right)$이면 윌마의 순자산은 $p' \cdot b^W = 2$로 증가한다. 버터의 낮은 가격을 보면서, 그녀는 버터를 비축하기를 원하고 수요벡터 $d^W(p') = (1, 11, 1)$을 선택하기를 원할 수 있다. 여기에서 또한 그녀의 순자산은 변하지 않지만(2로 그대로 머물러 있다) 재산의 많은 부분을 낮은 가격의 많은 재고의 버터로 전환한다.

각 소비자 i는 T 안의 가격벡터들을 소비자의 대응하는 수요벡터로 보내는 벡터값을 갖는 수요함수 d^i를 가진다. 모든 소비자에 대한 개개인의 수요벡터들을 다 더하면 주어진 가격벡터 p에 전체 경제의 수요벡터 D(p)를 만든다. 즉,

$$D(p) = \sum_i d^i(p)$$

이다. 가격벡터의 작은 변화는 전체 수요의 작은 변화를 가져오는 의미에서 이 벡터함수 D는 연속이라고 가정한다.

$p \cdot d^i(p)$는 주어진 가격 p에 대해 개인 i의 순자산이기 때문에, 내적 $p \cdot D(p)$는 주어진 가격들에 대한 경제사회의 전체 재산과 같다.

$$p \cdot D(p) = \sum_i p \cdot d^i(p) = \sum_i p \cdot b^i(p) = p \cdot S.$$

임을 주목하자. 이것은 다음 법칙을 유도한다.

왈라스 법칙(Walras's Law): $p \cdot D(p) = p \cdot S.$

이 법칙은 처음 경제학에 수학을 적용한 경제학자들 중 한 명인 레온 왈라스(Leon Walras, 1829-1910)를 기리기 위해 붙여졌다.

만약 캐시미어에 대응되는 D(p)의 좌표가 공급벡터 S의 좌표보다 더 크다면, 이 가격에 캐시미어의 공급보다 수요가 더 있다. 이는 캐시미어의 가격을 올릴 것이다.

그러나 만약 현재 가격에서 모든 사람이 상품에 대한 최적의 선택을 할 수 있고 현재 어떠한 물품들에 대해 거래를 하지 않는다면, 경제는 평형상태에 있다.

v_j를 벡터 v의 j번째 성분이라 하자.

정의 10.7. 만약 모든 j에 대하여 $D_j(\mathrm{p}) \leq S_j$이라면 가격벡터 p를 **평형가격벡터**라 한다.

그러한 가격벡터에 대해 모든 물품의 공급이 수요보다 앞선다. 모든 사람들은 상품에 대한 최적의 선택을 할 수 있다. 아무도 더 이상 교환을 바라지 않는다. 비록 한 물품에 대한 수요가 전체 공급보다 적을지라도, 이는 그 물품의 가격을 반드시 내리지는 않는다. 가격들은 상대적이고 모든 사람들이 다른 상품들을 충분히 가질 수도 있기 때문에 초과 공급에 있는 물품의 가격은 떨어질 필요는 없다.

평형가격벡터는 존재하는가? 경제는 균형이 잡힐 수 있는가? 우리는 브라우어 고정점 정리를 사용하여 그 답이 예라는 것을 알 것이다.

그것을 증명하기 위해서, 물품들의 수요가 어떻게 가격변화를 야기하는지 알려주는 가격벡터들의 집합에서의 함수 f: $T \to T$를 정의한다.

어떻게 가격이 변하는지를 알아보기 위해서, 다음 벡터를 고려한다.

정의 10.8. **초과수요벡터**는 E(p)= D(p)− S로 정의한다.

벡터 E(p)의 좌표는 벡터 p에 주어진 가격에서의 물품에 대해 수요가 더 많은지 아니면 공급이 더 많은지를 알려준다. 만약 E(p)의 한 좌표가 양수이면, 공급보다 수요가 더 많기 때문에 그 물품의 가격은 오를 것으로 기대된다. 사람들은 이 가격에서 이 물품을 좀 더 많이 원한다. 그러나 만약 좌표가 음수이면 수요보다 공급이 더 많기 때문에 가격은 내려갈 수 있다.

이제 초과수요벡터를 이용하여 왈라스의 법칙은 다시 씌어질 수 있다.

$$\textbf{왈라스 법칙의 다른 형태:}\ \mathrm{p}\cdot\mathrm{E}(\mathrm{p})=0. \tag{10.2}$$

한 가격벡터 p가 주어졌을 때, 벡터 E(p)는 가격이 p로부터 움직이기를 기대되는 방향으로 향한다. 이것으로부터 함수 f를 만들 수 있는데 함수 f는 T에 있는 각각의 가격벡터 p를 벡터 p가 움직이기를 기대되는 방향으로의 다른 가격벡터 f(p)로 보낸다. 그러므로 T에서의 연속함수를 만들 것이다. 2차원 브라우어 고정점 정리로부터 이 함수는 반드시 고정점을 가져야 한다. 다시 말해서, 가격벡터 p가 존재하여 가격이 p일 때 상품들을 교환하려는 어떠한 동기도 없다. 그 가격에서 전체 경제는 평형상태에 있다.

이 절의 나머지에서는 $\mathrm{f}: T \to T$을 적절히 정의함으로써 이 아이디어를 수학적으로 정확하게 하고 f의 고정점이 평형가격벡터에 대응한다는 것을 증명할 것이다.

함수 $\mathrm{f}^*: T \to \mathbb{R}^3$를 $\mathrm{f}^*(\mathrm{p})=\mathrm{p}+\mathrm{E}(\mathrm{p})$로 정의하는 것으로부터 시작한다. 이 함수는 가격이 초과공급 또는 초과수요로 인하여 어떻게 움직여야 하는지에 대한 아이디어를 제시한다.

그러나 이 f^*의 정의에 근본적인 문제가 있다. 이 함수는 반드시 T에 있는 가격벡터들을 T 안의 가격벡터들로 보내는 것은 아니다. 보내진 벡터가 음의 값들을 가질 수 있고, 그 좌표들의 합이 반드시 1인 것도 아니다. 고정점 정리를 이용할 수 있도록 이 문제들을 해결해야 한다.

모든 값을 음이 아닌 수로 만들기 위해서, v^+를 벡터 v로부터 모든 음의 값을 0으로 바꿈으로써 얻어진 벡터로 정의한다. 그러면 $\mathrm{f}^{**}=(\mathrm{p}+\mathrm{E}(\mathrm{p}))^+$인 개선된 새로운 함수를 정의한다. 함수 f^{**}는 T를 $\mathbb{R}^3$의 1사분면으로 보내지만, 그 값들의 합이 반드시 1인 것은 아니기 때문에 $\mathrm{f}^{**}(\mathrm{p})$는 T 안에 놓여 있지 않을 수 있다. 그러나 $\mathrm{f}^{**}(\mathrm{p})$를 "정규화" 함으로써, 즉 벡터를 그 벡터의 성분값들의 합으로 나눔으로써, T 안의 벡터를 얻을 수 있다. 여기에서 주의해야 할 것은 $\mathrm{p}+\mathrm{E}(\mathrm{p})$의 최소한 한 성분은 양수이고 그러므로 $\mathrm{f}^{**}(\mathrm{p})$를 정규화하는데 0으로 나누지 않는다는 것이다. (연습문제 10.15 참조.)

$(\mathrm{p}+\mathrm{E}(\mathrm{p}))_j^+$이 $(\mathrm{p}+\mathrm{E}(\mathrm{p}))^+$의 j번째 성분값이라 할 때, $\beta(\mathrm{p})=\sum_{j=1}^{3}(\mathrm{p}+\mathrm{E}(\mathrm{p}))_j^+$이라 놓

고 우리가 원하던 T에서의 함수를 다음과 같이 정의한다.

정의 10.9. 가격변화함수 $\mathrm{f}: T \to T$을

$$\mathrm{f}(\mathrm{p}) = \frac{(\mathrm{p} + \mathrm{E}(\mathrm{p}))^{+}}{\beta(\mathrm{p})}$$

으로 정의한다.

그림 10.7은 현재까지 고려하고 있는 3차원 상황이 아닌 2차원 상황에서의 벡터 $\mathrm{p}, \mathrm{E}(\mathrm{p}), \mathrm{p} + \mathrm{E}(\mathrm{p}), (\mathrm{p} + \mathrm{E}(\mathrm{p}))^{+}$, 그리고 $\mathrm{f}(\mathrm{p})$의 한 예를 묘사한 것이다. 왈라스의 법칙의 다른 형태에 의해 p와 $\mathrm{E}(\mathrm{p})$는 직각이어야 한다.

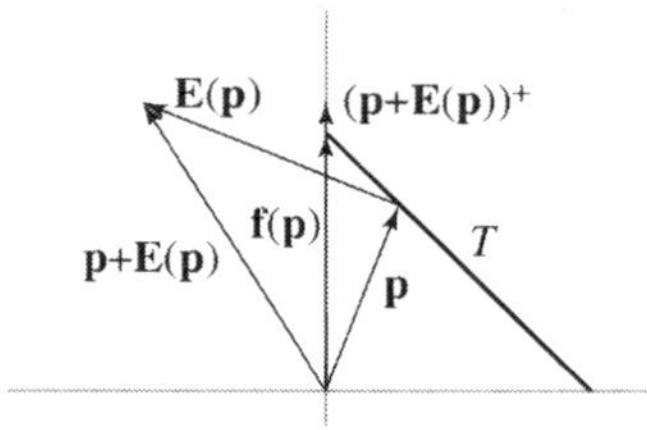

(그림 10.7) 벡터 $\mathrm{p}, \mathrm{E}(\mathrm{p}), \mathrm{p} + \mathrm{E}(\mathrm{p}), (\mathrm{p} + \mathrm{E}(\mathrm{p}))^{+}$, 그리고 $\mathrm{f}(\mathrm{p})$.

$\mathrm{D}(\mathrm{p})$가 연속이므로 $\mathrm{f}(\mathrm{p})$도 또한 연속이다.

이제, 2차원 브라우어 고정점 정리를 적용할 수 있다. $\mathrm{f}: T \to T$는 연속함수이고 T는 원판이므로 $\mathrm{f}(\mathrm{p}^*) = \mathrm{p}^*$인 가격벡터 p^*가 존재한다. 즉, f에 의해 고정된 어떤 가격벡터가 존재한다. 사실 그러한 벡터는 우리가 찾고자 하는 평형가격벡터이라는 것을 보이고자 한다.

정리 10.10. 가격변화함수 f의 고정점들은 평형가격벡터이다.

이 정리를 증명하기 위해서 다음 보조정리가 필요하다.

보조정리 10.11. 만약 p^*가 f의 고정점이면 $\beta(\mathrm{p}^*) = 1$이다.

증명. p^*가 f의 고정점이므로

$$\mathrm{f}(\mathrm{p}^*) = \frac{(\mathrm{p}^* + \mathrm{E}(\mathrm{p}^*))^+}{\beta(\mathrm{p}^*)} = \mathrm{p}^* \tag{10.3}$$

이다. 그래서 $j = 1, 2, 3$에 대해 다음이 성립한다.

$$(\mathrm{p}^* + \mathrm{E}(\mathrm{p}^*))_j^+ = \beta(\mathrm{p}^*)p_j^*. \tag{10.4}$$

α를 $p_\alpha^* > 0$인 첨자(1, 2, 또는 3)라 하자. p^*의 모든 성분값들의 합이 1이므로 그러한 α는 존재한다. (연습문제 10.15에 의해) $\beta(\mathrm{p}^*) > 0$이므로 등식 10.4로부터

$$(\mathrm{p}^* + \mathrm{E}(\mathrm{p}^*))_\alpha^+ > 0$$

이다. 그러므로

$$(\mathrm{p}^* + \mathrm{E}(\mathrm{p}^*))_\alpha^+ = (\mathrm{p}^* + \mathrm{E}(\mathrm{p}^*))_\alpha$$

이다. 이 등식을 등식 10.4에 다시 넣으면,

$$(\mathrm{p}^* + \mathrm{E}(\mathrm{p}^*))_\alpha = \beta(\mathrm{p}^*)p_\alpha^*$$

을 얻고, 이것은 다음 등식을 유도한다.

$$E_\alpha(\mathrm{p}^*) = (\beta(\mathrm{p}^*) - 1)p_\alpha^*.$$

양변에 p_α^*를 곱함으로써 다음 등식을 얻는다.

$$p_\alpha^* E_\alpha(\mathrm{p}^*) = (\beta(\mathrm{p}^*) - 1)p_\alpha^* p_\alpha^*. \tag{10.5}$$

비록 $p_\alpha^* > 0$ 가정하에서 등식 10.5를 이끌어 냈지만, $p_\alpha^* = 0$일 때도 $0 = 0$이므로 그 등식은 성립한다. 그러므로 p_j^*은 음수가 아니므로, 등식 10.5는 모든 p_j^*에 대해 성립한다. 이제, 등식 10.5를 모든 j에 대한 합으로써 다음 등식을 얻는다.

$$\begin{aligned}
\mathrm{p}^* \cdot \mathrm{E}(\mathrm{p}^*) &= \sum_{j=1}^{3} p_j^* E_j(\mathrm{p}^*) \\
&= \sum_{j=1}^{3} (\beta(\mathrm{p}^*) - 1)p_j^* p_j^* \\
&= (\beta(\mathrm{p}^*) - 1) \sum_{j=1}^{3} p_j^* p_j^* \\
&= (\beta(\mathrm{p}^*) - 1)\mathrm{p}^* \cdot \mathrm{p}^*.
\end{aligned}$$

왈라스 법칙의 다른 형태(등식 10.2)에 의해 $\mathrm{p}^* \cdot \mathrm{E}(\mathrm{p}^*) = 0$이다. 그러므로 $0 = (\beta(\mathrm{p}^*) - 1)\mathrm{p}^*\mathrm{p}^*$이다. $\mathrm{p}^* \in T$이므로 $\mathrm{p}^* \cdot \mathrm{p}^* = 1$이다. 따라서 $\beta(\mathrm{p}^*) - 1 = 0$이고 $\beta(\mathrm{p}^*) = 1$이다. ■

보조정리 10.11의 도움으로, 이제 정리 10.10을 증명할 수 있다.

정리 10.10의 증명. p*를 f의 고정점이라 하자. 그래서 f(p*)= p*이다. $\beta(\mathrm{p}^*)=1$이므로 등식 10.3은

$$(\mathrm{p}^*+\mathrm{E}(\mathrm{p}^*))^+=\mathrm{p}^*$$

이 되고 이것은 사실

$$(\mathrm{p}^*+\mathrm{E}(\mathrm{p}^*))_j^+=p_j^* \tag{10.6}$$

형태의 세 개의 등식이다.

p_j^*에 대한 두 가능성을 고려한다: $p_j^*=0$이거나 $p_j^*>0$. 모든 가격은 음수가 아님을 명심하자.

만약 $p_j^*=0$이면 $(\mathrm{p}^*+\mathrm{E}(\mathrm{p}^*))_j^+=0$이다. 그러므로 $E_j(\mathrm{p}^*)^+=0$이고 그래서 $E_j(\mathrm{p}^*)\leq 0$이다. 이것은 물품 j에 대한 초과수요가 없다는 것을 의미한다.

이제, $p_j^*>0$인 경우를 고려하자. 등식 10.6에 의해 $(\mathrm{p}^*+\mathrm{E}(\mathrm{p}^*))_j^+>0$이다. 그러므로

$$(\mathrm{p}^*+\mathrm{E}(\mathrm{p}^*))_j^+=(\mathrm{p}^*+\mathrm{E}(\mathrm{p}^*))_j$$

이다. 이 등식을 등식 10.6에 다시 넣으면, $(\mathrm{p}^*+\mathrm{E}(\mathrm{p}^*))_j=p_j^*$을 얻고 그래서 $E_j(\mathrm{p}^*)=0$이다.

이 두 경우 모두 모든 j에 대해 $E_j(\mathrm{p}^*)\leq 0$임을 암시한다. 그러므로 모든 j에 대하여 $D_j(\mathrm{p}^*)\leq S_j$이고 p*은 평형가격벡터이다. ■

모든 j에 대하여 $D_j(\mathrm{p}^*)\leq S_j$인 평형가격벡터 p*를 가질 때 시장은 원활하다고 말한다. 모든 사람들이 수요벡터를 성취할 수 있다. 브라우어 고정점 정리에 의해 그러한 가격은 존재한다. 그래서 우리 모두는 밤잠을 잘 잘 수 있다.

지금까지 다루었던 어떠한 내용도 세 가지 품목만 있다는 것에 의존하지 않는다. 똑같은 내용들이 수십만의 물품과 수백만의 사람들이 있는 경제에도 유효하다. 물론, 일반적인 설정에 대한 대응되는 결과들을 증명하는 것은 n-차원 브라우어 고정점 정리가 필요하다.

연습문제 10.2

10.13. 만약 경제가 단지 두 물품으로만 구성되어 있다면 가격벡터들의 위상공간을 묘사하시오.

10.14. 네 개의 물품이 있는 경제에서, 정규화 된 가격벡터들의 집합은 3차원에서 만들었던 삼각형 T와 유사한 4차원 안의 삼각형을 만든다. 그것은 무엇인가? 얼마나 많은 면들을 가지고 있고 그 면들의 등식은 무엇인가? 얼마나 많은 변들과 꼭짓점들을 가지고 있는가? 그것들의 등식은 무엇인가?

10.15. 벡터 $\mathrm{p}+\mathrm{E}(\mathrm{p})$의 최소한 한 성분은 양수임을 보이시오.

10.16. 전체 경제가 단지 초기묶음이 각각 $\mathrm{b}^C=(1,1,2)$와 $\mathrm{b}^D=(3,4,2)$을 가진 카먼(Carmen)과 덱스터(Dexter), 그리고 초기 가격벡터 $\mathrm{p}_o=\left(\frac{1}{6},\frac{1}{6},\frac{4}{6}\right)$로 구성되어 있다고 가정하자. f를 가격변화함수라 하자.

(a) 가격벡터가 $\mathrm{p}=\left(\frac{1}{6},\frac{3}{6},\frac{2}{6}\right)$이고, 카먼은 수요벡터 $\mathrm{d}^C=(3,1,1)$, 덱스터는 수요벡터 $\mathrm{d}^D=(8,1,4)$를 가진다고 가정하자. 이 p에 대한 $\mathrm{f}(\mathrm{p})$를 결정하시오.

(b) 가격벡터가 $\mathrm{p}'=\left(\frac{4}{6},\frac{1}{6},\frac{1}{6}\right)$이고, 카먼은 수요벡터 $\mathrm{d}^C=\left(\frac{1}{2},\frac{1}{2},\frac{9}{2}\right)$, 덱스터는 수요벡터 $\mathrm{d}^D=(2,3,7)$을 가진다고 가정하자. 이 p′에 대한 $\mathrm{f}(\mathrm{p}')$를 결정하시오.

10.17. k를 고정된 양의 실수라 하자.

$$\mathrm{f}_k(\mathrm{p})=\frac{(\mathrm{p}+k\mathrm{E}(\mathrm{p}))^+}{\sum_{j=1}^{3}(\mathrm{p}+k\mathrm{E}(\mathrm{p}))_j^+}$$

을 정의하자. 이 일반적인 가격변화함수의 고정점 p^*는 또한 평형가격벡터를 만들어냄을 보이시오.

10.3 카쿠타니의 고정점 정리

1941년에 쉬즈오 카쿠타니(Shizuo Kakutani, 1911-2004)는 이래로 강력한 응용들을 가져왔던 브라우어 고정점 정리의 일반화를 증명했다. n-구체 B^n에서의 함수들에 응용되는 대신에 카쿠타니의 고정점 정리는 소위 집합함수들에 응용된다. 일반적으로 함수는 정의역 X의 한 점을 공역 Y의 한 점으로 대응시킨다. 여기에서는 정의역 X의 한 점이 공역 Y의 공집합이 아닌 부분집합으로 보내는 함수를 다룬다. 그러한 집합함수를 $f: X \to_S Y$로 표시한다. (이 절에서는 집합함수들과 구별하기 위해서 함숫값이 점인 일반적인 함수에 대해서는 점함수라 부른다.)

예 10.6. 지금 살고 있는 모든 사람들의 집합을 고려하자. f를 각각의 사람을 그 사람이 지금까지 알던 모든 사람들의 집합으로 대응시키는 함수라 하자. 이 함수는 집합함수의 예시이다. f는 각각의 점(사람)을 점들의 집합(그 사람이 지금까지 알던 사람들의 집합)에 대응시킨다.

예 10.7. 다음은 집합함수들이다:

(i) f는 실수 x를 x보다 큰 모든 실수들의 집합으로 대응시킨다고 하자. $f(x)=\{y \in \mathbb{R} \mid y \geq x\}$라고 쓴다.

(ii) g는 실수 x를 x와 그것의 음수로 이루어진 집합으로 대응시킨다고 하자. 그래서 $g(x)=\{-x, x\}$이다.

(iii) h는 만약 실수 x가 음수이면 집합 $[-1,4]$에, x가 음수가 아니라면 집합 $[-4,1]$에 대응시킨다고 하자. 그러면

$$h(x)=\begin{cases}[-1,4] & x<0,\\ [-4,1] & x\geq 0.\end{cases}$$

점함수 $f: X \to Y$에 대하여 그래프는 $X \times Y$에서 집합 $\{(x,y) \mid y=f(x)\}$로 정의된다. 집합함수에 대해서 비슷한 개념이 필요하다:

정의 10.12. 집합함수 $f: X \to_S Y$의 **그래프**는 $X \times Y$의 부분집합 $G_f = \{(x, y) \mid y \in f(x)\}$이다.

예 10.8. 예 10.7에서의 집합함수 f, g, 그리고 h의 그래프는 그림 10.8에서 보여준다.

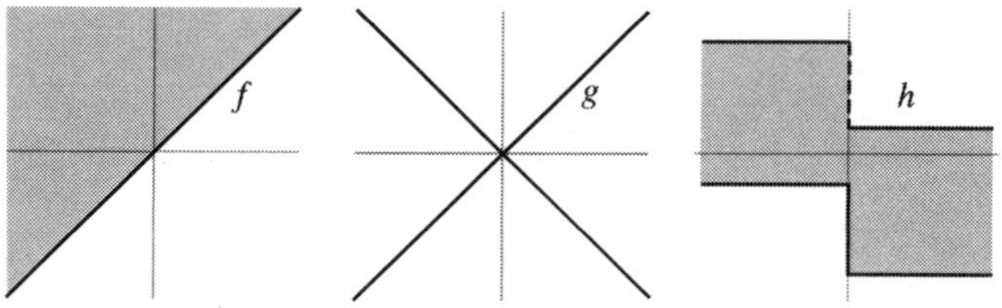

(그림 10.8) 집합함수 f, g, 그리고 h의 그래프.

브라우어 고정점 정리의 가정에서 함수의 연속성은 대단히 중요하다. 집합함수의 연속성에 대해서는 직접 정의하지 않지만 그 대신에 그것과 밀접히 관련된 성질들에 대해 다룬다. 연습문제 4.10과 7.13의 결과들에 의해 만약 Y가 컴팩트이고 하우스도르프이면, 점함수 $f: X \to Y$가 연속이기 위한 필요충분조건은 f의 그래프가 $X \times Y$에서 닫힌집합이다. 그러므로 닫힌집합인 그래프를 가진 집합함수들에 집중한다. 예 10.8에서 집합함수 f와 g는 닫힌집합인 그래프를 가지지만 h는 그렇지 않다.

닫힌 그래프를 가지는 것은 다음 보조정리에서 나타난 것처럼 수렴하는 수열이 적절히 움직인다는 것을 암시하므로 편리하다.

보조정리 10.13. $f: X \to_S Y$를 그래프 G_f가 $X \times Y$에서 닫힌집합인 집합함수라 하자. 만약 (x_n)이 $x_0 \in X$로 수렴하는 X의 수열이고 (y_n)이 $y_0 \in Y$로 수렴하는 Y의 수열이고 그리고 모든 n에 대하여 $y_n \in f(x_n)$이면 $y_0 \in f(x_0)$이다.

증명. $(x, y)_n = (x_n, y_n)$으로 정의된 $X \times Y$의 수열 $((x, y)_n)$을 구성하자. $y_n \in f(x_n)$이므로 이 수열 전체는 f의 그래프에 놓여 있다. (x_n)이 x_0로 수렴하고 (y_n)이 y_0로 수렴하기

때문에 $((x,y)_n)$은 (x_0,y_0)로 수렴한다. 그러면 $(x_0,y_0)=(x_N,y_N)$인 N이 존재하거나 (x_0,y_0)는 모든 (x_n,y_n)과 다르다. 첫 번째 경우에는 $(x_0,y_0)\in G_f$임을 바로 보여준다. 두 번째 경우에는 (x_0,y_0)이 집합 $\{(x_n,y_n)\}_{n\in \mathbb{Z}}$의 극한점이고 그러므로 또한 G_f의 극한점이어야 한다. G_f는 닫힌집합이므로 이 경우 또한 $(x_0,y_0)\in G_f$이다. 어떠한 경우든지 (x_0,y_0)은 f의 그래프 안에 있고 그러므로 보이고자 했던 것처럼 $y_0\in f(x_0)$이다. ■

한편, 집합함수가 고정점을 가진다는 것은 무엇을 의미하는가?

정의 10.14. 집합함수 $F: X\rightarrow_S Y$가 주어졌을 때, F의 **고정점**은 $x^*\in F(x^*)$인 X의 점 x^*이다.

단순히 그 점을 그 자신으로 보내는 점함수의 고정점과 대조적으로 집합함수의 고정점은 그 점을 포함하는 집합으로 보내지는 점이다.

카투타니 고정점 정리에서 다루어지는 함수들은 $\mathbb{R}^n$상의 한 다면체를 정의역으로 가지는 것으로 가정한다. 다면체는 $a_1x_1+\cdots+a_nx_n\le b$ 형태의 유한개의 부등식들의 하나의 해집합으로 표현될 수 있는 유계인 집합이다. (정의 0.12 참조.)

n-차원 카투타니 고정점 정리는 $\mathbb{R}^n$상의 한 다면체 X에 대하여 만약 X의 모든 $\mathbf{x}$에 대하여 $F(\mathbf{x})$가 X의 볼록 부분집합이고 만약 F의 그래프가 $X\times X$에서 닫힌집합이면 집합함수 $F: X\rightarrow_S X$가 고정점을 가진다는 것이다.

n-차원 카투타니 고정점 정리는 그 증명에서 n-차원 브라우어 고정점 정리를 필요로 한다. 여기서는 단지 1, 2차원에서의 카투타니 고정점 정리를 다루지만 그 증명은 n-차원 브라우어 고정점 정리를 가정함으로써 바로 일반화된다.

1차원 경우에 대해서는 다면체 $X\subset\mathbb{R}$에 대한 가능성이 제한된다. 사실 그러한 집합은 닫힌이고 유계인 구간 $[a,b]$이어야 한다. (연습문제 10.20 참조.) 연습문제 10.21에서 1차원 카투타니 고정점 정리를 증명하게 된다.

이제 2차원 카투타니 고정점 정리를 제시한다.

정리 10.15. 2차원 카투타니 고정점 정리

X를 $\mathbb{R}^2$에서 다면체이고 $F: X \rightarrow_S X$는 X의 임의의 $\mathbf{x}$에 대하여 $F(\mathbf{x})$가 X의 볼록 부분 집합인 집합함수라 하자. 만약 F의 그래프가 $X \times X$에서 닫힌집합이면 $x^* \in F(x^*)$인 X의 점 x^*가 존재한다.

증명. $\mathbb{R}^2$에서 다면체는 한 점, 선분, 또는 볼록 다각형이다. 한 점 또는 선분인 경우는 연습문제 10.21에서 주어진 1차원 형태의 정리가 된다. 여기에서는 볼록다각형인 경우를 다룬다. 간단하게 하기 위해서 X가 삼각형일 때 정리를 증명한다. 그 다음 삼각형인 경우의 증명방법이 어떻게 일반적인 볼록다각형으로 옮겨지는지를 논할 것이다.

T를 꼭짓점이 $\mathbf{v}_0^1, \mathbf{v}_0^2$, 그리고 $\mathbf{v}_0^3$인 평면에서의 삼각형이라 하자. (여러 첨수를 사용하는 이유는 앞으로 명확해질 것이다.) T는 삼각형이므로 T 안의 모든 점은 $\mathbf{v}_0^1, \mathbf{v}_0^2$, 그리고 $\mathbf{v}_0^3$의 선형결합으로 표현될 수 있다. 구체적으로 $\mathbf{x} \in T$에 대하여 $\mathbf{x} = \lambda_0^1\mathbf{v}_0^1 + \lambda_0^2\mathbf{v}_0^2 + \lambda_0^3\mathbf{v}_0^3$이다. 여기서 각각 $\lambda_0^i \geq 0$이고 $\lambda_0^1 + \lambda_0^2 + \lambda_0^3 = 1$이다. (그림 10.9 참조.)

T는 원판과 위상동형이고 그러므로 2차원 브라우어 고정점 정리는 T에서 T로의 모든 연속함수에 적용된다는 것을 알 수 있다.

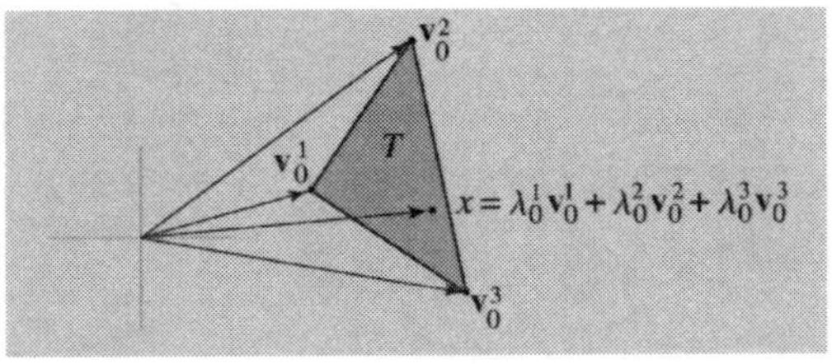

(그림 10.9) T의 모든 점은 꼭짓점들의 선형결합이다.

F의 고정점을 찾기 위해서, F로 근사하는 점함수들의 수열 $\mathbf{f}_0, \mathbf{f}_1, \mathbf{f}_2, \ldots$을 만든다. 2차원 브라우어 고정점 정리에 의해 각각의 $\mathbf{f}_n$은 고정점 $\mathbf{x}_n \in T$를 가진다. 고정점들 수열 $(\mathbf{x}_n)$이 F의 고정점으로 수렴하는 부분수열을 가진다는 것을 증명한다.

각 꼭짓점 $\mathbf{v}_0^i$, $i = 1, 2, 3$에 대하여 특정한 점 $\mathbf{y}_0^i \in F(\mathbf{v}_0^i)$을 선택한다. 그 다음 $\mathbf{f}_0(\mathbf{v}_0^i) = \mathbf{y}_0^i$이 되도록 함수 $\mathbf{f}_0 : T \rightarrow T$을 정의한다. 이 함수를 각각의 $\mathbf{x} = \lambda_0^1\mathbf{v}_0^1 + \lambda_0^2\mathbf{v}_0^2 + \lambda_0^3\mathbf{v}_0^3$에 대하여 $\mathbf{f}_0(\mathbf{x}) = \lambda_0^1\mathbf{y}_0^1 + \lambda_0^2\mathbf{y}_0^2 + \lambda_0^3\mathbf{y}_0^3$으로 놓음으로써 삼각형으로 확장한다.

$\mathbf{f}_0$은 집합함수가 아님에 주의하자. 이 함수는 T에서 자기 자신으로 보내는 점함수이다. 더욱이, $\mathbf{f}_0$는 꼭짓점들의 값의 선형결합으로 정의되어 있으므로 연속이다. 그러므로 2차원 브

라우어 고정점 정리가 적용되고 그래서 $\mathbf{f}_0(\mathbf{x}_0) = \mathbf{x}_0$인 $\mathbf{x}_0 \in T$을 가진다.

점 $\mathbf{x}_0$는 반드시 집합함수 F의 고정점일 필요는 없다(그러나 예를 들어 만약 그 점이 T의 꼭짓점들 중 하나라면 고정점일 것이다.)

그 다음, F로 근사하는 함수들의 수열에서 다음 함수 $\mathbf{f}_1$을 정의하기 위해서, 그림 10.10에서 보여준 것처럼 T를 네 개의 작은 삼각형으로 나누는 것으로 시작한다.

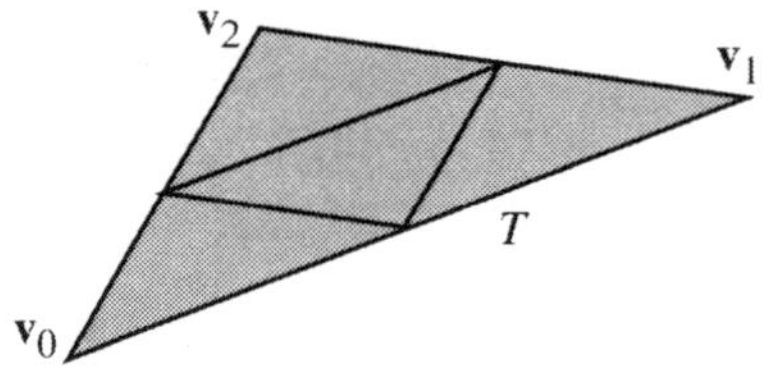

(그림 10.10) T를 작은 삼각형으로 나누기.

이 네 삼각형의 꼭짓점들은 T의 꼭짓점들과

$$\frac{1}{2}\mathbf{v}_0^1 + \frac{1}{2}\mathbf{v}_0^2,\ \frac{1}{2}\mathbf{v}_0^1 + \frac{1}{2}\mathbf{v}_0^3,\ \text{그리고}\ \frac{1}{2}\mathbf{v}_0^2 + \frac{1}{2}\mathbf{v}_0^3$$

로 주어진 변의 중점들이다.

$\mathbf{f}_0(\mathbf{x})$를 정의한 것처럼 비슷한 방법으로 $\mathbf{f}_1(\mathbf{x})$을 정의한다. 네 삼각형의 각각의 꼭짓점 $\mathbf{v}$에 대하여 $F(\mathbf{v})$ 안의 한 점 $\mathbf{y}$를 선택하고 $\mathbf{f}_1(\mathbf{v}) = \mathbf{y}$로 정의한다. 그 다음에 $\mathbf{f}_0$에서처럼 각각의 삼각형에 $\mathbf{f}_1$을 선형적으로 확장한다. 만약 $\mathbf{x}$가 두 다른 삼각형의 교집합에 놓여 있다면 두 삼각형에 의한 $\mathbf{f}_1(\mathbf{x})$의 정의는 같음을 알 수 있다. 그 이유는 그것은 단지 $\mathbf{x}$를 포함하는 변의 양끝점인 꼭짓점에서의 $\mathbf{f}_1$의 정의에만 의존하기 때문이다.

함수 $\mathbf{f}_1$은 꼭짓점들에서의 값들의 선형확장이므로 T를 자기 자신으로 보내고 연속이다. 그러므로 브라우어 고정점 정리에 의해 $\mathbf{f}_1$의 고정점 $\mathbf{x}_1$이 존재한다. 여기서 또한 점 $\mathbf{x}_1$는 반드시 집합함수 F의 고정점일 필요는 없다. 그러나 T의 분할의 네 삼각형의 꼭짓점들 중 하나라면 고정점일 것이다. T_1을 이 새로운 고정점 $\mathbf{x}_1$을 포함하는 하나의 분할삼각형이라 하고 T_1의 꼭짓점들을 $\mathbf{v}_1^1, \mathbf{v}_1^2$, 그리고 $\mathbf{v}_1^3$이라 가정하자.

이 과정을 계속한다. 구체적으로 꼭짓점 $\mathbf{v}_{n-1}^1, \mathbf{v}_{n-1}^2$, 그리고 $\mathbf{v}_{n-1}^3$을 가지는 삼각형 $T_{n-1} \subset T$ 안의 고정점 $\mathbf{x}_{n-1}$을 가진 연속함수 $\mathbf{f}_{n-1} : T \rightarrow T$을 가진다고 가정하자. $\mathbf{f}_n$을 정의하기 위해서 전에 묘사한 것처럼 $\mathbf{f}_{n-1}$의 정의에서 사용된 삼각형들 각각을 네 개의 더 작은 삼각형으로 분할한다. 그 다음에 각각의 삼각형의 각 꼭짓점 $\mathbf{v}$에 대하여 $\mathbf{f}_n(\mathbf{v})$를

$F(\mathbf{v})$ 안의 한 점으로 정의한다. 마침내, 연속함수 $\mathbf{f}_n : T \to T$을 얻기 위하여 $\mathbf{f}_n$을 분할의 각각의 삼각형으로 선형적으로 확장한다. $\mathbf{f}_n$은 연속이기 때문에 고정점 $\mathbf{x}_n \in T$을 가진다. $T_n \subset T$을 $\mathbf{x}_n$을 포함하는 분할의 한 삼각형이라 하고 T_n은 꼭짓점 $\mathbf{v}_n^1, \mathbf{v}_n^2$, 그리고 $\mathbf{v}_n^3$을 가진다고 가정하자.

이제 함수들 $\mathbf{f}_0, \mathbf{f}_1, \mathbf{f}_2, \ldots$의 고정점들로 이루어진 수열 $\mathbf{x}_0, \mathbf{x}_1, \mathbf{x}_2, \ldots$을 가진다. $[0,1]$ 안의 어떤 값 λ_n^1, λ_n^2, 그리고 λ_n^3에 대해 $\mathbf{x}_n = \lambda_n^1\mathbf{v}_n^1 + \lambda_n^2\mathbf{v}_n^2 + \lambda_n^3\mathbf{v}_n^3$임을 알 수 있다. 더군다나, 각각의 n과 j에 대하여 $\mathbf{y}_n^j = \mathbf{f}_n(\mathbf{v}_n^j)$이라 하면, 또한 $\mathbf{x}_n = \mathbf{f}_n(\mathbf{x}_n) = \lambda_n^1\mathbf{y}_n^1 + \lambda_n^2\mathbf{y}_n^2 + \lambda_n^3\mathbf{y}_n^3$이고 따라서 다음 식을 얻는다.

$$\mathbf{x}_n = \mathbf{f}_n(\mathbf{x}_n) = \lambda_n^1\mathbf{v}_n^1 + \lambda_n^2\mathbf{v}_n^2 + \lambda_n^3\mathbf{v}_n^3 = \lambda_n^1\mathbf{y}_n^1 + \lambda_n^2\mathbf{y}_n^2 + \lambda_n^3\mathbf{y}_n^3 . \tag{10.7}$$

T는 평면에서 컴팩트 부분집합이므로, 정리 7.16에 의해 T 안의 모든 수열은 수렴하는 부분수열을 가진다. $\mathbf{x}^*$를 수열 $(\mathbf{x}_n)$의 수렴하는 부분수열 $(\mathbf{x}_{j_n})$의 극한점이라 하자. $\mathbf{x}^*$가 집합함수 F의 고정점임을 보일 것이다.

삼각형 T_n의 변의 길이는 n이 무한대로 감에 따라 0으로 줄어들기 때문에 각 삼각형 T_{j_n}의 점들로 구성된 임의의 수열은 또한 $\mathbf{x}^*$로 수렴해야 한다. 그러므로 고정점으로 이루어진 수열 $(\mathbf{x}_{j_n})$과 대응되는 꼭짓점들 $(\mathbf{v}_{j_n}^1)$, $(\mathbf{v}_{j_n}^2)$, 그리고 $(\mathbf{v}_{j_n}^3)$로 이루어진 수열 모두 $\mathbf{x}^*$로 수렴한다.

구간 $[0,1]$은 $\mathbb{R}$에서 컴팩트이므로 정리 7.16에 의해 $[0,1]$ 안의 모든 수열은 수렴하는 부분수열을 가진다. 따라서 세 개의 계수 수열 $(\lambda_{j_n}^1)$, $(\lambda_{j_n}^2)$, 그리고 $(\lambda_{j_n}^3)$은 수렴하는 부분수열을 가진다. 비슷하게, 세 수열 $(\mathbf{y}_{j_n}^1)$, $(\mathbf{y}_{j_n}^2)$, 그리고 $(\mathbf{y}_{j_n}^3)$은 컴팩트 집합 T에서의 수열이고 그래서 또한 수렴하는 부분수열을 가진다. 이 모든 추가 수열들의 부분수열을 한 번에 취함으로써 하나의 첨자수열 (m_n)을 선택할 수 있어서 대응되는 열 개 부분수열이 수렴한다: $(\mathbf{x}_{m_n})$이 $\mathbf{x}^*$로, $(\mathbf{v}_{m_n}^1)$이 $\mathbf{x}^*$로, $(\mathbf{v}_{m_n}^2)$이 $\mathbf{x}^*$로, $(\mathbf{v}_{m_n}^3)$이 $\mathbf{x}^*$로, $(\lambda_{m_n}^1)$이 하나의 값 λ^1로, $(\lambda_{m_n}^2)$이 하나의 값 λ^2로, $(\lambda_{m_n}^3)$이 하나의 값 λ^3으로, $(\mathbf{y}_{m_n}^1)$이 한 점 $\mathbf{y}^1$로, $(\mathbf{y}_{m_n}^2)$이 한 점 $\mathbf{y}^2$로, $(\mathbf{y}_{m_n}^3)$이 한 점 $\mathbf{y}^3$으로.

m_n이 무한대로 감에 따라, 등식 10.7에 의해 $\mathbf{x}^* = \lambda^1\mathbf{y}^1 + \lambda^2\mathbf{y}^2 + \lambda^3\mathbf{y}^3$이다. 더욱이 $\lambda^1 + \lambda^2 + \lambda^3 = 1$이고 λ^1, λ^2, $\lambda^3 \in [0,1]$이다. 그러므로 $\mathbf{x}^*$은 꼭짓점이 $\mathbf{y}^1$, $\mathbf{y}^2$, 그리고 $\mathbf{y}^3$인 “삼각형” 안에 있다. (만약 정확히 $\mathbf{y}^i$들의 두 개가 같거나 만약 그들이 모두 같으면 그 삼각형은 각각 선분이거나 한 점이 되기 때문에 인용부호를 사용한다.)

F는 $T\times T$에서 닫힌 그래프를 가지므로 보조정리 10.13을 적용한다. 그러므로 수열 $\left(\mathbf{v}^1_{m_n}\right)$과 $\left(\mathbf{y}^1_{m_n}\right)$은 각각 $\mathbf{x}^*$과 $\mathbf{y}^1$로 수렴하고 각각의 m_n에 대하여 $\mathbf{y}^1_{m_n}\in F\left(\mathbf{v}^1_{m_n}\right)$이므로 $\mathbf{y}^1\in F(\mathbf{x}^*)$이다. 비슷하게 $\mathbf{y}^2\in F(\mathbf{x}^*)$이고 $\mathbf{y}^3\in F(\mathbf{x}^*)$이다.

그러나 $\mathbf{x}^*=\lambda^1\mathbf{y}^1+\lambda^2\mathbf{y}^2+\lambda^3\mathbf{y}^3$은 $F(\mathbf{x}^*)$ 안에 모두 놓여있는 꼭짓점 $\mathbf{y}^1$, $\mathbf{y}^2$, 그리고 $\mathbf{y}^3$을 가진 삼각형 안에 있다. $F(\mathbf{x}^*)$은 볼록이므로 $\mathbf{x}^*$은 또한 $F(\mathbf{x}^*)$ 안에 포함되어야 한다. 다시 말해서 우리가 보이고자 했던 대로 $\mathbf{x}^*\in F(\mathbf{x}^*)$이다.

지금까지 정의역이 평면에서의 하나의 삼각형일 때 2차원 카쿠타니 고정점 정리를 증명해 왔다. 평면에서의 일반적인 볼록다각형에 대해 증명하기 위해서 같은 풀이방법을 이용하지만 그러나 다각형을 삼각형으로 분할함으로써 시작한다. 처음 근사하는 함수 $\mathbf{f}_0$은 이 삼각형들의 꼭짓점 위에서 처음 정의되고 그 다음 이전에서 해왔던 것처럼 각각의 삼각형에 선형적으로 확장된다. 그래서 이전처럼 연이은 근사하는 함수들 $\mathbf{f}_n$은 새로운 삼각형들의 꼭짓점 위에서 정의되고 각각의 삼각형으로 선형적으로 확장함으로써 정의된다. 똑같은 증명방법으로 $\mathbf{x}^*\in F(\mathbf{x}^*)$인 $\mathbf{x}^*$가 존재한다. ■

2차원 카쿠타니 고정점 정리를 증명하는 이 방법은 n-차원 브라우어 고정점 정리가 증명에서 필요한 일반적인 n-차원 형태로 전달된다.

카쿠타니 고정점 정리는 브라우어 고정점 정리를 하나의 특수한 경우로 포함하지만, 이것을 증명하기 위해서는 브라우어 고정점 정리의 정의역을 하나의 다면체로 볼 필요가 있다.

$$P^n=\{(x_1,\ldots,x_n)\mid -1\le x_j\le 1,\ j=1,\ldots,n\}$$

이라 하자. 집합 P^n은 n-차원에서의 정육면체이다. 정의에 의해 P^n은 다면체이고 n-구체, B^n과 위상동형이다. P^n에서 브라우어 고정점 정리를 고려하자. 만약 $\mathbf{f}:P^n\to P^n$가 연속인 점함수라면, $\mathbf{f}$는 $\mathbf{x}\in P^n$을 한 점 집합 $\{\mathbf{f}(\mathbf{x})\}$로 보내는 집합함수로 간주될 수 있다. $\mathbf{f}$의 정의역은 컴팩트 다면체이고, $\{\mathbf{f}(\mathbf{x})\}$는 P^n에서 한 점 집합이고 그러므로 정의역에서 공집합이 아닌 볼록 부분집합이다. 더군다나, 점함수 $\mathbf{f}$은 연속이다; 따라서 연습문제 4.10에 의해 $\mathbf{f}$의 그래프는 $P^n\times P^n$에서 닫힌집합이다. 그래서 카쿠타니 고정점 정리를 적용하여 $\mathbf{x}\in\mathbf{f}(\mathbf{x})$인 $\mathbf{x}$가 존재하고, 그러므로 $\mathbf{x}=\mathbf{f}(\mathbf{x})$이다.

그러나 비록 브라우어 고정점 정리는 카쿠타니 고정점 정리의 특수한 경우이지만 브라우어 고정점 정리는 카쿠타니 고정점 정리의 증명에 필요하므로 후자는 전자를 대신할 수 없음을 깨닫는 것은 중요하다.

연습문제 10.3

10.18. 다음 각각의 집합함수에 대하여 그래프를 그리고 $F(x)$가 정의역의 모든 x에 대하여 볼록인지를 결정하시오.

(a) $F: \mathbb{R} \to_S \mathbb{R}$, $F(x)=\{y \in \mathbb{R} \mid y \leq x\}$.

(b) $G: \mathbb{R} \to_S \mathbb{R}$, $G(x)=\{nx \in \mathbb{R} \mid n \in \mathbb{Z}\}$.

(b) $H: \mathbb{R} \to_S \mathbb{R}^2$, $H(x)=\left\{(y_1, y_2) \in \mathbb{R}^2 \mid y_1 y_2 = x\right\}$.

10.19. 만약 $a, b \in [c, c+1)$인 정수 c가 존재한다면 $a \sim b$인 $\mathbb{R}$ 에서의 관계를 정의하자.

(a) $\sim$은 동치관계임을 보이시오.

(b) $f: \mathbb{R} \to_S \mathbb{R}$를 $f(x)=[x]$로 정의된 집합함수라 하자. 여기에서 $[x]$는 동치관계 $\sim$에 의한 동치류이다. f의 그래프를 그리시오.

(c) (b)에서 정의된 f에서 모든 $x \in \mathbb{R}$에 대하여 $f(x)$는 볼록인가?
(일반적으로 집합 X에서의 동치관계는 X의 각각의 점 x를 그것을 포함하는 X의 동치류로 보내는 집합함수를 자연스럽게 정의한다.)

10.20. $\mathbb{R}$ 에서의 다면체는 닫힌이고 유계인 구간 $[a, b]$이어야 함을 증명하시오.

10.21. X가 구간 $[a, b]$인 경우에 카쿠타니 고정점 정리의 증명을 설명하시오. 증명에 F, f_0, 그리고 f_1의 그래프들의 그림과 고정점 x_0와 x_1을 포함하시오.

10.22. 다음 각각의 집합함수에 카쿠타니 고정점 정리가 적용되는지 결정하시오. X가 다면체이고, 모든 $x \in X$에 대하여 $F(x)$가 볼록이고, 그리고 F의 그래프가 닫힌임을 확인해야 한다. 만약 카쿠타니 고정점 정리가 적용된다면, F에 대해 고정점을 최대한 많이 찾으시오.

(a) $X=[0, 1]$ 그리고 $F(x)=\{y \in [0, 1] \mid y \geq 1-x\}$.

(b) $X=[0, 1]$ 그리고 $F(x)=\left\{y \in [0, 1] \mid \dfrac{y}{x}\text{는 무리수}\right\}$.

(c) $X=[0, 1]$ 그리고 $F(x)=\{y \in [0, 1] \mid y \leq x^2\}$.

(d) $X=[0, \infty)$ 그리고 $F(x)=\{y \in [0, \infty) \mid y \geq 2x\}$.

(e) $X=[0, 1] \cup [2, 3]$ 그리고

$$F(x)=\begin{cases} [2, 3] & x \in [0, 1], \\ [0, 1] & x \in [2, 3]. \end{cases}$$

(f) $X = [0,1]\times[0,1]$ 그리고

$$F(x,y) = \{(x,y)\in[0,1]\times[0,1] \mid x \ge y \text{ 그리고 } y = 1-x\}.$$

10.23. 카쿠타니 고정점 정리에서 다음 각각의 가정에 대해 그 가정이 빠진다면 그 정리가 성립하지 않은 예시를 찾으시오. 다시 말해서 두 가정은 만족하지만 고정점을 가지지 않은 집합함수 $F: X \to_S X$를 찾으시오.

(a) X는 다면체이다.

(b) 모든 $x\in X$에 대하여 $F(x)$는 볼록이다.

(c) G_F는 닫힌집합이다.

10.4 게임이론과 내쉬균형

이 절에서는 게임이론을 소개하고 n명 사람의 게임에서 평형의 존재성에 대한 존 내쉬(John Nash)의 유명한 정리를 증명하기 위해 사용되는 카쿠타니 고정점 정리의 응용을 다룰 것이다. 비록 앞으로 나올 모든 것이 n명 게임에 적용되지만 표기를 간단하기 위해서 최대 3명으로 제한시킬 것이다.

일라인(Elaine), 조지(George), 그리고 뉴만(Newman)이 게임을 한다고 가정하자. 주어진 차례에서 세 명 각각이 할 수 있는 유한개의 수[1]를 가진다. 일라인에 대해서 이 수들을 1부터 n_E까지 표시한다. 조지의 수에는 1에서 n_G까지 표시한다. 그리고 뉴만에게는 1부터 n_N까지 표시한다. 이러한 수를 순수전략이라 부른다.

세 선수 모두 다른 선수가 무슨 수를 뒀는지 모르는 상태에서 수를 두는 것으로 게임의 규칙을 정한다. 그 다음에 그들 각각은 어느 정도 상금을 받는다. 일라인이 수 i를 선택했을 때, 조지는 수 j를 선택하고, 그리고 뉴만은 k를 선택한다. 따라서 일라인은 상금 E_{ijk}를 받고, 조지는 상금 G_{ijk}를 받고, 뉴만은 상금 N_{ijk}을 받는다. 각 선수는 $n_E\times n_G\times n_N$ 3차원 상금배열을 가지고 있고 세 선수 모두 세 개의 상금배열들을 잘 알고 있다.

물론 만약 일라인이 항상 똑같은 수를 선택한다면 조지와 뉴만이 그들의 상금이 최대가 되기 위해 어떻게 하는 것이 최선인지 결정하는 것은 그리 오래 안 걸릴 것이다. 그래서 일관되게 수 i를 선택하는 대신, 일라인은 다른 전략을 선택할 것이다. 그녀는 어떤 확률을

1) 장기나 체스에서의 말의 움직임

가지고 각각의 수를 선택할 것이다.

이렇게 하는 것이 합리적이다. 예를 들어, 포커게임에서 한 선수가 어떤 카드가 손에 주어질 때마다 허세를 부리는 것을 원하지 않는다. 왜냐하면 다른 선수들이 그녀가 일관되게 행동하고 있다는 사실을 눈치 챌지도 모르기 때문이다. 오히려, 그녀가 어떤 확률을 가지고 미리 결정을 했다는 것에 허세를 부려야 한다. 이것은 그녀의 전략이다. 그러면 특정한 카드 패턴도 그녀의 허세와 연결되지 않는다.

일라인이 수 i를 선택할 확률을 p_i로, 조지가 j를 선택할 확률을 q_j로, 뉴만이 k를 선택할 확률을 r_k로 표시한다. 다음과 같은 기본적인 확률 가정을 둔다.

$$\text{모든 } i, j, k\text{에 대하여 } p_i \geq 0,\ q_j \geq 0,\ \text{그리고 } r_k \geq 0, \tag{10.8}$$

그리고

$$\sum_i p_i = 1,\ \sum_j q_j = 1,\ \ \text{그리고}\ \sum_k r_k = 1. \tag{10.9}$$

정의 10.16. 대응하는 확률벡터

$$\mathrm{p} = (p_1, p_2, \ldots, p_{n_E}),\ \mathrm{q} = (q_1, q_2, \ldots, q_{n_G})\ \text{그리고}\ \mathrm{r} = (r_1, r_2, \ldots, r_{n_N})$$

을 **혼합전략**이라 한다.

이제 각 선수들에 대한 상금은 기댓값이 된다. 일라인에 대해서는

$$E(\mathrm{p}, \mathrm{q}, \mathrm{r}) = \sum_{i,j,k} E_{ijk}\, p_i q_j r_k$$

으로 주어진다. 이 기댓값은 가능한 상금이 발생하는 확률이 곱해진 상금들의 합이다. 조지와 뉴만에 대해서도 각각 기댓값 $G(\mathrm{p}, \mathrm{q}, \mathrm{r})$과 $N(\mathrm{p}, \mathrm{q}, \mathrm{r})$을 정의한다. 만약 일라인, 조지, 그리고 뉴만이 충분히 여러 번 게임을 한다면, 그들의 상금 평균이 각각 근사적으로 $E(\mathrm{p}, \mathrm{q}, \mathrm{r})$, $G(\mathrm{p}, \mathrm{q}, \mathrm{r})$, 그리고 $N(\mathrm{p}, \mathrm{q}, \mathrm{r})$이 될 것이다.

예 10.9. 일라인, 조지, 그리고 뉴만이 저녁식사 장소를 결정하고 있다고 하자. 그들은 한국식당과 뉴요커 간이식당 중 하나를 선택할 수 있다. 모두 "한국" 또는 "간이식

당" 중 하나를 동시에 말하기로 동의한다. 만약 두 명이 동의하고 나머지 한 명이 그렇지 않다면 두 명이 동의한 식당에 모두 가고, 나머지 한 명은 다른 두 명에게 저녁 식사비 10달러를 지불해야 한다. 세 명 모두 동의하면, 그들이 선택한 식당에 가고, 저녁식사비를 각각 지불한다.

일라인의 상금배열은

$$E_{ijk} = \begin{cases} -20, & i \neq j = k \\ 0, & i = j = k \\ 10, & \text{위와 다른 경우} \end{cases}$$

형태의 항목들을 가진다. 조지와 뉴만의 상금배열은 비슷하게 정의된다.

어느 저녁시간이든지 일라인, 조지, 그리고 뉴만이 한국식당 또는 간이식당을 뽑을 확률은 모두 같다고 가정하자. 그러면 그들의 혼합전략은 모두 같고, 즉 $\mathrm{p} = \mathrm{q} = \mathrm{r} = \left(\frac{1}{2}, \frac{1}{2}\right)$ 이다. 이것으로부터 일라인 상금의 기댓값을 계산할 수 있다. 그 기댓값은

$$E = -20\left(\frac{1}{4}\right) + 0\left(\frac{1}{4}\right) + 10\left(\frac{1}{4}\right) = 0$$

이다. 비슷하게 조지와 뉴만의 기댓값은 또한 모두 0이다.

이제 한 특정한 게임에서, 일라인이 조지와 뉴만이 각각 혼합전략 q와 r를 사용하고 있다는 것을 안다고 가정하자. 일라인의 목표는 가능한 최대 상금을 얻는 것이다; 즉, 그녀는 주어진 q와 r에서 그녀의 기댓값을 가장 크게 하기를 원한다. 그리하여 모든 가능한 확률 벡터 p′에 대하여 $E(\mathrm{p}, \mathrm{q}, \mathrm{r}) \geq E(\mathrm{p}', \mathrm{q}, \mathrm{r})$이 되도록 전략 p를 찾기를 원한다. 일라인에 대해 그러한 전략이 하나 이상 존재할 수도 있고 그러므로 다음 정의가 나온다.

정의 10.17. $P(\mathrm{q}, \mathrm{r})$은 모든 가능한 혼합전략 p′에 대하여 $E(\mathrm{p}, \mathrm{q}, \mathrm{r}) \geq E(\mathrm{p}', \mathrm{q}, \mathrm{r})$을 만족시키는 전략 p들의 모임이라 하자. 이 모임은 **혼합전략 q와 r에 연관된 최적의 혼합전략들의 집합**이라 부른다.

비슷하게 $Q(\mathrm{p}, \mathrm{r})$은 p와 r이 주어졌을 때 그 상금을 최대로 하는 조지의 최적의 혼합전략의 집합이고, $R(\mathrm{p}, \mathrm{q})$은 p와 q가 주어졌을 때 대응하는 뉴만의 최적의 혼합전략의 집합

이다.

이제 일라인이 기댓값 $E(\mathrm{p}, \mathrm{q}, \mathrm{r})$을 최대화하기 위해 벡터들을 어떻게 선택하는가? 고정된 q와 r에 대해 그 기댓값은 다음과 같이 p의 성분들 사이의 선형등식이다:

$$E(\mathrm{p}, \mathrm{q}, \mathrm{r}) = \sum_{i,j,k} E_{ijk}\, p_i q_j r_k = \sum_i \Big(\sum_{j,k} E_{ijk}\, q_j r_k\Big) p_i. \tag{10.10}$$

$a_i = \sum_{j,k} E_{ijk} q_j r_k$라 할 때, 등식 10.10은 다음과 같이 다시 쓸 수 있다.

$$E(\mathrm{p}, \mathrm{q}, \mathrm{r}) = a_1 p_1 + a_2 p_2 + \cdots + a_{n_E} p_{n_E}.$$

일단 기댓값을 이러한 방식으로 다시 쓸 수 있다면, 다음 예에서처럼 어떻게 기댓값을 최대화하는지는 확실히 알 수 있다.

예 10.10. 일라인, 조지, 그리고 뉴만이 하는 특정한 게임에서 일라인이 선택할 수 있는 수가 5가지 있다고 가정하자. 더욱이 조지와 뉴만의 고정된 혼합전략 q와 r에 대하여 일라인의 상금의 기댓값이

$$E(\mathrm{p}, \mathrm{q}, \mathrm{r}) = 3p_1 + 5p_2 + 4p_3 + 5p_4 + p_5$$

이라고 가정하자. 그녀는 $E(\mathrm{p}, \mathrm{q}, \mathrm{r})$을 최대화하기 위해 $\mathrm{p} = (p_1, p_2, p_3, p_4, p_5)$를 찾기를 원한다. 확실히 일라인의 최선의 선택은 p의 성분들에 대해서 가장 큰 계수를 가진 성분은 가능한 한 크게 그 보다 작은 계수들의 성분은 가능한 한 작게 만드는 것이다. 이 경우, 가장 큰 계수는 5이다. 그래서 $p_1, p_3,$ 그리고 p_5은 0으로 선택되어져야 한다. p_2와 p_4의 계수는 5이기 때문에 $p_2 = 1$과 $p_4 = 0$으로 선택할 수 있다. 또는 $p_2 = 0$과 $p_4 = 1$을 선택할 수 있다. 사실은 p_2와 p_4의 합이 1이 되는 어떠한 조합도 선택할 수 있다. 그녀는 여전히 상금을 최대로 하는 확률벡터를 가질 것이다. 그러므로 그녀는 최적의 혼합전략 집합으로 다음과 같이 선택한다.

$$P(\mathrm{q}, \mathrm{r}) = \{(0, p_2, 0, p_4, 0) \mid p_2 + p_4 = 1,\ p_2 \geq 0,\ p_4 \geq 0\}.$$

일반적으로 혼합전략 집합 $P(\mathrm{q}, \mathrm{r})$은 다음과 같다.

$$P(\mathrm{q}, \mathrm{r}) = \Big\{\mathrm{p} \mid \sum_i p_i = 1 \text{ 그리고 만약 } a_i < \max_j\{a_j\} \text{이면 } p_i = 0\Big\}. \tag{10.11}$$

결과적으로 $P(\mathrm{q},\mathrm{r})$은 $\mathbb{R}^{n_E}$에서 닫힌, 유계이고, 그리고 볼록 부분집합이다. (연습문제 10.26 참조.)

이제 만약 일라인이 조지와 뉴만의 고정 전략 q와 r에 대응하여 최적의 혼합전략 p를 선택한다면, 조지는 일라인과 뉴만이 혼합전략 p와 r를 선택한 상황에서 그의 혼합전략이 최적이 되게 바꾸기를 원할 것이다. 그리고 물론 뉴만은 그의 혼합전략 또한 변경하기를 원할 것이다.

모든 선수들이 동시에 최적의 혼합전략을 사용하도록 하는 혼합전략 선택이 있는지 알고 싶다. 그 상황에서는 선수들이 전략을 바꾸게 하는 동기는 없을 것이다.

정의 10.18. 만약 $\mathrm{p}\in P(\mathrm{q},\mathrm{r}), \mathrm{q}\in Q(\mathrm{p},\mathrm{r})$, 그리고 $\mathrm{r}\in R(\mathrm{p},\mathrm{q})$이면 혼합전략 벡터 p, q 그리고 r은 **게임을 해결한다**라고 말한다. 그 때 p, q 그리고 r을 **내쉬균형**이라 한다.

내쉬균형에서는 다른 누구도 전략을 바꾸지 않는다는 가정하에서 어떠한 선수도 전략을 바꿀 동기를 가지지 않는다. 각 선수들은 다른 선수들의 현재 전략이 주어졌을 때 가질 수 있는 한 많은 상금을 가진다.

1950년 프린스턴 대학에서의 박사학위 논문에서 존 내쉬는 모든 게임은 최소한 하나의 균형(후에 내쉬균형으로 알려진)을 가진다고 증명했다. 그의 결과는 게임이론 분야에 대변혁을 일으켰고 그 이후에 경제와 사회과학에 커다란 영향력을 미쳤다. 1994년에 경제학에서 노벨상은 존 내쉬, 라인하르트 젤튼(Reinhard Selten), 그리고 존 하사니(John C. Harsanyi)에게 수여됐고 뒤의 두 사람은 여러 균형들이 존재한 상황과 각 선수들이 다른 선수들의 전략에 대해 완전한 정보를 가지지 않는 상황에 대한 내쉬균형의 수정으로 상을 받았다.

내쉬의 정리를 곧바로 제시하고 증명하겠지만, 먼저 하나의 예시를 다룬다.

예 10.11. 예 10.9의 식당게임에서의 내쉬균형을 결정하자. 일라인 관점으로부터의 상황을 고려한다. $\mathrm{p}=(a,1-a)$를 그녀의 혼합전략이라 하자. 그래서 a는 그녀가 한국식당을 선택할 확률이고, $1-a$는 간이식당을 선택할 확률이다. 비슷하게 조지의 혼합전략을 $\mathrm{q}=(b,1-b)$, 뉴만의 혼합전략을 $\mathrm{r}=(c,1,-c)$라 하자.

그러면 일라인의 상금의 기댓값은

$$E = 10[ab(1-c) + a(1-b)c + (1-a)(1-b)c + (1-a)b(1-c)] \\ -20[a(1-b)(1-c) + (1-a)(bc)]$$

이고 다음과 같이 간단해진다.

$$E = 10[2a(b+c-1) + c + b - 3cb].$$

당분간 b와 c는 고정되어 있다고 하자. 일라인이 적절한 a를 선택함으로 어떻게 E를 최대화할 수 있는지 알아보자. 합 $b+c$에 대한 세 가지 가능성을 고려한다. 만약 $b+c>1$이면 일라인은 $a=1$을 선택함으로써 최대를 얻는다. $b+c>1$이기 때문에 b와 c는 양수이고 그래서 $a=1$인 상황에서 $a+b$와 $a+c$ 모두 1보다 크다는 것을 알 수 있다. 그 다음에 $a+c>1$인 경우 일라인에 사용했던 똑같은 논거에 의해 조지는 $b=1$을 선택함으로써 그의 기댓값을 최대화할 수 있다. 마찬가지로 $c=1$을 선택함으로써 뉴만은 기댓값을 최대화할 수 있다. 그래서 $a=b=c=1$은 내쉬균형이다. 이 균형은 모두 한국식당을 항상 선택하는 것에 해당한다.

똑같은 방식으로 만약 $b+c<1$이면 세 선수 모두 $a=b=c=0$의 선택으로 기댓값을 최대화할 것이다. (연습문제 10.27 참조.) 그러므로 모두 간이식당을 항상 선택하는 것은 두 번째 내쉬균형이다.

마지막 고려할 가능성은 $b+c=1$이다. 이 경우에는 기댓값에 관한한 일라인이 어떠한 확률을 선택하더라도 상관없다. 그러나 조지와 뉴만 관점에서는 다르다. 만약 $a+b$ 또는 $a+c$가 1과 같지 않다면 앞에서 봤듯이 해당 선수는 확률을 0 또는 1로 바꿀 것이고 이것은 다른 선수들로 하여금 바꾸게 하고 각 선수들이 앞서 언급한 두 내쉬균형 중 하나에 안착하게 된다. 이것이 발생하지 않는 유일한 경우는 $a+b=1$, $a+c=1$, 그리고 $b+c=1$일 때이다. 이 경우에는 $a=1/2, b=1/2$, 그리고 $c=1/2$이다. 그래서 이것이 세 번째 내쉬균형이 된다; 이것은 각 선수들이 두 식당을 절반씩 선택하는 것에 해당된다.

내쉬의 정리를 알아보기 전에 그것과 관련된 요소들을 살펴 본다:

(i) n명 게임에서 각 선수는 둘 수를 선택하고 각 수는 다른 선수들의 수를 알지 못한 채 행해진다.

(ii) 각 선수들에게는 상금배열이 있는데 그것은 각 선수들의 수의 선택의 모든 가능한 결과에 대해 선수가 받는 상금이다.

(iii) 각 선수들은 혼합전략을 선택할 수 있고, 혼합전략들의 결합된 선택은 각 선수들의 평균 상금, 또는 기댓값을 결정한다.

(iv) 각 선수들은 다른 선수들의 혼합전략의 선택에 대한 최적의 혼합전략 집합을 가지고 있다. 각 최적 혼합전략은 다른 선수들의 혼합전략이 주어진 상황에서 가능한 최대 기댓값을 가져온다.

(v) 내쉬균형은 다른 선수들의 혼합전략에 관하여 가능한 각 선수들의 최대 기댓값을 제공하는 혼합전략들의 하나의 선택이다.

정리 10.19. 내쉬의 정리. 임의의 n명 게임에서 내쉬균형은 존재한다.

증명 간단히 표현하기 위해 3명 게임에 대한 증명을 하고, 그러나 똑같은 증명은 n명 게임에도 적용된다. 세 개의 상금배열 E_{ijk}, G_{ijk}, 그리고 N_{ijk}이 주어졌을 때, 게임을 해결하는 혼합전략들 p^*, q^*, 그리고 r^*의 집합이 있다는 것을 증명해야 한다.

$m=n_E+n_G+n_N$이 하자. 혼합전략 벡터 $\mathrm{p}=(p_1, p_2, \ldots, p_{n_E})$, $\mathrm{q}=(q_1, q_2, \ldots, q_{n_G})$, 그리고 $\mathrm{r}=(r_1, r_2, \ldots, r_{n_N})$의 하나의 선택에 대해 다음과 같이 이 벡터들의 성분들을 연결함으로써 하나의 m-벡터를 정의한다:

$$\mathrm{w}=(\mathrm{p}, \mathrm{q}, \mathrm{r})=(p_1, p_2, \ldots, p_{n_E}, q_1, q_2, \ldots, q_{n_G}, r_1, r_2, \ldots, r_{n_N})$$

그러한 벡터 w는 각 선수들 개개인의 혼합전략들의 결합된 선택을 나타낸다. 그 성분들은 부등식 10.8과 10.9를 만족해야 한다. 따라서 가능한 벡터들 w의 집합은 $\mathbb{R}^m$에서 하나의 다면체 X이다.

X에 하나의 집합함수

$$F(\mathrm{p}, \mathrm{q}, \mathrm{r})=\{(\mathrm{p}', \mathrm{q}', \mathrm{r}') \mid \mathrm{p}' \in P(\mathrm{q}, \mathrm{r}),\ \mathrm{q}' \in Q(\mathrm{p}, \mathrm{r}),\ \mathrm{r}' \in R(\mathrm{p}, \mathrm{q})\}$$

을 정의한다. 다시 말해서, 벡터 $\mathrm{w}=(\mathrm{p}, \mathrm{q}, \mathrm{r})$은 처음 n_E 성분들이 조지와 뉴만이 전략 q와 r를 가진 상황에서 일라인의 최적의 전략; 그 다음 n_G 성분들이 일라인과 뉴만의 전략 p와 r하에서 조지의 최적의 전략; 마지막 n_N 성분들이 일라인과 조지의 전략 p와 q하에서 뉴만의 최적의 전략이라는 성질을 가진 벡터들의 집합으로 보내어진다.

만일 $\mathrm{w}^* \in F(\mathrm{w}^*)$인 w^*가 존재한다는 것을 보인다면, 정리를 증명하게 되는데 그 이유는 그러한 벡터 $\mathrm{w}^*=(\mathrm{p}^*, \mathrm{q}^*, \mathrm{r}^*)$는 $\mathrm{p}^* \in P(\mathrm{q}^*, \mathrm{r}^*)$, $\mathrm{q}^* \in Q(\mathrm{p}^*, \mathrm{r}^*)$, 그리고

$r^* \in R(p^*, q^*)$인 세 개의 벡터 p^*, q^*, 그리고 r^*으로 구성되어 있기 때문이다. 그래서 집합함수 $F: X \to_S X$의 고정점이 존재한다는 것을 증명해야 한다.

카쿠타니의 고정점 정리가 F에 적용된다는 것을 보이고자 한다. X가 $\mathbb{R}^m$에서 다면체라는 것은 전에 보였다. 각각의 $P(q, r)$, $Q(p, r)$, 그리고 $R(p, q)$는 볼록이기 때문에 $F(w)$ 또한 볼록이다. (연습문제 10.25 참조.) 그러므로 그래프 G_F가 $X \times X \subset \mathbb{R}^{2m}$에서 닫힌집합임을 보이기만 하면 된다. (x_0, y_0)을 G_F의 극한점이라 하자. 임의의 양의 정수 k에 대하여 G_F와 (x_0, y_0)이 중심이고 반지름이 $1/i$인 공의 교집합 안의 한 점 (x_i, y_i)를 선택하자. (x_0, y_0)로 수렴하는 G_F의 점들 (x_i, y_i)의 수열을 얻는다. $x_i = (p_i, q_i, r_i)$, $y_i = (s_i, t_i, u_i)$, $x_0 = (p_0, q_0, r_0)$, 그리고 $y_0 = (s_0, t_0, u_0)$이라 하자. 그러면 다음 수렴하는 수열들을 가진다: (p_i)은 p_0으로, (q_i)은 q_0으로, (r_i)은 r_0으로, (s_i)은 s_0으로, (t_i)은 t_0으로, 그리고 (u_i)은 u_0으로.

모든 i에 대하여 $y_i \in F(x_i)$이므로 $s_i \in P(q_i, r_i)$, $t_i \in Q(p_i, r_i)$, 그리고 $u_i \in R(p_i, q_i)$이다. 따라서, 모든 p', q', 그리고 r'에 대하여,

$$E(s_i, q_i, r_i) \geq E(p', q_i, r_i)$$

$$G(p_i, t_i, r_i) \geq G(p_i, q', r_i), \text{ 그리고}$$

$$N(p_i, q_i, u_i) \geq N(p_i, q_i, r').$$

E, G, 그리고 N은 연속함수이므로 이 부등식들은 i가 무한대로 가는 극한을 취했을 때 성립한다. (연습문제 10.24 참조.) 이것은

$$E(s_0, q_0, r_0) \geq E(p', q_0, r_0)$$

$$G(p_0, t_0, r_0) \geq G(p_0, q', r_0), \text{ 그리고}$$

$$N(p_0, q_0, u_0) \geq N(p_0, q_0, r')$$

을 의미한다.

그러므로 $s_0 \in P(q_0, r_0)$, $t_0 \in Q(p_0, r_0)$, 그리고 $u_0 \in R(p_0, q_0)$이다. 따라서 $y_0 \in F(x_0)$이고 그러므로 (x_0, y_0)은 F의 그래프 안에 있다. 결국 F의 그래프는 닫힌집합이다. 이제 카투타니 고정점 정리를 적용하고 그래서 보이고 싶었던 $w^* \in F(w^*)$인 w^*가 존재한다. ■

이와 같이, 세 명 게임에 대해 내쉬균형이 존재하고 그러므로 각 선수는 다른 선수들의

혼합전략 선택에 관련하여 최대 기댓값을 가지는 혼합전략을 선택하는 것이 가능하다는 것을 확인했다.

비록 증명은 세 명 게임에 관련되지만, 내쉬균형을 존재성을 수립하기 위해서는 일반 형태의 카투타니 고정점 정리가 필요하다. 왜냐하면 우리가 다루고 있는 공간의 차원을 결정하는 것은 선수들의 수보다는 오히려 선수들이 할 수 있는 수의 개수이기 때문이다.

이전에 시사했듯이, 이 결과들은 임의의 양의 정수 n에 대하여 n명 게임으로 확장된다. 일반적인 경우의 증명은 카투타니 고정점 정리가 내쉬균형의 존재성을 성립하게 하는 본질적으로 여기에 제시했던 증명과 같다.

예 10.12. 여기서 고전적인 2명 죄수 딜레마 게임의 예를 살펴본다. 조지와 뉴만은 한 범죄로 기소됐고 각각은 분리돼서 그 범죄에 대해 심문을 받았다. 검사는 유죄에 대한 충분한 증거를 가지고 있지 않기 때문에 조지와 뉴만 각각은 상대방에 대한 범죄를 이야기하는 조건으로 최소한의 형을 제안 받았다. 그래서 조지와 뉴만 각각은 침묵하거나 상대방에 대한 죄를 이야기할 수 있다.

만약 조지와 뉴만 모두 침묵을 선택한다면, 각각은 경범죄에 대한 6개월 형을 받을 것이다. 만약 그들 각각이 상대방에 대한 죄를 이야기 한다면, 그들은 검찰측을 도와줬기 때문에 감형된 24개월 형을 받는다. 만약 한 명은 침묵한 반 면 다른 한 명이 말한다면, 침묵한 사람은 72개월 형을 전부 받은 반면에 말한 사람은 3개월 형을 받는다.

각각의 사람에 대해 네 가지 가능한 결과와 그에 따른 형기간이 그림 10.11의 상금행렬에 주어졌다. 그 행렬의 상금 $G_{i,j}$와 $N_{i,j}$은 각각의 상황에서 조지와 뉴만이 받을 형(달 단위로)을 나타낸다. 물론 여기서 각각의 바램은 형을 최소화하는 것이다.

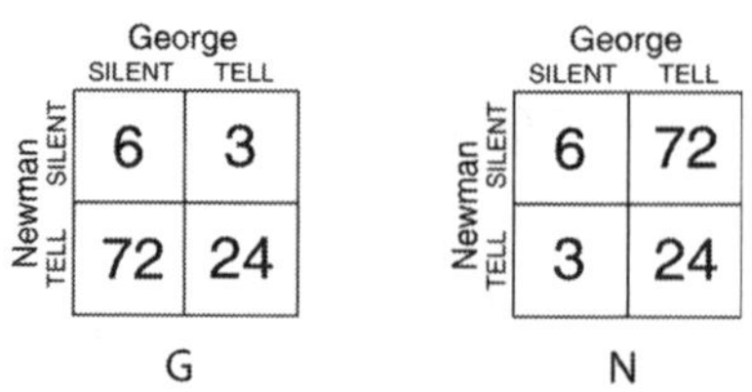

(그림 10.11) 죄수의 딜레마 상금행렬.

이 게임에서 유일한 내쉬균형은 두 죄수 모두 항상 상대방 죄를 말하게 하는 것임을 쉽게 보일 수 있다. (연습문제 10.28 참조.) 그러나 내쉬균형은 게임의 가장 좋은 협조적인 결과를 만들어 내지 않음을 주의하자. 만약 조지와 뉴만이 미리 침묵하자고 의견을 모으면 내쉬균형에서의 결과보다 더 좋은 결과를 받을 것이다. 그러나 그 게임은 협조적으로 진행되지 않기 때문에, 각 선수들에 대해 자기는 침묵으로 남는 반면에 다른 선수는 말하게 하는 위협이 그 선수로 하여금 침묵에서 벗어나서 내쉬균형으로 유도한다.

연습문제 10.4

10.24. $f: X \to \mathbb{R}$ 은 연속함수이고, (x_i)는 x_0로 수렴하고, 그리고 (y_i)는 y_0로 수렴한다고 가정하자. 만약 모든 i에 대하여 $f(x_i) \geq f(y_i)$이면, $f(x_0) \geq f(y_0)$임을 보이시오.

10.25. 만약 A가 $\mathbb{R}^n$의 볼록 부분집합이고 B가 $\mathbb{R}^m$의 볼록 부분집합이면 $A \times B$는 $\mathbb{R}^{m+n}$의 볼록 부분집합임을 증명하시오.

10.26. 최적의 혼합전략들의 집합 $P(\mathsf{q}, \mathsf{r})$가 등식 10.11을 만족할 때, $P(\mathsf{q}, \mathsf{r})$는 $\mathbb{R}^{n_E}$의 닫힌이고 유계인 볼록 부분집합임을 증명하시오.

10.27. 예 10.11에서 만약 $b+c<1$ 상황에서 내쉬균형을 가진다면, $a=b=c=0$임을 보이시오.

10.28. 예 10.12의 죄수 딜레마 게임에서 오직 내쉬균형은 두 죄수가 상대방 죄를 항상 말하게 하는 것임을 보이시오.

10.29. 일라인, 조지, 뉴먼은 예 10.9에 있는 똑같은 식당 게임을 하고 있다. 그러나 다음과 같이 게임을 한다고 가정하자.

(i) 만약 일라인이 어떠한 선택을 하든 조지와 뉴먼이 일치하면은, 조지와 뉴먼이 선택한 식당을 가고 일라인은 커피에 대한 3달러를 각각 그들에게 지불해야 한다.

(ii) 만약 일라인의 선택이 조지 또는 뉴먼 중 한 명만 일치한다면 일치한 두 명에 의해 선택된 식당에 가고 나머지 한명은 저녁식사에 대한 10달러를 다른 두 사람 각각에 지불해야 한다.

(iii) 만약 세 명 모두 일치한다면, 그들이 선택한 식당에 가고 조지와 뉴만은 각각 일라인에게 저녁식사에 대한 3달러를 지불해야 한다.

이 게임에 대한 모든 내쉬균형을 찾으시오.

10.30. 일라인, 조지, 뉴먼은 예 10.9에서처럼 똑같은 게임에서 한국 식당, 보보버거, 또는 패트피자를 선택할 수 있다. 둘 또는 세 사람이 일치하면 지불하는 것은 예 10.9의 게임과 같고, 세 명 모두 일치하지 않을 때에는 모두 집에서 먹고 지출이 없다고 가정하자.

(a) 어떤 식당을 외칠 것인가 결정하기 위해 세 명 모두 혼합전략 벡터 $\left(\frac{1}{3}, \frac{1}{3}, \frac{1}{3}\right)$을 사용한다면 기댓값들은 무엇인가?

(b) 이 게임에 대한 모든 내쉬균형을 찾으시오.

넣기

chapter 11

위상공간의 연구와 더불어 위상의 중요한 요소는 위상공간들이 다른 공간에 어떻게 넣을 수 있는지를 이해하는 것이다. 한 위상공간 X를 다른 위상공간 Y 안으로 넣기(embedding)는 4.2절에서 X로부터 Y의 부분공간으로의 위상동형사상으로 정의했다. 이러한 방법으로 X를 Y 안에 넣는 것에 대한 아이디어를 정확히 할 것이다.

이 장에서는 11.1절의 많은 흥미로운 넣기 질문들과 결과들의 개요로 시작해서 위상에서 다양한 중요한 넣기 정리들을 탐색할 것이다. 11.2절에서는 위상에서 고전적인 정리인 조르단 곡선 정리를 증명하는데 그 정리는 평면에 넣어진 원은 그 평면을 두 연결성분으로 나누는데 그 두 성분 각각은 넣어진 원을 경계로 가진다는 것이다. 11.3절에서는 조르단 곡선 정리의 디지털 형태를 소개하고 디지털 이미지 프로세싱으로의 응용을 논의한다.

11.1 일부 넣기 결과들

이 절에서는 두 가지 근본적인 넣기 질문을 고려한다:

(i) 주어진 위상공간 X와 Y에 대하여 Y 안으로의 X의 넣기가 존재하는가?

(ii) 만약 Y 안에 X의 넣기가 존재한다면, X의 넣기의 상이 Y 안에 어떻게 놓여 있는지에 대해 무엇을 말할 수 있는가?

정의 11.1. 만약 $f: X \to Y$가 공간 X의 공간 Y 안으로의 넣기라면, X는 Y에 **넣기 가능하다** 또는 X를 Y 안에 **넣을 수 있다**고 말한다. 더군다나 Y를 **넣는 공간**이라 부르고 상 $f(X)$를 **넣어진 상**이라 부른다.

이 책의 앞부분에서 넣기의 용어를 사용하지 않고 첫 번째 질문에 관련된 결과를 소개했다. 3.4절에서 클라인 병을 소개했을 때, 그것은 3차원 공간에 존재하지 않는다는 것을 보였다. 다시 말해서 $\mathbb{R}^3$ 안에 클라인 병의 넣기는 존재하지 않는다. 사영평면에서 대해서도 똑같이 성립한다. 이 책에서 이러한 넣기 불가능의 결과들을 증명하는 도구들을 전개시키지 않고, 그러나 이 절에서는 클라인 병은 $\mathbb{R}^4$ 안에 넣기 가능하다는 것을 증명하고 연습문제 11.9에서는 $\mathbb{R}^4$ 안에 사영평면의 넣기를 찾는 문제를 제시한다.

위상공간에 원의 넣기를 고려하는 것으로 시작하자. 그러한 넣기의 상은 단순닫힌곡선이라 정의했다. S^1은 컴팩트이므로 단순닫힌곡선은 넣는 공간에서 컴팩트 부분집합이 된다.

$\mathbb{R}$ 에는 단순닫힌곡선은 없고 원 S^1에서는 유일한 단순닫힌곡선은 그 원 자체이다. (연습문제 11.1 참조.)

단순닫힌곡선이 흥미롭게 되기 위해 넣는 공간의 다른 차원이 필요하고 그래서 평면에서의 단순닫힌곡선을 고려하자. 그 곡선은 그림 11.1의 왼쪽에서 볼 수 있듯이 간단할 수 있고 또한 그림 오른쪽에서 볼 수 있듯이 평면의 한 영역 도처에 감아 돌면서 매우 복잡할 수 있다. 그럼에도 불구하고 평면에서 단순닫힌곡선은 조르단 곡선 정리에 의해 확인되듯이 공통점이 많다.

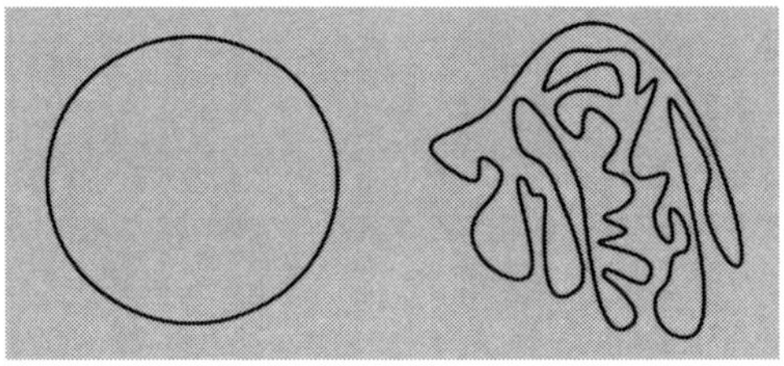

(그림 11.1) 평면에서의 단순닫힌곡선들.

정리 11.2. 조르단 곡선 정리. S를 $\mathbb{R}^2$에서 단순닫힌곡선이라 하자. 그러면 $\mathbb{R}^2 - S$는 두 연결성분으로 구성되고, S는 각각의 연결성분의 경계이다.

이 정리는 카밀 조르단(Camille Jordan, 1838-1922)에 의해 1887년 그의 논문 Cours d'Analyse de l'École Polytechnique에서 처음 나타났다. 하지만, 그의 증명은 틀렸다. 18년 이후인 1905년에 오스왈드 베블렌(Oswald Veblen, 1880-1960)이 [Veb]에 처음으로 올바른 증명을 했다.

평면에서 단순닫힌곡선은 컴팩트이고 그러므로 닫힌집합이고 유계이다. 유계이기 때문에 평면에서의 그 여집합은 유계가 아닌 하나의 연결성분을 가진다. (연습문제 6.19 참조.) 따라서 조르단 곡선 정리로부터 평면에서 한 단순닫힌곡선의 여집합은 하나는 유계가 아닌 연결성분이고 다른 하나는 유계인 연결성분을 가진다.

정의 11.13. 평면에 주어진 단순닫힌곡선 S에 대하여 $\mathbb{R}^2 - S$의 유계인 연결성분을 S의 **내부**라고 부르고 유계가 아닌 연결성분을 S의 **외부**라 한다.

조르단 곡선 정리의 흥미로운 결과는 만약 평면에 단순닫힌곡선 S의 여집합에 두 점이 있고 한 점으로부터 다른 점으로 선분 L을 그렸을 때 만약 L이 S를 짝수 번 지나간다면, 그 두 점은 S의 여집합의 같은 연결성분에 있고, 만약 L이 S를 홀수 번 지나간다면, 그 두 점은 S의 여집합의 다른 연결성분들에 있다는 것이다. (그림 11.2 참조.)

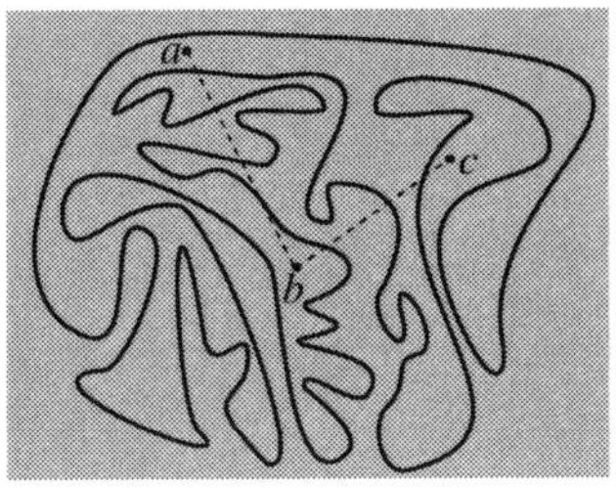

(그림 11.2) 점 a와 b는 S의 여집합의 같은 연결성분에 있지만 b와 c는 다른 연결성분에 있다.

예 11.1. 그림 11.3에 있는 조르단 곡선 동물원을 고려하자. 동물원 관리인은 사자로부터 안전한가? 사자로부터 관리인까지 수평선 L을 그리면 L은 사자우리와 다섯 번 만나고 그러므로 사자와 관리인은 우리의 반대편에 있다는 것을 알 수 있다. 만약 관리인으로부터 우리 밖에 있는 한 점으로 연결하는 직선 L'를 고려하면 L'는 세 번 우리를 지나치고 그러므로 관리인은 실제로 우리 안(사자는 우리 밖)에 있다고 결론지을 수 있다.

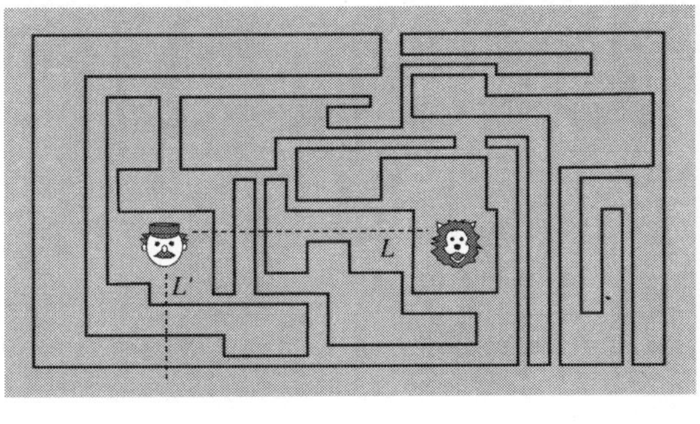

(그림 11.3) 동물원 관리인은 사자로부터 안전한가?

평면의 단순닫힌곡선에 대해 조르단 곡선 정리보다 더 많은 것을 할 수 있다. 다음 정리는 S^1과 위상동형인 단순닫힌곡선뿐만 아니라 평면에 놓여 있는 단순닫힌곡선의 전체 위상적 구조는 평면의 원 S^1과 위상적으로 동치라는 것을 보여준다.

정리 11.4. 션플라이스(Shönflies) 정리. $f: S^1 \to \mathbb{R}^2$를 넣기사상이라 하자. 그러면 $F|_{S^1} = f$인 위상동형사상 $F: \mathbb{R}^2 \to \mathbb{R}^2$가 존재한다.

이 정리는 1916년에 처음 제시한 아서 션플라이스(Arthur Schönflies, 1853-1928)의 이름을 따서 붙인 것이다. 증명은 하지 않고 [Moi]에서 증명을 찾을 수 있다. 션플라이스 정리는 원의 평면으로의 모든 넣기는 전체 평면에서 그 자신으로의 위상동형사상으로 확장된다는 것을 말한다. 그러한 위상동형사상은 평면의 S^1 내부를 단순닫힌곡선 $f(S^1)$ 내부로, S^1 외부를 $f(S^1)$의 외부로 보내야 한다. (그림 11.6 참조.) 결과적으로 평면에 주어진 단순닫힌곡선 S에 대하여 S의 내부는 평면의 부분공간으로써 열린원판 $B = \{(x, y) \mid x^2 + y^2 < 1\}$과 위상동형이고, S의 외부는 부분공간 $C = \{(x, y) \mid x^2 + y^2 > 1\}$와 위상동형이다. 따라서 션플라이스 정리는 단순닫힌곡선이 평면을 분리하는데 생기는 두 개의 연결성분이 (위상적으로) 정확히 무엇인지를 알려줌으로써 조르단 곡선 정리를 강화한다.

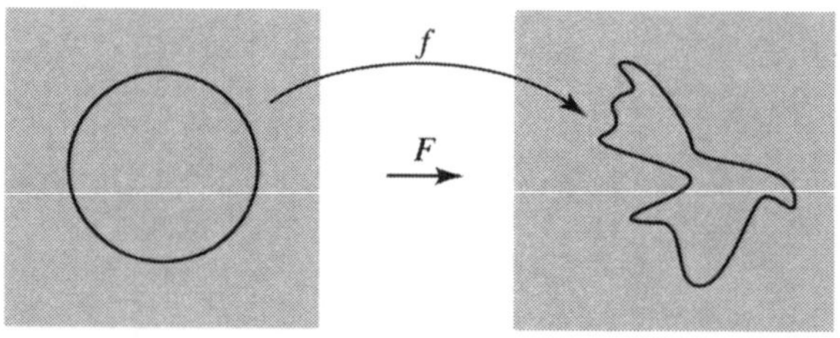

(그림 11.4) 넣기사상 $f: S^1 \to \mathbb{R}^2$는 위상동형사상 $F: \mathbb{R}^2 \to \mathbb{R}^2$로 확장된다.

만약 넣는 공간의 차원을 하나 더 늘리고, $\mathbb{R}^3$에서 단순닫힌곡선을 본다면 상황은 매우 다르다. 4.2절에서 나타냈듯이, $\mathbb{R}^3$의 단순닫힌곡선은 매듭으로 알려져 있다. 매듭에 대한 위상적 가능성은 무한하고 위상수학에서 매우 활발한 연구분야의 주제이다. 12장에서 매듭을 좀 더 깊게 탐구한다.

S^1의 $\mathbb{R}^2$와 $\mathbb{R}^3$ 속으로 넣기를 고려함으로부터 수학이 양쪽에 유리한 상황을 제시한다는 것을 알 수 있다. 즉, 한 편에서는 S^1의 $\mathbb{R}^2$로의 모든 넣기는 본질적으로 같다는 것을 보여주는 중요한 정리(션플라이스 정리)를 가진다. 다른 한 편에서는 S^1의 $\mathbb{R}^3$ 안으로의 모든 넣기는 같은 것이 아니고, 그러므로 모든 가능한 넣기를 결정하는 일은 수학 연구의 중요한 분야로 발전된다.

다음은 익숙한 곡면들: 원환면, 구면, 클라인 병, 사영평면, 그리고 뫼비우스 띠를 고려하자. 구면과 원환면은 처음에 모두 3차원 (유클리드)공간의 부분공간으로 정의되고 그래서 명백하게 3차원 공간에 넣어진다.

뫼비우스 띠의 일반적인 그림은 $\mathbb{R}^3$의 하나의 넣기를 실제로 보여주는 것이다. 사실 뫼비우스 띠의 하나의 구체적인 넣기를 정의할 수 있다. 뫼비우스 띠를 $(0, a)$와 $(2\pi, -a)$형태의 점들의 쌍이 동일시 되는 직사각형 $R = [0, 2\pi] \times [-1, 1]$으로 간주한다. $\mathbb{R}^3$에서 (r, θ, z) 원기둥좌표를 사용하여 $f : R \to \mathbb{R}^3$를

$$r(s, t) = 5 + t\cos(s/2),\ \theta(s, t) = s,\ z(s, t) = t\sin(s/2)$$

인 $f(s, t) = (r(s, t), \theta(s, t), z(s, t))$로 정의한다.

$f(0, a) = f(2\pi, -a)$이므로 결과적으로 f는 뫼비우스 띠를 $\mathbb{R}^3$로 보내는 함수 f^*를 정의하게 된다. 함수 f^*는 넣기사상이다. 그것은 뫼비우스 띠에서 $t = 0$일 때의 중심부 원을 xy-평면 안의 반지름이 5인 원으로 보낸다. 각각의 고정된 $s \in [0, 2\pi]$에 대하여 f^*는 선분 $\{s\} \times [-1, 1]$을 평면 $\theta = s$ 안의 선분으로 보낸다. s가 0부터 2π로 움직임에 따라 이 선분은 본질적으로 절반정도 회전하면서 뫼비우스 띠의 상을 다 덮는다. (연습문제 11.8 참조.)

클라인 병과 사영평면을 고려하자. 이전에 보였듯이 어떠한 이 두 곡면도 $\mathbb{R}^3$에 넣을 수 없다. 그러나 단지 한 차원 더 높인다면(즉, 만일 $\mathbb{R}^4$를 고려하면) 넣기를 정의할 수 있다. 클라인 병에 대해 그 방법을 알아 본다; 사영평면에 대해서는 비슷한 접근방법을 사용할 수 있다. (연습문제 11.9 참조.)

$\mathbb{R}^3$ 안의 클라인 병 K의 일반적인 표현은 함수 $f : K \to \mathbb{R}^3$의 상으로써 간주될 수 있다. (그림 11.5 참조.) 함수 f는 자기교차 때문에 일대일대응이 아니므로 넣기사상이 아니다. 이것을 K의 표준 $\mathbb{R}^3$ 표현이라 부른다.

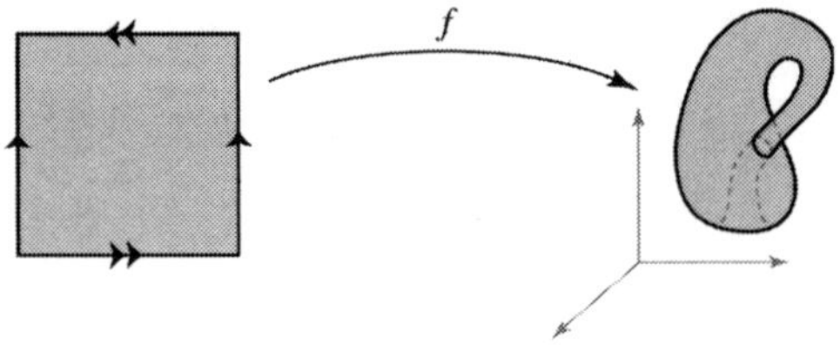

(그림 11.5) 클라인 병을 $\mathbb{R}^3$으로 보내기.

그림 11.6에서 클라인 병을 변들이 동일시 된 하나의 정사각형으로 묘사했다. 그 묘사에는 표준 $\mathbb{R}^3$ 표현에서 자기교차가 일어나는 클라인 병의 점들(즉, K에서 f가 일대일이 아닌 점들)로 구성된 집합 D를 보여준다. h를 정사각형의 수평선분에 대해서는 상수로 하고 정사각형의 밑에서 위로 수직적으로 올라감에 따라 h를 0부터 1까지 증가하고 다시 0으로 감소하는 것으로 연속함수 $h: K \to \mathbb{R}$를 정의한다. 아이디어는 만약 x_1과 x_2가 표준 $\mathbb{R}^3$ 표현에서 같은 점들인 D의 점들이라면 $h(x_1) \neq h(x_2)$이라는 것이다. 함수 h는 $\mathbb{R}^4$로 K의 넣기의 하나의 좌표를 제공한다.

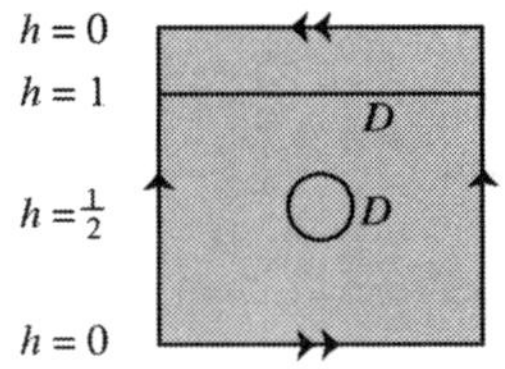

(그림 11.6) K를 $\mathbb{R}^4$ 안으로의 넣기의 하나의 좌표인 $h: K \to \mathbb{R}$를 정의하기.

함수 $F: K \to \mathbb{R}^4$를 $F(x)$의 처음 세 좌표는 $f(x)$와 같고 마지막 좌표를 $h(x)$와 같게 정의하자. 이 경우에 만일 x와 y가 $x \neq y$이고 $f(x) = f(y)$인 점이라면 함수 h는 $h(x) \neq h(y)$으로 정의됐기 때문에 F는 일대일대응이다. 그러므로 임의의 $x, y \in K$에 대하여 만일 $x \neq y$이면 $F(x) \neq F(y)$이고, 따라서 함수 F는 $\mathbb{R}^4$에 K의 넣기사상이 된다.

조르단 곡선 정리와 숀플라이스 정리와 유사한 고차원에서의 정리가 있는지 질문하는 것은 자연스럽다. 예를 들어, $\mathbb{R}^3$의 임의의 넣어진 구면은 (조르단 곡선 정리에서처럼) $\mathbb{R}^3$를 경계가 그 구면인 두 개의 연결성분으로 나누는가? 그리고 만일 그렇다면, 두 연결성분은 (숀플라이스 정리에서처럼) 구면의 표준 넣기로부터 나오는 두 연결성분과 위상적으로 동형인가? 첫 번째 질문에 대한 답은 예이고, 그러나 두 번째는 아니다.

먼저 긍정적인 답을 다루자. 조르단 곡선 정리는 $\mathbb{R}^3$ 안의 구면의 넣기로 확장될 뿐만 아니라 또한 모든 차원으로 일반화 된다.

정리 11.5. 조르단-브라우어(Jordan-Brouwer) 분리 정리. S를 $\mathbb{R}^{n+1}$에서의 S^n의 넣어진 상이라 하자. 그러면 $\mathbb{R}^{n+1}-S$는 두 연결성분으로 구성되어 있고, S는 $\mathbb{R}^{n+1}$에서 그 두 연결성분의 경계이다.

브라우어(L.E.J. Brouwer)는 1912년에 이 결과를 증명했다. 이 정리는 대수적 위상수학의 적절한 도구를 사용하면 간단히 증명된다. (예를 들어 [Vic] 참조.) 대수적 위상수학 도구가 사용되지 않은 증명은 [Dug]에서 찾을 수 있다.

션플라이스 정리를 더 높은 차원으로 일반화하는 것이 가능한지에 대한 질문은 1924년까지 풀리지 않았는데 그 해에 알렉산더(J.W. Alexander, 1888-1971)는 현재 알렉산더 뿔 가진 구면(horned sphere)으로 알려진 반례를 발견했다. 그 예에는 $\mathbb{R}^3$에 넣어진 하나의 구면이 있는데 그 구면의 외부는 $\mathbb{R}^3$ 안의 S^2의 외부와 위상동형이지 않다.

알렉산더 뿔 가진 구면은 그림 11.7에서 보여주듯이 넣어진 구면 A이다. 그림에 있는 가장 큰 두 뿔 사이에는 바로 묘사되고 설명될 복잡한 부분이 있다. 그림 11.7에 고리 L은 A의 밖에 있으나 A의 외부에서 한 점으로 변형될 수 없다. (그 이유를 곧바로 다룬다.) 그러므로 A의 외부는 단순연결이 아니다. 다른 한편으로는 S^2의 외부는 $\mathbb{R}^3-\{O\}$와 위상동형이고 정리 9.20에 의해 단순연결이다. 따라서 S^2의 알렉산더 뿔 가지 구면으로의 넣기는 $\mathbb{R}^3$에서 그 자신으로 가는 위상동형으로 확장될 수 없다. 결국 션플라이스 정리는 3차원에서는 성립하지 않는다.

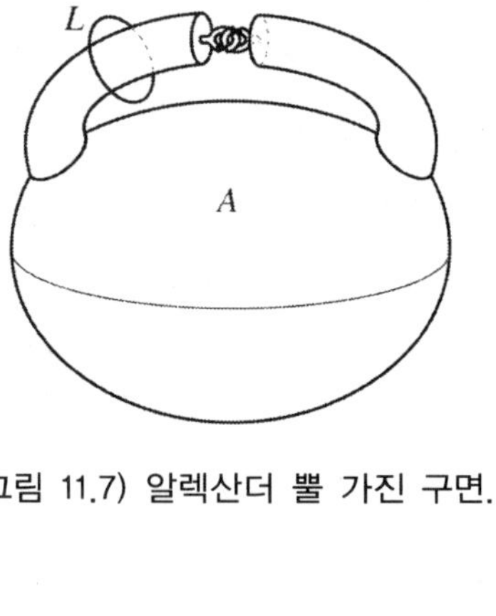

(그림 11.7) 알렉산더 뿔 가진 구면.

알렉산더 뿔 가진 구면을 만들기 위해서, 하나의 구면으로 시작하고 그림 11.8의 왼쪽에서처럼 두 뿔을 밖으로 끄집어낸다. 그 다음 만드는 과정의 두 번째 단계에서 그 그림의 오른쪽에서처럼 처음에 끄집어낸 두 뿔의 끝 사이의 틈에서 한 쌍의 구부러진 뿔을 끄집어낸다. 그렇게 한 결과는 각각의 뿔의 끝 사이에 틈이 있고 서로 만나지 않으므로 여전히 넣어진 구면이다.

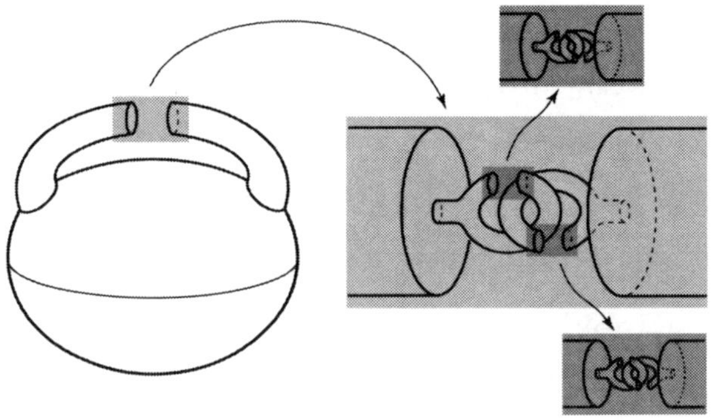

(그림 11.8) 알렉산더 뿔 가진 구면의 뿔들을 끄집어내는 과정.

이 과정을 계속 한다; 그림 11.8의 오른쪽에서처럼 각 단계에서 전 단계에서 만들어진 한 쌍의 뿔 끝 사이의 공간에서 더 작은 구부러진 뿔을 끄집어낸다. n번째 단계의 마지막에 2^{n-1}개의 틈이 있고 그러므로 다음 단계에서 2^n개의 구부러진 뿔을 끄집어낸다. 모든 $n \in \mathbb{Z}_+$에 대해 이 과정을 수행한 후 나온 그 결과가 알렌산더 뿔 가진 구면이다.

그렇다면 그림 11.7에 있는 고리 L이 A 외부에서 한 점으로 변형될 수 없는 이유는 왜일까? 대략 아이디어는 다음과 같다: 만약 L을 한 점으로 변형할 수 있다면, 원판 D를 A의 외부로 보내는 연속함수가 존재하는데 그 원판의 경계, S^1으로 축소했을 때, 함수는 원에서 L로의 넣기사상이 된다. 그러한 함수는 원판의 상이 A의 구부러진 뿔들 사이를 지나게 해야 한다. D는 컴팩이므로 $F(D)$는 $\mathbb{R}^3$의 컴팩트 부분집합이다. 또한 $F(D)$는 $\mathbb{R}^3$에서 컴팩트 집합인 A와 만나지 않는다. 서로소인 $\mathbb{R}^3$의 이 두 컴팩트 집합은 정리 7.25에 의해 양의 거리, 예를 들어 ϵ을 가져야 한다. A를 만드는 과정에서 뿔들은 결국 그들 사이의 간격이 ϵ보다 작은 곳의 한 점으로 가고, 그러므로 F의 상은 구부러진 뿔 사의의 틈 사이를 통과할 수 없다.

연습문제 11.1

11.1. (a) 넣기사상 $f: S^1 \to \mathbb{R}$ 가 존재하지 않음을 증명하시오.

(b) 넣기사상 $f: S^1 \to S^1$는 전사이고 그러므로 위상동형사상임을 증명하시오.

11.2. 한 특정한 위상공간 안으로 넣어진다는 것은 위상적 불변량임을 증명하시오. 구체적으로 만약 Y가 위상공간이고 X와 X'가 위상동형이면 X가 Y에 넣어질 필요충분조건은 X'가 Y에 넣어진다는 것을 증명하시오.

11.3. (a) 구면의 임의의 단순닫힌곡선은 그 구면을 각각 열린원판과 위상동형인 두 연결성분으로 나눈다는 것을 증명하기 위해 셴플라이스 정리를 사용하시오.

(b) 원환면, 클라인 병, 그리고 사영평면 각각에서 그 공간을 분리하는 단순닫힌곡선과 그렇지 않는 곡선 두 개를 그리시오.

11.4. 넣기사상 $f: S^0 \to \mathbb{R}$ 에 대한 셴플라이스 정리를 증명하시오. 다시 말해서 만약 $f: S^0 \to \mathbb{R}$ 가 넣기사상이면 f는 위상동형사상 $F: \mathbb{R} \to \mathbb{R}$ 로 확장됨을 증명하시오.

11.5. 넣기사상 $f: S^1 \to \mathbb{R}^2$에 대해서 만약 $f(S^1)$의 내부에 p와 연속함수 $r: S^1 \to (0, \infty)$이 존재해서 p를 원점으로 한 극좌표로 f가 $f(\theta) = (r(\theta), \theta)$로 표현될 수 있다면 f를 별 넣기사상이라 부른다. (그림 11.9 참조.) 별 넣기사상에 대한 셴플라이스 정리를 증명하시오.

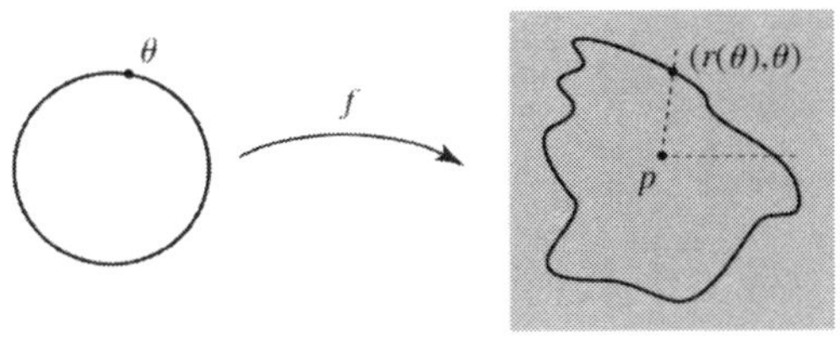

(그림 11.9) 별 넣기사상.

11.6. 만약 $f: \mathbb{R}^2 \to \mathbb{R}^2$가 위상동형사상이면 f는 S^1의 내부를 단순닫힌곡선 $f(S^1)$의 내부로 보내고 S^1의 외부를 $f(S^1)$의 외부로 보냄을 보이시오.

11.7. 셴플라이스 정리는 만약 $f: D \to \mathbb{R}^2$가 넣기사상이면 $\mathbb{R}^2 - f(D)$는 연결이라는 것을 암시함을 보이시오. (그러므로 원판과 위상동형인 평면의 어떠한 부분공간도 평면을 분리하지 않는다.)

11.8. 이 절에서 묘사된 함수 f^*에 의해 주어진 $\mathbb{R}^3$ 안의 뫼비우스 띠의 넣기를 그리시오. 특히 θ가 0에서 2π로 움직임에 따라 f^*의 상이 원기둥좌표에서의 고정된 각도 θ에 대응되는 평면 위에 어떻게 나타나는지를 보이시오.

11.9. 사영평면이 $\mathbb{R}^4$에서 어떻게 넣어질 수 있는지 기술하시오.

11.2 조르단 곡선 정리

이 절에서 조르단 곡선 정리를 증명한다. 직관적으로 당연한 이 결과는 놀랍게도 증명이 어렵다. 그 정리가 1905년에 베블렌(Veblen)에 의해 처음 증명된 이래로 지난 세기동안 다양한 여러 접근방법과 함께 많은 다른 증명들이 출판되어져 왔다. 조르단 곡선 정리는 아마 위상에서 가장 많이 증명된 정리일 것이다. 우리가 제시할 접근방법은 2차원에서의 수축사상 존재 불가능 정리와 브라우어 고정점 정리(10.1절에서 보였듯이 동치인 정리들이다)를 사용하는 것이다. 또한 원판으로부터 호 부분공간으로의 수축의 존재성을 보장하는 정리 9.14를 사용한다. 우리의 증명은 [Mae]에 있는 증명에 바탕을 둔다.

조르단 곡선 정리의 증명과 함께, 또한 평면에서의 호는 평면을 분리하지 않는다는 분리 불가능 정리(정리 11.10)를 제시할 것이다. 이 결과는 본질적으로 조르단 곡선 정리를 증명하는 과정에서 증명된다.

조르단 곡선 정리를 증명하기 전에 증명에서 필요로 한 몇 가지 결과를 제시한다.

만약 한 직사각형에 왼쪽 변에서 오른쪽 변으로 움직이는 길과 밑변에서 윗변으로 움직이는 길이 있다면 그 길들은 반드시 공통으로 점을 가진다는 정리로 시작한다. 2차원 브라우어 고정점 정리는 이 결과를 증명하기 위해 사용된다.

이전에 위상공간 X에서의 길을 연속함수 $f:[0,1]\to X$로 정의했다. 여기서 편의상 길의 정의역을 $[0,1]$보다는 $[-1,1]$로 한다. 이것은 위상공간 $[0,1]$과 $[-1,1]$은 위상동형이기 때문에 문제될 것 없다. 이전처럼, 또한 길이라는 용어를 그 길인 함수의 상으로써 사용한다.

직사각형 $R=[-1,1]\times[-1,1]$을 고려하자. B를 평면의 부분집합으로써 R의 경계라 하자; 그래서 $B=\{(s,t)\in R \mid |s|=1 \text{ 또는 } |t|=1\}$이다.

정리 11.6. $u,v:[-1,1]\to R$를 $u(-1)=(-1,0)$, $u(1)=(1,0)$, $v(0)=(0,-1)$, 그리

고 $v(1)=(0,1)$인 R에서의 길이라 하자. 그러면 $u(s)=v(t)$인 $s,t\in[-1,1]$가 존재한다. (그림 11.10 참조.)

증명. 그러한 s와 t가 존재하지 않는다고 가정하고, 그러므로 모든 $s,t\in[-1,1]$에 대하여 $u(s)\neq v(t)$이다. $u(s)$와 $v(t)$를 좌표로 표현하면 $u(s)=(u_1(s),u_2(s))$ 그리고 $v(t)=(v_1(t),v_2(t))$이다. 각각의 $s,t\in[-1,1]$에 대하여

$$M(s,t)=\max\{|u_1(s)-v_1(t)|,|u_2(s)-v_2(t)|\}$$

을 정의한다. 모든 s와 t에 대하여 $M(s,t)>0$임을 알 수 있다.

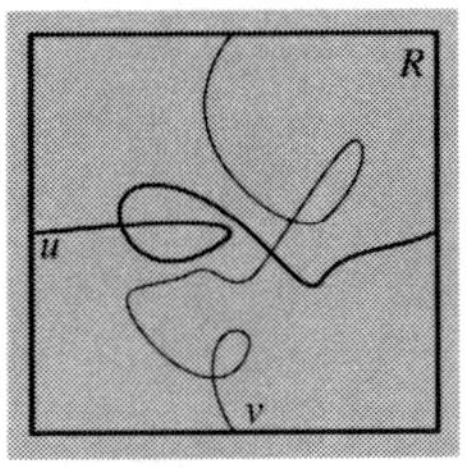

(그림 11.10)

다음은 $F:R\rightarrow R$를 다음과 같이 정의하자.

$$F(s,t)=\left(\frac{v_1(t)-u_1(s)}{M(s,t)},\ \frac{u_2(s)-v_2(t)}{M(s,t)}\right)$$

함수 F는 연속이고, R은 원판과 위상동형이므로; 그러므로 브라우어 고정점 정리로부터 F는 반드시 고정점 $(s^*,t^*)\in R$을 가져야 한다. 각각의 $s,t\in[-1,1]$에 대하여

$$\left|\frac{v_1(t)-u_1(s)}{M(s,t)}\right|=1 \text{ 이거나 } \left|\frac{u_2(s)-v_2(t)}{M(s,t)}\right|=1$$

임을 주목하자. 그러므로 F의 상은 직사각형 R의 경계인 B의 부분집합이다. 따라서 고정점 (s^*,t^*)은 B에 있어야 한다. 고려해야 할 네 가지 가능성이 있다: $s^*=-1$, $s^*=1$, $t^*=-1$, 또는 $t^*=1$. 각각의 네 가지 경우에 모순이 일어남을 보이고, 그러므로 $u(s)=v(t)$인 $s,t\in[-1,1]$가 존재해야 한다. 여기서는 $s^*=-1$인 경우에 모순을 이끌어 낸다. 나머지 경우는 연습문제 11.12에서 다룬다.

따라서 $s^*=-1$이라 가정하자. 그러면 $\dfrac{v_1(t^*)-u_1(s^*)}{M(s^*,t^*)}=-1$이다. 그러나

$$(u_1(s^*),u_2(s^*))=u(s^*)=u(-1)=(-1,0)$$

이고, 그래서 $u_1(s^*)=-1$이다. 이것은 $\dfrac{v_1(t^*)-u_1(s^*)}{M(s^*,t^*)}\geq 0$을 암시하고 모순이다. ■

정리 11.7. U를 평면에서 열린 부분집합이라 하자. 그러면 U가 연결일 필요충분조건은 U가 길연결이다.

증명. 정리 6.28에 의해, 길연결성은 연결성을 암시한다; 따라서 만약 U가 연결이면 길연결이라는 것만 보이면 된다. 그러므로 U가 연결이라고 가정하자. 만약 U가 공집합이면, 당연히 성립한다; 그래서 U가 공집합이 아니라고 가정하고 한 점 $p \in U$를 선택하자. Y_p를 p로부터 q까지의 U 안의 길이 존재하는 점들 q의 집합이라 하고 N_p를 그러한 길이 없는 U 안의 점들 q의 집합이라 하자. Y_p와 N_p는 서로소이고 합집합은 U이다.

Y_p와 N_p 모두 열린집합임을 주장한다. 이 주장을 증명하기 위해 Y_p가 열린집합임을 증명한다; N_p에 대한 증명은 비슷하다. $q \in Y_p$라고 가정하자. 그러면 p로부터 q까지의 U 안의 길 f가 존재한다. U는 열린집합이므로, $\mathbb{R}^2$의 표준거리에서 q를 중심으로 하고 U 안에 포함되어 있는 열린원판 B가 존재한다. 한 점 $q' \in B$를 선택하자. q로부터 q'까지의 B 안(그러므로 U 안의)의 길 g가 존재한다. p부터 q까지는 f를 따르고 q부터 q'까지는 g를 따르는 길 h를 정의하자. 길 h는 p에서 q'까지의 U 안의 길이다. 그러므로 B 안에 있는 임의의 q'는 또한 Y_p에 있다. 따라서 임의의 $q \in Y_p$에 대하여 $q \in B \subset Y_p$인 열린원판 B가 존재한다. 결국 Y_p는 열린집합이 된다.

이제 Y_p와 N_p는 서로소인 열린집합이고 그의 합집합이 U이다. 만약 Y_p와 N_p가 모두 공집합이 아니라면, 그들은 U의 하나의 분리를 형성하는데 U는 연결이므로 이것은 불가능하다. 그러므로 Y_p 또는 N_p는 공집합이다. $p \in Y_p$이므로 N_p는 공집합이어야 한다. 따라서 $U = Y_p$이고 그래서 p에서 U 안의 임의의 다른 점까지의 길이 존재한다. 그러므로 U는 길연결이다. ■

정리 11.8. U를 평면의 열린 부분집합이라 하자. 그러면 U의 연결성분들은 평면의 열린 부분집합이다.

증명. 연습문제 11.10 참조. ■

정리 11.7과 11.8을 결합하면 결국 만약 U가 평면의 열린 부분집합이면 U의 연결성분과 길연결성분은 일치하고 평면의 열린 부분집합이 된다는 것이다.

조르단 곡선 정리의 증명을 시작하기에 앞서 필요한 마지막 정리는 2차원 수축사상 존재 불가능 정리로부터 나오는 다음 결과이다:

정리 11.9. D를 평면에서 원판이라 하자. $f: D \to D$가 연속이고 모든 $x \in S^1$에서 $f(x) = x$이면 f는 전사이다.

증명. 연습문제 11.11 참조. ■

정리 11.9가 의미하는 것은 만약 f가 원판에서 그 자신으로 보내고 경계—원 S^1—에서 항등함수인 연속함수이면 f는 원판의 모든 점으로 보내야 한다.

이제 만약 S가 평면에서 단순닫힌곡선이면 $\mathbb{R}^2 - S$는 두 연결성분을 가지고 S는 각 성분의 경계라는 조르단 곡선 정리를 증명할 준비가 되어 있다.

이 정리를 세 부분으로 나누어 증명한다: 첫 번째 $\mathbb{R}^2 - S$는 연결이 아님을 보이고 그 다음에 S가 $\mathbb{R}^2 - S$의 각 연결성분의 경계임을 보이고 마지막으로 $\mathbb{R}^2 - S$는 두 개의 연결성분을 가짐을 증명한다. 그 증명에서 몇 개의 간단한 확인은 연습문제에서 다룬다.

증명($\mathbb{R}^2 - S$는 연결이 아니다). $d(x, y): S \times S \to \mathbb{R}$ 를 평면의 표준거리에 의한 x와 y 사이의 거리를 정의하는 함수라 하자. d의 정의역은 컴팩트이고 d는 연속이다; 그러므로 d는 $S \times S$에서 최댓값을 가진다. 따라서 최댓값 거리만큼 떨어진 S 안의 최소한 한 쌍의 점 s_1, s_2가 존재한다. J를 s_1과 s_2를 연결하는 평면에서의 선분이라 하고 P_1과 P_2는 각각 s_1과 s_2를 지나고 J에 수직인 직선이라 하자. (그림 11.11 참조.) 점 s_1과 s_2는 $P_1 \cup P_2$에 놓여 있는 S의 유일한 점들이고 S의 나머지 점들은 P_1과 P_2 사이 놓여 있다. (연습문제 11.13 참조.) S는 컴팩트이고 그러므로 유계이므로 J로부터 같은 거리에 있고 평행한 직선 J_1과 J_2가 존재하여 $S - \{s_1, s_2\}$이 P_1, P_2, J_1, 그리고 J_2가 경계인 유계인 직사각형 R'의 내부에 있다.

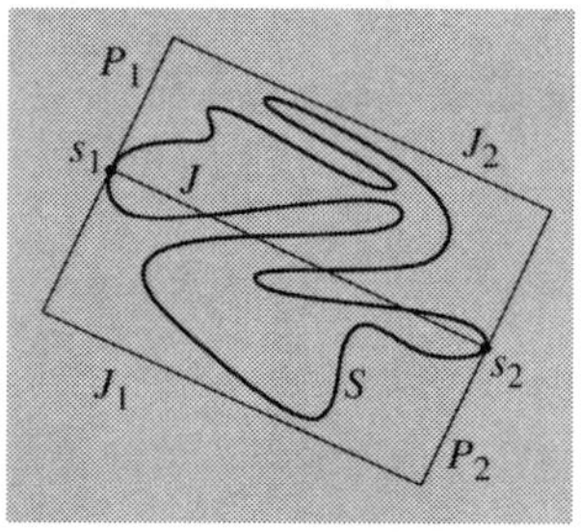

(그림 11.11) 단순닫힌곡선 S는 P_1, P_2, J_1, 그리고 J_2가 경계인 유계인 직사각형에 놓여 있다.

회전, 평행이동, 그리고 확대·축소를 이용하여 R'를 R로 보내고 s_1과 s_2를 각각 $(-1,0)$과 $(1,0)$으로 보내는 평면에서의 위상동형사상 h를 얻을 수 있다. (그림 11.12 참조.) 따라서 S는 직사각형 R에 놓여 있고 S는 R의 경계와 오직 $s_1=(-1,0)$과 $s_2=(1,0)$에서 교차한다고 가정해도 된다.

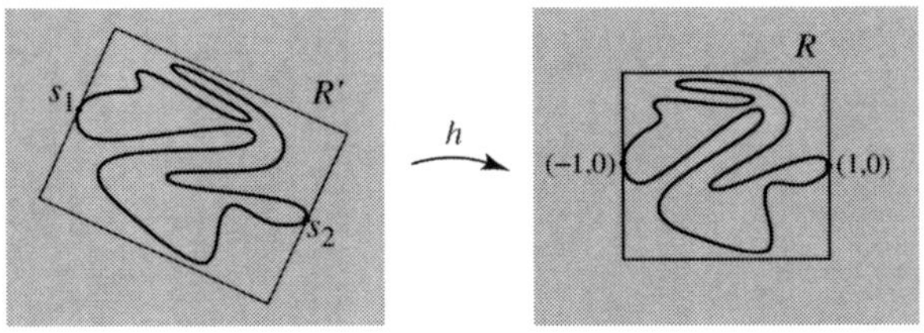

(그림 11.12) 직사각형 R'는 $[-1,1]\times[-1,1]$로 위상동형적으로 보낸다.

S는 R 안에서 $s_1=(-1,0)$과 $s_2=(1,0)$을 연결하는 두 호를 만든다. 그 호들을 S'과 S''로 표시한다. R에서 $a=(0,-1)$과 $b=(0,1)$를 연결하는 수직선분 L을 고려하자. 정리 11.6을 사용하면 L은 S'와 S'' 모두 교차한다고 결론지을 수 있다. a에서 b까지 L을 따라 이동하면서 일반성을 잃지 않고 L은 S''와 만나기 전에 S'를 만난다고 가정해도 된다. a에서 b로 L을 따라 움직일 때 a'를 L과 S'의 첫 번째 교점이라 하고 b'를 마지막 교점이라 하자. (그림 11.13 참조.)

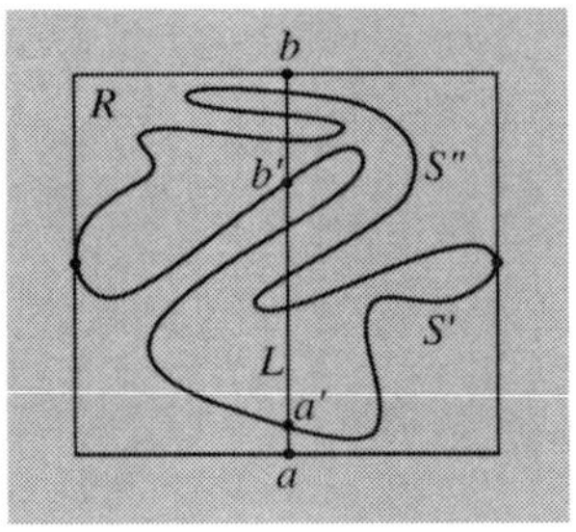

(그림 11.13) a에서 b로 L을 따라 움직일 때 a'와 b'는 각각 S'와의 첫 번째 그리고 마지막 교점이다.

L은 b'와 b 사이에서 S''와 교차해야 한다. 만약 그렇지 않다면 L을 따라 a에서 a'까지 그 다음에 S'을 따라 a'에서 b'까지 마지막으로 L을 따라 b'에서 b로 움직이는 하나의 길, $aLa'S'b'Lb$를 취할 수 있다. 그 길은 R에서 S''와 교차하지 않고 a와 b를 연결한다. (연습문제 11.14 참조.) 이것은 정리 11.6에 의해 불가능하다. 그러므로 L은 b'와 b 사이에서 S''와 교차한다. 이제 L을 따라 b'에서 b로 이동함에 따라 a''를 L과 S'' 사이의 첫 번째

교점이고 b''를 마지막 교점이라 하자.

L 위의 b'와 a'' 사이의 중간에 있는 점 c를 고려하자. 그러면 c는 S'와 S'' 어느 곳에서도 놓여 있지 않다. 그러므로 c는 $\mathbb{R}^2$에서 S의 여집합에 있다. U를 c를 포함하는 $\mathbb{R}^2 - S$의 연결성분이라 하자; 주장하기를 U는 유계이다.

U가 유계임을 보이기 위해 유계가 아니라고 가정하자. 정리 11.7과 11.8에 의해 U는 길연결이고, 그리고 U는 유계가 아니므로 c에서 R의 외부로까지의 길 P를 U 안에서 찾을 수 있다. p'를 P가 R의 경계와 만나는 P 위의 첫 번째 점이라 하자. 점 p'는 R의 경계의 아래 절반 또는 위 절반에 있다. p'가 아래 절반에 있다고 가정하자. Q를 R의 경계에서 a에서 p'까지의 길이라 하자. 위에서처럼 똑같은 표시방법을 사용하여 길 $aQp'PcLb$는 R의 밑변에서 윗변으로 가고 S'와 교차하지 않는다. (연습문제 11.14 참조.) 이것은 정리 11.6에 모순이다. 다음은 p'가 R의 경계인 위 절반에 있다고 가정하자. Q'를 R의 경계에서 p'에서 b까지의 길이라 하자. 그러면 길 $aLa'S'b'LcPp'Q'b$는 R의 밑변에서 윗변으로 가고 S''와 만나지 않는다. (연습문제 11.14 참조.) 이것 또한 정리 11.6에 모순이다. 따라서 어떠한 경우에도$-$$R$의 경계의 아래 절반 안의 p' 또는 R의 경계의 위 절반 안의 $p'$$-$모순을 도출했고, 그러므로 U는 유계이다.

S는 평면의 유계인 부분집합이므로 $\mathbb{R}^2 - S$는 유계가 아닌 연결성분이 된다. 그러므로 $\mathbb{R}^2 - S$은 최소한 두 연결성분을 가지고 있고 하나는 유계이고 또 다른 하나는 유계가 아니다. 따라서 $\mathbb{R}^2 - S$는 연결이 아니다. ■

조르단 곡선 정리의 다음 증명에서는 S는 $\mathbb{R}^2 - S$의 각 연결성분의 경계라는 것을 보여준다.

증명(S는 $\mathbb{R}^2 - S$의 각 연결성분의 경계이다). 우선 정리 11.8에 의해 $\mathbb{R}^2 - S$의 각 연결성분이 열린집합이다. V를 하나의 연결성분이라 하자. $\mathbb{R}^2 - S$의 다른 연결성분들은 모두 열린집합이므로, $V \cup S$는 닫힌집합이고 그러므로 $\mathrm{Cl}(V) \subset V \cup S$이 된다. 이제 V는 열린집합이므로 $\mathrm{Int}(V) = V$이고 그러므로 $\mathrm{Cl}(V) - \mathrm{Int}(V) \subset S$이고 따라서 $\partial V \subset S$이다. 그러므로 $\mathbb{R}^2 - S$의 각 연결성분의 경계는 S의 부분집합이다. $\mathbb{R}^2 - S$의 각 연결성분의 경계가 S와 같다는 것을 보여야 한다. 모순을 통해 증명한다.

V를 $\mathbb{R}^2 - S$의 한 성분이고 V의 경계가 S와 같지 않다고 가정하자. 그러므로 ∂V는 S의 닫힌 진부분집합이다. 결국 S에서 ∂V를 포함하는 호 A가 존재한다. V가 유계인 경우와 유계가 아닌 경우를 나누어서 고려한다.

첫 번째 V가 유계라고 가정하자. B를 평면에서 그의 내부에 $V \cup S$를 포함하는 충분히 큰 닫힌원판이라 하자. 정리 9.14에 의해 축소사상 $r: B \to A$이 존재한다. $f: B \to B$를 다음과 같이 정의하자.

$$f(x) = \begin{cases} r(x), & x \in \mathrm{Cl}(V), \\ x, & x \in B - V. \end{cases}$$

$\mathrm{Cl}(V)$와 $B-V$가 B의 닫힌집합임을 주목하자. 더군다나 $\mathrm{Cl}(V) \cap (B-V) \subset A$이고 $x \in A$에 대하여 $r(x) = x$이다. 붙임보조정리에 의해 f는 연속이다. 또한 f는 B의 경계에서는 항등함수와 같다. 그러므로 정리 11.9에 의해 f는 전사이다. 그러나 f의 정의로부터 V 안의 어떤 점도 f의 상에 있지 않고, 따라서 모순이 발생한다.

이제 V가 유계가 아니라고 가정하자. B를 평면에서 S와 $\mathbb{R}^2 - S$의 모든 유계 연결성분들을 내부에 포함하도록 충분히 큰 닫힌원판이라 하자. 증명의 첫 번째 부분에 의해 $\mathbb{R}^2 - S$의 유계인 연결성분이 최소한 하나 존재한다; 그것을 U라 표시하자. 다시 정리 9.14에 의해 축소사상 $r: B \to A$가 존재한다. $g: B \to B$를 다음과 같이 정의하자.

$$g(x) = \begin{cases} x, & x \in \mathrm{Cl}(V) \cap B, \\ r(x), & x \in B - V. \end{cases}$$

함수 g는 연속이고 B의 경계에서는 항등함수와 같다. 정리 11.9에 의해 g가 전사이지만 g의 정의로부터 U의 어떤 점도 g의 상에 있지 않다. 그러므로 이 경우에도 모순이다.

이리하여, S는 $\mathbb{R}^2 - S$의 각 연결성분의 경계이다. ■

조르단 곡선 정리의 증명의 마지막 부분에서는 $\mathbb{R}^2 - S$가 두 개의 연결성분을 가짐을 증명한다. 증명의 첫 부분에서처럼 똑같은 설정과 표시를 사용한다.

증명($\mathbb{R}^2 - S$은 두 개의 연결성분을 가진다). U를 증명의 첫 부분에서 보였던 $\mathbb{R}^2 - S$의 유계인 성분이라 하자. 또 다른 유계 성분 W가 존재한다고 가정하자. $\mathbb{R}^2 - S$가 하나의 유계인 성분을 가진다는 것으로 결론지음으로써 모순을 도출한다. $\mathbb{R}^2 - S$는 또한 하나의 유계가 아닌 성분을 가지므로, 결국 $\mathbb{R}^2 - S$는 두 개의 연결성분을 가진다는 것이 된다.

R 안에 $aLa'S'b'La''S''b''Lb$에 의해 주어진 호 A를 고려하자. 그것은 R의 밑변에서 윗변으로 움직이고 W와 서로소이다. (연습문제 11.15 참조.) 점 $s_1 = (-1, 0)$과 $s_2 = (1, 0)$는 A에 있지 않다. A는 닫힌집합이므로 A와 서로소이고 중심이 각각 s_1과 s_2인 평면에서의 열린원판 B_1과 B_2가 존재한다. 증명의 두 번째 부분에 의해 점 s_1과 s_2는 W의 경계에 있다. 그러므로 $B_1 \cap W$와 $B_2 \cap W$ 안에 각각 점 w_1과 w_2가 존재한다. M을 B_1에서 s_1부터 w_1까지의 길이라 하고, M'을 W에서 w_1부터 w_2까지의 길이라 하고, M''을 B_2에서

w_2부터 s_2까지의 길이라 하자. 그러면 길 $s_1 M w_1 M' w_2 M'' s_2$는 R에서 s_1과 s_2를 연결하고 A와 교차하지 않는 길이다. 이것은 정리 11.6에 모순이다. 따라서 $\mathbb{R}^2 - S$에 오직 하나의 유계인 성분이 있고 조르단 곡선 정리의 증명은 끝난다. ■

다음은 조르단 곡선 정리와 밀접한 관련이 있는 분리불가능 정리이다. 연습문제 11.16에서 증명하게 될 것이다.

정리 11.10. A를 평면에서의 호라 하자. 그러면 $\mathbb{R}^2 - A$는 연결이고, 그리고 A는 $\mathbb{R}^2 - A$의 경계이다.

증명. 연습문제 11.16 참조. ■

연습문제 11.2

11.10. 정리 11.8을 증명하시오.

11.11. 정리 11.9를 증명하시오.

11.12. 정리 11.6의 증명에서 함수 F의 고정점 좌표 (s^*, t^*)에 대하여 $s^* = 1$, $t^* = -1$, 그리고 $t^* = 1$의 각각의 경우에 모순에 도달함을 보이시오.

11.13. $\mathbb{R}^2 - S$이 비연결임을 보이는 조르단 곡선 정리 증명에서 점 s_1과 s_2는 $P_1 \cup P_2$에 놓여있는 S의 유일한 점들이며 S의 나머지 점들은 P_1과 P_2 사이에 놓여있다는 주장에 대한 논거를 제시하시오.

11.14. $\mathbb{R}^2 - S$이 비연결임을 보이는 조르단 곡선 정리 증명에서 다음 주장에 대한 논거를 제시하시오:

(a) 길 $aLa'S'b'Lb$는 S''와 교차하지 않는다.

(b) 길 $aQp'PcLb$는 S'와 교차하지 않는다.

(c) 길 $aLa'S'b'LcPp'Q'b$는 S''와 교차하지 않는다.

11.15. $\mathbb{R}^2 - S$이 두 연결성분으로 구성되어 있음을 보이는 조르단 곡선 정리 증명에서 호 $aLa'S'b'La''S''b''Lb$이 W와 서로소라는 주장에 대한 논거를 제시하시오.

11.16. 정리 11.10을 증명하시오: A를 평면에서의 호라 하자. 그러면 $\mathbb{R}^2 - A$는 연결이고, 그리고 A는 $\mathbb{R}^2 - A$의 경계이다. 이것은 세 부분으로 나뉜다:

(a) 만약 C가 위상공간 X의 닫힌 부분집합이면 C의 여집합의 경계는 C의 부분집합임을 증명하시오. 이것을 이용하여 $\partial(\mathbb{R}^2 - A) \subset A$을 보이시오.

(b) $\mathbb{R}^2 - A$은 연결임을 증명하시오. (도움말: S가 $\mathbb{R}^2 - S$의 연결성분 각각의 경계임을 보이는 조르단 곡선 정리 증명에 사용됐던 것과 비슷한 논거를 사용하시오.)

(c) $A \subset \partial(\mathbb{R}^2 - A)$을 증명하시오. (도움말: A가 $\partial(\mathbb{R}^2 - A)$의 부분집합이 아니라고 가정하고 $\mathbb{R}^2 - A$와 서로소인 열린공 근방을 가진 점이 A에 왜 존재하는지를 논하시오. 그 다음에 그것이 불가능하다는 것을 설명하시오.)

11.3 디지털 위상과 디지털 화상처리

디지털 화상은 시각적인 정보를 교환하는데 있어서 주요 수단 중의 하나가 되어 왔다. 디지털 카메라 안의 사진들, 이 책에서의 그림들, 계산기 화면에서의 그래프, 그리고 야구장 점수판 위의 화상은 디지털적으로 만들어지거나 제시된 화상의 예들이다. 디지털 화상처리 분야는 제작, 저장, 조작, 그리고 디지털 화상 표현에 관한 것이다. 디지털 화상처리의 이 면들의 각각에는 위상적인 개념과 도구들을 포함하는 질문들과 문제들이 있다. 예를 들어,

(i) 디지털 화상을 만들 때, 실제 세상의 특징들 사이의 복잡한 관계가 디지털 표현에서 적절하게 묘사되는지 어떻게 확신할 수 있는가?

(ii) 디지털 화상을 저장할 때, 각각의 개별적인 픽셀에 대한 정보를 저장하는 것보다 좀 더 효율적인 방법으로 저장하도록 하는 화상 구조의 특성들이 있는가?

(iii) 한 화상을 디지털 변형시킬 때, 그 화상의 위상적 면들이 어떻게 보존될 수 있는가?

이 절에서는 질문 (ii)를 고려하고 디지털 화상에 대한 효율적인 저장 과정을 제안하는 위상적인 결과들을 제시한다. 이 결과들은 조르단 곡선 정리의 디지털 형태를 포함한다. 여기에 제시된 내용은 [Kha3]의 결과들을 바탕으로 둔다.

이 절에 대한 위상적인 배경은 두 개의 디지털직선의 곱을 취함으로써 얻을 수 있는 디지털평면이다. 1.4절에서 디지털평면을 소개했고 거기에서 다음 집합들로 이루어진 기저에 의해 $\mathbb{Z}\times\mathbb{Z}$ 위에 정의된 위상공간으로 제시했다.

$$B(m,n)=\begin{cases}\{(m,n)\} & m\text{과 } n\text{이 홀수},\\ \{(m+a,n) \mid a=-1,0,1\} & m\text{은 짝수이고 } n\text{은 홀수},\\ \{(m,\ n+b) \mid b=-1,0,1\} & m\text{은 홀수이고 } n\text{은 짝수},\\ \{(m+a,\ n+b) \mid a,b=-1,0,1\} & m\text{과 } n\text{이 짝수}.\end{cases}$$

디지털평면을 $\mathbb{Z}^2$로 표시한다. $(m,n)\in\mathbb{Z}^2$에 대하여 $B(m,n)$을 (m,n)**을 포함한 가장 작은 기저원소**라 한다. 그림 11. 14에서 이러한 몇 가지 기저원소들을 표시한다. 이 표시에서 디지털평면에 있는 각각의 다른 형태의 점들에 대해 다른 기호를 사용한다. m과 n이 모두 홀수일 때 (m,n) 형태의 점은 **열린점**이라 부른다. 그것들을 ○으로 나타낸다. 이 각각의 점들은 디지털평면에서는 한 점 열린집합이다. m과 n이 모두 짝수일 때 점 (m,n)은 **닫힌점**이라 부른다. 닫힌점들을 ✸으로 표시하고 이 표시는 점 ✸에 대한 가장 작은 기저원소가 그 주변의 여덟 개의 점들을 포함한다는 사실을 반영한다. 한 좌표가 짝수이고 다른 좌표는 홀수인 점 (m,n)을 **혼합점**이라 부른다. 혼합점들을 ⬢ 또는 ⬣으로 표시하는데 ⬢은 점 ⬢에 대한 가장 작은 기저원소가 그 점 위아래에 있는 점들을 포함하고 있다는 사실을 반영한다. ⬣으로 표시된 점들에 대해서도 비슷한 상황이 적용된다.

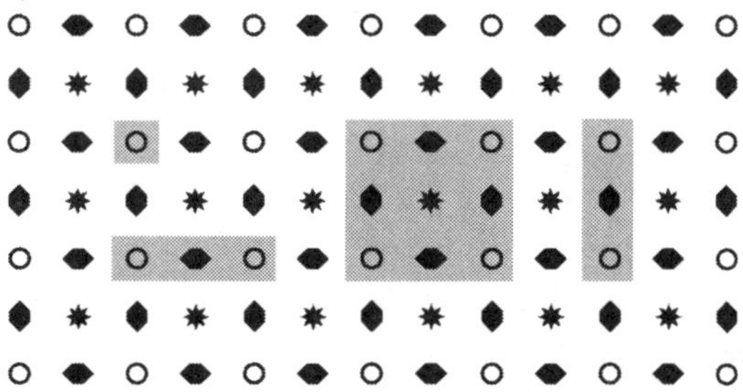

(그림 11.14) 디지털평면에서의 기저원소들.

디지털평면은 또한 표준위상을 가진 평면 $\mathbb{R}^2$의 상공간으로써 얻어질 수 있다. (연습문제 3.32 참조.) 그러므로 평면은 길연결이고 디지털평면은 대응하는 상사상에 의한 평면의 연속인 상이므로 결국 디지털평면은 길연결이다. 사실은 디지털평면에 주어진 두 점에 대하여 그림 11.15에 그려진 것처럼 한 점으로부터 다른 점으로 수직적으로, 수평적으로, 또는 수평과 수직 두 방향으로 움직이는 경로를 가지는 길 $f:[0,1]\to\mathbb{Z}^2$를 정의할 수 있다. (연습문제 11.17 참조.)

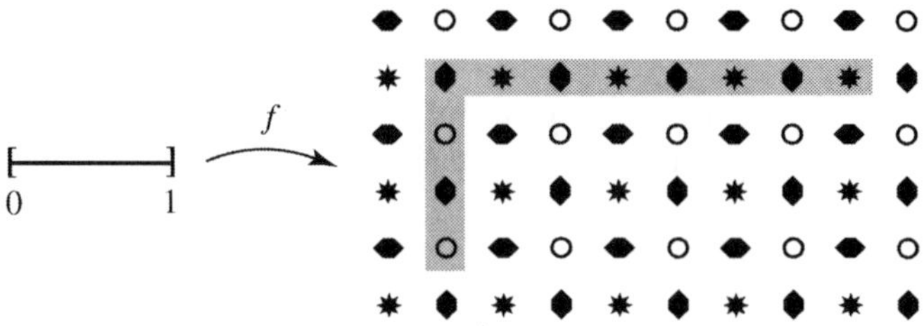

(그림 11.15) 디지털평면의 주어진 두 점에 대하여 그들 사이에 길이 있다.

모든 열린점들로 이루어진 디지털평면의 부분공간을 **가시화면**이라 한다; 그것을 V라 표시한다. 디지털 화상처리 모델링에서 가시화면은 디지털 화상 디스플레이에 있는 픽셀 집합에 대응된다. 즉 그것은 우리가 디지털 사진에서 실제로 보는 것에 대응된다. 가시화면은 디지털평면에서 조밀하고 열린 부분집합이고 부분공간으로써 이산위상을 가진다. 닫힌 점들과 혼합점들을 포함한 부분은 픽셀들을 연결하는 보이지 않는 구조를 제공하고 위상적인 개념들을 사용하게 하고 디지털 화상의 성질들을 모델링하고 연구하는 계기를 마련해 준다.

우리의 모델링의 배경인 디지털평면을 이용하여 앞에서 소개했던 저장문제를 고려하자. 그림 11.16에서는 가시화면에 있는 1×1, 2×2, 그리고 3×3 행렬을 에워싸는 회색으로 색칠해진 디지털평면 점들의 집합을 보여준다.

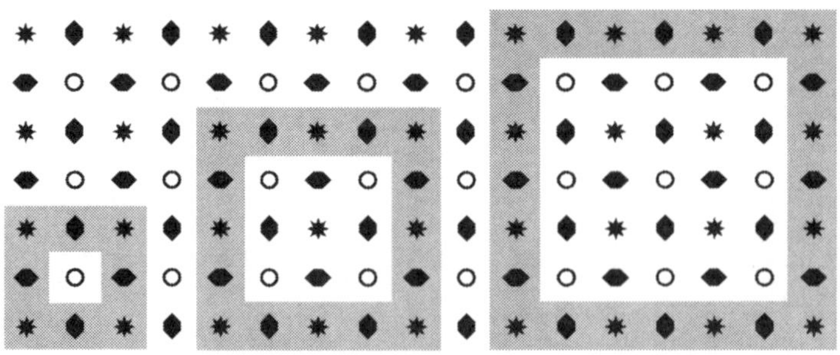

(그림 11.16) 픽셀 행렬을 에워싸는 디지털평면 점들.

그림 11.16에 있는 둘러싸는 주변 집합들은 각각 8, 16, 그리고 24개의 점들로 이루어진다. 일반적으로 열린점들의 $n\times n$행렬이 디지털평면의 $8n$개의 점들의 주변 집합에 의해 에워싸일 수 있다는 것을 보일 수 있다. (연습문제 11.23 참조.) 그러므로 만약 크기가 1000×1000 픽셀들인 하나의 정사각형의 파란 영역을 저장하고 싶다면, 백만 개의 파란색의 픽셀 각각의 위치를 저장할 수 있거나 가시화면에서 둘러싸인 점들이 파란색이라는 것을 보여주는 디지털평면에서 8000개의 둘러싸는 점들의 위치를 저장할 수 있다. 명백하게, 전체 둘러싸인 집합보다 둘러싸는 주변 집합을 다루는 것이 저장공간을 절약한다.

그렇다면, 어느 정도 이 원리가 좀 더 일반적인 디지털 화상으로 적용되는가? 디지털 화면을 각 영역의 모든 점들이 같은 색깔을 가지는 영역들의 집합으로 모델링한다. 우리는 그 영역들을 유일하게 결정하는 주변 집합들로 영역들을 대체할 수 있는지 알고 싶다. 이 방법으로 주변 집합들과 색깔들에 대한 정보를 저장함으로써 사진 저장에 필요한 공간을 줄일 수 있다. 사진의 영역이 주변 집합에 의해 유일하게 결정되므로 저장된 정보로부터 사진을 복원할 수 있다. 이 절의 나머지 부분에서는 이 질문의 답을 얻는데 도움이 되는 몇 가지 디지털 위상의 결과들을 소개한다.

그림 11.16에 있는 주변 집합들 각각은 디지털평면의 부분공간으로써 위상을 가진다. 이 부분공간들 각각이 3.3절에서 소개된 것처럼 디지털원이라는 것을 쉽게 알 수 있다. 디지털원 C_n은 짝수 $n\geq 4$에 대해서 정의된다. 그것들은 디지털 직선의 부분공간 $\{1, \dots, n+1\}$에서 양끝인 1과 $n+1$을 붙임으로써 얻어진다. 그림 11.17에서는 기저와 함께 디지털원 C_4, C_6, 그리고 C_8이 제시됐다.

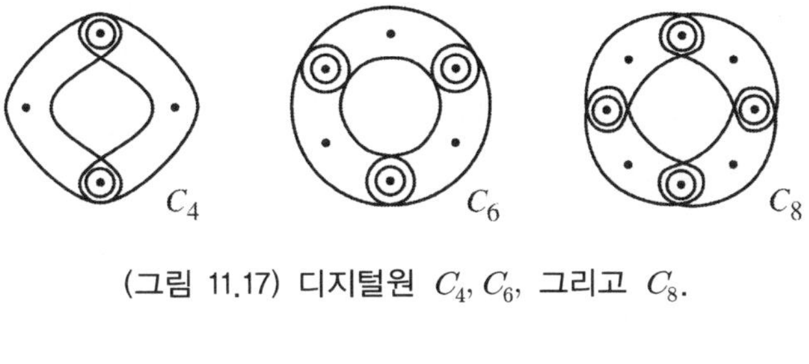

(그림 11.17) 디지털원 C_4, C_6, 그리고 C_8.

정의 11.11. X를 위상공간이라 하자. X에서 **디지털 단순닫힌곡선**은 디지털원과 위상동형인 X의 부분공간이다.

예 11.2. 그림 11.18에 있는 네 점 집합 A는 디지털 단순닫힌곡선이지만 네 점 집합 B는 아니다. B가 디지털평면으로부터 물려받은 부분공간위상은 이산위상이다.

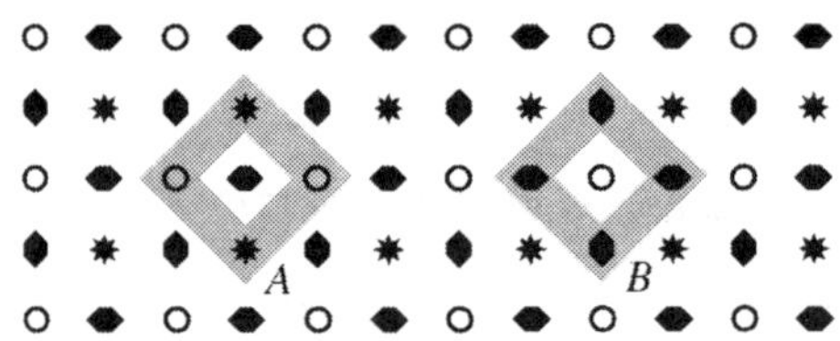

(그림 11.18) 집합 A는 디지털 단순닫힌곡선이지만 집합 B는 아니다.

조르단 곡선 정리는 모든 단순닫힌곡선은 평면 $\mathbb{R}^2$를 두 연결성분으로 나누고 그 성분 각각은 그 단순닫힌곡선을 경계로써 가진다는 것을 의미한다. 그러므로 평면에서의 단순닫힌곡선 S는 S에 의해 둘러싸인 두 영역을 결정하고 S는 각각의 영역의 경계를 취함으로써 얻어지므로 이 영역들 각각은 S를 결정한다. 이것은 디지털평면에서 영역과 주변 집합에 대해 찾고자 하는 결과의 유형이다. 디지털평면에서 디지털 단순닫힌곡선에 대응하는 조르단 곡선 정리가 있을까? 약간 형태는 다르지만 그 대답은 예라는 것을 곧 알 것이다.

그림 11.16에 있는 세 개의 디지털 단순닫힌곡선과 그림 11.18에 있는 하나의 디지털 단순닫힌곡선을 고려하면은 이 집합들 각각은 디지털평면을 두 개의 연결집합으로 분리한다는 것을 바로 알 수 있다. 또한 그림 11.16에 있는 세 개의 예시에서 디지털 단순닫힌곡선은 그 곡선이 디지털평면을 분리해서 나오는 연결성분들 각각의 경계이다. 이와 대조적으로, 그림 11.18에 있는 디지털 단순닫힌곡선은 디지털평면에서의 그 여집합 각 연결성분들의 경계가 아니다.

결국 일반 형태에 정확히 대응하는 디지털 형태의 조르단 곡선 정리를 가질 수 없다는 것이다. 그러나 다음 정리를 가진다.

정리 11.12. 디지털 조르단 곡선 정리. A를 디지털평면에서 단순닫힌곡선이라 하자. 그러면 A는 디지털평면을 두 연결성분으로 분리한다. 더군다나 A가 각각의 성분의 경계가 될 필요충분조건은 A는 디지털평면의 닫힌 부분집합이다.

비록 이 교재에 있는 지금까지의 개념과 이론으로 정리 11.12의 증명이 가능하지만 여기에서는 제시하지 않는다. 디지털 단순닫힌곡선의 점들의 개수에 대한 귀납법에 의한 증명이 [Kis]에 있다. 그 귀납법 증명에서 첫 번째 경우는 네 점 디지털 단순단힌곡선을 다룬다. 그 경우는 다음 정리의 결과로 나온다.

정리 11.13. 임의의 네 점 디지털 단순닫힌곡선은 점 $(m-1,n), (m+1,n)$, $(m,n-1)$, 그리고 $(m,n+1)$으로 이루어졌고 그것들 중 두 점은 열린점이고 다른 두 점은 닫힌점이다.

증명. A를 네 점 디지털 단순닫힌곡선이라 하자. 정리 1.13을 이용하면 집합들의 모임

$$\{B(p,q)\cap A \mid (p,q)\in A\}$$

이 A 위의 부분공간위상의 기저가 된다는 것을 쉽게 알 수 있다. A는 디지털원 C_4와 위상동형이므로 이 기저는 한 쌍의 점들로 교차하는 두 개의 세 점 집합을 포함해야 한다. 그러한 경우는 A가 두 개의 닫힌점 $(m-1,n)$과 $(m+1,n)$, 또는 $(m,n-1)$과 $(m,n+1)$을 포함할 때만 일어난다. 그러면 그 세 점 집합들은 한 쌍의 열린점들, $(m,n-1)$과 $(m,n+1)$, 또는 $(m-1,n)$과 $(m+1,n)$에 교차해야 한다. ■

정리 11.13에 의해 네 점 디지털 단순닫힌곡선은 그림 11.18에 있는 집합 A 또는 그것의 90도 회전한 집합으로써 나타나야 한다. 이제 네 점 단순닫힌곡선

$$A=\{(m-1,n),(m+1,n),(m,n-1),(m,n+1)\}$$

을 가진다고 가정하자. 만약 $C_1=\{(m,n)\}$과 $C_2=\mathbb{Z}^2-(A\cup\{(m,n)\})$이라 하면, C_1과 C_2는 $\mathbb{Z}^2$에서 A의 여집합의 연결성분임을 쉽게 보일 수 있다. 이것은 네 점 디지털 단순닫힌곡선에 대한 정리 11.12를 증명한다. 조르단 곡선 정리의 일반 형태와 디지털 형태의 주요 차이점은 보통 평면에서의 단순닫힌곡선은 자동적으로 그 여집합의 각 연결성분의 경계가 되는 반면에 디지털 단순닫힌곡선이 여집합의 각 성분의 경계가 될 필요충분조건은 디지털 단순닫힌곡선이 닫힌집합이 되는 것이다. 주목할 것은 보통 평면에서의 단순닫힌곡선은 닫힌집합이어야 한다. (연습문제 11.21 참조.) 그러므로 디지털 단순닫힌곡선의 두 개의 가능성—닫힌집합인가 아닌가—을 고려하는 디지털 조르단 곡선 정리와 대조적으로 일반 조르단 곡선 정리에서 닫힌집합이 아닌 단순닫힌곡선을 곡선을 고려하는 것은 의미가 없다.

다음 정리는 디지털 단순닫힌곡선이 디지털평면에서 닫힌집합인지 아닌지를 결정하는 간단한 조건을 알려준다.

정리 11.14. A를 디지털평면에서 디지털 단순닫힌곡선이라 하자. 그러면 A가 디지털평면에서 닫힌 부분집합일 필요충분조건은 A는 어떠한 열린점도 포함하지 않는다.

증명 연습문제 11.22 참조. ■

예를 들어, 그림 11.16에 있는 각각의 디지털 단순닫힌곡선은 단지 닫힌점과 혼합된 점들로 이루어져 있다. 그러므로 각각은 디지털평면의 닫힌 부분집합이다. 그러나 그림 11.18에 있는 디지털 단순닫힌곡선 A는 두 개의 열린점을 포함하고 그러므로 A는 디지털평면에서 닫힌집합이 아니다.

디지털평면에 하나의 디지털 단순닫힌곡선이 주어졌을 때, 그 여집합은 두 개의 연결성분으로 이루어져 있다. 그 다음 일반 조르단 곡선 정리에서처럼 이 연결성분 중 하나는 유계인 반면 다른 하나는 아님을 보이고자 한다. 첫 번째로 유계가 무엇을 의미하는지를 정의한다.

정의 11.15. 만약 모든 $(m, n) \in A$에 대해 $|m| \leq M$이고 $|n| \leq M$인 $M \in \mathbb{Z}_+$이 존재한다면 디지털평면의 부분집합 A는 **유계**이다. 그렇지 않으면, A는 **유계가 아니**라고 말한다.

다시 말해서, 만약 디지털평면의 부분집합 A가 디지털평면에서 중심이 원점인 정사각형 안에 포함된다면 A는 유계이다.

정리 11.16. 만약 A가 디지털평면에서 디지털 단순닫힌곡선이면 그 여집합의 연결성분 중 하나는 유계이고 다른 하나는 유계가 아니다.

증명 A를 디지털평면의 디지털 단순닫힌곡선이라 하자. A는 단지 유한개의 점들로 이루어져 있기 때문에 A는 유계이다. 그러므로 여집합의 연결성분 중 최소한 하나는 유계가 아니어야 한다. $M \in \mathbb{Z}_+$은 모든 $(m, n) \in A$에 대해 $|m| \leq M$이고 $|n| \leq M$을 만족하고 B와

B^*를

$$B = \{(m,n) \in \mathbb{Z}_+ \mid |m| \le M \text{이고 } |n| \le M\},\ B^* = \mathbb{Z}^2 - B$$

로 정의된 집합이라 하자. B^*가 연결이고 더군다나 $A \cap B^* = \varnothing$ 임을 쉽게 보일 수 있다. 따라서 B^*는 A의 여집합의 한 연결성분에 포함된다. 결국 B는 A의 여집합의 다른 성분을 포함하게 되고 그러므로 그 성분은 유계이다. ■

만약 A가 디지털평면에서 디지털 단순닫힌곡선이라면, A의 여집합의 유계인 성분을 A의 **내부**라 부르고 $\mathrm{Ins}(A)$로 표시하고, A의 여집합의 유계가 아닌 성분을 A의 **외부**라 하고 $\mathrm{Out}(A)$라 표시한다. 디지털 조르단 곡선 정리가 시사하기를 $A = \partial(\mathrm{Ins}(A))$이고 $A = \partial(\mathrm{Out}(A))$일 필요충분조건은 A는 디지털평면에서 닫힌 부분집합이다.

이제, 하나의 디지털 화상—픽셀의 배열 위에 나타난 화상을 가지고 있다고 가정하자. 이 화상과 관련하여 디지털평면에서 가시화면 V의 분할 $\mathcal{P}$를 정의한다. 분할에 있는 각각의 집합은 모든 점이 똑같은 색깔을 가진 하나의 화상영역에 대응한다. 전에 언급했듯이 영역을 결정하는 주변 집합들의 모임으로써 화상을 저장하는 것이 가능한지 알기를 원한다. 따라서 분할 $\mathcal{P}$ 안의 집합들을 결정하는 디지털 단순닫힌곡선들의 집합이 있는지를 알고 싶다.

V의 위상은 이산위상이고 그러므로 V는 완전비연결이다. 그러나 우리가 원하던 정리를 만들기 위해서 가시화면에 대한 연결성의 다른 개념을 소개해야 한다.

정의 11.17.

(i) $p = (m,n)$를 가시화면의 한 점이라 하자. 점 $(m-2,n)$, $(m+2,n)$, $(m,n-2)$, 그리고 $(m,n+2)$를 p에 **4-인접**이라고 말한다.

(ii) 만약 임의의 쌍의 점 $p, q \in C$에 대하여 모든 $i = 1, \ldots, n-1$에 대하여 p_{i+1}이 p_i에 4-인접한 C의 점들의 수열 $p = p_1, p_2, \ldots, p_n = q$이 존재하면 가시화면에서 집합 C를 **4-연결**이라고 한다.

가시화면에 한 점이 주어졌을 때 그 점에 4-인접한 점들은 가시화면에서 그 점 바로 옆에 있는 위아래 또는 좌우에 있는 네 점들이다. 그림 11.19은 가시화면에서 두 집합 A와 B를 보여준다. 집합 A는 4-연결인 반면은 집합 B는 아니다.

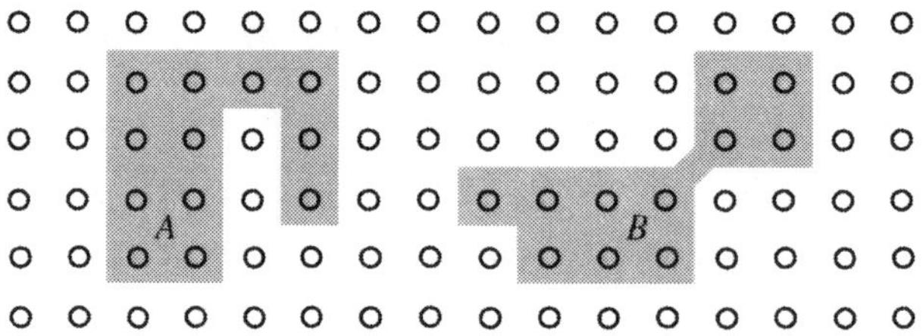

(그림 11.19) 집합 A는 4-연결이지만 집합 B는 아니다.

비록 여기에서 필요하지는 않지만 비슷하게 8-인접과 8-연결을 정의할 수 있다. 8-인접에서는 하나의 특정한 열린점을 둘러싸고 있는 모든 여덟 개의 열린점이 그 점에 8-인접인 것으로 본다. 4- 그리고 8-연결의 개념은 위상적 성질을 가진 가시화면 형태를 만드는데 중요하다. 이 연결 성질들은 아즈리얼 로젠펠드(Azriel Rosenfeld)에 의해 이루어진 디지털 위상수학 분야의 발전에 주요한 역할을 했다. (예를 들어 [Ros] 참조.)

다음 정의는 가시화면에서의 화상이 디지털평면에서의 주변 집합들의 모임으로 전환되는 과정을 묘사한다.

정의 11.18. $\mathcal{P}$를 단지 한 집합만 유계가 아닌 4-연결인 집합들로의 가시화면의 분할이라 하자.

$$S_{\mathcal{P}} = \bigcup_{D \in \mathcal{P}} \partial(Cl(D))$$

로 정의된 디지털평면의 부분집합을 **$\mathcal{P}$에 의해 결정된 프린트아웃**이라 한다.

정의에서처럼 $\mathcal{P}$가 주어졌을 때, $\mathcal{P}$에 의해 결정된 프린트아웃은 그 분할의 각 집합의 폐포의 경계를 취함으로써(디지털평면에서) 얻어진 집합들의 모임 $S_{\mathcal{P}}$이다. $S_{\mathcal{P}}$가 디지털평면에서 가시화면의 여집합인 $\mathbb{Z}^2 - \mathrm{V}$ 안의 디지털 단순닫힌곡선들의 합집합이라는 것이 [Kha3]에서 증명된다. 따라서 $\mathcal{P}$에 의해 결정된 프린트아웃을 주변 집합들의 모임으로 간주할 수 있다. 다음 정리는 바라는 대로 분할 $\mathcal{P}$가 그것이 결정하는 프린트아웃으로부터 되찾을 수 있음을 나타낸다.

정리 11.19. $\mathcal{P}$를 기껏해야 한 집합만 유계가 아닌 4-연결인 집합들로의 가시화면의 분할이라 하자. $S_{\mathcal{P}}$를 $\mathcal{P}$에 의해 결정된 프린트아웃이라 하자. 그러면

$$\mathcal{P}^* = \{C \cap \mathrm{V} \mid C\text{는 } \mathbb{Z}^2 - S_{\mathcal{P}}\text{의 연결성분}\}$$

에 의해 주어진 V의 부분집합들의 모임 $\mathcal{P}^*$는 가시화면의 분할이고, 그리고 $\mathcal{P}^* = \mathcal{P}$이다.

정리 11.19을 증명하지 않는다; 그것은 [Kha3]에 있는 결과들로부터 증명된다. 정리 11.19에서 분할 $\mathcal{P}^*$과 $\mathcal{P}$이 일치하기 위해서 분할 $\mathcal{P}$에서의 집합이 4-연결이라는 가정이 꼭 필요하다. 예를 들어 만약 그림 11.19에 있는 집합 B가 분할 $\mathcal{P}$의 집합들 중 하나라면 B의 두 4-연결인 "성분"은 $\mathcal{P}^*$에서 서로 분리된 집합들이다.

요약하자면, 디지털 화상을 저장하고 복원하는데 다음 과정을 가진다.

(i) 디지털 화상이 주어졌을 때 분할의 각 집합을 화상 안에 고정된 색깔을 가진 영역에 대응하도록 가시화면의 분할을 정의한다.

(ii) 화상을 저장하기 위해서 분할에 의해 결정된 프린트아웃을 만든다. (프린트 아웃에서 각각의 디지털 단순닫힌곡선의 어느 쪽이 어떤 색깔을 가지는지 나타냄으로써 색깔 정보를 또한 저장할 수 있다.)

(iii) 디지털평면에서 프린트아웃의 여집합의 각각의 연결성분과 가시화면을 교집합을 함으로써 분할을 복원한다.

일반적으로 연결이고 연속으로 간주되는 실제 세계를 디지털적으로 표현하는 도전은 실제 세계의 위상적 관계를 유지하기 위해 연결성 구조를 가지는 것과 동시에 화상을 디지털 형태로 "나누는" 방법을 가지는 것이 필요하다. 디지털평면은 이 과정에 대해 효과적인 모델을 제공한다; 그것은 연결성을 제공하는 보이지 않는 구조를 구성하는 닫힌점과 혼합점과 함께, 화상을 나타내는데 사용되는 완전비연결이고, 열린집합이고, 그리고 조밀한 가시화면으로 이루어져 있다.

유클리드공간은 위상수학 학문에 대한 주된 장소가 되어 왔으나 정보를 교환하고, 표현하고 해석하는데 디지털 과정에 크게 의존해 왔기 때문에 디지털 공간을 탐구하고자 하는 공간들에 포함시키는 것은 중요할 것이다.

연습문제 11.3

11.17. 디지털평면의 두 점에 대하여 한 점에서 다른 점으로 수직적으로, 수평적으로, 또는 둘 다 움직이는 길을 나타내는 연속함수 $f:[0,1]\to\mathbb{Z}^2$가 존재함을 보이시오.

11.18. 예 11.2에 있는 디지털 단순닫힌곡선 A의 여집합의 각 연결성분의 경계를 결정하시오.

11.19. (a) 그림 11.20에 있는 디지털평면의 네 개의 여섯 점 집합들을 고려하자. 각각에 주어진 부분공간위상의 기저를 묘사하고 어떠한 집합도 디지털 단순닫힌곡선이 아님을 증명하시오.

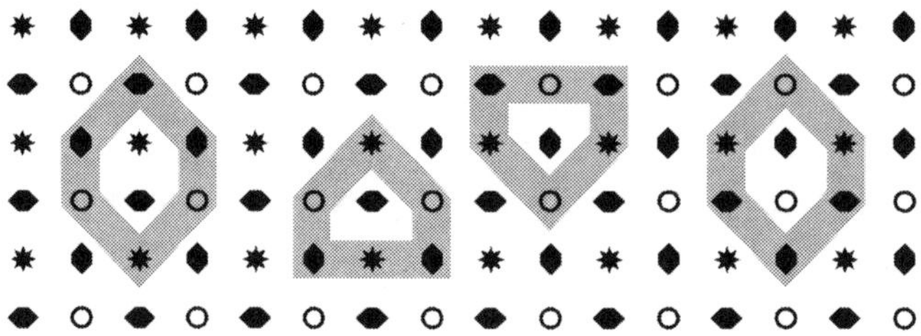

(그림 11.20) 이 여섯 점 집합들의 어떠한 집합도 디지털 단순닫힌곡선이 아니다.

(b) 디지털평면에서 여섯 점 디지털 단순닫힌곡선이 존재하지 않음을 증명하시오.

(c) 임의의 짝수 $n\geq 8$에 대하여 디지털평면에서 n-점 디지털 단순닫힌곡선이 존재함을 보이시오.

(d) 디지털 3차원 공간 즉 세 디지털직선들의 곱공간인 공간 $\mathbb{Z}\times\mathbb{Z}\times\mathbb{Z}$에서 여섯 점 디지털 단순닫힌곡선이 존재함을 보이시오.

11.20. (a) 디지털평면에서 열린점을 둘러싸는 여덟 점 집합은 디지털 단순닫힌곡선임을 보이시오.

(b) 디지털평면에서 닫힌점을 둘러싸는 여덟 점 집합은 디지털 단순닫힌곡선임을 보이시오.

(c) 디지털평면에서 혼합점을 둘러싸는 여덟 점 집합은 디지털 단순닫힌곡선이 아님을 보이시오. 그러한 집합은 디지털평면을 분리하는가?

11.21. (a) 만약 S가 평면 $\mathbb{R}^2$에서 단순닫힌곡선이라면 S는 평면에서 닫힌부분집합임을 증명하시오.

(b) 만약 A가 디지털평면에서 디지털 단순닫힌곡선이라면 A는 디지털평면에서 닫힌집합임을 보이기 위해 (a)의 증명이 왜 사용되지 못하는가?

11.22. 증명 11.14를 증명하시오.

11.23. A를 디지털평면에서 열린점들의 $n \times n$ 행렬이라 하자. $\partial(\mathrm{Cl}(A))$은 $8n$ 점들로 이루어진 디지털 단순닫힌곡선임을 증명하시오.

chapter 12

매듭

이 장에서는 매듭이론을 다룬다. 매듭은 $\mathbb{R}^3$ 속으로 원의 넣기 $f: S^1 \rightarrow \mathbb{R}^3$이다. 만약 그림 12.1에서처럼 하나의 매듭을 자기교차 없이 다른 매듭으로 변형시킬 수 있다면 두 매듭은 동치라고 간주한다. 동치인 두 매듭은 같은 매듭형태라고 말한다. 곧 이 동치의 정확한 정의를 내릴 것이다.

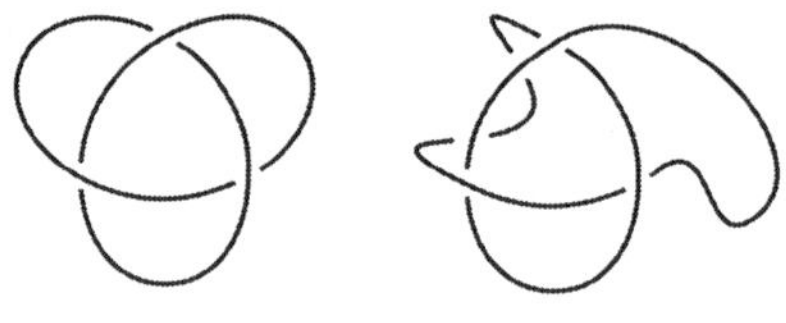

(그림 12.1) 이 두 매듭은 동치이다.

매듭이론은 19세기 중반에 시작됐다. 칼 프리드리치 가우스(Carl Friedrich Gauss, 1777-1855) 그리고 그의 제자 요한 리스팅(Johann Listing, 1808-1882) 모두 매듭이론의 초기 연구에 공헌을 했다. 리스팅의 논문 "Vorstudien zur Topologie" ("topology"라는 용어를 처음 사용했던 곳)은 매듭을 분류하는 문제에 대해 논의했다.

19세기 과학자들 대부분은 모든 공간에 널리 퍼져있는 보이지 않는 에테르라 불리는 물질이 존재한다고 믿어왔다. 캘빈 경(Lord Kelvin)이라 알려진 스코틀랜드 물리학자 윌리엄 톰슨(William Thompson, 1824-1907)은 원자들이 에테르 안에서 단순히 매듭지어진 소용돌이(마치 공기에 불 수 있는 담배연기 고리처럼)라고 단정했다. 각각의 다른 매듭은 다른 원소에 대응된다고 생각했다.

톰슨의 추측에 자극을 받아서, 재임스 클러크 맥스웰(James Clerk Maxwell, 1831-1879)과 피터 구스리 태이트(Peter Guthrie Tait, 1831-1901)는 매듭의 성질을 연구했고 태이트는 매듭의 목록을 만드는데 연구했다. 궁극적으로 매듭목록은 원소들의 목록과는 잘 연관되지 않았다. 그리고 미켈슨-몰리(Michelson-Morley) 실험(1887)에 의해 에테르는 존재하지 않는다는 것이 명백해졌고 따라서 원자의 매듭 모델은 치명타를 입었다. 그러나 그 때까지 오로지 수학적인 관점에서 매듭을 분류하는 것은 충분한 관심을 끌었고 이 방향으로 계속해서 연구가 진행됐다.

20세기 초에 위상의 기초의 발전에 힘입어 수학자들은 매듭이론을 정식화할 수 있었다. 그 이후로 많은 수학적인 도구들은 개발되었고 위상에서 가장 활발한 분야 중의 하나인 매듭이론에 적용되었다.

매듭이론의 가장 근본적인 질문은 두 개의 매듭이 동치인지 아닌지를 판단하는 것이다. 두 매듭의 그림이 주어지고, 끈으로 그 매듭을 만들었다면, 하나의 매듭을 다른 매듭으로 바꾸는 것이 가능한지를 결정하고 싶은 것이다.

두 매듭이 동치가 아니라는 것을 증명하는 한 가지 방법은 불변량이라 불리는 매듭과 연관된 양들을 사용하는 것이다. 불변량은 매듭의 특정한 그림이 아닌 오직 매듭의 형태에 의존한다. 다른 불변량 값을 가진 두 매듭이 있다면 그 매듭들은 서로 다르다.

12.1절에 동위사상을 소개하고 그것을 이용하여 매듭의 동치의 엄밀한 정의를 내린다. 12.2절에서는 매듭의 형태를 보존하는 매듭 사영(매듭의 하나의 그림)에 실행할 변형인 라이더마이스터(Reidermeister) 변형을 소개한다. 라이더마이스터 변형는 우리가 정의하는 불변량이 실제로 매듭의 형태에 독립이라는 것을 증명하는데 사용되는 쉬운 방법을 제공한다. 이 절에서는 또한 여러 매듭들로 이루어진 소위 고리를 구별하기 위해 사용되는 하나의 불변량인 고리수를 소개한다. 12.3절에서는 1920년대와 1930년대에 하나의 혁명이었지만 1980년대에 극적으로 확장되는 매듭의 다항식 불변량을 소개한다. 마지막 절에서는 DNA와 합성화학의 연구로의 매듭의 최근 몇 가지 응용을 소개한다.

12.1 동위사상과 매듭

9.1절에서 두 연속함수 $f: X \to Y$와 $g: X \to Y$ 사이에 $F(x,0) = f(x)$이고 $F(x,1) = g(x)$인 연속함수 $F(x,t)$인 호모토피 $F: X \times I \to Y$의 개념을 소개했다. 좌표 t가 0에서 1까지 변할 때 함수 F는 f를 g로 변형한다. 매듭이론에서는 호모토피의 특별한 형태에 관심이 있다.

> **정의 12.1.** 만약 I의 임의의 t에 대하여 $F|_{X \times \{t\}}$가 위상동형사상이면 호모토피 $F: X \times I \to Y$를 **동위사상(isotopy)**이라 한다.

동위사상 $F: X \times I \to Y$에서, t가 변하기 때문에 동위사상을 X에 정의된 위상동형사상들 $F|_{X \times \{t\}}$의 일변수 모임으로 간주한다.

예 12.1. $F(x,t)=(t+1)x$인 $F:\mathbb{R}^2\times I\to\mathbb{R}^2$를 정의하자. $t=0$이면 F는 단지 $\mathbb{R}^2$상의 항등함수이다. 그러나 t가 0에서 1로 커짐에 따라, 동위사상의 끝에서 원점에서 시작하는 $\mathbb{R}^2$의 각각의 벡터의 크기가 원래보다 두 배가 되게 늘어난다. (그림 12.2 참조.)

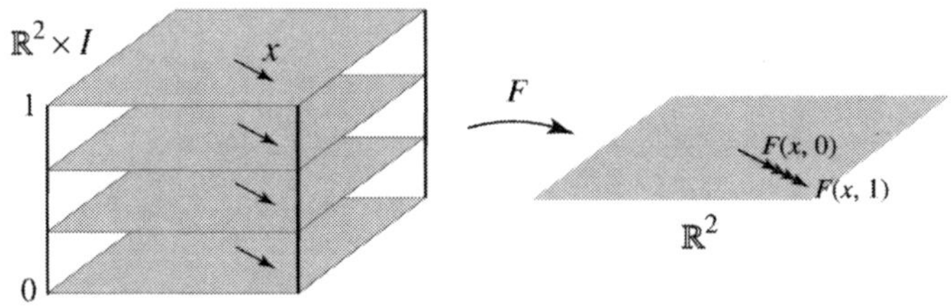

(그림 12.2) 동위사상 F는 각 벡터를 길이가 두 배가 되게 늘린다.

동위사상을 위상공간 X의 위상이 변하지 않는 시간 위에서의 X의 변형으로 간주할 수 있다. 특히 한 위상공간 X 안의 다른 위상공간 Y의 두 넣기가 X의 동위사상에 의해 서로 변형될 수 있는지에 관심이 있다. 이러한 방법으로 두 넣기가 동치라는 것이 무엇을 의미하는지 정의한다.

정의 12.2. $f:Y\to X$와 $g:Y\to X$가 Y의 X로의 넣기라고 하자. 만약 모든 $x\in X$에 대하여 $F(x,0)=x$이고 모든 $y\in Y$에 대하여 $F(f(y),1)=g(y)$인 동위사상 $F:X\times I\to X$가 존재한다면 f와 g를 **포괄동위적**이라 한다. 위상공간 X를 **포괄공간**이라 하고 함수 F를 **포괄동위사상(ambient isotopy)**이라 하다.

만약 $F:X\times I\to X$가 포괄동위사상이면, $t=0$에 대해서는 F는 단지 X의 모든 점을 고정시키는 X상의 항등함수이다. 그러나 $t=1$일 때는 F는 한 점의 f의 상을 그 점의 g의 상과 정확히 똑같은 위치에 보낸다. 포괄동위사상은 연속적으로 전체공간 X를 변형하는데 결국은 함수 f가 함수 g로 변형된다.

비록 조건 $F(x,0)=x$와 $F(f(y),1)=g(y)$은 매우 다르게 보이지만 첫 번째 조건은 $F(f(y),0)=f(y)$임을 암시함을 또한 주목하자. 그래서 이 조건들을 $t=0$일 때 F는 $f(y)$

를 $f(y)$로 보내고 $t=1$일 때 $f(y)$를 $g(y)$로 보내는 것으로 볼 수 있다.

비록 표현자체는 복잡하지만 포괄동위사상의 정의는 고무판 기하학의 진정한 의미를 정확히 담아낸다. 첫 번째 넣기의 상은 포괄공간이 변형됨에 따라 천천히 두 번째 넣기의 상으로 변형된다. 첫 번째 넣기의 상은 정의에 의해 두 번째 넣기와 위상동형임을 알 수 있다. 각각의 단계에서 Y의 위상동형 복사공간은 포괄공간에 나타나고, 그리고 처음 형태에서 마지막 형태로 변형됨에 따라 한 편의 영화를 본다. (그림 12.3 참조.) 포괄공간은 Y의 X로의 넣기들 사이의 동치관계를 정의한다. (그림 12.3 참조.)

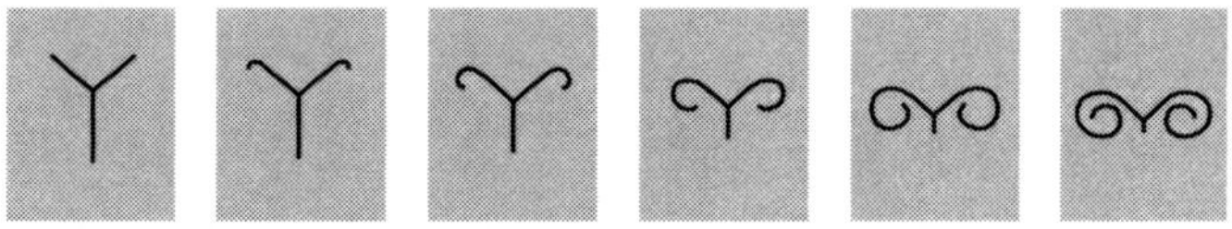

(그림 12.3) 동위사상은 변형의 영화와 비슷하다.

예 12.2. $f(\theta)=(\cos(\theta),\sin(\theta))$인 $f:S^1\to\mathbb{R}^2$를 정의하자. 이 함수는 원을 $\mathbb{R}^2$ 안에서 자기 자신으로 넣는다. $g(\theta)=(2\cos(\theta),2\sin(\theta))$를 정의하자. 이것은 원을 $\mathbb{R}^2$에서 원점이 중심이고 반지름이 2인 원으로 넣는다. 첫 번째 넣기를 두 번째 넣기로 변형시키는 것은 쉬울 것 같다. (그림 12.4 참조.) 그러나 구체적인 포괄동위사상은 무엇인가? 이전 예에 있는 동위사상을 이용할 수 있다. 즉 $F(x,t)=(t+1)x$로 주어진 $F\colon\mathbb{R}^2\times I\to\mathbb{R}^2$를 선택하자. 이것은 I의 하나의 고정된 t에 대하여 $F|_{\mathbb{R}^2\times\{t\}}$은 평면에서의 위상동형사상이기 때문에 동위사상이다. 더군다나 $t=0$일 때 $F(x,0)=x$이고 그래서 항등함수이다. 그리고 마지막으로 $t=1$일 때,

$$F(f(\theta),1)=(1+1)f(\theta)=2f(\theta)=g(\theta)$$

이다. 그러므로 원의 두 넣기는 실제로 포괄동위적이다.

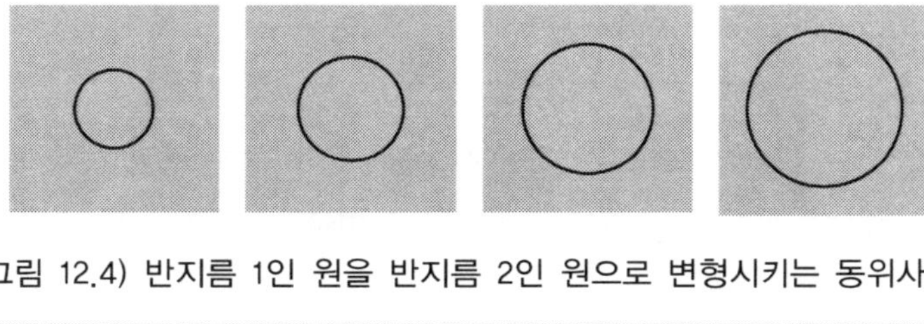

(그림 12.4) 반지름 1인 원을 반지름 2인 원으로 변형시키는 동위사상.

예 12.3. 구면 S^2를 그림 12.5에 묘사된 넣어진 구면 S로 변형하는 포괄동위사상 $F: \mathbb{R}^3 \times I \to \mathbb{R}^3$가 존재한다.

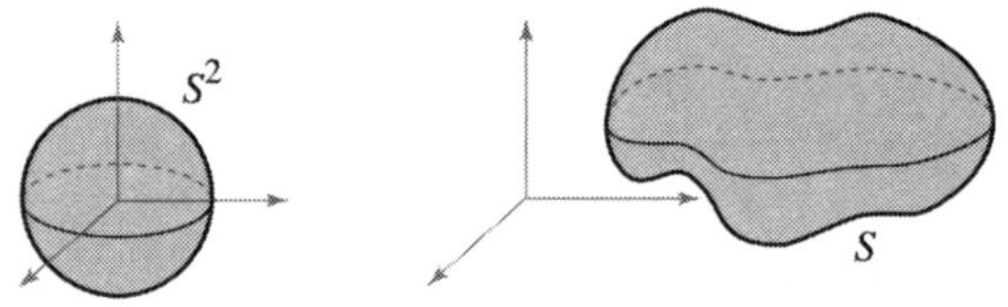

(그림 12.5) 구면 S^2는 포괄동위사상에 의해 넣어진 구면 S로 변형될 수 있다.

함수 $F|_{\mathbb{R}^3 \times \{0\}}$은 위상동형사상인 항등함수이다. 함수 $F|_{\mathbb{R}^3 \times \{1\}}$은 구면 S^2를 넣어진 구면 S로 보낸다. F에 대한 구체적인 식은 주지 않는다. 비록 포괄동위사상이 존재하는 것이 그림으로는 당연하지만 특정한 포괄동위사상에 대한 식을 만드는 것은 종종 어렵거나 불가능하다.

이제 포괄동위 개념을 매듭에 적용하고자 한다. 어떤 난해한 상황을 피하기 위해 그림 12.6에서처럼 매듭은 유한개의 막대기들의 끝을 연결해 만들 수 있다고 가정한다. 이러한 매듭을 **다각매듭(polygonal knot)**이라 한다. 막대기들을 다각매듭의 **변**이라 하고 이웃하는 두 막대기는 **꼭짓점**에서 만난다.

모든 매끄러운 매듭은 작은 막대기를 많이 사용하여 다각매듭으로 원하는 만큼 아주 가깝게 근사시킬 수 있다. 그래서 매끄러운 매듭보다는 다각매듭을 고려해도 상관없다.

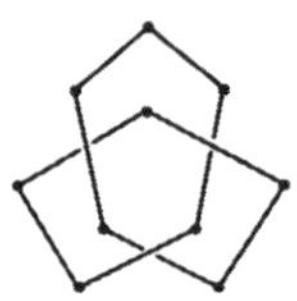

(그림 12.6) 막대기로 만든 매듭.

유한개의 막대기를 사용하여 그림 12.7에 나타난 것과 같은 소위 난해하게 넣어진 매듭을 피할 수 있다. 이러한 매듭들은 매듭을 이해하기 위해 시도하는 직관들을 거짓으로 만드는 이상한 성질을 가지고 있다.

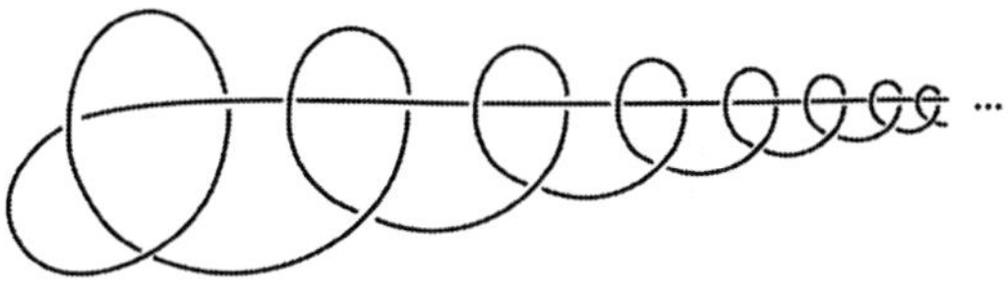

(그림 12.7) 고려대상에서 제외된 난해하게 넣어진 매듭.

다시 돌아와서, 매듭이론이라는 수학 분야는 원 S^1의 $\mathbb{R}^3$ 안으로의 다양한 넣기를 조사하는 것이다. 만약 하나의 매듭을 자기 자신과 교차하지 않고 다른 매듭으로 변형시킬 수 있다면 이 두 매듭을 동치라고 하고 싶다. 어떻게 그 동치를 엄밀하게 만들 수 있을까?

정의 12.3. 만약 두 매듭 $f, g : S^1 \to \mathbb{R}^3$가 포괄동위적이면 두 매듭은 **동치**이다. 동치인 매듭들의 집합을 **매듭형태(knot type)**라 한다.

$H: \mathbb{R}^3 \times I \to \mathbb{R}^3$를 넣기 $f, g : S^1 \to \mathbb{R}^3$에 주어진 매듭 사이의 포괄동위사상이라 하자. $H(x, 0) = x$라는 조건에 의해 H는 항등함수로 시작한다. $H(f(x), 1) = g(x)$라는 조건에 의해 끝날 때에는 H는 f에 의해 주어진 매듭을 g에 의해 주어진 매듭으로 변형시킨다. 두 번째 좌표 t의 어떤 고정된 값에 대해서도 동위사상은 위상동형이어야 하기 때문에 매듭은 변형하는 동안 자기 자신과 교차하지 않는다.

예 12.4. 그림 12.8에 있는 모든 매듭은 $\mathbb{R}^3$의 포괄동위사상들에 의해 다른 모든 매듭들로 변형될 수 있기 때문에 똑같은 매듭형태이다.

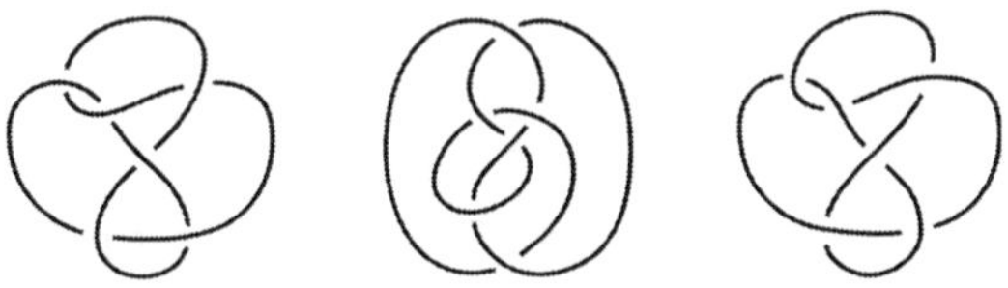

(그림 12.8) 이 매듭들은 똑같은 매듭형태이다.

포괄하는 공간 $\mathbb{R}^3$의 포괄동위를 사용하는 이유는 그림 12.9에서 일어나듯이 매듭의 한 부분이 한 점으로 무너지게 하는 변형을 피하기 위해서이다. 그 변형에서는 $\mathbb{R}^3$의 한 부분이 마지막 단계에서 한 점으로 무너지는데 이것은 $\mathbb{R}^3$의 포괄동위에서는 일어날 수 없다.

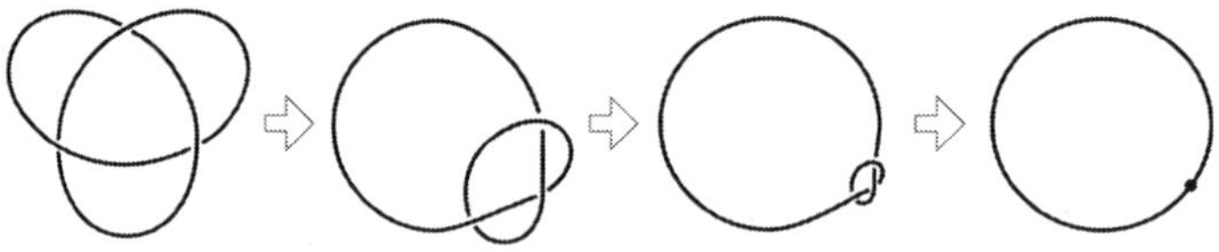

(그림 12.9) 한 점으로 무너지는 것을 허용하지 않는다.

그 변형 전반에서 전체공간은 매듭과 함께 변형되고 그러므로 매듭은 자기 자신과 교차할 수 없다는 것을 명심하면서 하나의 매듭이 공간을 통하여 변형되는 과정을 시각화하는 것으로 포괄동위사상을 일반적으로 그린다. (그림 12.10 참조.)

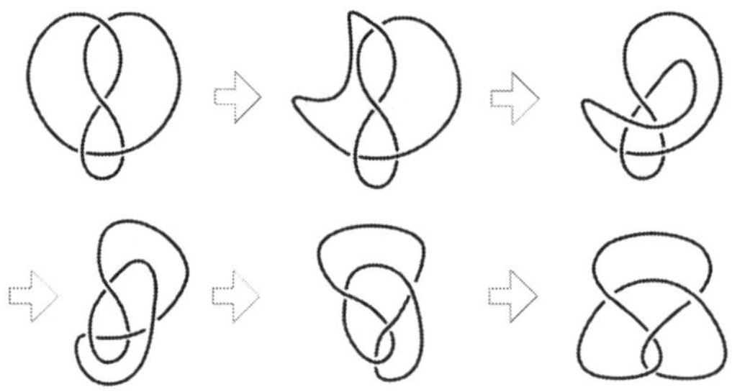

(그림 12.10) 첫 번째와 마지막 매듭이 동치임을 보여주는 일련의 변형.

또한 그 동위사상을 소위 **조각적 선형**이라고 가정한다. 이 가정은 한 매듭을 다른 매듭으로 변형하는 과정에서 난해한 매듭을 만나는 가능성을 배제하기 위해서이다. 한 다각매듭으로부터 다른 매듭으로의 조각적 선형 포괄동위는 매듭에 대한 일련의 다음 두 연산으로 실현할 수 있다(그림 12.11 참조):

(i) 매듭의 한 변을 다른 두 변으로 바꾸는데 이 세 변이 오직 첫 번째 변에서 매듭과 만나는 삼각형의 경계가 되게 한다.

(ii) 매듭의 이웃하는 두 변을 한 변으로 바꾸는데 이 세 변이 정확이 처음 두 변에서 매듭과 만나는 삼각형의 경계가 되게 한다.

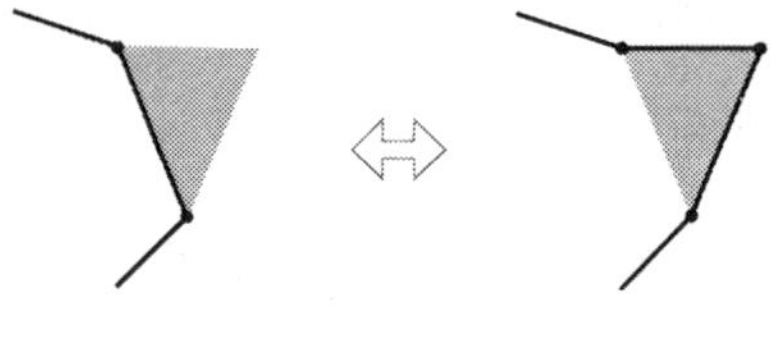

(그림 12.11) 조각적 선형 포괄동위인 매듭의 연산들.

이러한 연산들을 매듭에서의 **삼각형 변형**이라 한다. 이러한 변형 각각은 명백히 매듭의 형태를 보존하는데 왜냐하면 삼각형 변형은 그림 12.12에서 보여주듯이 삼각형을 가로질러 다른 변 또는 변들로 매듭을 연속적으로 변형하는 포괄동위사상으로 나타낼 수 있기 때문이다.

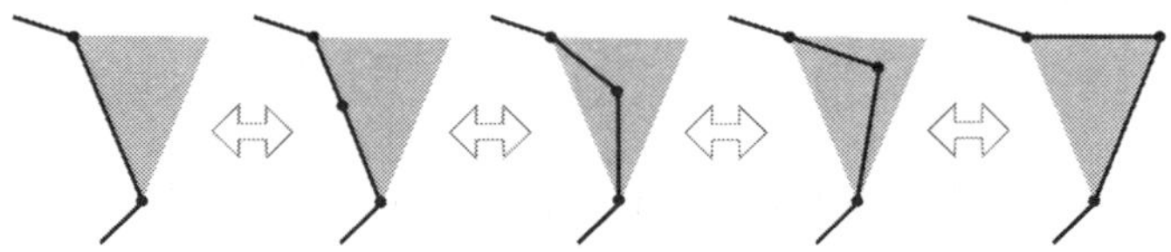

(그림 12.12) 삼각형 변형은 포괄동위사상으로부터 만들어진다.

비록 모든 매듭은 많은 유한개 선분들로 만들어져야 한다는 것을 알고 있어야 하지만 여기에 연연하지 않고 우리가 그린 매끄러운 매듭이나 묘사한 포괄동위사상은 조각적 선형 형태로 실현될 수 있음을 확인할 수 있다.

하나의 매듭의 동치류를 매듭이라는 용어로 간단히 사용한다. 예를 들어 두 매듭이 같은 동치류에 속하지 않는다면 그 두 매듭은 다르다고 말한다. 하나의 매듭이 S^1을 $\mathbb{R}^3$의 xy-평면에서 원점이 중심이고 반지름이 1인 원으로 보내는 넣기사상에 의해 정의된 매듭과 같은 동치류에 있다면 그 매듭은 **풀린다**고 말한다. 애매할 때만 매듭형태로 말하는 것으로 다시 전환한다.

매듭과 그 매듭에 실행되는 연산들을 이해하기 위해서 매듭사영이라 부르는 매듭의 그림을 사용한다. 3차원 공간에 있는 하나의 다각매듭에 대하여 그것을 평면에서의 하나의 닫힌 다각곡선으로 사영시킬 수 있다. 그 사영된 평면곡선을 매듭의 **사영**이라 한다. 다음을 만족하면 그 사영을 **정규사영**이라 한다:

(i) 사영에 있는 어떠한 점도 매듭의 세 점 이상으로 대응되지 않는다;

(ii) 매듭의 두 점으로 대응되는 점은 사영에서 오직 유한개이다. 이러한 점들을 사영의 **이중점**이라 한다;

(iii) 어떠한 이중점도 매듭의 꼭짓점에 대응되지 않는다.

그림 12.13에 정규사영이 되지 않는 몇 가지 상황이 제시된다.

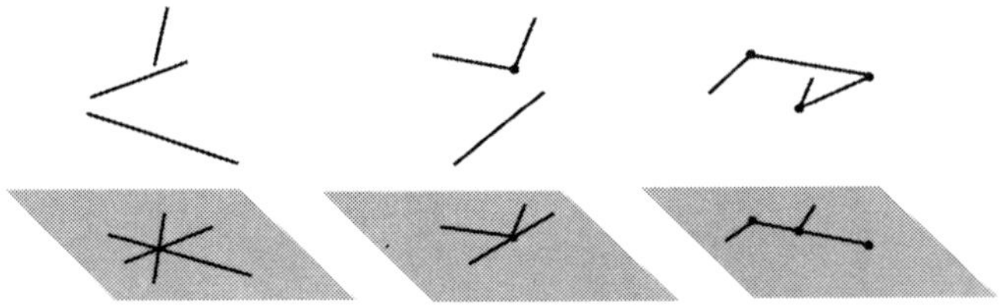

(그림 12.13) 정규사영이 안 되는 사영들.

만약 매듭의 사영이 정규가 아니라면 사영이 정규가 되도록 사영하기 전에 그 매듭을 살짝 움직일 수 있다. 이것을 사영에 관하여 일반적 위치에 매듭을 놓는다고 말하고, 그리고 비록 여기에 전문적인 세세한 것들을 다루지 않지만 항상 이렇게 할 수 있음을 어렵지 않게 알 수 있다. 예를 들어 만일 이중점으로 사영되는 꼭짓점이 있다면 그 매듭을 공간속에서 살짝 옮김으로써 그 꼭짓점은 이중점으로부터 벗어난다. 매듭의 약간의 움직임은 매듭형태를 바꾸지 않는다. 그러므로 모든 매듭은 정규사영을 가진다.

매듭의 정규사영은 평면에서 위상적 그래프로써 나타난다. (그림 12.14 참조.) 사영의 이중점들과 더불어 매듭의 사영된 꼭짓점은 위상적 그래프의 꼭짓점을 구성한다. 만약 매듭의 변의 사영에 이중점이 없다면, 그것은 이 위상적 그래프의 변이 된다. 그렇지 않다면, 매듭의 사영된 변은 이중점에 대응되는 꼭짓점에 의해 새로운 변들로 나뉘어 진다.

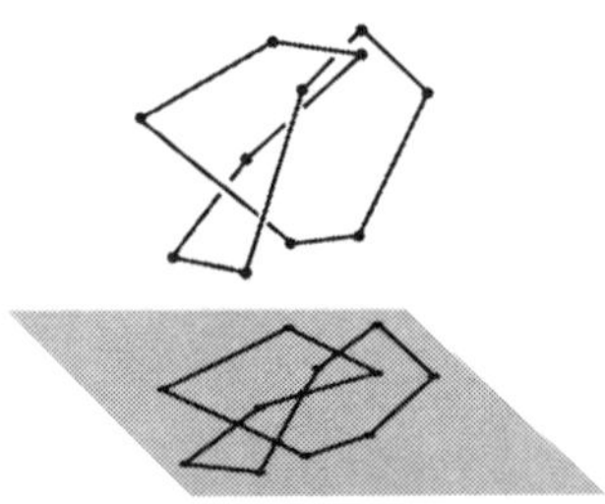

(그림 12.14) 정규사영은 평면의 위상적 그래프로 나타난다.

매듭의 사영은 원래 매듭보다는 많은 정보를 주지는 않는다. 이중점에서는 매듭의 두 대응되는 변들 중 어느 변이 사영평면에 더 가까이 있는지를 알지 못한다. 그러나 **매듭사영**은 각각의 이중점에서 그림 12.15에서처럼 어느 변이 사영평면을 기준으로 다른 변 위로 지나는지에 대해 알려주는 정규사영이다. 매듭사영을 또한 **다이어그램**이라고 부른다. 매듭사영이 주어졌을 때 그 매듭사영에 의해 표현되는 3차원 공간의 매듭을 만들 수 있다. 더군다나 주어진 매듭사영으로부터 만들어진 어떠한 두 매듭도 동치이다.

매듭사영에 있는 이중점을 사영의 **교차**(crossing)라 부른다.

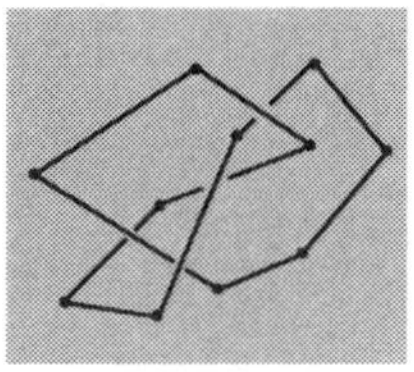

(그림 12.15) 매듭사영.

평면동위사상은 평면의 조각적 선형 동위사상이다. 그것은 다각매듭사영을 평면에서의 위상적 그래프 구조를 변하게 하지 않게 다른 다각매듭사영으로 변형시킨다. 비록 평면동위사상은 교차들 사이의 거리를 늘리거나 줄일 수 있지만 교차의 개수와 교차들을 연결하는 사영의 변들을 변하게 할 수는 없다.

만약 한 매듭사영에서 다른 매듭사영으로의 평면동위사상이 있다면 그 대응되는 매듭들 사이에 $\mathbb{R}^3$의 적당한 포괄동위사상을 만들 수 있고 그러므로 그 매듭들은 동치이다. 다른 한편으로 두 매듭 사이의 포괄동위사상은 반드시 평면동위사상으로 사영되지는 않는다. 예를 들어 포괄동위사상의 사영에서 그림 12.16에서처럼 하나의 변형을 볼 수 있다. 세 번째 단계에서 매듭사영을 가지지 못한다.

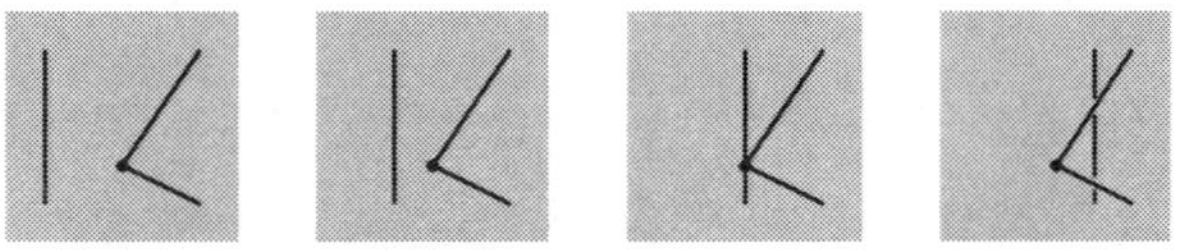

(그림 12.16) 평면동위사상이 되지 못하는 사영된 포괄동위사상.

이러한 변형은 매듭을 연구하기 위해 매듭사영을 사용하는데 핵심적인 역할을 한다. 그것을 소위 라이더마이스터 변형이라 부른다. 다음 절에서 라이더마이스터를 좀 더 살펴 볼 것이다.

매듭이론의 주 목적은 서로 다른 매듭형태를 구별하는 효과적인 방법을 찾는 것이다. 그림 12.17에서 여섯 교차까지 가진 매듭의 집합을 보여준다. 여섯 또는 더 적은 교차의 정규 사영을 가진 모든 매듭은 이 매듭들 또는 이 매듭들의 거울반사 상 중 하나와 동치이다. (하나의 매듭과 그것의 거울반사 상은 반드시 동치일 필요는 없다는 것에 주의하자. 이것에 대해 12.4절에서 좀 더 다룬다.)

그림 12.17의 윗 행에서 첫 번째 매듭은 풀린매듭이고 두 번째 매듭은 **세잎매듭**(trefoil knot)으로 알려져 있고, 그리고 세 번째 매듭은 **8자매듭**(figure-eight knot)으로 알려져 있다.

(그림 12.17) 여섯 또는 더 적은 교차를 가진 서로 다른 매듭들.

그림 12.17에 있는 각각의 매듭은 서로 다르다는 것이 알려져 있다. 만약 그것들 하나를 실로 만들었다면 자르고 다시 묶지 않는 이상 다른 어느 것으로 바꿀 수 없다. 그러나 우리는 어떻게 이 매듭들이 서로 다르다는 것을 엄밀하게 보일 수 있는가? 단지 한 매듭을 실로 만든 다음 다른 매듭이 되도록 바꾸려고 시도할 수는 없다. 6년 동안 못 바꾸더라도 그 매듭들이 서로 다르다는 것이라고 결론짓기에는 충분하지 않다. 5분 더해서 성공하지 못한다는 것을 어떻게 아는가?

대신에, 주어진 매듭과 관련된 그리고 매듭형태에 의존하지 않는 소위 불변량을 찾는다. 매듭을 연구하는데 사용된 다양한 서로 다른 불변량들이 있는데 그들 중 어떤 것은 수이고 (12.2절 참조), 어떤 것은 다항식이고(12.3절 참조), 그리고 어떤 것은 대수적 군이다. 중요한 점은 이 모든 경우에 만약 두 매듭이 어떤 특정한 불변량에 대해 다른 값을 가진다면 우리는 즉시 그들이 서로 다른 매듭이라는 것을 알 수 있다.

그러나 주어진 불변량 후보가 실제로 불변인지를 어떻게 알 것인가? 매듭들 사이의 포괄동위사상이 불변량의 값을 변하게 하지 않음을 보이는 것은 일반적으로 상당히 힘들다. 너무 많은 가능한 포괄동위사상들이 있고 가장 간단한 포괄동위사상에서 조차도 같다는 것을 보이는 것이 힘들다.

다행히도, 매듭사영을 사용하고 그것에 라이더마이스터 변형을 적용함으로써 그 과제를 극적으로 간단히 할 수 있다. 다음 절에서 이 아이디어들을 다룬다.

연습문제 12.1

12.1. 각각의 경우에 주어진 두 넣기 사이에 포괄동위사상을 찾으시오.

(a) $f(x)=(x,x)$와 $g(x)=(x^2,x)$로 주어진 함수 $f,g:I\to\mathbb{R}^2$

(b) $f(x)=(x,x)$와 $h(x)=(0,x)$로 주어진 함수 $f,h:I\to\mathbb{R}^2$

12.2. 만약 F가 넣기사상 $f,g:Y\to X$ 사이의 포괄동위사상이라면 f는 Y를 X로 보내는 함수로써 g와 호모토피적임을 보이시오.

12.3. 포괄동위사상은 공간 Y에서 공간 X로의 넣기들의 집합에서 동치관계를 정의함을 보이시오.

12.4. 그림 12.8의 첫 번째 매듭은 두 번째 매듭으로 변형될 수 있고 두 번째 매듭은 세 번째 매듭으로 변형될 수 있음을 보여주는 그림들을 그리시오.

12.5. 그림 12.18의 매듭들 중 어떤 것들이 동치인지 결정하고 어떤 매듭들이 동치가 아닌지를 추측하시오. (두 매듭이 동치라는 것을 한 매듭에서 다른 매듭으로의 포괄동위사상을 나타내는 그림들을 찾음으로써 증명할 수 있다. 그러나 두 매듭이 동치가 아님을 증명하는 방법은 이 책에서는 없다.

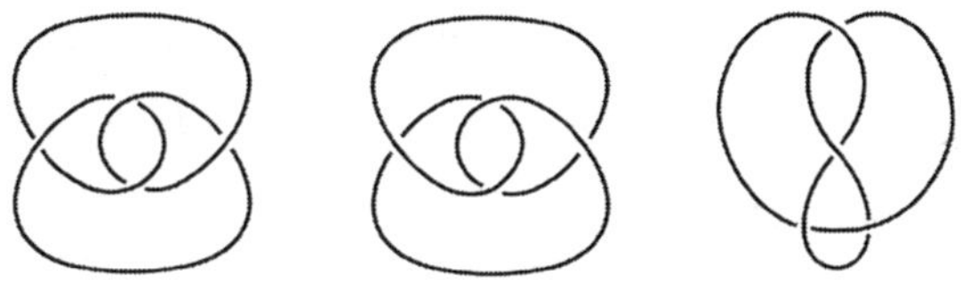

(그림 12.18) 어떤 매듭들이 동치인가?

12.6. 아주 자주 매듭이론 학자들은 매듭을 $\mathbb{R}^3$대신에 S^3에 넣어진 것으로 간주한다. 앞에서 보였듯이 S^3를 한 점 컴팩트화 $\mathbb{R}^3 \cup \{\infty\}$로써 간주할 수 있고 그래서 두 위상공간 사이에 단지 한 점 차이가 있을 뿐이다. S^3를 얻기 위해 한 점을 추가하는 장점은 그 위상공간이 컴팩트이고 그것은 유용하다는 것이다. 만약 두 매듭이 $\mathbb{R}^3$에서 동치이면 S^3에서도 또한 동치임을 보이시오.

12.2 라이더마이스터 변형과 고리수

두 매듭사영이 동치인 매듭을 나타낸다고 가정하자. 그러면 첫 번째 사영에 의해 나타난 매듭으로부터 두 번째 사영에 의해 나타난 매듭으로의 포괄동위사상이 존재해야 한다. 그러나 동위사상은 아주 무한히 많은 경우를 생각해야 하기 때문에 그러한 동위사상이 존재하는지 또는 존재하지 않는지 결정하는 것은 어렵다. 1927년에 커트 라디더마이스터(Kurt Reidemeister, 1893-1971)는 두 다른 매듭사상에 의해 나타난 매듭 사이에 포괄동위사상의 존재성은 한 사상에서 다른 사상으로 보내는 라이더마이스터 변형이라 부르는 일련의 변형의 존재성과 동치라는 것을 보임으로써 결정하는 문제를 단순하게 했다. 라이더마이스터 변형에는 세 형태가 있다.

형태 I 라이더마이스터 변형은 그림 12.19에서처럼 꼬인 부분을 집어넣거나 없애게 한다. 이 변형은 확실히 매듭형태를 변형하지 않는다는 것을 주목하자.

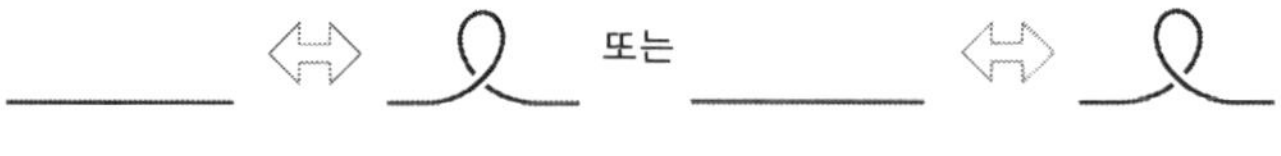

(그림 12.19) 형태 I 라이더마이스터 변형.

형태 II 라이더마이스터 변형에 대해서는 그림 12.20에서처럼 이웃하는 두 실 가닥 중 하나를 다른 가닥 밑으로 집어 넣거나 또는 반대로 다른 가닥 아래에 있는 가닥을 빼서 이웃하는 두 가닥을 만든다. 그림 12.20에서 볼 수 있듯이 이 두 변형은 실제로 같다. 만약 오른쪽 변형의 그림을 180도 회전시킨다면 본질적으로 왼쪽 변형과 같은 그림을 얻는다. 명백히 매듭형태는 형태 II 라이더마이스터 변형에 의해 보존된다.

(그림 12.20) 형태 Ⅱ 라이더마이스터 변형.

형태 III 라이더마이스터 변형에 대해서 그림 12.21에서 볼 수 있듯이 실의 한 가닥이 교차를 만드는 두 가닥 위로 움직이면서 그 교차를 지난다.

만약 그림 12.21에 있는 변형의 맨 아래에 있는 한 가닥관점에서 본다면 아래에 있는 가닥이 다른 두 가닥의 교점 아래로 지나간다. 따라서 형태 III 변형은 실 한 가닥을 교차 아래에서 움직일 수 있는 가능성을 포함한다. 더군다나 형태 III 변형은 또한 교차를 형성하는 두 가닥 사이를 움직이면서 그 교차를 지나는 가능성도 포함한다.

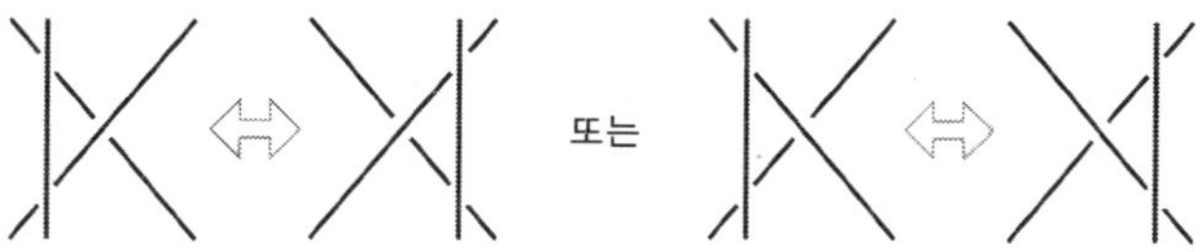

(그림 12.21) 형태 Ⅲ 라이더마이스터 변형.

다음은 이후에 계속 나오는 것으로 우리가 정의한 매듭 불변량은 실제로 매듭형태의 불변량이라는 것을 증명할 수 있도록 해주는 라이더마이스터 정리라는 중요한 결과를 소개한다.

정리 12.4. 라이더마이스터 정리. 두 매듭이 동치일 필요충분조건은 한 매듭의 사영에서 다른 매듭의 사영으로 보내는 유한개의 일련의 평면동위사상과 라이더마이스터 변형이 존재한다.

증명 전에 언급했듯이, 평면동위사상과 라이더마이스터 변형은 매듭형태를 바꾸지 않고 그래서 만약 두 매듭사영이 일련의 평면동위사상과 라이더마이스터 변형을 통하여 연관됐다면 그것들은 동치인 매듭을 나타낸다.

이제 두 매듭사영이 동치인 매듭들과 대응한다고 가정하자. 한 사영에서 다른 사영으로의 일련의 평면동위사상과 라이더마이스터 변형이 존재한다는 것을 보여야 한다.

두 매듭이 다각적이고 그러므로 대응되는 매듭사영의 위상적 그래프는 꼭짓점에서 만나는 선분들로 구성되어 있다고 가정한다. 두 매듭은 동치이므로 한 매듭에 다른 매듭으로 바꾸는

$\mathbb{R}^3$에서 $\mathbb{R}^3$로의 조각적 선형 포괄동위사상이 존재한다. 그 동위사상은 조각적 선형이므로 정의에 의해 일련의 삼각형 변형으로 매듭의 변화를 보일 수 있다.

포괄동위사상의 각 단계의 사영이 매듭사영이기만 하면은 단순히 평면동위사상을 따라 실행하면 된다. 그러나 포괄동위사상의 어떤 단계가 정규사영을 만들지 못한다면 무슨 일이 일어날까? 이러한 경우가 일어날 수 있는 경우는 본질적으로 세 가지가 있다는 것을 보일 수 있다. 그림 12.22에 나타난 것처럼 삼각형 변형을 고려하자. 단계 (c)와 (e)에서의 사영은 정규사영이 아니다. 삼각형 변형사상이 단계 (b)와 (d) 사이에 (c)를 거쳐 진행이 됨에 따라 사영에서의 결과는 형태 III 라이더마이스터 변형이다. 그리고 변형사상이 (d)와 (f) 사이에 (e)를 거쳐 진행함에 따라 그 결과는 형태 II 라이더마이스터 변형이다.

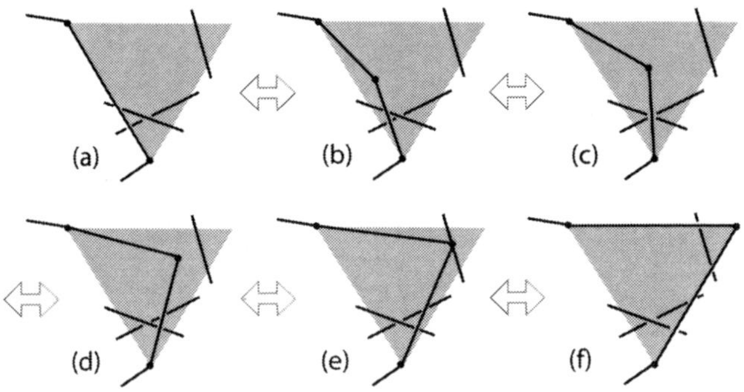

(그림 12.22) 형태 III와 형태 II 라이더마이스터 변형은 묘사된 것처럼 하나의 삼각형 변형 중에 일어난다.

그림 12.23에서 포괄동위사상의 사영이 정규사영이 아닌 세 번째 상황을 보여준다. 변들의 사영이 그려진 것처럼 (c)단계에서는 정규사영을 가지지 않는다. 변형이 단계 (a)에서 단계 (e)로 또는 반대로 진행이 됨에 따라 사영에서의 전체 변화는 형태 I 라이더마이스터 변형이다.

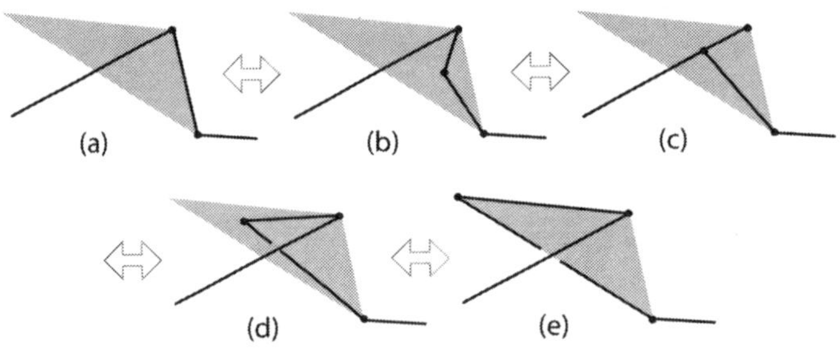

(그림 12.23) 형태 I 라이더마이스터 변형은 묘사된 것처럼 하나의 삼각형 변형에서의 변들이 그려진 것처럼 배열이 됐을 때 일어난다.

그리하여 삼각형 변형들이 다이어그램에 사영됐을 때 그 변형들은 결과적으로 평면동위사상들이나 라이더마이스터 변형들의 일련의 수열이 된다. 그러므로 만약 두 매듭이 동치이면 첫 번째 매듭의 매듭사영으로부터 두 번째 매듭의 매듭사영을 일련의 평면동위사상들이나 라이더마이스터 변형들의 수열로부터 얻을 수 있다. ■

매듭 이외에 우리는 또한 고리를 고려한다.

정의 12.5. 고리는 $\mathbb{R}^3$에서 원들의 집합의 넣기이다. 만약 포괄동위사상에 의해 하나의 고리에서 다른 고리로 변형될 수 있다면 두 고리는 동치로 간주된다. 넣어진 각 원들은 고리의 성분이라 하고 만약 n **성분**들을 가지고 있다면 그 고리는 n-**성분 고리**라 부른다.

그림 12.24는 훨 많이 알려진 고리들 중 두 개인 화이트헤드(Whitehead) 고리와 보로미언(Borromean) 고리를 보여준다. 첫 번째는 2-성분 고리이고 두 번째는 3-성분 고리이다. 보로미언 고리는 이탈리아 르네상스 동안에 보로미아 가문의 문장에 나타났다.

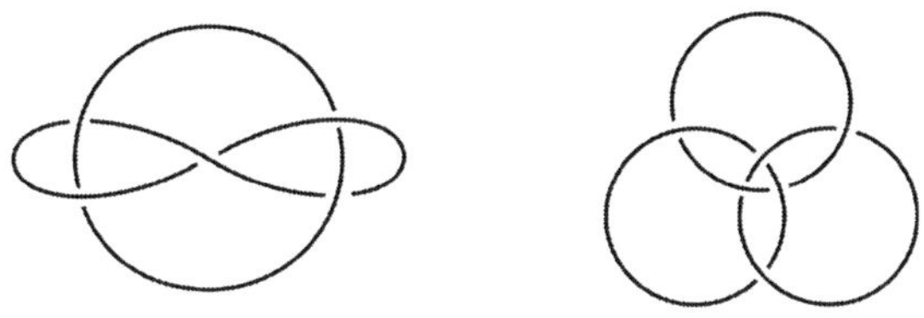

(그림 12.24) 화이트헤드 고리와 보로미언 고리.

매듭에서 제시된 모든 아이디어와 결과들(정규사영, 라이더마이스터 변형, 라이더마이스터 정리 등등)은 여기 고리에 대해서도 성립한다. 고리들을 구별하기 위해 사용되고 쉽게 계산이 되는 불변량이 있는데 고리수라 한다. 이것을 소개한다.

L을 2-성분 고리라 하자. 각각의 성분에서 성분을 따라 움직이는 이동방향을 선택한다. 그 이동방향을 **방향**이라 하고, 성분 위에 화살표로 표시한다. 고리의 하나의 특정한 다이어그램에서 각각의 교차는 그림 12.25에 있는 두 그림 중의 하나로 나타난다.

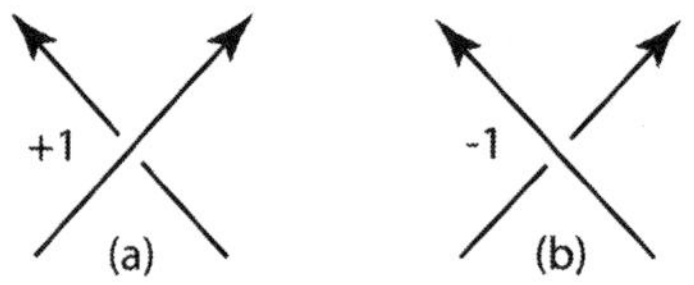

(그림 12.25) 방향이 있는 고리의 한 사영에서의 가능한 교차.

두 다른 성분 사이에 일어나는 각각의 교차에 그 교차가 그림 12.25에 있는 (a) 또는 (b) 중 어느 것과 일치하느냐에 따라 $+1$ 또는 -1로 표시하자. 교차 c의 그 표시를 $l(c)$로 표현한다.

정의 12.6. 방향이 있는 2-성분 고리 L의 다이어그램의 **고리수(linking number)**는 다음과 같이 주어진다.

$$lk(L)=\frac{1}{2}\sum_{c} l(c).$$

여기서 합은 고리의 두 성분을 포함하는 모든 교차들 c에 대해 취한다.

예 12.5. 그림 12.26에 있는 방향이 있는 고리 L의 다이어그램의 고리수를 결정한다.

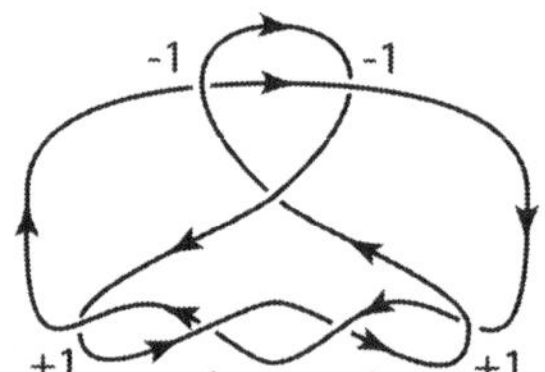

(그림 12.26) 교차가 표시된 방향이 있는 고리 L.

$+1$로 표시된 네 개의 교차와 -1로 표시된 두 개의 교차가 있다. 한 성분과 그 자신 사이의 교차에는 표시를 하지 않는다. 그래서 $lk(L)=\frac{1}{2}(+1+1+1+1-1-1)=1$ 이다.

고리수는 방향이 있는 고리에 관련된 고리사영에 대해 정의된다. 다음 정리는 고리수는 실제로 고리사영의 선택과 무관하게 방향이 있는 고리 그 자체에 대해 잘 정의됨을 보여준다. 따라서 이 정리는 고리수는 방향이 있는 고리에 대한 불변량임을 암시한다.

정리 12.7. 만약 두 고리가 동치이면 그것들의 모든 다이어그램은 똑같은 고리수를 가진다.

증명 만약 동치인 방향이 있는 고리의 두 고리사영이 있다면, 각각으로부터 계산된 고리수는 같다는 것을 보여야 한다. 매듭사영에서처럼 만약 두 고리가 동치이면 그것들의 고리사영은 평면동위사상들과 라이더마이스터 변형들의 일련의 수열로 연결된다. 평면동위사상들은 교차를 변하게 하지 않고 그러므로 고리수에 영향을 미치지 않는다. 그리하여 고리수는 라이더마이스터 변형에 의해 영향을 받지 않는다는 것을 보이면 충분하다.

형태 I 라이더마이스터 변형을 취한다고 가정하자. 그것은 하나의 성분과 그 자신 사이의 교차를 제거하거나 아니면 만든다. 그러나 그것은 성분들 사이의 교차를 달라지게 하지 않는다. 그래서 고리수는 형태 I 변형에 영향을 받지 않는다.

형태 II 라이더마이스터 변형을 통하여 하나의 가닥을 옆에 있는 가닥 아래로 밀어 넣는다고 가정하자. 만약 두 가닥이 똑같은 성분으로부터 나왔다면 이것은 고리수를 달라지게 하지 않는다. 만약 두 가닥이 다른 성분으로부터 나왔다면 $+1$ 교차와 -1 교차를 만들게 된다. 고리수에서는 $+1$과 -1이 더해지므로 이것은 고리수에 영향을 주지 않는다. 비슷하게 만약 형태 II 변형을 통해 다른 성분들 사이의 교차를 없앤다면 $+1$ 교차와 -1 교차를 없애는 것이고 그러므로 고리수는 변하지 않는다.

마지막으로 만약 형태 III 라이더마이스터 변형을 한다면 고리수는 변하지 않는다. 단순히 표시된 교차의 위치를 움직이고 그래서 표시들의 전체 합은 변하지 않는다.

그리하여 라이더마이스터 변형들은 고리수를 바꾸지 않고 그러므로 동치인 방향이 있는 고리의 모든 다이어그램은 똑같은 고리수를 가진다. 고리수는 방향이 있는 고리의 불변량이다. ■

예 12.6. 그림 12.27에 있는 고리들을 고려하자. 고리 T는 **두 성분의 풀린고리**라 한다. 그 고리는 고리수 0을 가진다. 가운데 있는 고리 M은 방향의 선택에 따라 $+2$ 또는 -2의 고리수를 가진다. 그러므로 고리 M은 풀리지 않는다.

화이트헤드 고리 W의 고리수 또한 0이다. 그러므로 고리수는 W와 풀린고리를 구별 못하지만 그러나 W와 M은 구별한다.

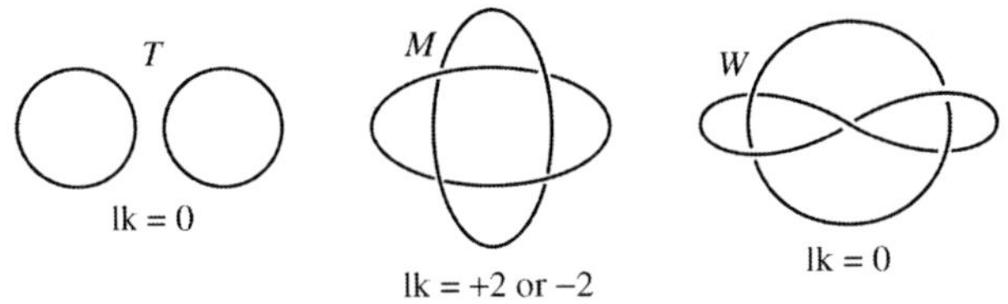

(그림 12.27) 고리수는 T와 W를 M으로부터 구별하지만 T와 W를 구별 못한다.

연습문제 12.2

12.7. 그림 12.28에 묘사된 매듭의 첫 번째 사영으로부터 두 번째 사영으로 보내는 일련의 라이더마이스터 변형을 결정하시오.

(그림 12.28) 첫 번째 사영은 두 번째 사영으로 어떻게 변형되는가?

12.8. 그림 12.29에 있는 두 고리들을 구별하기 위해 고리수를 사용하시오.

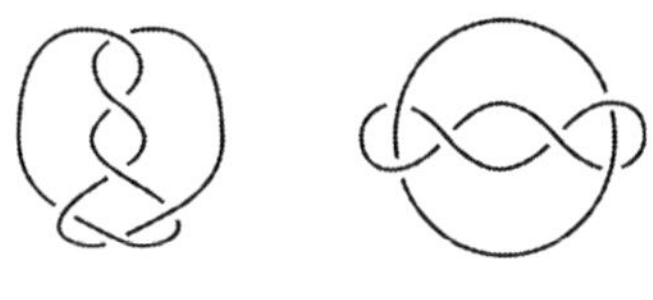

(그림 12.29) 이 고리들은 동치가 아니다.

12.9. 그림 12.30에 나타나 있는 고리는 두 성분의 풀린고리가 아님을 보이기 위해 고리수를 사용하시오.

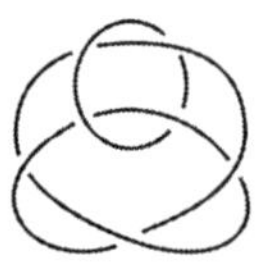

(그림 12.30) 이 고리는 풀리지 않는다.

12.10. 그림 4.20에 있는 두 고리는 동치가 아님을 증명하기 위해 고리수를 사용하고 그림 4.19에 그려진 고리면의 두 넣기 사이에 포괄동위사상이 존재하지 않음을 보이기 위해 이 결과를 사용하시오.

12.11. 그림 12.31의 두 개의 3-성분 고리는 동치가 아님을 증명하시오.

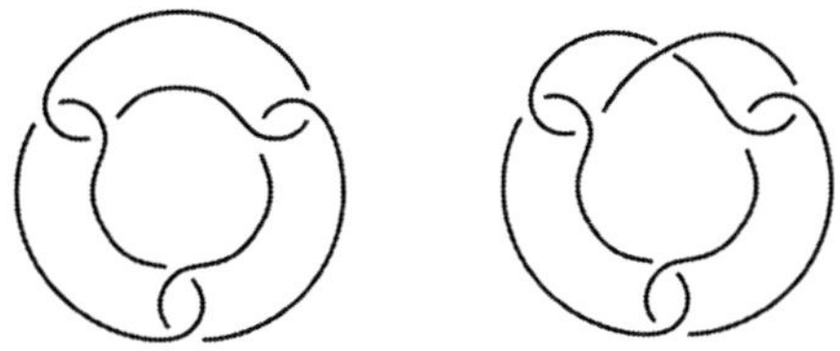

(그림 12.31) 이 두 고리는 동치가 아니다.

12.3 매듭 다항식

알렉산더(J. W. Alexander, 1888-1971)는 그의 1928년 논문 "매듭과 고리의 위상적 불변량"에서 매듭 다항식 불변량을 소개했다. 이 불변량은 서로 다른 다항식을 가짐을 보임으로써 매듭들을 구별하는 것을 가능하게 했다. 그러나 알렉산더 다항식은 매듭 구별에 제한적이다—똑같은 알렉산더 다항식을 가진 다른 매듭들이 있다. 1980년대에 본 존스(Vaughan Jones)는 현재 존스 다항식으로 알려진 새로운 다항식 불변량을 발견했다. 이것은 구별될 수 있는 매듭의 수의 극적인 증가를 초래했다. 존스 다항식의 소개 이래로 다양한 새로운 다항식 불변량들이 발견되었다. 여기에서는 루이스 카프만(Louis Kauffman)의 접근방법을 사용하여 존스 다항식을 소개한다.

매듭과 고리의 다항식 불변량을 만들고 싶다고 가정하자. 우리는 로렌트(Laurent) 다항식, 즉 양 또는 음의 정수 지수를 가진 다항식이라고 가정한다. 주어진 매듭사영으로부터 그 다항식을 계산할 수 있기를 원한다. 그러나 그것은 불변량이기 때문에 특정한 사영에 의존할 수 없다. 그것은 매듭사영에서의 변화에 영향을 받지 않아야 한다.

이전 절에서 하나의 주어진 매듭의 두 개의 다른 사영들은 일련의 라이더마이스터 변형들에 의해 연관이 있다는 것을 보였다. 그래서 만약 매듭사영으로부터 라이더마이스터 변형에 영향을 받지 않은 다항식을 만들어 낼 수 있다면 그것은 모든 매듭사영들에 대해 같을 것이다. 우리는 매듭에 대한 다항식 불변량을 만들어 낼 것이다.

우선, 매듭 또는 고리 사영으로부터 계산될 수 있는 세 개의 변수 $A, B,$ 그리고 C의 다항식을 만들고 있다고 가정하자. 처음에는 그것이 주어진 매듭의 모든 사영에 대해 같다고는 가정하지 않을 것이다. 궁극적으로 다항식 불변량을 정의하는 쪽으로 해결해 감에 따라 그 다항식을 변수가 하나인 다항식으로 줄일 것이다. 그렇게 나오는 다항식을 **괄호다항식**이라 부르고, 주어진 매듭 또는 고리 사형 P의 괄호다항식을 $< P >$로 표시한다. 간단히 하기 위해, 이 절의 나머지 부분에서는 "사영"은 "매듭 또는 고리사영"을 의미한다.

세 가지 규칙이 다항식에 의해 만족함을 가정한다.

규칙 1: $<\bigcirc> = 1$, 여기서 $\bigcirc$은 교차가 없는 풀린매듭이다.

이것은 교차가 없는 매듭사영은 다항식 1을 가진다는 것을 의미한다. 이것은 소위 정규화 조건이라 부른다.

규칙 2: $< P \cup \bigcirc > = C < P >$.

이 규칙은 사영 P에 하나의 고리되어지지 않는 풀린매듭 성분이 더해지는 것은 P의 다항식에 C를 곱한다는 것을 암시한다.

규칙 3: $<\times> = A <)(> + B <\asymp>,$

$<\times> = A <\asymp> + B <)(>.$

규칙 3은 사영 P보다 하나 더 적은 교차를 가진 두 새로운 사영들의 다항식들에 의해 P의 다항식을 얻을 수 있다는 것을 말한다. 이것을 **실타래 관계(skein relation)**라 부른다. 이 관계는 위에서처럼 두 가지 유형이 있는데 본질적으로는 같다.

규칙 3의 첫 번째 형태는 주어진 하나의 사영에서 만약 보여진 바와 같이 놓여진 교차를 취하고 새로운 사영을 얻기 위해 그 교차를 수직으로 자르고, 또 다른 사영을 얻기 위해 수평으로 자른다면 그 세 사영들의 괄호다항식들은 그 등식에서처럼 관계가 있다. 규칙 3의 두 번째 형태는 비슷하게 해석될 수 있는데 그러나 만약 두 번째 형태에 있는 각 다이어그램을 90도 회전을 한다면 첫 번째 형태를 얻을 수 있고 그러므로 이미 나타낸 것처럼 관계의 두 형태들은 실제로 같다. 실타래 관계가 어떻게 사용되는가는 이후로 수많은 상황에서 그 관계를 이용할 때마다 명확해질 것이다.

이러한 규칙이 주어졌을 때 다항식이 불변량이 되도록 B와 C에 대한 선택을 하기를 원한다. 특히, 라이더마이스터 변형들에 의해 영향을 받지 않기를 원한다. 형태 II 라이더마이스터 변형부터 시작하자. 괄호다항식 규칙을 적용하면 다음을 얻는다:

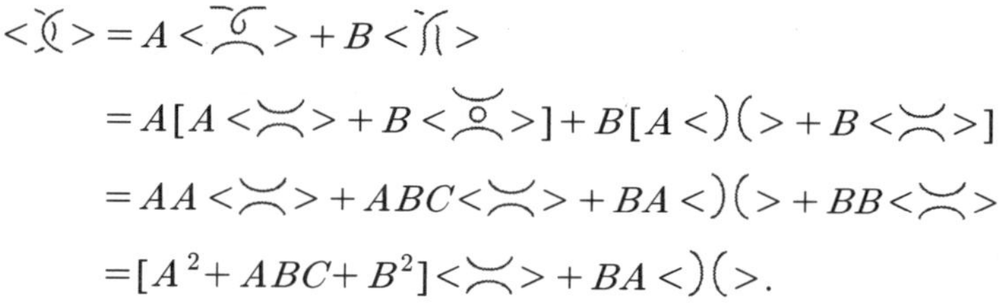

괄호다항식이 형태 II 라이더마이스터 변형에 의해 영향을 받지 않기 위해서, 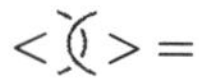 $\langle)(\rangle$이기를 원한다. 방금 도출한 관계로부터 $BA=1$이고 $A^2+ABC+B^2=0$이어야 한다. 그러므로 $B=A^{-1}$과 $C=-A^2-A^{-2}$로 놓는다. 그러면 원래의 세 가지 규칙은 다음과 같이 된다:

규칙 1: $\langle \bigcirc \rangle = 1.$

규칙 2: $\langle P \cup \bigcirc \rangle = [-A^2-A^{-2}]\langle P \rangle .$

규칙 3: 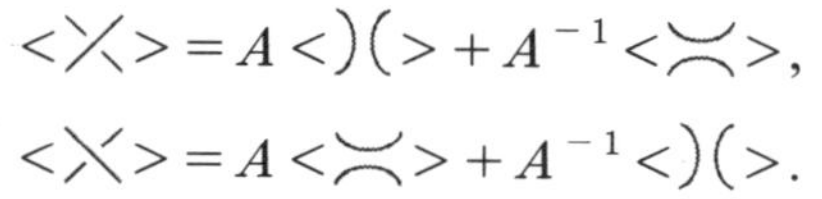

이러한 새 규칙들로부터 나오는 다항식은 형태 II 라이더마이스터 변형에 의해 바뀌지 않는다.

다음으로 몇 개의 특정한 사영들의 괄호다항식을 알아본다. 그 이후에 다시 돌아와서 괄호다항식이 라이더마이스터 변형에 어떻게 영향을 받는지를 조사한다.

예 12.7. 다음 괄호다항식들은 규칙 1-3을 사용하면 증명하기에 어렵지 않다. 연습문제 12.12로 남겨두겠다.

$$\langle \bigcirc\bigcirc \rangle = A^2 - A^{-2}$$

$<$$>=-A^{-3}$, $<$$>=-A^{3}$

$<$$>=-A^{-3}$, $<$$>=-A^{3}$

예 12.8. 여기에서는 세잎매듭의 사영 의 괄호다항식을 계산한다. 규칙 3은 처음 두 등식을 얻는데 사용되고 그 다음에 규칙 2와 약간의 대수는 세 번째 등식을 얻는데 사용된다:

$<$$>=A<$$>+A^{-1}<$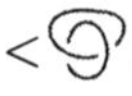$>$

$=A[A<$$>+A^{-1}<$$>]+A^{-1}[A<$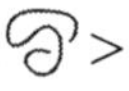$>+A^{-1}<$$>]$

$=A^{2}[-A^{2}-A^{-2}]<$$>+2<$$>+A^{-2}<$$>.$

이제 예 12.7에 있는 괄호다항식의 값들을 대입하고 간단히 하면, 다음이 얻어진다:

$<$$>=A^{2}[-A^{2}-A^{-2}](-A^{3})+2(-A^{3})+A^{-2}(-A^{-3})$

$=A^{7}-A^{3}-A^{-5}.$

그러므로 사영 의 괄호다항식은 $A^{7}-A^{3}-A^{-5}$이다.

이제 괄호다항식에 라이더마이스터 변형이 미치는 영향을 다시 조사한다. 형태 III 라이더마이스터 변형에는 무엇이 일어나는가? 형태 III 변형의 첫 번째 유형에 대해 다음을 얻는다:

$<$$>=A<$$>+A^{-1}<$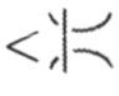$>$

$=A<$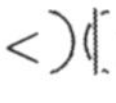$>+A^{-1}<$$>$

$=<$$>.$

첫 번째와 세 번째 등식은 실타래 관계에 의해 성립하고, 두 번째 등식은 괄호다항식은 형태 II 변형에 의해 변하지 않는다는 사실로부터 성립한다. 간단히 말해서, B와 C의 선택에 의해 형태 II 변형으로부터 영향을 받지 않는다면 괄호다항식은 첫 번째 유형의 형태 III 변형에 의해 영향을 받지 않는다. 괄호다항식이 두 번째 유형의 형태 III 변형에 의해 영향을 받지 않는다는 것을 비슷하게 보일 수 있다.

마지막으로 형태 I 변형의 영향을 고려해야 한다. 실타래 관계와 규칙들을 적용함으로써 다음을 얻는다:

$$\begin{aligned} \langle \mathcal{Q} \rangle &= A\langle \sqcap \rangle + A^{-1}\langle \underline{\circ} \rangle \\ &= A\langle \underline{\quad} \rangle + A^{-1}[-A^{2}-A^{-2}]\langle \underline{\quad} \rangle \\ &= -A^{3}\langle \underline{\quad} \rangle. \end{aligned}$$

형태 I 변형은 다항식에 강력한 영향을 끼치고 심각한 문제를 일으킨다. 괄호다항식이 형태 I 변형의 첫 번째 유형에 대해서는 불변량이 되기 위해 필요한 등식, $\langle \mathcal{Q} \rangle = \langle \underline{\quad} \rangle$을 얻지 못한다. 형태 I 변형의 두 번째 유형에 대해서도 비슷한 상황이 일어난다.

이러한 문제를 해결하기 위해, 비틀림이라 불리는 다른 개념이 필요하다. 그것을 이용하면은 괄호다항식으로부터 매듭과 고리의 불변량을 정의할 수 있을 것이다. 비틀림은 고리수의 정의처럼 정의되는데 단지 한 고리의 다른 성분들 간의 교차가 아닌 모든 교차를 고려한다.

정의 12.8. 방향이 있는 고리의 사영 P가 주어졌을 때, $w(P)$로 표시된 P의 **비틀림(writhe)**은 P의 모든 교차들의 표시들 $+1$ 또는 -1의 합이다.

예 12.9. 그림 12.32에 있는 첫 번째 사영의 비틀림은 0인 반면 두 번째는 7이다.

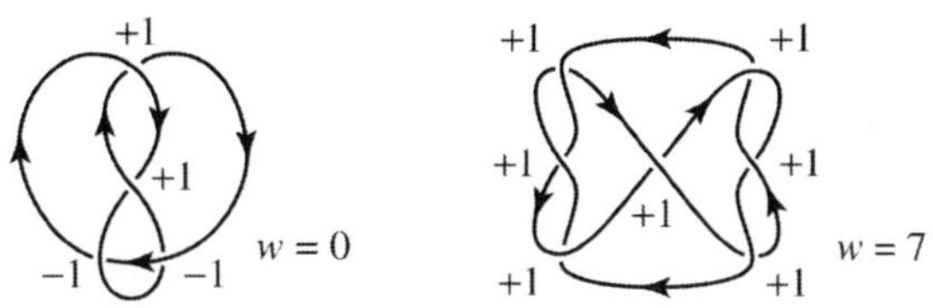

(그림 12.32) 주어진 사영들의 비틀림 계산.

그림 12.33에서처럼 사영에 형태 I 라이더마이스터 변형을 실행한다면 비틀림은 1만큼 감소하거나 1만큼 증가함을 알 수 있다.

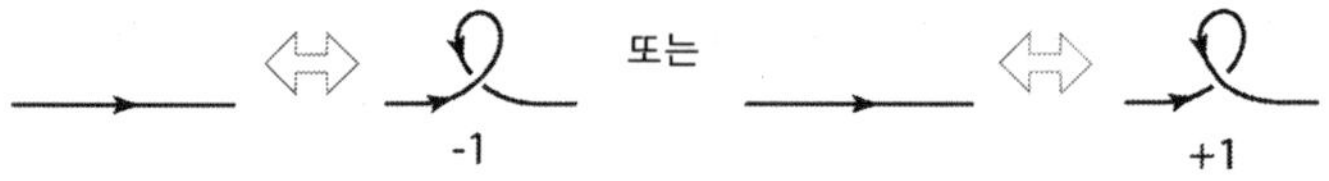

(그림 12.33) 형태 I 변형은 비틀림을 1만큼 감소하거나 증가시킨다.

이 시점까지 우리는 사영에 대한 괄호다항식을 정의해 왔다. 그것은 형태 II와 형태 III 라이더마이스터 변형에 의해 변하지 않지만 그러나 형태 I 변형에서는 변한다. 그러므로 괄호다항식은 특정한 사영에 의존하기 때문에 매듭과 고리의 불변량이 아니다. 우리는 또한 방향이 있는 고리의 사영의 하나의 특성인 비틀림을 정의했다. 방향이 있는 고리의 사영에 정의되는 새로운 다항식을 얻기 위해 괄호다항식에 비틀림을 사용한다. 정리 12.10에서 증명하듯이, 이 다항식은 매듭 또는 고리의 특정한 사영에 의존하지 않고 그러므로 다항식 불변량이 된다.

정의 12.9. 방향이 있는 고리의 한 사영의 **카우프만(Kauffman)** X **다항식**은 다항식 $X(P)=\left(-A^{3}\right)^{-w(P)} < P >$로 정의한다.

정리 12.10. 카우프만 X 다항식은 매듭과 방향이 있는 고리의 불변량이다.

이 정리는 X 다항식은 매듭이 방향이 있든 없든 간에 매듭에 대한 불변량이고 방향이 있는 고리에 대한 불변량을 나타낸다. 이 차이에 대한 이유는 매듭의 방향이 바뀌어도 방향이 있는 매듭의 사영의 비틀림은 변하지 않지만 그러나 방향이 있는 고리의 비틀림은 고리의 한 성분의 방향이 바뀐다면 달라질 수 있기 때문이다.

증명. 정리를 증명하기 위해서는 X 다항식이 주어진 매듭과 방향이 있는 고리의 모든 사영에 대해 같음을 보여야 한다. 그러므로 그것이 라이더마이스터 변형들에 의해 영향을 받지 않는다는 것을 보여야 한다.

첫 번째로 형태 II 라이더마이스터 변형을 고려하자. 우리는 이미 괄호다항식은 형태 II 변형에 영향을 받지 않는다는 것을 보였다. 형태 II 변형은 서로 다른 부호의 두 개의 교차가 더해지거나 제거되기 때문에 비틀림은 형태 II에 의해 변하지 않는다. 그래서 X 다항식은 형태 II 라이더마이스터 변형에 영향을 받지 않는다.

다음은 형태 III 라이터마이스터 변형을 고려하자. 여기서도 또한 이미 괄호다항식은 그 변형에 영향을 받지 않는다는 것을 보였다. 더군다나, 형태 III 변형은 어떠한 교차의 부호도 바꾸지 않고 단지 교차를 재배치한다. 그러므로 비틀림은 형태 III 변형에 의해 변하지 않는다. 그리하여 X 다항식은 형태 III 라이더마이스터 변형에 영향을 받지 않는다.

마지막으로 그림 12.33의 왼쪽에서처럼 사영에 꼬임을 넣음으로써 형태 I 라이더마이스터 변형을 실행했을 때, 비틀림은 하나만큼 줄어든다. 그 결과 다항식에 $-A^3$이 곱해지게 된다. 그러나 관계 $\langle$ 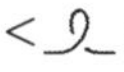 $\rangle = -A^{-3}\langle \underline{\quad\quad} \rangle$에서 나타나듯이 똑같은 변형에 의해 괄호다항식에 인수 $-A^{-3}$이 곱해지게 된다. 그러므로 X 다항식은 형태 I 라이더마이스터 변형의 첫 번째 유형에 영향을 받지 않는다. X 다항식은 형태 I 라이더마이스터 변형의 다른 유형에도 영향을 받지 않음을 보이는 것은 독자들에게 남긴다.

결국은 카우프만 X 다항식은 매듭과 방향이 있는 고리에 대한 불변량이다. ■

예 12.10. 세잎매듭에 대한 카우프만 다항식 X를 계산한다. 예 12.8로부터 다음 괄호다항식을 가진다.

$\langle$  $\rangle == A^7 - A^3 - A^{-5}.$

사영의 비틀림은 -3이다. 그러므로 세잎매듭의 카우프만 X 다항식은 다음과 같다.

$X($  $) = (-A^3)^3(A^7 - A^3 - A^{-5}) = -A^{16} + A^{12} + A^4 .$

예 12.10의 결과로써 이제 풀리지 않은 매듭이 존재함을 보일 수 있다. 특히 다음 정리가 성립한다.

정리 12.11. 세잎매듭은 풀린매듭과 동치가 아니다.

증명 정의(규칙 1)에 의해 풀린매듭의 카우프만 X 다항식은 1이므로 세잎매듭의 카우프만 X 다항식과 같지 않다. 카우프만 X 다항식은 매듭에 대한 불변량이므로 세잎매듭은 풀린매듭과 동치가 아니다. ■

우리는 풀리지 않는 매듭들이 있음을 보였다. 그것뿐만 아니라 많은 매듭들을 구별하는 하나의 방법을 가졌다. 사실은 카우프만 X 다항식을 가지고 그림 12.17에 나와 있는 여섯 이하의 교차를 가진 매듭 모두를 구별할 수 있다.

카우프만 X 다항식은 1984년에 처음 발견된 존스다항식과 동치이다. 존스다항식은 괄호다항식을 정의하는데 사용한 세 개의 규칙보다는 조금 다른 규칙들을 사용함으로써 정의된다; 그 결과는 분수 지수를 가진 다항식이다. 그러나 존스다항식은 카우프만 X 다항식으로부터 A대신에 $t^{-1/4}$를 대입함으로써 얻어질 수 있다.

연습문제 12.3

12.12. 예 12.7에서 제시된 다항식을 증명하기 위해 각 사영들의 괄호다항식을 계산하시오.

12.13. (a) 그림 12.34 왼쪽에 있는 n-성분 풀린고리의 괄호다항식을 계산하시오.

(b) 그림 12.34 오른쪽에 있는 뒤틀린 풀린매듭 사영들의 괄호다항식을 계산하시오.

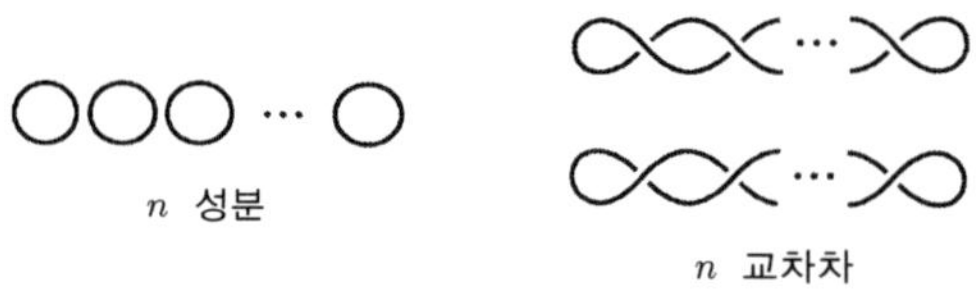

(그림 12.34) n–성분 풀린고리와 뒤틀린 풀린매듭의 사영들.

12.14. 그림 12.35에 있는 사영들의 비틀림을 계산하시오.

(그림 12.35) 각 사영들의 비틀림 계산.

12.15. 예 12.10에서 X 다항식을 계산했던 세잎매듭의 거울상의 X 다항식을 계산하시오.

12.16. 8자매듭(그림 12.17에서 위의 세 번째 매듭)의 X 다항식을 계산하시오.

12.17. 두 성분의 풀린고리와 그림 12.36의 방향이 있는 호프 고리(Hopf link) 각각의 X 다항식을 계산하시오. 이 세 개의 방향이 있는 고리는 서로 다름을 결론지으시오.

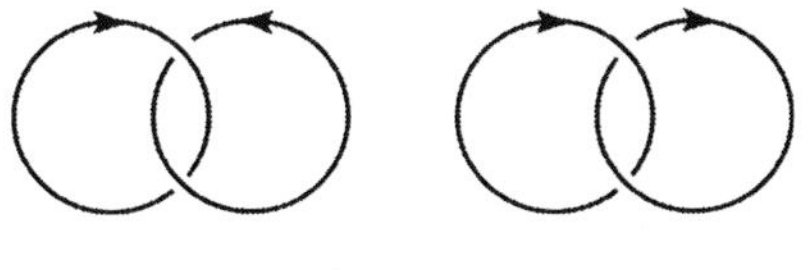

(그림 12.36) 방향이 있는 호프 고리들.

12.18. 매듭 또는 고리 L의 최초의 존스 다항식은 X 다항식에서 $A=t^{-1/4}$로 대체해서 얻어진다.

(a) 8자매듭의 존스 다항식을 찾으시오.

(b) 존스 다항식은 실타래 관계 $t^{-1}V(L_+)-tV(L_-)+(t^{-1/2}-t^{1/2})V(L_0)=0$을 만족함을 보이기 위해 실타래 관계를 이용하시오. 여기에서 L_+, L_-, 그리고 L_0는 그림 12.37에 나타나 있는 부분을 제외하고 똑같은 세 개의 사영이다.

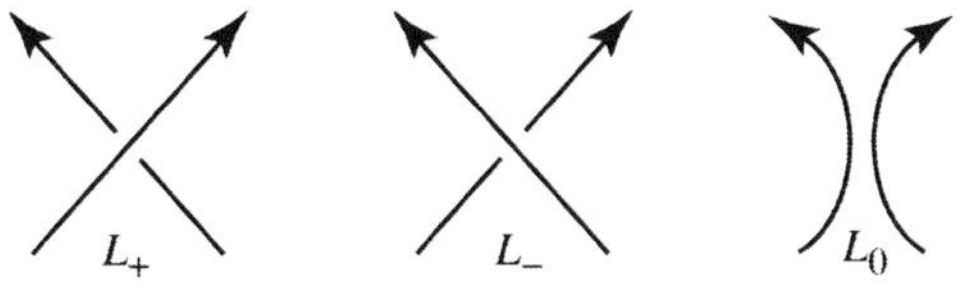

(그림 12.37) 사영 L_+, L_-, 그리고 L_0는 오직 그림에 있는 한 부분만 다르다.

12.4 생화학과 화학에서의 응용들

이 절에서는 DNA에서의 효소 작용과 화학 디자인에서의 매듭이론의 응용들을 알아본다.

DNA에서의 매듭

우리는 5.2절에서 DNA의 구조를 소개했다. 거기에서 DNA 분자는 서로 묶여진 뉴클레오티드의 두 개의 사슬로 구성된다는 것을 알았다. 더 두꺼운 밧줄을 만들기 위해 꼬아진 두 가닥의 노끈과 비슷하게 그 두 사슬은 서로 단단히 감고 있다. 이 고차원의 구조임에도 불구하고 밧줄처럼 DNA 분자는 하나의 길고 가느다란 끈처럼 간주될 수 있다. 게다가 분자의 한 쪽 끝이 다른 쪽 끝과 붙여진다면 DNA 분자를 순환적이라 한다. 순환적 DNA는 흔하고 그리고 이 절에서 다루는 많은 부분은 비순환적 DNA에서도 성립한다.

이 책의 서론에서 언급한 것처럼 하나의 세포의 핵 안에서의 DNA 밀도 수준은 하나의 농구공 안에 200km의 낚싯줄을 집어넣은 것과 동일하다. 그러므로 DNA의 얽힘에 관련된 문제들은 생물학적 체계에서 매우 어렵다. 하나의 예로써, DNA 복제를 고려하자. 하나의 DNA 분자로부터 두 개의 뉴클레오티드 사슬은 분리되고, 각각은 완전하고 새로운 분자를 만들기 위해 모형(template)으로 사용되어 진다. 그 모형들은 처음에는 심하게 뒤얽혀 있어서 두 개의 새 분자들은 서로 함께 얽힌 채로 태어난다. 그것들이 유용하기 위해서는 세포는 그것들을 분리할 수 있어야 한다. 이것을 어떻게 가능하게 하는가?

세포의 핵 안에서는 DNA를 뒤얽히고 그리고 풀게 하는 효소들이 있다. 생화학자들은 이러한 효소들 각각의 작용을 이해하기를 원한다. 하나의 그러한 효소인 국성이성화효소(topoisomerase) II는 DNA의 두 개의 가닥 중 하나를 잘라서 다른 하나 밑으로 집어넣고 그 다음에 다시 붙인다. 이것은 그림 12.38에서 보여주는 교차변경에 해당된다.

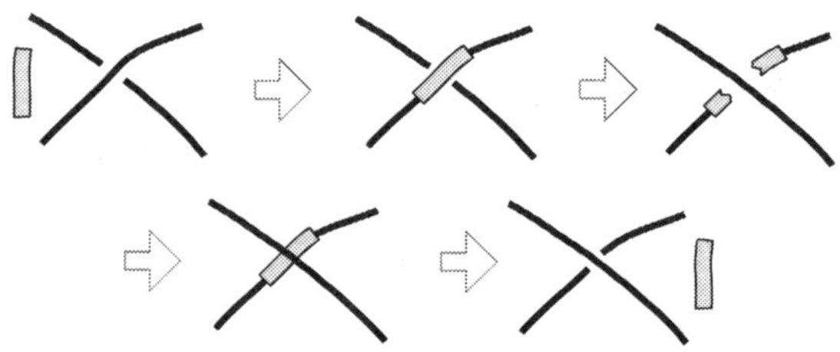

(그림 12.38) 교차변경을 만드는 효소.

그러한 변형들이 DNA 분자를 풀기에 충분한지를 알고 싶다. 다음 정리는 그 질문에 대해 긍정적으로 답을 준다.

정리 12.12. 주어진 매듭사영에 대해 풀린매듭의 사영을 얻기 위해 변경될 수 있는 교차들의 부분집합이 존재한다.

증명 주어진 매듭사영 P에 대하여 교차변경을 해서 그 결과로 나오는 매듭사영 P'가 풀린매듭이 되도록 하는 알고리즘을 정의한다.

풀림 알고리즘: P에서 교차가 아닌 점을 시작점으로 선택하고 여행의 방향을 선택하자. (그림 12.39 참조.) 시작점으로부터 P를 여행함에 따라 처음으로 만나는 교차에 도착할 때마다 만약 그것이 위교차가 아니라면 우리의 위치가 위로 되도록 교차를 바꾸자. (이 교차에 두 번째 도착했을 때, 우리의 위치가 아래에 있는 아래교차일 것이고 그것을 그대로 놓아둔다.) 우리가 P 전체를 여행하고 다시 처음으로 돌아올 때까지 이 과정을 계속하자.

그림 12.39에 있는 예는 풀린매듭을 만들기 위해 풀림 알고리즘이 어떻게 교차(회색의 교차)들을 바꾸는지를 보여준다.

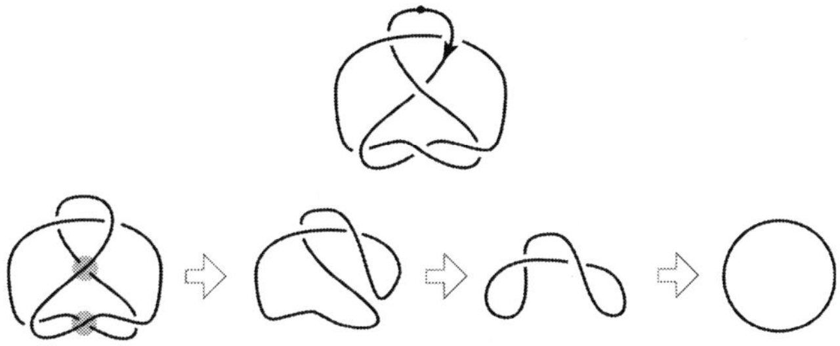

(그림 12.39) 매듭을 풀기 위해 교차를 변경하기.

주어진 매듭사영 P에 대하여 P'를 P에 풀림 알고리즘을 적용해서 얻은 매듭사영이라 하자. P'은 풀린매듭의 사영임을 증명한다. 이것을 증명하기 위해, 매듭사영 P'를 가지는 $\mathbb{R}^3$ 안의 매듭 K를 만들고 그리고 K가 풀린매듭임을 보일 것이다.

매듭사영 P'은 xy-평면에 놓여 있다고 가정하자. P'로 바로 사영되도록 K를 만든다. 그러므로 P'의 각각의 점 (x, y) 위에 3차원 공간에 있는 매듭의 점 (x, y, z)를 선택한다. 시작점으로부터 주어진 방향으로 P'를 따라 여행함에 따라 z-좌표는 마지막 교차를 지나고 나서까지 계속해서 감소하고 그 다음에 처음 시작하는 점으로 되돌아 올 때 증가하도록 매듭의 점들은 선택되어진다. (그림 12.40 참조.)

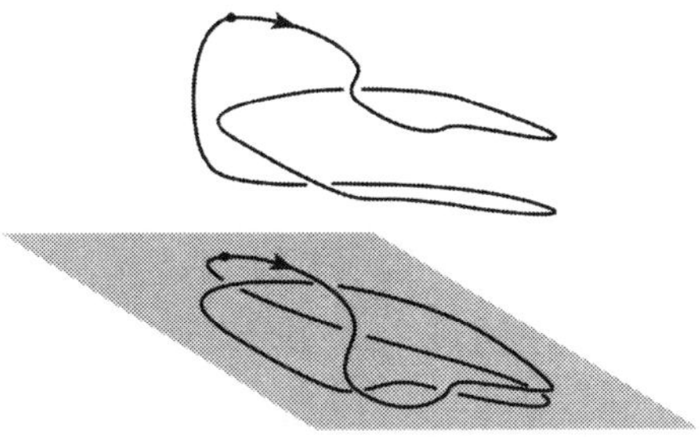

(그림 12.40) 매듭사영으로부터 매듭을 만들기.

명백히, 만약 K를 xy-평면으로 바로 사영시킨다면 그것은 P'로 사영된다. 더군다나, z-좌표들은 그렇게 선택되었기 때문에 다이어그램에서의 각각의 교차에 알맞은 위교차/아래교차를 가진다. 마침내 K를 그런 식으로 만든다면 K의 감소하는 z부분과 증가하는 z부분은 $\mathbb{R}^3$에서의 풀린매듭을 만드는 원의 절반들을 분리하도록 변형시킬 수 있음을 어렵지 않게 보일 수 있다. (그림 12.41 참조.) 따라서 K는 풀린매듭이고 P'는 K의 매듭사영이다. ■

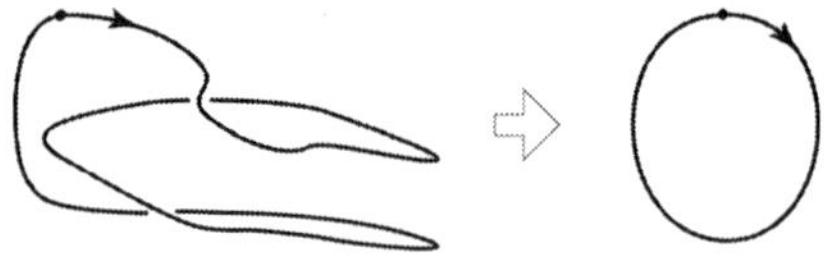

(그림 12.41) 매듭 K는 풀린매듭으로 변형된다.

정리 12.12에 결과로써 모든 매듭은 풀린매듭이 되기 위해 필요한 교차변경의 개수의 최솟값을 가진다.

정의 12.13. 매듭 K의 **풀림수(unknotting number)**는 K의 모든 매듭사영들을 고려했을 때 매듭사영이 풀린매듭으로 되기 위해 바뀌어야 하는 교차들의 개수의 최솟값이다.

예 12.11. 그림 12.42의 왼쪽에 있는 8자매듭은 풀리지 않는다. (연습문제 12.16 참조.) 그러나 하나의 교차변경은 그것을 풀린매듭으로 바꾼다. 그러므로 풀림수는 1이다.

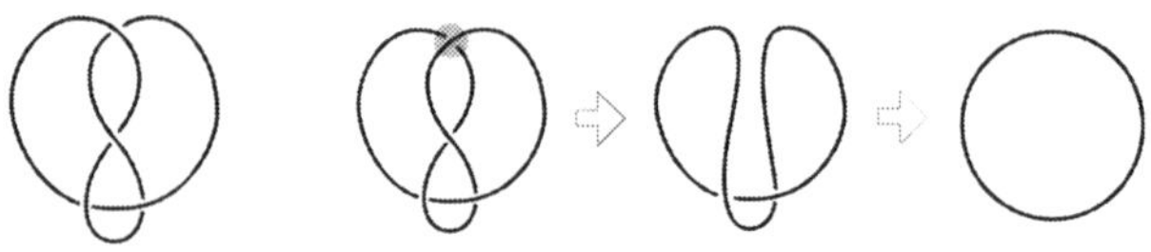

(그림 12.42) 8자매듭은 하나의 교차변경으로 풀리게 만들어질 수 있다.

예 12.12. 그림 12.43의 왼쪽에 있는 7_4 매듭은 오른쪽에서 보여주듯이 두 개의 교차변경으로 풀릴 수 있다. 그러나 그것의 풀림수가 2라는 것을 증명하기 위해서는 하나의 교차변경으로 풀린매듭의 다이어그램으로 바뀌는 다이어그램을 가지지 않음을 보여야 한다. 비록 보일 수는 있지만, 여기에 그것을 증명하기 위해 필요한 수단들이 없다.

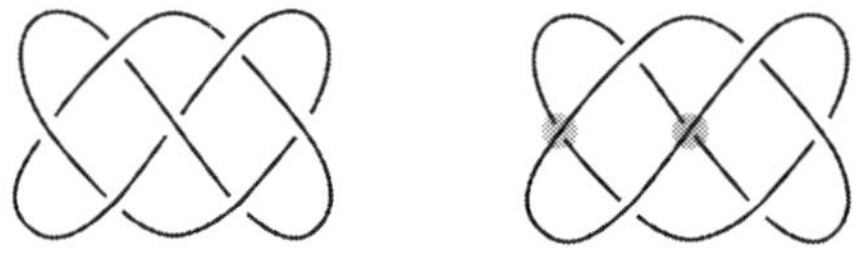

(그림 12.43) 7_4 매듭을 풀기.

국성이성화효소 II 이외에 DNA 가닥에 복잡한 작용들을 수행하는 다른 효소들이 있다. 이러한 효소들은 따로 분리되기 때문에 그들의 기능을 분류하기 위해 매듭이론의 성질들이 사용될 수 있다. 일단 하나의 효소가 실험실에서 따로 분리되기만 하면, 그것은 한 무리의 풀린 순환적 DNA 분자들에 적용된다. 그러면 이 적용으로부터 나오는 다양한 매듭들은 결정되고, 그리고 효소의 작용은 그 매듭들로부터 유추되어진다. 그러나 어떻게 그 매듭들이 결정되는가? 그것들은 너무 작아서 비록 전자현미경이 한 개의 DNA 분자의 매듭지어짐을 결정하기 위해 사용되지만, 너무 많은 분자들이 존재해서 이 방법을 효과적으로 사용할 수 없다.

다행히도 생물학자들은 화학적, 물리적 성질들을 기반으로 섞여있는 분자들을 분리하는데 많은 방법들을 개발해 왔다. 예를 들어, 만약 다양한 크기로 섞여있는 분자들이 구멍이 있는 물질로 투과된다면, 더 작은 분자들이 꿈틀꿈틀 움직이며 먼저 통과하는 것을 어렵지 않게 생각할 수 있다. 하나의 분자 안의 매듭지음의 정도는 또한 그러한 물질을 통과하는 능력에 영향을 미친다. 겔 전기 영동법(gel electrophoresis)이라 부르는 그러한 하나의 과정에서 적은 수의 교차에 대해서는 하나의 매듭이 구멍 나 있는 물질을 통과하는 속도는 교차수와 비례한다는 것이 실험적으로 증명됐다. 이 기술은 섞인 매듭을 그것을 구성하는 매듭형태로 나누는데 사용된다. 그 다음에 전자현미경을 사용하여 각 매듭형태는 형상화되고 새로운 효소의 기능을 이해하게 된다.

화학요법 약 독소루비신(doxorubicin)[2]은 특별히 효소가 DNA를 푸는 것을 방해하고 그러므로 DNA의 복제(세포분할을 위한 선행조건)하려는 능력을 억제한다. 암세포는 매우 빠르게 분할하기 때문에 그들은 특히 이 약효과에 취약하고 약은 효과적인 암공격자가 된다.

합성화학에서의 매듭

순환적 DNA 분자뿐만 아니라 훨씬 간단한 분자들은 또한 연결된 원자들의 고리들을 포함할 수 있다. 순환적 분자의 유명한 예는 그림 12.44에 있는 것처럼 여섯 개의 탄소와 여섯 개의 수소로 이루어진 벤젠(benzene)이다.

2) 항종양성 항생 물질

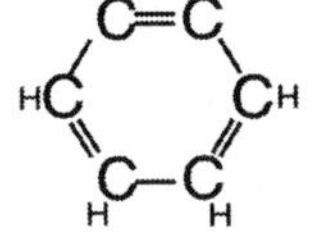

(그림 12.44) 벤젠 분자의 다이어그램.

화학에서 쓰이는 다른 많은 흔한 순환적 분자들이 있고, 벤젠처럼 그것들은 풀린 형태로 나타난다. 그러나 풀린 형태인 순환적 분자가 주어졌을 때, 당연한 질문은 매듭지어진 형태의 분자들 또한 만들 수 있느냐이다. 게다가 매듭지어진 형태의 분자는 풀린 형태와 다른 화학적이고 물리적인 성질들을 가지고 있는가?

화학자들이 처음으로 매듭지어진 분자를 합성한 것은 비교적 최근이다. 그렇게 하기에 어려운 점은 상대적으로 적은 원자를 가지고 매듭지어진 분자를 만들어 내야 한다는 것이다(수백만 개의 원자들을 가지고 있고 그리고 쉽게 매듭을 만드는 DNA와 비교하여). 1988년에 스트라스부르(Strasbourg) 대학의 크리스티나 디에트리티-부처커(Christina Dietrich-Buchecker)와 장-피에르 소바주(Jean-Pierre Sauvage)는 매듭지어진 분자를 합성하는 첫 번째 화학자들이다. 그 과정은 두 개의 구리 이온이 두 개의 분자 가닥들을 특정한 형태로 잡아두고 그 두 개의 가닥이 묶이고 구리 이온이 제거됐을 때 그 결과로 나오는 분자가 매듭짓게 하는 어떤 독창적인 화학적 성질을 요구한다. 그 분자는 104개의 탄소, 104개의 수소, 8개의 질소, 그리고 14개의 산소로 이루어져 있다. 그 분자의 다이어그램은 그림 12.45에 나타나 있다; 다이어그램의 표시되지 않은 각각의 꼭짓점은 0, 1, 또는 2개의 수소 원자들과 결합된 하나의 탄소 원자를 나타내는데 각각의 탄소 원자는 4 결합들을 가지고 있다 (각각의 이중 모서리를 두 개의 결합으로 세면서).

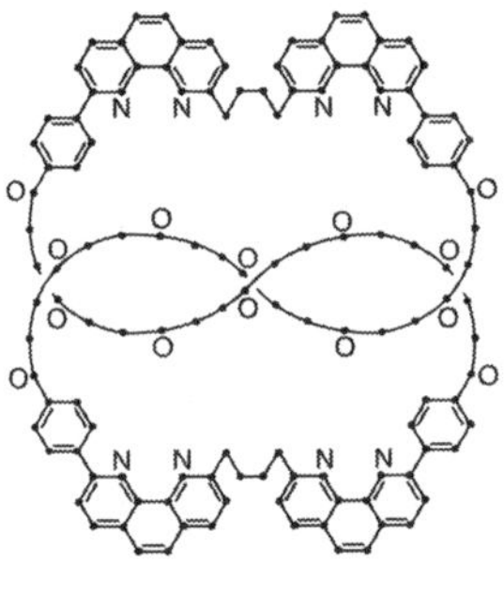

(그림 12.45) 첫 번째 합성된 매듭지어진 분자의 다이어그램.

매듭지어진 분자의 첫 번째 합성이후로, 개발에 대한 관심과 그것을 만들려고 하는 기술들에 대한 연구가 계속해서 있어 왔다. 화학자들이 매듭지어진 분자들을 합성하는 간단한 방법들을 발견한다면 화학물질의 새로운 세계가 일어날 것으로 예상된다. 각각의 별개의 매듭은 똑같은 순환적 순서로 결합된 원자들로 구성된 동일한 집합에 의해 생성된 하나의 별개의 분자와 일치한다. 주어진 하나의 특정한 순환적 분자에 대하여, 그것으로부터 만들 수 있는 서로 다른 매듭지어진 분자들의 개수에 대한 범위는 그 분자의 유연성이다. 매듭지어진 분자들을 구별하고 그것들의 성질들을 결정하는 과정은 매듭과 그것들의 성질들을 이해하는 것으로부터 확실히 도움을 받을 것이다.

비대칭으로 알려진 성질은 분자들이 매듭지어지든 또는 비순환이든 아니든 간에 화학에서 중요한 관심사이다. 거울상으로 포개어질 수 없는 분자는 **비대칭(chiral)**이라 부른다; 그렇지 않을 경우 **대칭(achiral)**이라 한다. 탈리도마이드(thalidomide)[3] 약은 비대칭 분자의 하나의 예이다. (R)-탈리도마이드와 (S)-탈리도마이드의 다이어그램이 그림 12.46에 나타나 있다. 이 두 분자는 종이면에 대한 대칭에 의해 각각의 거울상이다. 그림 왼쪽에 있는 (R)-탈리도마이드에서 끝이 뾰족한 굵은 결합은 H 원자가 종이면 앞에 있음을 가리키고, 반면에 끝이 뾰족한 점선인 결합은 $C_8H_4O_2N$ 무리가 종이면 뒤에 있음을 가리킨다. (S)-탈리도마이드의 상황에서는 반대이다. 만약 H 원자와 $C_8H_4O_2N$ 무리가 일치하도록 (R)-탈리도마이드를 회전해서 (S)-탈리도마이드 위로 포개려고 한다면 두 분자의 나머지 부분들은 제대로 맞지 않을 것이다. 그리하여 탈리도마이드는 비대칭 분자이다.

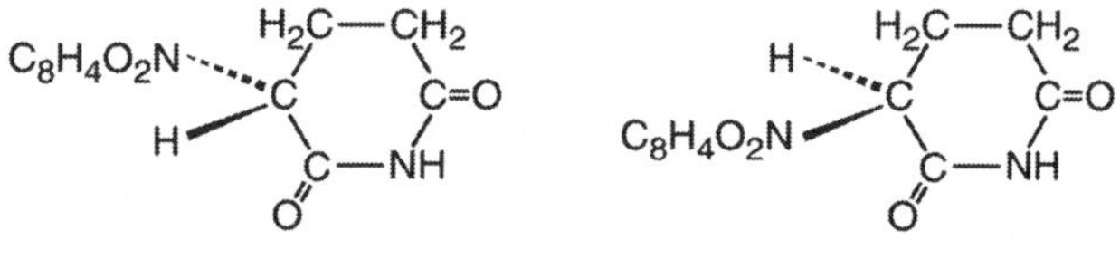
(R)-Thalidomide (S)-Thalidomide

(그림 12.46) (R)-탈리도마이드와 (S)-탈리도마이드 분자들.

화학자들은 비대칭의 중요성을 오랫동안 인정해 왔다. 비대칭 분자와 그것의 거울상은 대칭 분자들과 비슷한 물리적 성질들과 비슷한 상호작용을 가지지만, 그러나 다른 비대칭 분자들과는 극적으로 다른 반응을 가질 수 있다. 탈리도마이드는 전형적인 예이다. 그것은

3) 1960년대에 기형아의 원인이 될 수도 있음이 밝혀질 때까지 임산부에게 진정제로 처방되던 약물

1950년대와 1960년대에 입덧을 완화시키기 위해 임신부에서 처방되었다. (R)-탈리도마이드는 그 기능에 효과적이긴 하지만, 그 약은 이내 많은 선천적 기형과 연관되었다. 그 약 복용에 또한 존재하는 (S)-탈리도마이드는 이러한 나쁜 역효과를 일으킨다는 것이 현재 알려져 있다. 탈리도마이드 사건은 비대칭 화합물의 생화학 부분과 좀 더 엄중한 의약 안전 규약 채택 부분에 관심을 불러 일으켰다.

만약 매듭지어진 분자를 고려한다면, 단지 매듭이론 관점으로부터 나오는 중요한 비대칭 질문들이 있다. 예를 들어, 하나의 분자가 거울상과 동치가 아닌 하나의 매듭으로 표현된다면 그 분자는 자동적으로 비대칭이다. 그러므로 매듭이 그 거울상과 동치인지를 조사하는 것은 흥미롭다.

하나의 매듭 K의 거울상은 $\mathbb{R}^3$ 안의 하나의 평면에 대해 K를 반사시킴으로써 얻어진 매듭이다. 반사의 매듭형태가 평면의 선택에 의존하지 않음을 쉽게 보일 수 있다. 만약 K의 다이어그램이 있고 그리고 그 다이어그램을 포함하는 평면에서 K를 반사시킨다면 K의 다이어그램은 모든 교차들의 위아래를 바꿔진 거울상의 다이어그램으로 전환될 수 있다. (그림 12.47 참조.)

(그림 12.47) 매듭과 그 거울상의 다이어그램.

그림 12.10에서 8자매듭으로 시작하는 하나의 변형을 보여준다. 만약 마지막 단계의 그림을 180도 회전하고 조금 더 변형한다면 결국 그 거울상은 그 변형의 처음에 있는 매듭과 동치라는 것을 쉽게 보일 수 있다. 다른 한편으로는, 세입매듭과 그 거울상은 다른 카우프만 X 다항식을 가지고 그러므로 서로 동치가 아니다. (예 12.10과 연습문제 12.15 참조.)

정의 12.14. 그 거울상과 동치인 매듭은 **양대칭(amphichiral)**이라 한다. 그렇지 않을 경우 그 매듭은 **비대칭**이라 한다.

우리는 매듭이 비대칭인지를 결정하는데 도움이 되는 카우프만 X 다항식을 사용할 수 있다. 우선 매듭의 카우프만 X 다항식과 그 거울상의 다항식을 연결하는 다음 정리가 있다.

정리 12.15. K를 카우프만 X 다항식이 P인 매듭이라 하자. 만약 K^*가 K의 거울상이면 K^*의 카우프만 X 다항식은 P에서 A를 A^{-1}로 바꿈으로써 얻어진다.

증명. 연습문제 12.23 참조. ■

정리 12.15에 의하면 만약 매듭의 카우프만 X 다항식이 A대신 A^{-1}로 바뀌었을 때 변한다면 그 매듭과 그 거울상은 동치가 아니고, 그러므로 그 매듭은 비대칭이다. A대신 A^{-1}로 대체해도 변하지 않은 다항식은 회귀적, 즉 다음과 같이 정의되는 다항식의 하나의 성질이다.

정의 12.16. 다항식

$$a_{-n}A^{-n}+a_{-n+1}A^{-n+1}+\cdots+a_{n-1}A^{n-1}+a_nA^n$$

이 만약 모든 $j=1,\ldots,n$에 대하여 $a_{-j}=a_j$이면 **회귀적(palindromic)**이라 한다.

따라서 만약 계수들이 앞뒤로 똑같이 읽힌다면 회귀적이다. 또한 다항식

$$a_{-n}A^{-n}+a_{-n+1}A^{-n+1}+\cdots+a_{n-1}A^{n-1}+a_nA^n$$

이 회귀적일 필요충분조건은 그 다항식이 A를 A^{-1}로 대체했을 때 바뀌지 않은 것이다.

이제 정리 12.15의 다음 따름정리를 얻는다.

따름정리 12.17. 만약 매듭 K의 카우프만 X 다항식이 회귀적이 아니면 K는 비대칭이다.

따름정리 12.17은 매듭과 매듭지어진 분자의 비대칭성에 대한 간단한 검사방법을 제공한다. 이런 방법으로 분자들 사이를 구별하기 위해 위상과 매듭이론의 기본적인 아이디어들을 사용할 수 있다.

화학적 화합물들을 만들고 그것들 사이를 구별하는 것은 합성화학의 중요한 측면이다.

그 결과로 나오는 화합물의 성질들을 결정하는 것 또한 중요하다. 13.2절에서 위상적 그래프의 성질들이 분자의 성질들을 예측하는데 어떻게 사용되고 도움이 되는지 볼 것이다.

연습문제 12.4

12.19. n-성분 고리사영에서 n-성분 풀린고리의 고리사영이 되게 하는 교차 바꿈에 대한 알고리즘을 서술하시오.

12.20. 그림 12.48에 나타난 매듭들의 풀림수를 결정하시오.

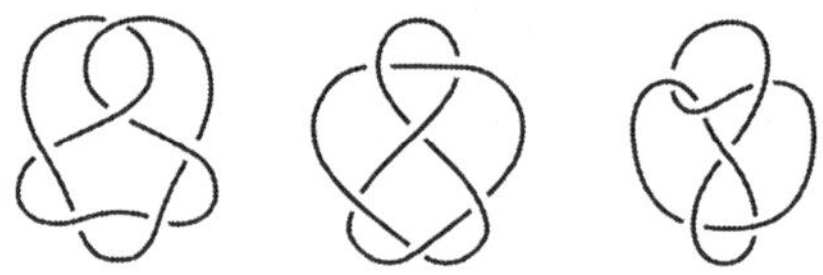

(그림 12.48) 풀림수 결정.

12.21. 그림 12.49에 있는 각 매듭의 풀림수는 기껏해야 2임을 보이시오.

(그림 12.49) 각 매듭의 풀림수는 기껏해야 2임을 보이는 것.

12.22. 그림 12.45의 매듭지어진 분자와 연관된 매듭을 그리시오. 그 다음에 그림 12.17에서 이것과 동치인 매듭을 이 두 사이의 변형을 그림으로써 결정하시오.

12.23. 정리 12.15를 증명하시오. (도움말: 먼저 괄호다항식에 대해 결과를 증명하고 그 다음에 카우프만 X 다항식에 대해서 성립함을 보이시오.)

12.24. 그림 12.17의 위쪽 행의 마지막 매듭인 5_2는 비대칭임을 증명하시오.

그래프와 위상수학

chapter 13

이 책의 서론에서 쾨니그스버그(Königsberg) 다리들에 대한 오일러의 풀이는 위상수학 분야의 탄생 순간으로 간주될 수 있음을 언급했다. 그것은 그래프 이론 분야의 탄생의 순간으로 아주 동일하게 간주될 수 있다. 자연스럽게 두 분야 사이에 중복이 있고, 그리고 그 중복은 위상적 그래프 이론으로써 적절히 알려진 각각의 하위분야이다.

이 장의 첫 번째 절에서 그래프와 그것의 성질들 중 몇 개를 고려한다. 13.2절에서는 분자의 구조적 측면들(예를 들어, 그래프 모델)이 분자의 성질들을 예측하기 위해 사용되는 곳인 화학에서의 양적인 구조적 성질에서의 응용을 제시한다. 13.3절에서는 그래프의 넣기에 대한 중요한 질문들과 결과들을 다룬다. 마지막 절에서는 교차수의 개념과 그래프의 두께를 소개하고 전자회로 디자인에서의 응용을 논의한다.

13.1 그래프

이 절에서는 그래프와 관련된 몇 가지 기본 성질들과 결과들을 소개한다. 그 과정에서 쾨니그스버그 다리들 문제를 그래프를 통해 풀기 위한 적절한 개념들을 전개시킨다.

그래프 이론에서 그래프 G는 유한개의 꼭짓점들 집합 V_G와 꼭짓점들의 쌍들 $\{v_i, v_j\}$의 유한집합 E_G로써 추상적으로 정의된다. E_G의 원소는 G의 변이라 부른다.

위상적 그래프 이론에서 그래프는 위상공간 G로 간주되는데 G는 G의 꼭짓점이라 하는 유한 점들의 집합 V_G, 꼭짓점들을 연결하는 변들의 유한 집합 E_G로 구성된다. 각 변은 $\mathbb{R}$ 에서 유한한 닫힌구간에서 한 끝점을 꼭짓점 v_i에 붙이고 다른 끝점을 꼭짓점 v_j에 붙임으로써 만들어진다. (예 3.17 참조.)

그래프 이론에서의 추상적 그래프와 위상적 그래프 이론에서의 위상적 그래프 사이에 직접적인 대응이 있다. 이 장 전체에서는 추상적 그래프와 위상적 그래프 사이를 구별하지 않는다. 그래프라는 용어를 둘 모두를 나타내는데 사용한다. 차이를 구별하는 경우에는 의도하고자 하는 의미로 문맥상 명확해질 것이다.

G를 그래프라 하자. 만약 e가 꼭짓점 v_i와 v_j에 의한 G의 변이라면, e와 꼭짓점 v_i와 v_j는 서로 **인접한다**고 말한다. 또한, e는 꼭짓점들 v_i와 v_j를 **연결한다**고 말한다.

중요한 노트: 이 장의 몇 군데에서는 하나의 특정한 그래프로부터 꼭짓점들 또는 변들을 제거함으로써 그래프를 만든다. 그러한 경우에 그래프에서 하나의 변을 제거했을 때 명확히 명시하지 않는 한 그 변에 인접해 있는 꼭짓점들을 반드시 제거하는 것은 아니다.

그래프는 컴팩트 하우스도르프 공간이다. (연습문제 13.1 참조.) 그러므로 그래프의 각 한 점 집합은 닫혀 있다. 특히 각 꼭짓점은 한 점 집합으로 닫혀 있다. 그래프의 각 변은 컴팩트공간의 연속함수(변들과 꼭짓점들을 함께 붙이는 상사상)의 상이기 때문에 그래프의 컴팩트 부분공간이다. 그래프는 하우스도르프이기 때문에 각 변은 그래프에서 닫힌 부분집합이다.

예 13.1. 그래프의 두 가지 중요한 부류는 완전그래프와 완전양분그래프이다. **n 꼭짓점들에 대한 완전그래프**는 서로 다른 꼭짓점들의 모든 쌍이 하나의 변으로 연결하는 변들의 집합과 n개의 꼭짓점을 가지는 그래프 K_n이다. (그림 13.1 참조.)

n 꼭짓점들에 대한 완전그래프는 악수문제를 모델링하는데 그 문제는 "만약 n 사람들이 각각 악수를 한다면, 몇 번의 악수가 있는가?"를 묻는 것이다.

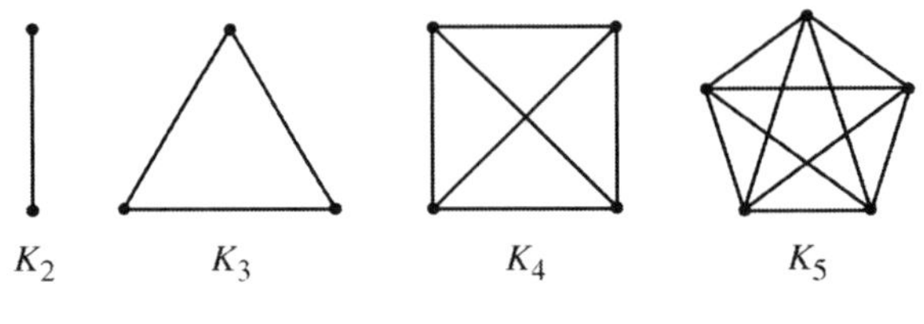

(그림 13.1) 완전그래프 K_2, K_3, K_4, 그리고 K_5.

완전양분그래프 $K_{m,n}$은 각각 m과 n 꼭짓점들 집합인 V_m과 V_n으로 나누어질 수 있는 $m+n$ 꼭짓점을 가지는 그래프인데 다음을 만족한다;

(i) 각 변은 V_m의 꼭짓점을 V_n의 꼭짓점으로 연결하고,

(ii) 꼭짓점들 $v \in V_m$와 $v' \in V_n$의 각 쌍은 하나의 변으로 연결되어 있다.

완전양분그래프의 예시들이 그림 13.2에 나타나 있다.

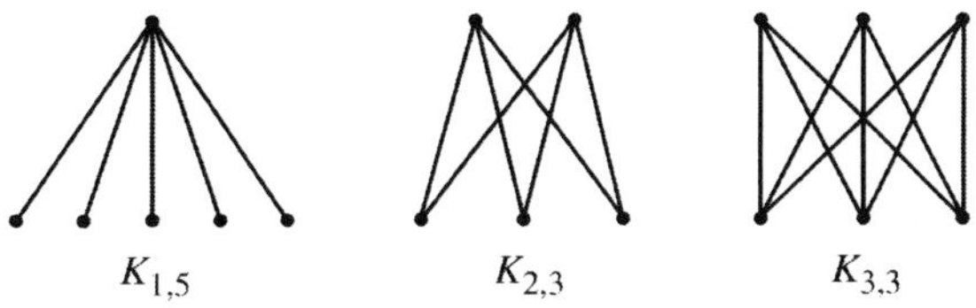

(그림 13.2) 완전양분그래프 $K_{1,5}, K_{2,3}$, 그리고 $K_{3,3}$.

그래프 $K_{3,3}$은 세 공익설비 문제로 알려진 유명한 연필-그리고-종이 퍼즐을 모델링 하는데 그것은 만약 세 집들을 세 공공설비들(가스, 물, 그리고 전기)에 연결하는데 집들과 공익설비들 사이에 교차하는 선들이 없게 하는 것이 (종이 위에서) 가능한지를 묻는 것이다. 이것은 $K_{3,3}$를 평면에 넣기가 가능한지 묻는 것과 같다. 13.3절에서 이 문제를 좀 더 다룬다.

정의 13.1. G를 그래프라 하자. 각 꼭짓점 $v \in G$에 대하여 v의 **차수**를 v에 인접한 변들의 개수로 정의하는데 만약 한 변이 v와 그 자신을 연결한다면 그 변을 두 번 센다.

꼭짓점 v의 차수를 인접한 변을 따라 v에 다르게 접근하는 방법의 개수로써 간주할 수 있다.

예 13.2. 그림 13.3에서 각 변의 차수가 표시된 그래프를 보여준다.

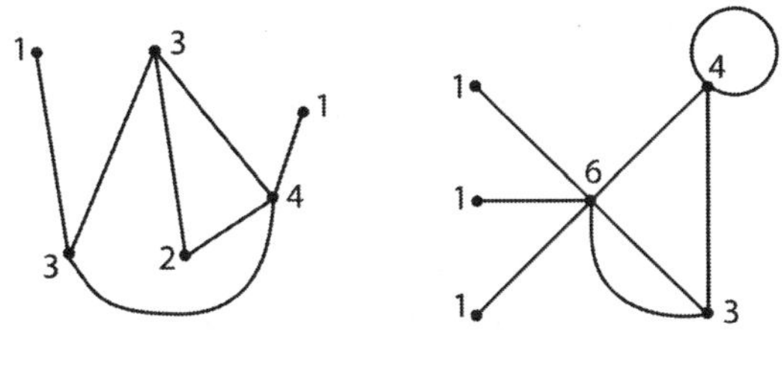

(그림 13.3) 꼭짓점의 차수들.

예 13.3. n 꼭짓점에 대한 완전그래프 K_n에서 각 꼭짓점은 $n-1$ 차수를 가진다. 완전양분그래프 $K_{m,n}$에는 그래프의 변들에 의해 차수가 m인 n 꼭짓점들과 연결된 차수가 n인 m 꼭짓점들이 있다.

그래프에 대하여 동치는 다음과 같이 정의한다:

정의 13.2. 그래프 G와 G'에 대하여 만약 꼭짓점 집합들 사이에 일대일대응 함수 $f: V_G \to V_{G'}$가 존재하여 임의의 $v, w \in V_G$에 대하여 v와 w를 연결하는 G의 변들의 개수가 $f(v)$와 $f(w)$를 연결하는 G'의 변들의 개수와 같다면 G와 G'를 **동형** 또는 **그래프 동치**라 한다. 그러한 함수 f는 **그래프 동형사상**이라 부른다.

그래프 동형사상 f에 대하여 f는 그래프 G를 그래프 G'로 보내고 G의 꼭짓점들을 G'의 꼭짓점들로 일대일대응으로 보내는 위상동형사상 f^*를 유도함을 쉽게 보일 수 있다. 그 역도 또한 성립한다. 특히 다음 정리를 가진다:

정리 13.3. G와 G'를 꼭짓점 집합이 각각 V_G와 $V_{G'}$인 그래프라 하자. 만약 V_G를 $V_{G'}$로 일대일대응으로 보내는 위상동형사상 $h: G \to G'$이 있다면, G와 G'는 동형이고 $h_V(v) = h(v)$로 정의된 함수 $h_V: V_G \to V_{G'}$는 그래프 동형사상이다.

증명. 연습문제 13.3 참조. ■

만약 정리 13.3에서 h가 G의 꼭짓점 집합을 G'의 꼭짓점 집합으로 일대일대응으로 보낸다는 가정을 뺀다면 G와 G'가 동형이라는 것이 반드시 성립하는 것은 아니다. 예를 들어 그림 13.4에 있는 그래프들은 위상동형이지만 동형은 아니다.

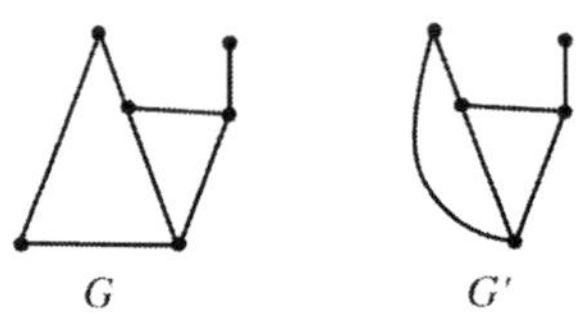

(그림 13.4) 그래프 G와 G'는 위상동형이지만, 동형은 아니다.

앞서 있는 정의, 정리, 그리고 예를 요약하자면, 그래프 G와 G'의 동치에 대한 두 가지 개념이 있다:

(i) **위상적 동치**: 그래프 G와 G'는 위상동형이다.

(ii) **그래프 동치**: 그래프 G와 G'는 G의 꼭짓점 집합을 G'의 꼭짓점 집합으로 일대일대응으로 보내는 위상동형사상에 의해 위상동형이다.

일반적으로, 그래프가 평행한 변들(한 쌍의 꼭짓점들을 연결하는 두 개 또는 그 이상의 변들)과 고리들(한 꼭짓점을 그 자신으로 연결하는 변들)을 가지는 것을 허용한다. 그러나 또한 이러한 것들을 가지지 않는 그래프에 관심이 있다:

정의 13.4. 그래프가 평행한 변들과 고리를 가지지 않는다면 그 그래프는 **단순하다**고 말한다.

그림 13.5에서 그래프 G_1과 G_2는 단순하지만, 그래프 G_3와 G_4는 그렇지 않다.

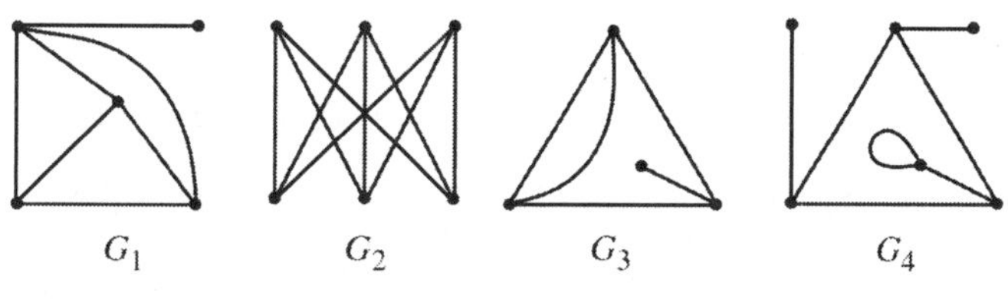

(그림 13.5) 처음 두 그래프는 단순하지만, 뒤의 두 그래프는 그렇지 않다.

정리 13.5. 만약 G가 그래프라면, G와 위상동형인 단순그래프 G'가 존재한다.

증명. G를 그래프라 하자. 새 그래프 G'를 다음과 같이 만들자. 꼭짓점들 v와 v'를 연결하는 G의 각 변 e에 대하여 두 개의 새로운 다른 꼭짓점 v_1과 v_2를 추가하고 e를 v와 v_1을 연결하는 e_1, v_1와 v_2을 연결하는 e_2, 그리고 v_2와 v'을 연결하는 e_3인 세 개의 새로운 다른 변들 e_1, e_2, 그리고 e_3로 대체하자. (그림 13.6 참조.) 그 결과로 나오는 G'는 G와 위상동형이고 단순하다. ■

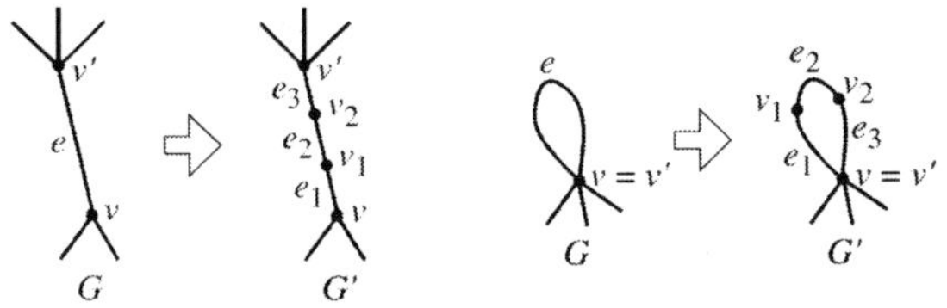

(그림 13.6) 단순그래프를 만들기 위해 변들과 꼭짓점들을 추가함.

걷기는 그래프 이론에서 길과 동치이다. 다음과 같이 정의한다:

정의 13.6. G는 그래프이고 v와 v'는 G의 꼭짓점이라 하자. v에서 v'로의 **걷기(walk)**는 $i=0, \ldots, n-1$에 대하여 변 e_i는 꼭짓점 v_i와 v_{i+1}를 연결하는 꼭짓점들과 변들,

$$v = v_0, e_0, v_1, \ldots, v_{n-1}, e_{n-1}, v_n = v'$$

의 교대수열이다.

다음 정리는 그래프 이론에서 다양한 흥미로운 형태의 걷기들을 소개한다.

정의 13.7. G를 그래프라 하자.

(i) **닫힌 걷기**는 똑같은 꼭짓점에서 시작하고 끝나는 걷기이다.

(ii) 반복되는 변들이 없는 닫힌 걷기는 **회로(circuit)**라 부른다.

(iii) 반복되는 꼭짓점(처음과 마지막은 제외)이 없는 회로를 **순환(cycle)**이라 부른다.

예 13.4. 그림 13.7에 있는 그래프에서, 차례로 변들 1-7을 따라 대응하는 걷기는 순환이 아닌 회로이고, 차례로 변들 1-4를 따라 대응하는 걷기는 순환이다.

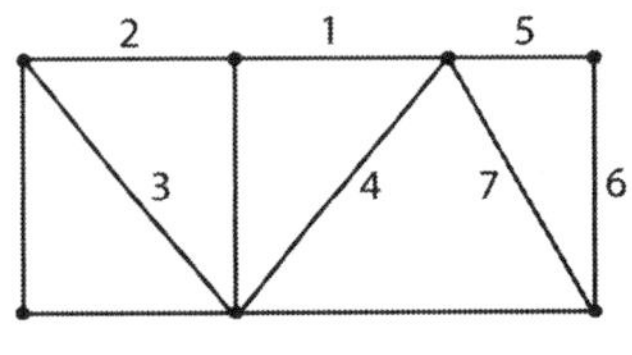

(그림 13.7) 회로(1–7)와 순환(1–4).

정의 13.8. G를 그래프라 하자.

(i) 만약 G가 순환을 가지지 않는다면, G는 **비순환적**이라 말한다.

(ii) 만약 G가 최소한 하나의 순환을 가진다면 G의 **둘레(girth)**는 G의 모든 순환의 변들의 개수의 최솟값이다.

예를 들어, 만약 $m, n \geq 2$이면 완전양분그래프 $K_{n,m}$의 둘레는 4이고, 만약 $n \geq 3$이면 완전그래프 K_n의 둘레는 3이다.

다음 정리는 그래프가 최소한 하나의 순환을 가지는 것을 보장하는 조건을 제공한다.

정리 13.9. 만약 그래프 G의 각 꼭짓점이 최소한 2의 차수를 가지면 G에는 순환이 존재한다.

증명. G의 하나의 변 e_0를 선택하자. v_0와 v_1를 e_0에 인접하는 꼭짓점이라 하자. 만약 $v_0 = v_1$이면, v_0, e_0, v_1이 순환이기 때문에 증명이 끝난다. 그렇지 않다면, e_1을 v_1에 인접하고 e_0과 다른 변이라 하자. 이것은 각 꼭짓점은 최소한 2의 차수를 가지기 때문에 가능하다. 이제 v_2를 e_1에 의해 v_1에 연결된 꼭짓점이라 하자. 만약 $v_2 = v_1$ 또는 $v_2 = v_0$이면, 이전처럼 증명이 끝난다. 그렇지 않다면, v_2에 인접하고 e_1과 다른 변 e_2을 선택하자.

이 과정을 계속한다. G에는 오직 유한개의 꼭짓점들이 있기 때문에 어느 순간에 v_{m-1}까지 반복되는 변들과 반복되는 꼭짓점들은 없고 0과 $m-1$ 사이의 어떤 k에 대하여 $v_m = v_k$인 걷기

$$v_0, e_0, v_1, \ldots, v_{n-1}, e_{n-1}, v_n$$

을 가져야 한다. 그러면 $v_k, e_k, \ldots, e_{m-1}, v_m$은 G의 순환이다. ■

정의 13.10. G를 그래프라 하자. G의 **오일러 걷기**는 G의 모든 변을 정확히 한 번만 지나는 걷기이다. G의 **오일러 회로**는 닫힌 오일러 걷기이다. 만약 G가 오일러 회로를 포함하면 G를 **오일러 그래프**라 말한다.

그림 13.8에서 왼쪽 그래프에 오일러 걷기(나타난 것처럼 숫자 크기순으로 변들을 따라)

가 묘사 돼있고 오일러 회로는 오른쪽 그래프에 묘사되어 있다.

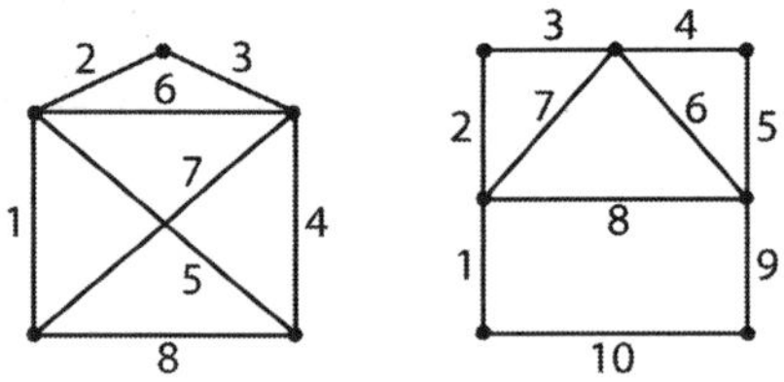

(그림 13.8) 오일러 걷기와 오일러 회로.

0.2절에 소개된 쾨니그스버그 다리들 문제는 쾨니그스버그에 있는 육지들(꼭짓점들)과 다리들(변들)을 모델링하는 그래프 K에 오일러 걷기가 존재하는지를 묻는 것이다.

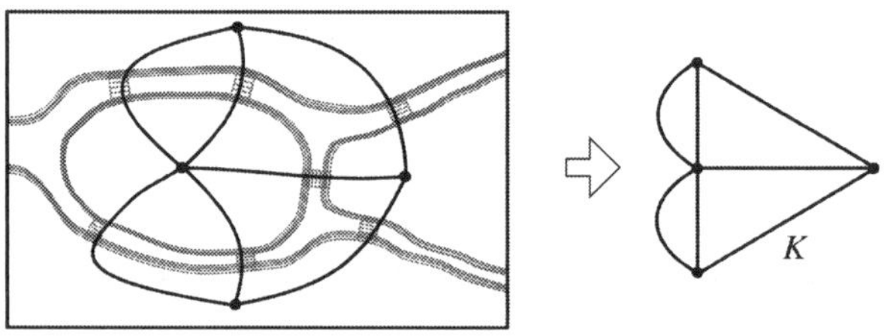

(그림 13.9) 그래프 K로 쾨니그스버그를 모델링 하기.

쾨니그스버그 다리들 문제의 오일러의 풀이(현재의 그래프 이론의 언어를 사용하지 않고)에서는, 그는 본질적으로 그래프가 오일러 걷기 또는 회로를 갖기 위한 필요충분조건을 찾아냈고 그 필요조건을 증명했다. 오일러의 결과의 그래프 이론 형태를 다음 정리에서 기술한다.

정리 13.11. G를 연결된 그래프라 하자.

(i) G에 오일러 회로가 존재할 필요충분조건은 G의 모든 꼭짓점들이 짝수 차수를 가지는 것이다.

(ii) 오일러 회로는 존재하지 않고 오일러 걷기가 존재할 필요충분조건은 G가 정확히 두 개의 홀수 차수의 꼭짓점을 가지는 것이다. 그러한 걷기는 홀수 차수의 하나의 꼭짓점에서 시작해서 홀수 차수의 다른 꼭짓점에서 끝난다.

정리 13.11(i)의 필요조건을 증명한다; 즉, 만약 그래프가 오일러 회로를 가지면 G의 모든 꼭짓점은 짝수 차수를 가진다는 것을 증명한다. 그 역은 이 절의 끝에 있는 보충문제들 중 하나이다. (ii)에 대한 증명은 (i)의 증명과 비슷하다.

(i)의 필요조건 증명. G를 그래프라 하고

$$v_0, e_0, v_1, \dots, v_{n-1}, e_{n-1}, v_n = v_0$$

을 G의 오일러 회로라 가정하자. G의 모든 꼭짓점은 짝수 차수를 가짐을 증명한다.

v를 그 회로에서 v_0가 아닌 꼭짓점이라 하자. 회로에서 v에 방문할 때마다, 그것에 인접하는 한 변에서 도착하고 다른 한 변으로 출발한다. 이러한 도착과 출발 각각은 v의 차수에 1을 주고 그러므로 v에의 각 방문은 차수에 2를 더한다. 회로에서 각 변은 정확히 한 번만 지나가므로 v의 차수는 회로에서 v에 방문하는 횟수의 2배이다. 결과적으로 v의 차수는 짝수이다.

꼭짓점 v_0에 대하여 똑같은 논리를 적용하면은 차수는 회로의 시작과 끝 사이의 v_0에의 방문횟수의 2배에 1(변 e_0에 대한) 더하기 1(변 e_{n-1}에 대한) 더하기이다. 그러므로 v_0의 차수 또한 짝수이다. ■

정리 13.11은 쾨니그스버그 다리들 문제에 대한 풀이를 제공해 준다. 쾨니그스버그 그래프 K는 네 개의 홀수 차수 꼭짓점을 가지기 때문에 K에는 오일러 회로 및 오일러 걷기가 존재하지 않는다. 그러므로 쾨니그스버그에서 각 다리를 정확히 한 번만 건너는 것은 불가능하다.

연습문제 13.1

13.1. G를 그래프라 하자. G는 컴팩트이고 하우스도르프임을 증명하시오.

13.2. 그래프 K_n과 $K_{n,m}$에는 몇 개의 변들이 있는지 결정하고 증명하시오.

13.3. 정리 13.3을 증명하시오.

13.4. 만약 G가 그래프이면 G의 모든 연결성분은 그래프임을 증명하시오.

13.5. (a) 그래프 K_n은 어떤 n에 대하여 오일러 그래프인가?

(b) 그래프 $K_{m,n}$은 어떤 m과 n에 대하여 오일러 그래프인가?

13.6. G를 그래프라 하자. G는 홀수 차수를 가지는 짝수개의 꼭짓점을 가짐을 증명하시오.

13.7. 여덟 개 또는 더 적은 변을 가지는 모든 비순환 (그래프 동형이 아닌) 그래프를 그리시오. 어떤 그래프들이 위상동형인지를 보이시오.

13.8. G를 V 꼭짓점들과 E 변들을 가지는 비순환 그래프라 하자. $E < V$임을 증명하시오.

13.9. (a) 만약 쾨니그스버그의 일곱 다리들 중에 임의로 하나의 다리를 제거한다면 각 다리를 정확히 한 번만 지나는 걷기가 가능함을 증명하시오.

(b) 만약 새로 다리 하나가 쾨니그스버그의 서로 다른 두 육지 사이에 지어진다면 각 다리를 정확히 한 번만 지나는 걷기가 가능함을 증명하시오.

(c) 쾨니그스버그의 일곱 다리들 중에 하나를 임의로 선택해서 다른 위치로 옮기다면 똑같은 장소에서 출발하여 도착하고 각 다리를 정확히 한 번만 지나는 걷기가 가능함을 증명하시오.

13.10. 그림 13.10에 있는 각 그래프에 대하여 정리 13.11을 이용하여 어떤 그래프가 오일러 걷기 또는 오일러 순환을 가지는지 또는 이 둘을 가지지 않는 것인지 결정하시오. 만약 그래프가 오일러 걷기 또는 오일러 순환을 가진다면, 그래프 위에 그것을 그리시오.

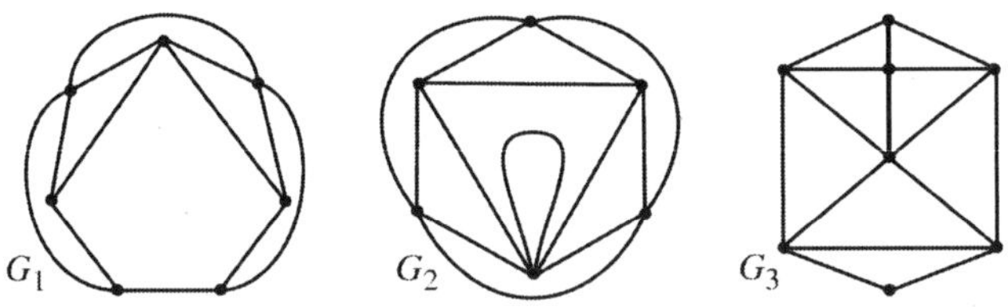

(그림 13.10) 각각의 경우에 오일러 걷기 또는 오일러 순환이 존재하는가?

보충문제: 오일러 순환의 존재성

이 연습문제에서는 정리 13.11(i)의 충분조건을 증명한다. 다시 말해서, 만약 G가 연결인 그래프이고 G의 모든 꼭짓점이 짝수 차수를 가진다면 G에는 오일러 순환이 존재함을 증명한다. 증명은 변의 개수에 대해 수학적 귀납법으로 진행된다.

13.11. G가 하나의 변을 가지는 경우에 정리를 증명하시오.

다음으로 G가 n개의 변을 가지고 한 개와 $n-1$개의 사이의 변들을 가지는 그래프에 대해 정리가 성립한다고 가정하자. G에는 오일러 순환이 존재함을 증명한다. 정리 13.9에 의해 G에 순환

$$v_0, e_0, v_1, \dots , v_{j-1}, e_{j-1}, v_j = v_0$$

이 존재한다. 순환의 각 변은 정확히 한 번 방문하지만 그러나 그 순환이 그래프의 모든 변을 방문할 필요는 없다. E^*를 그 순환의 변들의 모임이고 V^*를 E^*의 변들에만 인접하는 그 순환의 꼭짓점들의 모임이라 하자. G'를 G로부터 E^*의 모든 변과 V^*의 모든 꼭짓점을 제거해서 얻어진 그래프와 같다고 하자.

13.12. G'의 모든 변은 짝수 차수를 가짐을 보이시오.

그런데 G'는 반드시 연결일 필요는 없지만 각 연결성분들은 연결이다. C를 G'의 하나의 연결성분이라 하자. 따라서 C는 그래프이고(연습문제 13.4 참조.) 연결이다. 더군다나 C는 한 개와 $n-1$개 사이의 변들을 가지고 C의 각 꼭짓점은 짝수 차수를 가진다. 그러므로 귀납법 가정에 의해 C는 오일러 순환을 가진다.

13.1. G에서의 오일러 순환의 존재성을 증명하시오.

따라서 수학적 귀납법에 의해 만약 그래프 G의 모든 꼭짓점이 짝수 차수를 가지면 G는 오일러 순환을 가진다.

13.2 화학적 그래프 이론

그래프 모델은 화학에서 광범위하게 사용된다. 전형적으로 한 분자 안의 원자들은 그래프에서 꼭짓점들로 나타내어지고 결합들은 변들로 나타내어진다. 주요 목표는 분자의 그래프 모델의 성질로부터 예측될 수 있는 분자의 성질들을 결정하는 것이다. 이 절에서는 알칸(alkanes)으로 알려진 일종의 탄화수소들의 끓는점은 분자의 그래프 모델을 사용하면 정확히 예측될 수 있는 특별한 예를 제시한다.

화학에서 분자 설명인자(descriptor)는 분자구조의 양적인 측면으로부터 분자의 성질들을 예측하는데 사용되는 모델링 도구이다. 설명인자들을 모으는 것은 양적인 구조-성질 관계(QSPR)로 알려진 것을 만들어 낸다. 수백개의 QSPR 설명인자들은 분자 분석을 위해 확인되고 그것들은 다섯 개의 일반적인 범주로 나누어 진다: 구조적, 위상적, 정전기적, 기하학적, 그리고 양자화학적. 어떤 위상적 설명인자들은 분자를 모델링하는 그래프의 성질로부터 얻어진다. 여기에서는 그것들 중 하나인 위너(Wiener)지표를 제시한다. 위너지표는 1947년에 화학적 모델링에서 처음으로 사용하기를 제안한 해리 위너(Harry Wiener) 이름을 따서 지어졌다. 여기에서 이 지표의 응용에 대한 설명은 논문[Rou]에 기반을 둔다.

정의 13.12. G를 그래프라 하자.

(i) G의 꼭짓점 v와 v'에 대하여, **v와 v' 사이의 거리**를 G에서 v로부터 v'까지 걷기의 변들의 개수의 최솟값으로 정의한다.

(ii) $W(G)$로 표시되는 G의 **위너지표**는 G의 꼭짓점들의 모든 쌍 사이의 거리들의 합이다.

예 13.5. 그림 13.11에서 네 개의 그래프의 위너지표를 보여준다.

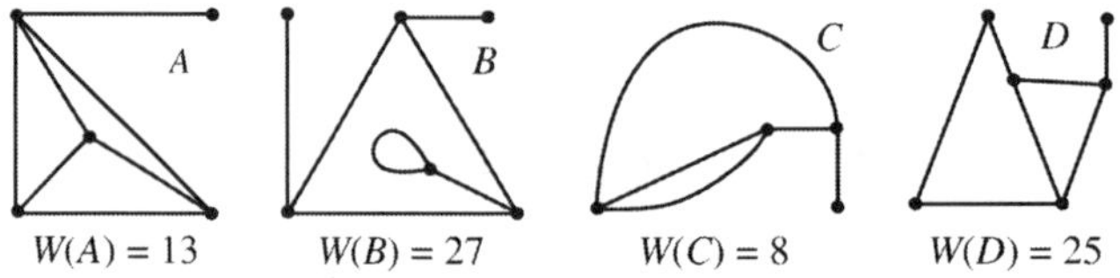

(그림 13.11) 그래프의 위너지표.

그림 13.11에 있는 그래프 C와 D는 위상적으로 동치이지만, 위너지표는 같지 않다. 그래서 위너지표는 위상적 동치하에서는 보존되지 않는다. 그러나 다음 정리가 보여주듯이, 그것은 그래프 동형하에서는 보존된다.

정리 13.13. 만약 그래프 G와 G'가 동형이면, $W(G)=W(G')$이다.

증명. 연습문제 13.15 참조. ■

알칸으로 알려진 일종의 분자들에 위너지표를 적용한다. 이것들은 탄소원자들 사이의 각 결합이 하나의 공유결합인 곧은-사슬 또는 분기-사슬 탄화수소들이다. (곧은-사슬과 분기-사슬의 의미는 다음에서 명확해질 것이다.)

가장 간단한 알칸은 메탄, 에탄, 그리고 프로판이다. 이것들은 모두 곧은-사슬 탄화수소들이다. 각각의 표현은 그림 13.12에서 묘사되어 있다.

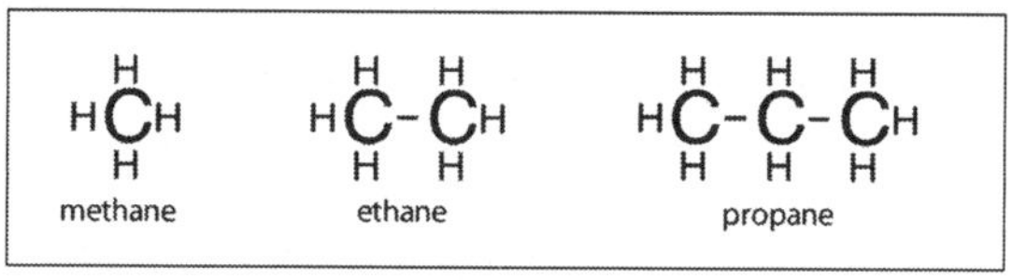

(그림 13.12) 알칸 메탄, 에탄, 그리고 프로판.

알칸에서 각 탄소원자는 다른 탄소와 수소원자들과 총 네 개의 결합을 만든다. 결합된 탄소원자들의 뼈대가 있고 그리고 각 탄소원자에 대한 나머지 결합들은 수소원자들에 의해 이루어진다.

하나의 특정한 알칸 표현으로부터, 탄소와 수소 사이에 두 개의 수소가 붙여진 하나의 새로운 탄소를 삽입함으로써 추가적인 탄소원자를 가지는 표현들을 만들 수 있다. 이것은 화학적 과정보다는 오히려 표현들에서의 연산이다. 따라서 프로판의 표현으로부터 네 개의 탄소를 포함하는 두 개의 다른 알칸의 표현들을 만들 수 있다: 부탄 그리고 2-메틸프로판. (그림 13.13 참조.) 2-메틸프로판 분자는 가장 간단한 분기-사슬 알칸이다.

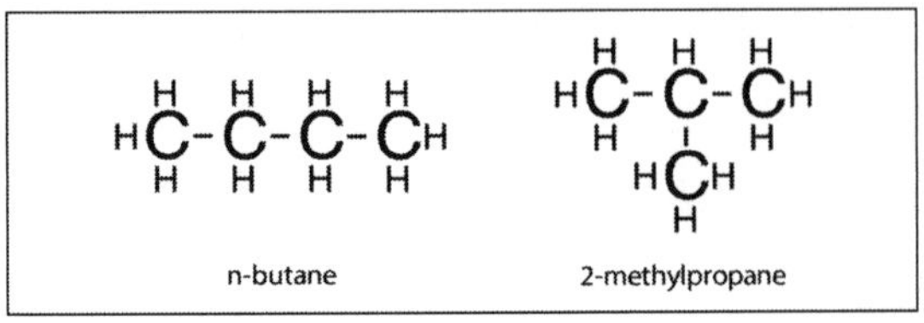

(그림 13.13) 두 개의 4-탄소 알칸: 부탄 그리고 2-메틸프로판.

네 개의 탄소를 가지는 알칸으로부터, 그림 13.14에 있는 것처럼 세 개의 5-탄소 알칸을 만들 수 있다.

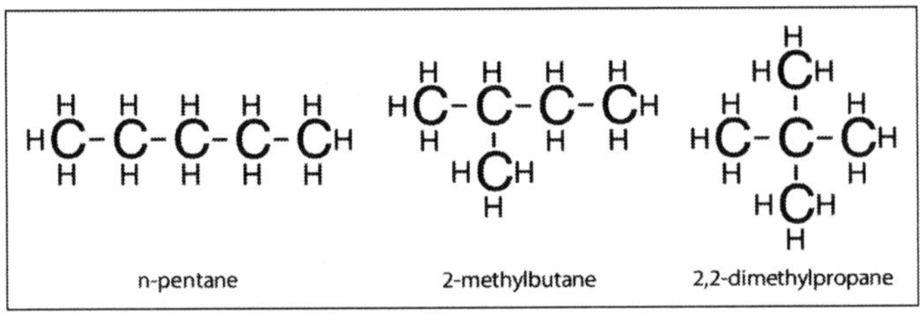

(그림 13.14) 세 개의 5-탄소 알칸.

각 탄소원자는 꼭짓점에 대응되고 탄소원자들 사이의 각 결합은 변에 대응되는 그래프로 알칸을 모델링한다. 그리하여 결합된 탄소 뼈대는 그 그래프를 결정한다. 수소원자들과 수소-탄소 결합들은 무시하는데 그 이유는 탄소 원자들 배열이 주어졌을 때 그것들은 포함되어 있기 때문이다. 두 개와 다섯 개 사이의 탄소원자들을 포함하는 알칸에 대한 그래프 모델은 그림 13.15에 나타나 있다.

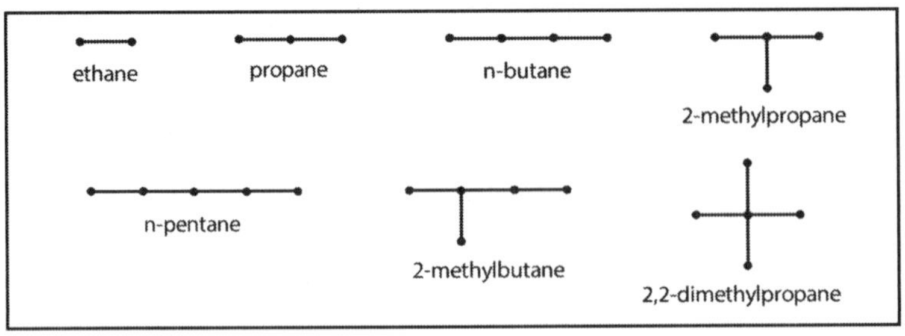

(그림 13.15) 두 개와 다섯 개 사이의 탄소원자들을 가지는 알칸에 대한 그래프 모델.

주어진 알칸 그래프에 꼭짓점들과 변들을 적절히 추가함으로써 여섯 개 또는 더 많은 탄소들을 가지는 알칸에 대한 모델을 만들 수 있다. 그림 13.16에서 모든 6- 그리고 7-탄소 알칸에 대한 그래프 모델을 보여준다.

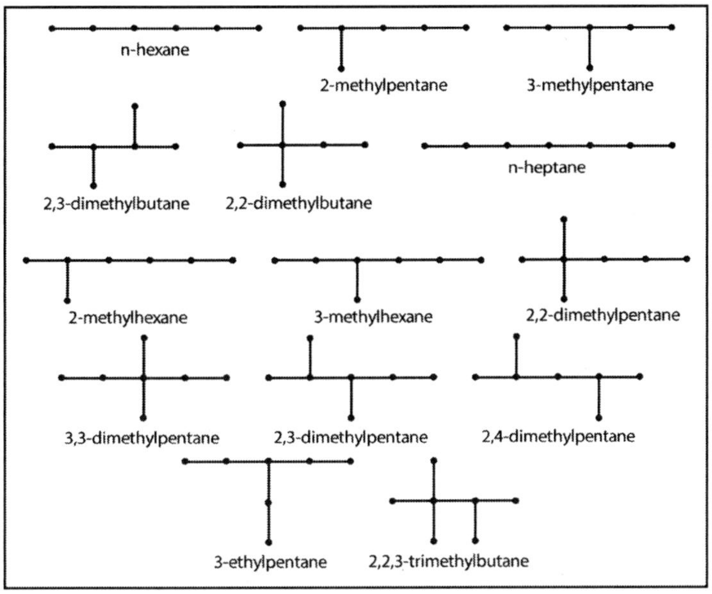

(그림 13.16) 여섯 또는 일곱 개 탄소원자들을 가진 알칸의 그래프 모델.

그림 13.17에 있는 표에 2개와 7개 사이의 탄소원자들을 포함하는 모든 알칸들을 나열했고 각각에 대하여 그 분자의 끓는점(켈빈 단위)과 그 분자의 그래프 모델의 위너지표가 포함되어 있다.

Name	WI	BP (K)
ethane	1	184
propane	4	233
n-butane	10	272
2-methylpropane	9	261
n-pentane	20	309
2-methylbutane	18	301
2,2-dimethylpropane	16	283
n-hexane	35	342
2-methylpentane	32	333
3-methylpentane	31	336
2,3-dimethylbutane	29	331
2,2-dimethylbutane	28	323
n-heptane	56	371
2-methylhexane	52	363
3-methylhexane	50	365
2,2-dimethylpentane	46	352
3,3-dimethylpentane	44	359
2,3-dimethylpentane	46	363
2,4-dimethylpentane	48	354
3-ethylpentane	48	366
2,2,3-trimethylbutane	42	354

(그림 13.17) 알칸에 대한 끓는점과 위너지표.

그림 13.18에서는 끓는점과 위너지표 데이터의 그래프를 보여준다. 이 변수들 사이에 밀접한 상관관계가 있다는 것은 분명하다. 이것은 화학적 모델링에서 유용한 일종의 관계 즉 분자의 수학적 모델의 양적인 성질이 분자 그 자체의 물리적 성질과 밀접하게 관련이 되어 있는 관계이다.

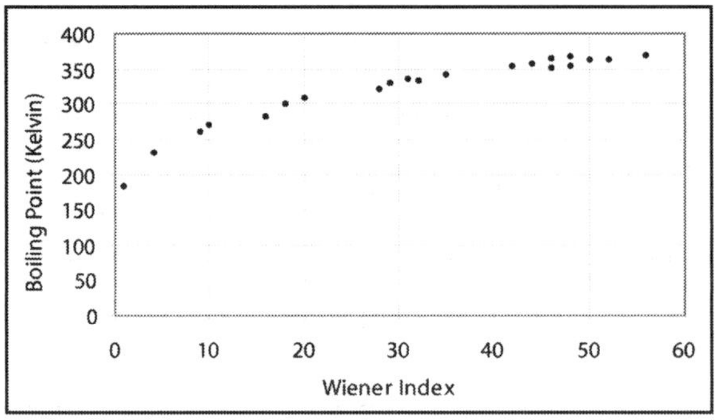

(그림 13.18) 끓는점과 위너지표 데이터의 그래프.

끓는점 대 위너지표 관계는 하나의 증가곡선에 의해 아주 가깝게 근사될 수 있다. 데이터에 지수등식 $B=\alpha W^{\beta}$을 적용시킴으로써 우리는 끓는점(B)과 위너지표(W) 사이의 관계는 $B=181\,W^{0.1775}$에 의해 근사될 수 있음을 알 수 있다. (그림 13.19 참조.)

옥탄은 여덟 개의 탄소원자를 가진 곧은-사슬 알칸이다. 그 그래프 모델의 위너지표는 84이다. 지수등식을 사용함으로써 옥탄의 끓는점의 근삿값으로써 397K를 얻는다. 이것은 실제 알려진 끓는점 399K와 거의 일치한다.

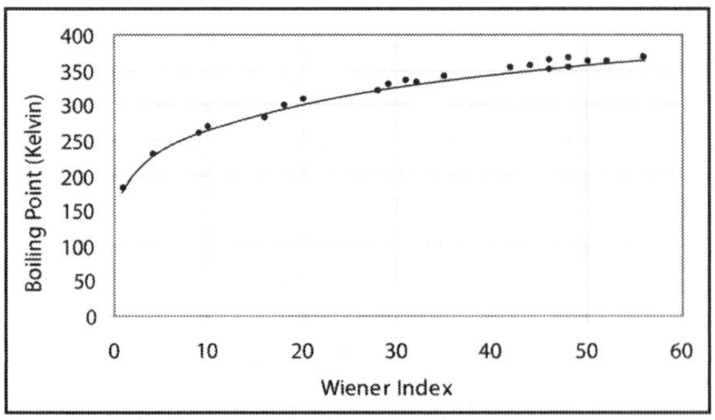

(그림 13.19) 데이터에 지수등식의 적용.

물론 위너지표처럼 위상적 수단이 유용한 것은 그 특성이 이미 알려진 분자의 성질들을 "예측"하는데 있지 않다. 그러한 모델링 접근이 유용한 곳은 앞으로 합성되어질 분자들의 성질과 현상들을 예측하는데 있다. "의도된 대로 분자는 움직이는가?" 그리고 "분자는 최소한의 유독성을 가지는가?"는 화학적 디자인에서 중요한 질문들이다. 이 질문에 답하기 위해 분자들을 합성하고 그것을 테스트하기에는 시간이 많이 걸리고 비용이 많이 들 수 있다. 양적인 구조-성질 관계와 모델링 수단은 분자의 특성을 예측하는데 도움이 되는 중요한 정보를 제공한다.

연습문제 13.2.

13.14. (a) n개의 꼭짓점의 완전그래프 K_n의 위너지표를 결정하시오.

(b) 완전양분그래프 $K_{n,m}$의 위너지표를 결정하시오.

13.15. (a) 정리 13.13을 증명하시오.

(b) 정리 13.13의 역은 성립하지 않음을 보이시오. 다시 말해서, $W(G)= W(G')$은 G가 G'와 위상동형임을 반드시 암시할 필요가 없다는 것을 증명하기 위해 그래프 G와 G'를 찾으시오.

13.16. (a) 꼭짓점들이 정수 $1, 2, 3, \ldots, n$이고 변들이 꼭짓점들을 연결하는 구간들 $[1, 2], [2, 3], \ldots, [n-1, n]$인 그래프 $S_n \subset \mathbb{R}$의 위너지표를 결정하시오.

(b) 그래프 모델이 (a)에서의 그래프 S_n으로 주어진 곧은-사슬 알칸 A_n에 대하여 끓는점과 탄소원소들 개수 n과의 관계를 전개시키시오.

(c) 노난(nonane)은 9개의 탄소원자를 가진 곧은-사슬 알칸이다. 노난의 끓는점을 근사시키기 위해 (b)에서의 관계를 이용하시오. 이 결과와 실제 값인 424K를 비교하시오.

(d) 데칸(decane)은 10개의 탄소원자를 가진 곧은-사슬 알칸이다. 데칸의 끓는점을 근사시키기 위해 (b)에서의 관계를 이용하시오. 이 결과와 실제 값인 447K를 비교하시오.

13.17. 그림 13.20에 있는 표에서 끓는점과 위너지표와 함께 8개의 탄소원자를 포함하는 모든 알칸을 나열했다. 2개와 7개 사이의 탄소원자들을 포함하는 알칸의 데이터에

이 데이터를 추가하고 2개와 8개 사이의 탄소원자들을 포함하는 알칸에 대한 끓는점 대 위너지표 관계를 근사시키기 위한 지수등식 $B=\alpha W^{\beta}$을 도출하기 위해 데이터-분석 소프트웨어를 이용하시오.

Name	WI	BP (K)
n-octane	84	399
2-methylheptane	79	391
3-methylheptane	76	392
4-methylheptane	75	391
2,2-dimethylhexane	71	380
2,3-dimethylhexane	70	389
2,4-dimethylhexane	71	382
2,5-dimethylhexane	74	382

3,4-dimethylhexane	68	391
3,3-dimethylhexane	67	385
3-ethylhexane	72	392
2,2,3-trimethylpentane	63	383
2,3,4-trimethylpentane	65	386
3-ethyl-2-methylpentane	67	389
2,2,4-trimethylpentane	66	372
2,3,3-trimethylpentane	62	388
3-ethyl-3-methylpentane	64	391

(그림 13.20) 8개의 탄소원자 알칸에 대한 끓는점과 위너지표 데이터.

13.3 그래프 넣기

그래프 넣기 질문과 결과들은 위상적 그래프 이론에서 주된 역할을 한다. 이 절에서는 그래프가 평면에 넣어질 필요충분조건을 제공하는 쿠라토위스키의 정리를 포함하여 그러한 결과들의 몇 개의 예들을 소개한다.

우선 다음 정리가 있는데 그것은 얼마나 많이 꼭짓점과 변들을 그래프가 가지든 간에 $\mathbb{R}^3$에 그 그래프를 넣을 충분한 공간이 있다는 것이다.

정리 13.14. 모든 그래프 G는 $\mathbb{R}^3$에 넣어질 수 있다.

증명. G를 n 꼭짓점들 $v_1, \dots, v_n$과 m 변들 $e_1, \dots, e_m$을 가지는 그래프라 하자. 넣기사상 $f: G \to \mathbb{R}^3$를 정의한다. 각 $i=1, \dots, n$에 대하여 $f(v_i) = (0,0,i)$로 정의하는 것으로 시작하자. 이런 방식에서는 꼭짓점 집합은 $\mathbb{R}^3$의 z-축 위에 있는 점들의 집합에 일대일대응하게 보내어 진다.

$P_1, \dots, P_m$을 z-축으로부터 시작되는 서로 다른 반평면들의 집합이라 하자. 그런데 만약 e_k가 꼭짓점 v_i와 v_j를 연결하는 G의 한 변이면, e_k를 $(0,0,i)$부터 $(0,0,j)$까지 연결하는 P_k 안의 반원으로 위상동형적으로 보내어지도록 f를 e_k로 확장하자. (그림 13.21 참조.) 그렇게 정의된 f는 $\mathbb{R}^3$에서 G의 넣기사상이다. ■

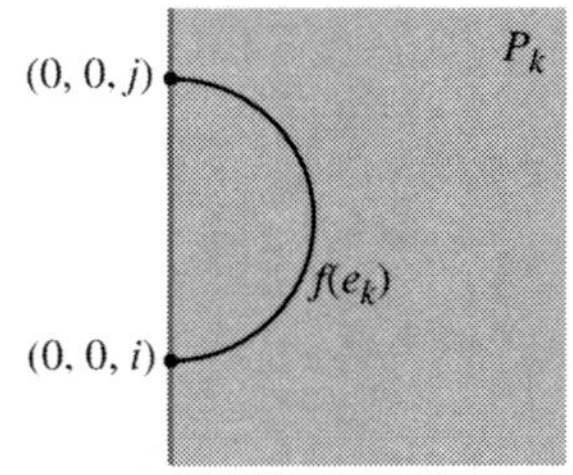

(그림 13.21) 변 e_k는 반평면 P_k 안에 있는 반원으로 위상동형적으로 보내어진다.

모든 그래프는 $\mathbb{R}^3$ 안으로 넣어질 수 있기 때문에, 다음은 평면 안으로의 넣기를 고려한다. 여전히 모든 그래프에 대해 넣기를 얻을 수 있을까? 그 해답은 아니다임을 보일 것이고 다음 정의가 나오게 되는 이유이다.

정의 13.15. 그래프 G가 평면에 넣어질 수 있으면 **평면적**이라 부른다; 그렇지 않을 경우는 **비평면적**이라 부른다.

13.1절에서 평면에 그래프 $K_{3,3}$을 넣는 것이 가능한지를 근본적으로 묻는 세 공공설비 문제를 소개했다. 몇 번 실험을 해보면 세 공공설비 문제는 해결할 수 없다는 것이 분명하고 그러므로 $K_{3,3}$는 비평면적이라고 추측할 수 있다. 그러한 경우라면 $m, n \geq 3$인 어떠한 그래프 $K_{m,n}$이라도 평면적이지 않는다는 것이고 그 이유는 $K_{3,3}$는 그러한 모든 그래프에 넣어질 수 있기 때문이다.

다른 한편으로는 그림 13.22로부터 모든 완전양분그래프 $K_{1,n}$와 $K_{2,n}$은 평면적이라는 것을 알 수 있다.

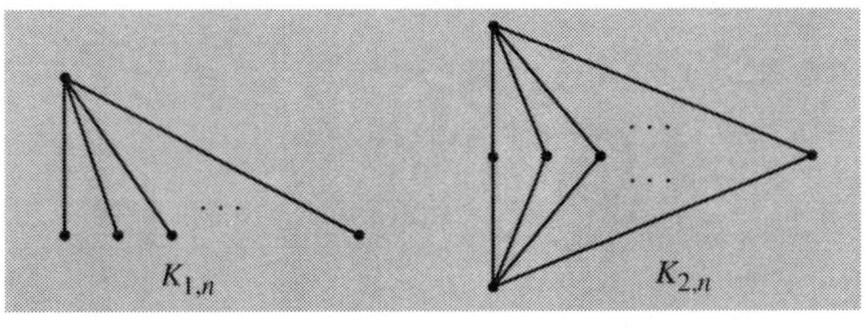

(그림 13.22) 완전양분그래프 $K_{1,n}$과 $K_{2,n}$은 평면적이다.

이제 완전그래프를 고려하자. $n \leq 4$에 대하여, 그림 13.23에 그려진 것처럼 평면에 K_n을 넣을 수 있다. 그러나 만약 K_5를 실험한다면 K_5는 비평면적이라고 추측하게 된다. 그리고 만약 그러한 경우라면 $n \geq 5$인 어떠한 완전그래프 K_n는 평면적이지 않은데 그 이유는 K_5는 그러한 모든 그래프에 넣어질 수 있기 때문이다.

그러므로 마치 $K_{3,3}$, K_5, 그리고 부분공간으로 $K_{3,3}$ 또는 K_5를 포함하는 모든 그래프는 비평면적인 것처럼 보인다. 다음의 중요한 위상적 그래프 이론 결과는 이것들이 정확히 비평면적 그래프임을 보여준다.

정리 13.16. 쿠라토우스키의 정리. 그래프가 평면적일 필요충분조건은 $K_{3,3}$과 위상동형인 부분공간과 K_5와 위상동형인 부분공간 어떠한 것도 포함하지 않는 것이다.

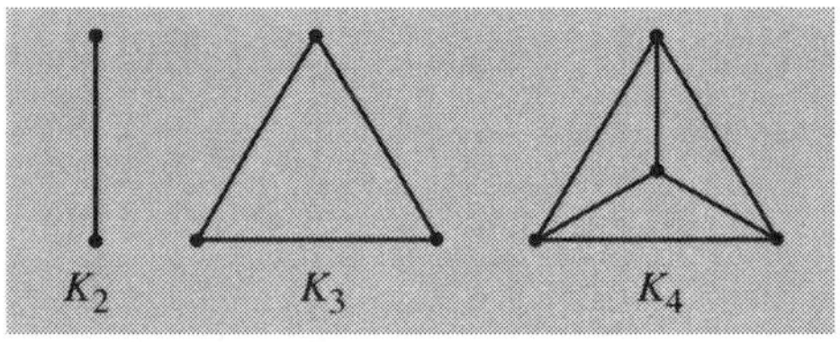

(그림 13.23) 완전그래프 K_2, K_3, 그리고 K_4는 평면적이다.

카즈미에르즈 쿠라토위스키(Kazimierz Kuratowski, 1896-1980)는 20세기 초에 위상수학 분야 발전의 주요 공헌자이었다. 그의 1930년 논문인 "Sur le probleme des courbes gauches en topologie"에서 그는 현재 그 이름이 붙여진 앞서 말한 정리를 증명했다. 1930년 이후로 그 정리의 많은 간단한 다른 증명들이 출판되었다. (예를 들어, [Tho]와 [Mak] 참조.)

여기에서는 쿠라토위스키의 정리의 절반을 증명한다—만약 그래프가 $K_{3,3}$ 또는 K_5와 위상동형인 부분공간을 포함한다면, 그것은 비평면적이다. 쿠라토위스키의 정리의 다른 방향은 증명하지 않는다—만약 그래프 G가 비평면적이면, $K_{3,3}$ 또는 K_5는 G 안에 넣을 수 있다; 그것은 증명하는데 필요한 모든 내용들을 소개하는 것은 너무 벗어난다.

만약 G가 평면에 넣어진 그래프라면, G의 여집합은 몇 개의 연결성분으로 구성되어 있다; 이것들을 그 넣어진 그래프의 **면**들이라 부른다. (그림 13.24 참조.) 더군다나, G는 컴팩트이므로 평면에서 유계이고 그러므로 정확히 하나의 유계가 아닌 G의 면이 존재한다. (연습문제 6.19 참조.)

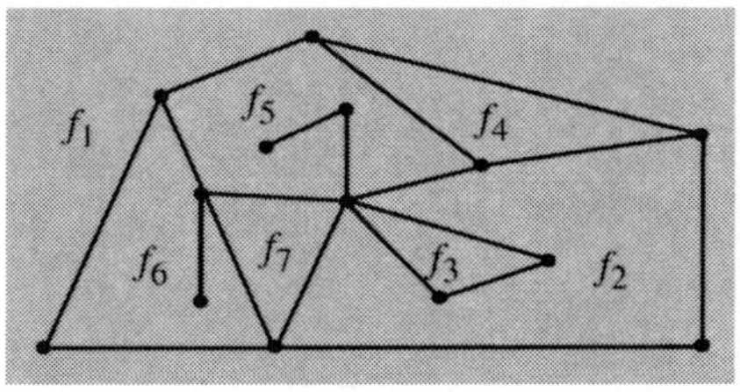

(그림 13.24) 평면 안의 그래프는 평면을 면들 f_i로 나눈다.

그림 13.24와 그림 13.25에 있는 평면그래프를 고려하자. 만약 꼭짓점, 변, 그리고 면들을 세서, 그 총 개수를 각각 $V, E,$ 그리고 F라 하면, 모든 세 경우에 $V-E+F=2$라는 관계를 얻는다. 각 예시에서 $V-E+F$의 결과가 2라는 것은 우연의 일치가 아니다. 이 관계는 정리 13.18에서 증명할 결과인 평면그래프에 대한 오일러 공식에 따른 결과이다.

오일러 공식의 증명은 다음 정리에 바탕을 두는데 그 정리는 조르단 곡선 정리(정리 11.2)와 정리 11.10으로부터 나온 평면 안의 그래프에 대한 일반적인 분리 그리고 비분리 정리이다.

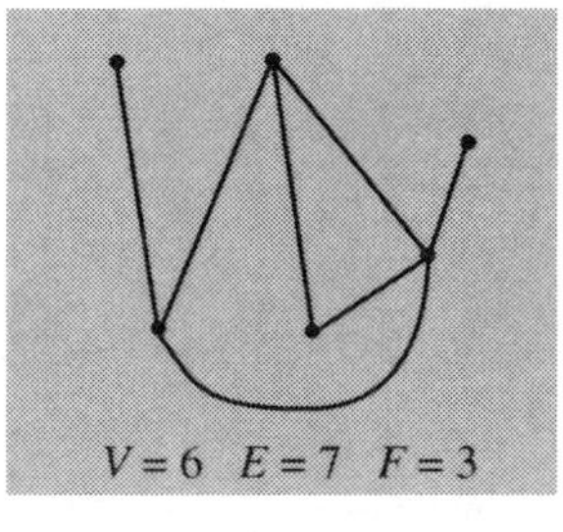

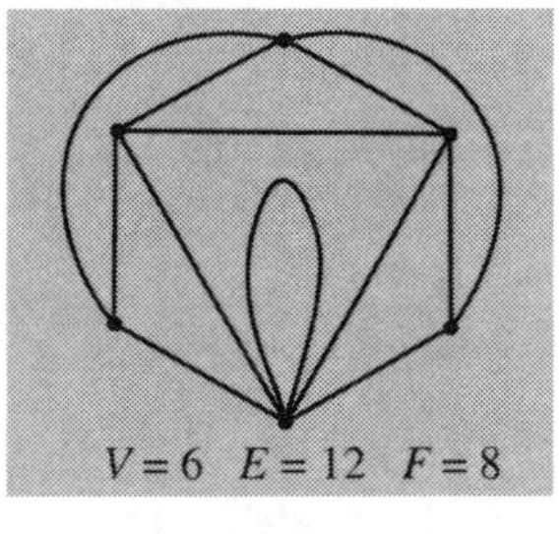

(그림 13.25) 관계 $V-E+F=2$는 이 두 그래프 모두에 대해 성립한다.

비록 그 정리는 직관적으로 명백하지만, 조르단 곡선 정리처럼 증명하기에는 쉽지 않다. 여기에 증명을 포함하지 않는다.

그 정리에 대한 구성은 다음과 같다: G를 평면에 있는 그래프라 하자. 평면에 새로운 그래프 G'를 얻기 위해 G에 하나의 변 e을 더할 것이다. e의 꼭짓점들은 G에 있지만 그 외에는 e는 G와 교차하지 않는다고 가정한다. 그러므로 e의 내부는(G'와 관련해서) G의 하나의 면 f 안에 놓여 있다. 그래프에 e의 추가는 면 f에 어떻게 영향을 미치는가를 밝히는데 관심이 있다.

정리 13.17. $G, e, f,$ 그리고 G'를 위에서처럼 주어졌다고 하자.

(i) 만약 e의 꼭짓점들이 G의 다른 성분들에 놓여 있다면, $f-e$는 G'의 하나의 면 f'이고 e는 f'의 경계에 놓여 있다.

(ii) 만약 e의 꼭짓점들이 G의 같은 성분에 놓여 있다면, $f-e$는 G'의 두 개의 면 f'와 f''로 구성되고, e는 f'와 f''의 공통경계에 놓여 있다.

따라서 정리 13.17의 첫 번째 경우는 새로운 변 e가 G의 면 f를 분리하지 않지만 두 번째 경우는 분리한다. 두 번째 경우에 그 꼭짓점들이 같을 가능성도 있음을 주의하자. 그림 13.26에서 정리 13.17의 두 경우들을 나타냈고 그리고 이 결과가 단지 그 상이 선분들로 구성되어 있는 그래프뿐만 아니라 평면에 그래프의 일반적인 넣기에 대해서라는 사실을 강조하기 위해 선분보다는 오히려 곡선들로 변을 그렸다.

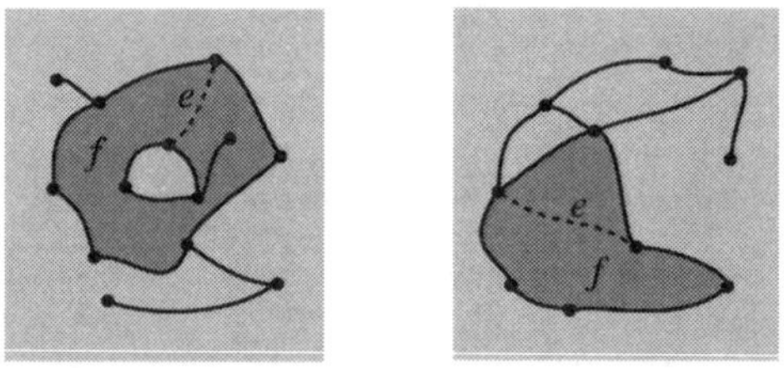

(그림 13.26) 첫 번째 경우는 새 변 e가 f를 분리하지 않지만, 두 번째 경우는 분리한다.

관계 $V-E+F=2$는 연결된 평면그래프에 대해 성립한다. 다음 증명할 평면그래프에 대한 오일러 공식은 평면에 있는 모든 그래프에 대해 성립한다. 만약 그래프가 연결되어 있지 않다면, 그것은 유한개의 연결성분들의 합이고 각 연결성분은 연결된 그래프이다. (연습문제 13.4 참조.)

정리 13.18. 평면그래프에 대한 오일러 공식. G를 C 성분들을 가지는 평면 안의 공집합이 아닌 그래프라 하자. 만약 G에 V 꼭짓점들, E 변들, 그리고 F 면들이 있다면 $V-E+F=C+1$이다.

증명. 변의 개수 E에 대해 수학적 귀납법으로 증명한다. 만약 $E=0$이라면 G는 변들이 없는 V 꼭짓점들로 구성된다. 그래서 G는 V 성분들을 가진다; 즉, $C=V$이다. 유한점들이 제거된 평면은 연결이기 때문에(연습문제 6.43 참조), G는 하나의 면을 가진다. 따라서 $F=1$이다. $V-E+F=V+1=C+1$이고 그러므로 오일러 공식은 $E=0$인 경우에 성립한다.

이제 평면에 놓여 있고 $E-1$ 변들을 가진 그래프 G에 대해 오일러 공식이 성립한다고 가정하자. G'를 $E\geq 1$ 변을 가진 평면에 있는 그래프라 하자. V, F, 그리고 C를 각각 G'의 꼭짓점들, 면들, 그리고 연결성분들의 개수라 하자. 두 가지 경우를 고려한다: G'가 비순환적이거나 또는 순환적이다.

첫 번째, G'가 비순환적이라 가정하자. 최소한 하나의 변을 포함하는 G'의 성분 H를 선택하자. 성분 H는 비순환적 그래프이고, 그러므로 정리 13.9에 의해서 H는 차수 1인 꼭짓점을 가진다. 그러한 꼭짓점 v를 선택하고 e를 그것에 인접하는 변이라 하자. 그래프 G를 얻기 위해 G'로부터 e를 제거하자. 꼭짓점 v는 G의 한 점 성분이고 G는 G'보다 하나 더 많은 연결성분들을 가진다. 더군다나, G는 V 꼭짓점과 $E-1$ 변들을 가지고 있다. 만약 G로부터 G'를 얻기 위해 e를 다시 붙인다면, 정리 13.17가 암시하기를 G'와 G의 면들의 개수는 같다. 그러므로 G는 F 면들을 가진다. G에 귀납적 가정을 적용하면, $V-(E-1)+F=(C+1)+1$을 가진다. 따라서 이 경우 $V-E+F=C+1$이라는 원하는 결과를 얻는다.

이제 G'가 순환을 가진다고 가정하자. e는 G'의 순환에 있는 하나의 변이라 하자. 그래프 G를 얻기 위해 G'에서 e를 제거하자. e는 순환에 있기 때문에 G'에서 e의 제거는 그 그래프의 성분의 수를 바꾸지 않고, 그리고 e의 꼭짓점들은 G의 똑같은 성분에 놓여 있다. 더군다나 G는 V 꼭짓점들과 $E-1$ 변들을 가지고 있다. 만약 G로부터 G'를 얻기 위해 변 e를 다시 넣는다면 정리 13.17가 암시하기를 G'의 면들의 수는 G의 면들의 수보다 하나 더 많다. 그리하여 G는 $F-1$ 면들을 가진다. G의 귀납적 가정을 적용하면 $V-(E-1)+F-1=C+1$; 그러므로 $V-E+F=C+1$이다.

두 경우 모두 $V-E+F=C+1$을 얻는다. ■

평면그래프 대한 오일러 공식의 멋진 결론은 다면체에 대한 오일러 공식이다. 만약 그림 13.27에서처럼 다면체의 면의 수 F, 변의 수 E, 그리고 꼭짓점의 개수 V를 계산한다면 $V-E+F=2$를 얻는다. 그 다면체의 한 면에서 한 점을 제거하고 그 결과로 나오는 다면체를 평면으로 위상동형적으로 보냄으로써 그 등식이 왜 성립한지를 알 수 있다. 그 다면체의 꼭짓점들과 변들은 평면에 연결된 그래프로 보내어지고, 그리고 그 다면체의 면들은 그래프의 면들로 보내어진다. 그러므로 정리 13.18에 의해 $V-E+F=2$가 성립한다.

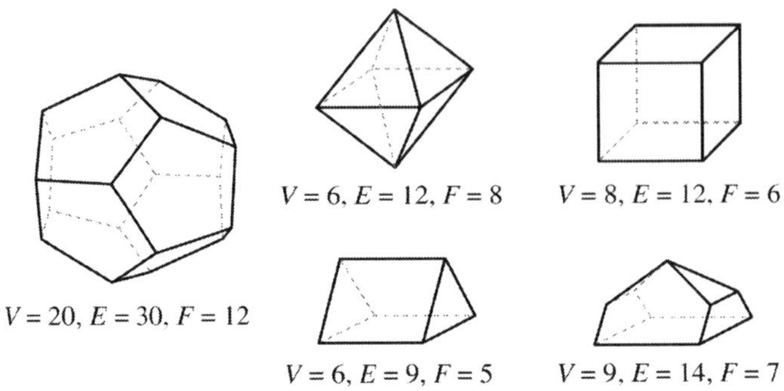

(그림 13.27) 등식 $V-E+F=2$는 다면체에 대해 성립한다.

다음 보조정리들은 평면그래프의 변의 수에 대한 유용한 범위(정리 13.21)를 도출하기 위해 나중에 사용된다.

보조정리 13.19. G를 평면에 있는 그래프라 하자.

(i) 만약 e가 G의 순환에 놓여 있지 않은 변이라면, e는 G의 하나의 면의 경계에 놓여 있다.

(ii) 만약 e가 G의 순환에 있는 변이라면, e는 G의 두 면들의 경계에 놓여 있다.

증명. 연습문제 13.22 참조. ■

보조정리 13.20. G를 평면에 있는 그래프라 하자. 만약 G가 둘 이상의 면을 가지고 있다면 G의 임의의 면의 경계는 하나의 순환을 포함한다.

보조정리 13.20은 임의의 면의 경계가 하나의 순환이라는 것을 암시하지 않고 그러나 그 경계에 하나의 순환을 가진다는 것이다. 그림 13.24를 조사하면 하나의 면의 경계가 순환이 아닌 예들이 있다. 특히 면 f_5의 경계와 f_6의 경계에는 그래프의 어떠한 순환에 속하지 않는 변들이 있고 면 f_2의 경계에는 두 개의 순환이 있다.

증명. G가 두 개 이상의 면을 가진다고 가정하고 f를 G의 하나의 면이라 하자. H를 f의 경계에 놓여 있는 G의 변들과 꼭짓점들로 이루어진 그래프라 하자. H에 순환이 존재하고 그러므로 f의 경계에 놓여 있는 G의 변들의 순환이 존재한다는 것을 증명한다.

우선, f는 H의 면이고 H는 두 개 이상의 면을 가지고 있다는 것을 알 수 있다. p를 f의 한 점에서 H의 다른 면의 한 점으로 가는 길이라 하자. 만약 α가 $\mathrm{Cl}(f)$의 p에서의 마지막 점이라 하면, α는 H의 변 e에 놓여 있고, α는 f의 경계에 놓여 있고, 그리고 α는 H의 최소한 하나의 다른 면의 경계에 놓여 있다. 그러므로 e는 H의 두 개 이상의 면들의 경계에 놓여 있고 따라서 보조정리 13.19에 의해서 e는 H 안의 하나의 순환에 놓여 있다. 그래서 H는 우리가 보이기를 원했던 하나의 순환을 포함한다. ■

다음 정리는 평면그래프에서 그래프의 둘레와 꼭짓점의 개수의 관계로 표현된 변의 개수에 대한 상계를 제공한다. 그래프의 둘레는 그래프의 순환들의 변의 개수의 최솟값이라는 것을 앞에서 정의했다.

정리 13.21. G를 V 꼭짓점들, E 변들, 그리고 최소한 하나의 순환을 가지는 평면그래프라 하자. 만약 g가 G의 둘레이고 $g \ge 3$이면, 다음 부등식이 성립한다.

$$E \le \frac{g(V-2)}{g-2}.$$

증명. G가 평면그래프이므로 평면에 넣을 수 있다. G 자체가 평면에 놓여 있다고 가정해도 된다. G의 각 면은 (보조정리 13.20에 의해) 그 경계에 하나의 순환을 가지고 있고, 각 순환은 최소한 g 변들로 구성되어 있다; 그러므로 각 면들은 G에 최소한 g 변들을 기여한다. 그러나 이 gF 변들의 각각은 하나의 순환에 놓여 있으므로 정리 13.19가 암시하기를 그러한 각 변은 두 개의 다른 면들로부터 나온다. 그래서 G의 변들의 개수는 최소한 $gF/2$이다. 그러므로 $gF/2 \le E$이고, 그러므로 $F \le 2E/g$이다.

오일러 공식에 F를 대체함으로써,

$$2 \le C+1 = V-E+F \le V-E+\frac{2E}{g}$$

를 얻는다. 그러므로

$$E-\frac{2E}{g}\le V-2$$

이고,

$$gE-2E\le g(V-2)$$

를 암시한다. $g\ge 3$이므로,

$$E\le \frac{g(V-2)}{g-2}$$

이다. ■

따름정리 13.22. 그래프 $K_{3,3}$과 K_5는 비평면적이다.

증명. $K_{3,3}$에 대해서 $V=6, E=9$, 그리고 $g=4$이다. 만약 $K_{3,3}$를 평면에 넣을 수 있다면 정리 13.21에 의해 $E\le 2V-4$를 얻을 것이다. 그러나 E와 V는 이 부등식을 만족하지 않는다; 그러므로 $K_{3,3}$은 비평면적이다.

이제 K_5를 고려하자. 여기에서는 $V=5, E=10$, 그리고 $g=3$이다. E와 V는 부등식 $E\le 3V-6$을 만족하지 않으므로 K_5 또한 비평면적이다. ■

따름정리 13.22는 쿠라토우스키의 정리의 절반을 이끌어 낸다. 그래프 $K_{3,3}$과 K_5는 비평면적이고 그러므로 만약 G가 이 그래프들 중 하나를 부분공간으로 포함하는 그래프라면 G 또한 비평면적이다.

예 13.6. 해래리(Harary) 그래프 $H_{4,6}$과 $H_{4,7}$은 그림 13.28에 나와 있다. 그것들 중 어느 것이 평면적인가?

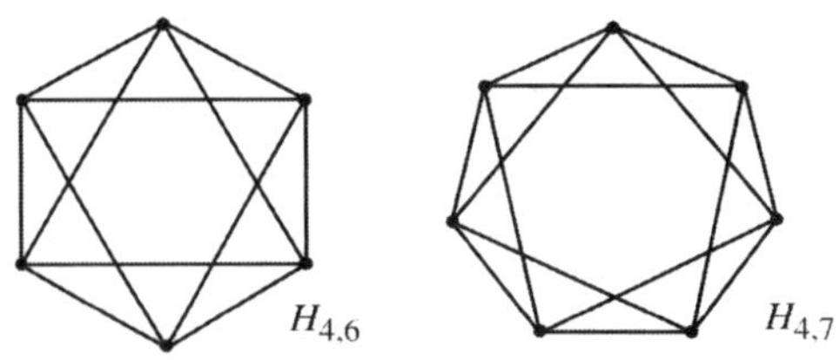

(그림 13.28) 해래리(Harary) 그래프 $H_{4,6}$과 $H_{4,7}$.

$H_{4,6}$에 대한 답은 예이다. 그림 13.28에 있는 $H_{4,6}$의 세 개의 변들을 단순히 재배열함으로써 얻어지는 평면 안으로의 $H_{4,6}$의 넣기를 그림 13.29에서 보여준다.

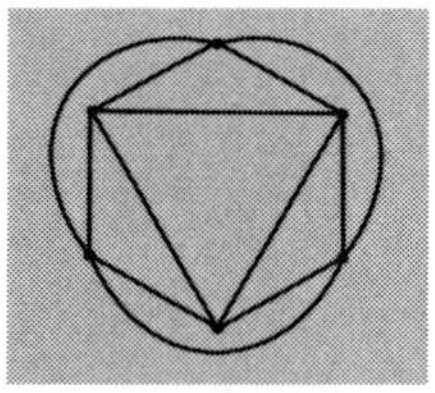

(그림 13.29) 평면 안으로의 $H_{4,6}$의 넣기.

$H_{4,7}$에 대해서는 그 답은 아니오이다. 그림 13.30에서 $H_{4,7}$ 안에 $K_{3,3}$의 넣기를 보여준다.

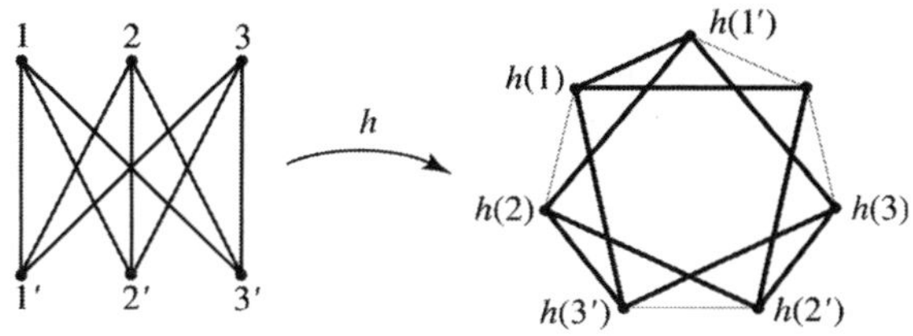

(그림 13.30) 양분그래프 $K_{3,3}$은 $H_{4,7}$에 넣어진다.

연습문제 13.3

13.18. (a) K_5와 $K_{3,3}$은 뫼비우스 띠에 넣어질 수 있음을 증명하는 그림을 그리시오.

(b) K_5와 $K_{3,3}$은 원환면에 넣어질 수 있음을 증명하는 그림을 그리시오.

13.19. G를 비순환적 그래프라 하자. G는 평면적임을 증명하시오.

13.20. $\mathbb{R}^2$와 $\mathbb{R}^3$는 위상동형이 아님을 증명하기 위해 정리 13.14와 따름정리 13.22를 사용하시오.

13.21. 비록 $K_{3,3}$은 6개의 꼭짓점과 9개의 변을 가지고 평면적이 아닌 단순그래프이지만 6개의 꼭짓점과 9개의 변을 가지고 평면적인 다른 단순그래프가 존재한다. 하나를 찾고 ($K_{3,3}$과 달리) 정리 13.21의 부등식을 만족함을 증명하시오.

13.22. 보조정리 13.19를 증명하시오.

(a) 만약 e가 G의 순환에 놓여 있지 않은 변이라면, e는 G의 하나의 면의 경계에 놓여 있다.

(b) 만약 e가 G의 순환에 있는 변이라면, e는 G의 두 면들의 경계에 놓여 있다.

13.23. (a) 정리 13.21을 사용하여 그림 13.31에 있는 히우드(Heawood) 그래프 H가 평면적이 아님을 증명하시오.

(b) 히우드 그래프는 평면적이 아니기 때문에 쿠라토우스키 정리가 암시하기를 $K_{3,3}$과 위상동형인 부분공간 또는 K_5와 위상동형인 부분공간을 포함한다. 히우드 그래프의 다이어그램에 그러한 부분공간을 그리시오.

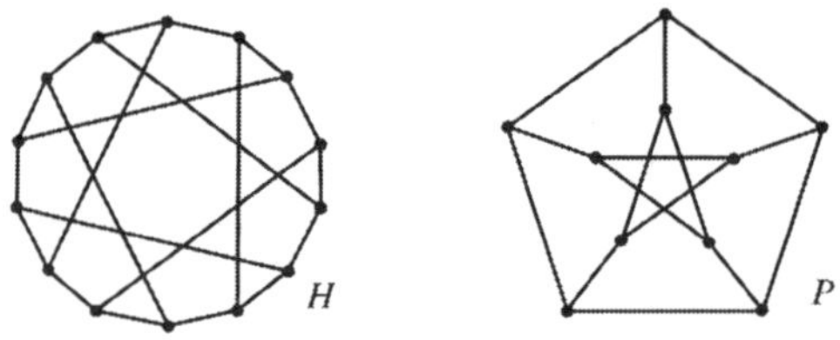

(그림 13.31) 히우드 그래프 H, 그리고 피터슨 그래프 P.

13.24. (a) 정리 13.21을 사용하여 그림 13.31에 있는 피터슨(Petersen) 그래프 P가 평면적이 아님을 증명하시오.

(b) 피터슨 그래프는 평면에 넣어질 수 없기 때문에 쿠라토우스키 정리가 암시하기를 $K_{3,3}$과 위상동형인 부분공간 또는 K_5와 위상동형인 부분공간을 포함한다. 피터슨 그래프의 다이어그램에 그러한 부분공간을 그리시오.

13.4 교차수와 두께

이 절에서는 그래프의 평면적이 되지 않음에 대해 일반적으로 연구된 두 척도인 교차수와 두께를 소개한다. 그것들은 위상적 그래프 이론에서 중심적인 주제이고, 예시에서 보이듯이, 그것들은 전기회로의 디자인에 대한 중요한 연구대상이다.

본질적으로, 그래프의 교차수는 그래프를 종이에 그리는데 필요한 교차들 개수의 최솟값이다. 정확히 정의하기 위해서는 "그리는" 그리고 "교차"가 의미하는 바를 분명히 해야 한다.

먼저 그래프 G의 **그리기**는 연속함수 $f: G \to \mathbb{R}^2$이다. 물론 이 그리기 개념은 너무 넓다. 왜냐하면 평면 안으로의 그래프의 상당히 원치 않은 상들도 포함하는 것을 허용하기 때문이다. 가능한 한 적은 교차들을 가지는, 가능한 한 그 그래프를 대표하는 상을 원한다. 따라서 좀 더 제한을 한다:

정의 13.23. 그래프의 그리기 $f: G \to \mathbb{R}^2$는 다음 조건들을 만족하면 **좋은 그리기**라 한다:

(i) f의 상의 어떠한 점도 그래프의 세 점 이상으로 대응되지 않는다.

(ii) 그래프의 두 점에 대응되는 f의 상의 점들은 오직 유한개만 존재한다. 이것들을 그리기의 **교차점**들이라 한다.

(iii) 그리기의 어떠한 교차점도 그래프의 꼭짓점에 대응되지 않는다.

정리 13.24. 모든 그래프 G는 좋은 그리기를 가진다.

증명. 그래프 G가 있다고 가정하자. 정리 13.14의 증명에서처럼 G의 꼭짓점들이 z-축 위의 점들로 보내어지고 G의 변들은 z-축으로부터 시작되는 반평면들에 있는 반원에 보내어지도록 G를 $\mathbb{R}^3$ 안에 넣을 수 있다. 만약 $\mathbb{R}^3$의 한 평면 P 위로의 사영으로 넣기를 만든다면, 그러면 그것은 G의 그리기가 되지만, 그러나 반드시 좋은 그리기인 것은 아니다. 그러나 만약 z-축과 평행하고 G의 변들의 상들을 포함하는 반평면들의 어떠한 것과도 수직이지 않도록 P를 선택한다면, 그 그리기는 최소한 좋은 그리기가 되기 위한 요건 (ii)와 (iii)을 만족한다. 그 다음에 만약 그래프에 세 개 이상의 점들로 대응되는 점들이 그 그리기에 존재한다면, 좋은 그리기에 대한 요건 (i) 또한 만족되도록 대응되는 반원들을 조금 변형시킬 수 있다. ■

모든 그래프는 좋은 그리기를 가지므로 다음 정의를 가진다.

정의 13.25. 주어진 그래프 G에 대하여 $\nu(G)$로 나타내는 G의 **교차수**는 G의 모든 좋은 그리기의 교차점들의 개수의 최솟값이다.

다음 정리는 교차수와 관련하여 매우 중요한 두 가지 사실들을 서술한다.

정리 13.26.

(i) 교차수는 그래프의 위상적 불변량이다; 즉 만약 G_1과 G_2가 위상동형이면 $\nu(G_1)=\nu(G_2)$이다.

(ii) 그래프가 평면에 넣어질 필요충분조건은 교차수가 0이다.

증명. 정리의 두 번째 부분은 바로 나온다. 첫 번째 부분을 고려하자. 좋은 그리기 $d_1 : G_1 \to \mathbb{R}^2$을 가진다고 가정하자. 우리는 $d_2 = d_1 \circ h$로 주어진 함수 d_2가 G_2의 좋은 그리기가 되도록 위상동형사상 $h : G_2 \to G_1$가 존재한다는 것을 증명한다. 따라서 G_1의 모든 좋은 그리기 d_1에 대하여 d_1과 d_2의 상이 일치하는 G_2의 좋은 그리기 d_2가 존재한다. 그러므로 G_1과 G_2의 교차수는 같다.

증명을 완성하기 위해, 위상동형사상 $h : G_2 \to G_1$의 존재성을 증명해야 한다. 위상동형사상 $h^* : G_2 \to G_1$가 주어졌을 때 $d_1 \circ h^*$가 좋은 그리기가 되지 못할 유일한 경우는 h^*가 G_2의 하나 또는 그 이상의 차수 2인 꼭짓점들을 그리기 d_1의 교차점들에 대응되는 G_1의 점들로 보낼 때이다. 그러한 경우에는 위상동형사상 h^*는 G_2의 모든 차수 2인 꼭짓점들을 교차점들로 대응되지 않은 G_1의 점들로 보내는 위상동형사상 h로 약간 조절될 수 있다. (연습문제 13.26 참조.) ■

예 13.7. 앞 절에서 봤듯이 그래프 $K_5, K_{3,3}$, 그리고 $H_{4,7}$ 각각은 비평면적이고 그러므로 정리 13.26에 의해 각각의 교차수는 0이 아니다. 그림 13.32에서 각 그래프의 좋은 그리기가 나와 있고 각각의 경우에 오직 하나의 교차가 존재한다. 따라서 이 그래프들의 각각의 교차수는 1이다.

(그림 13.32) 그래프 $K_5, K_{3,3}$, 그리고 $H_{4,7}$은 교차수 1을 가진다.

예 13.8. 그림 13.33에 있는 그래프 $K_{3,4}$를 고려하자. $K_{3,3}$은 $K_{3,4}$에 넣어지기 때문에 $K_{3,4}$의 교차수는 최소한 1이다. 그림 13.33에 있는 $K_{3,4}$의 좋은 그리기는 두 개의 교차점을 가진다; 그러므로 $K_{3,4}$의 교차수는 기껏해야 2이다. 교차수가 1일 수 있을까?

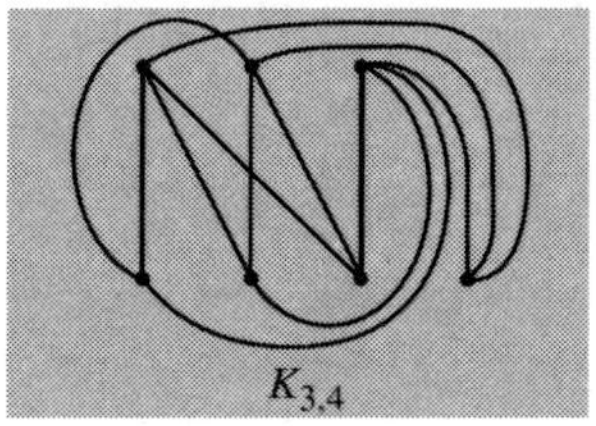

(그림 13.33) 그래프 $K_{3,4}$는 교차수 2를 가진다.

$K_{3,4}$는 교차수 1을 가질 수 없음을 모순에 의해 증명한다. 오직 하나의 교차를 가진 $K_{3,4}$의 좋은 그리기가 있다고 가정하자. 그러면 만약 교차에 있는 변들 중 하나를 제거한다면, 그 결과로 나오는 그래프는 평면적이다(왜냐하면 그 하나의 교차를 제거했기 때문에). 그러나 $K_{3,4}$에서 어떠한 한 변을 제거를 해도 그 결과는 여전히 $K_{3,3}$이 넣어질 수 있는 그래프이고 그러므로 한 변이 제거된 $K_{3,4}$는 비평면적이다. 이것은 모순이고 오직 하나의 교차를 가진 $K_{3,4}$의 좋은 그리기는 존재하지 않음을 암시한다. 따라서 $K_{3,4}$의 교차수는 2이다.

완전양분그래프 $K_{m,n}$에 대한 교차수를 결정하는 문제는 그래프 이론의 주 공헌자인 폴 투란(Paul Turan, 1910-1976)의 이름을 딴 투란(Turan)의 벽돌공장 문제로 알려져 있다. 투란은 1944년에 헝가리 부다페스트 근처 전쟁노동자 수용소에 있는 벽돌공장에서 일할 때 이 문제를 우연히 접했다. Journal of Graph Theory의 첫 판에 있는 환영문인 [Tur]에서 그가 교차수의 조사를 하게 된 상황을 묘사했다.

> 벽돌이 만들어지는 몇 개의 가마들과 벽돌이 저장되는 몇 개의 야적장들이 있다. 모든 가마들은 야적장들과 철로로 연결되어 있다. 벽돌은 작은 트럭으로 야적장으로 운반된다. 거기서 해야 할 일은 가마에 있는 벽돌을 트럭에

> 싣고, 트럭을 야적장으로 옮기고 거기에 벽돌을 내려놓은 것이다. 트럭에 대한 생산단가는 비싸지 않고, 일 자체는 어렵지 않다; 문제는 오직 교차들이다. 트럭은 그 교차에서 철도를 가로질러야 하고 그러면 벽돌이 떨어진다; 요약하자면 이것은 많은 문제점을 야기하고 우리 모두에게 더 소중한 시간을 오히려 낭비하는 것이다(이유는 여기서 논의하지 않음). 우리 모두는 그 교차에서 땀을 뻘뻘 흘릴 것이고 그 장소를 나 또한 저주를 한다; 만약 철도의 교차수가 최소화 된다면 이 시간낭비도 최소화 될 수 있다는 생각이 싫든 좋든 나에게 떠올랐다. 그러나 교차의 최솟값은 무엇인가? 현실적인 상황은 향상될 수 있지만, 그러나 m 가마와 n 야적장에 대한 일반적인 문제에 대한 해답은 매우 어려울 것이라는 것을 나는 며칠이 지난 후에 깨달았고 다시 나는 나의 가족에 대한 걱정이 끝날 때까지 그것에 대한 나의 연구를 연기했다.

투란에 의해 처음 제기된 이후로 비록 많은 수학자들에 의해 연구가 되어졌지만, $K_{n,m}$의 교차수에 대한 일반적인 공식을 결정하는 문제는 여전히 풀리지 않았다.

최소한 1의 교차수를 가진 그래프는 평면에 넣어질 수 없지만 다음 정리는 그러한 그래프는 원환면들의 연결합을 취해서 얻어진 곡면에(3.4절 참조) 넣어질 수 있다는 것을 보여준다.

정리 13.27. 그래프 G가 교차수 n을 가진다면 G는 n개의 원환면들의 연결합에 넣어질 수 있다.

증명. G의 n 교차를 가진 좋은 그리기를 선택하자. 극사영사상의 역함수를 이용하면은 평면에서 구면으로 좋은 그리기를 보낼 수 있다. 구면에 그렇게 만들어진 상의 각 교차의 근방에 (그림 13.34에 그려진 것처럼) 튜브를 넣고 교차가닥의 하나는 튜브를 따라 있고 다른 교차가닥은 튜브 아래에 통과하게 하자. 이런 방식으로 교차들은 제거가 되고 그 결과는 n 튜브를 가진 구면, 즉 n 원환면의 연결합과 위상동형인 곡면으로의 G의 넣기이다. ■

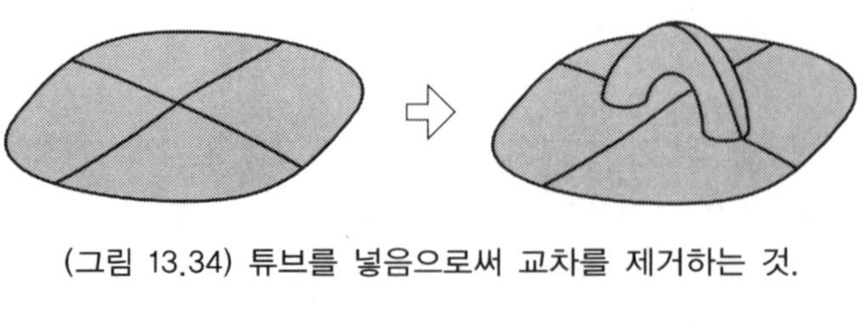

(그림 13.34) 튜브를 넣음으로써 교차를 제거하는 것.

그래프가 평면적이 되지 못할 다른 척도는 다음과 같이 정의되는 두께이다:

정의 13.28. $\theta(G)$로 표시되는 그래프 G의 **두께(thickness)**는 G가 n개의 평면적 그래프들의 합집합으로 표현될 수 있는 최소의 n이다.

그래프가 평면적일 필요충분조건이 그것의 두께가 1이라는 것은 두께의 정의로부터 바로 따른다.

예 13.9. 그래프 $K_{3,3}$과 K_5는 두께 2를 가진다. 왜? 이 그래프들은 평면적이 아니기 때문에 그것들 각각은 최소한 2의 두께를 가진다. K'를 $K_{3,3}$의 하나의 변과 그 변에 인접하는 꼭짓점들로 구성된 그래프라 하고 K''를 $K_{3,3}$의 나머지 변들과 인접한 모든 꼭짓점들로 구성된 그래프라 하자. 그래프 K'와 K'' 각각은 평면적이고 $K_{3,3}$은 이 두 그래프의 합이다; 그러므로 $\theta(K_{3,3})=2$이다. 비슷하게 $\theta(K_5)=2$이다.

명백히 두께는 그래프 동형사상에 대하여 불변량이다. 그러나 두께는 위상동형사상에 대해서는 불변량이 아니다; 이 결과는 다음 두 정리로부터 따른다.

정리 13.29. G는 비평면적 그래프라 하자. 두께가 2이고 G와 위상동형인 그래프 G'가 존재한다.

증명. 정리 13.5의 증명에서처럼 G의 모든 변을 3등분을 해서 만들어진 그래프 G'를 고려하자. (그림 13.6 참조.) 그래프 G와 G'는 위상동형이다.
이제 G_1을 G' 안의 3등분의 가운데 있는 변들 모두와 그에 인접하는 모든 꼭짓점들로 이루어진 그래프라 하자. G_2를 G'의 나머지 변들과 인접하는 모든 꼭짓점들로 구성된 그래프라 하자. G_1과 G_2는 평면적이고(연습문제 13.30 참조), 그래서 G'는 두께 2를 가진다. ■

정리 13.29에 의해 모든 비평면적 그래프는 두께 2를 가진 그래프와 위상동형이다. 모든 비평면적 그래프는 그 자체로 두께 2를 가지는가? 그에 대한 답은 아니오이다; 다음 결과의 하나의 후속결과는 임의로 큰 두께를 가진 그래프들이 존재한다는 것이다. (따름정리 13.31과 연습문제 13.31 참조.)

정리 13.30. G를 E 변들, V 꼭짓점들, 그리고 둘레 $g \geq 3$를 가진 그래프라 하자. 그러면

$$\theta(G) \geq \frac{E(g-2)}{g(V-2)}$$

이다.

증명. G의 두께를 $\theta(G)$라 하자. 그러면 G는 $\theta(G)$ 평면그래프들 G_i의 합으로 표현될 수 있다. 그래프 G_i 중 어떠한 두 그래프도 하나의 변을 공통으로 가지고 있지 않다고 가정해도 된다; 그렇지 않다면 그 변을 포함하는 그래프들 중 하나의 그래프를 제외한 나머지 모든 그래프에서 그 변을 제거할 수 있고 여전히 G를 $\theta(G)$ 평면그래프들 G_i의 합으로 표현할 수 있다. G_i가 E_i 변들과 V_i 꼭짓점들을 가진다고 하자.

그래프 G_i가 순환을 가진다고 가정하자. 만약 G_i의 둘레가 g_i라면, 정리 13.21에 의해

$$E_i \leq \frac{g_i(V_i-2)}{g_i-2} \leq \frac{g(V-2)}{g-2}$$

이다. 두 번째 부등식은 $V_i \leq V$, $g_i \geq g$, 그리고 $\frac{g}{g-2}$의 값은 g가 증가함에 따라 감소하기 때문에 성립한다.

다음으로 G_i가 비순환적이라 가정하자. 이 경우 또한 $E_i \leq \frac{g(V-2)}{g-2}$이다. 우선 G_i는 비순환적이므로 $E_i < V_i$임에 주목하자. (연습문제 13.8 참조.) 또한 $g \leq V$는 일반적으로 성립하고 그러므로 $\frac{V}{V-2} \leq \frac{g}{g-2}$이고, 이것은 $V \leq \frac{g(V-2)}{g-2}$을 암시한다. 따라서 보이고자 했던

$$E_i \leq V_i \leq V \leq \frac{g(V-2)}{g-2}$$

이다.

이제 만약 모든 G_i에 대해 부등식들 $E_i \leq \frac{g(V-2)}{g-2}$을 합하면,

$$E \leq \theta(G)\frac{g(V-2)}{g-2}$$

를 얻고 이것으로부터 구하고자 한 부등식이 나온다. ■

정리 13.30으로부터 완전그래프와 완전양분그래프의 두께와 관련된 다음 따름정리를 얻는다.

따름정리 13.31. K_n과 $K_{n,m}$에 대하여 두께는 다음과 같이 아래로 유계이다;

(i) 만약 $n \geq 3$이면 $\theta(K_n) \geq \dfrac{n(n-1)}{6(n-2)}$이다.

(ii) 만약 $n, m \in \mathbb{Z}_+$이고 $n+m \geq 3$이면 $\theta(K_{n,m}) \geq \dfrac{nm}{2(n+m-2)}$이다.

증명. 연습문제 13.29 참조. ■

예 13.10. 따름정리 13.31에 의해, 완전양분그래프 $K_{7,7}$의 두께는

$$\frac{(7)(7)}{2(7+7-2)} = \frac{49}{24}$$

에 의해 아래로 유계이다. 그러므로 $\theta(K_{7,7}) \geq 3$이다. 그림 13.35에서 합집합이 $K_{7,7}$인 세 개의 평면그래프를 표현했다. 그 그림에서 $K_{7,7}$을 변들이 7개의 문자로 표시된 꼭짓점들 $(A-G)$ 각각을 다른 7개의 꼭짓점들을 연결하는 그래프로 간주한다. 그래서 $\theta(K_{7,7}) = 3$이다.

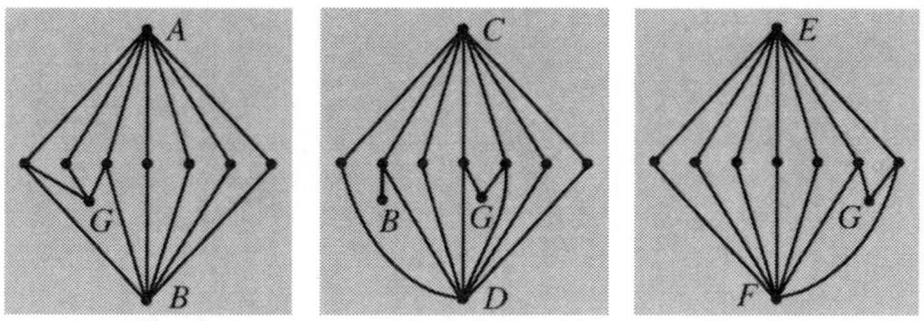

(그림 13.35) 양분그래프 $K_{7,7}$은 위의 그려진 세 개의 평면적 그래프의 합집합이다.

예 13.11. 전기회로 디자인으로의 응용. 인쇄회로기판은 20세기 후반기에 전기기술에서의 빠른 진전을 가져온 중요한 발명 중의 하나이다. 인쇄회로기판은 에칭(etch) 또는 트레이스(trace)라 불리는 전도 경로에 의해 서로 연결된 전자 부품이 있는 보드(또는 보드들의 모임)이다. 회로기판은 개인 컴퓨터부터 DVD 플레이어와 휴대용 음악플레이어까지 많은 전자기기에 있다. 그것은 저항, 콘덴서, 인덕터, 트랜지스터, 그리고 집적회로 칩(그 자체로 소형 회로)을 포함하는 수천 개의 부품을 지닐 수 있다.

인쇄회로기판에서의 각 부품은 전도경로에 연결하는 많은 도선들을 가진다. 부품들은 한 개 또는 두 개 도선 정도로 적게 가질 수도 있고, 또는 집적회로 칩인 경우는 수백 개의 도선을 가질 정도로 많이 가질 수도 있다. 부품들은 인쇄회로기판에 끼워지고 그것들의 도선은 일반적으로 기판에 에칭된 가느다란 구리들인 전도체에 의해 연결되어 있다.

그림 13.36에 간단한 AM 라디오 수신기의 회로도가 그려져 있다. 일반적으로 각 부품(예를 들어 전원단자의 전압)의 특성은 회로도에 표시되지만, 그러나 여기에서 다루고자 하는 회로도는 단지 회로의 위상적 구조이다. 그림에 있는 회로도의 왼쪽 아래에 하나의 전도경로가 다른 경로 위로 지나감을 주목하자. 회로도를 재배열함으로써 그러한 위로 지나가는 것을 피하는 것은 가능한가? 우리는 그래프 모델을 적용함으로써 그 질문에 답을 한다.

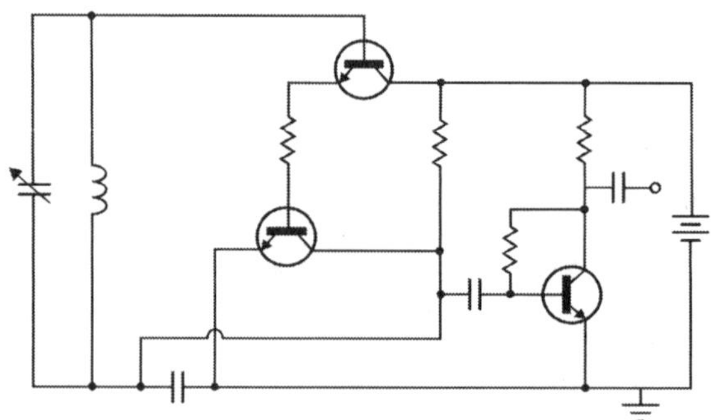

(그림 13.36) AM 라디오의 회로도.

인쇄회로기판용의 회로는 자연스럽게 그래프에 의해 모델링될 수 있다. 그림 13.37에서 그림 13.36에 있는 AM 라디오 회로를 모델링하는 그래프 G를 보여준다. G의 꼭짓점들은 회로의 부품과 연결부분(전도 경로들이 만나는 위치)들에 대응된다. G의 변들은 회로에서 전도경로들을 나타낸다.

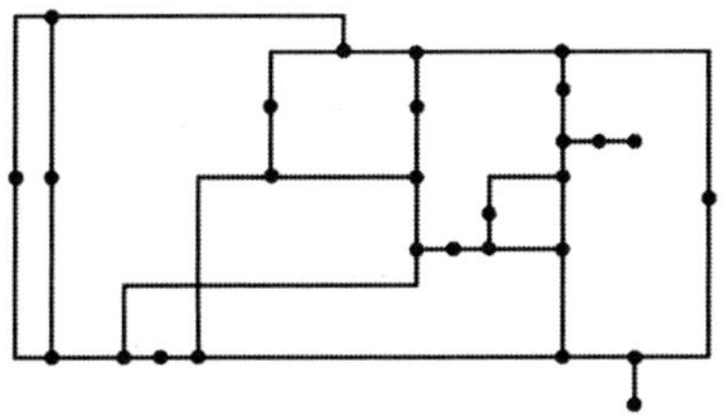

(그림 13.37) AM 라디오 회로의 그래프 모델.

그림 13.38에서는 그래프 G로의 $K_{3,3}$의 넣기를 보여준다. 그러므로 G는 평면에 넣을 수 없고, G의 모든 좋은 그리기는 최소한 하나의 교차점을 가짐을 암시한다. 결과적으로 그 회로의 어떠한 회로도에도 반드시 전도 경로가 위로 지나가는 곳이 있어야 한다. 따라서 인쇄회로기판에 AM 라디오 회로를 만드는 것은 소위 회로기판 윗면에서 밑면으로 내려가서 다른 경로 아래로 지나고 다시 회로기판 윗면으로 나오는 경로를 허용하는 한 쌍의 구멍을 반드시 포함해야 한다.

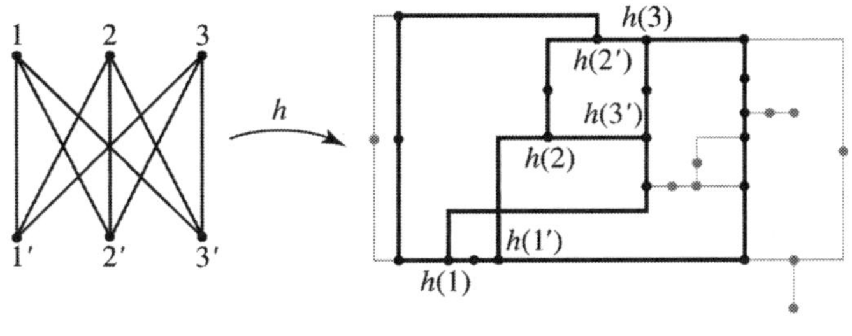

(그림 13.38) 그래프 $K_{3,3}$은 G에 넣어진다.

부품들을 고정시키고 전도 경로들을 에칭하는 것은 인쇄회로기판을 제작하는데 있어서 쉽고 저비용이 든다. 생산비는 회로가 기판의 양면을 사용하기 위해 구멍을 뚫거나 여러 개의 평평한 면들을 사용하기 위해 많은 기판들을 층층이 쌓아올릴 때 올라간다. AM 라디오 회로 예시에서 봤듯이, 그래프의 성질은 회로 설계도를 구상하고 그것을 인쇄회로기판에 가장 경제적으로 만드는 방법을 결정하는데 도움이 된다. 교차수와 그래프 두께는 인쇄회로기판 디자인에 자연스럽게 역할을 하는 중요한 그래프 성질들이다. 교차수는 어떤 특정한 그래프의 좋은 그리기에서 교차수의 최솟값을 나타내고 그러므로 불필요한 교차들이 없게 인쇄회로기판에서 회로 경로들이 다른 경로 아래로 지나게 하기 위해 필요한 구멍의 최소 개수를 결정한다. 교차에 대한 구멍 뚫기의 대안은 서로는 절연되고 그러나 전자적으로 연결된 겹겹이 쌓여진 여러 개의 기판들의 면들로 여러 층인 회로를 만드는 것이다. 이 방법에 대해서는 그래프 두께가 층을 이룬 회로를 만들기 위해 필요한 면들의 최소 개수를 알려준다. 따라서 교차수와 두께 모두 가능한 한 경제적으로 만들 수 있도록 전기회로를 디자인하고 분석하는데 있어서 귀중한 수단이다.

연습문제 13.4

13.26. (a) $\mathbb{R}$ 에서 $a_1 < b_1 < c_1$이고 $a_2 < b_2 < c_2$라고 가정하자. $h(b_1) = b_2$인 위상동형사상 $h : [a_1, c_1] \to [a_2, c_2]$가 존재함을 증명하시오.

(b) 위상동형사상 h^*는 G_2의 모든 차수 2인 꼭짓점들을 교차점들로 대응되지 않은 G_1의 점들로 보내는 위상동형사상 h로 약간 조절될 수 있음을 주장하는 정리 13.26의 증명에서 문제 (a)의 역할을 논의하시오.

13.27. 그래프 G에 대하여 두께와 교차수는 다음과 같이 연관됨을 증명하시오: $\theta(G) \leq 1 + \lceil \nu(G)/8 \rceil$, 여기서 $\lceil x \rceil$는 x 보가 크거나 같은 가장 작은 정수이다.

13.28. $n \geq 3$인 양분그래프 $K_{3,n}$과 $m \geq 4$인 양분그래프 $K_{4,m}$은 두께 2를 가짐을 증명하시오.

13.29. 따름정리 13.31을 증명하시오.

(a) 만약 $n \geq 3$이면 $\theta(K_n) \geq \dfrac{n(n-1)}{6(n-2)}$이다.

(b) 만약 $n, m \in \mathbb{Z}_+$이고 $n + m \geq 3$이면 $\theta(K_{n,m}) \geq \dfrac{nm}{2(n+m-2)}$이다.

13.30. 정리 13.29의 증명에서 만들어진 그래프 G_1과 G_2는 평면적임을 증명하시오.

13.31. 따름정리 13.31을 이용하여 모든 $n \geq 3$에 대하여 $\theta(K_{kn}) \geq n$을 증명할 수 있는 구체적인 양의 정수 k를 찾으시오. (이것은 임의의 큰 두께를 가진 그래프가 존재

함을 증명한다. 구체적으로 임의의 $n \geq 3$에 대하여 완전그래프 K_{kn}은 최소한 두께 n을 가지는 그래프이다.)

13.32. 그림 13.38에 나타난 그래프 G 안의 넣기 $K_{3,3}$을 고려하자. $K_{3,3}$의 각각의 개별적인 변이 넣기사상에 의해 G로 어떻게 보내어지는지를 나타내는 다이어그램을 그리시오.

13.33. 그림 13.39에 있는 회로도를 고려하자. 그 회로의 그래프 모델을 만들고 그 회로는 회로기판의 한쪽 면에 제작될 수 없음을 증명하시오.

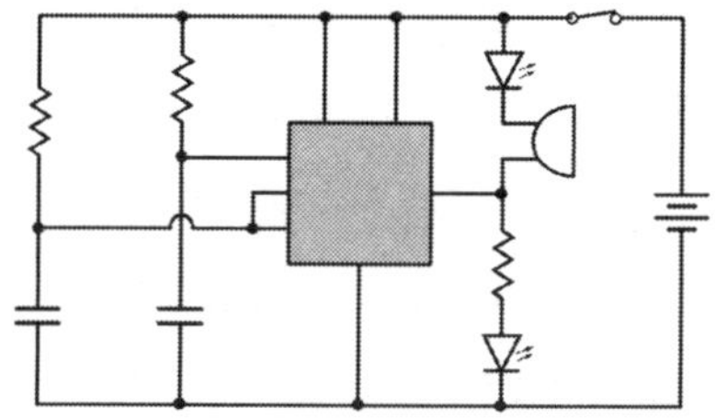

(그림 13.39) 이 회로는 회로기판의 한쪽 면에 제작될 수 없음을 증명.

13.34. 그림 13.40의 회로도를 고려하자. 그 회로도는 두 개의(그러나 세 모두는 아닌) 교차가 제거될 수 있도록 재배치될 수 있음을 증명하시오.

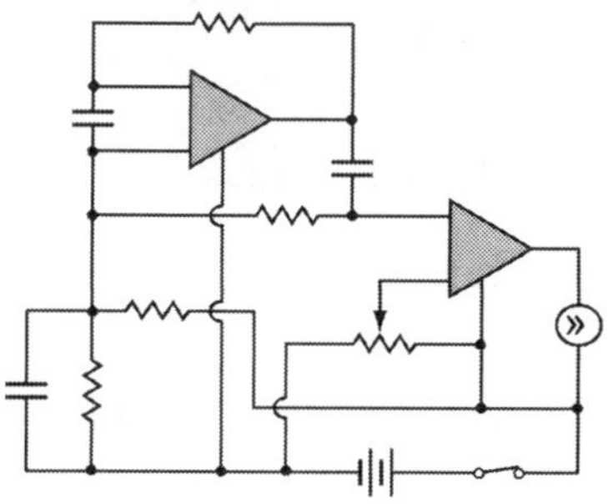

(그림 13.40) 두 개의(그러나 세 모두는 아닌) 교차가 제거될 수 있음을 증명.

chapter 14

다양체와 우주론

인류에 의해 성취된 가장 지적인 진전 중의 하나는 우리가 살고 있는 행성의 모양에 대한 깨달음이다. 우리가 구면 위에 살고 있다는 것을 결론지을 수 있기 전까지 수십만년의 인간의 발전이 있었다.

피타고라스는 일찍이 B.C 500년에 구면의 지구를 사실로 받아들였다. 여러 관측은 지구가 구부려져 있다는 것을 암시했다. 예를 들어 돛대가 수평선에서 사라지는 배의 마지막 부분이었다. 300년 이후에 에라스토테네스는 지구의 곡률과 그것으로부터 지구의 반지름을 측정하기 위해 두 다른 도시에 정오에 그림자 드리우기를 사용했다.

지구의 표면이 국소적으로 2차원이라는 사실은 지구가 2-다양체임을 암시한다. 이 장의 첫 번째 절에서 다양체를 엄밀하게 정의할 것이다. 우리가 이미 접했던 다른 2-다양체들은 원환면, 클라인 병, 사영평면, 그리고 평면을 포함한다.

지구의 표면의 국소적 2차원성을 인식하는 선험적 관념은 구면이 아닌 어떤 2-다양체가 지구와 일치한다는 가능성을 배제하지는 않는다. 원환면 지구는 확실히 흥미로울 것이다. (그림 14.1 참조.)

(그림 14.1) 원환면 지구.

지구의 모양을 깨달은 이후로 우리의 우주의 많은 다른 측면들을 결정해 왔다. 우리가 살고 있는 우주의 모양은 어떠한가? 여기서 우리는 4차원의 시공간의 공간부분으로 간주될 수 있는 공간적인 우주를 의미한다. 빅뱅 때 탄생했고 그 이후로 크기가 팽창하는 공간적인 우주를 생각할 수 있다. 팽창하고 있는 공간적인 우주가 어떤 위상적 모양을 하고 있는가를 알고 싶다.

이 질문에 수학적으로 이해하기 위해 공간적인 우주의 근본적인 유형을 조사해야 한다. 그것을 근본적으로 정의하는 성질들은 무엇인가? 우리가 지금까지 우주 안의 어디에 있어

왔는가에 상관없이 만약 한 지점을 선택하고 모든 방향으로 짧은 거리(3피트라 하자)를 여행한다면 사실상 3차원 유클리드공간에서의 구체를 닮은 공간을 에워싸게 된다. (그림 14.2 참조.)

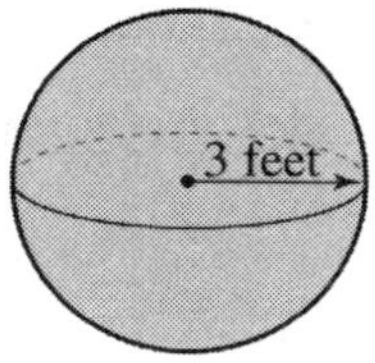

(그림 14.2) 한 점으로부터 3피트 안의 점들의 집합은 구체이다.

우리가 안에 살고 있는 공간은 국소적으로 3차원처럼 보인다. 그러한 물체를 3-다양체라 부른다. 마치 지구의 표면처럼 국소적으로 똑같은 성질을 만족하는 2-다양체가 여러 개 있는 것처럼, 우주의 모양의 후보자가 될 다양한 3-다양체가 존재한다.

이 장에서는 차원이 1, 2, 그리고 3인 다양체를 처음 세 절에서 다루고, 마지막 두 절에서는 3-다양체를 이해하는 것이 어떻게 우주의 구조를 결정하는데 도움이 되는지를 논한다. n-다양체의 공식적인 정의부터 시작한다.

14.1 다양체

국소적으로 실수 n-공간 $\mathbb{R}^n$를 닮은 공간에 대해 알고자 한다.

정의 14.1. n-**다양체**는 임의의 $x \in X$가 열린 n-공과 위상동형인 근방을 가지는 가산개의 기저의 하우스도르프 위상공간 X이다.

근방이 단지 열린 n-공과 위상동형이어야 한다는 사실은 우리에게 상당한 자유를 준다. 근방과 $\mathbb{R}^n$의 열린공 사이의 위상동형사상은 거리를 보존할 필요는 없다; 단지 근방이 열린공처럼 보이도록 변형시키기만 하면 된다. 그림 14.3에서처럼, 원환면은 각각의 점이 비록 근방이 그 면에서 구부려져서 보이지만 평면의 열린원판과 위상동형인 근방을 가지는 성질을 만족한다.

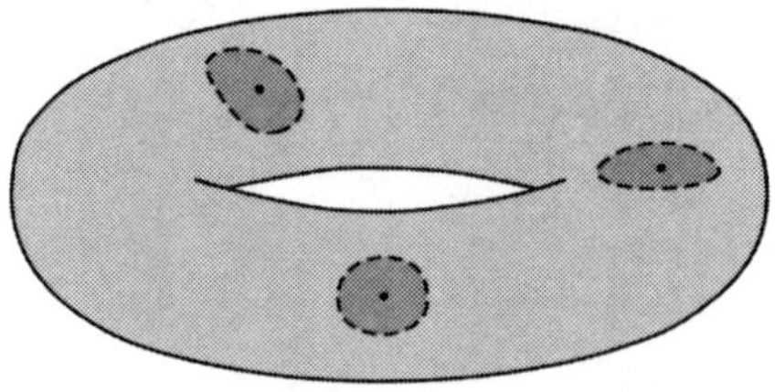

(그림 14.3) 원환면 위의 모든 점은 열린원판과 위상동형인 근방을 가진다.

그 공간이 하우스도르프이고 가산개의 기저를 가진다는 두 추가적인 조건은 n-다양체가 합리적으로 잘 모양을 갖춘 공간을 보장한다.(연습문제 14.1과 14.2 참조.)

주어진 n에 대하여 n-다양체를 고려할 때 가장 근본적인 질문은 분류질문이다. 모든 n-다양체들의 전체 목록을 만들 수 있는가? 그리고 만약 그러한 목록이 존재하고 하나의 특정한 n-다양체가 주어졌다면 그 다양체가 목록에 어떠한 다양체인지를 결정하는 알고리즘이 존재하는가?

이 질문은 매우 어려운 문제로 판명됐다. 차원이 1 그리고 2에 대해서는 성공적으로 해결됐다. 차원이 3과 4에 대해서는 상당한 연구가 있어 왔다. 그러나 3-다양체의 완전한 분류는 여전히 미해결로 남아있다. 그리고 두 개의 주어진 4-다양체가 위상동형인지를 결정하는 알고리즘이 결코 존재할 수 없다는 것이 증명됐다. 따라서 4-다양체의 완전한 분류는 결코 얻어질 수 없다. 임의의 $n \geq 4$에 대하여 n-다양체의 분류에 대해서도 똑같은 결과가 성립한다. ([Mar]과 [Boo] 참조.)

1-다양체부터 시작하자.

정의 14.2. 연결인 1-다양체는 **곡선**이라 부른다.

곡선의 각 점은 열린구간 $(-1, 1)$과 위상동형인 근방을 가진다. 1-다양체에 대한 완전한 분류가 있다.

정리 14.3. X를 1-다양체라 하자.

(i) X가 연결이고 컴팩트이면, X는 S^1과 위상동형이다.

(ii) X가 연결이고 컴팩트가 아니면, X는 $\mathbb{R}$과 위상동형이다.

(iii) X가 비연결이면, X는 S^1 또는 $\mathbb{R}$과 위상동형인 가산개의 연결성분들의 합집합이다.

(i)과 (ii)의 증명은 [Chr]에서 볼 수 있다. (iii)은 (i)과 (ii)로부터 바로 나온다. 특히 만약 1-다양체 X가 연결이 아니면, 각각이 연결인 1-다양체인 성분들의 합집합이다. 그러므로 각각이 S^1 또는 $\mathbb{R}$과 위상동형인 서로소인 부분공간들의 합집합이다. 다양체가 가산개의 기저를 가져야 하기 때문에 X에 기껏해야 가산개만큼의 성분들이 존재할 수 있다.

1-다양체에 대해 충분히 이해를 했기 때문에 2-다양체를 다루자.

정의 14.4. 연결인 2-다양체를 **곡면**이라 부른다.

평면은 곡면이다. 그것은 연결이고 하우스도르프이다. 주어진 점 $p \in \mathbb{R}^2$에 대하여 p가 중심이고 반지름이 1인 열린공은 열린원판과 위상동형인 p의 근방이다. 더군다나 평면은 x_1과 x_2가 유리수인 점 (x_1, x_2)가 중심이고 유리수인 반지름을 가진 열린공들의 집합으로 주어진 가산개의 기저를 가진다.

평면의 모든 연결인 열린 부분집합은 또한 곡면이다. 이 절과 다음 절에서의 주요 관심사는 컴팩트 곡면들이다.

정리 14.5. 구면, 원환면, 클라인 병, 그리고 사영평면은 컴팩트 곡면이다.

증명. 여기에서 클라인 병에 대한 증명을 다룬다. 다른 세 공간들에 대한 증명은 본질적으로 같다. 연결이고 컴팩트공간의 상사상의 상으로써 클라인 병이 연결이고 컴팩트임을 앞에서 보였다.

정사각형 $[0,1] \times [0,1]$으로부터 일반적인 방법으로 변들을 붙여서 만들어진 클라인 병을 가진다고 가정하자. 그림 14.4에서 보여주듯이 정사각형의 내부에 있는 한 점 x는 적당히 작은 반지름의 열린공을 취함으로써 얻어진 열린원판 근방을 가진다. 정사각형의 변 위의 한 점 (그러나 꼭짓점이 아닌) y와 그 변과 동일시되는 반대쪽 변 위의 한 점 y'에 대하여 y의 반원판 근방과 y'의 반원판 근방은 서로 붙어서 클라인 병 안의 점의 열린원판 근방을 형성한다. 마지막으로 정사각형의 꼭짓점은 4분의 1 원판 근방을 가진다. 그 꼭짓점은 다른 세 개의 꼭짓점과 동일시되고 그 각각은 비슷한 4분의 1 원판 근방을 가진다. 이 네 개의 4분의 1 원판은 서로 붙어서 클라인 병 안의 점의 열린원판 근방을 만든다. 그러므로 클라인 병 안의 모든 점은 열린원판 근방을 가진다.

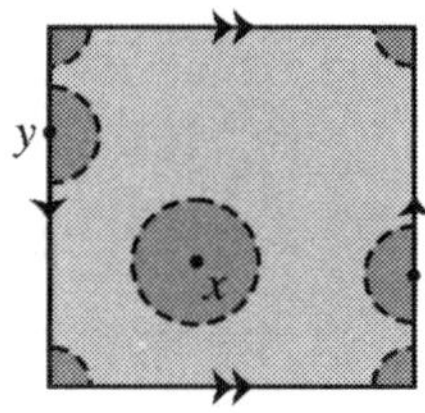

(그림 14.4) 클라인 병 안의 모든 점은 열린원판과 위상동형인 근방을 가진다.

클라인 병은 하우스도르프이다. 클라인 병 안에 두 점이 주어졌을 때, 충분히 작은 열린원판들, 필요하다면 붙여진 반원판 근방들, 또는 붙여진 4분의 1 원판근방들을 사용함으로써 그 두 점을 분리할 수 있다.

마지막으로 정사각형 $[0,1]\times[0,1]$ 은 유리수 좌표성분들을 가진 점이 중심이고 유리수 반지름을 가진 평면 안의 모든 열린공과 정사각형과의 교집합을 취함으로써 얻어진 가산개의 기저 $\mathscr{B}$ 를 가진다. $\mathscr{B}$ 로부터 정사각형 내부에 놓여 있는 공들, 변 위에 중심으로 하고 그러나 꼭짓점들을 포함하지 않은 반공들, 그리고 꼭짓점에 중심을 가진 4분 1 공들을 선택하고 그 다음에 그것들을 반공들과 4분의 1 공들이 적절히 붙임으로써 클라인 병으로 보내자. 그 결과는 클라인 병에 대한 가산개의 기저가 된다. ■

곡면들을 구별하기 위해 곡면의 다양한 특성을 사용할 것이다. 그것들 중 하나는 방향성의 개념이다. 방향성을 이해하기 위해, 비가향인 공간의 원형인 뫼비우스 띠로 시작한다.

뫼비우스 띠는 다음 관점에서 방향을 바꿀 수 있는 성질을 가진다: 뫼비우스 띠 M의 중심곡선 위에 시작점을 선택하고 그림 14.5에서 M 위에 그려진 것처럼 그 점의 근방 안에서 시계방향의 회전을 취하자. 이제 시계방향의 회전을 가지고 중심곡선을 따라 여행하자. 다시 시작점으로 되돌아 올 때 시계방향 회전은 반시계방향의 회전으로 바뀌었다. 우리는 방향을 뒤바꾸었다.

다른 한편으로 그림 14.5에 있는 고리면 위에 시계방향 회전을 고려하자. 만약 중심곡선을 따라 움직인다면 그 회전은 뒤바뀌지 않는다.

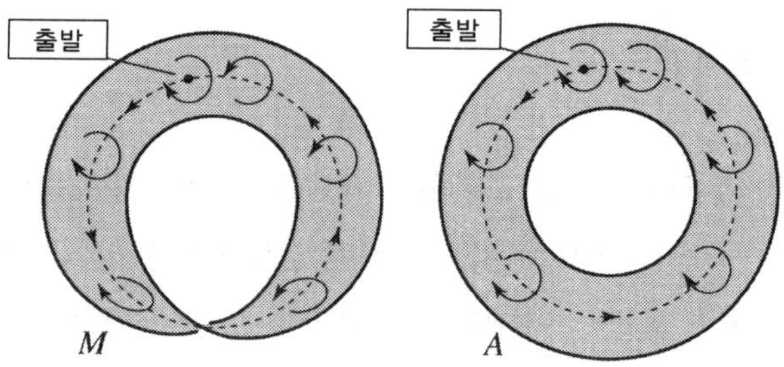

(그림 14.5) 뫼비우스 띠와 고리면을 따라 회전의 방향을 잡아당김.

방향을 뒤바꾸는 곡선을 가지는 성질은 뫼비우스 띠를 포함하는 모든 곡면에 성립한다. 이것은 다음 정의를 이끌어낸다.

정의 14.6. 넣어진 뫼비우스 띠를 포함한 곡면은 **비가향**(nonorientable)이라 부른다. 넣어진 뫼비우스 띠를 포함하지 않은 곡면을 **가향**(orientable)이라 부른다.

그림 14.6에 있는 클라인 병과 사영평면 안의 어두운 회색 영역으로 나타나듯이 이 곡면 둘 다 뫼비우스 띠를 포함하고 그러므로 둘 다 비가향 곡면이다.

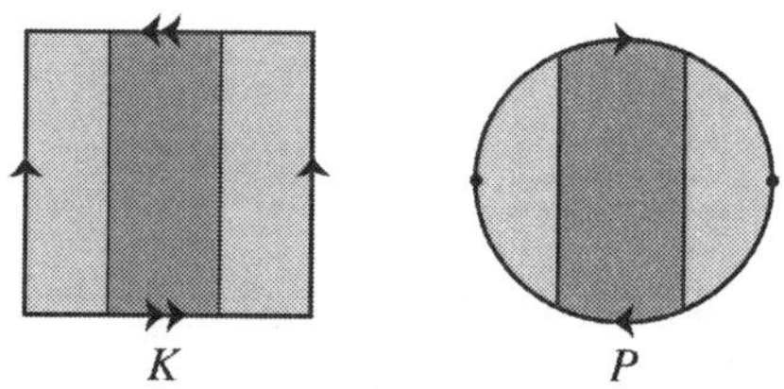

(그림 14.6) 클라인 병과 사영평면은 넣어진 뫼비우스 띠를 포함한다.

다음 정리는 가향성은 위상적 불변량임을 보여준다. 그러므로 곡면들을 구별하기 위해 가향성을 사용할 수 있다.

정리 14.7. S_1과 S_2는 위상동형인 곡면이라 하자. 그러면 S_1이 가향인 필요충분조건은 S_2가 가향이다.

증명. 연습문제 14.4 참조. ■

일반적으로, 넣어진 뫼비우스 띠를 포함하지 않음을 직접적으로 증명으로써 곡면이 가향임을 증명하는 것은 어렵다. 그러므로 가향성을 증명하는 다른 접근, 삼각분할—곡면을 삼각형으로의 분할과 관련된 접근을 택한다. 삼각분할과 도움이 되는 몇 가지 관련된 결과들을 다룬 후에 다시 가향성 문제로 돌아올 것이다.

τ를 평면 안의 삼각형 영역이고 S를 곡면이라 하자. 만약 $f:\tau\to S^1$가 넣기라면, $f(\tau)$를 S 안의 삼각형이라 한다. 또한 τ의 변과 꼭짓점의 f의 상을 각각 $f(\tau)$의 변과 꼭짓점이라 부른다. (그림 14.7 참조.)

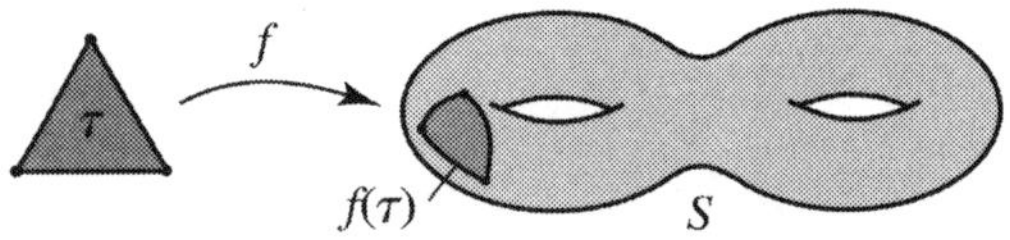

(그림 14.7) 곡면 S 안의 삼각형.

정의 14.8. 컴팩트 곡면 S의 **삼각분할** T는 S를 덮은 S 안의 유한개의 삼각형들의 집합들인데 T의 임의의 두 삼각형은 서로 교차하지 않거나, 두 삼각형의 한 꼭짓점에서 만나거나, 또는 두 삼각형의 한 변에서 만난다.

그림 14.8에서 구면, 원환면, 클라인 병, 그리고 사영평면의 삼각분할을 보여준다.

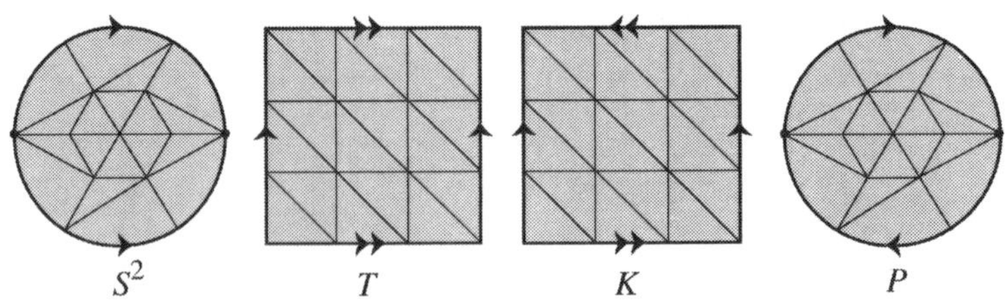

(그림 14.8) 컴팩트 곡면의 삼각분할.

정리 14.9. 모든 컴팩트 곡면은 삼각분할을 가진다.

이 결과는 1925년 티보 라도(Tibor Rado)에 의해 처음 증명됐다. 그 증명은 매우 복잡해서 여기에서 다루지 않는다. 증명들은 라도의 논문 [Rad], 그리고 좀 더 최근의 책 [Moi]에서 볼 수 있다.

다음 정의와 정리는 이 절과 다음 절에서 삼각분할을 연구하는데 중요하다.

정의 14.10. T를 컴팩트 곡면 S의 삼각분할이라 하자. 그러면

(i) 만약 T의 임의의 삼각형이 삼각분할 T'의 삼각형들의 합집합으로 표현될 수 있다면 T'를 T의 **세분(subdivision)**이라 부른다.

(ii) 만약 T의 삼각형들을 삼각분할 T^*의 삼각형들로 위상동형으로 보내는 위상동형사상 $h: S \to S$가 존재한다면 T^*는 T와 **동치**라고 말한다.

정리 14.11. T_1과 T_2를 컴팩트 곡면 S의 삼각분할이라 하자. 서로 동치이고 각각 T_1과 T_2 세분인 삼각분할 T_1'와 T_2'가 존재한다.

증명. 컴팩트 곡면 S의 삼각분할 T_1과 T_2를 가진다고 가정하자. 만약 다음 조건을 만족하면 그 삼각분할들은 일반적인 위치에 있다고 말한다:

(i) 각 삼각분할의 모든 꼭짓점은 다른 삼각분할의 하나의 삼각형의 내부에 놓여 있다.

(ii) 각 삼각분할의 모든 변은 다른 삼각분할의 모든 변과 기껏해야 유한개의 점들에서 교차한다.

만약 T_1과 T_2가 일반적인 위치에 있다면 T_1과 T_2의 세분인 삼각분할 T'를 만들 수 있다. 다음 단계들은 T'를 만드는데 이용된다; 그림 14.9에서 그 단계들을 보여 준다:

(i) T_1의 꼭짓점들과 T_2의 꼭짓점들은 T'의 꼭짓점들이 된다.

(ii) T_1의 변과 T_2의 변 사이의 각각의 교차점은 T'의 꼭짓점이 된다.

(iii) T_1 안 또는 T_2 안에 있는 각 변들은 T'의 변이 되거나 또는 단계 (ii)에 나온 꼭짓점들에 의해 T'에서 세분된다.

(iv) 단지 두 변들에 의해 둘러싸인 영역으로부터 삼각형을 만들기 위해 변들에 새로운 꼭짓점들이 추가된다.

(v) 삼각형들로 세분하기 위해 네 개 이상의 변들로 둘러싸인 영역에 새로운 변들이 추가된다.

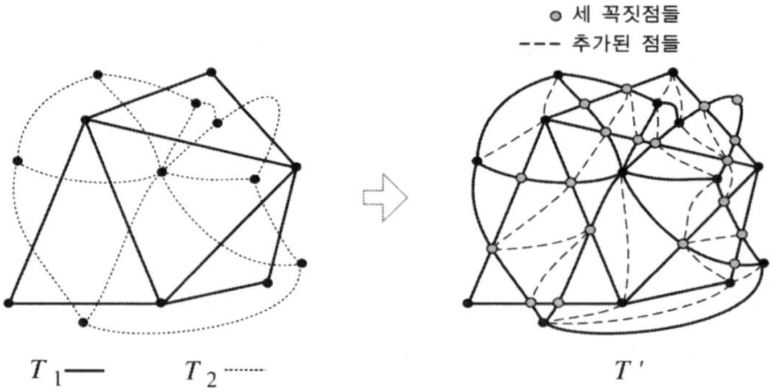

(그림 14.9) 삼각분할 T_1과 T_2로부터 세분 T'를 만듦.

이렇게 만들어진 삼각분할 T'는 두 세분 T_1과 T_2의 세분이고 그러므로 T_1과 T_2가 일반적인 위치에 있는 경우에 정리가 성립한다.

다음으로 T_1과 T_2가 일반적인 위치에 있지 않다고 가정하자. 그러면 하나의 삼각분할, 예로 T_1과 동치이고, T_2와는 일반적인 위치에 있는 새로운 삼각분할 $T_1{}^*$을 얻기 위해 T_1을 약간 수정할 수 있다. 이러한 수정을 할 수 있다는 것은 그럴 듯 하지만 그러나 엄밀하게 만들기 위해서는 많은 내용들을 포함하는 복잡한 결과이다. 이렇게 하여 $T_1{}^*$를 그러한 삼각분할이고 $f: S \to S$를 T_1을 $T_1{}^*$로 보내는 위상동형사상이라 하자. $T_1{}^*$와 T_2는 일반적인 위치에 있기 때문에 앞에서처럼 두 분할 $T_1{}^*$과 T_2의 세분 T_2'를 찾을 수 있다. 그러면 T_2'를 f^{-1}에 의해 T_1의 하나의 세분 T_1'으로 보낼 수 있다. 이 방법으로 각각 T_1과 T_2의 세분 T_1'와 T_2'를 얻고 T_1'와 T_2'는 동치이다. ■

그림 14.10에 그려진 것처럼 삼각형에 뫼비우스 띠에서 맞닥뜨렸던 방향전환 문제를 일으키지 않고 각각의 점들에 회전의 방향의 역할을 하는 회전방향을 배정할 수 있다.

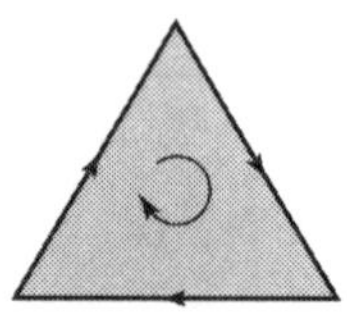

(그림 14.10) 삼각형의 회전방향.

또한 그림 14.10에서 그려진 것처럼, 회전방향은 각 변들에 방향을 유도한다. 이것은 다음 정의를 이끌어 낸다:

정의 14.12. S를 컴팩트 곡면이고 T를 S의 삼각분할이라 하자. 만약 두 삼각형이 한 변에서 만난다면 그 두 삼각형으로부터 나온 방향들이 서로 반대가 되도록 T의 각 삼각형에 회전방향이 배정된다면 T는 **일관되게 방향이 주어질** 수 있다. (그림 14.11 참조.)

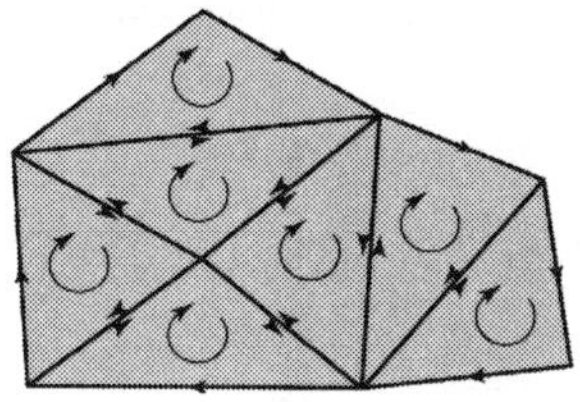

(그림 14.11) 일관되게 방향이 주어진 삼각분할에서의 삼각형들.

이 정의에서, 변의 물려받은 방향들이 일치하지 않는다는 조건은 한 삼각형으로부터의 방향을 변을 가로질러 인접한 삼각형으로 슬며시 움직여서 거기에 있는 방향과 일치하도록 할 수 있다는 것을 보장한다.

그림 14.12에서 구면과 원환면의 일관되게 방향이 주어진 삼각분할들을 보여준다. 그림 14.8에서 사영평면의 삼각분할은 구면의 삼각분할과 비슷하게 나타난다. 그러나, 구면의 삼각분할의 일관된 방향은 사영평면으로 옮겨지지 않는다. 그 이유는 사영평면을 얻기 위해 원판의 맨 위와 맨 아래 변들을 붙일 때, 변들이 서로 붙여지는 삼각형들이 있는데 그 변의 방향들이 제대로 일치하지 않기 때문이다. 클라인 병의 삼각분할들에도 비슷한 상황이 일어난다.

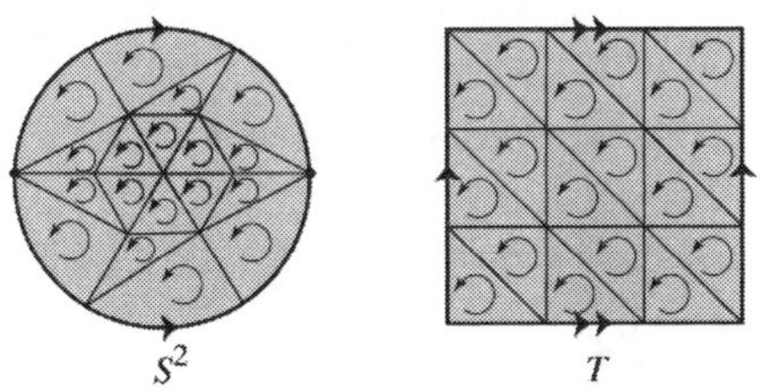

(그림 14.12) 구면과 원환면의 일관되게 방향이 주어진 삼각분할.

다음 정리는 가향임과 일관된 방향을 가지는 것 사이의 동치관계를 수립한다.

정리 14.13. 컴팩트 곡면 S가 가향일 필요충분조건은 그것이 일관되게 방향이 주어질 수 있는 삼각분할을 가진다.

증명. 우선 만약 컴팩트 곡면 S가 일관되게 방향이 주어질 수 있다면, S의 모든 삼각분할은 일관되게 방향이 주어질 수 있다는 것을 보이고자 한다. 구체적으로 T_1과 T_2는 S의 삼각분할이라 하고 T_1은 일관되게 방향이 주어진다고 가정하자. 정리 14.11에 의해 각각 T_1과 T_2의 동치인 세분들 $T_1{}'$과 $T_2{}'$가 존재한다. 명백하게

(i) 세분 $T_1{}'$는 T_1의 일관된 방향으로부터 일관된 방향을 물려받는다.
(ii) 삼각분할 $T_2{}'$는 $T_1{}'$와의 동치로부터 일관된 방향을 얻는다.
(iii) 삼각분할 T_2는 그의 세분 $T_2{}'$의 일관된 방향으로부터 일관된 방향을 얻는다.

이제 S가 비가향인 컴팩트 곡면이고 그러므로 넣어진 뫼비우스 띠 M을 포함한다고 가정하자. S의 모든 삼각분할은 일관되게 방향이 주어질 수 없다는 것을 보여야 한다. 이 증명의 첫 번째 부분으로부터 일관되게 방향이 주어질 수 없는 S의 하나의 삼각분할이 존재함을 보이는 것으로 충분하다. T를 S의 삼각분할이라 하자. 정리 14.11의 증명에서 만들었던 비슷한 방법으로 T를 수정하고 세분할 수 있어서 그 결과로 나온 S의 삼각분할 T'에서 삼각형들의 집합 T_M'가 존재하고 그것들의 합집합은 넣어진 뫼비우스 띠 M이다. 뫼비우스 띠의 중심곡선을 따라 회전방향을 뒤바꿀 수 있다는 사실은 T_M'의 삼각형들은 일관되게 방향이 주어질 수 없음을 암시한다. 따라서 S의 삼각분할 T'는 일관되게 방향이 주어질 수 없다.

다음으로 S가 가향이라고 가정하자. 그것이 일관되게 방향이 주어질 수 있는 삼각분할을 가지고 있다는 것을 보여야 한다. 그렇지 않다고 가정하고 T를 S의 삼각분할이라 가정하자. 그러면 T는 일관되게 방향이 주어질 수 없다. T의 임의의 삼각형으로 시작해서 그것에 회전방향을 선택하자. 이 회전방향을 일관된 방식으로 인접한 삼각형들로 확장하자. 이 과정을 T의 삼각형들로 계속하자. T는 일관되게 방향이 주어질 수 없기 때문에 어떤 시점에서 인접한 삼각형에 이미 배정된 회전과 일관되지 않는 하나의 삼각형의 회전방향에서 멈춘다. 그러면 다음을 만족하는 일련의 서로 다른 삼각형 $\tau_1, \dots, \tau_n$을 찾을 수 있다.

(i) 각 $i=1, \dots, n-1$에 대하여, τ_i와 τ_{i+1}은 공통으로 한 변을 가지고 서로 일관되게 방향이 주어진다.
(ii) 삼각형 τ_n과 τ_1은 공통으로 한 변을 가지고 있고 그러나 τ_n의 회전방향은 τ_1의

회전방향과 일관되지 않는다.

그림 14.13에 어둡게 나타난 것처럼 각 삼각형 τ_i을 지나는 띠를 고려하자. 만약 그 띠를 한 번에 하나씩 삼각형을 붙여서 만들어졌다고 간주한다면, τ_n을 τ_1에 붙일 때 그 띠는 반 뒤틀리게 붙여지고 뫼비우스 띠를 만든다. 그러므로 S 안에 넣어진 뫼비우스 띠가 존재하고 이것은 S가 가향이라는 것에 모순이다. 따라서 S는 일관되게 방향이 주어질 수 있는 삼각분할을 가지고 있다. ■

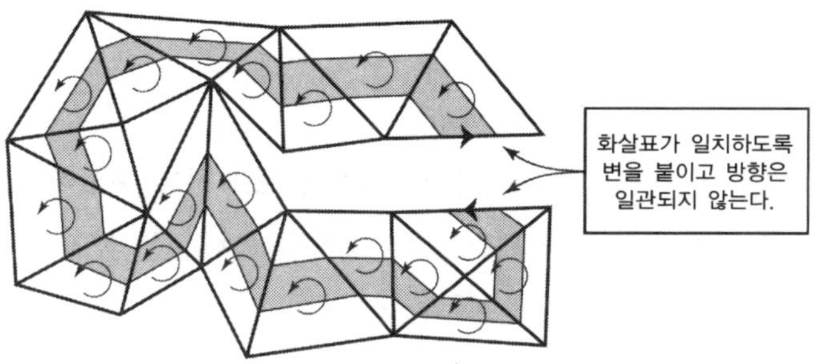

(그림 14.13) 어두운 띠는 곡면에서 뫼비우스 띠를 만들기 위해 붙여진다.

구면과 원환면은 각각 일관되게 방향이 주어질 수 있는 삼각분할을 가지고 있다는 것을 이전에 언급했다. (그림 14.12 참조.) 그러므로 정리 14.13은 구면과 원환면은 가향임을 암시한다. 가향성은 위상적 성질이므로 이 두 곡면을 클라인 병과 사영평면으로부터 구별할 수 있다. 구체적으로 구면과 원환면 어떠한 것도 클라인 병 또는 사영평면과 위상동형이 아니다. 그 이유는 전자는 가향이고 반면에 후자는 그렇지 않기 때문이다. 이 예시에서처럼 가향성은 컴팩트 곡면들을 구별하는데 사용되는 중요한 성질이다. 다음 절에서 모든 컴팩트 곡면들을 구별하기 위해 오일러 특성수와 더불어 그것을 사용한다.

여기까지 컴팩트 곡면들의 어느 정도 한정된 집합을 소개해 왔는데 다음처럼 정의되는 연결합 연산을 사용하여 그 모임을 극적으로 확장할 수 있다.

정의 14.14. 주어진 두 곡면 S_1과 S_2에 대하여 $S_1 \# S_2$로 표시되는 S_1과 S_2의 **연결합 (connected sum)**은 각 곡면에서 하나의 원판의 내부를 제거하고 그 두 원 경계를 상사상을 통해 붙임으로써 얻어진 곡면이다. (그림 14.14 참조.)

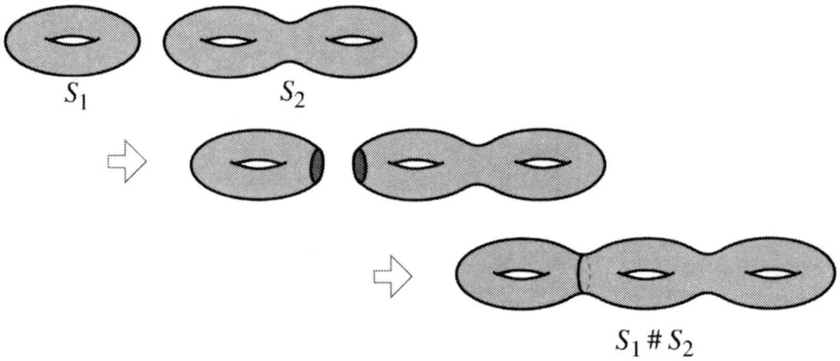

(그림 14.14) 두 곡면의 연결합.

연결합 연산의 결과는 곡면이다. (연습문제 14.9 참조.) 비록 여기에서 증명하지 않지만 곡면들로부터 내부를 제거한 특정한 원판과 두 경계원에 사용한 붙임의 특정한 선택에 대해 연결합 연산은 위상동형사상하에서 독립적이다.

구면 S^2와 다른 어떠한 곡면 S의 연결합을 취한다면 그 결과는 S와 위상동형임을 알 수 있다. (그림 14.15 참조.) 만약 연결합을 곡면들에서 덧셈 연산으로 간주한다면, S^2는 항등원처럼 행동한다.

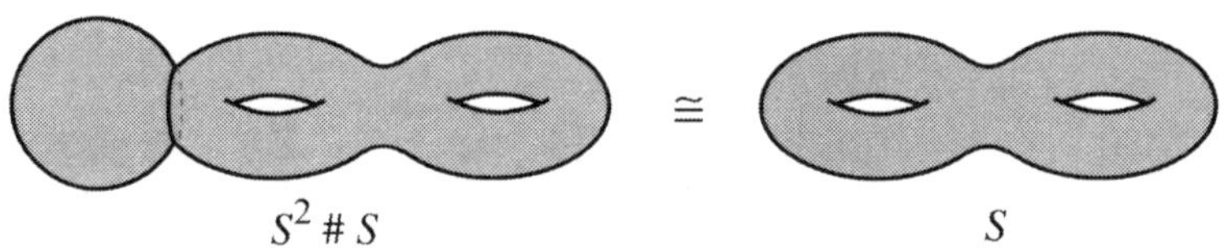

(그림 14.15) $S^2 \# S$는 S와 위상동형이다.

정의 14.15. nT로 표시되는 n 원환면들의 연결합은 **종수 n 곡면(genus n surface)**이라 부른다. 구면은 **종수 0인 곡면이**라 부른다. (그림 14.16 참조.)

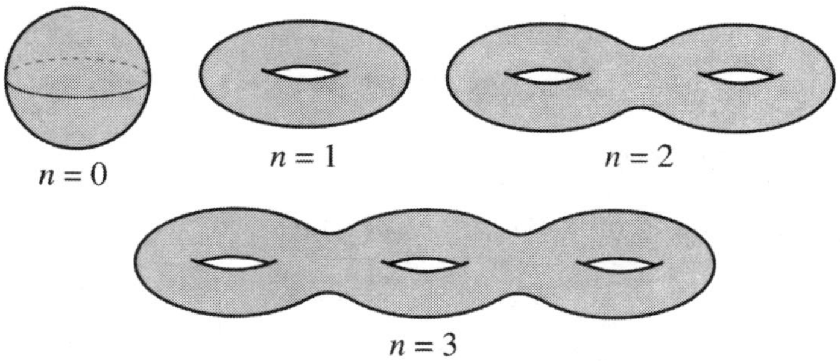

(그림 14.16) $n=0,1,2,3$인 종수 n 곡면들.

종수 n 곡면은 모든 정수 $n \geq 0$에 대하여 컴팩트 곡면이다. 더군다나 다음 정리에 의해 종수 n곡면은 가향이다.

정리 14.16. S_1과 S_2를 컴팩트 곡면이라 하자. 그러면 $S_1 \# S_2$은 가향일 필요충분조건은 S_1과 S_2 둘 다 가향이다.

증명. 연습문제 14.10 참조.

연습문제 14.1

14.1. 확장된 직선은 연습문제 7.18에서 소개됐고 하우스도르프가 아님이 보여 졌다. 기본적인 집합은 $X = \mathbb{R} \cup \{p_e\}$이고 여기에서 p_e는 $\mathbb{R}$에 포함되지 않은 추가된 점이다. X의 위상은 모든 구간 $(a,b) \subset \mathbb{R}$과 $c<0$이고 $d>0$에 대하여 $(c,0) \cup \{p_e\} \cup (0,d)$ 형태의 모든 집합으로 구성된 기저 $\mathcal{B}$를 통하여 정의된다.

(a) X의 모든 점은 열린구간과 위상동형인 근방을 가짐을 보이시오.

(b) X는 가산개의 기저를 가짐을 보이시오.

(확장된 직선은 1-다양체가 되기 위한 필요한 두 조건을 만족하지만, 하우스도르프가 아니므로 1-다양체가 아니다.)

14.2. 만약 $\mathbb{R}_d$를 이산위상을 가진 $\mathbb{R}$이라면, $\mathbb{R}_d \times \mathbb{R}$은 가산개의 기저를 가지지 못함을 제외하고 1-다양체가 되기 위한 모든 성질들을 만족함을 보이시오.

14.3. M은 n-다양체이고 $x \in M$이라 가정하자. x의 임의의 근방 U에 대하여 $x \in B \subset U$이고 B는 열린 n-공과 위상동형인 열린집합 B가 존재함을 보이시오.

14.4. 정리 14.7을 증명하시오.

14.5. 비록 뫼비우스 띠는 곡면이 아니지만, 그림 14.17에서처럼 삼각분할을 할 수 있다. 삼각형들 중 하나에 회전방향을 선택하고 그리고 전체 삼각분할에 대해서 일치된 방향으로 확장될 수 없음을 보이시오.

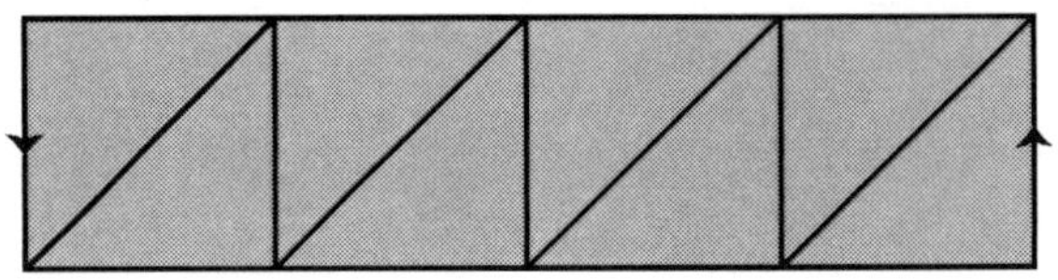

(그림 14.17) 뫼비우스 띠의 삼각분할.

14.6. 모든 다양체는 정칙이고 그러므로 울손 거리화 정리(정리 5.24)에 의해 거리화 가능함을 보이시오. (도움말: 연습문제 14.3을 사용하시오.)

14.7. 하우스도르프가 아님을 제외하고 2-다양체가 되기 위한 모든 조건들을 만족하는 위상공간의 하나의 예시를 만드시오. (도움말: 연습문제 14.1을 고려하시오.)

14.8. M을 컴팩트가 아닌 n-다양체라 하자.

(a) M은 국소적 컴팩트임을 보이시오. (그러므로 M의 한 점 컴팩트화는 M을 부분공간으로써 포함하고 $\text{Cl}(M)= Y$인 컴팩트 하우스도르프 공간 Y를 만들어 낸다.)

(b) M의 한 점 컴팩트화가 2-다양체가 아닌 2-다양체 M의 예시를 제시하시오.

14.9. 두 개의 컴팩트 곡면의 연결합은 컴팩트 곡면임을 보이시오.

14.10. 정리 14.16을 증명하시오.

14.2 오일러 특성수와 컴팩트 곡면의 분류

이 절에서는 컴팩트 곡면에 대한 조사를 계속한다. 오일러 특성수를 소개하고 그것은 컴팩트 곡면에 대해 불변량임을 증명하고 그 다음에 컴팩트 곡면들을 구별하기 위해 그것을 —가향성과 함께—사용한다.

컴팩트 곡면 S의 삼각분할이 주어졌을 때, 그 곡면을 만들기 위해 변들의 쌍이 동일시되는 다각형을 만들 수 있다. 그 삼각형들 중 하나로 시작해서 다른 삼각형과의 한 변 동일시를 수행한다. 그 결과는 위상적으로 원판이다. 만약 남아있는 삼각형들이 있다면 S는 곡면이기 때문에 최소한 하나는 경계에 있는 한 변을 따라 이 원판에 붙여질 것이다. 그 결과는 다시 위상적으로 원판이다. 모든 삼각형들이 붙여질 때까지 이 과정을 계속하고 결과적으로 경계에 있는 변들의 쌍들이 여전히 동일시되는 원판이 만들어진다. 이것을 S의 **다각형 표현**이라 부른다. 변들끼리 서로 붙여진 사각형으로써의 원환면과 클라인 병의 표현은 다각형 표현이다. 3.4절에서 곡면들의 다른 다각형 표현을 봤다.

예 14.1. 그림 14.18에 원환면과 클라인 병의 연결합인 $T\# K$의 다각형 표현이 나타나 있다. 만들어지는 곡면의 그림에는 붙여진 변들이 어떻게 나타나는지를 보여준다.

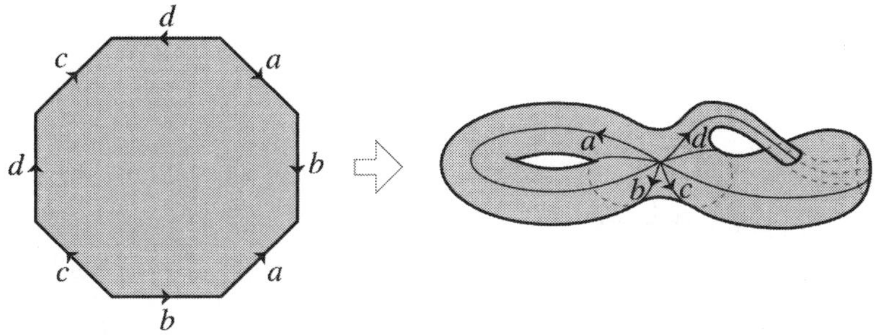

(그림 14.18) $T\# K$의 다각형 표현.

컴팩트 곡면의 삼각분할이 주어졌을 때, 오일러 특성수를 다음과 같이 정의한다.

정의 14.17. T를 컴팩트 곡면 S의 삼각분할이라 하자. 그 삼각분할에서 V는 꼭짓점들의 개수, E는 변들의 개수, 그리고 F는 삼각형들의 개수라 할 때, **T의 오일러 특성수(Euler characteristic)**를 $\chi(T)= V- E+ F$로 정의한다.

삼각형들의 개수로 알파벳 F를 사용하는데 마치 삼각분할 된 컴팩트 곡면이 삼각형 면들로 이루어진 것처럼 삼각형들을 면들로 간주되기 때문이다. $V- E+ F$라는 표현은 오일러 특성수 공식과 평면 그래프에 대한 오일러 공식(정리 13.18)에 모두 나타난다. 이 절에서 나중에 이 두 공식들 사이의 연관성을 논의한다.

오일러 특성수는 주어진 컴팩트 곡면의 모든 삼각분할에 대해서 똑같은 것으로 밝혀졌다. 이것을 컴팩트 곡면들을 구별하는데 매우 유용한 다음 중요한 정리로 나타낸다.

정리 14.18. T_1과 T_2를 컴팩트 곡면 S의 삼각분할이라 하자. 그러면 $\chi(T_1)= \chi(T_2)$이다.

증명. S를 컴팩트 곡면이고 T_1과 T_2를 S의 삼각분할이라 하자. 먼저 만약 T_1과 T_2가 동치이면 명백히 그것들의 오일러 특성수는 같다.

다른 한편으로, 만약 T_1과 T_2가 동치가 아니라면, 정리 14.11에 의해 각각 T_1과 T_2의 세분이고 서로 동치인 T_1'과 T_2'가 존재한다. 우리는 오일러 특성수는 세분에 의해 보존된다는 것을 보일 것이다. 그러면 $\chi(T_1)= \chi(T_1')$, $\chi(T_2)= \chi(T_2')$이고 T_1'과 T_2'는 동치이므로 $\chi(T_1')= \chi(T_2')$이다. 그러므로 이 경우 또한 $\chi(T_1)= \chi(T_2)$이다.

따라서 삼각분할 T의 오일러 특성수는 세분에 의해 보존됨을 보이면 된다. 그렇게 하기 위해 T를 T의 꼭짓점들과 변들로 이루어진 S에서의 위상적 그래프 G로 간주한다. 일련의 위상적 그래프들 $G= G_0, \ldots , G_n$을 생성하는 G의 일련의 연산들을 적용함으로써 T의 세분 T'를 만들 수 있다. 여기에서 G_n은 세분 T'에 대응하는 위상적 그래프이다.

연산들은 다음과 같다; 그림 14.19에 묘사되어 있다:

(i) G_{i+1}을 얻기 위해 G_i의 한 변에 놓여 있는 새로운 꼭짓점을 추가하자. 그 결과로써 G_i의 그 변은 G_{i+1}에서 새로운 두 변으로 세분된다.

(ii) G_{i+1}을 얻기 위해 G_i에 새로운 꼭짓점과 새로운 변을 추가하자. 추가된 꼭짓점과 변은 G_i의 여집합에 있고 그 새로운 변은 새 꼭짓점과 G_i의 한 꼭짓점을 연결한다.

(iii) G_{i+1}을 얻기 위해 G_i에 새로운 변을 추가하자. 추가된 변은 G_i의 여집합에 있고 G_i의 두 꼭짓점을 연결한다.

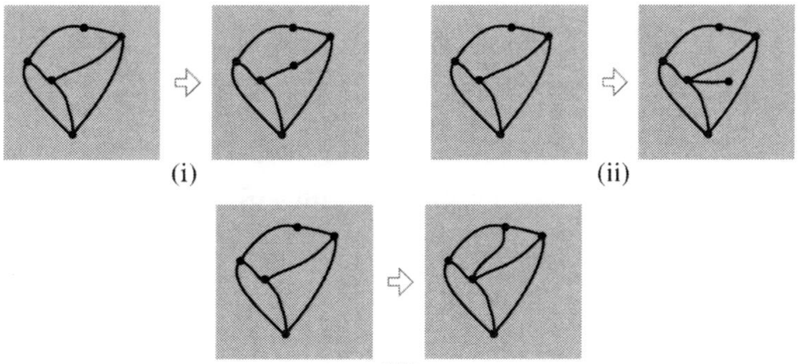

(그림 14.19) 삼각형 세분에 대한 위상적 그래프에서의 연산들.

오일러 특성수가 세분에 대해 보존됨을 보이기 위해 일련의 이 연산들이 오일러 특성수를 바꾸지 않는다는 것을 보일 것이다. 먼저 위상적 그래프 G는 S의 삼각분할 T에 결부되었을 때 G의 꼭짓점들과 변들은 T의 꼭짓점들과 변들에 대응하고 S에서 G의 여집합의 연결성분은 T의 삼각형들에 대응한다. 그러므로 V를 꼭짓점들의 개수, E를 변들의 개수, 그리고 F를 S에서 G의 여집합의 연결성분들의 개수로 놓는다면, $V-E+F$는 오일러 특성수이다. 각각의 연산들이 위상적 그래프에 적용된 후에는 반드시 삼각분할과 결부된 위상적 그래프를 가질 필요는 없지만 여전히 그것에 대한 $V-E+F$을 계산할 수 있다. 이 값은 각각의 연산에 대해 변하지 않고 그러므로 오일러 특성수는 세분에 대해 변하지 않는다는 것을 증명한다. $V-E+F$에 연산들의 영향에 대해 살펴보자.

연산 (i): 이 연산은 G_i에 하나의 꼭짓점을 추가하고 한 변을 두 변으로 분할한다. 그러므로 하나의 꼭짓점과 하나의 변이라는 순증가가 생기고 따라서 $V-E+F$은 불변이다.

연산 (ii): 이 연산은 G_i에 한 꼭짓점과 한 변을 추가하고 여집합의 성분의 개수를 바꾸지 않는다. 그러므로 하나의 꼭짓점과 한 변이라는 순증가가 생기고 따라서 $V-E+F$은 불변이다.

연산 (iii): 이 연산은 G_i에 하나의 변을 추가하고 여집합의 한 성분을 새로운 두 성분으로 쪼갠다. 그러므로 하나의 변과 여집합의 하나의 성분이라는 순증가가 생기고 따라서 $V-E+F$은 불변이다.

그러므로 오일러 특성수는 세분에 대해 보존되고 우리는 원하는 결과를 얻는다: 만약 T_1과

T_2가 컴팩트 곡면의 삼각분할이라면, $\chi(T_1) = \chi(T_2)$이다. ■

비록 직관적으로 당연하지만, 앞서 증명에서 연산 (ii)는 위상적 그래프의 여집합의 성분들의 개수를 바꾸지 않는 반면에 연산 (iii)은 하나의 성분을 새로운 두 성분으로 쪼갠다는 것은 당연하지 않다. 증명하지는 않았지만 조르단 곡선 정리(정리 11.2)와 정리 11.10을 일반화한 결과인 정리 13.17로부터 이 결과들은 나온다.

정리 14.18의 증명에서의 연산 (i)-(iii)은 일반적인 위치에 있는 두 삼각분할의 공통 세분을 만들기 위해 정리 14.11의 증명에서 사용된 다섯 단계를 수행할 수 있게 한다. T_1과 T_2를 그러한 두 삼각분할이라 하자. 만약 T_1을 선택하면 두 삼각분할을 겹쳐 놓기 위해 T_2의 모든 꼭짓점들과 변들(또는 세분된 변들)을 더하는데 연산 (i)-(iii)을 사용할 수 있다. 이것은 본질적으로 정리 14.11의 증명에 있는 단계 (i)-(iii)를 포함한다. 그래서 이미 삼각형이 아닌 영역들로부터 삼각형들을 만들기 위해 (정리 14.11의 증명에서 단계 (iv)와 (v)에서 묘사된 것처럼) 꼭짓점들과 변들을 삽입하는데 다시 연산 (i)-(iii)을 사용할 수 있다.

정리 14.18로부터 **컴팩트 곡면 S의 오일러 특성수**를 S의 임의의 삼각분할의 오일러 특성수로 정의할 수 있다. S의 오일러 특성수를 $\chi(S)$로 표시한다.

만약 T가 S의 삼각분할이고 $f: S \to S'$이 위상동형사상이면 명백히 f는 자연스럽게 T를 S'의 삼각분할 T'로 보내어진다. 더군다나 T'의 오일러 특성수는 T와 같다. 따라서 오일러 특성수는 컴팩트 곡면에 대해 불변량임을 밝히는 다음 정리를 가진다.

정리 14.19. 만약 S와 S'가 위상동형인 컴팩트 곡면이면 $\chi(S) = \chi(S')$이다.

예 14.2. 그림 14.8에 있는 삼각분할로부터 $\chi(S^2) = 2$, $\chi(T) = 0$, $\chi(K) = 0$, 그리고 $\chi(P) = 1$이다.

이 오일러 특성수 값들은 가향성과 함께 이 네 공간들을 구별할 수 있게 한다. 정리 14.19로부터 S^2는 T, K, 또는 P와 위상동형이지 않고 T는 P와 위상동형이 아니고 그리고 K는 P와 위상동형이 아니다. 오일러 특성수에 의해 구별할 수 없는 것은 T와 K이지만 우리는 가향성을 사용해서 앞 절에서 구별을 했다.

오일러 특성수의 위상적 불변량(정리 14.18)과 평면그래프의 오일러 공식(정리 13.18)은 매우 밀접한 결과들이다. 정리 14.18은 컴팩트 곡면에 적용되지만 단지 삼각분할을 다루는 반면은 정리 13.18은 단지 평면과 구면에 적용되지만, 그러나 일반적인 위상적 그래프를 다룬다. 이 두 결과는 구면의 오일러 특성수가 2임을 암시한다.

우리가 S^2, T, K, 그리고 P에 대해서 해왔던 것처럼 모든 컴팩트 곡면을 구별하기 위해 오일러 특성수와 가향성을 사용할 수 있다. 다음 정리는 우리가 찾고자 한 일종의 결과의 훌륭한 예시이다. 이것은 컴팩트 곡면의 완전한 분류를 준다.

정리 14.20. 모든 컴팩트 곡면은 S^2, $T\# T\# \cdots \# T$, 또는 $P\# P\# \cdots \# P$ 중 정확히 하나와 위상동형이다.

정리 14.20에 열거된 컴팩트 곡면들은 그림 14.20에 그려져 있다. 마치 nT가 n 원환면들의 연결합을 나타내듯이 nP는 n 사영평면들의 연결합을 표시하는데 사용된다.

정리 14.20을 증명하기 위해서는 모든 곡면은 최소한 S^2, nT, 또는 nP 중 하나와 위상동형이고 S^2, nT, 또는 nP 중 어떠한 두 곡면도 위상동형이 아님을 보여야 한다. 열거된 곡면들 중 어느 두 곡면도 위상동형이 아님을 보이기 위해 오일러 특성수와 가향성을 이 절의 뒷부분에서 사용한다.

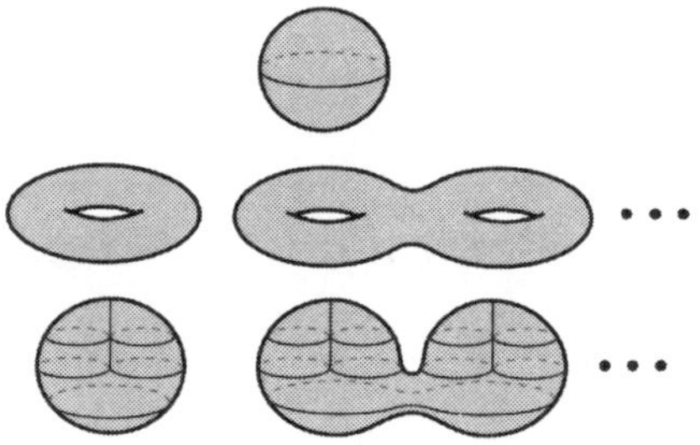

(그림 14.20) 컴팩트 곡면들의 완전한 집합.

모든 컴팩트 곡면이 열거된 곡면들 중 최소한 하나와 위상동형이라는 것을 증명하지는 않는다. 증명은 [Mun]과 [Mas]에서 찾을 수 있다. 아이디어는 주어진 컴팩트 곡면에 대해 그것이 열거된 곡면들 중 하나의 형태임을 보이기 위해 일련의 자르고-붙이는

(cutting-and-pasting) 연산을 수행할 수 있다는 것이다. 3.4절에서 자르고-붙이는 것을 소개했다. 예 14.3에서 또 다른 자르고-붙이는 예시를 제시한다.

연결합을 사용하여 만들 수 있는 모든 컴팩트 곡면들을 고려했을 때 그것들 모두 정리 14.20에 나열된 형태 중의 하나가 된다는 것은 놀라운 일이다. 예를 들어 클라인 병 K는 열거된 곡면들 사이에 나타나지 않은 컴팩트 곡면이다. 그러나 예 3.25에서 $K \cong P \# P$임을 보였다. 물론 $P \# P$은 열거된 곡면들 중 하나이고 그러므로 클라인 병도 또한 그렇다.

예 14.3. 정리 14.20에 열거된 곡면들에 나타나지 않은 다른 컴팩트 곡면은 $T \# P$이다. 이것은 비가향 곡면이다. 그러므로 정리 14.20에 의해 사영평면들의 연결합이 되어야 한다. 사실은, $T \# P = P \# P \# P$이다. 그림 14.21에서 자르고 붙임으로써 $T \# P = K \# P$임을 보여 준다. $K \cong P \# P$이므로 $T \# P \cong K \# P \cong P \# P \# P$이다.

예 14.3의 관계 $T \# P = K \# P$은 곡면들의 연결합에 대한 소거법칙이 성립하지 않음을 입증한다. 그러한 소거 법칙은 $T \# P$이 $K \# P$과 위상동형이라면 T는 K와 위상동형임을 암시한다. 그러나 T는 가향이고 K는 아니기 때문에 T는 K와 위상동형이지 않다.

관계 $P \# P \cong K$와 $T \# P = K \# P$는 사영평면들의 연결합의 다음 특징들을 만들어 낸다.

정리 14.21. 모든 $n \geq 3$에 대하여,

$$nP = \begin{cases} \dfrac{n-1}{2} T \# P & \text{만약 } n\text{이 홀수,} \\ \dfrac{n-2}{2} T \# K & \text{만약 } n\text{이 짝수} \end{cases}$$

이다.

증명. 연습문제 14.11 참조. ■

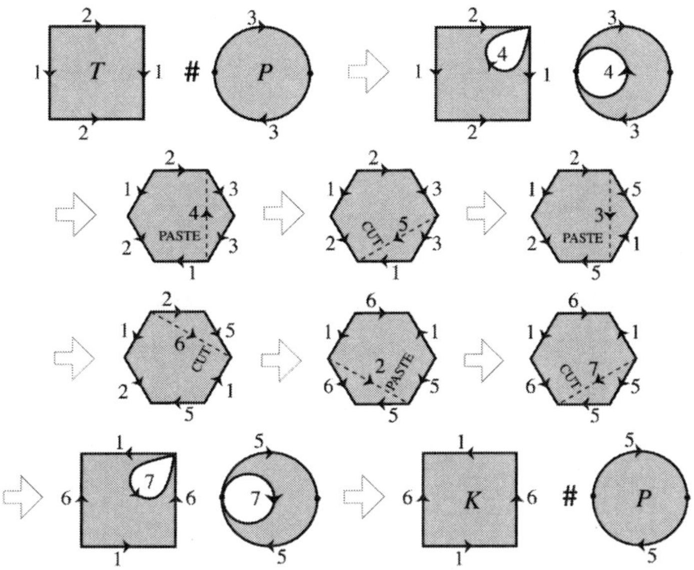

(그림 14.21) $T\# P$는 $K\# P$와 위상동형임을 보이기 위해 자르고 붙임을 이용.

컴팩트 곡면의 분류 정리에 대한 다음 다른 형태는 정리 14.20과 14.21의 결과로 바로 나온다.

정리 14.22. 모든 컴팩트 곡면은 S^2, nT, $nT\# K$, 또는 $nT\# P$ 중 정확히 하나와 위상동형이다.

우리는 목록에 K와 P를 포함하기 위해 정리 14.22에 있는 마지막 두 연결합에서 T가 없는 가능성을 허용한다. 그림 14.22에서 정리 14.22에 열거된 컴팩트 곡면들을 보여준다.

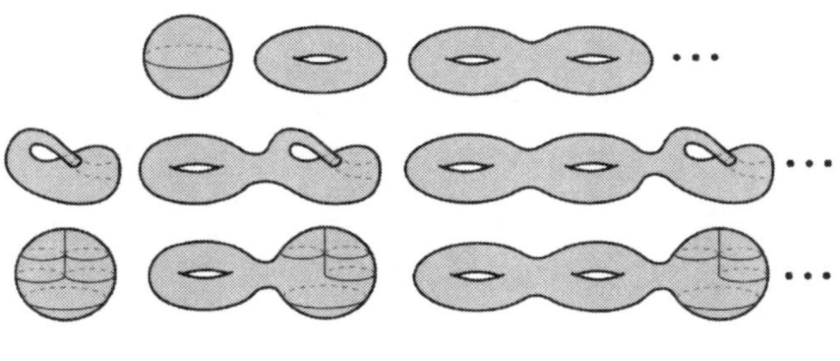

(그림 14.22) 컴팩트 곡면들의 완전한 모임.

예 14.2에서 구면, 원환면, 클라인 병, 그리고 사영평면에 증명했듯이, 다른 컴팩트 곡면들을 구별하기 위해서 가향성과 오일러 특성수를 사용한다. 모든 컴팩트 곡면들을 구별하기 위해서 오일러 특성수에 연결합 연산의 영향을 이해할 필요가 있다.

보조정리 14.23. 만약 S_1과 S_2가 컴팩트 곡면이면, $\chi(S_1 \# S_2) = \chi(S_1) + \chi(S_2) - 2$이다.

증명. 오일러 특성수는 삼각분할에 독립적이기 때문에 연결합을 취하는 과정에서 내부가 제거되는 원판들이 삼각분할에서 삼각형이 되도록 S_1과 S_2의 삼각분할을 선택한다. 그러면 연결합 연산은 각각의 곡면에서 하나의 삼각형의 내부를 제거하고 꼭짓점은 꼭짓점으로 변들은 변들로 붙이도록 서로 삼각형들의 경계를 붙이는 것에 대응한다. 그러나 각각의 경계는 세 개의 꼭짓점들과 세 개의 변들로 이루어졌다. 그러므로 $S_1 \# S_2$의 삼각분할을 얻기 위해 S_1과 S_2의 삼각분할들을 결합하는 과정에서 우리는 세 개의 꼭짓점과 세 개의 변, 그리고 두 개의 면들을 잃는다. 결과적으로 오일러 특성수는 $\chi(S_1) + \chi(S_2) - 3 + 3 - 2$이다. 그러므로 $\chi(S_1 \# S_2) = \chi(S_1) + \chi(S_2) - 2$이다. ■

정리 14.24. 컴팩트 곡면 nT와 nP에 대하여 오일러 특성수는 $\chi(nT) = 2 - 2n$과 $\chi(nP) = 2 - n$으로 주어진다.

증명. 연습문제 14.12 참조. ■

정리 14.16을 포함하여 앞 절에서의 가향성에 대한 결과들에 의해 S^2와 nT는 가향인 반면에 nP는 아니다. 더군다나 $\chi(S^2) = 2$이고 $\chi(nT) = 2 - 2n$이므로 S^2와 nT 사이의 어떠한 두 곡면도 똑같은 오일러 특성수를 가지지 않는다. 마찬가지로 컴팩트 곡면들 nP의 어떠한 두 곡면도 똑같은 오일러 특성수를 가지지 않는다. 그래서 정리 14.20에 열거된 곡면들 중 두 곡면이 주어졌을 때, 그것들이 똑같은 오일러 특성수를 가지지 않거나 또는 하나는 가향이고 다른 하나는 아니다. 어떠한 경우든 정리 14.20에 열거된 어떠한 두 컴팩트 곡면도 위상동형이 아님을 결론내릴 수 있다. 정리 14.22에 열거된 컴팩트 곡면들에 대해서도 똑같은 결론을 이끌어 낼 수 있다. 이것은 다음 강력한 결과를 만들어 낸다.

정리 14.25. 두 컴팩트 곡면이 위상동형일 필요충분조건은 그것들이 똑같은 오일러 특성수를 가지고 그리고 둘 다 가향이거나 둘 다 비가향이다.

정리 14.20과 14.25에 의해 컴팩트 곡면에 대한 분류 문제가 끝난다. 중복없이 모든 가능한 완전한 목록과 14.20에 열거된 어떤 컴팩트 곡면이 주어진 곡면과 대응하는지를 결정하는 간단한 알고리즘(오일러 특성수를 계산하고 그 곡면이 가향인지를 확인함)이 존재한다.

예 14.4. 컴팩트 곡면을 알기 위해 그 알고리즘이 어떻게 사용될 수 있는지 이해하기 위해 연결합 $K\#K\#P\#P\#T\#T$에 의해 주어진 곡면 S를 고려하자: S를 구성하고 있는 연결합에서 비가향 곡면이 있기 때문에 S는 비가향이다. 보조정리 14.23과 K, T, 그리고 P에 대한 오일러 특성수를 이용하면 $\chi(S)=-8$임을 알 수 있다. 정리 14.20에 열거된 컴팩트 곡면들 중에서 오일러 특성수가 -8이고 비가향인 곡면은 $10P$, 10개의 사영평면들의 연결합이고 그러므로 S는 $10P$와 위상동형이다.

우리는 또한 원판 또는 뫼비우스 띠를 곡면으로 고려하기를 원하지만, 모서리에 있는 점들은 열린 2-공과 위상동형인 근방을 가지지 않는다. 그러나 그 점들은 그 공의 절반과 위상동형인 근방을 가진다. 따라서 H^n을 열린 n-공 $\mathrm{Int}(B^n)$의 부분공간으로써 $H^n=\{(x_1, x_2, \dots, x_n)\in \mathrm{Int}(B^n) \mid x_n \geq 0\}$ 이라 하자. 다음과 같이 좀 더 넓은 범위의 다양체를 정의한다.

정의 14.26. **경계를 가진 n-다양체** M은 가산개의 기저를 가진 하우스도르프 공간으로써 모든 점은 열린 n-공 $\mathrm{Int}(B^n)$와 위상동형인 근방을 가지거나 H^n과 위상동형인 근방을 가지고 후자 형태의 점들의 집합은 공집합이 아니다.

$\mathrm{Int}(B^n)$과 위상동형인 근방을 가진 점들의 집합을 그 다양체의 **내부**라 하고, $\mathrm{Int}(B^n)$과 위상동형인 근방을 가지지 않고 그러나 H^n과 위상동형인 근방을 가진 점들의 집합을 그 다양체의 **경계**라 한다. M의 경계를 ∂M으로 표시한다.

경계를 가진 연결인 2-다양체를 **경계를 가진 곡면**이라 부른다.

예 14.5. 그림 14.23에서 경계를 가진 다양한 곡면을 보여준다. 맨 좌측의 S_1은 두 원판의 내부가 제거된 종수 3인 곡면이다. 가운데 있는 S_2는 겹쳐진 두 띠가 경계에 붙여진 원판이다. 맨 우측의 S_3은 경계(S_3을 경계를 가진 곡면으로 간주할 때)가 세잎 매듭인 $\mathbb{R}^3$의 부분공간이다.

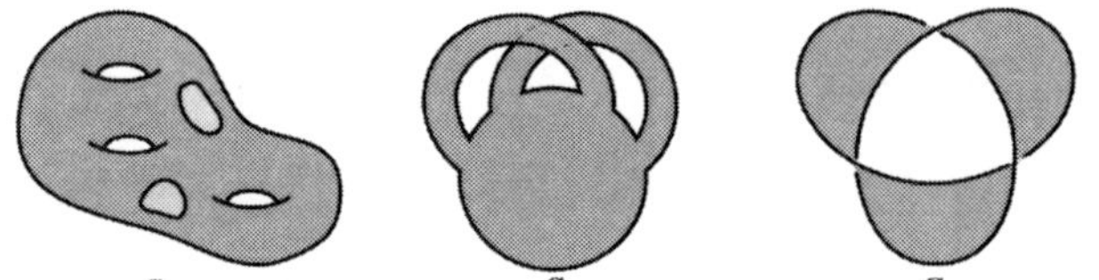

(그림 14.23) 경계를 가진 곡면들의 예시.

"경계를 가진 곡면"에서의 "경계"의 의미는 비록 집합으로써 일치할 수 있지만 이전 의미와 다르다. 원판을 $\mathbb{R}^2$의 부분집합으로 간주하다면 경계를 가진 곡면으로써 그 경계는 $\mathbb{R}^2$의 부분집합으로써 경계와 같다. (그림 14.24 참조.) 그러나 $\mathbb{R}^3$ 안에 넣어진 뫼비우스 띠의 경우에는 경계를 가진 곡면으로써 경계는 원인 반면에 $\mathbb{R}^3$의 부분집합으로써 경계는 뫼비우스 띠 전체이다.

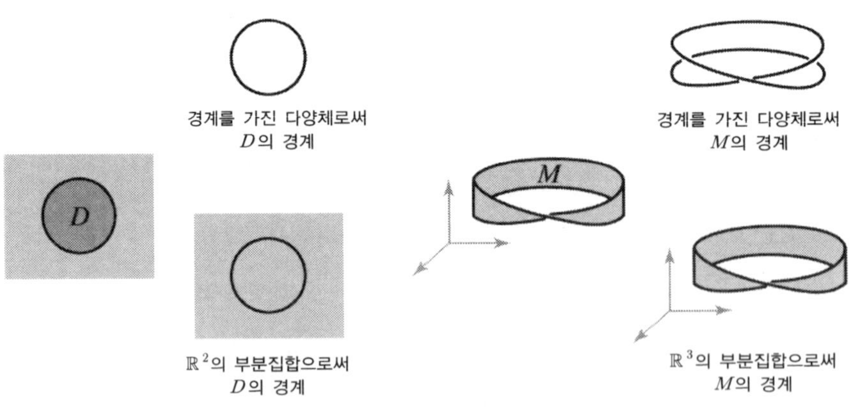

(그림 14.24) 경계를 가진 곡면의 경계는 위상공간의 부분집합으로써의 경계와 일치할 수도 일치하지 않을 수도 있다.

우리는 경계를 가진 곡면 S에 대한 다음 사실을 받아들인다. 그것들은 그럴 듯 하지만 증명하기 위해서는 여기에서 다루긴 힘든 사전 결과들이 필요하다.

(i) S의 경계는 1-다양체이다.

(ii) 만약 S가 컴팩트이면, 그 경계는 유한히 많은 연결성분들을 가진다.

컴팩트 곡면에 대해 이미 다루어졌던 많은 부분들(삼각분할의 존재성, 가향성 정의, 오일러 특성수 등등)이 경계를 가진 곡면으로 이어진다.

S를 경계를 가진 곡면이라 하자. 그 경계의 각 연결성분은 1-다양체이고 그러므로 정리 14.3에 의해 원과 위상동형이어야 한다. 그러한 각 경계 원에 원판의 경계가 붙여지도록 원판을 추가할 수 있다. 이 과정을 S의 경계를 **모자 씌운다(capping off)**고 말한다. 그러면 붙여진 원판들과 함께 S는 경계가 없는 컴팩트 곡면 S^*이다. 그러므로 경계를 가진 모든 컴팩트 곡면 S는 정리 14.20에서 열거된 곡면들 중 하나의 컴팩트 곡면 S^*로부터 유한개의 서로소인 원판들의 내부를 제거함으로써 얻어진다.

비록 경계를 가진 곡면 S가 $\mathbb{R}^3$에 넣어진다 하더라도 대응되는 모자 씌워진 곡면 S^* 또한 그렇게 될 필요는 없다. 예를 들어 뫼비우스 띠는 $\mathbb{R}^3$에 넣어진 경계를 가진 곡면이지만 뫼비우스 띠를 모자 씌운다면 $\mathbb{R}^3$에 넣을 수 없는 곡면인 사영평면을 얻는다.

경계를 가진 컴팩트 곡면 S가 무엇인지 알기 위해서는 오일러 특성수를 계산하고 가향인지를 결정하고 얼마나 많은 경계 연결성분을 가지고 있는지 결정하는 것으로 충분하다. 그 이유는 먼저 모자 씌워진 곡면 S^*를 고려한다. S와 S^*의 오일러 특성수가 $\chi(S^*)=\chi(S)+n$에 의해 연관되어있다는 것을 쉽게 보일 수 있다. 여기에서 n은 S의 경계 연결성분의 개수 또는 다른 방법으로 S^*를 얻기 위해 S에 붙여진 원판의 개수이다. S^*의 오일러 특성수와 S^*의 가향성 여부를 사용하여 정리 14.20에 의해 S^*를 밝혀낼 수 있다. 그 다음에 S를 S^*에 n개의 서로소인 원판들의 내부를 제거한 곡면으로 알 수 있다.

예 14.6. 그림 14.25에서 $\mathbb{R}^3$의 부분공간으로써 경계를 가진 곡면 S를 보여준다. S의 경계는 연결이고 7_4인 매듭을 나타낸다. 우리는 S가 무슨 곡면인지 알고 싶어 한다.

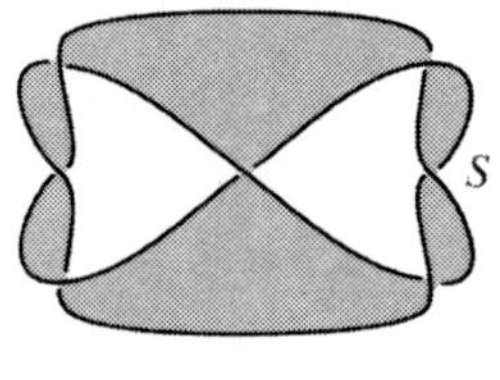

(그림 14.25) 이것은 경계를 가진 어떠한 곡면인가?

S의 모든 단순닫힌곡선은 짝수 번의 반비틀기를 지나야 한다는 것을 알 수 있다. 그러므로 S 안에 뫼비우스 띠를 넣는 것은 불가능하며 S는 가향임을 암시한다. 더군다나 S의 오일러 특성수는 -1이다. (연습문제 14.16 참조.) 따라서 S^*가 S를 모자 씌움으로써 얻어진 곡면이라면 S^*는 가향이고 $\chi(S^*) = \chi(S) + 1 = 0$이다. 그래서 S^*는 원환면이고, S는 원환면에서 하나의 원판의 내부를 제거함으로써 얻어진 경계를 가진 곡면이다.

연습문제 14.2

14.11. 정리 14.21을 증명하시오.

14.12. 정리 14.24를 증명하시오: 컴팩트 곡면 nT와 nP에 대하여 오일러 특성수는 $\chi(nT) = 2 - 2n$과 $\chi(nP) = 2 - n$으로 주어진다.

14.13. 곡면 $T \# K \# K \# P \# P \# P$을 고려하자. 이 곡면은 정리 14.20에 열거된 곡면들 중 어느 것인가? 이 곡면은 정리 14.22에 열거된 곡면들 중 어느 것인가?

14.14. 변들끼리 쌍으로 붙임으로써 정사각형으로부터 위상공간을 만드는 모든 가능한 방법을 고려하자. 각각의 가능한 방법으로 나오는 공간이 무엇인지 결정하시오.

14.15. (a) 맞은 변끼리 동일시되는 육각형은 원환면을 만듦을 보이시오.

(b) 팔각형에서 맞은 변끼리 동일시되어 얻어진 곡면이 무엇인지 결정하시오.

(c) 십각형에서 맞은 변끼리 동일시되어 얻어진 곡면이 무엇인지 결정하시오.

(d) $n \geq 6$에 대하여 $2n$-각형에서 맞은 변끼리 동일시되어 얻어진 곡면이 무엇인지 결정하시오.

14.16. 예 14.6에 있는 경계를 가진 곡면 S에 대하여, $\chi(S) = -1$임을 보이시오.

14.17. 그림 14.26에 있는 경계를 가진 곡면들 각각이 무슨 곡면인지 결정하시오.

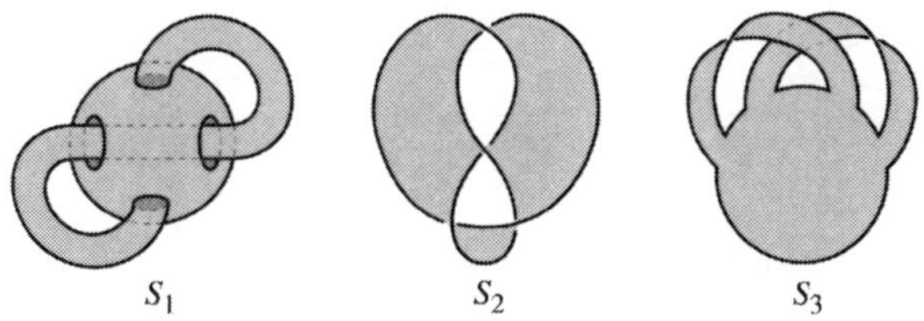

(그림 14.26) 경계를 가진 곡면들 각각을 결정함.

14.18. (a) 경계를 가진 연결된 1-다양체를 모두 결정하시오(증명 불필요).

(b) 경계를 가진 컴팩트 1-다양체를 모두 결정하시오(증명 불필요).

14.3. 3-다양체

이 절에서는 다양한 3-다양체의 예시들을 살펴보고 이것들이 우리가 살고 있는 우주가 될 수 있다는 것을 명심한다.

예 14.7. 3-구면 S^3. 3-구면은 4-공간의 원점으로부터 단위 거리에 있는 점들의 집합으로써 정의된다:

$$S^3 = \{(x, y, z, w) \mid x^2 + y^2 + z^2 + w^2 = 1\}$$

이것은 컴팩트 연결 3-다양체이다. (연습문제 14.19 참조.)

예 7.20에서 S^3가 어떻게 3차원 유클리드공간 $\mathbb{R}^3$의 한 점 컴팩트화로써 간주되어지는 지를 살펴봤다. $\mathbb{R}^3$에 단지 한 점을 추가하고 거기에 적절히 위상을 정의함으로써 S^3와 위상동형인 공간을 얻는다.

여기에서는 S^3를 묘사하는 다른 방법을 고려한다. 2-구면과 비슷하게 묘사하는데 2-구면은 위쪽 반구면에 아래 반구면을 적도에 따라 붙여진 것으로 간주되어질 수 있다. 두 반구면은 각각 원판과 위상동형이기 때문에 2-구면을 두 원판의 경계를 붙임으로서 만들어지는 것으로 간주할 수 있다. (그림 14.27 참조.)

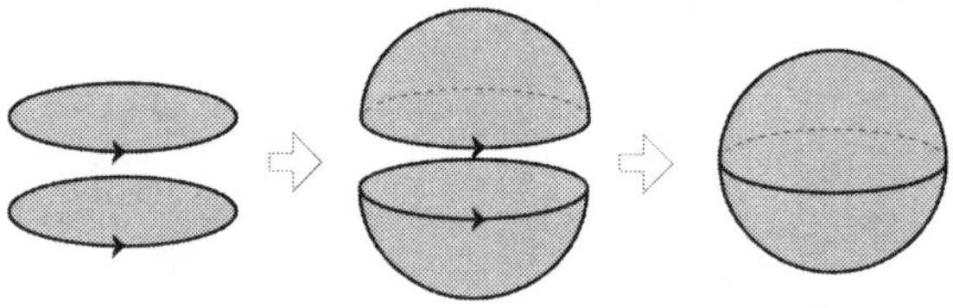

(그림 14.27) 2-구면을 얻기 위해 두 원판을 서로 붙임.

비슷하게 3-구면을 두 개의 3-구체를 그것들의 구면 경계를 따라 붙임으로써 만들 수 있다. 그러나 이 두 3-구체는 4-공간의 원점으로부터 단위 거리에 있는 점들의 집합으로써의 3-구면의 최초 정의에 어디에 있는가?

$$R = \{(x, y, z, w) \mid x^2 + y^2 + z^2 + w^2 = 1 \text{ 그리고 } w = 0\}$$

이라 하자. 다시 말해서 R은 $w = 0$으로 놓임으로써 얻어진 S^3의 부분집합이다. 이 점들에 대해 $x^2 + y^2 + z^2 = 1$이고 그래서 R은 2-구면임을 알 수 있다. 두 집합

$$S^3_- = \{(x, y, z, w) \mid x^2 + y^2 + z^2 + w^2 = 1 \text{ 그리고 } w \le 0\}\text{이고}$$

$$S^3_+ = \{(x, y, z, w) \mid x^2 + y^2 + z^2 + w^2 = 1 \text{ 그리고 } w \ge 0\}$$

각각은 경계 R을 가진다. 그러므로 S^3는 S^3_-와 S^3_+를 구면 경계를 따라 붙임으로써 얻어지고, S^3의 이 부분공간들 각각은 3-구체와 위상동형이다. (연습문제 14.20 참조.) 따라서 이런 식으로 S^3는 두 3-구체를 경계를 따라 붙임으로써 만들어진다는 것을 알 수 있다.

우리는 3-다양체의 예시들을 만들어 내는 간단한 방법을 가지려고 한다. 마치 곡면들이 삼각분할될 수 있는 것처럼 3-다양체도 사면체로 분해될 수 있고 어느 두 개의 사면체가 만난다면 면, 변, 또는 꼭짓점으로 만날 수 있다. 그리고 마치 컴팩트 곡면을 변들의 쌍들끼리 동일시되는 다각형으로 실현하기 위해서 그 곡면의 삼각분할에서 유한개의 삼각형들을 변들을 따라 붙이는 것처럼 컴팩트이고 연결인 3-다양체를 면들의 쌍끼리 동일시되는 다면체로 실현하기 위해서 그 3-다양체의 삼각분할에서 유한개의 사면체를 면들을 따라 붙일 수 있다.

다면체를 이야기 할 때 한 면의 내부는 그 면에서 둘레 변들과 꼭짓점을 제거한 집합을

의미한다. 비슷하게 변의 내부는 그 변의 양 끝에 있는 꼭짓점을 제거한 집합을 의미한다. 이 내부들은 다면체의 부분집합으로써 내부보다는 경계를 가진 다양체로써의 집합의 내부에 해당한다.

예 14.8. 3-원환면. 3장에서 3-원환면을 곱공간 $S^1 \times S^1 \times S^1$으로 정의했다. 원 S^1은 가산개의 기저를 가지고 컴팩트, 연결, 그리고 하우스도르프이다. 따라서 3-원환면은, 원들의 곱공간으로써, 이러한 성질들을 또한 가진다. S^1의 각 점은 열린구간과 위상동형인 근방을 가진다. 그러므로 3-원환면의 각 점은 세 개의 열린구간의 곱공간과 위상동형인 근방을 가지고, 그러한 근방은 열린 3-구체와 위상동형이다. 그러므로 3-원환면은 컴팩트이고 연결인 3-다양체이다.

또한 예 3.26에서처럼 3-원환면을 하나의 정육면체에서 마주보는 면들끼리 붙임으로써 얻을 수 있다. 이 묘사에서 3-원환면의 각 점이 어떻게 열린 3-구체 근방을 가지는지 이해하는 것은 앞으로 우리가 할 비슷한 방법들에 대해 도움이 된다. 정육면체의 내부 안의 한 점은 3-구체 근방을 가지고, 그러므로 3-원환면 안의 대응하는 점들도 그러한 근방을 가진다. (그림 14.28 참조.) 한 면의 내부에 있는 점은 반구체 근방을 가진다. 그 점은 또한 반구체 근방을 가지는 반대 면에 있는 한 점과 동일시된다. 이 두 반구체 근방들은 3-원환면에서 대응하는 한 점의 열린 3-구체 근방을 형성하도록 서로 붙여진다. 한 변의 내부에 있는 점은 3-원환면에서의 점의 열린 3-구체 근방을 형성하기 위해 다른 세 변의 세 개의 일치하는 점들의 1/4-구체 근방들과 붙여지는 1/4-구체 근방을 가진다. 마지막으로, 꼭짓점들인 여덟 개의 점들은 1/8-구체 근방들을 가지고 3-원환면에서의 한 점의 열린 3-구체 근방을 형성하기 위해 붙여진다. 따라서 3-원환면의 모든 점은 열린 3-구체 근방을 가진다.

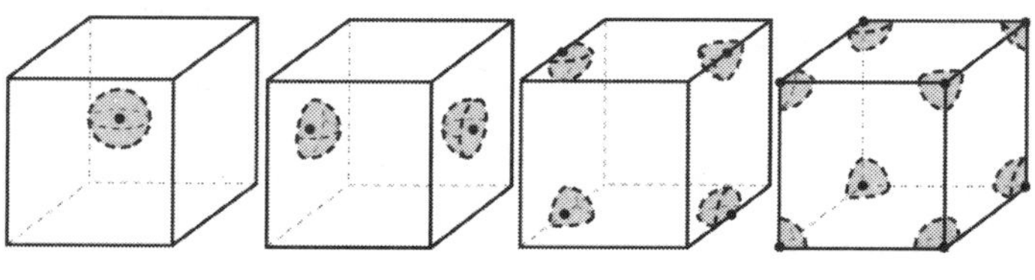

(그림 14.28) 3-원환면의 모든 점은 열린 3-구체 근방을 가진다.

이 예를 바탕으로 컴팩트이고 연결인 3-다양체를 만드는 것은 상대적으로 쉽다. 각 n에 대하여 짝수 개의 n각형 면을 가지는 다면체를 선택하고 면들을 쌍으로 붙이는데 변은 변으로 꼭짓점은 꼭짓점으로 붙인다. 상공간을 만드는 이 과정을 **다면체 붙임**이라 부른다.

그러나 다면체 붙임의 결과가 3-다양체가 안 될 수도 있기 때문에 조심해야 한다. 다면체 붙임이 주어졌을 때, 다면체의 내부점들과 대응하는 상공간의 점들은 요구되어진 대로 3-구체 근방을 가진다. 또한 다면체의 면들의 내부에 있는 점들을 붙임으로써 나오는 점들은 3-원환면의 경우처럼, 두 개의 반구체 근방을 붙임으로써 얻어진 열린 3-구체 근방을 가진다. 그러나 다면체의 변들을 붙임으로써 또는 다면체의 꼭짓점들을 붙임으로써 나오는 점들은 열린 3-구체 근방을 가진다는 것을 보장을 못한다. 다면체 붙임으로써 3-다양체를 얻기 위해서는 변 붙임과 꼭짓점 붙임에서 만족해야 하는 추가적인 조건들이 있다. 이 조건들을 다음에서 다룬다.

우선 변들을 고려한다. 다면체 붙임이 주어졌을 때 동치관계는 변들에 자연스럽게 정의되는데 만약 서로 두 변이 서로 붙여진다면 두 변은 동치이다. 변들의 각 동치류에서 모든 변들은 서로 붙여진다. 변들의 하나의 동치류 $\{e_1, \ldots, e_p\}$를 가정하자. e^*는 이 변들의 내부를 서로 붙임으로써 생기는 상공간에서의 집합이라 하자. 그 변들의 중점들이 서로 붙여진다고 가정하고 그 결과로 나오는 상공간 점을 e^*의 중점이라 부른다.

다면체의 한 변의 내부에 있는 각 점은 그림 14.29에서 그려진 것처럼 오렌지 한 조각을 닮은 근방을 가진다. 다면체 붙임에서 오렌지조각 근방들은 e^*의 각 점의 상공간 근방을 형성하기 위해 서로 붙여진다. 이 상공간 근방이 열린 3-구체와 위상동형인지에 관심이 있다.

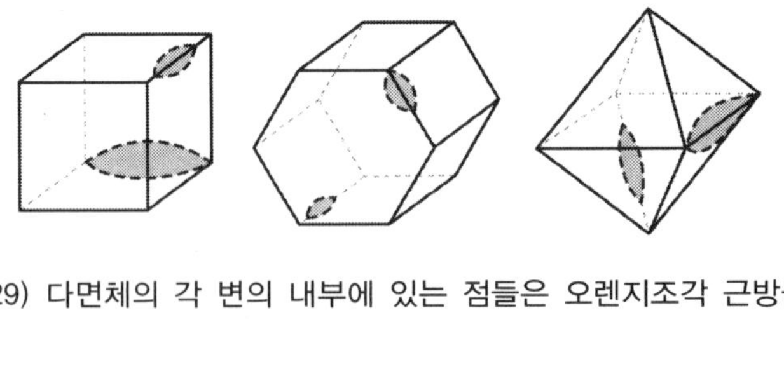

(그림 14.29) 다면체의 각 변의 내부에 있는 점들은 오렌지조각 근방을 가진다.

동치류의 변들은 적절히 순서가 있음을 가정하고, 면-변 수열

$$F_{[1,1]}, e_1, F_{[1,2]}, F_{[2,1]}, e_2, F_{[2,2]}, \ldots, F_{[p,1]}, e_p, F_{[p,2]}$$

을 만들 수 있어서 각 $i=1, \dots, p$에 대하여 변 e_i가 면 $F_{[i,1]}$와 $F_{[i,2]}$에 나타나고 각 $i=1, \dots, p-1$에 대하여 면 $F_{[i,2]}$는 면 $F_{[i+1,1]}$에 붙여지고, 면 $F_{[p,2]}$는 면 $F_{[1,1]}$에 붙여진다. 동치류에 있는 각 변에 대하여 그 변의 내부 전체를 포함하는 오렌지조각 근방을 취하자. 이러한 근방들이 상공간에서 e^*의 근방을 만들기 위해 서로 붙여지도록 그 근방들을 선택할 수 있다. 면-변 수열은 e^* 주위로 붙여진 오렌지조각 근방의 순서를 주고 그리고 그 수열의 마지막 면은 첫 번째 면에 붙여지기 때문에 오렌지조각 근방들은 e^* 주위 전체로 붙여진다.

이제 만약 e_1에 방향을 표시하기 위해 화살표를 놓는다면 다른 변들은 수열에서 면들끼리 붙여질 때 e_1으로부터 방향을 물려받는다. e_p가 방향을 물려 받은 이후에는 모든 변들이 방향을 가진다. 그러면 마지막 면 붙임은 e_p를 e_1과 쌍을 이루게 하여 그 방향들이 일치하거나 일치하지 않는다. 전자의 경우에는 오렌지조각 근방들이 서로 붙여져서 e^*의 모든 점의 열린 3-구체 근방을 형성한다. 후자의 경우에는 사영평면 경계들을 가지는 e^*의 중점의 임의의 작은 근방들이 존재한다. (연습문제 14.21 참조.) 여기에서 증명하지 않겠지만 후자의 경우에는 e^*의 중점의 어떠한 근방도 열린 3-구체와 위상동형이지 않는다.

만약 e_p와 e_1의 방향이 일치한다면, 면-변 수열은 **방향보존**이라고 말한다; 그렇지 않을 경우에는 **방향반전**이라 말한다. 변들의 하나의 동치류에 대하여 만약 하나의 면-변 수열이 방향보존이라면 그 동치류에 대한 모든 면-변 수열은 방향보존이 된다 (그러므로 만약 동치류에 대한 하나의 면-변 수열이 방향반전이라면 그 동치류에 대한 모든 면-변 수열도 방향반전이다)는 것을 쉽게 보일 수 있다. 이것은 다음 테스트를 이끌어낸다.

변 테스트: 다면체 붙임에 의해 얻어진 상공간이 주어졌을 때, 변들의 각 동치류에 대하여 면-변 수열을 만들고 그것이 방향보존인지를 결정하자. 만약 변들의 각 동치류가 하나의 방향보존하는 면-변 수열을 가진다면, 그 상공간은 변 테스트를 통과한다; 그렇지 않을 경우, 그 상공간은 3-다양체가 아니다.

예를 들어, 예 14.8에 있는 3-원환면에 대한 다면체 붙임을 고려하자. 변들에 대해 세 개의 동치류가 있고 각각은 방향 보존하는 면-변 수열을 가짐을 바로 알 수 있다. 그러므로 이 상공간은 변 테스트를 통과한다. 이것은 예 14.8에서 내부를 붙임으로써 나오는 각 점은 정육면체의 변들에 있는 1/4-구체를 서로 붙임으로써 얻어진 열린 3-구체 근방을 가진다는 것과 일치함을 알 수 있다.

예 14.9. 그림 14.30의 왼쪽에 있는 정육면체에서의 붙임을 고려하자. 그림 오른쪽에는 1-4로 번호 붙여진 변들이 이 붙임에 대해 하나의 동치류를 형성한다. 만약 $T, B, F, B', L,$ 그리고 R을 각각 정육면체의 위, 아래, 앞, 뒤, 왼쪽, 그리고 오른쪽 면을 나타낸다면, $T, 1, F, B', 2, L, R, 3, B', F, 4, B$는 동치류의 면-변 수열이다. 만약 그려진 것처럼 변 1에 방향을 선택하면, 변 2-4는 그려진 방향을 물려받는다. 아랫면은 윗면과 하나의 반사로 붙여지고 그러므로 변 4의 방향은 이 두 면이 붙여졌을 때 변 1의 방향과 일치하지 않는다. 따라서 이 상공간은 변 테스트에 실패하고 3-다양체가 아니다.

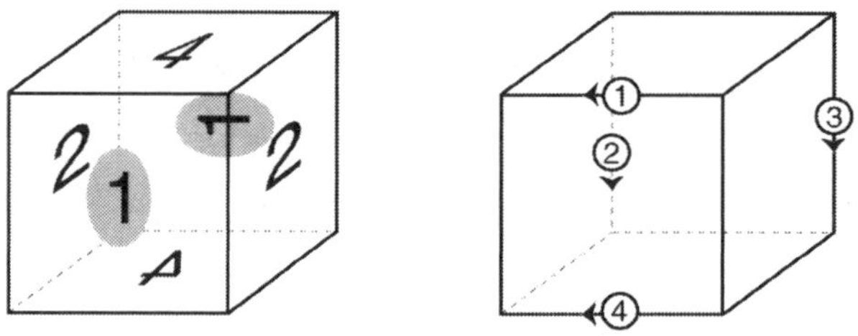

(그림 14.30) 변들의 동치류 $\{1, 2, 3, 4\}$는 방향반전인 면-변 수열을 가진다.

다음으로 다면체 붙임에서 꼭짓점들을 고려하자. 꼭짓점들 집합에서 만약 서로 붙여진다면 그 두 꼭짓점들은 동치인 동치관계를 정의한다. 각 동치류에 대하여 모든 대응하는 꼭짓점들은 다면체 붙임에서 동일시 되어 상공간에서 하나의 점을 만든다.

꼭짓점들의 하나의 동치류 $\{v_1, \ldots, v_n\}$가 있다고 하자. v^*를 이 꼭짓점들을 서로 붙임으로써 만들어지는 상공간에서의 그 점을 표시한다고 하자. 그림 14.31에 묘사된 것처럼 꼭짓점 v_i의 근처에서 다면체를 잘랐을 때, 각 v_i는 하나의 피라미드의 정점인데 그 피라미드는 다면체의 면에 있는 면들을 가지고 내부가 그 다면체의 내부에 있는 다각형의 밑면을 가진다. (파리미드라 하면은 한 정점으로부터 반드시 정사각형일 필요가 없는 하나의 다각형인 밑면에 연결하는 모든 선분들의 취함으로써 형성되는 다면체를 의미한다.)

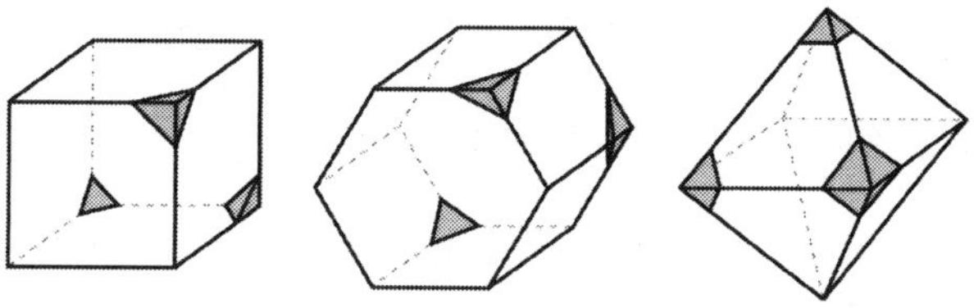

(그림 14.31) 다면체의 각 꼭짓점은 그 꼭짓점 근처에 있는 다면체를 잘라서 얻어진 하나의 피라미드의 정점이다.

이제 다면체가 붙여졌을 때, 그 피라미드들의 면, 변, 그리고 꼭짓점들이 적절하게 배열되어 있고 또한 서로 붙여질 수 있도록 각 v_i에 대해 하나의 피라미드의 모임을 선택하자. B를 피라미드들을 서로 붙였을 때 나오는 상공간에서의 부분집합이라 하자. 점 v^*는 상공간에서 B의 내부에 놓여있다. B의 내부가 열린 3-구체와 위상동형인지에 관심이 있다.

집합 B가 만들어지는 방식의 결과로써, B의 경계는 함께 붙여진 피리미드의 밑면들로 구성되어 있고 결과적으로 컴팩트 곡면이다. 이 곡면을 v^*에 대해 **에워싸는 곡면**이라 부른다. 만약 이 곡면이 구면이면 꼭짓점들 v_i쪽으로 피라미들을 줄임에 따라 결과적으로 나오는 에워싸는 곡면들은 본질적으로 v^*로 중심을 가지는 구면들의 집합을 만들어낸다. 따라서 B는 3-구체이고 그러므로 v^*는 열린 3-구체 근방을 가진다. 만약 에워싸는 곡면이 구면이 아니라면, v^*의 어떠한 근방도 열린 3-구체와 위상동형이 아님을 보일 수 있다(그러나 여기에서 증명을 하지 않는다). 이것은 다음 테스트를 이끌어 낸다.

꼭짓점 테스트: 다면체 붙임으로 얻어진 상공간이 주어졌을 때, 만약 꼭짓점들의 각 동치류가 구면인 에워싸는 곡면을 가진다면, 그 상공간은 꼭짓점 테스트를 통과한다; 그렇지 않을 경우에는 그 상공간은 3-다양체가 아니다.

예를 들어, 예 14.8에 있는 3-원환면에 대한 다면체 붙임을 고려하자. 정육면체의 여덟 개의 모든 꼭짓점들로 구성되어 있는 하나의 꼭짓점 동치류가 있다. v^*를 서로 붙여진 꼭짓점들로 생기는 상공간에서의 점이라 하고 S를 에워싸는 곡면이라 하자. 각 밑면이 삼각형이므로 피라미드 밑면들에 의해 S는 자연스럽게 삼각분할되어 있다.

이 삼각분할로부터 S의 오일러 특성수를 계산한다. 동치류에 있는 각 꼭짓점은 S를 만드는데 하나의 피라미드 밑면을 주고 그러므로 그 삼각분할에서 하나의 삼각형을 준다. 따라서 오일러 특성수 계산에서 $F=8$이다. 각 피라미드 밑면은 세 개의 변들을 주지만 이 변들은 S를 만드는데 쌍으로 붙여지므로 에워싸는 곡면의 삼각분할에서 $\frac{(3)(8)}{2}$ 변들이 있다. 그러므로 $E=12$이다. 마지막으로 다면체를 붙이기에 앞서서 정육면체의 각 변은 S를 만들기 위해 서로 붙여진 삼각형들 안의 두 꼭짓점을 포함한다. 일단 붙여진다면, 정육면체의 변들을 서로 붙임으로써 생기는 집합 e^*의 각각에 삼각분할의 두 꼭짓점을 가진다: 즉 정육면체 변들의 각 동치류는 삼각분할에서 두 꼭짓점들을 준다. 변들에 대한 세 개의 동치류가 있다는 것을 앞에서 보였다; 그러므로 $V=6$이다. 따라서 S의 오일러 특성수는 2이다.

앞 절의 컴팩트 곡면에 대한 분류 결과로부터 S는 구면이다. 그러므로 이 상공간은 꼭짓점 테스트를 통과한다. 물론 이것은 v^*이 정육면체 꼭짓점들 각각의 1/8-구체를 붙임으로써 만들어지는 열린 3-구체 근방을 가진다는 예 14.8에 했던 결과와도 일치한다.

예 14.10. 그림 14.32의 왼쪽에 있는 팔면체의 붙임을 고려하자. 팔면체 맨 위 꼭짓점은 다른 어떠한 꼭짓점과 붙여지지 않고 그러므로 동치류에서 유일한 점이다. v^*를 그 상공간에서의 대응하는 점이라 하자. 만약 맨 위 꼭짓점 가까이에 팔면체를 자른다면 그림의 중앙에 그려진 것처럼 하나의 피라미드를 얻는다. 팔면체 붙임에서처럼 피라미드의 앞면과 뒷면이, 그리고 왼쪽 면과 오른쪽 면이 서로 붙여진다. 그 피라미의 밑면은 v^*에 대한 에워싸는 곡면을 만들기 위해 변들끼리 서로 붙여진다. 그림에서 보여주듯이 이 붙임은 일반적으로 원환면을 얻기 위해 하나의 정사각형의 마주보는 변들을 동일시하는 것에 해당한다. 따라서 이 상공간은 꼭짓점 테스트에 실패하고 3-다양체가 아니다.

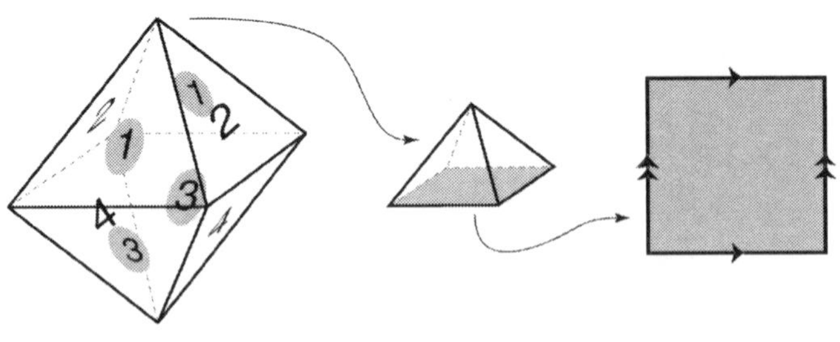

(그림 14.32) 이 팔면체 붙임은 원환면을 에워싸는 곡면으로 가지는 점을 만든다.

다양체-만들기 테스트를 결합하면, 다면체 붙임에 대한 다음 정리를 가진다.

정리 14.27. M을 다면체 붙임으로써 얻어진 상공간이라 하자. 그러면 M이 3-다양체일 필요충분조건은 그것이 변 테스트와 꼭짓점 테스트 둘 다 만족한다.

증명. 이미 앞서 논의했듯이, 만약 상공간이 변 테스트 또는 꼭짓점 테스트를 만족하지 않는다면 M은 3-다양체가 아니다.

따라서 상공간 M이 변 테스트와 꼭짓점 테스트 둘 다 만족한다고 가정하자. M이 하우스도르프이고 가산개의 기저를 가진다는 것은 정리 14.5에서 제시됐던 정사각형의 상공간으로써 클라인 병에 대한 경우와 비슷한 방법으로 보일 수 있다. 작고 열린 3-구체 근방들, 붙여진 반구체 근방들, 붙여진 오렌지조각 근방들, 그리고 붙여진 꼭짓점들의 근방들은 가산개의 기저를 정의하는데 사용될 수 있고 그리고 M이 하우스도르프임을 보이기 위해 점들을 분리하는데 사용될 수 있다.

이전에 논의했듯이 다면체의 내부점에 대응하는 M의 점들과 면의 내부점에 대응하는 M의 점들은 열린 3-구체 근방을 가진다. M은 변 테스트를 만족하므로 변의 내부점들이 서로 붙여져서 나오는 M의 점들은 오렌지조각 근방을 서로 붙임으로써 얻어지는 열린 3-구체 근방을 가진다. 그리고 M은 꼭짓점 테스트를 만족하므로, 꼭짓점들끼리 서로 붙여져서 나오는 M의 점들은 서로 붙여진 피라미드의 내부를 취함으로써 만들어지는 3-구체 근방을 가진다.

그러므로 만약 M이 변 테스트와 꼭짓점 테스트를 만족한다면, M은 3-다양체이다. ■

3-다양체의 추가적인 예시들을 고려하자.

예 14.11. 1/4-비틀기 다양체. 이 다양체는 그림 14.33에 보인 것처럼 정육면체로부터 두 쌍의 마주보는 면들끼리 붙여지고 마지막 한 쌍은 1/4 비틀기(twist)에 의해 붙여져서 얻어진다. 3-원환면에서처럼 변들의 세 개의 동치류가 있고 각각은 네 개의 변들을 포함한다. 이 동치류 각각은 방향을 보존하는 면-변 수열을 가진다. (연습문제 14.22 참조.)

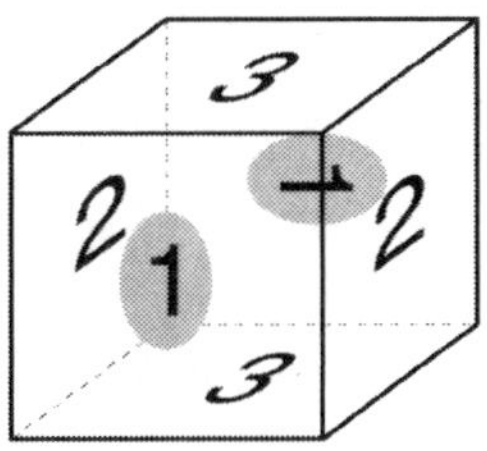

(그림 14.33) 1/4-비틀기 다양체를 얻기 위해 정육면체의 면들을 붙임.

정육면체의 모든 여덟 개의 꼭짓점들은 서로 동일시되고, 그리고 3-원환면 예시에서 처럼, 오일러 특성수는 상공간에서 대응하는 점의 에워싸는 곡면이 구면임을 보이기 위해 사용될 수 있다. 따라서 1/4-비틀기 다양체는 3-다양체이다.

예 14.12. 1/6-비틀기 다양체. 이 상공간은 그림 14.34에서 그려진 것처럼 육각형 프리즘에 정의된다. 각 정사각형 면들은 맞은 편 정사각형 면에 바로 붙여지고, 앞과 뒤 육각형 면들은 1/6-비틀기에 의해 서로 붙여진다. 이 상공간은 변 테스트와 꼭짓점 테스트를 만족하고 그러므로 3-다양체이다. (연습문제 14.23 참조.)

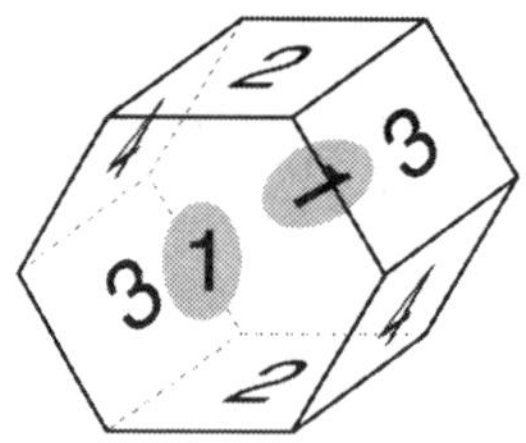

(그림 14.34) 1/6-비틀기 다양체를 얻기 위해 육각형 프리즘의 면들을 붙임.

예 14.13. 푸앵카레 12면체 공간. 그림 14.35에서처럼 12면체에서 마주보는 쌍들 각각을 1/10 시계방향 회전에 의해 동일시한다. 앞면에서 뒷면으로의 1/10 시계방향 비틀기 동일시는 뒷면에서 앞면으로의 1/10 시계방향 비틀기와 같음을 알 수 있다. 그 결과로 나오는 상공간은 변 테스트와 꼭짓점 테스트를 만족하고 그러므로 3-다양체이다. (연습문제 14.24 참조.) 30개의 변들은 각각 3개의 변들을 포함하는 10개의 동치류로 분할된다. 이것은 다음 절과 관계가 있다. 꼭짓점들은 각각 4개의 꼭짓점들을 포함하는 5개의 동치류로 분할된다.

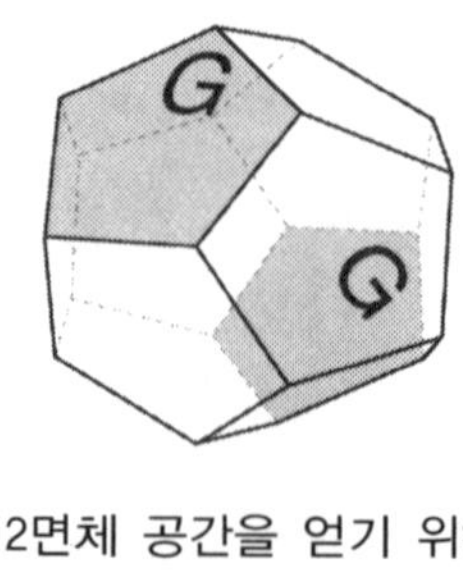

(그림 14.35) 푸앵카레 12면체 공간을 얻기 위해 12면체의 면들을 붙임.

예 14.14. 싸이퍼트-웨버(Seifert-Weber) 12면체 공간. 이 경우에는 12면체의 마주보는 면들을 3/10 시계방향 비틀기로 동일시한다. (그림 14.36 참조.) 여기에서 12면체의 30개의 변들은 각각 5개의 변들로 이루어진 6개의 동치류로 분할된다. 20개의 꼭짓점들은 서로 동일시되고 그러므로 꼭짓점들에 대해 오직 1개의 동치류가 있다. 이 상공간은 3-다양체이다. (연습문제 14.25 참조.)

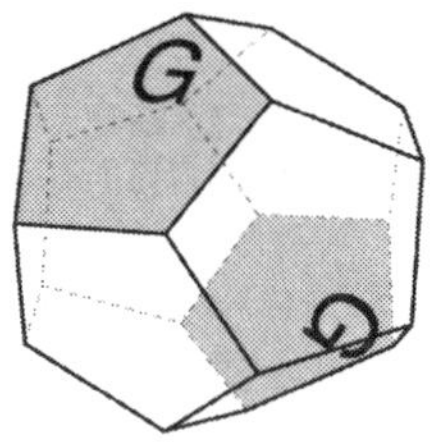

(그림 14.36) 싸이퍼트-웨버 12면체 공간을 얻기 위해 12면체의 면들을 붙임.

2-다양체에서처럼 3-다양체에 대한 가향성의 개념을 가진다. 뫼비우스 띠의 존재성과 일치하는 비가향성 대신에, 비가향 2-다양체의 경우에서처럼 만약 클라인 병체로써 알려진 부분공간을 포함하면 3-다양체는 비가향이다.

정의 14.28. 클라인 병체(solid Klein bottle)는 그림 14.37에서처럼 원기둥체의 양 끝에 있는 원판들을 반사에 의해 동일시해서 얻어지는 상공간이다.

(그림 14.37) 클라인 병체.

원기둥체 안의 각각의 중심이 같은 원기둥들은 붙여진 이후에는 클라인 병들이 된다. 그래서 클라인 병체는 중심 원으로 줄어드는 중심이 같은 클라인 병들의 모임으로 이루어진다.

만약 우리가 클라인 병체에 있고 한 쪽 끝으로 걸어 나가고, 붙임을 통하여, 다시 우리가 출발한 곳으로 되돌아 온다면 무슨 일이 일어나겠는가?

붙임은 모든 것을 왼쪽에서 오른쪽으로 바꾸기 때문에, 우리의 심장이 몸의 반대쪽에 놓이게 되돌아 올 것이다. 우리의 시계의 밑면은 뒤바뀌고 시계바늘들은 시계반대방향으로 움직일 것이다. 흥미롭게도 우리는 그 차이를 구별할 수 없을 것이다. 우리에게는 우리 심장이 여전히 왼쪽에 있고, 우리의 시계는 여전히 항상 움직였던 대로 움직일 것처럼 보인다. 그러나 우리가 그들에게 그렇듯이 남아 있는 모든 사람은 우리에게는 뒤바뀌어 보인다.

우주가 그러한 클라인 병체를 포함할 수 있는가? 수학적인 관점에서 그것은 가능하다.

정의 14.29. 만약 클라인 병체를 포함한다면 3-다양체는 **비가향**이다. 만약 포함하지 않는다면, 3-다양체는 **가향**이다.

예 14.15. 그림 14.38에서처럼 정육면체의 맞은 편 면끼리 동일시함으로써 얻어진 상공간을 고려하자. 이전에 이 공간을 예 3.27에서 보았다. 앞면과 뒷면은 그대로 동일시된다. 윗면과 밑면은 한 번 뒤집혀서 동일시된다. 왼쪽 면과 오른쪽 면에서도 똑같이 적용된다. 붙임의 결과는 3-다양체이고 원과 사영평면의 곱공간인 $S^1 \times P$와 위상동형이다. (연습문제 3.38 참조.)

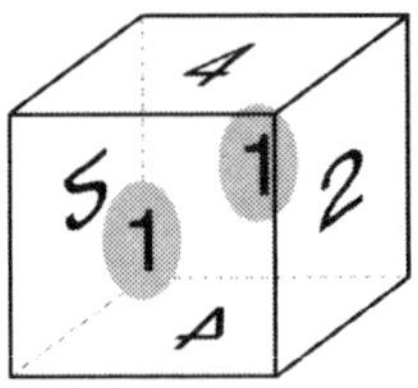

(그림 14.38) $S^1 \times P$와 위상동형인 공간을 얻기 위해 정육면체의 맞은 편 면끼리 붙임.

정육면체의 윗면의 중앙에서부터 밑면의 중앙까지 뻗어 있는 원기둥체의 양끝을 붙임으로써 얻어진 클라인 병체를 포함하고 있기 때문에 이 다양체는 비가향이다.

3-다양체 이론분야에서 위대했고 풀리지 않았던 문제 중의 하나는 푸앵카레 추측이었다. 1904년에 앙리 푸앵카레(Henri Poincare)에 의해 처음 제기 됐는데 3-구면처럼 똑같이 행동하는 3-다양체는 실제로 3-구면이어야 한지를 묻는 것이다.

다양체가 3-구면처럼 행동해야 하는 것은 무슨 의미인가? 만약 3-구면 안에서 닫힌곡선(연속함수 $f: S^1 \to S^3$)을 선택한다면 그것은 한 점으로 수축될 수 있다. 3-구면은 길연결이고 3-구면 안의 모든 닫힌곡선은 한 점으로 수축될 수 있기 때문에, 3-구면은 단순연결이라 말한다. (9.5절 참조.) 이와 반대로 3-원환면에서는 그렇지 않다. 3-원환면을 만드는 다면체 붙임에서 정육면체의 수직선분은 3-원환면에서 한 점으로 수축될 수 없는 닫힌곡선이 된다.

푸앵카레 추측은 만약 경계가 없는 3-다양체가 컴팩트이고 단순연결이면, 그것은 3-구면과 위상동형이어야 한다는 것을 말한다. 푸앵카레는 이것을 증명하려고 시도했으나 실패했다. 다른 많은 시도는 지난 세기동안 이루어졌고 수많은 발표가 있었지만 결과적으로 옳지 않다고 판명되었다. 2002년에 러시아 수학자 그리고리 페럴만(Grigori Perelman)은 증명을 발표했는데 전 세계의 수학자들에 의한 수 년 동안의 면밀한 검토에 의해 그 증명이 옳다고 판명됐다. 페럴만이 이 유명한 한 세기의 문제를 풀었던 것뿐만 아니라 그의 증명기법은 푸앵카레 추측의 증명을 뛰어 넘는 응용들을 가지고 3차원 위상에서의 연구에 혁명을 가져올 것 같다. 2006년에 페럴만은 그의 업적에 대해 필드상 수상자로 선정이 됐다(그러나 그는 그 상을 거절했다).

연습문제 14.3

14.19. 3-구면 S^3은 3-다양체임을 증명하시오.

14.20. 예 14.7에 있는 공간 S^3_+와 S^3_-를 고려하자. 이 공간들 각각과 3-구체 사이의 구체적인 위상동형사상을 정의하시오.

14.21. 다면체 붙임이 주어졌을 때 $\{e_1, \ldots, e_p\}$는 방향반전인 면-변 수열을 가진 변들의 동치류라 가정하자. p를 변들 e_i의 중점들이 붙여진 것에 대응하는 상공간에서의 점이라 하자. 상공간에서 경계가 사영평면인 p의 임의의 작은 근방이 존재함을 보이시오.

14.22. (a) 예 14.11에서 1/4-비틀기 다양체를 만드는 붙임은 변 테스트와 꼭짓점 테스트를 만족함을 보이시오.

(b) 정육면체의 앞면과 뒷면의 1/4-비틀기 붙임을 1/2-비틀기 붙임으로 바꾸자. 그 결과로 나오는 붙임은 변 테스트와 꼭짓점 테스트를 만족함을 보이시오. (이 다양체를 **1/2-비틀기 다양체**라 부른다.)

14.23. (a) 예 14.12에 있는 1/6-비틀기 다양체 만들기를 고려하자. 육각형 프리즘에서 정해진 붙임에 따라 변 동치류와 꼭짓점 동치류에 번호를 붙이시오. 이 붙임은 변 테스트와 꼭짓점 테스트를 만족함을 보이시오.

(b) 육각형 프리즘의 앞면과 뒷면의 1/6-비틀기 붙임을 1/3-비틀기 붙임으로 바꾸시오. 육각형 프리즘의 변들의 이 붙임에 대해 질문 (a)를 반복하시오.

14.24. 예 14.13에 있는 푸앵카레 12면체 공간에 대한 붙임을 고려하자.

(a) 이 붙임은 각각 세 변을 포함하는 10개의 변 동치류, 그리고 각각 네 개의 꼭짓점을 포함하는 5개의 꼭짓점 동치류를 만들어 냄을 보이시오.

(b) 이렇게 정해진 붙임은 변 테스트와 꼭짓점 테스트를 만족함을 보이시오.

14.25. 예 14.14에 있는 싸이퍼트-웨버 12면체 공간에 대한 붙임을 고려하자.

(a) 붙임은 각각이 다섯 변을 포함하는 6개의 변 동치류, 그리고 모든 꼭짓점들을 포함하는 하나의 꼭짓점 동치류를 만들어 냄을 보이시오.

(b) 이렇게 정해진 붙임은 변 테스트와 꼭짓점 테스트를 만족함을 보이시오.

14.26. **4원 다양체(quaternionic manifold)**는 정육면체의 맞은 편 면들의 각 쌍끼리 1/4 시계방향 회전으로 붙임으로 동일시함으로써 정의된다.

(a) 정육면체 그림에서, 이 공간에 대한 붙임을 묘사하기 위해 면들에 수를 표시하시오.

(b) 이렇게 정해진 붙임은 변 테스트와 꼭짓점 테스트를 만족함을 보이시오.

14.27. 예 14.15에서 묘사되어진 것처럼 $S^1 \times P$와 위상동형인 공간을 만드는 정육면체의 면들의 붙임을 고려하자. 정육면체에서 이미 정해진 붙임에 따라 변 동치류와 꼭짓점 동치류를 표시하시오. 이 붙임은 변 테스트와 꼭짓점 테스트를 만족함을 보이시오.

14.28. (a) 원과 클라인 병의 곱공간인 $S^1 \times K$를 정육면체의 면들을 붙임으로 얻어지는 상공간으로 나타내시오.

(b) 정육면체에서 이렇게 정해진 붙임에 따라 변 동치류와 꼭짓점 동치류를 표시하시오. 이 붙임은 변 테스트와 꼭짓점 테스트를 만족함을 보이시오.

14.29. 그림 14.39에 있는 것처럼 사면체의 면들을 붙이자. 그 결과는 3-다양체인가?

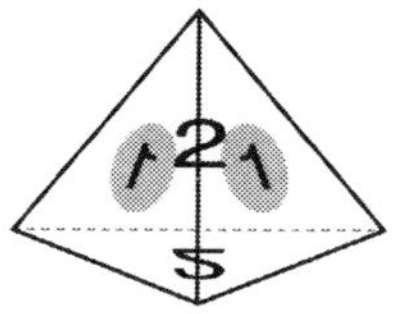

(그림 14.39) 3-다양체는 이 사면체의 붙임으로부터 나올 수 있는가?

14.30. (a)와 (b)에 서술되고 그림 14.40에 묘사된 8면체 붙임들을 고려하자. 각각의 경우에 붙임이 3-다양체를 만드는지 결정하시오.

(a) 면들은 위쪽에 있는 면끼리 쌍으로 그리고 아래쪽에 있는 면끼리 쌍으로 1/3 시계방향 비틀기로 붙여진다.

(b) 면들은 8면체의 중심으로 해서 서로 반대편에 있는 쌍끼리 1/6 시계반대방향 비틀기로 붙여진다.

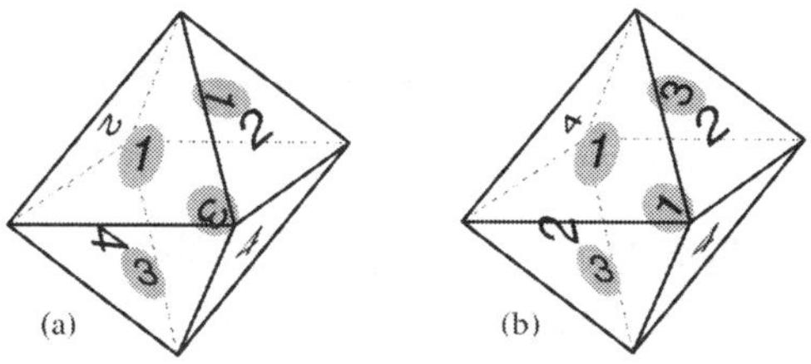

(그림 14.40) 3-다양체는 어느 쪽 다면체 붙임으로 만들어지는가?

14.4. 우주의 기하학

우리가 살고 있는 공간적인 우주를 다시 고려해 보자. 언급했듯이 우주의 모든 점은 $\mathbb{R}^3$ 안의 열린 구체와 위상동형인 근방을 가지는 특징을 가지는 것 같다. 우리는 우주는 하우스도르프이고 위상에 대해 가산개의 기저를 가지고 그러므로 3-다양체라 가정한다. 하지만 그것은 무슨 3-다양체인가?

그 가능성들을 제한하기 위해 기하학을 이용할 수 있다. 다양체에 기하학을 가지는 것이 무슨 의미인지에 대하여 엄밀하게 정의하지 않지만 거리, 각, 그리고 곡률처럼 양들을 측정하는 것을 허용하는 추가적인 구조가 있다는 의미로써 생각하는 것으로 충분하다. 직선, 평면, 3-공간 위의 유클리드 기하학은 익숙하다. 기하학에서처럼, 이 공간들은 E, E^2, 그리고 E^3로 각각 표시된다.

우주의 기하학은 등방성(isotropic)이고 균일한 것처럼 보인다. 등방성이란 각 점에서 기하학이 그 점 주위의 모든 방향으로 똑같이 보이는 것을 의미한다. 우선적으로 알아볼 수 있는 방향이 없다. 이것은 예를 들어 유클리드 3-공간 E^3가 가지는 성질이다. 그러나 만약 예를 들어 $S^2 \times E$로써 기하학을 만든다면, 그 기하학은 서로 다른 방향으로 다른 성질들을 가진다.

균일하다는 것은 국소적으로 그 공간의 기하학이 모두 같다는 것을 의미한다. 그 공간의 임의의 두 점에 대하여 한 점의 근방으로부터 다른 점의 근방으로의 등거리사상(거리를 보존하는 위상동형사상)이 존재한다. 우주의 전반적이고 전체적인 기하학을 이해하는 목적으로 블랙홀 주위에 일어날 수 있는 문제들을 무시한다; 그것은 가정하기에 전체 기하학을 방해하지 않는 미미한 영향을 끼친다.

오직 3개의 균일하면서 등방성인 3차원 기하학이 있다: 유클리드, 구면, 그리고 쌍곡 기하학. 마치 $\mathbb{R}^3$가 3-다양체의 모델인 것처럼, 유클리드 3-공간 E^3, 3-구면 S^3, 그리고 쌍곡 3-공간으로 알려진 공간은 기하학적 3-다양체에 대한 모델이다. **유클리드 3-다양체**라는 것은 국소적으로 유클리드 3-공간의 기하학처럼 움직이는 기하학이 정의된 3-다양체를 의미한다. 비슷하게 **구면 3-다양체**와 **쌍곡 3-다양체**를 정의한다. 우리는 우주가 마치 국소적으로 모델 공간의 기하학처럼 움직이는 기하학을 가진 이 세 형태의 3-다양체 중 하나일 것이라 기대한다.

3차원 기하학 모델 각각은 그것과 결부된 곡률을 가진다. 유클리드 기하학일 경우 곡률이 0이다. 구면 기하학일 경우는 곡률이 양수이고, 쌍곡 기하학일 경우는 곡률이 음수이다.

이 세 기하학에 대한 유사성을 한 차원 낮춰서 본다면 그림 14.41에 묘사된 것처럼 0 곡률을 가진 평면, 양수 곡률을 가진 구면, 그리고 음수 곡률을 가진 말안장면을 가진다.

0 곡률을 가진 평면에서는 삼각의 내각의 합이 정확히 180도이다. 양수 곡률을 가진 구면에서는 삼각형의 내각의 합이 180도보다 크다. 그리고 음수 곡률을 가진 말안장면에서는 삼각형의 내각의 합이 180도보다 확실히 작다.

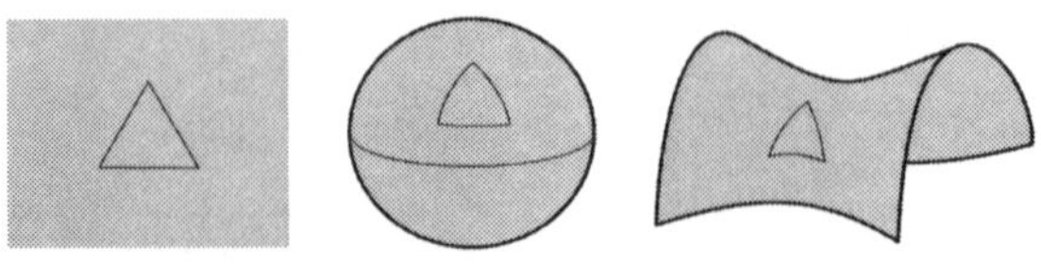

(그림 14.41) 0 곡률, 양수 곡률, 그리고 음수 곡률을 가지는 기하학.

유클리드 공간에 있는 다면체의 면들을 붙임으로써 얻어진 3-다양체 M이 있다고 하자. M이 유클리드 3-다양체가 되기 위해서는 만족해야 할 몇 가지 조건들이 있다. 첫 번째, 면들끼리의 붙임은 면을 서로 붙여서 나오는 각 점에서의 국소 기하학이 유클리드 기하학이 되도록 면들 위의 거리를 보존해야 한다. 그 다음에 면들이 거리를 보존하도록 서로 붙여진다는 조건하에서 M의 한 점에서의 근방을 얻기 위해 오렌지 조각 근방들을 붙일 때, 서로 붙여지는 오렌지 조각 사이의 각들이 합해서 360도가 되어야 한다. 다시 말해서 변들이 서로 붙여져서 나오는 M의 각 점에서 그 점 주위로 완전한 360도의 유클리드 각을 가지는 것이 필요하다. 마지막으로 또한 붙여진 꼭짓점들 주위로 똑같은 기하학을 물려받아야 한다. 서로 붙여지는 다면체 꼭짓점들의 작은 근방들은 점의 근방에서 국소기하학이 유클리드 기하학이 되도록 그 다양체에서 서로 맞아야 한다. 다음 모든 예시들에서 일단 변에 대한 조건들이 만족된다면 서로 붙여진 꼭짓점들은 요구되어진 근방을 물려받는다.

우리는 또한 구면 공간에서의 다양체들에 대해 비슷하게 서로 붙일 수 있고, 그리고 쌍곡 공간에서도 똑같은 것을 할 수 있다. 이 두 설정에서 대응하는 기하학을 가지는 3-다양체가 되기 위해서는 유클리드 3-다양체에 대해 방금 논의했던 것들과 같은 조건들을 만족해야 한다.

예 14.16. M을 유클리드 공간에 있는 정육면체의 면들을 붙임으로써 만들어지는 3-다양체라 하자. 정육면체의 각 변에서 두 면은 90도 각도로 만난다. M이 유클리드 3-다양체가 되기 위해서는 변들의 각 동치류에 네 개의 변들을 가져야 하고 그러면 정육면체의 변들을 서로 붙임으로써 생기는 M 안의 점들의 근방에서 필요한 360도를 가지게 된다. 이것은 3-원환면, 1/4-비틀기 다양체, 그리고 연습문제 14.22에서 소개된 1/2-비틀기 다양체에서도 나타난다. 그러므로 이 다양체들은 유클리드 3-다양체들이다.

예 14.17. 예 14.12의 1/6-비틀기 다양체를 고려하자. 이것은 유클리드 3-공간에 있는 육각형 프리즘의 면들을 붙임으로써 만들어진다. e를 프리즘의 두 정사각형 면들의 교집합에 있는 변이라 하자. 그 면들 사이의 각도는 120도이고 e는 두 정사각형 면들의 교집합인 다른 두 변들과 서로 붙여진다. 그러므로 다양체에서 이 변들을 붙임으로써 생기는 각 점은 그 점 주위로 총 360도 각을 가진다. 이제 e를 육각형 면과 정사각형 면의 교집합에 있는 변이라 하자. 이 경우에는 그 두 면 사이의 각도는 90도이고 e는 육각형 면과 정사각형 면의 교집합에 있는 다른 세 개의 변들과 서로 붙여진다. 여기에서도 이 변들을 붙임으로써 생기는 다양체에서의 각 점들은 총 360도 각도를 가진다. 따라서 1/6-비틀기 다양체는 유클리드 3-다양체이다.

예 14.18. 유클리드 12면체의 면들 사이의 각도는 $\cos^{-1}(-\sqrt{5}/5) \approx 116.6$도이다. 푸앵카레 12면체 공간을 만드는 12면체에서의 붙임에 대하여 변들은 각각 3개의 변을 포함하는 10개의 동치류로 나누어진다는 것을 밝혔다. 이것은 그 다양체의 대응하는 점 주위로 총 각도의 합이 필요한 360도보다 작다는 것을 의미한다. 결과적으로 이 다양체는 유클리드 3-다양체가 아니다.

이 상황을 해결하기 위해서는 우리는 구면기하학에서의 12면체를 가져온다. 12면체를 구면기하학에 놓는 것은 그 변들의 각을 증가시킨다. 사실, $\cos^{-1}(-\sqrt{5}/5)$와 180도 사이의 임의의 고정된 값 θ에 대하여 교차하는 면들 사이의 각이 θ인 3-구면에서의 12면체가 존재한다. 푸앵카레 12면체 공간을 얻기 위해 그러한 12면체를 붙일 수 있고 그렇게 함으로써 모든 서로 붙여진 변들의 각 점 주위에서 360도를 가져야 하는 조건을 만족한다. 그러므로 푸앵카레 12면체 공간은 구면 3-다양체이다.

싸이퍼트-웨버 12면체 공간을 만드는 12면체 붙임에 대해서는 변들은 각각 5개의 변을 가지는 여섯 개의 동치류로 나누어진다. 그러므로 12면체 면들 사이의 각 변에서 72도의 각도를 가져야 한다. 여기에서도 그 다양체를 유클리드 3-다양체로 실현할 수 없다. 그러나 60과 $\cos^{-1}(-\sqrt{5}/5)$ 사이의 임의의 각 θ에 대해 쌍곡 공간에서 θ가 모든 쌍의 교차하는 면들 사이의 각도가 되도록 12면체를 만들 수 있다. 특히 면들 사이의 각도가 72도인 정12면체는 쌍곡 공간에서 존재한다. 그러므로 싸이퍼트-웨버 12면체 공간은 쌍곡 3-다양체이다.

2001년 미국항공우주국(NASA)에 의해 시작된 윌킨스(Wilkinson) 전자파 비등방성 탐사 데이터는 우주론자에게 우주의 곡률은 0에 매우 가깝다는 증거를 제시했다. 이것은 우리는 유클리드 우주에 살고 있는 것을 의미하거나 매우 작은 곡률을 가진 구면 또는 쌍곡 우주에 살고 있다는 것을 의미한다. 만약 곡률 0인 유클리드 우주에 살고 있다면 가장 큰 규모에서조차도 우리가 우주에서 경험하는 기하학은 우리가 자라오면서 공부해왔던 기하학인 유클리드 기하학이다. 그래서 거리가 많이 떨어진 은하들로 하는 꼭짓점을 가지는 거대한 삼각형은 내각의 합이 180도라는 성질을 가질 것이다. 만약 우주가 유클리드 공간이라고 가정한다면 이것은 우주가 무슨 다양체인지 결정하는데 도움이 될 것인가? 어떤 3-다양체가 유클리드 기하학을 가질 것인가? 놀랍게도 단지 18개의 가능한 다양체가 있는데 1934년 수학적 결정학자 베르너 노파키(Werner Nowacki, 1909-1988)에 의해 [Now]에서 처음 증명된 결과이다.

정리 14.30. 정확히 18개의 유클리드 3-다양체가 있는데 여섯 개는 컴팩트이고 가향이고, 네 개는 컴팩트이고 비가향이고 네 개는 컴팩트가 아니고 가향이고 그리고 네 개는 컴팩트가 아니고 비가향이다.

이 정리는 유클리드 3-다양체 대한 가능성이 매우 제한되어 있다는 것을 알려주는 놀랄만한 결과이다. 이와 대조적으로 무한히 많은 구면 3-다양체와 무한히 많은 쌍곡 3-다양체가 있다.

만약 우주가 컴팩트라는 가정을 더 한다면, 그 가능성은 10개로 줄어든다. 그 10개 중 네 개는 비가향이다. 앞 절에서 나타냈듯이 비가향 3-다양체에서 클라인 병체를 통하여 여행함으로써 나오는 어떤 이상한 현상들이 있다. 그러한 가능성이 매우 흥미롭듯이 그것이 일어날 가능성은 상당히 낮다는 물리학 결과들이 있다. 따라서 고려해야 할 남아 있는 대상은 여섯 개의 컴팩트이고 가향인 유클리드 3-다양체이다.

이 여섯 다양체 중 우리는 이미 14.3절의 예시와 연습문제에서 3-원환면, 1/4-비틀기 다양체, 1/6-비틀기 다양체, 1/2-비틀기 다양체, 그리고 1/3-비틀기 다양체를 보았다. 남아 있는 다양체, 핸체-벤트(Handtche-Wendt) 다양체는 연습문제 14.32에서 소개된다.

연습문제 14.4

14.31. 연습문제 14.23의 1/3-비틀기 다양체는 유클리드 다양체로써 실현될 수 있음을 보이시오.

14.32. 그림 14.42에 그려진 것처럼 한 쌍의 정육면체들의 면들을 서로 붙임으로써 핸체-벤트(Handtche-Wendt) 다양체를 정의하자.

(a) 이 붙임은 변 테스트와 꼭짓점 테스트를 만족하고 그러므로 3-다양체임을 보이시오.

(b) 핸체-벤트 다양체는 유클리드 3-다양체임을 보이시오.

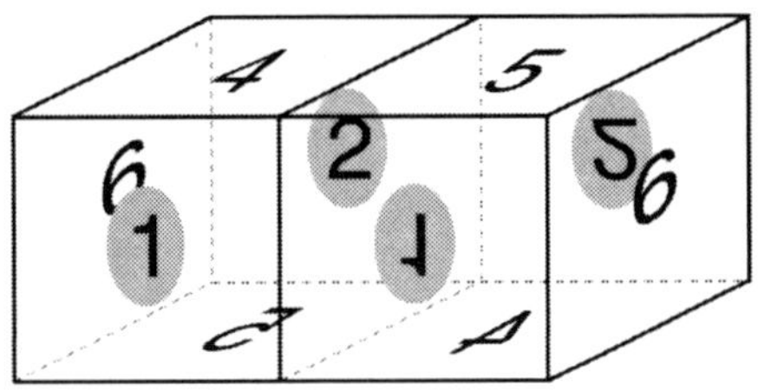

(그림 14.42) 핸체-벤트 다양체를 얻기 위해 한 쌍의 정육면체의 변들을 붙임.

14.33. 연습문제 14.26에 소개된 4원 다양체는 유클리드, 구면, 또한 쌍곡 기하학 중 하나를 가진다. 어느 것인가?

14.34. 처음 다섯 개의 컴팩트이고 가향인 유클리드 3-다양체 각각은 어떻게 소위 원환면 다발인지를 보이시오. 즉 각 다양체에 넣어진 하나의 원환면이 존재하는데 그 원환면의 근방을 제거했을 때 그 결과는 원환면과 구간의 곱공간인 $T\times[0,1]$과 위상동형이다.

14.35. 평행육면체는 3-공간에서 세 개의 서로 독립인 벡터에 의해 정의된다. 정육면체의 맞은 편 면들을 동일시해서 얻어질 수 있는 세 개의 컴팩트이고 가향인 유클리드 3-다양체 각각에 대하여 그 다양체가 평행육면체의 맞은 편 면들을 동일시해서 실현될 수 있도록 평행육면체의 모양에 어떠한 제한조건들이 필요한지를 결정하시오.

14.36. 세 개의 서로 다른 컴팩트가 아니고 연결인 유클리드 3-다양체의 예시들을 찾으시오.

14.37. (a) 클라인 병과 원의 곱공간인 $K\times S^1$은 유클리드 3-다양체로 실현될 수 있음을 보이시오.

(b) 서로 다른 컴팩트, 연결, 그리고 비가향인 유클리드 3-다양체의 예시를 주시오.

14.5. 어떤 다양체가 우주인지를 결정하는 것

공간적 우주에 대한 몇 개의 후보 다양체의 목록을 가지고 있는데 어느 것이 맞는 것인지 어떻게 아는가? 이 절에서는 우주론자들이 우주의 모양을 결정하기 위해 사용하고 있는 두 가지 방법에 대해 다룬다.

우주결정학

프랑스 우주론자 마크 라케제-레이(Marc Lachieze-Rey), 로날드 레호크(Roland Lehoucq), 그리고 장-피에프 루미넷(Jean-Pierre Luminet)은 그들의 1966년 논문[Leh]에서 이 방법을 제안했다. 우리가 천만 광년 길이의 한 변을 가진 정육면체의 면들을 서로 붙임으로써 만들어지는 3-원환면에 살고 있다고 상상하자. 더군다나 당분간은 우리는 우주 안에 있는 모든 것을 즉시 볼 수 있다고 상상하자(우리는 물리적으로 불가능한 이 가정을 바로 수정할 것이다). 그림 14.43에 그려진 것처럼 정육면체의 면들에 수직인 각각의 방향으로 응시할 때, 우리 은하계는 천만광년 떨어진 곳에 우리 시선에 있다. 우리의 시선을 좀 더 확장하면 다시 이천만광년 떨어진 곳, 그리고 그 다음은 삼천만광년 등등에 우리 은하계를 볼 수 있다. 그러므로 우리 은하계는 우리가 우주를 모든 방향으로 볼 때 격자모양을 형성한다. 그것뿐만 아니라, 서로 붙여진 정육면체 안에서 우리가 보는 모든 은하계에 대해서도 그렇다. 은하계들은 정육면체 안에서 무작위로 흩어져 있을 수도 있지만 만약 우리가 응시함으로써 보이는 모든 은하계 상들을 고려한다면 천만광년 떨어진 많은 쌍들의 상들이 있고 이천만광년 그리고 등등 떨어진 많은 쌍들의 상들이 있다.

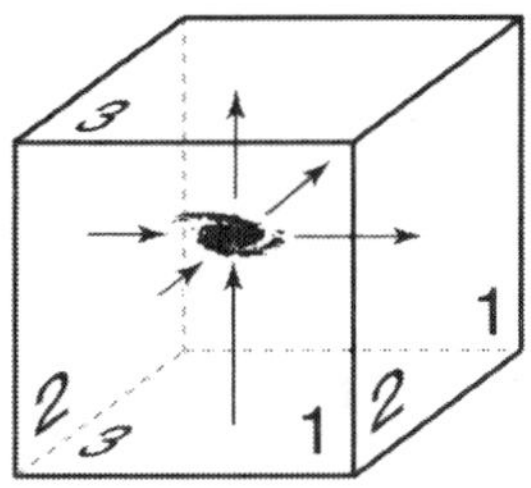

(그림 14.43) 3-원환면 우주에서 우리의 시선은 우리를 우리 은하계로 다시 보낸다.

이 3-원환면 우주에서, 우리가 우리 은하계를 보는 것이 천만광년의 정수배 떨어진 곳만이 아니다. 만약 정육면체의 한 면의 대각선에 평행한 방향으로 본다면 $\sqrt{2}\times10$백만광년 그리고 이 거리의 정수배 떨어진 곳에서 은하계를 본다. 또한 만약 정육면체의 하나의 대각선과 평행한 방향으로 본다면, $\sqrt{3}\times10$백만광년 그리고 이 거리의 정수배 떨어진 곳에서 우리 은하계를 본다. 또한 우리의 보는 방향에 의존하는 우리 은하계를 보는 다른 방향들 또한 존재한다.

이러한 추론에 의해 만약 우리가 3-원환면 우주에 산다면 그리고 우리가 보는 모든 쌍의 은하계들 사이의 거리를 측정한다면, 거리들의 전체적인 분포에서 그림 14.44의 왼쪽에 묘사된 것처럼 뾰족점을 가질 것이다. 이와 대조적으로 만약 우리 우주가 유클리드 3-공간이라면 그림 14.44의 오른쪽에 나타난 것처럼 어떤 평균 거리를 중심으로 어느 정도 무작위 거리분포를 볼 것이다.

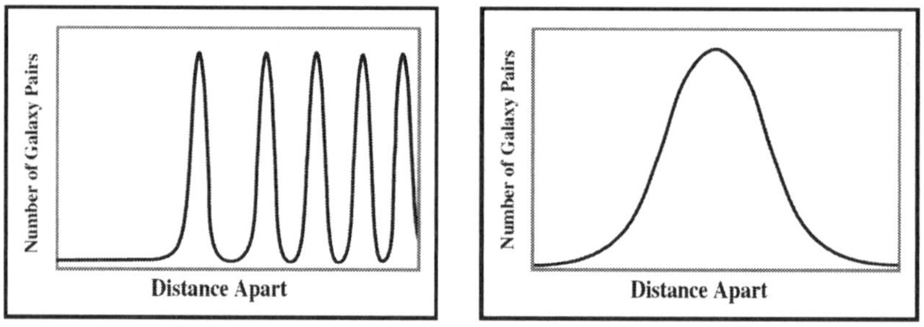

(그림 14.44) 3-원환면과 3-공간 안의 은하계 쌍들 사이의 거리들의 가상적인 분포.

이론적으로 이것은 대단하다; 그러나 물리학적인 현실을 고려해야 한다. 빛이 은하계들로부터 우리에 도달하는데 시간이 걸리고 은하계들은 움직이고 그래서 하나의 특정한 은하계의 두 다른 상들은 반드시 앞에서 언급된 이론적인 값들(천만광년, $\sqrt{2}\times10$백만광년, $\sqrt{3}\times10$백만광년 등등)중 하나와 정확히 같은 거리를 반드시 가지지는 않을 것이다. 그러나 여전히 이 값들 근방에 모여 있는 거리들을 보기를 기대할 수 있다. 더군다나 은하계들이 먼 거리에 떨어져 있을 때 발견하기가 어렵고, 그래서 그것들은 관찰할 수 있는 가장 좋은 구조는 아니다.

우주론자들이 사용하고 있는 다른 대안은 은하계들의 초은하 집단들 사이의 거리를 측정하는 것이다. 바램은 초은하 집단들의 쌍 사이에 거리를 확인하기 위해 초은하 집단들의 목록들을 사용하는 것이고 그래서 우주의 모양에 일치하는 다양체를 찾으려고 노력하기 위해 거리 데이터들에서 패턴들을 사용하는 것이다. 현재 초은하 집단 목록에는 아직 패턴이 발견되지 않았다. 그러나 가까운 미래에 좀 더 완전한 목록이 가능할 것 같고 그것은 우리가 살고 있는 다양체를 밝혀내는데 도움이 되는 패턴들을 제공할 수도 있다.

우주 마이크로파 배경복사

1965년 벨(Bell) 연구소의 아르노 펜지어스(Arno Penzias)와 로버트 윌슨(Robert Wilson)은 은하수로부터 나오는 전파방출을 연구할 때 예기치 않은 일정한 배경 무선전파 잡음을 발견했다. 과학자들은 결국은 그들이 받았던 그 잡음이 본질적으로 은하계 밖으로부터 하늘에 있는 모든 방향으로 나오는 일정한 파장복사였다는 것을 알아냈다. 이 복사는 우주 마이크로파 배경(cosmic microwave background, CMB)이라 현재 알려져 있다. 이 복사가 우주에서 가장 오래된 빛임이 증명됨에 따라 그들의 발견은 가장 중요한 의미를 가지는 것으로 판명되었다. CMB의 빛은 복사가 뜨거운 우주액으로부터 탈출하기 위해 우주가 충분히 식었다는 것을 빅뱅이후 처음으로 보여준다. 빅뱅이후 약 300,000년 동안에 우주의 온도는 초기 원자들을 만들기 위해 전자와 양자들이 결합할 수 있도록 충분히 식었다. 이것은 또한 자유전하된 입자들에 의해 이전에 일정하게 흩어져 와있던 복사가 지금 여전해 팽창하고 있는 우주를 통하여 빛의 속도로 여행을 할 수 있다는 것을 의미했다. 이 방출된 복사는 상대적으로 일정한 온도(약 2.73켈빈) 복사 근원으로써 현재 우리가 모든 방향에서 목격하고 있는 우주 마이크로파 배경이다. CMB의 온도는 10000분의 1로 변한다. CMB에 존재하는 그 작은 변화는 물질 덩어리가 중력을 통하여 은하들, 별들, 그리고 행성들로 궁극적으로 바뀌게 하는 초기 우주에 존재한 미세한 밀도차이를 보여준다.

CMB 복사는 마지막 분산의 표면으로 불리는 거대한 구면으로부터 방출되는 것으로 보인다. 1989년에 시작된 NASA의 우주 배경 탐사(Cosmetic Background Explorer, COBE) 위성으로부터 나오는 데이터는 CMB의 첫 번째 온도 지도 제작을 가능하게 했다. 2001년에 시작된 NASA의 윌킨스 마이크로파 이방성 탐사(Wilkinson Microwave Anisotropy Probe)는 COBE보다 상당히 고화질의 CMB 온도 데이터를 제공했다. 좀 더 어둡게 그늘진 지역들은 좀 더 차갑고 좀 더 밝게 그늘진 지역은 좀 더 따뜻하지만, 이미 언급했듯이, 2.73 켈빈 평균 위아래로 온도 차이가 단지 약 0.0001K이다.

(그림 14.45) CMB의 온도 지도. (NASA/WMAP 과학팀 제공)

우주론자 닐 코니스(Neil Cornish), 데이비드 스퍼겔(David Spergel), 그리고 글렌 스타크만(Glen Starkman), 그리고 수학자 제프리 윅스(Jeffery Weeks)는 CMB 온도 분석표를 통한 우주의 위상을 결정하기 위해 "하늘에서의 원들(Circles in the sky)"이라 불리는 접근방법을 제안했다. ([Cor1], [Cor2], 그리고 [Wee1] 참조.) 우주가 정육면체의 맞은 면들을 서로 붙여서 만들어지는 3-원환면이라 상상하자. 더군다나, 마지막 분산의 표면이 그림 14.46에 묘사된 것처럼 직경이 정육면체의 변의 길이를 초과할 정도로 팽창함을 상상하자. 그 구면이 정육면체의 맞은 면을 교차할 때, 맞은 면들이 서로 붙여지기 때문에 그 구면이 자신과 교차하게 된다. 그림에서 나타난 것처럼, 이 자기 자신 교차들은 구면에서 원들의 모임을 만들고 내부에서 구면을 조사할 때 각 교차 원은 구면 위에서 두 개의 다른 위치에서 보인다.

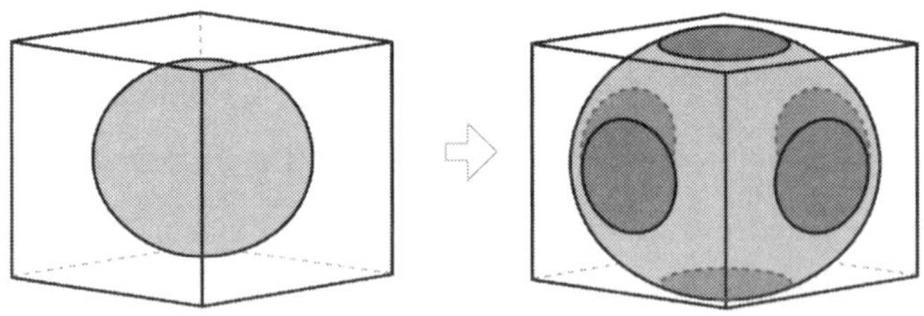

(그림 14.46) 하늘에서의 원들은 자기 자신과 교차하는 구면으로부터 만들어진다.

"하늘에서의 원들" 아이디어는 그 주위로 온도 분포가 똑같은 원들의 쌍들을 찾기 위해 CMB 온도 지도를 조사하는 것이다. 그러한 각각의 원들의 쌍은 마지막 분산의 표면의 자기 자신과의 교차를 나타낼 수 있다. 바램은 그 곡면에서 교차 원들의 배열이 우주의 위상적 모양에 대한 하나의 가능성이 되는 다양체들 중 단지 하나에서 일어날 수 있는 패턴을 보여주는 것이다. 이 방법으로, 우리는 우리가 살고 있는 다양체가 무엇인지 알 수 있을 것이다.

연습문제 14.5

14.38. 만약 우리가 변의 길이가 2와 4인 직사각형으로부터 만들어진 원환면인 2-차원 우주에 있다면 은하계 사이의 초은하 집단들 거리들의 분포에서 뾰족점들을 어디에서 보게 되는가? 대신에 만약 직사각형의 길이가 2인 변이 맞은 변과 대칭반사로 붙여지고 그래서 그 공간이 클라인 병이라면, 뾰족점들을 어디에서 보게 되는가?

14.39. 3-원환면을 얻기 위해 $3 \times 3 \times 4$ 직육면체의 맞은 면들을 붙이는 경우와 1/2-비틀기 다양체를 얻기 위해 비틀어진 면이 3×3의 면이 되도록 면들끼리 붙이는 경우 사이에 은하계 사이의 초은하 집단들 거리들의 분포에서의 뾰족점들은 어떻게 비교되는가? 그리고 그러한 경우들이 1/4-비틀기 다양체를 얻기 위해 비틀어진 면이 3×3의 면이 되도록 면들끼리 붙이는 경우와 어떻게 비교되는가?

14.40. 우주가 3-원환면, 1/4-비틀기 다양체, 또는 1/2-비틀기 다양체 중 하나를 얻기 위해 맞은 면들끼리 붙여진 정육면체라고 가정하자. 이 다양체들 사이를 구별하기 위해 하늘 안의 원들을 어떻게 이용할 수 있는가를 각각의 경우에 원들의 나타나는 모습들 사이의 차이를 보여주는 것으로 설명하시오.

References

[Abb] Abbott, E.A., *Flatland: A Romance of Many Dimensions*, London: Seeley & Co., Ltd., 1884.

[Abr1] Abrams, A., "Configuration Spaces of Colored Graphs" *Geometriae Dedicata* **92** (2002), 185–194.

[Abr2] Abrams, A., and Ghrist, R., "Finding topology in a factory: configuration spaces" *American Mathematical Monthly* **109** (2002), no. 2, 140–150.

[Ada1] Adams, C., *The Knot Book: An Elementary Introduction to the Mathematical Theory of Knots*, Providence, R.I.: American Mathematical Society, 2004.

[Ada2] Adams, C., and Shapiro, J., "The Shape of the Universe: Ten Possibilities" *American Scientist* **89** (2001), no. 5, 443–453.

[Agg] Aggarwall, A., Klawe, M., and Shor, P., "Multilayer grid embeddings for VLSI" *Algorithmica* **6** (1991), no. 1, 129–151.

[Ale] Alexander, J.W., "Topological invariants of knots and links" *Transactions of the American Mathematical Society* **30** (1928), 275–306.

[All] Alligood, K.T., Sauer, T.D., and Yorke, J.A., *Chaos–An Introduction to Dynamical Systems*, New York: Springer–Verlag, 1996.

[Bak1] Baker, D.R., "Some Topological Problems in Robotics" *The Mathematical Intelligencer* **12** (1990), 66–76.

[Bak2] Baker, D.R., and Wampler, C.W., "On the inverse kinematics of redundant manipulators" *International Journal of Robotics Research* **7** (1988), no. 2, 3–21.

[Ban] Banks, J., Brooks, J., Cairns, G., Davis, G., and Stacey, P., "On Devaney's Definition of Chaos" *American Mathematical Monthly* **99** (1992), 332–334.

[Bay] Baylis, J., *Error-Correcting Codes: A Mathematical Introduction*, London: Chapman & Hall Ltd., 1998.

[Bha] Bhatt, S.N., and Leighton, F.T., "A Framework for Solving VLSI Graph Layout Problems" *Journal of Computer and System Sciences* **28** (1984), 300–343.

[Blo] Bloch, E.D., *Proofs and Fundamentals: A First Course in Abstract Mathematics*, Boston: Birkhäuser, 2000.

[Bon] Bonchev, D., and Rouvray, D.H., eds., *Chemical Graph Theory: Introduction and Fundamentals*, New York: Abacus Press, 1991.

[Boo] Boone, W.W., Haken, W., and Poenaru, V., "On recursively unsolvable problems in topology and their classification" In: Schmidt, H.A., Schütte, K., and Thiele, H.J., eds., *Contributions to Mathematical Logic*, Amsterdam: North-Holland, 1968.

[Bor] Border, K.C., *Fixed Point Theorems with Applications to Economics and Game Theory*, Cambridge: Cambridge University Press, 1985.

[Chr] Christenson, C.O., and Voxman, W.L., *Aspects of Topology*, New York: Marcel Dekker Inc., 1977.

[Con] Connelly, R., and Demaine, E.D., "Geometry and Topology of Polygonal Linkages" In: Goodman, J.E., and O'Rourke, J., eds., *CRC Handbook of Discrete and Computational Geometry*, Second Edition, Boca Raton, Fl.: Chapman & Hall/CRC, 2004, 197–218.

[Cor1] Cornish, N.J., Spergel, D.N., and Starkman, G.D., "Circles in the sky: finding topology with the microwave background radiation" *Classical and Quantum Gravity* **15** (1998), 2657–2670.

[Cor2] Cornish, N.J., and Weeks, J.R., "Measuring the shape of the universe" *Notices of the American Mathematical Society* **45** (1998), no. 11, 1463–1471.

[Cro] Cromwell, P.R., *Knots and Links*, Cambridge: Cambridge University Press, 2004.

[Cup1] Cupal, J., Kopp, S., and Stadler, P.F., "RNA Shape Space Topology" *Alife* **6** (2000), 3–23.

[Cup2] Cupal, J., Schuster, P., and Stadler, P.F., "Topology in Phenotype Space" *Computer Science in Biology*, GCB'99 Proceedings, University Bielefeld, Hannover, 1999, 9–15.

[Dem] DeMers, D., and Kreutz-Delgado, K., "Learning Global Properties of Nonredundant Kinematic Mappings" *International Journal of Robotics Research* **17** (1998), no. 5, 547–560.

[DevR] Devaney, R.L., *An Introduction to Chaotic Dynamical Systems, 2nd Edition*, Boulder, Co.: Westview Press, 2003.

[DevJ] Devillers, J., and Balaban, A.T., eds., *Topological Indices and Related Descriptors in QSAR and QSPAR*, Amsterdam: Gordon and Breach Science Publishers, 1999.

[Die] Dietrich-Buchecker, C.O., and Sauvage, J.P., "A synthetic molecular trefoil knot" *Angewandte Chemie International Edition* **28** (1989), no. 2, 189–192.

[Dug] Dugundji, J., *Topology*, Boston: Allyn and Bacon, 1966.

[Ege] Egenhofer, E., and Franzosa, R., "Point-Set Topological Spatial Relations" *International Journal of Geographical Information Systems* **5** (1991), no. 2, 161–174.

[Far] Farber, M., "Collision Free Motion Planning on Graphs" In: Erdmann, M., Hsu, D., Overmars, M., and van der Stappen, A.F., eds., *Algorithmic Foundations of Robotics VI*, New York: Springer–Verlag, 2005.

[Fla] Flapan, E., *When Topology Meets Chemistry: A Topological Look at Molecular Chirality*, Washington D.C.: Mathematical Association of America, Cambridge: Cambridge University Press, 2000.

[Fon1] Fontana, W., "The Topology of the Possible" In: Wimmer, A., and Kössler, R., eds., *Understanding Change: Models, Methodologies and Metaphors*, New York: Palgrave Macmillan, 2006.

[Fon2] Fontana, W., and Schuster, P., "Continuity in Evolution: On the Nature of Transitions" *Science* **280** (1998), 1451–1455.

[Fou] Foulds, L.R., Perara, S.M., and Robinson, D.F., "Network Layout Procedure for Printed Circuit Design" *Computer Aided Design* **10** (1978), 441–451.

[Fra] Franklin, J., *Methods of Mathematical Economics*, New York: Springer–Verlag, 1980.

[Ghr1] Ghrist, R., "Configuration spaces and braid groups on graphs in robotics" In: Gilman, J., Menasco, W.W., and Lin, X.-S., eds., *Knots, Braids, and Mapping Class Groups—Papers Dedicated to Joan S. Birman*, Providence, R.I.: American Mathematical Society, 2001, 29–40.

[Ghr2] Ghrist, R., and Koditschek, D., "Safe, cooperative robot dynamics on graphs" *SIAM Journal of Control and Optimization* **40** (2002), no. 5, 1556–1575.

[Gil] Gilmore, R., and Lefranc, M., *The Topology of Chaos: Alice in Stretch and Squeezeland*, New York: John Wiley & Sons, Inc., 2002.

[Gle] Gleick, J., *Chaos: Making a New Science*, New York: Viking Penguin Inc., 1987.

[Got] Gottlieb, D.H., "Topology and the Robot Arm" *Acta Applicandae Mathematicae* **11** (1988), 111–121.

[Gro] Gross, J.L., and Tucker, T.W., *Topological Graph Theory*, New York: Wiley, 1987.

[Hau] Hausdorff, F., *Grundzüge der Mengenlehre*, Liepzig: Veit and Co., 1914.

[Hil] Hill, T.P., "Mathematical Devices for Getting a Fair Share" *American Scientist* **88** (2000), no. 4, 325–331

[Hum] Hummel, K.E., *Introductory Concepts for Abstract Mathematics*, Boca Raton, Fl.: Chapman & Hall/CRC, 2000.

[Jam] James, I.M., ed., *History of Topology*, Amsterdam: Elsevier Science B.V., 1999.

[Jon] Jones, V.F.R., "A polynomial invariant for knots via von Neumann algebras" *Bulletin of the American Mathematical Society* **12** (1985), 103–112.

[Kak] Kakutani, S., "A Generalization of Brouwer's Fixed Point Theorem" *Duke Mathematical Journal* **8** (1941), 457–459.

[Kha1] Khalimsky, E., "Topological structures in computer science" *Journal of Applied Mathematics and Stochastic Analysis* **1** (1987), no. 1, 25–40.

[Kha2] Khalimsky, E., Kopperman, R., and Meyer, P.R., "Computer graphics and connected topologies on finite ordered sets" *Topology and its Applications* **36** (1990), 1–17.

[Kha3] Khalimsky, E., Kopperman, R., and Meyer, P.R., "Boundaries in Digital Planes" *Journal of Applied Mathematics and Stochastic Analysis* **3** (1990), no. 1, 27–55.

[Kis] Kiselman, C.O., "Digital Jordan Curve Theorems" In: Borgefors, G., Nyström, I., and Sanniti di Baja, G., eds., *Discrete Geometry for Computer Imagery*, DGCI 2000 Proceedings, Lecture Notes in Computer Science, Volume 1953, New York: Springer–Verlag, 2000, 46–56.

[Kon] Kong, T.Y., Kopperman, R., and Meyer, P.R., "A topological approach to digital topology" *American Mathematical Monthly* **98** (1991), no. 10, 901–917.

[Kov] Kovalevsky, V.A., "Finite topology as applied to image analysis" *Computer Vision, Graphics, and Image Processing* **46** (1989), 141–161.

[Kur] Kuratowski, K., "Sur le problème des courbes gauches en topologie" *Fundamenta Mathematicae* **15** (1930), 271–283.

[Lat] Latombe, J.-C., *Robot Motion Planning*, Boston: Kluwer Academic Press, 1991.

[Leh] Lehoucq, R., Lachièze-Rey, M., and Luminet, J.P., "Cosmic Crystallography" *Astronomy and Astrophysics* **313** (1996), 339–346.

[Lis] Listing, J.B. "Vorstudien zur Topologie" *Göttingen Studien* (1847), 811-875

[Liv] Livingston, C., *Knot Theory*, Carus Mathematical Monographs 24, Washington D.C.: Mathematical Association of America, 1993.

[Lor] Lorenz, E.N., "Deterministic nonperiodic flow" *Journal of Atmospheric Sciences* **20** (1963), 130–141.

[Mae] Maehara, R., "The Jordan curve theorem via the Brouwer fixed point theorem" *American Mathematical Monthly* **91** (1984), no. 10, 641–643.

[Mak] Makarychev, Y., "A Short Proof Of Kuratowski's Graph Planarity Criterion" *Journal of Graph Theory* **25** (1997), 129–131.

[Man] Manheim, J.H., *The Genesis of Point Set Topology*, New York: The Macmillan Company, 1964.

[Mar] Markov, A.A.,"Insolubility of the problem of homeomorphy" In: Todd, J.A., ed., *Proceedings of the International Congress of Mathematicians*, Cambridge: Cambridge University Press, 1958, 300–306.

[Mas] Massey, W.S., *A Basic Course in Algebraic Topology*, New York: Springer–Verlag, 1991.

[May] May, R.M., "Simple mathematical models with very complicated dynamics" *Nature* **261** (1976), 459–467.

[Moi] Moise, E.E., *Geometric Topology in Dimensions 2 and 3*, New York: Springer–Verlag, 1977.

[Mon] Monastyrsky, M., *Riemann, Topology, and Physics*, translated by Cook, R., King, J., and King, V., Boston: Birkhäuser, 1999.

[Mun] Munkres, J.R., *Topology*, Upper Saddle River, N.J.: Prentice Hall, Inc., 2000.

[NasC1] Nash, C., "Topology and physics—a historical essay" In: James, I.M., ed., *History of Topology*, Amsterdam: Elsevier Science B.V., 1999, 359–416.

[NasC2] Nash, C., and Sen, S., *Topology and Geometry for Physicists* New York: Academic Press, 1983.

[NasJ] Nash, J.F., "Equilibrium Points in n-Person Games" *Proceedings of the National Academy of Sciences* **36** (1950), 48–49.

[New] Newman, J.R., ed., "Leonhard Euler and the Koenigsberg Bridges" *Scientific American* **189** (1983), no. 1, 66–70. (This article primarily consists of a translation of Euler's original paper on the subject.)

[Now] Nowacki, W., "Die euklidischen, driedimensionalen, geschlossenen und offenen Raumformen" *Commentarii Mathematici Helvetici* **7** (1934), 81–93.

[Pet] Peterson, I., *Newton's Clock: Chaos in the Solar System*, New York: W.H. Freeman and Company, 1993.

[Ple] Pless, V., *Introduction to the Theory of Error-Correcting Codes*, New York: John Wiley & Sons, Inc., 1998.

[Rad] Radó, T., "Über den Begriff der Riemannsche Fläche" *Acta Mathematica Szeged* **2** (1925), 101–121.

[Rei1] Reidemeister, K., "Elementare Begründung der Knotentheorie" *Abhandlungen aus dem Mathematischen Seminar der Universität Hamburg* **5** (1927), 24–32.

[Rei2] Reidemeister, K., *Knotentheorie* Berlin: Springer, 1932; New York: Chelsea, 1948. (English translation: *Knot Theory* Moscow, Id.: BCS Associates, 1984.)

[Ren] Renz, J., *Qualitative Spatial Reasoning with Topological Information*, Lecture Notes in Computer Science, Volume 2293, New York: Springer–Verlag, 2002.

[Roh] Rohrer, R.A., *IEEE Transactions on Computer-Aided Design of Integrated Circuits and Systems: Special Issue on Routing in Microelectronics* **CAD-2** (1983), no. 4.

[Ros] Rosenfeld, A., "Digital topology" *American Mathematical Monthly* **86** (1979), 621–630.

[Rou] Rouvray, D.H., "Predicting Chemistry from Topology" *Scientific American* **255** (1986), 40–47.

[Ryd] Ryden, K., ed., *Open GIS Implementation Specification for Geographic Information - Simple Feature Access - Part 1: Common Architecture*, Open Geospatial Consortium, Inc., 2005.

[San] Sankoff, D., and Kruskal, J., eds., *Time Warps, String Edits, and Macromolecules: The Theory and Practice of Sequence Comparison*, Stanford, Ca: CSLI Publications, 1999.

[Sar] Sarkaria, K.S., "The topological work of Henri Poincaré" In: James, I.M., ed., *History of Topology*, Amsterdam: Elsevier Science B.V., 1999, 123–168.

[Sch] Schneider, M., and Behr, T., "Topological Relationships Between Complex Spatial Objects" *ACM Transactions on Database Systems* **31** (2006), no. 1, 39–81.

[Sha] Shariff, A.R., Egenhofer, M., and Mark, D., "Natural-Language Spatial Relations Between Linear and Areal Objects: The Topology and Metric of English-Language Terms" *International Journal of Geographical Information Systems* **12** (1998), no. 3, 215–246.

[Shv] Shvarts, A.S., *Topology for Physicists*, translated by Levy, S., New York: Springer–Verlag, 1994.

[Sta1] Stadler, B.M.R., and Stadler, P.F., "The Topology of Evolutionary Biology" in Ciobanu, G., and Rozenberg, G., eds., *Modeling in Molecular Biology*, Natural Computing Series, New York: Springer–Verlag, 2004, 267–286.

[Sta2] Stadler, B.M.R., Stadler, P.F., Wagner, G., and Fontana, W., "The topology of the possible: Formal spaces underlying patterns of evolutionary change" *Journal of Theoretical Biology* **213** (2001), 241–274.

[Str] Strogatz, S.H., *Nonlinear Dynamics and Chaos: With Applications to Physics, Biology, Chemistry and Engineering*, Boulder, Co.: Westview Press, 2001.

[Sum] Sumners, D.L., ed., *New Scientific Applications of Geometry and Topology*, Providence, R.I.: American Mathematical Society, 1992.

[The] Theobald, D.M., "Topology revisited: representing spatial relations" *International Journal of Geographical Information Systems* **15** (2001), no. 8, 689–705.

[Tho] Thomassen, C., "Kuratowski's Theorem" *Journal of Graph Theory* **5** (1981), 225–241.

[Thu1] Thurston, W.P., and Levy, S., ed., *Three-Dimensional Geometry and Topology*, Princeton, N.J.: Princeton University Press, 1997.

[Thu2] Thurston, W.P., and Weeks, J.R., "The mathematics of three-dimensional manifolds" *Scientific American* **251** (1984), no. 1, 108–120.

[Tou] Touhey, P., "Yet another definition of chaos" *American Mathematical Monthly* **104** (1997), 411–413.

[Tri] Trinajstić, N., *Chemical Graph Theory*, Boca Raton, Fl.: CRC Press, 1992.

[Tur] Turan, P., "A Note of Welcome" *Journal of Graph Theory* **1** (1977), 7–9.

[Veb] Veblen, O., "Theory on plane curves in non-metrical analysis situs" *Transactions of the American Mathematical Society* **6** (1905), 83–98.

[Vel] Vellekoop, M., and Berglund, R., "On Intervals, Transitivity = Chaos" *American Mathematical Monthly* **101** (1994), 353–355.

[Vic] Vick, J. W., *Homology Theory: An Introduction to Algebraic Topology*, New York: Springer–Verlag, 1994.

[Von] Von Neumann, J., and Morgenstern, O., *Theory of Games and Economic Behavior*, Princeton, N.J.: Princeton University Press, 1944.

[Wee1] Weeks, J.R., "Reconstructing the global topology of the universe from the cosmic microwave background" *Classical and Quantum Gravity* **15** (1998), 2599–2604.

[Wee2] Weeks, J.R., *The Shape of Space*, New York: Marcel Dekker, Inc., 2002.

[Wie] Wiener, H., "Structural determination of paraffin boiling points" *Journal of the American Chemical Society* **69** (1947), 17–20.

[Win] Winfree, A.T., "Sudden Cardiac Death: A Problem in Topology" *Scientific American* **248** (1983), no. 5, 144–161.

찾아보기

[ㄹ]

[ㅁ]

[ㅂ]

[ㅈ]

[숫자]

[A]

[B]

[C]

[D]

[G]

[H]

저자약력—

홍성복
고려대학교 수학과 교수
University of Oklahoma, Ph. D.

강성모
전남대학교 수학교육과 교수
University of Texas at Austin, Ph. D.

위상수학 Introduction to TOPLOGY Pure and Applied

초판 2쇄 발행 2023년 5월 25일

옮긴이 홍성복 · 강성모
펴낸이 오판근
펴낸곳 (주) 교우
주 소 서울시 동대문구 약령시로 8 교우빌딩 2층 (주)교우
전 화 02-925-2861 / **팩 스** 02-925-2860, **편집부** 02-925-2825
홈페이지&북스토어 www.kyowoo.co.kr / 이메일 kyowoo@kyowoo.co.kr

등 록 1994년 3월 24일 제1994-000013호
ISBN 979-11-251-0309-7 (93410)

Published by Kyowoo Co., Ltd. Printed in Korea

값 43,000원

교우미디어는 (주) 교우의 Imprint 사입니다.
수학정원 · 과학정원은 (주) 교우의 새로운 브랜드명입니다.